AF666735

Handbuch der Umweltveränderungen und Ökotoxikologie

Springer-Verlag Berlin Heidelberg GmbH

Robert Guderian (Hrsg.)

Handbuch der Umweltveränderungen und Ökotoxikologie

Band 2B: Terrestrische Ökosysteme

Wirkungen auf Pflanzen
Diagnose und Überwachung
Wirkungen auf Tiere

Mit 44 Abbildungen und 46 Tabellen

Springer

Professor Dr. Robert Guderian
Universität Essen
Fachbereich 9, Bio- und Geowissenschaften,
Landschaftsarchitektur
Universitätsstr. 5
45117 Essen

Danksagung
Der Gesamtverband des deutschen Steinkohlebergbaus, Essen, hat die Herausgabe der vorliegenden Buchreihe finanziell gefördert.

ISBN 978-3-642-63108-5

Die Deutsche Bibliothek - CIP-Einheitsaufnahme

Handbuch der Umweltveränderungen und Ökotoxikologie / Robert Guderian; Günter Gunkel (Hrsg.). - Berlin ; Heidelberg ; New York ; Barcelona; Hongkong ; London ; Mailand ; Paris ; Singapur ; Tokio : Springer
Bd. 2. Terrestrische Ökosysteme
B. Wirkungen auf Pflanzen, Diagnose und Überwachung, Wirkungen auf Tiere. - 2001
ISBN 978-3-642-63108-5 ISBN 978-3-642-56413-0 (eBook)
DOI 10.1007/978-3-642-56413-0

http://www.springer.de

Ursprünglich erschienen bei Springer-Verlag Berlin Heidelberg 2001
Softcover reprint of the hardcover 1st edition 2001

Satz: Bader • Damm • Kröner, Heidelberg
Umschlaggestaltung: *design & production* GmbH, Heidelberg

SPIN 10535437 31/3130 YK - 5 4 3 2 1 0 - Gedruckt auf säurefreiem Papier

Handbuch der Umweltveränderungen und Ökotoxikologie

Band 1: Atmosphäre

Band A: Anthropogene und biogene Emissionen –
Photochemie der Troposphäre –
Chemie der Stratosphäre und Ozonabbau
ISBN 3-540-66184-0

Band B: Aerosol/Multiphasenchemie – Ausbreitung und Deposition von Spurenstoffen – Auswirkungen auf Strahlung und Klima
ISBN 3-540-66185-9

Band 2: Terrestrische Ökosysteme

Band A: Imissionsökologische Grundlagen – Wirkungen auf Boden –
Wirkungen auf Pflanzen
ISBN 3-540-66857-8

Band B: Wirkungen auf Pflanzen – Diagnose und Überwachung –
Wirkungen auf Tiere
ISBN 3-40-66858-6

Band 3: Aquatische Systeme

Band A: Grundlagen – Physikalische Belastungsfaktoren –
Anorganische Stoffeinträge
ISBN 3-540-66187-5

Band B: Biogene Belastungsfaktoren – Organische Stoffeinträge
Verhalten von Xenobiotika
ISBN 3-540-66188-3

Vorwort

Vor etwa 10000 Jahren, zu Beginn des Holozäns, begann der Mensch seßhaft zu werden. Er leitete damit einen neuen Prozeß in das erdgeschichtliche Geschehen ein, nämlich Wachstum und Expansion der eigenen Spezies über die naturgegebene Umweltkapazität hinaus. Erkauft wird diese Entwicklung mit der starken Inanspruchnahme der endlichen Ressourcen Materialien und Raum sowie der Belastung von Natur und Umwelt auf eine unseren Planeten nachhaltig bedrohende Art und Weise.

Bis zur „agrarischen Revolution" im Neolithikum war der Mensch als Jäger und Sammler Teil natürlicher Ökosysteme und damit vergleichbar den tierischen Organismen den naturgegebenen Gesetzmäßigkeiten unterworfen. Dann rodete er den Wald, bearbeitete den Boden, kultivierte ausgewählte Pflanzen, entwickelte die Haustierhaltung und schuf mit festem Wohnsitz in seinen dörflichen Siedlungsgemeinschaften die Voraussetzung für eine systematische Vorratshaltung. Die Tragfähigkeit eines Gebietes war jetzt nicht mehr ausschließlich durch die in Raum und Zeit begrenzten Naturressourcen bestimmt. Der Mensch hatte einen Weg gefunden, sie durch zielgerichtete Maßnahmen systematisch zu erweitern. Mit dieser Befreiung aus der strengen Abhängigkeit von der Natur scherte der Mensch aus den regelnden Zwängen der Evolution aus und begann, sich über die populationserhaltende Reproduktion hinaus nachhaltig zu vermehren.

Seit 1850 hat sich die Weltbevölkerung verfünffacht auf 6 Milliarden am Ende des 20. Jahrhunderts. Gleichzeitig wuchs der Verbrauch an Primärenergie, gegenwärtig zu 75% durch fossile Energieträger gedeckt, um mehr als das Dreißigfache. Spätestens jetzt wurde das besonders verschwenderische Verhalten des Menschen offenbar. Abweichend von den anderen Lebewesen beanspruchen wir die Ressourcen unserer Umwelt nicht nur zum Leben und Überleben, sondern in stark erhöhtem Maße zum Leben auf bestimmten Standard mit hoher Mobilität. Hieraus sowie aus den extrem ungleichen Lebensbedingungen der Menschen auf unserer Erde ist zu folgern, daß der Bedarf an Materialien und Energie weiterhin stärker zunehmen wird als das Bevölkerungswachstum, und mit einer abermaligen Verdoppelung der Weltbevölkerung auf annähernd 12 Milliarden bis zum Erreichen des prognostizierten stationären Zustandes Mitte des 22. Jahrhunderts wird gerechnet.

Nach seiner Seßhaftwerdung erwies sich der Mensch aber nicht nur als auffälliger Umweltausbeuter, sondern auch als großer Umweltverschmutzer. Waren die Belastungen bis zu Beginn des 19. Jahrhunderts im wesentlichen ein lokales Problem, so veränderte sich in den vergangenen 150 Jahren die Umweltsituation grundlegend. Mit der Industrie, der Energiegewinnung aus fossilen Energieträgern und – etwas später – mit dem Kraft- und Flugverkehr sowie der Intensivlandwirtschaft kamen vier Emittentengruppen hinzu, deren Ausstoß an umweltbelastenden Stoffen die bisherigen Emissionen nach Zahl und Menge größenordungsmäßig übertreffen. Naturfremde Stoffe, die Xenobiotika, stellen eine zusätzliche und neuartige Gefahr für die Atmosphäre und Biosphäre dar. Als Folge hoher Emittentendichten bildeten sich regionale Belastungsgebiete mit komplexen, aus vielen Verunreinigungen bestehenden Immissionstypen heraus. Die damit verbundenen Gefahren für den Menschen und seine Umwelt wurden in ihrer Bedeutung zunächst nicht erkannt. Zu groß war das Vertrauen in die Selbstreinigungskraft fließender Gewässer und in das endlos erscheinende „Luftmeer“, als daß man sich bleibende Folgen hätte vorstellen können. Erst als in der zweiten Hälfte des 20. Jahrhunderts lokale Katastrophen und großräumige Belastungen auftraten, begannen die industrialisierten Länder vorbeugenden Umweltschutz in erweitertem Maße zu betreiben. Zu spät, wie sich bald herausstellte. Bestimmte Umweltveränderungen, wie der Anstieg des troposphärischen Ozongehalts und klimawirksamer Spurengase sowie der Ozonabbau in der Stratosphäre und die daraus resultierende erhöhte UV-B-Strahlung, hatten inzwischen eine überregionale oder gar globale Dimension erlangt. Direkt oder indirekt sind davon alle Kompartimente von Ökosystemen betroffen, die Medien Boden, Wasser und Luft ebenso wie der Organismenbestand und die daraus resultierenden übergeordneten ökosystemaren Strukturen und Funktionen. Der über die Jahrtausende schleichende Wandel von der Bedrohung des Menschen durch die Natur zur wahren Bedrohung der Natur durch den Menschen hat sich seit Beginn der industriellen Revolution zur globalen Dimension ausgeweitet.

Art und Umfang der Umweltbelastungen und der Umweltschäden hatten weltweit einen starken Anstieg der Forschungsaktivitäten zur Folge. Zur Entstehung, Verbreitung und Wirkung von Luft-, Wasser- und Bodenverunreinigungen auf die Biosphäre liegt mittlerweile eine unübersehbare Zahl von Publikationen vor. In ihrer Gesamtheit enthalten sie vielfältige Erkenntnisse über vorliegende Gefahren und Möglichkeiten, ihnen zu begegnen. Indessen lassen sich Handlungsbedarf und Handlungsmöglichkeit selten aus einzelnen Veröffentlichungen ableiten. Auch die bereits vorliegenden zusammenfassenden Darstellungen zu einzelnen Komponenten oder Teilsystemen erschließen das Erkenntnispotential für Belange des praktischen Umweltschutzes und für Aus- und Fortbildung unzureichend. Das gilt insbesondere für das Zusammenwirken der verschiedenen Belastungsarten, die Interaktionen der beeinflußten Kompartimente und die daraus resultierenden ökosystemaren Folgen.

Es erscheint daher zunehmend wichtiger, auch wesentlich größere Ausschnitte aus der Umweltforschung zusammenfassend zu behandeln. Die drei Bände der vorliegenden Buchreihe, in jeweils zwei Teilbände unterteilt, dokumentieren und beschreiben die Entstehung und Verbreitung von Belastungen der Medien Boden, Wasser und Luft mit chemischen Verunreinigungen, Radionukliden und erhöhter UV-Strahlung und die dadurch bedingten Wirkungen auf die Atmosphäre sowie die terrestrischen und aquatischen Ökosysteme. Der Bewertung von Belastung und Belastbarkeit von Ökosystemen und Ökosystemteilen wird besondere Beachtung geschenkt. Mit der weiter zunehmenden Globalisierung wird es künftig noch mehr als heute in allen Ländern auf den vorbeugenden Umweltschutz ankommen. Dementsprechend werden hier auch Prognosen über Gefährdungspotentiale vorgenommen und Möglichkeiten zu ihrer Bewältigung aufgezeigt, soweit die vorliegenden Erkenntnisse bei Anwendung anerkannter Bewertungsmethoden dies erlauben.

Mit der gewählten Zielsetzung und Themenbreite wird ein großer Benutzerkreis angesprochen, der sich in vier Zielgruppen unterteilen läßt: Wissenschaftler, insbesondere aus den naturwissenschaftlichen Disziplinen, Lehrer an Hochschulen und Schulen sowie Studenten, Verantwortliche für den praktischen Umweltschutz in Politik, Wirtschaft und Verwaltung sowie Bevölkerungskreise, die an Umweltschutzfragen interessiert sind. Verständliche Einführungen, Erläuterungen zu komplizierten Zusammenhängen, instruktive Abbildungen und ein umfangreiches Glossar sollen die Lektüre erleichtern.

In den Bänden 1A und 1B „Atmosphäre" werden die anthropogenen und biogenen Emissionen dokumentiert und bewertet, die wichtigsten chemisch-physikalischen Vorgänge in der Troposphäre sowie die Immissions- und Depositionsverhältnisse beschrieben und schließlich Ursachen und Prozesse des Ozonabbaus in der Stratosphäre und seine Bedeutung für die UV-Strahlung ebenso behandelt wie die möglichen

Folgen ansteigender Gehalte von Treibhausgasen für das Stadt-, Regional- und Globalklima.

In den Bänden 2A und 2B „Terrestrische Ökosysteme" werden unter Bezug auf die Darlegungen in den beiden Teilbänden „Atmosphäre" die Auswirkungen anthropogener Veränderungen in der Atmosphäre auf Boden, Pflanze und Tier einschließlich der quantitativen Beziehungen zwischen Immission und Wirkung dargestellt, die Gefahren für bestimmte Biozönosen und Ökosysteme prognostiziert und schließlich Konzepte und Methoden für Abhilfemaßnahmen unterbreitet.

In den Bänden 3A und 3B „Aquatische Systeme" werden die Veränderungen und Belastungen der Seen, Fließgewässer, Küstengewässer und des Grundwassers behandelt sowie ihre Auswirkungen auf die Organismen und die ökologischen Prozesse erläutert und quantifiziert. Zusätzlich werden Konzepte und Methoden zur Vermeidung bzw. zur Minimierung der verschiedenen Belastungsfaktoren und Schädigungen der Gewässer vorgestellt.

Die Errungenschaften in Naturwissenschaft und Technik haben mit der industriell-ökonomischen Revolution einen beispiellosen Zivilisationssprung ausgelöst, zum Segen der Menschen, jedoch mit vielen nicht vorausgesehenen Neben- und Folgewirkungen. Wissenschaft und Technik stellen aber auch Ergebnisse, Handlungsanweisungen und Instrumente zur Verfügung, mit deren Hilfe sich Belastungen voraussagen, vermeiden oder vermindern und vorliegende Schäden kompensieren oder gar beheben lassen. Herausgeber und Autoren hoffen, mit der vorliegenden Buchreihe in diesem Sinne einen Beitrag zum verantwortungsvollen Umgang mit dem begrenzten Naturpotential als Grundvoraussetzung für die nachhaltige zukunftsverträgliche Entwicklung von Ökonomie und Ökologie in globaler sozialer Verantwortung zu liefern.

Eine Buchreihe in der vorliegenden Themenbreite kann heute nur noch von einem Team von Spezialisten aus verschiedenen naturwissenschaftlichen Disziplinen bearbeitet werden. Ich habe einem großen Kreis von Fachkollegen dafür zu danken, daß sie sich neben ihren vielfältigen anderweitigen Verpflichtungen zur Mitarbeit bereit gefunden haben. Die stets sachliche und konstruktive Zusammenarbeit hat das Vorhaben sehr gefördert. Besonderen Dank schulde ich dem Mitherausgeber der Bände „Aquatische Systeme", Herrn Privat-Dozent Dr. G. Gunkel, sowie den Herren Professoren Dr. U. Arndt, Dr. K. H. Becker, Dr. A. Ebel, Dr. H.-J. Jäger, Dr. W. Kuttler, Dr. D. Möller, Dr. H. J. Weigel, Dr. O. Wienhaus, Dr. R. Zellner und Herrn Dr. D. E. Meyer für klärende und anregende Gespräche. Meinen langjährigen Mitarbeitern Frau H. Braun und Herrn Dr. J. Bücker danke ich für die tatkräftige Unterstützung bei der Herausgabe der Buchreihe, Herrn Dr. D. Czeschlik und Frau U. Gramm vom Springer Verlag für die verständnisvolle und erfolgreiche Zusammenarbeit.

Meiner Ehefrau Beatrice danke ich sehr herzlich dafür, daß sie mein zeitraubendes berufliches Engagement bis über die Emeritierungsgrenze hinaus stets mit viel Verständnis begleitet hat.

Essen
September 2000 Robert Guderian

Vorwort zum Band „Terrestrische Ökosysteme"

Als Folge anthropogener Veränderungen der Atmosphäre hat sich im Verlauf der zweiten Hälfte des 20. Jahrhunderts die Belastung der Biosphäre mit chemisch und physikalisch wirkenden Faktoren grundlegend verändert. Die ehemals lokalen und die wenigen regionalen Belastungsherde vornehmlich mit Schwefeldioxid, Fluoriden und Schwermetallen sind durch überregionale Belastungszonen mit komplexen Immissionen aus ökotoxikologisch und trophisch wirkenden Komponenten erweitert worden. Mit den sekundären Luftverunreinigungen in Form der Photooxidantien ist eine neue phytotoxische Komponentengruppe hinzugekommen, die inzwischen weltweit die größten Pflanzenschäden verursacht. Waren im ersten Jahrhundert der „Rauchschadensforschung" bis nach dem 2. Weltkrieg die direkten Einflüsse gasförmiger Luftspurenstoffe auf die oberirdischen Pflanzenorgane sowie die Schädigung von Nutz- und Wildtieren durch kontaminierte Nahrung allein von ausschlaggebender Bedeutung, so kamen jetzt die indirekten Wirkungen auf und über den Boden als Folge langanhaltender Deposition von Säurebildnern und eutrophierend wirkenden Komponenten hinzu.

Mit der Anreicherung treibhauswirksamer und ozonabbauender Gase wie CO_2, CH_4, N_2O und FCKWs ist ein fundamentaler Wandel in der Belastung der Atmosphäre verbunden. Aufgrund ihrer langen atmosphärischen Lebensdauer breiten sie sich über den ganzen Erdball aus, gelangen in wirksamen Konzentrationen bis in die Stratosphäre, verändern im übergeordneten System Atmosphäre neben chemischen physikalische Parameter und beschwören damit die Gefahr globaler Veränderung von Klima und elektromagnetischer Strahlung an der Erdoberfläche herauf. Auf diese Weise werden erstmals in der Geschichte der durch den Menschen verursachten Luftverunreinigungen die Schutz- und Versorgungsfunktionen der Atmosphäre und damit die natürlichen Wechselwirkungen zwischen Atmosphäre und Biosphäre bedroht. Vom langanhaltenden Einfluß komplexer Immissionstypen auf direkten und indirekten Weg sind alle Kompartimente in terrestrischen

Ökosystemen betroffen, ihre Struktur in Form von Boden, Klima, Pflanze und Tier ebenso wie deren Funkionen mit Folgewirkungen auf die Systeme.

In den vorliegenden beiden Teilbänden werden anhand der ökotoxikologisch wichtigsten Faktoren die Wirkungen veränderter Atmosphärenparameter auf terrestrische Ökosysteme dokumentiert, analysiert und bewertet. Dabei wird offenbar, daß insbesondere dank der Erkenntnisse in der ökotoxikologsichen Forschung und des daraus resultiernden Zwanges zur Verminderung von Emission und Immission in den meisten industrialisierten Ländern wesentliche Verbesserungen in der Belastung mit „klassischen" Immissionskomponenten erzielt worden sind, aus dem „globalen Wandel" in der Umweltbelastung aber fundamentale neue Gefahren resultieren. Herausgeber und Autoren hoffen, mit der vorliegenden Dokumentation und Bewertung des aktuellen Wissenstandes und mit den quantitativen Angaben zur Belastung und Belastbarkeit verschiedener Teile in terrestrischen Ökosystemen mitzuhelfen, den neuen Herausforderungen nachhaltig zu begegnen, vor allem über vorbeugende Immissionsschutzmaßnahmen.

In Bd. 2A werden nach einer Übersicht über die vielfältigen Reaktionen terrestrischer Ökosysteme auf Immissionen die Wirkungen auf Boden und Bodenorganismen dargestellt. Der nachfolgende Hauptabschnitt befaßt sich mit grundsätzlichen Fragen, welche die Wirkungen auf Pflanzen bestimmen. Abschließend werden die Effekte wichtiger Luftspurenstoffe auf Pflanzen und Biozönosen behandelt.

In Bd. 2B werden die Monographien über Wirkungen wichtiger luftchemischer Faktoren fortgesetzt, ergänzt durch Beiträge zum Einfluß von Radionukliden und veränderter UV-B-Strahlung auf Boden und Pflanzen. Wie sich klimatische und luftchemische Faktoren auf die Vegetation in der Vergangenheit ausgewirkt haben und welche Auswirkungen von anthropogenen Klimaänderungen in Zukunft möglich erscheinen, ist Gegenstand weiterer Erörterung. Mit den Methoden zur Erkennung und Überwachung von Belastungen und den Immissionswirkungen auf Nutz- und Wildtiere schließt Bd. 2B.

Essen
September 2000

Robert Guderian

Inhaltsverzeichnis

Mitarbeiterverzeichnis

Prof. Dr. Uwe Arndt
Lindenstr. 29, D-72657 Altenriet
Tel.: 07127/3972, e-mail: Marlies u. Dr.U.Arndt@t-online.de

Prof. Dr. W. Cramer
Potsdam-Institut für Klimafolgenforschung e.V.
Telegraphenweg 4, D-14412 Potsdam
Tel.: 0331/288 2521, e-mail: Wolfgang.Cramer@pik-potsdam.de

Dr. Ludger van der Eerden
TNO Voeding
Wassenaarseweg 64, NL-2333 AL Leiden
e-mail: vanderEerden@voeding.tno.nl

Prof. Dr. Andreas Fangmeier
Institut für Landschafts- und Pflanzenökologie 320,
Fg Pflanzenökologie und Ökotoxikologie
Schloß Mittelbau (West), D-70599 Stuttgart
Tel. 0711/4 59-21 89, e-mail: afang@uni-hohenheim.de

Prof. Dr. Dr. h.c. Burkhard Frenzel
Universität Hohenheim, Institut für Botanik 210
D-70593 Stuttgart
Tel.: 0711 459 2865, e-mail: frenzel@pkdp.botanik.uni-hohenheim.de

Prof. Dr. Robert Guderian
Universität Essen, Institut für Angewandte Botanik
Universitätsstr. 5, D-45117 Essen, privat: Berghausweg 6, D-45149 Essen
Tel.: 0201/71 74 60, e-mail: guderian@uni-essen.de

Prof. Dr. Gottfried Halbwachs
Zentrum für Umwelt und Naturschutz der Universität für Bodenkultur
Gregor Mendel Str. 33, A-1180 Wien
Tel.: 0043/1/47654 4501, e-mail: H230S0@edv.1.boku.ac.at

Prof. Dr. med. vet. Hans-Jürgen Hapke
Tierärztliche Hochschule, Institut für Pharmakologie
Bünteweg 17, D-30559 Hannover, privat: Kantstr. 7, D-31275 Lehrte
Tel.: 05175/7319, e-mail: H-J.Hapke@t-online.de

Prof. Dr. Mohamed Helal
Bundesforschungsanstalt für Landwirtschaft
Institut für Agrarökologie, Bundesallee 50, D-38116 Braunschweig
Tel.: 0531/596 25 66, e-mail: Mohamed Helal@FAL.de

Prof. Dr. Dr. h.c. Hans-Jürgen Jäger
Justus-Liebig-Universität Gießen, Institut für Pflanzenökologie
Heinrich-Buff-Ring 26–32, D-35392 Gießen
Tel.: 0641/99 35300/01
e-mail: Hans-Jürgen.Jaeger@bot.2.bio.uni-giessen.de

Prof. Dr. Hartmut Kenneweg
TU Berlin, Institut für Landschaftsentwicklung
Franklinstr. 28/29, D-10587 Berlin
Tel.: 030/314 73290, e-mail: Kenneweg@ile.TU-Berlin.de

Dr. Georg H.M. Krause
Landesumweltamt Nordrhein-Westfalen
Wallneyerstr. 6, D-45133 Essen
Tel.: 0201/7995 215, e-mail: georg.krause@lua.nrw.de

PD Dr. Uwe Kierdorf
Justus-Liebig-Universität Gießen
Institut für Allgemeine und Spezielle Zoologie
Heinrich-Buff-Ring 26-32 (IFZ), D-35392 Gießen
Tel. 02266/45887, e-mail: kierdorf@lindlar.de

Prof. Dr. Horst Kierdorf
Universität Hildesheim, Institut für Biologie und Chemie
Marienburger Platz 22, D-31141 Hildesheim
Tel.: 05121-883-913, e-mail: kierdorf@rz.uni-hildesheim.de

Prof. Dr. Winfried Kronberger
Botanisches Institut der Universität für Bodenkultur
Gregor Mendel Str. 33, A-1180 Wien
Tel.: 0043/1/47654 3153

Prof. Dr. Burghard v. Lüpke
Universität Göttingen, Institut für Waldbau
Büsgenweg 1, D-37077 Göttingen
Tel.: 0551/39 3672, e-mail: bluepke@gwdg.de

Dr. Remy Manderscheid
Bundesforschungsanstalt für Landwirtschaft
Institut für Agrarökologie
Bundesallee 50, D-38116 Braunschweig
Tel.: 0531/596 25 79, e-mail: manderscheid@poet.fal.de

Dr. Michael McLachlan
Universität Rostock, Institut für Ostseeforschung Warnemünde
Postfach 301161, D-18112 Rostock
Tel. 0381/5197 300, e-mail: michael.mclachlan@io-warnemuende.de

Carmen Nemetz
Botanisches Institut der Universität für Bodenkultur
Gregor Mendel Str. 33, A-1180 Wien
Tel.: 0043/1/47654 4501, e-mail: H230S0@edv1.boku.ac.at

PD Dr. Herwig G. Paretzke
GSF-Forschungszentrum für Umwelt und Gesundheit
Institut für Strahlenschutz
Ingoldstädter Landstr. 1, D-85758 Neuherberg
Tel.: 089/3187 4006, e-mail Paretzke@gsf.de

Prof. Dr. Manfred Tevini
Universität Karlsruhe, (TH), Botanik II (Pflanzenphysiologie)
Kaiserstr. 12, D-76128 Karlsruhe
Tel.: 0721/608 3841, e-mail: Manfred.Tevini@bio.geo.uni-karlsruhe.de

Prof. Dr. Hans-Joachim Weigel
Bundesforschungsanstalt für Landwirtschaft
Institut für Agrarökologie
Bundesallee 50, D-38116 Braunschweig
Tel.: 0531/596 25 01, e-mail: Hans.Weigel@FAL.de

Prof. Dr. Volkmar Wolters
Justus Liebig Universität Gießen
Institut für Allgemeine und Spezielle Zoologie
Stephanstr. 24, 35390 Gießen
Tel.: 0641/99 35700, e-mail: volkmar.wolters@allzool.bio.uni-giessen.de

1 Wirkungen von Immissionen auf Pflanzen und Biozönosen

1.1 Stickstoffoxide

R. GUDERIAN UND R. MANDERSCHEID

1.1.1 Einleitung

Unter den verschiedenen in der Troposphäre vorkommenden anthropogenen Oxiden des Stickstoffs sind Stickstoffdioxid (NO_2) und Stickstoffmonoxid (NO) aufgrund ihrer überregionalen Verbreitung, ihres Phytotoxizitätsgrades, ihrer trophischen Wirkung im niedrigen Konzentrationsbereich, ihres Beitrages zu den säurehaltigen Niederschlägen und als Präkursoren für die Bildung von Photooxidantien als die wichtigsten die Vegetation beeinflussenden Luftverunreinigungen einzustufen. Aus den verschiedenen Wirkungswegen und Wirkungsarten von Stickstoffoxiden in terrestrischen Ökosystemen folgt, daß die Erforschung und Beurteilung ihrer Wirkung als Luftschadstoff auf große Schwierigkeiten stößt. Das gilt in besonderem Maße für die Ermittlung quantitativer Zusammenhänge zwischen Immission und Wirkung (Guderian u. Tingey 1987).

Stickstoff, wichtiger Baustein der Proteine und Nukleinsäuren und damit essentielles Makronährelement für alle Lebewesen, zirkuliert innerhalb des „Stickstoffkreislaufs" in der Biosphäre (s. hierzu Bd. 1B, Kap. 4.3). Die meisten Primärproduzenten vermögen den Stickstoff der Luft, die Hauptstickstoffquelle in der Biospäre, nicht zu nutzen. Nur wenige Prokaryoten, wie die in Symbiose mit Leguminosen lebenden Rhizobiumarten und frei im Boden vorkommende diazotrophe Bakterien, vermögen N_2 zu assimilieren, d.h. zu NH_3 zu reduzieren und damit für die Pflanzen nutzbar zu machen. Wachstum und Entwicklung der meisten Pflanzen werden jedoch hauptsächlich durch die im Zuge der Remineralisierung der Streu freigesetzten pflanzenaufnehmbaren Stickstoffmengen im Boden reguliert. Da der mineralische Stickstoff in

Form von Nitrat und Ammonium auf tonarmen Böden leicht der Auswaschung unterliegt, ist in humiden Gebieten Stickstoff ein entscheidender, die Zusammensetzung und das Wachstum der Vegetation bestimmender Faktor. Schließlich sind die denitrifizierenden Bakterien zu nennen, die aus dem Nitratvorrat des Bodens beständig Stickstoff freisetzen und ihn als N_2 oder N_2O in die Luft zurückführen. Der biochemische Kreislauf des Stickstoffs mit seiner „pflanzeninternen" und „ökosysteminternen" Zirkulation ist Teil der Selbstregulation von natürlichen Ökosystemen.

Antropogene Stickstoffeinträge in die Atmosphäre können auf vier Wegen und auf verschiedene Art und Weise terrestrische Ökosysteme beeinflussen durch

- direkte Einwirkungen auf die oberirdischen Pflanzenorgane,
- indirekte Wirkungen nach Deposition zum Boden (s. Kap. 1.3),
- erhöhte Emission denitrifizierter N-Verbindungen an die Atmosphäre (s. Bd. 1A, Kap. 2.4.2 und Bd. 1B, Kap. 4.3.4 und durch
- Beteiligung als Präkursoren bei der Photooxidantienbildung (s. Bd. 1A, Kap. 3.2).

Im vorliegenden Kapitel werden allein die direkten Wirkungen als Folge der trockenen Deposition, d.h. als Folge des direkten Übergangs der Gase von der Atmosphäre in die Pflanzenorgane behandelt. Die anderen Wirkungswege werden in den o.g. Kapiteln erörtert.

Die direkten Wirkungen von Stickstoffoxiden auf Pflanzen werden primär durch die Höhe und Konstellation der Immissionsbelastung (s. Bd. 2A, Kap. 3.4.1.1), sekundär durch den autonom und umweltbedingten Resistenzgrad der betroffenen Pflanzen bestimmt (s. Bd. 2A, Kap. 3.4.3.1). In den folgenden Abschnitten von 1.1.2 werden die verschiedenen Wirkungsformen beschrieben, angefangen bei der Aufnahme von NO_x über die metabolischen Vorgänge auf zellulärer Ebene bis hin zu den Auswirkungen auf die ganze Pflanze. Ausgewählte Beispiele von Dosis-Wirkung-Beziehungen sowie die Richtwerte (1.1.3) dienen der Abschätzung der von NO_x ausgehenden Vegetationsgefährdung. Abschließend wird die ökotoxikologische und ökologische Relevanz von NO_x-Immissionen für terrestrische Ökosysteme skizziert (Abschn. 1.1.4).

1.1.2 Wirkungsmechanismen

1.1.2.1 Aufnahme der Stickstoffoxide durch die Pflanzen

Die treibende Kraft für den Austausch eines Spurengases zwischen der Atmosphäre und der Biosphäre ist der chemische Potentialgradient zwischen den beiden Kompartimenten. Für den Fluß (F) in ein Einzelblatt oder einen Pflanzenbestand gilt:

$$F = k\,(C_o - C_i)$$

Die Konstante k beinhaltet die Blattleitfähigkeit oder die Depositionsgeschwindigkeit in den Bestand für das entsprechende Spurengas und hat die Dimension cm s^{-1}. C_o ist die Konzentration über dem Blatt bzw. Bestand und C_i der entsprechende Wert im Blatt bzw. Bestand.

Die Depositionsgeschwindigkeit k für Stickstoffoxide (NO und NO_2) beinhaltet mehrere Teilprozesse (Wellburn 1990):

- den turbulenten Transport der Stickstoffoxide aus der freien Atmosphäre in die laminare Grenzschicht an der Blattoberfläche,
- den Transport durch die Grenzschicht,
- die Aufnahme über die Blattstomata und die Blattkutikula sowie
- die anschließende Metabolisierung in den Mesophyllzellen des Blattes, was als Mesophyllleitfähigkeit bezeichnet wird.

Die Aufnahmerate der Stickstoffoxide durch einzelne Blätter, ganze Pflanzen oder Pflanzenbestände wurde in einer Vielzahl von Experimenten ermittelt (Segschneider 1995; Wellburn 1990). In der Regel wurde eine lineare Beziehung zwischen der Aufnahmerate und der angebotenen Stickstoffoxidkonzentration festgestellt. Entsprechende Versuche wurden mit Konzentrationswerten von bis zu 5–10 ppm durchgeführt. Das entspricht einem Vielfachen der Stickstoffoxidkonzentrationswerte in belasteten Regionen. Die Auftragung des pflanzlichen NO_x-Gasaustausches gegen die Konzentration in der Umgebungsluft lieferte im unteren Wertebereich eine Gerade durch den Nullpunkt.

Neuere Untersuchungen, die vor allem durch eine Verbesserung der NO_x-Analysatoren ermöglicht wurden, zeigten jedoch, daß Pflanzen bei sehr niedrigen Konzentrationen keine Stickstoffoxide mehr aufnehmen, sondern emittieren (Segschneider 1995; Thoene et al. 1996; Weber u. Rennenberg 1996a,b). Nach diesen Befunden gibt es einen Kompensationspunkt, bei dem sich die NO_x-Aufnahme und -Abgabe im Gleichgewicht befinden. Für NO soll dieser Wert über 50 ppb liegen, und der NO_2-Kompensationspunkt betrug ca. 1–2 ppb für Fichte und Weizen.

Die NO_x-Depositionsgeschwindigkeit über Pflanzenbeständen wurde mittlerweile mit unterschiedlichen Methoden und bei verschiedenen Pflanzenspezies gemessen (Wellburn 1990). Bei Tag wurden stets höhere Werte als bei Nacht gefunden. Außerdem wurde eine starke Abhängigkeit von der Pflanzenspezies festgestellt. So lagen die Maximalwerte der Depositionsgeschwindigkeit bei Nadelbäumen mit ca. 0,5 cm s^{-1} am niedrigsten, gefolgt von den Laubbäumen mit ca. 1 cm s^{-1}. Die höchsten Werte mit ca. 2–4 cm s^{-1} wurden bei schnellwachsenden krautigen Pflanzen festgestellt (Hanson et al. 1989; Hill 1971; Weber u. Rennenberg 1996b). Die Depositionsgeschwindigkeit für NO liegt ca. eine Größenordnung niedriger als die von NO_2. Weber u. Rennenberg (1996b) kommen aufgrund neuerer Untersuchungen an Weizenbeständen sogar zu dem Schluß, daß in erster Linie Bodenprozesse für den NO-Gasaustausch zwischen Biosphäre und Atmosphäre verantwortlich sind. Die bisher gefundenen NO_x-Depositionen in Forstökosystemen reichen von 0,1 bis 2 kg N pro Hektar und Jahr an Standorten mit niedriger Belastung bis zu 12 kg N ha^{-1} a^{-1} an stark belasteten Waldstandorten (Hanson et al. 1989). Für eine Obstplantage in England wurden mit einer jährlichen Deposition von 4 kg NO_x–N pro Hektar vergleichbare Werte gemessen (Walton et al. 1997). Für ein Weizenfeld wurde ein Eintrag von 12 kg N ha^{-1} a^{-1} ermittelt (Weber u. Rennenberg 1996b), und Untersuchungen an Grünlandökosystemen ergaben jährliche NO_x-Einträge in ähnlichem Umfang (Grünhage et al. 1994; Hesterberg et al. 1996, vgl. hierzu Kap. 1.3).

Die Depositionsgeschwindigkeit ist ca. 4 bis 10mal so groß wie die Blattleitfähigkeit für Stickstoffoxide, und man findet insbesondere bei krautigen Pflanzen eine enge Korrelation zwischen beiden Größen (Wellburn 1990).

Die Aufnahme der Stickstoffoxide in das Blatt erfolgt in erster Linie über die Spaltöffnungen (Segschneider 1995; Wellburn 1990). Daneben gibt es auch Hinweise für eine kutikuläre Deposition. Die kutikuläre NO_2-Aufnahme ist jedoch um ca. zwei Größenordnungen niedriger als die stomatäre Deposition. Neuere Untersuchungen weisen daraufhin, daß die kutikuläre Deposition mit steigender Luftfeuchte zunimmt (Thoene et al. 1996; Weber u. Rennenberg 1996a). Dies wird damit erklärt, daß sich bei hoher Luftfeuchte ein ultradünner Wasserfilm auf der Blattoberfläche bildet, in dem NO_2 absorbiert wird.

Da die Aufnahme der Stickstoffoxide in das Blatt überwiegend über die Stomata erfolgt, wird die Blattleitfähigkeit für Stickstoffoxide in erster Linie von der Öffnungsweite der Stomata bestimmt. Diese wird stets so reguliert, daß die CO_2-Assimilation bzw. die Photosyntheserate unter den gegebenen Umweltbedingungen maximal und der Wasserverlust bzw. die Transpiration minimal sind. In einer Vielzahl von Untersuchungen wurde gezeigt, daß experimentell induzierte Änderungen der Öffnungsweite der Stomata, gemessen als stomatäre Leitfähigkeit für H_2O, mit einer entsprechenden Änderung der NO_2-Aufnahmerate gekoppelt sind (Wellburn 1990). Hierunter fallen z.B. Experimente mit Variation der Lichtintensität, der Luftfeuchte und der Nährstoffversorgung der Pflanzen. Aber auch interspezifische Differenzen in der stomatären Leitfähigkeit korrelieren mit den gefundenen Unterschieden in der NO_2-Aufnahmerate, wie z.B. von Okano et al. (1988) an acht Pflanzenspezies aufgezeigt wurde. Die von Hanson et al. (1989) beobachtete große Schwankungsbreite hinsichtlich der NO_2-Depositionsgeschwindigkeit zwischen Koniferen und schnellwachsenden krautigen Pflanzen läßt sich auch mit interspezifischen Differenzen in der stomatären Leitfähigkeit erklären.

Es gibt jedoch Hinweise für die Beteiligung eines Mesophyllwiderstands bei der NO_2-Aufnahme in das Blatt. Weber u. Rennenberg (1996a) fanden bei *Triticum aestivum* eine gute Übereinstimmung zwischen der gemessenen NO_2-Blattleitfähigkeit und dem mit Hilfe der stomatären Leitfähigkeit für H_2O berechneten Wert. Aber bei *Picea abies* war die berechnete Leitfähigkeit höher als die gemessene (Thoene et al. 1996). Murray hat bereits 1984 einen Anstieg der NO_2-Aufnahmerate bei Belichtung beobachtet, der nicht auf einer Änderung der stomatären Leitfähigkeit beruhte. Er verwendete hierzu eine Tomatenmutante, die bei Tag und Nacht eine konstante stomatäre Leitfähigkeit aufwies. Qiao u. Murray (1997) fanden kürzlich, daß eine Reduktion der NO_2-Aufnahmerate unter Ammoniumdüngung oder bei anhaltender NO_2-Begasung mit einer Reduktion des pH-Wertes im Mesophyll gekoppelt war. Dies läßt vermuten, daß der pH-Wert im Mesophyll zum Mesophyllwiderstand beiträgt.

1.1.2.2 Metabolisierung der Stickstoffoxide in der Pflanze

Bevor die Stickstoffoxide von der Pflanze metabolisiert werden können, müssen sie aus der Gasphase im substomatären Raum in die flüssige Phase des apoplastischen Zellwandwassers gelangen. Die Geschwindigkeit dieses Prozesses ist abhängig von der Wasserlöslichkeit des Gases sowie den in der wässrigen Phase ablaufenden Reaktionen mit anderen Stoffen. NO_2 hat im Vergleich zum NO eine wesentlich höhere Löslichkeit in Wasser, was als Grund für die unterschiedlichen

Aufnahmeraten der beiden Gase angesehen wird (Wellburn 1990). Außerdem nimmt man an, daß NO_2 in der wässrigen Phase folgende Disproportionierungsreaktion eingeht:

$$2\,NO_2 + H_2O \rightarrow HNO_2 + HNO_3$$

Bei einem apoplastischen pH-Wert von ca. 6 dissoziiert die starke Säure HNO_3 (pK = –1.4) vollständig zu Nitrat und H^+, während HNO_2 als schwache Säure mit einem pK-Wert von 3,3 nicht vollständig als Nitrit und H^+ vorliegt. Für NO wird eine ähnliche Umsetzung zu Nitrat- und Nitritionen vermutet, aber mit einer langsameren Umsetzungsgeschwindigkeit.

Experimentelle Überprüfungen der obigen Annahmen warfen zusätzliche Fragen auf. So ist die von Lee u. Schwartz (1981) gemessene Reaktionskonstante der Disproportionierungsreaktion zu niedrig, um damit die beobachtete NO_2-Aufnahmerate in das Blatt zu erklären. Ramge et al. (1993) postulierten daher aufgrund von Modellberechnungen die Beteiligung von Ascorbat nach folgendem Reaktionsschema:

$$\text{Asc-OH} + NO_2^{\bullet} \rightarrow \text{Asc-O}^{\bullet} + HNO_2$$

Diese Reaktion führt nach ihren Berechnungen zu einer wesentlichen Beschleunigung der NO_2-Aufnahmerate, und die so modellierten Werte decken sich mit den NO_2-Flußmessungen. Dem widersprachen jedoch Ammann et al. (1995), da sie bei Kurzzeitbegasungsversuchen mit $^{13}N\text{-}NO_2$ mehr Nitrat und weniger Nitrit im Apoplasten fanden als aufgrund des existierenden Modells zu erwarten war. Diese Diskrepanz könnte ihrer Meinung nach jedoch darauf beruhen, daß Nitrit als salpetrige Säure gasförmig entweicht.

Nitrat und Nitrit dienen als Substrate der assimilatorischen Nitratreduktion, bei der Nitrat über die cytosolische Nitratreduktase zu Nitrit reduziert wird und Nitrit mit Hilfe der Nitritreduktase im Chloroplasten in Ammonium umgewandelt wird (Abb. 1.1-1). Letzteres wird durch die Glutaminsynthetase unter ATP-Verbrauch auf die endständige Carboxylgruppe der Glutaminsäure übertragen. Die so gebildete Amidgruppe wird von der Glutamatsynthase zur Synthese von Glutaminsäure aus 2-Oxoglutarsäure verwendet, und die entstandene Amino-Gruppe kann von verschiedenen Aminotransferasen genutzt werden, um die übrigen Aminosäuren zu synthetisieren.

Eine Erhöhung der Nitratreduktase-Aktivität unter NO_2-Belastung wurde 1974 erstmals von Zeevart an Erbsenpflanzen festgestellt. Die Induktion dieses Enzyms durch NO_2-Begasung wurde mittlerweile bei den

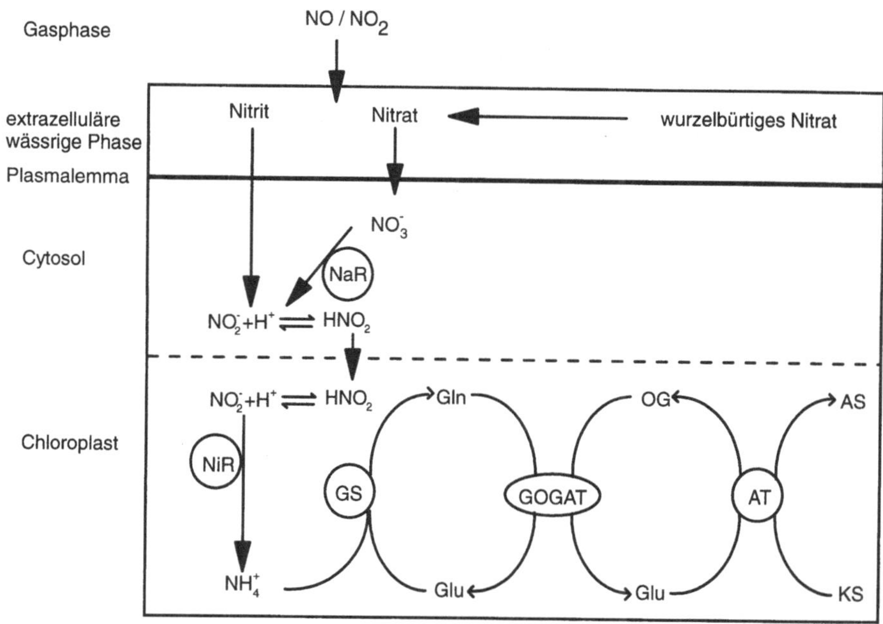

Abb. 1.1-1. Einbau der Stickstoffoxide über die Nitrat- und Ammoniumassimilation im Blattmesophyll. *NaR* Nitratreduktase, *NiR* Nitritreduktase, *GS* Glutaminsynthetase, *GOGAT* Glutamatsynthase, *AT* Aminotransferase, *Gln* Glutamin, *Glu* Glutamat, *OG* 2-Oxoglutarat, *KS* Ketosäure, *AS* Aminosäure.

verschiedensten krautigen Pflanzen, Bäumen sowie auch Moosen und Farnen bestätigt (Hur u. Wellburn 1994; Segschneider 1995; Wellburn 1990). Das Ausmaß der Aktivitätsänderung ist jedoch artspezifisch und abhängig von der Stickstoffversorgung der Pflanze. So wurde bei einer Tomatensorte nach NO_2-Begasung eine Enzyminduktion beobachtet, aber bei einer anderen Sorte sowie zwei Pfeffervarietäten nicht (Wellburn 1990). Die NO_2-Begasung von Gerstenpflanzen bewirkte bei unzureichender Nitratversorgung eine Enzymaktivitätssteigerung um mehrere 100%, während bei Pflanzen mit hoher Nitratversorgung die Aktivität bereits in den Kontrollpflanzen um ein Vielfaches höher lag und die NO_2-Behandlung nur eine 10%ige Steigerung verursachte (Lea et al. 1994).

Andererseits wurde bei Gerstenmutanten mit unterschiedlicher Nitratreduktase-Aktivität keine Beziehung zwischen der Enzymaktivität und der NO_2-Aufnahmerate gefunden (Rowland-Bamford et al. 1989). Dies spricht dafür, daß die Nitratreduktase nicht am Mesophyllwiderstand beteiligt ist. Daneben wurde auch eine Hemmung der Nitratreduktase-Aktivität festgestellt, aber nur bei sehr hohen NO_2-Konzentrationen (Segschneider 1995).

NO bewirkt im Gegensatz zum NO_2 nur selten eine Stimulation der Nitratreduktase-Aktivität, was auf der geringeren Aufnahmerate beruhen könnte oder darauf, daß bei der Lösung im Mesophyll hauptsächlich Nitrit entsteht (Lea et al. 1994; Segschneider 1995).

Die Nitritreduktase wird in der Regel sowohl durch NO als auch NO_2 induziert. Von einem meßbaren Anstieg der Nitrat- und Nitritkonzentration im Blattgewebe wird insbesondere bei Begasung mit hohen NO_x-Konzentrationen berichtet. Das Ausmaß der Änderung ist u.a. abhängig von der Pflanzenspezies und den Wachstumsbedingungen. Eine Zunahme der Nitritkonzentration infolge Überlastung dieses Stoffwechselweges kann zur Beeinträchtigung der Pflanze bis hin zu Wachstumseinbußen führen, auf die weiter unten eingegangen wird.

Die Aktivitäten der Enzyme der Ammoniumassimilation waren unter NO_x-Begasung meist unverändert (Segschneider 1995). Nur bei sehr hoher Dosierung wurde eine Aktivitätssteigerung oder sogar ein Abfall festgestellt. Das Ausbleiben eines NO_x-Effektes bei niedriger Belastung ist durchaus verständlich angesichts der Tatsache, daß die NH_4^+-Syntheserate über die Nitratassimilation nur ca. 10% der photorespiratorischen NH_4^+-Syntheserate beträgt (Lea et al. 1996). Es ist daher zu erwarten, daß die im Zuge der NO_x-Aufnahme zusätzlich anfallenden NH_4^+-Mengen so gering sind, daß die vorhandenen Kapazitäten der Ammoniumassimilation für ihre weitere Umsetzung ausreichen. Die verschiedentlich beobachtete Zunahme der Glutamatdehydrogenase-Aktivitität (Segschneider 1995) wird nicht als Induktion eines alternativen NH_4^+-Assimilationsweges betrachtet, sondern als Zunahme der Desaminierung des Glutamats infolge von Stoffwechselstörungen (Lea et al. 1996).

Der Einbau von Stickstoffoxiden über die Nitrat- und Ammoniumassimilation in die organische N-Fraktion sowie die Translokation innerhalb der ganzen Pflanze wurde mit ^{15}N-NO_2-Markierungsversuchen bestätigt (Rogers et al. 1979; Yoneyama u. Sasakawa 1979).

Auch Anstiege im Gehalt einzelner Aminosäuren wurden verschiedentlich nachgewiesen (Segschneider 1995; Lea et al. 1996). Hierbei ist jedoch zu berücksichtigen, daß die Aminosäurenpools nicht nur von der Neusynthese aus dem NO_2-N gespeist werden, sondern auch aus dem wurzelbürtigen Nitrat-N und dem Proteinturnover. Dementsprechend wurden positive NO_2-Effekte auf die Poolgrößen einzelner Aminosäuren oder die Gesamtaminosäurenkonzentration meist nur bei hohen NO_2-Konzentrationen (>1000 ppb) gefunden (Segschneider 1995). Außerdem war der Effekt größer, wenn die Pflanze unter Stickstoffmangel litt (Lea et al. 1996). Ähnliches gilt für die Wirkung einer NO_x-Begasung auf den Proteingehalt bzw. den Gesamtstickstoffgehalt der Pflanze, wobei positive Effekte im Vergleich zur Wirkung auf den Aminosäurestoffwechsel auch noch bei niedrigeren Konzentrationen zu verzeichnen waren, d.h. bei Werten von 100 ppb NO_2 (Segschneider 1995).

Neben der Metabolisierung der Stickstoffoxide über die Nitrat- und Ammoniumassimilation gibt es experimentelle Befunde, die eine Freisetzung von NO_x aus der Pflanze aufzeigen. Klepper (1979) beobachtete nach der Herbizidbehandlung von Weizenpflanzen einen Anstieg der Nitritkonzentration und konnte eine NO-Emission aus den Blättern nachweisen. Leshem u. Haramaty (1996) fanden eine NO-Emission aus Erbsenblättern nach Streßbehandlung. Dean u. Harper (1988) haben gezeigt, daß die molybdänhaltige Untereinheit der Nitratreduktase von Sojabohnen Nitrit in Stickstoffoxide umwandeln kann, die emittiert werden. Wie bereits oben dargelegt, haben neuere NO_2-Flußmessungen ergeben (Thoene et al. 1996), daß Pflanzen bei sehr niedrigen NO_2-Konzentrationen in der Umgebungsluft Stickstoffoxide emittieren. Welche Prozesse dafür verantwortlich sind, ist jedoch noch nicht geklärt.

1.1.2.3 Phytotoxische Wirkungen

1.1.2.3.1 NO_x-Toxizitätsmechanismen in der Pflanze

Die Mechanismen, über die Stickstoffoxide den Pflanzenstoffwechsel und schließlich das Wachstum beeinträchtigen, sind noch nicht völlig aufgeklärt. Es werden verschiedene Prozesse diskutiert. Toxizitätseffekte wurden jedoch in der Regel erst bei Konzentrationen beobachtet, die deutlich über den freilandrelevanten Stickstoffoxidwerten lagen.

Es ist bekannt, daß NO_2 mit ungesättigten Fettsäuren reagiert und zur Lipidperoxidation bzw. Membranschädigung führen kann (Wellburn 1990). Wegen der niedrigen NO_2-Konzentrationen im Blattgewebe sind derartige Schäden aber eher unwahrscheinlich. Es gibt jedoch Hinweise, daß NO_2 die Lipidbiosynthese hemmt, und nach Nitritbehandlung wurde ein ähnlicher Effekt festgestellt. Ein NO_2-Effekt auf die Lipidbiosynthese könnte daher die Erklärung für das schwammige Aussehen der Blätter nach NO_2-Begasung liefern, das dem Auftreten von Nekrosen vorausgeht.

Nach neueren Untersuchungen reagiert NO mit dem Superoxidanion (O_2^-) über mehrere Zwischenstufen zu NO_2 und dem sehr reaktiven $OH^\bullet$-Radikal, und die dabei entstehenden Intermediate wie Peroxynitrit können ebenfalls zu einer Lipidperoxidation führen (Leshem 1996).

Das bei der Lösung von NO und NO_2 im Apoplasten gebildete Nitration kann wie das wurzelbürtige Nitrat gespeichert oder von der Nitratreduktase umgesetzt werden und stellt somit keine Gefahr für die Pflanze dar. Die dabei anfallenden Protonen bewirken jedoch eine Ansäuerung des Blattes (Qiao u. Murray 1997), was Auswirkungen auf pH-abhängige enzymatische Reaktionen haben kann. Die NO_2-bedingte Versauerung schädigt insbesondere dann die Pflanze, wenn das Nitratangebot über die Wurzel gering ist und damit auch die Möglichkeit, die Protonen bei der Reduktion des NO_3^- zu NH_4^+ zu neutralisieren (Qiao u. Murray 1998).

Die toxische Hauptkomponente scheint Nitrit zu sein. Nitrit wird nach dem Übergang in das Cytosol der Blattmesophyllzellen durch ein Transportprotein in der Chloroplastenmembran als HNO_2 in das alkalische Stroma gepumpt (Shingles et al. 1996). Dort dissoziiert es aufgrund seines pK-Wertes in H^+ und NO_2^- und bewirkt so eine Ansäuerung des Stromas. Dies hat zur Folge, daß die Aktivität von plastidären Enzymen geändert wird und der transthylakoidale pH-Gradient, der für die ATP-Synthese bzw. die Energiegewinnung entscheidend ist, reduziert wird (Wellburn 1990). Außerdem wird eine direkte Beeinträchtigung von Membran- und anderen Proteinen durch Nitrit diskutiert. Ein möglicher Reaktionsmechanismus ist die Bindung des Nitrit an enzymatische Thiolgruppen, die z.B. an der Substratbindung beteiligt sind oder bei einigen Schlüsselenzymen eine wichtige regulatorische Funktion besitzen. Nach *in-vitro*-Inkubation von Thylakoidmembranen mit Nitrit wurde eine Schädigung des wasserspaltenden Proteins vom Photosystem-II-Komplex gefunden. Es wird angenommen, daß dies auf radikalischen Reaktionen beruht.

1.1.2.3.2
Ursachen der inter- und intraspezifischen NO_x-Resistenz

Pflanzen weisen gegenüber NO_x sowohl art- als auch sorten- und individualspezifische Resistenzunterschiede auf (s. Bd. 2A, Kap. 3.4.3.1). Diese sind abhängig von weiteren Faktoren, wie Wachstumsbedingungen (Klima, Wasser- und Nährstoffversorgung) und Entwicklungsstadium der Pflanze. Außerdem haben Konzentrationshöhe und Einwirkungsdauer einen entscheidenden Einfluß auf das Resistenzverhalten, und schließlich hängt die Einstufung von den Kriterien zur Beurteilung der Wirkungen ab. Die bisher vorliegenden Resultate zur NO_x-Toleranz verschiedener Pflanzenarten wurden überwiegend bei hoher Belastung ermittelt. Danach gelten unter den Baumarten insbesondere die Lärche (*Larix decidua*), die Waldkiefer (*Pinus sylvestris*) und die Birke (*Betula pendula*) als sensitiv, während z.B. Buchen (*Fagus sp.*), Ulmen (*Ulmus sp.*) und Eiche (*Quercus robur*) eher zu den NO_x-toleranten Arten gezählt werden (Guderian u. Tingey 1987; Bytnerowicz et al. 1998). Als Wirkungskriterium dienten meist sichtbare Blattschäden. Von den Kulturpflanzen sind insbesondere die Leguminosen sehr empfindlich, wenn sie bei N-Mangel im Boden ihren Bedarf über die N_2-Fixierung decken und dann keine Nitrat- und Nitritassimilation betreiben. Umfangreiche Auflistungen der so ermittelten NO_x-Resistenz von Pflanzenarten sind in „Air Quality criteria for oxides of nitrogen" (U.S. EPA 1993) enthalten. Unter niedrigen, freilandnahen NO_2-Konzentrationen haben Murray et al. (1994) innerhalb der Gattung *Eucalyptus* recht unterschiedliche Reaktionen auf steigende NO_2-Konzentrationen gefunden. Neben diesen Differenzen in der interspezifischen NO_x-Toleranz wurden auch für zahlreiche Pflanzenarten mehr oder minder ausgeprägte sortenspezifische Unterschiede beschrieben (Wellburn 1990; Srivastava et al. 1984; Lea et al. 1996; U.S. EPA 1994).

Durch physiologische und biochemische Begleituntersuchungen wurde versucht, die Mechanismen aufzudecken, die für die unterschiedliche NO_x-Toleranz verantwortlich sind. Anfänglich wurde eine Beziehung zwischen der NO_x-Aufnahmerate und der NO_x-Sensitivität angenommen (Wellburn 1990). Dies konnte jedoch in späteren Untersuchungen nicht bestätigt werden. Mittlerweile geht man davon aus, daß die Kapazität der Nitratassimilation im Blatt eine wichtige Rolle bei der NO_x-Sensitivität einer Pflanze spielt (Wellburn 1990).

Die Nitratassimilation ist bei einzelnen Pflanzenspecies recht unterschiedlich sowohl hinsichtlich ihrer räumlichen Verteilung zwischen Sproß und Wurzel (Andrews 1986) als auch ihrer maximalen Kapazität sowie ihrer Induzierbarkeit durch Nitrat (Srivastava 1980). So gibt es Pflanzen mit einer hohen Nitratassimilationsrate, wobei die Assimilation überwiegend in den Blättern abläuft, und es gibt Spezies, bei denen die Rate viel niedriger ist und die Assimilation hauptsächlich in der Wurzel erfolgt. Außerdem ist die Rate der Nitratassimilation stark lichtabhängig. Dies hat Konsequenzen für die Metabolisierung der im Zuge der NO_x-Aufnahme anfallenden Nitrat- und Nitritionen, und die herausragende Bedeutung der Nitratassimilation für die intra- und interspezifische NO_x-Sensitivität wird u.a. durch folgende Beobachtungen verdeutlicht:

- Die NO_2-Sensitivität ist im Dunkeln höher als im Licht (van Haut und Stratmann 1967; Shimazaki et al. 1992).
- NO_2-sensitive Pflanzen zeigen unter Schadgasbelastung einen stärkeren Nitritanstieg als NO_2-tolerante Pflanzen (z.B. Shimazaki et al. 1992).

- NO_x-tolerante Pflanzen verfügen über eine höhere Aktivität der Nitrat- und/oder Nitritreduktase oder zeigen eine stärkere Induktion dieser Enzyme unter NO_x-Begasung (Lea et al. 1994, 1996; Shimazaki et al. 1992; Wellburn 1990).

Andererseits wurden bei einer Gerstenmutante, die keine Nitratreduktase-Aktivität besaß, keine NO_2-Schäden festgestellt (Rowland-Bamford et al. 1989). Es wird daher vermutet, daß noch weitere Faktoren bei der NO_2-Toleranz eine Rolle spielen (Lea et al. 1996), wie z.B. die Fähigkeit zur Entgiftung von Radikalen (Shimazaki et al. 1992).

1.1.2.4 Auswirkungen von Stickstoffoxiden auf Physiologie und Biochemie der Pflanze

Aufgrund der oben dargelegten Aufnahme und Metabolisierung der Stickstoffoxide sind auch Auswirkungen auf andere Stoffwechselprozesse zu erwarten. Kurzfristige Expositionen mit niedrigen NO_2-Konzentrationen haben meist positive Auswirkungen auf den Pflanzenstoffwechsel vergleichbar einer Stickstoffdüngung. Dies betrifft die bereits oben erwähnten Effekte auf den Stickstoffmetabolismus und zeigt sich in Form eines erhöhten N- und Proteingehalts in der Pflanze (Segschneider 1995). Häufig wurde auch eine Zunahme des Chlorophyllgehalts verzeichnet, während eine Steigerung der Photosyntheserate unter niedriger NO_2-Belastung nur selten festgestellt wurde. Der Schwellenwert für eine Beeinträchtigung der Photosynthese wird von Segschneider in seiner Literaturübersicht (Segschneider) mit 400 ppb bei kurzzeitiger Exposition (<8 h) angegeben. NO bewirkt trotz seiner geringeren Aufnahmerate als NO_2 eine stärkere Hemmung der Photosyntheserate. Als Ursachen für den Photosyntheseabfall werden die in Abschn. 1.1.2.3 erwähnten Toxizitätsmechnismen diskutiert, wie z.B. der pH-Abfall im Stroma mit den entsprechenden Konsequenzen für die Aktivität von Photosyntheseenzymen. Die Transpiration zeigt ebenfalls bei hoher Stickstoffoxidbelastung eine Reduktion. Das Ausmaß ist jedoch geringer und der wirksame NO_2-Konzentrationsbereich deutlich höher als bei der Nettophotosyntheserate (Segschneider 1995). Die Resultate zum NO_x-Effekt auf die Dunkelrespiration sind sehr uneinheitlich. Untersuchungen zum Kohlenhydratmetabolismus verwiesen häufig auf eine Reduktion der Assimilatverlagerung in die Wurzel, da der Kohlenstoff für den Einbau des zusätzlich angelieferten NO_2-N im Blatt benötigt wird. Eine Belastung mit hohen NO_x-Konzentrationen kann zu Änderungen der Gewebe- und Zellstruktur der Pflanze führen.

Zu nennen sind hier das „schwammige" bzw. „wassergetränkte" („water soaked") Erscheinungsbild von Pflanzen als Ausdruck akuter Schädigung durch hohe NO_2-Konzentrationen. Auf ultrastruktureller Ebene wurde ein Anschwellen der Thylakoide beobachtet. Es gibt jedoch keine typischen morphologischen Änderungen, sondern es handelt sich um unspezifische Streßsymptome (Segschneider 1995).

1.1.2.5
NO als stoffwechselregulatorischer Metabolit

In den letzten Jahren hat sich herausgestellt, daß NO bei Säugetieren als endogener stoffwechselregulatorischer Metabolit fungiert (Leshem 1996). Die NO-Synthese wird von einer NO-Synthase nach folgendem Schema katalysiert:

$$O_2 + \text{Arginin} + \text{NADPH} \rightarrow \text{NO} + \text{Citrullin} + \text{NADP}$$

Die biologische Wirkung des NO erfolgt über Nitrosylierung oder Redoxreaktion mit Proteinen. Ein Beispiel ist die Stimulation der Guanylylcyclase, die cGMP synthetisiert, das als Mediator bzw. „second messenger" bei der Hormonwirkung eine Rolle spielt. NO beeinflußt so sehr unterschiedliche Stoffwechselbereiche wie die Immunaktivität, die Erweiterung und Verengung der Blutgefäße sowie die Gedächtnisleistung.

Auch bei Pflanzen gibt es neue Erkenntnisse, die auf eine endogene Synthese und regulatorische Funktionen von NO hinweisen:

- Pflanzen synthetisieren NO (Klepper 1979; Leshem u. Haramaty 1996).
- Unter NO-Begasung erfolgt ein Konzentrationsanstieg des cGMP bei Fichten (Pfeiffer et al. 1994).
- Die experimentelle Einstellung einer niedrigen NO-Konzentration in der Pflanze bewirkt eine Stimulation des Blattwachstums und
- die Einstellung einer hohen NO-Konzentration eine Reduktion des Blattwachstums (Leshem u. Haramaty 1996).

1.1.3
Dosis-Wirkung-Beziehungen und Richtwerte

Von den beiden Stickstoffoxiden hat sich NO_2 als die ökotoxikologisch wichtigere Komponente herausgestellt: Es tritt in höheren Konzentrationen als NO, speziell in den emittentenfernen Gebieten auf (Pfeffer 1985) und hat sich in zahlreichen Untersuchungen als phytotoxischer erwiesen (z.B. Bennet u. Hill 1973). Ein wesentlicher Grund hierfür wird u.a. in seiner höheren Wasserlöslichkeit und der daraus resultierenden – je nach Pflanzenart – 3- bis 20fach höheren Absorptionsrate gesehen (Bengston et al. 1980, vgl. hierzu auch 1.1.2.2).

Zur Abschätzung der von NO_x-Immissionen ausgehenden Vegetationsgefährdung erfolgten inzwischen weltweit zahlreiche Untersuchungen zum quantitativen Zusammenhang zwischen NO_x-haltigen Immissionen und deren Wirkungen auf Pflanzen, und zwar nicht nur mit NO_2 als Einzelkomponente, sondern auch mit Kombinationen aus NO_2, SO_2 und/bzw. O_3. Aus Platzgründen muß hier jedoch auf die Wiedergabe der mittlerweile vorliegenden umfangreichen tabellarischen Auflistungen mit NO_2 als Einzelkomponente (z.B. Guderian u. Tingey 1987; U.S. EPA 1993; Segschneider 1995) ganz verzichtet werden. Nur soviel sei festgestellt: Erste Schadwirkungen auf integrierte Leistungen der Pflanzen, wie Wachstum und Blattgröße, sind erst bei einer NO_2-Konzentration von 40 µg m^{-3} Luft registriert worden, und zwar an Bohnensämlingen (*Phaseolus vulgaris*) nach 5tägiger Exposition (Srivastava u. Ormrod 1984). Häufig treten jedoch in diesem und dem darüberliegenden Konzentrationsbereich bis etwa 100 µg m^{-3} noch keine toxischen Effekte auf, sondern vielfach Wuchsstimulationen, die sich allerdings in naturnahen Ökosystemen häufgig als schädlich erweisen. An Beispielen von Mischimmissionen sollen die Reaktionen von Pflanzen auf definierte Konzentrations-Zeitmuster verdeutlicht werden (s. Tabelle 1.1-1). Prinzipielle Fragen der Wirkungen kombinierter Expositionen auf Pflanzen sind in Kap. 3.4.1.2 erörtert worden.

Daß Kombinationen von NO_2 und SO_2 bereits in niedrigeren Konzentrationen Schadwirkungen auslösen können als die Einzelkomponenten, ist erstmals von Tingey et al. (1971) festgestellt worden. In Tabelle 1.1-1 ist eine Reihe von Versuchen in England mit Gräsern und Baumarten wiedergegeben, die während des Winterhalbjahres (Oktober bis März) 20 Wochen lang NO_2- und SO_2-Konzentrationen von jeweils 0,07 ppm unter natürlichen Licht- und naturnahen Temperaturbedingungen ausgesetzt worden waren. Auffällig sind hier die nahezu durchgehend überadditiven Wirkungen.

Die biochemische Ursache für diese synergistische Reaktionsform ist nach Wellburn et al. (1981) darin zu sehen, daß SO_2 die substratinduzierte Steigerung der Nitritreduktaseaktivität, wie sie unter alleiniger NO_2-Einwirkung aufzutreten pflegt (vgl. hierzu 1.1.2.2), beeinträchtigt oder gar verhindert. Überschüssig anfallendes Nitrit, welches im Falle alleiniger NO_2-Belastung über die Nitritreduktase und das Enzymsystem GS/GOGAT (Glutaminsynthetase/Glutamat Oxoglutarat Aminotransferase) zusätzlich in den Stickstoffmetabolismus eingespeist wird

Tabelle 1.1-1. Wirkungen von NO_2 und SO_2 einzeln und in Kombination auf das Pflanzenwachstum. Daten für NO_2 bzw. SO_2 als Einzelkomponenten sowie NO_2/SO_2 in Kombination geben die prozentuale Abweichung von der Kontrolle als Trockensubstanz an und sind negativ mit Ausnahme der mit + versehenen Zahlen.
IA (Interaktion) = Effekt NO_2/SO_2 – (Effekt von NO_2 + Effekt von SO_2)

Pflanzenart	NO_2 (ppm)	SO_2 (ppm)	Einwirkdauer	Kriterium	NO_2	SO_2	NO_2/SO_2	IA	Quelle
Dactylis glomerata	0,07	0,07	104 h/Woche (20mal)	Blätter	7	28	83	48	Ashenden (1979)
				Stengel	46	52	67	–31	
				Wurzeln	11	37	85	37	
Poa pratensis	0,07	0,07	104 h/Woche (20mal)	Blätter	29	39	88	20	
				Stengel	27	37	57	–7	
				Wurzeln	47	54	90	–11	
Lolium multiflorum	0,07	0,07	104 h/Woche (20mal)	Blätter	20	28	65	17	Ashenden u. Williams (1980)
				Stengel	5	+3	28	26	
				Wurzeln	+35	+7	58	100	
Phleum pratense	0,07	0,07	104 h/Woche (20mal)	Blätter	14	25	84	73	
				Stengel	12	47	64	5	
				Wurzeln	1	58	92	35	
Poa pratensis	0,07	0,07	104 h/Woche (20mal)	Sproß	45	45	74	–16	Whitmore u. Mansfield (1983)
Hordeum vulgare				Blätter	1	18	45	26	
				Stengel	2	5	35	28	
				Wurzel	18	20	51	49	

Tabelle 1.1-1. (Fortsetzung)

Pflanzenart	NO_2 (ppm)	SO_2 (ppm)	Einwirkdauer	Kriterium	NO_2	SO_2	NO_2/ SO_2	IA	Quelle
Populus nigra	0,07	0,07	22 Wochen	Pflanze	0	28	47	19	Freer-Smith (1984)
Tilia cordata	0,062	0,062	6 Wochen	Pflanze	0	37	33	–4	
Malus domestica				Pflanze	0	34	36	2	
Betula pendula				Pflanze	15	39	24	0	
Betula pubescens				Pflanze	0	52	61	9	
Populus nigra				Pflanze	0	0	42	42	
Alnus incana				Pflanze	65	0	0	65	
Lycopersicon esculentum	0,11	0,1	4 Wochen	Blätter	6	11	1	–4	Marie u. Ormrod (1984)
				Stengel	10	8	28	30	
				Wurzel	8	7	36	37	

und bis zu einem gewissen Grad trophisch wirkt, akkumuliert mithin bei gleichzeitiger SO_2-Belastung im Chloroplasten. Dort greift Nitrit als Entkoppler in den Aufbau des zur ATP-Produktion essentiellen Protonengradienten an der Thylakoidmembran ein und nimmt über den Energiehaushalt der Zelle Einfluß auf das Wachstum der Pflanze, welches darüberhinaus zusätzlich auch durch die Einwirkung von SO_2 auf die Photosynthesekapazität beeinträchtigt wird. Eine Untersuchung über lichtinduzierte Protonengradienten in Haferchloroplasten bestätigte, daß die Kombination von Sulfit- und Nitritionen synergistisch bei der Störung des Protonengradienten zusammenwirken (Robinson u. Wellburn 1983). Es überrascht daher nicht, daß gerade diese Kombination zu ausgeprägten Wirkungsverstärkungen führen kann (s. Tabelle 1.1-1).

Es ist bemerkenswert, daß die vorherrschend überadditive Wirkungsform von SO_2 und NO_2 insbesonderte bei Expositionen der Pflanzen im Winter zu beobachten war. Die Ursache hierfür kann in der überproportional verminderten Entgiftungsaktivität der Pflanzen als Folge der niedrigen Temperaturen vermutet werden (Kropff et al. 1990). Bei überjährigen Getreidearten z. B. können sich die verstärkten Kombinationswirkungen im Winter in den nachfolgenden Frühjahrs- und Sommermonaten bis zur Ernte trotz anhaltender Belastung wieder verlieren (z. B. Pande u. Mansfield 1985; Wenzel 1992).

Als Beispiel der Kombinationseffekte von NO_2 und O_3 seien die Untersuchungen von Kress u. Skelly (1982) erwähnt, in der sieben Waldbaumarten Nordamerikas hinsichtlich ihrer Reaktion auf diese Immissionskomponenten in vierwöchiger Exposition gegenüber Konzentrationen von jeweils 0,10 ppm geprüft wurden. Im Gegensatz zu den oben zitierten Expositionen gegenüber NO_2 und SO_2 herrschten hier eindeutig die unteradditiven Wirkungen vor.

Insgesamt gesehen sind die Ergebnisse über den quantitativen Zusammenhang zwischen dem Gehalt der Luft an Mischimmissionen und den Wirkungen auf Pflanzen nicht nur sehr widersprüchlich, sondern auch wegen der Art der Expositionsbedingungen nur bedingt aussagefähig zur Abschätzung immissionsbedingter Gefahren. In den meisten Fällen, wie auch in den oben behandelten Versuchen, wurden die Pflanzen gegenüber unrealistisch hohen Konzentrationen und häufig zugleich in naturfernen Bedingungen gegenüber den zu prüfenden Gasen exponiert. So treten nach Untersuchungen z. B. von Lane u. Bell (1984) sowie von Lefohn et al. (1987) vegetationsgefährdende Konzentrationen von NO_2 und SO_2 sowie NO_2 und O_3 während einer Vegetationsperiode nur recht selten auf. Erst in neueren Experimenten zur Kombinationswirkung wird diesem Aspekt mehr Beachtung geschenkt.

So weisen Bender u. Weigel (1994) zu Recht darauf hin, daß mit ansteigendem Ozongehalt die Konzentrationen von NO_2 als einem Vorläufer stark mit der Ozonbildung abfallen, so daß hohe Konzentrationen beider Gase schon allein deshalb äußerst selten zur gleichen Zeit auftreten. Entsprechende Untersuchungen zur Wirkung sequentieller statt simultaner Exposition gegenüber diesen beiden Komponenten in realistischen Konzentrationen ergaben in 5 Versuchen mit landwirtschaftlichen Pflanzenarten unteradditive Wirkungen, nur in einem Fall lag eine überadditive Reaktion vor (Bender u. Weigel 1994, vgl. hierzu auch Bd. 2A, Kap. 3.4.1.2).

Um die experimentellen Schwierigkeiten bei der Ermittlung von Dosis-Wirkung-Werten unter Kombinationsbelastung zu umgehen, werden in Belastungsgebieten vergleichend die Pflanzenreaktionen auf gefilterte und ungefilterte Außenluft untersucht. In Tabelle 1.1-2 sind die Ergebnisse eines derartigen Open-top-Kammerversuchs, in dem 8 verschiedene Sorten von Weizen, Gerste und Hafer am Standort Essen von der Aussaat bis zur Ernte gegenüber der Umgebungsluft exponiert worden waren, wiedergegeben. Als Kontrolle diente die gefilterte Umgebungsluft, als integratives Maß für die Wirkung der Kornertrag.

Tabelle 1.1-2. Auswirkungen der am Versuchsstandort Essen herrschenden Immissionsbelastung auf den Kornertrag von Getreidearten (Wenzel 1992)

Pflanzenart	O_3 (ppb)	SO_2 (ppb)	NO_2 (ppb)	Ertragsreduktion
Triticum aestivum				
cv. Okapi	13	5	24	nein
cv. Kraka	11	7	11	nein
Hordeum vulgare				
cv. Sonate	12	17	13	nein
cv. Corona	11	7	11	nein
Avena sativa				
cv. Flämingsvita	39	3	13	nein
cv. Flämingsnova	22	4	23	nein
Hordeum vulgare				
cv. Golf	39	3	13	nein
cv. Klaxon	39	3	14	nein
Avena sativa				
cv. Flämingsvita	22	4	23	ja
cv. Flämingsnova	22	21	13	ja
Hordeum vulgare				
cv. Golf	22	21	13	ja
cv. Klaxon	22	21	13	ja

Signifikante Auswirkungen auf den Kornertrag der exponierten Getreidearten traten bei Kombinationsbelastungen aus $O_3/SO_2/NO_2$ erst bei Konzentrationen von 22/4/23 bzw. 22/21/13 ppb auf. Der Vorzug einer derartigen Versuchsanordnung besteht auch darin, daß er die Prüfung realer Belastungssituationen unter den am Ort gegebenen Koinzidenzen von Immission und Klima ermöglicht.

Über Auswertung und Bewertung der Untersuchsbefunde zum quantitativen Zusammenhang zwischen Immission und Wirkung haben Expertenkommissionen, wie auch für andere Immissionskomponenten, „wertfreie", d.h. allein auf ökotoxikologischer Indikation beruhende Richtwerte zum Schutz der Vegetation vor NO_x-Immissionen abgeleitet (s. auch Bd. 2A, Kap. 3.4.1.1). Als maßgebende Grundlage für diese Richtwertfindung dienten die in Expositionen gegenüber Einzelkomponenten gewonnenen Dosis-Wirkung-Werte. Wie aus Tabelle 1.1-3 ersichtlich, weisen die „Air quality criteria" der Weltgesundheitsorganisation (WHO 1987) und die „critical levels" der UN-Kommission (UNECE 1988) mit 30 µg m^{-3} den gleichen numerischen Toleranzwert als Jahresmittelwert aus, wobei das Wachstum als ausschlaggebendes Wirkungskriterium zugrunde gelegt worden ist. Von der UN-Kommission ist zusätzlich noch für biochemisch-physiologische Veränderungen ein Wert <30 µg m^{-3} ausgewiesen worden. Die Fachgremien beider Institutionen haben bei ihrer Richtwertfestlegung explizit mögliche Kombinationswirkungen gleichzeitig vorliegender SO_2- und/oder O_3-Belastungen mit berücksichtigt. 30 µg NO_2 m^{-3} als Jahresmittelwert werden für alle jene Belastungsgebiete als tolerabel angesehen, in denen die Richtwerte für SO_2 und O_3 (vgl. hierzu Bd. 2A, Kap. 4.3 und 4.4) nicht überschritten werden.

Richtwerte können generell nur Näherungen darstellen und sind im vorliegendem Falle mit zusätzlichen Unsicherheiten behaftet: Sie beruhen zuallererst darauf, daß NO_x-Immissionen bis zu einer bestimmten Höhe einen düngenden Effekt ausüben. Der variiert aber nicht nur mit den einzelnen Pflanzenarten stark, sondern auch mit ihrem Versorgungsgrad mit Stickstoff und anderen Nährelementen (vgl. Kap. 1.3). Die Frage, wann stickstoffhaltige Immissionen als Pflanzennährstoff positiv wirken und wann als Schadstoff negativ, ist im Einzelfall nur schwer, wenn überhaupt, verläßlich zu beantworten. Die zweite Unsicherheit resultiert, wie bereits oben erwähnt, daraus, daß die meisten Untersuchungen zum Zusammenhang zwischen NO_x-haltigen Mischimmissionen und Wirkungen in mehr oder minder naturfernen Expositionssystemen erfolgten mit zugleich meistens unrealistisch hohen Konzentrationen.

Alle in den Kombinationsversuchen applizierten niedrigsten Konzentrationen an Schadgasen, die noch zu subadditiven, additiven oder überadditiven Wirkungen geführt hatten, lagen jeweils oberhalb der für die Einzelgase abgeleiteten Richtwerte zum Schutz der Vegetation. Die Ergebnisse aus diesen Untersuchungen reichen folglich nicht aus, Richtwerte für Kombinationsbelastungen mit NO_x-Beteiligung festzulegen, die unterhalb der vorliegenden Richtwerte für NO_2 als Einzelkomponente liegen. Gleichwohl sollte nach derzeitigem Erkenntnisstand die Vegetation vor stickstoffhaltigen Immissionen, die auf direktem Weg auf die Pflanzen einwirken, mit den vorliegenden Richtwerten für NO_2 als Einzelkomponente weitgehend geschützt sein.

Tabelle 1.1-3. Richtwerte zum Schutz der Vegetation vor NO_X ($NO_X = NO + NO_2$, addiert in ppb und ausgedrückt als NO_2 in µg m^{-3})

Verbindung	Schutz-objekt	Wirkungen und Kriterien	Richtwert	Institution
NO_2	Höhere Pflanzen	Wachstums-minderung	30 µg m^{-3} als Jahresmittelwert und 95 µg m^{-3} als 4-Stunden-mittelwert bei gleichzeitigem Auftreten von O_3 in einer Konzentration nicht höher als 60 µg m^{-3} und SO_2 nicht höher als 30 µg m^{-3} jeweils als Jahres-mittelwert	WHO (1987)
NO_2	Höhere Pflanzen	Biochemisch-physiologische Veränderungen	<30 µg m^{-3} als Jahresmittelwert und 95 Perzentil <95 µg m^{-3} bei gleichzeitigem Auftreten von O_3 und/oder SO_2 in Konzentrationen unterhalb ihrer „critical levels“	UNECE (1988)
NO_2	Höhere Pflanzen	Wachstums-minderung	30 µg m^{-3} im Jahresmittel bei gleichzeitigem Auftreten von O_3 und/oder SO_2 in Konzentrationen unterhalb ihrer „critical levels“	

1.1.4
Ökotoxikologische Relevanz von NO_x-Immissionen

Aufgrund der Bemühungen um die Reinhaltung der Luft während der letzten Jahrzehnte sind in Mittel- und Westeuropa die ehemals hohen Belastungen mit Stickstoffoxiden im näheren Umgebungsbreich von Einzelemittenten weitgehend verschwunden. Die gegenwärtige Situation ist insbesondere als Folge der hohen Verkehrsdichte durch großräumige, langanhaltende oder gar Dauer-Belastungen mit niedrigen Konzentrationen gekennzeichnet, die in ländlichen Gebieten in Deutschland selten über Jahresmittelwerte von 30 $\mu g\ m^{-3}$ hinausgehen. In Ballungsräumen werden Werte zwischen 30 bis 60 $\mu g\ m^{-3}$ gemessen (UBA 1997). Dementsprechend kommt es kaum zu sichtbaren Schadwirkungen in Form von Blattnekrosen, verbunden mit nennenswerten Wuchsminderungen. Der entscheidende Einfluß geht heute von den langanhaltenden Einwirkungen niedriger, latent oder chronisch wirkender Konzentrationen aus, im wesentlichen durch Veränderung des Nährstoffstatus von Pflanze und Boden.

Da NO_x nach Aufnahme aus der Luft über die Nitrat- und Nitritreduktase in den N-Stoffwechsel eingeschleußt werden kann, tragen NO_x-Immissionen durch „Blattdüngung" zur Verbesserung der Versorgung der Pflanzen mit Stickstoff bei. Parallel dazu erhöht sich im Verlaufe der Zeit als Folge insbesondere der nassen Deposition das Stickstoffangebot vom Boden her. Der gesamte Düngeeffekt, direkt über die Blätter und indirekt über die Wurzeln, wirkt sich bis zu einer bestimmtem Grenze wuchsfördernd aus, ohne andere physiologische Prozesse zu stören. Eine derartige immissionsbedingte Düngewirkung ist bei landwirtschaftlichen und gärtnerischen Kulturen, die bei konventioneller Anbauweise ohnehin mit mineralischem Stickstoff gedüngt werden, durchweg positiv zu bewerten. Sehr viel differenzierter sind dagegen die trophischen Auswirkungen auf naturnahe Ökosysteme, wie Waldbestände sowie oligotrophe und ombrotrophe Ökosysteme, zu beurteilen. Liegt doch mittlerweile weitverbreitet Stickstoffsättigung vor, d.h. der Eintrag von Stickstoff in nicht landwirtschaftlich genutzte Ökosysteme hat die verwertbare Menge bereits erreicht oder gar überschritten. Die „critical loads", bei deren Einhaltung nach derzeitigen Erkenntnisstand keine signifikanten Veränderungen in Struktur und Funktion von Ökosystmen zu erwarten sind, werden überschritten (s. Kap. 1.3).

Bei diesen Pflanzenformationen kommt es außer auf die Unterscheidung zwischen trophischer und toxischer Wirkung entscheidend darauf an, festzustellen, ab wann eine Wuchsförderung sich aut- bzw. synökologisch sowie ökosystemar nachteilig auszuwirken beginnt. So wird einerseits der erhöhte Stickstoffeintrag auf dem Luftweg zusammen mit dem steigenden CO_2-Gehalt als eine plausible Erklärung für die großräumig verbesserten Wuchsleistungen in den Waldbeständen Europas angesehen (Klädtke 1995; Sterba 1996). Andererseits werden die Kronenverlichtungen und die Nadel-/Blattvergilbungen, wie sie jährlich wiederkehrend in den Waldzustandsberichten dokumentiert werden (BML 1997), insbesondere mit den erhöhten Stickstoffeinträgen, den daraus sowie aus der Bodenversauerung resultierenden Nährstoffungleichgewichten in Boden und Pflanze sowie mit den Änderungen im Waldbinnenklima in Zusammenhang gebracht (Matzner u. Murach 1995; Hofmann 1995). Schließlich sind die Auswirkungen auf die Strauch- und Krautvegetation mit den negativen Folgewirkungen auf die Artenvielfalt, den Wasserhaushalt von Boden und Pflanze sowie auf die Naturverjüngung der Bestände zu erwähnen (Hofmann et al. 1990; Hofmann 1995; Guderian u. Wienhaus 1997).

Bei den nährstoffarmen Heiden und Trockenrasen sind vor allem die Einflüsse auf die gemeinschaftsspezifischen Leistungen der einzelnen Pflanzenarten von ausschlaggebender Bedeutung. An erster Stelle sind hier die Änderungen in den interspezifischen Konkurrenzbedingungen zu nennen. Sie beruhen einerseits auf primären Wirkungen in Form unterschiedlich stark geförderten Wachstums der einzelnen Arten, andererseits auf „sekundären" Schadwirkungen in Form erhöhter Anfälligkeit einzelner Arten gegenüber biotischen oder abiotischen Streß (s. Bd. 2A, Kap. 4.1.3). Bei längerfristiger Einwirkung kommt es, vielfach über Wirkungsketten, zu Änderungen im Sukzessionsgeschehen mit Folgewirkungen auf Zusammensetzung und Biodiversität der Biozönosen (s. Bd. 2A, Kap. 4.1.2).

Die Einhaltung als tolerabel erkannter Stickstoffdepositionen in Form von „critical loads" kann nur über eine Begrenzung der anthropogenen N-Gehalte in der Luft erfolgen. Das setzt jedoch genaue Kenntnisse über den quantitativen Zusammenhang zwischen der deponierten Menge und der $N0_x$-Konzentration in der Luft voraus. Entsprechend differenzierte Untersuchungen unter Beachtung von klimatischen Bedingungen wie Art, Höhe und Verteilung der Niedersdchläge sind unumgänglich. Nur auf diese Weise läßt sich verläßlich klären, ob und inwieweit mit den „critical levels" auch die Einhaltung der „critical loads" gewährleistet ist. Konkreter wird auf diese Frage in Kap. 2 von Bd. 1B eingegangen.

Neben den direkten und indirekten Wirkungen der oxidierten Stickstoffverbindungen auf terrestrische Ökosysteme und auf benachbarte Kompartimente, wie Grundwasser und Oberflächengewässer, darf deren Rolle als Vorläufer für die Oxidantienbildung nicht außer acht gelassen werden. Zwar weisen in der Bundesrepublik Deutschland die NO_x-Emissionen seit Ende der 1980er Jahre einen rückläufigen Trend auf (s. Bd. 1A, Kap. 2.4), die Jahresmittelwerte für Ozon haben sich indessen noch nicht signifikant vermindert (UBA 1998).

1.1.5 Literatur

Ammann M, Stalder M, Suter M (1995) Tracing uptake and assimilation of NO_2 in spruce needles with N-13. J Exp Bot 46:1685–1691

Andrews M (1986) The partitioning of nitrate assimilation between root and shoot of higher plants. Plant Cell Environ 9:511–519

Ashenden TW (1979) The effects of long-term exposures to SO_2 and NO_2 pollution on the growth of *Dactilis glomerata* L. and *Poa pratensis* L. Environ Poll 18:249–258

Ashenden TW, Williams IAD (1980) Growth reduction in *Lolium multiflorum* Lam. and *Phleum pratense* L. as a result of SO_2 and NO_2 pollution. Environ Poll 21: 131–139

Bender J, Weigel H-J (1994) The role of other pollutants in modyfying plant responses to ozone. In: Fuhrer J, Achtermann B (eds) Critical levels for ozone, 246–246

Bengston C, Brostrom CA, Grennfelt P, Skärby L, Troeng E (1980) Deposition of nitrogen oxides to Scots pine (*Pinus sylvestris* L.). In: Draplos D, Tollar A (eds) Ecological impact of acid precipitation. SNSF, Oslo, pp 154–155

Bennett JH, Hill AC (1973) Inhibition of apparent photosynthesis by air pollutants. Environ Qual 2:526–530

BML (Bundesministerium für Ernährung, Landwirtschaft und Forsten) (1997) Waldzustandsbericht der Bundesregierung. Bonn

Bytnerowicz A, Dueck TA, Godzik S (1998) Nitrogen oxides, nitric acid vapor, and ammonia. In: Flagler RB (ed) Recognition of air pollution injury to vegetation: a pictorial atlas, Air and Waste Management Association, Pittsburgh, Pennsylvania

Dean JV, Harper JE (1988) The conversion of nitrite to nitrogen oxide(s) by the constitute NAD(P)H-nitrate reductase enzym from soybean. Plant Physiol 88:389–395

Freer-Smith PH (1984) The responses of six broad leaved trees during long-term exposure to $SO_2$and NO_2. New Phytol 97:49–61

Grünhage L, Daemmgen U, Haenel HD, Jaeger HJ (1994) Response of a grassland ecosystem to air pollutants. 3. The chemical climate - vertical flux densities of gaseous species in the atmosphere near the ground. Environ Pollut 85:43–49

Guderian R, Tingey DT (1987) Notwendigkeit und Ableitung von Grenzwerten für Stickstoffoxide. Umweltbundesamt, Berichte 1/87. Schmidt-Verlag, Berlin

Guderian R, Wienhaus O (1997) Neuartige Waldschäden und Luftverunreinigungen - Analyse und Bewertung aus aktueller Sicht. FAZ/Der Wald 16:891–895

Hanson PJ, Rott K, Taylor GE, Gunderson CA, Lindberg SE, Ross-Todd BM (1989) NO_2 deposition to elements representative of a forest landscape. Atmos Environ 23:1783–1794

Haut H van, Stratmann H (1967) Experimentelle Untersuchungen über die Wirkung von Stickstoffdioxid auf Pflanzen. Schriftenreihe der Landesanstalt für Immissions- und Bodennutzungsschutzes Landes NW 7:50–70, Essen

Hesterberg R, Blatter A, Fahrni M, Rosset M, Neftel A, Eugster W, Wanner H (1996) Deposition of nitrogen-containing compounds to an extensively managed grassland in central Switzerland. Environ Pollut 91:21–34

Hill AC (1971) Vegetation: a sink for atmospheric pollutantts. J Air Pollut Control Assoc 21(6):341–346

Hofmann G (1995) Wald, Klima, Fremdstoffeintrag – Ökologischer Wandel mit Konsequenzen für Waldbau und Naturschutz, dargestellt am Gebiet der neuen Bundesländer Deutschlands. Angew Landschaftsökolog (Bonn) 4:165–189

Hofmann G, Heinsdorf D, Krauss HH (1990) Wirkung atmogener Stickstoffeinträge auf Produktivität und Stabilität von Kiefernökosystemen. Beitr Forstwirtschaft Berlin 24(2):59-73

Hur JS, Wellburn AR (1994) Effects of atmospheric NO_2 on Azolla-Anabaena symbiosis. Ann Bot 73:137–141

Klädtke J (1995) Untersuchungen zum Wachstum der Wälder in Europa. In: Umweltbundesamt (Hrsg) Wirkungskomplex Stickstoff und Wald. Texte 28/95: 120–130. Berlin

Klepper L (1979) Nitric oxide and nitrogen dioxide emissions from herbicide treated soybean plants. Atmos Environ 13:537–542

Kress LW, Skelly JM (1982) Response of several eastern forest tree species to chronic doses of ozone and nitrogen dioxide. Plant Dis 66:1149–1152

Kropff MJ, Smeets WLM, Meijer EMJ, van der Zalm AJA, Baks EJ (1990) Effects of sulfur dioxide on leaf photosynthesis: the role of temperature and humidity. Physiol Plant 665–661

Lane PI, Bell JNB (1984) The effects of simulated urban air pollution on grass yield: part I: description and simulation of ambient pollution. Environ Pollut Ser B 8:245-261

Lea PJ, Rowlandbamford AJ, Wolfenden J (1996) The effect of air pollutants and elevated carbon dioxide on nitrogen metabolism. In: Yunus M, Iqbal M (eds) Plant response to air pollution. Wiley & Sons, West Sussex

Lea PJ, Wolfenden J, Wellburn AR (1994) Influence of air pollutants upon nitrogen metabolism. In: Alscher RG, Wellburn AR (eds) Plant responses to the gaseous environment. Molecular, metabolic and physiological aspects. Chapman and Hall, London

Lee, YN, Schwartz, SE (1981) Reaction kinetics of nitrogen dioxide with liquid water at low partial pressure. J Phys Chem 85:840–848

Lefohn AS, Davis CE, Jones CK, Tingey DT, Hogsett WE (1987) The co-occurance of potentially phytotoxic concentrations of various gaseous pollutions. Atmos Envoron 21:2435–2444

Leshem YY (1996) Nitric oxide in biological systems. Plant Growth Regul 18: 155–159

Leshem YY, Haramaty E (1996) The characterization and contrasting effects of the nitric oxide free radical in vegetative stress and senescence of *Pisum sativum* L. foliage. J Plant Physiol 148:258–263

Marie BA, Ormrod DP (1984) Tomato plant growth with continuous exposure to sulfur dioxide and nitrogen dioxide. Environ Poll 33:257–265

Matzner E, Murach D (1995) Soil changes induced by pollutant deposition and their implication for forests in Central Europe. Water Air Soil Pollut 85:63–76

Murray AJS (1984) Light affects the deposition of NO_2 to the flacca mutant of tomato without affecting the rate of transpiration. New Phytol 98:447–450

Murray F, Monk R, Walker CD (1994) The response of shoot growth of *Eucalytpus* species to concentration and frequency of exposure to nitrogen oxides. Forest Ecol Manage 64:83–95

Okano K, Machida T, Totsuka T (1988) Absorption of atmospheric NO_2 by several herbaceous species: estimation by the 15 N dilution method. New Phytol 109:203–210

Pande PC, Mansfield TA (1985) Responses of winter barley to SO_2 and NO_2 alone and in combination. Environ Pollut 39:281–291

Pfeffer HU (1985) Immissionserhebungen in quellfernen Gebieten Nordrhein-Westfalens. Staub-Reinhaltung der Luft 45:287–293

Pfeiffer S, Janistyn B, Jessner G, Pichorner H, Ebermann R (1994) Gaseous nitric oxide stimulates guanosine-3',5'-cyclic monophosphate (cGMP) formation in spruce needles. Phytochem 36:259–262

Qiao Z, Murray F (1997) The effect of root nitrogen supplies on the absorption of atmospheric NO_2 by soybean leaves. New Phytol 136:239–243

Qiao Z, Murray F (1998) The effect of NO_2 on the uptake and assimilation of nitrate by soybean plants. Environ Exp Bot 10:33–40

Ramge P, Badeck FW, Plochl M, Kohlmaier GH (1993) Apoplastic antioxidants as decisive elimination factors within the uptake process of nitrogen dioxide into leaf tissues. New Phytol 125:771–785

Robinson DC, Wellburn AR (1983) Light-induced changes in the quenching of 9-amino-acridine fluorescence by photosynthetic membranes due to atmospheric pollutants and their products. Environ Poll (Ser A) 32:109–120

Rogers HH, Campbell JC, Volk RJ (1979) Nitrogen-15 dioxide uptake and incorporation by *Phaseolus vulgaris* (L.). Science 206:333–335

Rowland-Bamford AJ, Lea PJ, Wellburn AR (1989) NO_2 flux into leaves of nitrate reductase-deficient barley mutants and corresponding changes in nitrate reductase activity. Environ Exp Bot 29:439-444

Segschneider HJ (1995) Auswirkungen atmosphärischer Stickoxide (NO_x) auf den pflanzlichen Stoffwechsel: Eine Literaturübersicht. J Appl Bot 69:60–85

Shimazaki K, Yu SW, Sakaki T, Tanaka K (1992) Differences between spinach and kidney bean plants in terms of sensitivity to fumigation with NO_2. Plant Cell Physiol 33:267–273

Shingles R, Roh MR, McCarty RE (1996) Nitrite transport in chloroplast inner envelope vesicles. I. Direct measurements of proton-linked transport. Plant Physiol 112:1375–1381

Srivastava HS (1980) Regulation of nitrate reductase activity in higher plants. Phytochem 19:725–733

Srivastava HS, Ormrod DP (1984) Effects of nitrogen dioxide and nitrate nutrition on growth and nitrate assimilation in been leaves. Plant Physiol 76:5418–5423

Sterba H (1996) Forest decline and growth trends in Central Europe. An review. In: Spieker H et al (eds) Growth and trends in European Forests. Springer, Berlin Heidelberg New York, pp 149–165

Thoene B, Rennenberg H, Weber P (1996) Absorption of atmospheric NO_2 by spruce (*Picea abies*) trees. 2. Parameterization of NO_2 fluxes by controlled dynamic chamber experiments. New Phytol 134:257–266

Tingey DT, Reinert RA, Dunning JA, Heck WW (1971) Vegetation injury from the interaction of nitrogen dioxide and sulfur dioxide. Phytopath 61:1506-1511

UBA (Umweltbundesamt) (1997a) Auswertung der Waldschadensforschungsergebnisse (1982–1992) zur Aufklärung komplexer Ursache-Wirkungsbeziehungen mit Hilfe systemanalytischer Methoden. Berichte 6/97. Erich Schmidt-Verlag, Berlin

UBA (Umweltbundesamt) (1997b) Daten zur Umwelt. Der Zustand der Umwelt in Deutschland. Erich Schmidt-Verlag, Berlin

UBA (Umweltbundesamt) (1998) Hintergrundinformation: Sommersmog. Berlin

UN ECE (United Nations Economic Commission for Europe) (1988) Critical Levels Workshop. Final Draft Report. Bad Harzburg

U. S. EPA (Environmental Protection Agency) (1993) Air quality criteria for oxides of nitrogen, Vol II of III. Research Triangle Park, NC. Office of Research and Development. EPA/600/8-91/049bF

Walton S, Gallagher MW, Choularton TW, Duyzer J (1997) Ozone and NO_2 exchange to fruit orchards. Atmos Environ 31:2767–2776

Weber P, Rennenberg H (1996a) Dependency of nitrogen dioxide (NO_2) fluxes to wheat (*Triticum aestivum* L) leaves from NO_2 concentration, light intensity, temperature and relative humidity determined from controlled dynamic chamber experiments. Atmos Environ 30:3001–3009

Weber P, Rennenberg H (1996b) Exchange of NO and NO_2 between wheat canopy monoliths and the atmosphere. Plant Soil 180:197–208

Wellburn AR (1990) Why are atmospheric oxides of nitrogen usually phytotoxic and not alternative fertilizers? New Phytol 115:395–429

Wellburn AR, Higginsdon C, Robinson D, Walmsley C (1981) Biochemical explanation of more than additive inhibitory effects of low atmospheric levels of sulfur dioxide plus nitrogen dioxide upon plants. New Phytol 88:223–237

Wenzel AA (1992) Expositionsversuche in open top Kammern zur Ermittlung des immissionsbedingten Gefährdungspotentials für landwirtschaftliche Kulturen in der Randzone eines Ballungsraumes. Dissertation, Universität Essen

Whitmore ME, Mansfield TA (1983) Effects of long-term exposure to SO_2 and NO_2 on *Poa pratensis* and other grasses. Environ Poll 31:217–235

WHO (World Health Organization) (1987) Air Quality Guidelines for Europe. WHO Regional Publications, European Series 23, Copenhagen

Yoneyama T, Sasakawa H (1979) Transformation of atmospheric NO_2 absorbed in spinach leaves. Plant Cell Physiol 20:263–266

Zeevaart AJ (1974) Induction of nitrate reductase by NO_2. Acta Bot Neerl 23(3):345–346

1.2 Ammoniak

A. Fangmeier und H.-J. Jäger

1.2.1 Einleitung

Ammoniak ist ein Spurengas, dessen Hintergrundkonzentrationen in unbelasteter Atmosphäre im Bereich von weniger als 1 $\mu g\ m^{-3}$ über Ozeanen bis wenigen $\mu g\ m^{-3}$ über terrestrischen Gebieten fernab von Emissionen aus der Landwirtschaft liegen (Übersicht bei Fangmeier et al. 1994). Seine direkte Phytotoxizität in hohen Konzentrationen wurde bereits vor hundert Jahren erkannt, als König (1896) über Vegetationsschäden im Umfeld einer Sodafabrik berichtete, aus der Ammoniak ausgetreten war. Seitdem sind viele Fälle von akuten Schädigungen durch NH_3 erkannt und untersucht worden, in den vergangenen 20 Jahren vor allem in den Niederlanden und - bis zum ökonomischen Zusammenbruch der entsprechenden Betriebe - in der ehemaligen DDR, wo aufgrund der intensiven Massentierhaltung hohe Belastungen vorlagen und z.T. noch vorliegen. Inzwischen ist klar, daß Ammoniak nicht nur - bei Aufnahme über die oberirdischen Pflanzenorgane - akute Schädigungen an der Vegetation nach sich ziehen kann, sondern einen großen Anteil an der großflächigen Eutrophierung und Versauerung von Ökosystemen hat, da es nach Konversion zu Ammonium weit verdriftet und letztlich über den Bodenpfad in die Systeme eingetragen wird. In diesem kurzen Abriß soll der Aspekt der indirekten Wirkungen von Ammoniak auf Ökosysteme (über den Eintrag von Ammonium in den Boden) nicht weiter verfolgt (die entsprechenden Informationen finden sich in Kap. 1.3), sondern die direkten Wirkungen von Ammoniak auf Physiologie, Ökophysiologie, Wachstum und Streßempfindlichkeit von Pflanzen bei Aufnahme über den Sproß dargelegt werden. Aus Platzgründen werden nur höhere Pflanzen betrachtet, obwohl zahlreiche Belege für Wirkungen auf niedere Pflanzen (z.B. freilebende Grünalgen, Flechten, Moose) vorliegen (vgl. Kap. 1.3).

1.2.2 Aufnahme und Abgabe von Ammoniak

Wie jedes Gas nimmt Ammoniak seinen Weg in oder aus Pflanzen über die Stomata. Van Hove et al. (1987) fanden in Kurzeitbegasungen (neun Stunden) mit NH_3 unter Klimakammerbedingungen einen linearen Zusammenhang zwischen NH_3-Aufnahme in Bohnenblätter und der NH_3-Konzentration in den Kammern; später konnten die Autoren diesen Befund in längerfristigen Experimenten (sechs bis acht Wochen) mit Pappeln bestätigen (Van Hove et al. 1989a). Eine nennenswerte NH_3-Aufnahme in das Blatt über die Cuticula findet offenbar nicht statt (Van Hove et al. 1989b).

Treibende Kraft für den NH_3-Gasaustausch zwischen Atmosphäre und Blatt ist der Konzentrationsgradient zwischen Atmosphäre und Interzellularraum; als Widerstände für den Gasfluß fungieren Atmosphärenwiderstand, Grenzflächenwiderstand und stomatärer Widerstand. Die NH_3-Konzentrationen sowohl in der Atmosphäre als auch in den Interzellularen sind hochvariable und von Null verschiedene Größen. Die Konzentration in der Atmosphäre hängt von Emissionsrate, atmosphärischen Austauschbedingungen, Depositionsrate und Konversionsrate zu Ammonium ab; die Interzellularenkonzentration wird von einer Reihe physiologischer Prozesse im Blatt bestimmt.

Farquhar et al. (1980) haben das Konzept des „Kompensationspunktes“ eingeführt und bezeichnen damit diejenige NH_3-Außenkonzentration, bei der kein Nettoaustausch von NH_3 zwischen Atmosphäre und Blatt stattfindet. Der Kompensationspunkt entspricht somit dem NH_3-Dampfdruck im Interzellularraum. Als NH_3-Kompensationspunkte in Blättern wurden Werte in der Größenordnung atmosphärischer Hintergrundkonzentrationen in unbelasteten Gebieten ermittelt (Tabelle 1.2-1); die wesentlich höheren Angaben von Morgan u. Parton (1989) stammen aus einer Region mit hoher NH_3-Belastung. Da der Kompensationspunkt größer als Null ist, kann die Vegetation sowohl als Quelle (Kompensationspunkt > Außenluftkonzentration) als auch als Senke (Kompensationspunkt < Außenluftkonzentration) für NH_3 fungieren.

Die Höhe des Kompensationspunktes im Blatt kann zwischen <1 und >20 nl l^{-1} NH_3 betragen (Schjoerring et al. 1998) und hängt primär vom pH-Wert und von der NH_4^+-Konzentration im Apoplasten ab. Über die Beziehung:

$$\gamma = P_{NH3} = R\,T\,(10^{1,60352\,-\,4207.62/T})\,[NH_4^+]/[H^+]$$

läßt sich der Kompensationspunkt für Gleichgewichtsbedingungen aus pH und NH_4^+-Konzentration der Apoplastenflüssigkeit berechnen (Farquhar et al. 1980; Schjoerring 1991), wobei P_{NH3} = NH_3-Partialdruck, R = allgemeine Gaskonstante (8,31 m^3 Pa K^{-1} mol^{-1}) und T = Temperatur in K. Die Ammoniumkonzentration im Apoplasten wiederum hängt von der NH_4^+-Konzentration im Transpirationsstrom, von der Transpirationsrate, vom NH_3/NH_4^+-Transfer über das Plasmalemma, von der

Tabelle 1.2-1. NH_3-Kompensationspunkte (γ) in Blättern verschiedener höherer Pflanzenarten

Pflanzenart	γ [nl l⁻¹]	Bemerkungen	Autoren
Phaseolus vulgaris	2,5–5,5	Laborversuche, bei 26,6 bzw 33 °C	Farquhar et al. (1980)
Zea mays	2,1–5,9	zwei versch. Pflanzen, bei 25 °C	Farquhar et al. (1980)
Amaranthus edulis	4,7	bei 32 °C	Farquhar et al. (1980)
Eucalyptus pauciflora	3,0	bei 32 °C	Farquhar et al. (1980)
Triticum aestivum	18–>35	Abhängig vom Entwicklungsstadium, höchste Werte während der Kornfüllung, Messungen in belasteter Region	Morgan u. Parton (1989)
Picea abies	< 1	Kalkulation aufgrund mikrometeorologischer Messungen	Kesselmeier et al. (1993)
Hordeum vulgare	4,2 und 4,6	Klimakammerversuche an zwei Gersten-Sorten	Husted u. Schjoerring (1995)
Hordeum vulgare	3,0–6,4; 0,9–5,3	Klimakammerversuche über die gesamte Vegetationsperiode an zwei Sorten, deutliche Abhängigkeit von γ vom Entwicklungsstadium	Husted et al. (1996)
Picea abies	0,4	Kalkulation aufgrund mikrometeorologischer Messungen	Meixner et al. (1997)
Triticum aestivum	0,5–3,7	Kalkulation aufgrund mikrometeorologischer Messungen	Meixner et al. (1997)

NH_3-Gaswechselrate und vom NH_4^+-Transport im Phloem ab (Schjoerring 1991). Zwischen Apoplast und Cytosol oder Chloroplasten besteht ein deutlicher pH-Unterschied. Im Apoplast liegen die pH-Werte in den meisten Arten zwischen 5,5 und 6,0 (Kesselmeier et al. 1997), im Cytoplasma um 7,0 und in Chloroplasten um 8,0. Dadurch kann auch bei sehr niedrigen intrazellulären NH_4^+-Konzentrationen (ein bis zwei Größenordnungen niedriger als im Apoplasten) noch eine Ausgasung von NH_3 aus dem Cytosol in den Apoplasten stattfinden, umso mehr, als die Membranen keine Barriere für NH_3 darstellen (Schjoerring 1991; Kesselmeier et al. 1997).

Alle Prozesse, die zur Freisetzung von NH_4^+ im Cytoplasma führen, können daher potentiell eine Erhöhung des NH_3-Kompensationspunkts bewirken. Diese Prozesse sind (Schjoerring 1991; Meixner et al. 1997):

- die (lichtgetriebene) Reduktion von Nitrat zu Ammonium und der Einbau über das GS/GOGAT-System,
- die Photorespiration, bei der sehr große Mengen an Stickstoff zykliert werden. Die NH_3-Freisetzung und Refixierung über das GS/GOGAT-System beträgt ca. das 10fache der über die primäre N-Fixierung aus mineralischem Stickstoff verarbeiteten Stickstoffmenge (Leegood 1996),
- alle Abbauvorgänge von Proteinen, insbesondere während der Seneszenz (Proteinabbau und Stickstoffverlagerung in Form von Aminosäuren, vor allem als Glutamin und Asparagin).

Aufgrund der genannten Prozesse verändert sich die Lage des NH_3-Kompensationspunktes in Abhängigkeit vom Entwicklungszustand einer Pflanze bzw. eines Pflanzenbestandes; außerdem unterliegt der Kompensationspunkt einem Tagesgang. Husted et al. (1996) haben NH_3-Kompensationspunkte von Gerstenpflanzen unter Klimakammerbedingungen von der Keimung bis zur Kornreife verfolgt und dabei ein Absinken zwischen Bestockung und Anthese und einen Wiederanstieg während der Kornfüllung beobachtet, die mit einer hohen Mobilisierung von Stickstoff und Verlagerung aus den Blättern in die Körner verbunden ist.

Die Art der Stickstoffernährung (mit Nitrat oder Ammonium) beeinflußt den NH_3-Kompensationspunkt ebenfalls. Mattsson et al. (1998) stellten in Laborversuchen an Gerste Ammoniak-Emissionen nahe Null fest, wenn die Pflanzen mit NO_3^- in der Nährlösung versorgt wurden, während die Blätter bereits nach drei bis fünf Tagen Ammonium-Ernährung über die Wurzel deutliche NH_3-Emissionen aufwiesen.

Unter Freilandbedingungen sind für die Emission oder Deposition von NH_3 aus oder auf Pflanzenbestände neben dem Kompensationspunkt die Oberflächeneigenschaften innerhalb der Bestände entscheidend. Eine hohe Benetzung fördert die Deposition von NH_3 (Van Hove et al. 1989b); bei Verdunstung des Wasserfilms auf den Oberflächen gast das Ammoniak entsprechend wieder aus, so daß die Oberflächen in Analogie zu elektrischen Flußmodellen als Kondensatoren anzusehen sind, die NH_3 aufnehmen und wieder abgeben können (Sutton et al. 1997, vgl. Abb. 1.2-1). Diese bidirektionalen NH_3-Flüsse zwischen Atmosphäre und Bestandesoberflächen interagieren mit dem NH_3-Austausch über die Stomata.

Freilandmessungen des NH_3-Austauschs zwischen Pflanzenbeständen und der Atmosphäre mittels mikrometeorologischer Methoden haben für Agroökosysteme in der Bilanz eine Funktion als NH_3-Quelle belegt. Der Fluß weist einen bidirektionalen Tagesgang mit nächtlicher NH_3-Deposition und NH_3-Emission während der Tagesstunden auf (Sutton et al. 1997) und ändert sich im Verlauf der Vegetationsperiode. Schjoerring et al. (1993) stellten die höchsten NH_3-Emissionsraten aus Gerstenfeldern kurz nach Anthese, d.h. mit Beginn der Kornfüllung, fest. Insgesamt verloren die Bestände während der Vegetationsperiode – in Abhängigkeit von der aufgebrachten Düngermenge – zwischen 0,5 und 1,5 kg Stickstoff pro Hektar in Form von NH_3.

Natürliche und halbnatürliche Ökosysteme fungieren demgegenüber als NH_3-Senken. Als Grund wird der niedrigere Stickstoffstatus solcher Systeme im Vergleich mit gedüngten Agroökosystemen angesehen (Sutton et al. 1997). Folgerichtig muß man davon ausgehen, daß natürliche Ökosysteme über den Atmosphärenpfad als Senke für Stickstoff dienen, der als Dünger auf Agroökosysteme appliziert wird und von diesen in Form von NH_3 teilweise wieder abgegeben wird. Sollten natürliche oder halbnatürliche Ökosysteme sich in der Bilanz als NH_3-Quellen erweisen (wie in einer Reihe von Fallstudien), so könnte dies darauf hindeuten, daß sich ihr Stickstoffstatus aufgrund langfristiger Stickstoffdeposition verändert hat und daß die „critical loads" (vgl. Kap. 1.3) für diese Systeme bereits überschritten wurden (Sutton et al. 1997).

1.2.3 Assimilation von Ammoniak

Ammoniak, das im Fall eines negativen NH_3-Flusses (d.h. die Pflanze fungiert als Senke für NH_3) über die Stomata in das Mesophyll gelangt ist, kann dort über das GS/GOGAT-Enzymsystem (Glutamin-Synthetase/Glutamin-2-Oxoglutarat-Aminotransferase) als organischer Stickstoff in Form von Glutamat in den Aminosäurestoffwechsel eingeschleust werden. Damit unterliegt es dem gleichen Reaktionsweg, über den auch bodenbürtiger Stickstoff in Form von Nitrat (nach Reduktion zu NH_3 durch die Enzyme Nitratreduktase und Nitritreduktase) oder Ammonium dem organischen Stickstoffpool der Pflanze zugeführt wird (Lea 1997). GS liegt sowohl im Cytosol als auch in Chloroplasten vor, wobei das plastidäre Enzym wohl in erster Linie der Fixierung des bei der Photorespiration freiwerdenden Ammoniaks dient. GOGAT existiert in zwei Isoformen: als Ferredoxin-abhängiges Enzym, das ausschließlich in Chloroplasten vorkommt, und als NADH-abhängige

Form, die vor allem in den Wurzelknöllchen bei der symbiontischen Stickstoffixierung eine Rolle spielt (Lea 1997). Die erfolgreiche Assimilation von Ammoniak über die Enzyme des normalen Stickstoff-Assimilationsweges erklärt seine primär düngende Wirkung.

1.2.4 Toxizität von Ammoniak

Ob vom Blatt aufgenommenes Ammoniak primär düngend oder toxisch wirkt, hängt davon ab, ob die Assimilationsrate mit der Aufnahmerate Schritt hält oder nicht. Sobald die NH_3-Aufnahme die Assimilationskapazität überschreitet, wird NH_4^+ akkumuliert (Clement 1995), und es treten toxische Effekte auf wie eine Entkoppelung der Photophosphorylierung oder die Verätzung der Gewebe aufgrund der alkalischen Wirkung (Van der Eerden 1982; Schjoerring 1991; Pearson u. Stewart 1993), Effekte, die binnen kurzer Zeit zum Zelltod führen (vgl. Abb. 1.2-1). Die Aufnahme von Ammoniak bei niedrigen bis mäßigen Konzentrationen stellt nur einen kleinen Anteil an der Gesamt-Stickstoffernährung der Pflanze dar (Raven 1988; Pérez-Soba u. Van der Eerden 1993). Gleichzeitig liegt die Aktivität des primären NH_3-Akzeptors – der GS – normalerweise so hoch, daß auch die doppelte Menge an NH_3 verarbeitet werden könnte, als dem aktuellen Bedarf entspricht (Lea et al. 1996). Eine deutliche Überschreitung der Assimilationskapazität dürfte daher nur bei akuten Konzentrationsspitzen von Bedeutung sein.

Für die Assimilationskapazität von Blättern für NH_3 auf längere Sicht ist allerdings weniger wichtig, ob die Umsetzungsraten der fixierenden Enzyme hoch genug sind. Entscheidend ist, ob die Pflanze in der Lage ist, die mit der NH_3-Assimilation verbundene pH-Wert-Veränderung abzupuffern. Der Einbau von Stickstoff ist in Abhängigkeit von der angebotenen Verbindung mit dem Verbrauch oder der Freisetzung von Protonen verbunden. Raven (1988) geht anhand von Modellrechnungen davon aus, daß die Assimilation von 1 Mol NO_3^- in Wurzel oder Sproß zu einer OH-Freisetzung (= H^+-Verbrauch) von ca. 0,78 Mol führt, während pro Mol NH_4^+ (über die Wurzel oder über den Sproß) ca. 1,22 Mol H^+ und pro Mol NH_3 (über den Sproß) ca. 0,22 Mol H^+ gebildet werden. Diese Zahlen wurden in Experimenten mit *Lolium perenne* bei unterschiedlicher N-Versorgung in etwa bestätigt (Wollenweber u. Raven 1993).

Protonen- oder Hydroxylüberschüsse bei N-Assimilation in der Wurzel können durch Austausch mit dem Substrat leicht ausgeglichen werden. Bei Assimilation im Sproß muß das pflanzeninterne pH-stat-System in Aktion treten, bei dem je nach Bedarf organische Säuren (vor

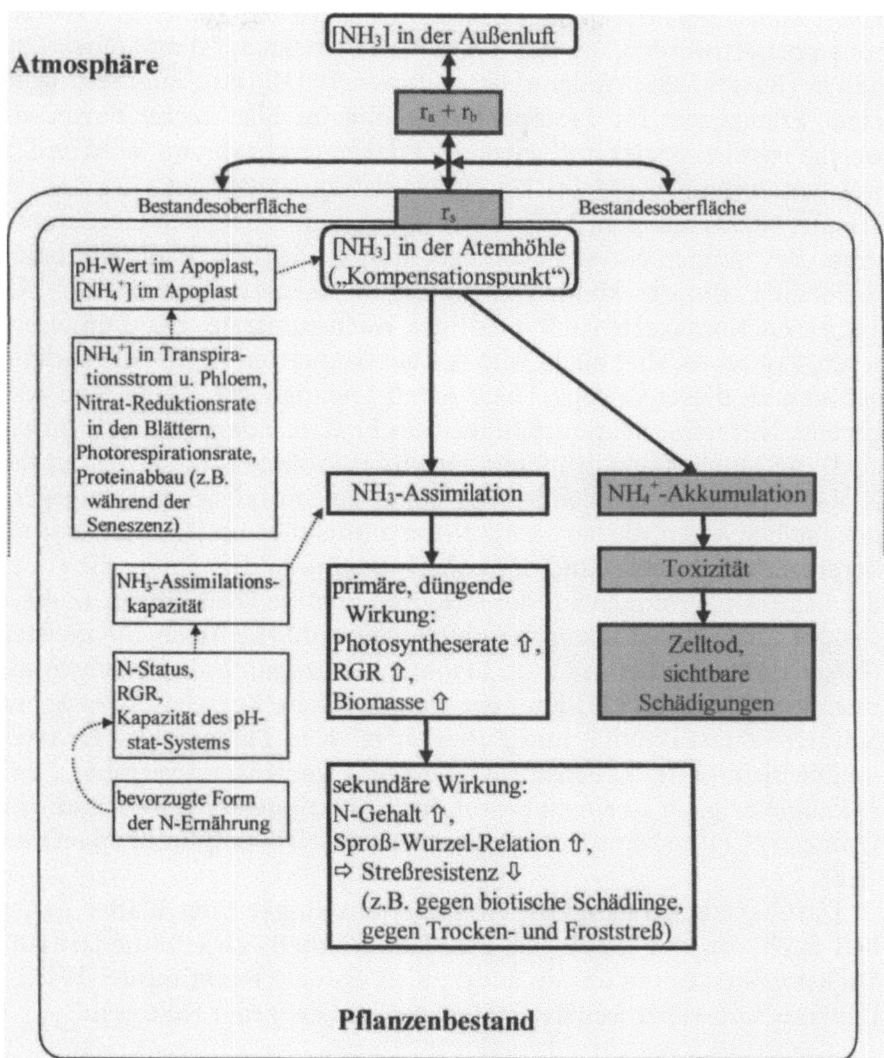

Abb. 1.2-1. Schema zur Deposition, Emission, Metabolisierung und Wirkung von NH_3 in Pflanzenbeständen (z. T. basierend auf Fangmeier et. al. 1994 und Sutton et al. 1997).
Abkürzungen: r_a atmosphärischer Widerstand, r_b Grenzflächenwiderstand, *rs* stomatärer Widerstand, *RGR* relative Wachstumsrate

allem Malat) gebildet bzw. gespalten und zwischen Sproß und Wurzel transportiert werden, um den pH in den Blättern auf dem Sollwert zu halten (Raven 1988; Wollenweber u. Raven 1993). Das Puffervermögen einer Pflanzenart für Protonenfreisetzung im Blatt hängt davon ab, welche Form von Stickstoff von einer Pflanzenart bevorzugt wird und in welchen Organen die Stickstoffassimilation stattfindet. Pearson u. Stewart (1993) teilen die höheren Pflanzen in drei Gruppen ein: Ammonium-Bevorzuger, Nitrat-Bevorzuger und schließlich Arten, die beide N-Formen nutzen können. Ammonium-Bevorzuger sind im allgemeinen Klimaxarten mit niedriger Wachstumsrate; alle Koniferenarten, Ericaceen, aber auch Klimax-Laubbaumarten (und viele andere) gehören zu dieser Gruppe. Diese Arten zeichnen sich durch eine sehr geringe Nitratassimilationsfähigkeit im Blatt aus; damit entfällt für sie auch die Möglichkeit, größere Mengen an Protonen durch die bei der NO_3-Assimilation anfallenden OH-Ionen zu neutralisieren. Demgegenüber stehen Arten, die bevorzugt Nitrat aufnehmen und im Blatt assimilieren; sie sollten aufgrund der hohen OH-Produktionsrate sehr gut in der Lage sein, Protonen aus der NH_3-Assimilation abzupuffern. In diese Gruppe gehören vor allem ruderale Arten, annuelle Arten, die meisten Gräser (inklusive Getreide) und Pioniergehölze mit hoher Wachstumsrate. Soares et al. (1995) konnten eine deutliche Korrelation zwischen Nitratreduktaseaktivität und Pufferkapazität in Blättern von 33 Arten unterschiedlichster Lebensform aufzeigen. Somit ist zu vermuten, daß die Zugehörigkeit zu einem bestimmten funktionellen Typ im Sinn von Grime et al. (1988) eine Determinante für die NH_3-Empfindlichkeit darstellt.

Darüber hinaus hängt die Assimilationsfähigkeit der Blätter natürlich auch von der jeweiligen Balance zwischen Stickstoffbedarf und Stickstoffversorgung ab, sie ändert sich also als Funktion der Wachstumsrate und vieler weiterer endogener und exogener Faktoren.

1.2.5 Düngender Effekt von Ammoniak

Solange die Ammoniak-Aufnahmerate die Assimilationsrate nicht übersteigt, treten keine toxischen Effekte auf, sondern im Gegenteil eine Wachstumsförderung. Fast alle Expositionsexperimente mit niedrigen und mittleren NH_3-Konzentrationen haben zu Wachstumssteigerungen geführt, wobei das Sproß-/Wurzel-Verhältnis in aller Regel erhöht wurde (s. Übersicht bei Fangmeier et al. 1994). Ältere Experimente von Faller (1972) an Sonnenblumen haben gezeigt, daß NH_3 als alleinige N-Quelle dienen kann und daß unter diesen Bedingungen Konzentrationen von 1200 µg m^{-3} über drei Wochen von den Pflanzen ohne sichtbare Schädigungen toleriert werden. Welcher Anteil des pflanzlichen Stickstoffs letztlich aus NH_3 stammt, hängt von der N-Versorgung über den Boden ab. Lockyer u. Whitehead (1986) fanden Anteile bis zu 47,3% in *Lolium multiflorum* (Begasung mit 520 µg m^{-3} NH_3, Düngung mit 100 mg $^{15}NO_3$-N pro kg Boden), und Pérez-Soba u. Van der Eerden (1993) stellten eine Erhöhung der N-Gehalte in Kiefernnadeln (*Pinus sylvestris*) um 49% innerhalb von vier Monaten fest, wenn die Pflanzen bei 105 µg m^{-3} NH_3 angezogen wurden, aber nur um 8%, wenn die Bodenversorgung auf 200 kg ha^{-1} a^{-1} N erhöht wurde.

1.2.6 Sekundäre Effekte

NH_3 kann demnach Wachstum und Produktivität positiv beeinflussen. Es gibt aber eine Reihe von sekundären Effekten, die – trotz Wachstumsförderung – die Vitalität der betroffenen Pflanzen herabsetzen.

Die erfolgreiche Assimilation von NH_3 führt stets zu höheren Stickstoffgehalten in den Geweben (Übersicht bei Fangmeier et al. 1994). Die ökonomischste Möglichkeit für Pflanzen, große Mengen an Stickstoff zu speichern, besteht in der Anreicherung von Verbindungen mit niedrigen C/N-Verhältnissen. Folgerichtig wurde nach NH_3-Exposition in aller Regel ein deutlicher Anstieg des Arginin-Gehalts (mit einem C/N-Verhältnis von 1,5) festgestellt (Van Dijk u. Roelofs 1988; Pérez-Soba et al. 1994a), z.T. auch erhöhte Glutamin- und Asparagingehalte (Steubing et al. 1991).

Der erhöhte Stickstoffgehalt nach NH_3-Exposition hat mehrere Konsequenzen. Zum einen führt er – im Zusammenspiel mit verringerten Sproß-Wurzel-Relationen und damit einhergehender erschwerter Nährstoffaufnahme – zu einem Nährelementungleichgewicht (erhöhte N/K-, N/Mg- und N/P-Verhältnisse). Zum anderen wird die Anfälligkeit der Pflanzen für herbivore Organismen, besonders für Insektenbefall, erhöht (vgl. Bd. 2A, Kap. 4.1.3). Ein markantes Beispiel hierfür ist die Interaktion zwischen dem Heidekäfer (*Lochmaea suturalis*) und der Besenheide (*Calluna vulgaris*). Stickstoffdeposition wird als wesentlicher Auslöser dafür angesehen, daß Heidebestände großflächig von den Larven des Heidekäfers kahlgefressen werden, was erst die Möglichkeit dafür schafft, daß die Heidebestände vergrasen (vgl. Kap. 1.3). Van der Eerden et al. (1991) konnten nachweisen, daß die Larvenentwicklung deutlich beschleunigt wurde, wenn als Futter Heidekraut aus Begasungen mit erhöhtem NH_3 (bis 105 µg m^{-3}) diente. Darüber hinaus existieren aus Freilandstudien viele Belege dafür, daß auch ein

Zusammenhang zwischen dem Befall durch phytopathogene Pilze und dem N-Status der Wirtspflanzen besteht. Diesbezügliche experimentelle Untersuchungsergebnisse aus NH_3-Expositionen stehen aber noch aus.

NH_3-Exposition führt zu erhöhten Sproß-Wurzel-Relationen (vgl. Abschn. 1.2.5). Als Konsequenz sinkt die Widerstandsfähigkeit der Pflanzen gegen Trockenstreß, wofür mehrere experimentelle Belege existieren (Dueck et al. 1990; Van der Eerden et al. 1991; Van der Eerden u. Pérez-Soba 1992). Als weiterer Effekt wurde sowohl in Freilandstudien unter erhöhter N-Deposition (Pietilä et al. 1991; Clement 1995) als auch in Langzeitbegasungen mit NH_3 (Dueck et al. 1990) eine verringerte Resistenz gegen Froststreß beobachtet, während Kurzzeitbegasungen keinen Effekt auf die Frosthärte von Winterweizen und Kiefer (*P. sylvestris*) hatten (Clement 1995; Clement et al. 1999).

1.2.7 Interaktion mit anderen Spurengasen

Obwohl in der Natur ein Schadgas bzw. Spurengas niemals allein vorkommt, sind Kombinationswirkungen von NH_3 mit anderen Gasen experimentell bislang nur vereinzelt untersucht worden. Zur Wechselwirkung von NH_3 und SO_2 auf Physiologie und Vitalität höherer Pflanzen existieren einige Arbeiten mit z.T. widersprüchlichen Ergebnissen. Dueck (1990) fand mehr als additive Effekte in der Kombination von NH_3 plus SO_2 auf die Überlebensrate von *Calluna-vulgaris*-Keimlingen (nach 8-monatiger NH_3-Begasung sank die Überlebensrate um 20%, nach SO_2-Begasung um 50%, in der Kombination jedoch um 87%). Synergistische Effekte beider Gase traten auch hinsichtlich der Beeinflussung der Frosthärte in Kiefern (*P. sylvestris*) auf (Dueck et al. 1990). Für den Blattgaswechsel von Pappeln (*Populus euamericana*) stellten Van Hove et al. (1991) antagonistische Effekte fest: NH_3 allein erhöhte die CO_2-Fixierung und den stomatären Leitwert, SO_2 verringerte beide Parameter, und in der Kombination verschwanden die positiven NH_3-Effekte. In Kiefern (*P. sylvestris*) wurde der N-Metabolismus (Aktivität der N-fixierenden Enzyme, Proteingehalt) durch NH_3 gefördert, durch SO_2 aber gehemmt, wobei keine signifikanten Interaktionen zwischen beiden Gasen auftraten (Pérez-Soba et al. 1994b).

Ammoniak und Ozon wirken zumindest teilweise antagonistisch auf den Stoffwechsel höherer Pflanzen; darauf deuten die wenigen verfügbaren experimentellen Ergebnisse hin. Van Hove et al. (1994) verfolgten den Blattgaswechsel von Douglasien unter NH_3- und Ozon-Begasung über 20 Wochen und diskutieren anhand ihrer Ergebnisse eine Verzögerung der negativen Ozon-Effekte durch NH_3. Pérez-Soba et al. (1995)

legten in Untersuchungen an *P. sylvestris* den Schwerpunkt auf Effekte in der Rhizosphäre (Wurzelwachstum, Mykorrhizierung etc.) und stellten eine Aufhebung der negativen Wirkung beider Einzelgase (NH_3 und O_3) auf die Mykorrhizierung und weitere Parameter fest, wenn die Gase in Kombination appliziert wurden.

Die Kombination von NH_3 und CO_2 könnte sich positiv auswirken, zumindest dann, wenn die Toxizitätsschwelle der NH_3-Aufnahmerate nicht überschritten wird. CO_2 stellt die einzige Kohlenstoffquelle für höhere Pflanzen dar (vgl. Bd. 1A, Kap. 4.2); NH_3 kann die N-Versorgung verbessern. Untersuchungen von Pérez-Soba et al. (1994c) an *P. sylvestris* zeigen aber, daß die durch erhöhtes CO_2 bewirkten Förderungen der Nadelmasse und -fläche durch NH_3 wieder aufgehoben wurden. Allerdings lag die in dieser Studie verwendete NH_3-Konzentration mit 100 µg m^{-3} möglicherweise bereits so hoch, daß der Metabolismus gestört wurde.

Diese Übersicht legt den Schluß nah, daß über die Kombinationswirkungen von NH_3 mit anderen Spurengasen noch viel zu wenige experimentelle Erkenntnisse vorliegen, um mögliche Effekte auf die Vegetation im Freiland überschauen zu können. Diese Problematik sollte in Zukunft stärkere Beachtung finden.

1.2.8 „Critical levels" für NH_3

Van der Eerden et al. (1991) haben die Ergebnisse bis dahin durchgeführter Experimente einer Analyse mittels eines ökotoxikologischen Modells unterzogen und daraus sog. „critical levels“ (vgl. Kap. 1.3) zum Schutz der Vegetation abgeleitet. Die in dieser Veröffentlichung genannten Werte sind auf den nachfolgenden Critical-level-Workshops akzeptiert worden und besitzen heute noch Gültigkeit. Van der Eerden et al. haben bei ihrer Auswertung alle NH_3-Effekte (also auch Wachstumsförderungen) berücksichtigt; Interaktionen mit anderen Spurengasen konnten allerdings – schon aufgrund der mangelnden Datenlage – nicht berücksichtigt werden. Die derzeit gültigen „critical levels“ für NH_3 betragen:

Expositionsdauer:	NH_3-Konzentration:
1 Stunde	3300 µg m^{-3}
1 Tag	270 µg m^{-3}
1 Monat	23 µg m^{-3}
1 Jahr	8 µg m^{-3}

1.2.9 Literatur

Clement JMAM (1995) Interaction of atmospheric ammonia pollution with frost tolerance of plants. A study on winter wheat and Scots pine. PhD thesis Rijksuniversiteit Groningen, The Netherlands

Clement JMAM, Van Hasselt PR, Van der Eerden LJM, Dueck TA (1999) Short-term exposure to atmospheric ammonia does not affect frost hardening of needles from three- and five-year-old Scots pine trees. J Plant Physiol 154:775–780

Dueck TA (1990) Effects of ammonia and sulphur dioxide on the survival and growth of *Calluna vulgaris* (L.) Hull seedings. Funct Ecol 4:109–116

Dueck TA, Dorèl FG, Ter Horst R, Van der Eerden LJM (1990) Effects of ammonia, ammonium sulphate and sulphur dioxide on the frost sensitivity of Scots pine (*Pinus sylvestris* L.). Water Air Soil Pollut 54:35–49

Ellenberg H (1986) Vegetation Mitteleuropas mit den Alpen in ökologischer Sicht. Ulmer, Stuttgart

Faller N (1972) Schwefeldioxid, Schwefelwasserstoff, nitrose Gase und Ammoniak als ausschließliche S- bzw. N-Quellen der höheren Pflanzen. Z Pflanzenernähr Bodenk 131:120–130

Fangmeier A, Hadwiger-Fangmeier A, Van der Eerden LJM, Jäger H-J (1994) Effects of atmospheric ammonia on vegetation – a review. Environ Pollut 86:43–82

Farquhar GD, Firth PM, Wetselaar R, Weir B (1980) On the gaseous exchange of ammonia between leaves and the environment: determination of the ammonia compensation point. Plant Physiol 66:710–714

Grime JP, Hodgson JG, Hunt R (1988) Comparative plant ecology – a functional approach to common British species. Unwin Hyman, London

Husted S, Mattsson M, Schjoerring JK (1996) Ammonia compensation points in two cultivars of *Hordeum vulgare* L. during vegetative and generative growth. Plant Cell Environ 19:1299–1306

Husted S, Schjoerring JK (1995) A computer-controlled system for studying ammonia exchange, photosynthesis and transpiration of plant canopies growing under controlled environmental conditions. Plant Cell Environ 18: 1070–1077

Kesselmeier J, Merk L, Bliefernicht M, Helas G (1993) Trace gas exchange between terrestrial plants and atmosphere: carbon dioxide, carbonyl sulfide and ammonia under the rule of compensation points. In: Slanina S, Angeletti G, Beilke S (eds) Generell assessment of biogenic emissions and deposition of nitrogen compounds, sulphur compounds and oxidants in Europe. E Guyot SA, Brussels, pp 71–80

Kesselmeier J, Bode K, Schjoerring JK, Conrad R (1997) Biological mechanisms involved in the exchange of trace gases. In: Slanina S (ed) Biosphere – atmosphere exchange of pollutants and trace substances. Springer, Berlin Heidelberg New York, pp 117–133

König J (1896) Der Schutz gegen Flurschädigung durch gewerbliche Einwirkungen. Arb Dtsch Landwirtsch Ges 14:22

Lea PJ, Rowland-Bamford AJ, Wolfenden J (1996) The effect of air pollutants and elevated carbon dioxide on nitrogen metabolism. In: Yunus M, Iqbal M (eds) Plant response to air pollution. John Wiley & Sons, Chichester, pp 319–352

Lea PJ (1997) Primary nitrogen metabolism. In: Dey PM, Harborne JB (eds) Plant biochemistry. Academic Press, San Diego, pp 273–313

Leegood RC (1996) Primary photosynthate production: Physiology and metabolism. In: Zamski E, Schaffer AA (eds) Photoassimilate distribution in plants and crops. Dekker, New York, pp 21–41

Lockyer DR, Whitehead DC (1986) The uptake of gaseous ammonia by the leaves of Italian Ryegrass. J Exp Bot 37:919–927

Mattsson M, Husted S, Schjoerring JK (1998) Influence of nitrogen nutrition and metabolism on ammonia volatilization in plants. Nutr Cycl Agroecosyst 51: 35–40

Meixner FX, Bliefernicht M, Helas G, Kesselmeier J, Wyers P, Andreae MO (1997) Ammonia exchange between terrestrial plants and the atmosphere controlled by plant physiology: compensation point and CO_2 exchange. In: Slanina S (ed) Biosphere – atmosphere exchange of pollutants and trace substances. Springer, Berlin Heidelberg New York, pp 445–449

Morgan JA, Parton WJ (1989) Characteristics of ammonia volatilization from spring wheat. Crop Sci 29:726–731

Pearson J, Stewart GR (1993) The deposition of atmospheric ammonia and its effects on plants. New Phytol 125:283–305

Pérez-Soba M, Stulen I, Van der Eerden LJM (1994a) Effect of atmospheric ammonia on the nitrogen metabolism of Scots pine (*Pinus sylvestris*) needles. Physiol Plant 90:629–636

Pérez-Soba M, Van der Eerden LJM, Stulen I (1994b) Combined effects of gaseous ammonia and sulphur dioxide on the nitrogen metabolism of the needles of Scots pine trees. Plant Physiol Biochem 32:539–546

Pérez-Soba M, Van der Eerden LJM, Stulen I, Kuiper PJC (1994c) Gaseous ammonia counteracts the response of Scots pine needles to elevated atmospheric carbon dioxide. New Phytol 128:307–313

Pérez-Soba M, Dueck TA, Puppi G, Kuiper PJC (1995) Interactions of elevated CO_2, NH_3 and O_3 on mycorrhizal infection, gas exchange and N metabolism in saplings of Scots pine. Plant Soil 176:107–116

Pérez-Soba M, Van der Eerden LJM (1993) Nitrogen uptake in needles of Scots pine (*Pinus sylvestris* L.) when exposed to gaseous ammonia and ammonium fertilizer in the soil. Plant Soil 153:231–242

Pietilä M, Lahdesmaki P, Pietilainen P, Ferm A, Hytonen J, Patila A (1991) High nitrogen deposition causes changes in amino acid concentrations and protein spectra in needles of the Scots pine (*Pinus sylvestris*). Environ Pollut 72: 103–115

Raven JA (1988) Acquisition of nitrogen by the shoots of land plants: its occurrence and implications for acid-base regulation. New Phytol 109:1–20

Schjoerring JK (1991) Ammonia emissions from the foliage of growing plants. In: Sharkey TD, Holland EA, Mooney HA (eds) Trace gas emissions by plants. Academic Press, San Diego, pp 267–292

Schjoerring JK, Kyllingsbaek A, Mortensen JV, Byskov-Nielsen S (1993) Field investigations of ammonia exchange between barley plants and the atmosphere. I. Concentration profiles and flux densities of ammonia. Plant Cell Environ 16:161–167

Schjoerring JK, Husted S, Mattson M (1998) Physiological parameters controlling plant-atmosphere ammonia exchange. Atmos Environ 32:491–498

Soares A, Ming JY, Pearson J (1995) Physiological indicators and susceptibility of plants to acidifying atmospheric pollution: a multivariate approach. Environ Pollut 87:159–166

Steubing L, Brunschön S, Fangmeier A (1991) Konkurrenzänderungen der Arten in der Sandheide als Indikator für immissionsbedingte Standort-Eutrophierung. VDI-Ber 901:589–605

Sutton MA, Wyers GP, Meixner FX, Schjoerring JK, Kesselmeier J, Kramm G, Duyzer JH (1997) Biosphere – atmosphere exchange of ammonia. In: Slanina S (ed) Biosphere – atmosphere exchange of pollutants and trace substances. Springer, Berlin Heidelberg New York, pp 15–44

Van der Eerden LJM (1982) Toxicity of ammonia to plants. Agric Environ 7: 223–235

Van der Eerden LJM, Dueck TA, Berdowski JJM, Greven H, Van Dobben HF (1991) Influence of NH_3 and $(NH_4)_2SO_4$ on heathland vegetation. Acta Bot Neerl 40: 281–297

Van der Eerden LJM, Pérez-Soba M (1992) Physiological responses of *Pinus sylvestris* to atmospheric ammonia. Trees-Struct Funct 6:48–53

Van Dijk HFG, Roelofs JGM (1988) Effects of excessive ammonium deposition on the nutritional status and condition of pine needles. Physiol Plant 73:494–501

Van Hove LWA, Koops AJ, Adema EH, Vredenberg WJ, Pieters GA (1987) Analysis of the uptake of atmospheric ammonia by leaves of *Phaseolus vulgaris* L. Atmos Environ 21:1759–1763

Van Hove LWA, van Kooten O, Adema EH, Vredenberg WJ, Pieters GA (1989) Physiological effects of long term exposure to low and moderate concentrations of atmospheric NH_3 on poplar trees. Plant Cell Environ 12:899–908

Van Hove LWA, van Kooten O, van Wijk KJ, Vredenberg WJ, Adema EH, Pieters GA (1991) Physiological effects of long term exposure to low concentrations of SO_2 and NH_3 on poplar leaves. Physiol Plant 82:32–40

Van Hove LWA, Bossen ME (1994) Physiological effects of five months exposure to low concentrations of O_3 and NH_3 on Douglas fir (*Pseudotsuga menziesii*). Physiol Plant 92:140–148

Wollenweber B, Raven JA (1993) Nitrogen aquisition from atmospheric NH_3 by *Lolium perenne*. Utilisation of NH_3 and implications for acid-base balance. Bot Acta 106:42–51

1.3 Wirkungen von Stickstoffdepositionen auf terrestrische Ökosysteme

■ L.J.M. van der Eerden, H.-J. Jäger und A. Fangmeier

1.3.1 Einleitung

Die Erdatmosphäre besteht zu über 80% aus molekularem Stickstoff (N_2), was in etwa einer Menge von $75 \cdot 10^6$ kg Stickstoff über jedem Hektar der Landfläche entspricht. Nur ein verschwindend geringer Anteil dieses Stickstoffs (1 bis 15 kg N ha^{-1} a^{-1}) wird durch mikrobielle Tätigkeit zu Ammonium (NH_4^+) und Nitrat (NO_3^-) umgesetzt, die dann der Vegetation und der Biozönose zur Verfügung stehen. Die natürliche Deposition von anderen Stickstoffverbindungen als N_2 ist nochmals wesentlich geringer. Die Pedosphäre enthält fünfmal mehr Stickstoff als die Atmosphäre, jedoch spielt die Verwitterung von Gesteinen als Quelle für biologisch verwertbaren Stickstoff nur eine vernachlässigbare Rolle. Durch die Umwandlung von NO_3^- in N_2 (und – in geringerem Ausmaß – in N_2O und NH_3) werden jährlich 1 bis 30 kg N ha^{-1} a^{-1} von der Erdoberfläche an die Atmosphäre rezykliert (Pitcairn 1994).

In den meisten Regionen Europas sorgt menschliche Tätigkeit für Emission und Deposition von biologisch verwertbaren Stickstoffverbindungen in einer Höhe, welche die Flüsse der entsprechenden Verbindungen im natürlichen Stickstoffkreislauf übersteigt. Stickstoffhaltige Luftverunreinigungen können deutliche Auswirkungen auf terrestrische Ökosysteme haben, entweder durch ihre direkte Toxizität oder durch ihren düngenden und bodenversauernden Effekt.

Zu den stickstoffhaltigen Luftverunreinigungen gehören mehrere Verbindungen. Am wichtigsten sind NO_2 und NH_3 (Ammoniak) als trockene Deposition sowie NO_3^- und NH_4^+ als nasse Deposition (wobei der Anteil trocken deponierten Ammoniums nicht zu vernachlässigen ist). Tabelle 1.3-1 gibt aktuelle Schätzwerte für die trockene und nasse Deposition von Stickstoffverbindungen auf verschiedene Ökosystemtypen für das Gebiet der Bundesrepublik Deutschland wider.

Andere Stickstoffverbindungen spielen hinsichtlich der deponierten Mengen nur eine vernachlässigbare Rolle. Es soll aber auf die direkte Toxizität einiger Verbindungen (Peroxyacetylnitrat, Amine), auf das Potential, die Benetzbarkeit von Blattoberflächen zu verändern (NH_4^+ in okkulter Deposition), ihre Rolle als Vorläufersubstanzen bei der Bildung troposphärischen Ozons (Stickstoffmonoxid: NO, Stickstoffdioxid: NO_2) und ihre Funktion als Treibhausgas (NO, N_2O) hingewiesen werden (vgl. Bd. 1A, Kap. 3.2 und Bd. 1B, Kap. 4.2).

Die Emission von Stickstoffverbindungen erfolgt in der Hauptsache als NO und NO_2 (aus dem Verkehr und aus industriellen Verbrennungsprozessen) und als NH_3 (überwiegend aus der Landwirtschaft; vgl. Bd. 1A, Kap. 2.4). Die Emissionsstrends dieser Verbindungen sind gut dokumentiert (Berge et al. 1999). In der Atmosphäre verhalten sich diese Verbindungen aufgrund ihrer spezifischen Reaktivität, Wasserlöslichkeit und Absorption durch Vegetation und Böden verschieden. Daraus resultieren unterschiedliche Ausbreitungsreichweiten (Abb. 1.3-1) und Depositionsgeschwindigkeiten (Abb. 1.3-2). Während die Reichweite von gasförmigen N-Verbindungen in der Regel unter 100 km liegt, können die im Wolkenwasser gelösten Komponenten bis zu 1000 km oder mehr verdriftet werden.

Die räumliche Verteilung der Deposition einzelner Stickstoffverbindungen ist sehr inhomogen, da zum einen die Quellen (urban-indu-

Tabelle 1.3-1. Größenordnungen der Deposition von Stickstoffverbindungen (in kg N ha^{-1} a^{-1}) auf verschiedene Systeme für die Bundesrepublik Deutschland (Dämmgen, pers. Mitteilung).

System/ Stickstoffverbindung	eutrophe Systeme, Ackerland	niedrigwüchsige oligotrophe Systeme (Heiden etc.)	Wälder
Trockene Deposition: sedimentierende Partikel:			
NO_3-N	1 bis 2	1 bis 2	1 bis 2
NH_4-N	1 bis 2	1 bis 2	1 bis 2
nichtsedimentierende Partikel:			
NO_3-N	0 bis 1	0 bis 1	2 bis 5
NH_4-N	0 bis 1	0 bis 1	3 bis 8
Gase:			
NO_2	0 bis 1	1 bis 2	1 bis 2
HNO_2	0 bis 1	0 bis 1	0 bis 1
HNO_3	1 bis 2	1 bis 2	1 bis 4
PAN	0 bis 1	0 bis 1	1 bis 2
NH_3	Emission	1 bis 2	3 bis 8
Nasse Deposition:			
NO_3-N	4 bis 6	4 bis 6	4 bis 6
NH_4-N	2 bis 7	2 bis 7	2 bis 7
Summe:	*10 bis 20*	*10 bis 25*	*20 bis 40*

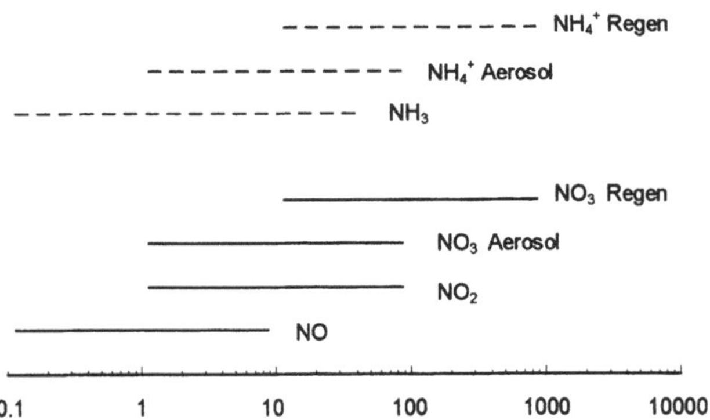

Abb. 1.3-1. Ausbreitungsreichweiten von Stickstoffverbindungen in der Atmosphäre (logarithmische Skalierung)

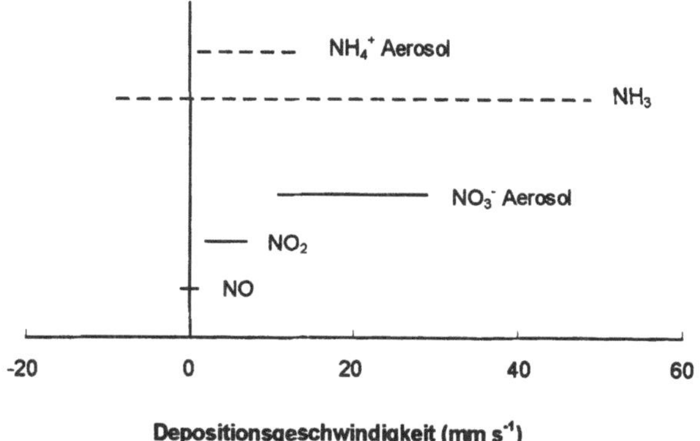

Abb. 1.3-2. Depositionsgeschwindigkeiten von gasförmigen und als Aerosol verbreiteten Stickstoffverbindungen (negative Depositionsgeschwindigkeiten bedeuten, daß die betreffende Komponente vom Boden oder der Vegetation in die Atmosphäre emittiert wird).

striell und landwirtschaftlich) unterschiedlich verteilt sind und sich zum anderen die Verbindungen hinsichtlich ihres Verhaltens in der Atmosphäre unterscheiden. Alle Stickstoffverbindungen unter Berücksichtigung ihrer Depositionsgeschwindigkeiten zu addieren, würde das Bild deutlich vereinfachen. Falls sich die Verbindungen jedoch hinsichtlich ihrer ökosystemaren Wirkung bei gleicher berechneter N-Depositionsmenge unterscheiden (und dafür gibt es deutliche Hinweise), muß dies bei Risikoabschätzungen berücksichtigt werden.

Der vorliegende Beitrag gliedert sich in eine generelle Diskussion der Wirkungen von Stickstoffdepositionen auf Böden, Vegetation und Fauna, woran sich eine detailliertere Betrachtung dreier Fallbeispiele (Wälder, Heiden, Halbtrockenrasen) anschließt. Des weiteren werden „critical levels" und „critical loads" für Stickstoffverbindungen vorgestellt und schließlich der Kenntnisstand diskutiert und Schlußfolgerungen gezogen.

1.3.2 Wirkungen auf Böden, Vegetation und Fauna

1.3.2.1 Wirkungen auf Böden

Deponierter Stickstoff kann entweder durch die Pflanzendecke aufgenommen, immobilisiert (Festlegung in organischer Substanz, nur im Fall von NH_y) oder in NO_3^- überführt werden (s. Bd. 1B. Kap. 2).

Stickstoffdeposition kann zu einer Bodenversauerung führen, aber dies ist nicht immer der Fall. Andere Effekte bestehen in der Veränderung von Menge und Qualität (C/N-Verhältnis) der organischen Auflage, was wiederum Rückwirkungen auf die Vegetation und auf die Nährstoffauswaschung hat (s. Abschn. „Stickstoff-Sättigung" weiter unten). Im folgenden wird auf den Aspekt der Bodenversauerung eingegangen.

Die Deposition von Stickstoffverbindungen, die als NO_x emittiert wurden, führt zu einer Bodenversauerung. NH_y besitzt ebenfalls das Potential zu Bodenversauerung, aber nur dann, wenn es zu NO_3^- konvertiert wird und dieses nicht von den Pflanzen aufgenommen wird (Pitcairn 1994). Die pflanzliche Aufnahme von NO_3^- bedingt eine Aufnahme von H^+ aus dem Boden, die Aufnahme von NH_4^+ eine H^+-Freisetzung. Wie sich Aufnahme bzw. Freisetzung von H^+ auf den Boden-pH auswirken, hängt von dessen Pufferkapazität ab, die wiederum durch Gehalt und Verwitterung von Kalk, Silikat und Aluminium-Verbindungen bestimmt wird. Die Pufferkapazität ist in Kalkböden nahezu unbegrenzt, in kalziumarmen, sauren Böden dagegen sehr gering. Die Pufferung von H^+ ist mit der Mobilisierung von Nährionen wie Ca^{2+}, K^+ und Mg^{2+} sowie von toxischen Ionen wie Al^{3+} und Schwermetallen verbunden, die von den Pflanzen aufgenommen oder ins Grundwasser ausgewaschen werden können (s. Bd. 1B, Kap. 2).

Die Versauerung durch Stickstoffverbindungen stellt einen Prozeß mit hoher räumlicher Variabilität dar. Als genereller Eindruck, basierend auf Freilandbeobachtungen an vielen Standorten in Europa, bleibt festzuhalten, daß Stickstoffdeposition sowohl zu einer Eutrophierung als auch zu einer Versauerung führt, wobei die Auswirkungen der Eutrophierung die der Versauerung bei weitem zu überwiegen scheinen.

1.3.2.2 Wirkungen auf die Vegetation

Für die meisten Pflanzen ist die Aufnahme über die Blätter sehr viel geringer als über die Wurzeln, aber dennoch nicht vernachlässigbar. Moose und Flechten sind vollständig auf die Stickstoffaufnahme über ihre Assimilationsorgane angewiesen, was diese Gruppen relativ empfindlich macht. Pro µg N m^{-3} ist die Aufnahme durch oberirdische Organe für NH_3 am höchsten, gefolgt von NO_2, NO, NH_4^+ und NO_3^- (Van der Eerden et al. 1997b). Bei sehr geringen atmosphärischen NH_3-Konzentrationen wird die Vegetation zu einer NH_3-Quelle (Husted u. Schjoerring 1996). Dies könnte für NO_x ebenso gelten.

Die pflanzliche Aufnahme von NO_3^- und NH_4^+ aus dem Boden hängt von der chemischen Zusammensetzung der Bodenlösung ab (die wiederum vor allem durch mikrobielle Aktivität bestimmt wird), vom Klima und von der Pflanzenart. Schnellwüchsige Pionierarten bevorzugen im allgemeinen NO_3^-, während langsamwüchsige Klimaxarten NH_4^+ präferieren (Pearson u. Stewart 1993). Der Grund für die Präferenz von NH_4^+ oder NO_3^- wird noch nicht komplett verstanden. Die Mehrheit der Pflanzenarten zeigt das beste Wachstum in NH_4^+/NO_3-Kombinationen, wobei das optimale Verhältnis von Pflanzenalter, Temperatur, Einstrahlung und Nährstoffstatus abhängt. Alleinige NH_4^+-Aufnahme kann aufgrund der damit verbundenen Versauerung der Rhizosphäre zu Wurzelschäden führen. Aus diesem Grund sind negative Effekte auf die Wurzelfunktion bei einer Stickstoffversorgung in Form von NH_4^+ meist stärker als bei NO_3-Versorgung.

Die Keimung stellt einen wichtigen Faktor für die Artenzusammensetzung der Vegetation dar. Stickstoffdepositionen haben mit Sicherheit Auswirkungen auf die Keimung. In vielen Pflanzenarten wird die Keimung durch NO_3^- gefördert, nur selten durch NH_4^+. In späteren Wuchsstadien können stickstoffhaltige Luftverunreinigungen direkte toxische Wirkung entfalten, wenn die Assimilationskapazität der Pflanzen von der Aufnahmerate überschritten wird (vgl. Kap. 1.2).

Wenn die klimatischen Bedingungen und die Versorgung mit anderen Nährstoffen eine normale Produktivität der Pflanzen zulassen, führen sowohl NO_x als auch NH_y in niedrigen Konzentrationen zu einer Wachstumsstimulierung und in hohen Konzentrationen zu einer Wachstumsreduktion. Die Expositionsschwelle, bei der Stimulation in Wachstumsreduktion umschlägt, liegt für NO_x sehr viel niedriger als für NH_y (Abb. 1.3-3). Der Umschlagspunkt wird vor allem von der Entgiftungskapazität der Pflanze bestimmt, weniger von der aufgenommenen Stickstoffmenge.

Die Assimilation des deponierten Stickstoffs fördert das Wachstum (s. Kap. 1.1 und 1.2). Für die Produktivität in Agroökosystemen und in forstwirtschaftlichen Kulturen ist dies (in der Regel) von Vorteil. In Wäldern und anderen halbnatürlichen und natürlichen Ökosystemen kann die Wachstumsförderung aber meist nicht als Vorteil angesehen werden. Die meisten Pflanzenarten halbnatürlicher und natürlicher Systeme sind an nährstoffarme Bedingungen adaptiert und können nur unter diesen Bedingungen bestehen, da sie eine geringe Konkurrenzkraft im Vergleich mit nitrophilen Arten besitzen. In den Niederlanden sind 60% der Pflanzenarten durch die gegenwärtige Stickstoffdeposition in ihrer Existenz bedroht (Bink et al. 1994); in der Bundesrepublik Deutschland gehören mehr als 70% der Rote-Liste-Arten zu den Stickstoffmangel-Zeigern (Ellenberg 1985) und dürften u.a. auch durch N-Deposition bedroht sein.

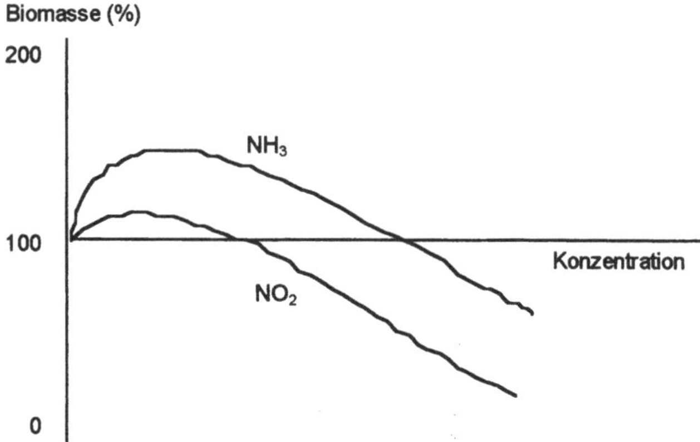

Abb. 1.3-3. Relation zwischen NO_2- bzw. NH_3-Konzentration und Wachstumsstimulierung bzw. -reduktion (schematisch).

Als weiterer wichtiger Effekt eines erhöhten Stickstoff-Angebots kann ein Verlust der Streßtoleranz auftreten. Ursache hierfür ist ein ungenügendes Wurzelwachstum und die damit verbundene Reduktion der Aufnahme von Wasser und anderen Nährelementen wie K^+, Mg^{2+} und Ca^{2+} (s. Kap. 1.2). Die Aufnahme dieser Elemente wird durch NH_4^+ stärker behindert als durch NO_3^-.

1.3.2.3 Wirkungen auf die Fauna

Über die Wirkung von Stickstoffdepositionen auf die Fauna gibt es wenig Wissen und viel Spekulation (s. Bd. 2A, Kap. 4.1.3). Vermutlich übt N-Deposition über Änderungen in Struktur und Diversität der Vegetation Wirkungen auf die Fauna aus: in stickstoffbelasteten Regionen Europas sind ein beträchtlicher Prozentsatz der Schmetterlings- und Heuschreckenarten und einige Säugetierspezies wahrscheinlich durch Eutrophierung bedroht. Negative Effekte wurden auch auf die Bodenfauna (Nematoden und Arthropoden) beobachtet (Lekkerkerk et al. 1995).

Ein recht gut studiertes Phänomen stellt die Wechselwirkung zwischen Stickstoffdeposition und Ausbrüchen der Heidekäferpopulationen dar (Berdowski 1993). In *Calluna*-Heiden treten Ausbrüche des Heidekäfers (*Lochmaea suturalis*) natürlicherweise etwa alle 20 bis 50 Jahre auf. Inzwischen ist die Frequenz aber auf alle 7 bis 10 Jahre angestiegen. Die Käfer ernähren sich ausschließlich von grünen Pflanzenteilen des Heidekrauts (*Calluna vulgaris*) und bewirken eine Defoliation. Die Untergräser (und -kräuter) der Heiden können sich dann massiv entwickeln. Alle Befunde deuten darauf hin, daß die Erhöhung der Frequenz und Intensität der Heidekäferausbrüche durch die unter Stickstoffdeposition erhöhten Stickstoffgehalte der Heideblätter bedingt sind. Das verbesserte Larvenwachstum des Heidekäfers nach Behandlung der Heidepflanzen mit erhöhten $(NH_4)_2SO_4$-Mengen im Regen bzw. nach Begasung mit NH_3 ist experimentell nachgewiesen (Van der Eerden et al. 1991).

Versauerung (die durch Stickstoffdeposition mitverursacht wird) kann ebenfalls negative Wirkungen auf die Fauna ausüben. Ein Beispiel: Kohlmeisen (*Parus major*) und verschiedene andere europäische Singvögel aus Wäldern auf sauren Sandböden produzieren Eier mit dünnen und porösen Schalen (Graveland et al. 1994). Die Autoren vermuten als Grund für diese Beobachtung, daß die Hauptquelle für das Kalzium der Schalen, Schnecken der Familie *Helicidae*, aufgrund der Ca-Armut in den Böden rar geworden ist und daß diese Ca-Armut wiederum durch anthropogene Versauerung der nährstoffarmen und schlecht gepufferten Böden bedingt ist. Bodenversauerung führt darüber hinaus zu einer erhöhten Löslichkeit toxischer Metalle wie Aluminium und Cadmium, was ebenfalls eine Rolle spielen kann. Das bei den Singvögeln beobachtete Phänomen könnte eine Indikatorfunktion für andere Tierarten in kalziumarmen Biotopen, die saurer Deposition ausgesetzt sind, besitzen.

1.3.2.4 Stickstoffsättigung

Nahezu alle terrestrischen Ökosysteme der temperierten Zonen sind stickstofflimitiert: Zugabe von Stickstoff erhöht das Wachstum. Es existiert jedoch eine Obergrenze für die verwertbare Menge an Stickstoff, die von der Artenzusammensetzung, der Verfügbarkeit anderer Nährelemente, Licht und Wasser sowie der wirtschaftlichen Nutzung und Bearbeitungsweise der Ökosysteme abhängt. Eine Überschreitung dieser Obergrenze führt zur Auswaschung von Stickstoff aus den Systemen in tiefere Bodenschichten (Tamm 1991). Eichhorn u. Paar (1992) berichten am Beispiel der Fallstudie Zierenberg von „Streß" in einem stickstoffgesättigten Buchenwaldökosystem. Der Stickstoffaustrag erreichte 1990 die Größenordnung der Stickstoffeinträge.

Das Konzept der Stickstoffsättigung hat im Zusammenhang mit der Diskussion um sog. „critical loads" (zur Definition s. Abschn. 1.3.4) an Popularität gewonnen, obwohl um die beste Definition von Sättigung noch gerungen wird. Verschiedene Definitionen für stickstoffgesättigte Ökosysteme wurden vorgeschlagen:

- Systeme, in denen die Verfügbarkeit von anorganischem Stickstoff höher ist als der Ernährungsbedarf der Vegetation und der mikrobiellen Biomasse,
- Systeme, in denen die Stickstoffverluste gleich hoch oder höher sind als die Stickstoffeinträge,
- Systeme, in denen die Primärproduktion durch weitere Stickstoffgabe nicht mehr gesteigert werden kann.

Das Kriterium der Stickstoffsättigung kann hilfreich sein, um das Grundwasser in seiner chemischen Zusammensetzung zu schützen, dürfte aber nicht hinreichend sein, um als Schwellenwert zum Schutz der Ökosysteme herangezogen zu werden, da es die ökosystemaren Prozesse zu sehr vereinfacht, entweder auf eine Massenbalance (z.B. „N-Austrag > N-Eintrag") oder auf ein Maß für die Produktivität der dominanten Arten (z.B. „kein erhöhtes Baumwachstum bei zusätzlichem N-Angebot"). Andere Ökosystem-Charakteristika wie Biodiversität oder Streßresistenz werden stillschweigend als darin eingeschlossen angesehen oder überhaupt nicht beachtet.

Ungeachtet dessen ist ein Vergleich der Stickstoffpools und -flüsse von N-limitierten und N-gesättigten Systemen aufschlußreich und wichtig (Tabelle 1.3-2). In N-limitierten Systemen erfolgt der Stickstofffluß (über die pflanzliche Aufnahme) überwiegend als Ammonium, da die Nitrifizierung gering und die Immobilisierung von Nitratzersetzern hoch ist. Letzteres wiederum ist durch einen großen Pool an labiler gelöster organischer Substanz (DOC) bedingt, der seine Ursache in der

Tabelle 1.3-2. Charakteristika von Stickstoffpools und -flüssen in N-limitierten und N-gesättigten Waldökosystemen. (Nach Aber 1992)

	N-limitiert	N-gesättigt
Form von Stickstoff im Kreislauf	100% NH_4^+	25–50% NO_3^-, Rest NH_4^+
Konzentration von DOC im Boden	hoch	niedrig
Verhältnis von Brutto-NO_3^--Immobilisierung zu Nitrifizierung	fast 100%	fast 0%
NH_4^+-Immobilisierung/Mineralisierung	hoch (90%)	niedrig (50%)
Mykorrhizierung	hoch	niedrig
C/N	hoch	niedrig
Blatt-N-Konzentrationen	niedrig (1%)	hoch (2%)
Blatt-Lignin-Konzentrationen	hoch	niedrig

hohen Dekompositionsrate von stickstoffarmen Pflanzenmaterial und Mykorrhizapilzen hat. Bei chronischer Stickstoffdeposition reduziert sich der DOC-Pool (da die N-Limitation der Kohlenstoff-Umsetzung geringer wird), und die Verfügbarkeit von anorganischem Stickstoff steigt. In der Folge erhöht sich die N-Aufnahme durch die Pflanzen, und das C/N-Verhältnis in Blättern, Streu und organischer Bodensubstanz sinkt. Eine Konsequenz dieser Prozesse ist die Auswaschung von Stickstoff vor allem als Nitrat, und zwar nicht nur während der Schneeschmelze oder nach Stürmen, sondern ständig. Ein weiterer Effekt besteht in der Änderung der mikrobiellen Bodenaktivität. Dadurch erhöht sich die Emission von Treibhausgasen (N_2O und CH_4, Aber 1992).

1.3.3 Fallbeispiele: Wirkungen von Stickstoffdepositionen auf Wälder, Heiden und Halbtrockenrasen

1.3.3.1 Wälder

Die Kriterien zur Beurteilung der Wirkungen von Stickstoffdepositionen auf Wälder sind sehr uneinheitlich. Dies liegt teilweise an der Schwierigkeit, „Waldgesundheit" zu definieren: viele Indikatoren eines intakten Waldes sind in Gebrauch, und diese Indikatoren besitzen unterschiedliche Erkennungsgrenzen und Repräsentativität. Im folgenden Abschnitt werden die gebräuchlichsten Indikatoren diskutiert und bewertet:

- Vitalität,
- Ernährungszustand der Bäume,
- Baumwachstum,
- Stickstoffsättigung und
- Artenzusammensetzung der Waldbodenvegetation.

Die Situation in niederländischen Wäldern wird als Beispiel herangezogen (mit 40 kg N ha^{-1} a^{-1} sind die Niederlande das Land mit der höchsten Stickstoffdeposition in Europa; etwa $^2/_3$ dieser Menge fallen als NH_y an).

Vitalität

Die Baumvitalität wird an zahlreichen forstlichen Standorten Europas seit Mitte der achtziger Jahre überwacht. Dabei erfolgt die Klassifizierung anhand internationaler Richtlinien, in denen die Benadelung/Belaubung und die Nadel-/Laub-Verfärbung berücksichtig werden (UN-ECE 1989). Auf der Grundlage dieser Klassifizierung muß die Baumvitalität in niederländischen Forsten als schlecht bezeichnet werden, wobei für einige Arten eine negative Entwicklung beobachtet wird: Douglasie (*Pseudotsuga menziesii*) und Schwarzkiefer (*Pinus nigra*) weisen einen negativen Trend während des letzten Jahrzehnts auf, für Fichte (*Picea abies*) zeigt sich ein deutlicher Abfall seit 1991. Bei anderen Arten werden Fluktuationen von Jahr zu Jahr beobachtet. Es sind viele Versuche unternommen worden, den Vitalitätsverlust zu erklären. Anhand von Regressionsanalysen konnten die Vitalitätsveränderungen zum großen Teil auf Bestandescharakteristika wie Baumalter, Höhe, Bestandesdichte etc. zurückgeführt werden, während pH- und Al-Konzentration (oder Al/Ca-Verhältnis) der Bodenlösung und Stickstoffgehalt im Laub das Modell kaum verbesserten. Nur geringe Zusammenhänge fanden sich zwischen Vitalität und wirtschaftlicher Nutzungsform, Wasserhaltekapazität der Böden, Herkunft der Bestände oder Krankheitsbefall (Van der Eerden et al. 1997a).

Ernährungszustand der Bäume

In weiten Teilen West- und Zentraleuropas hat die Deposition von Stickstoff zur einer Erhöhung der N-Konzentrationen und zu einer Verringerung der P-, K-, Mg- und Ca-Konzentrationen im Laub geführt. Anhand der Kriterien zur Einstufung des Ernährungszustands muß die Sticksstoffversorgung, die vormals im Mangelbereich lag, mittlerweise als überhöht angesehen werden, während einige andere Nährelemente (z.B. P, Mg) im Mangelbereich angesiedelt sind. Die N-Konzentrationen im Laub liegen derzeit in einem Bereich, in dem zusätzlicher Stickstoff (negative) sekundäre Effekte haben kann, ohne zu erhöhtem Wachstum zu führen. Die Vitalitätsindikatoren Benadelung/Belaubung bzw. Nadel-/Laubverfärbung stehen in der Regel mit dem Ernährungszustand der Bäume im Zusammenhang. Nadelverluste sind meist negativ mit den P-Konzentrationen der Gewebe korreliert, während Nadelverfärbungen von hohen N-Konzentrationen und hohen N/K- und N/Mg-Verhältnissen begleitet sind.

Baumwachstum

Die im vorigen Abschnitt erwähnten Kriterien zur Einstufung des Ernährungszustands können als physiologisches Optimum für das Baumwachstum angesehen werden. Derzeit kann nicht davon ausgegangen werden, daß das Baumwachstum durch Stickstoffdepositionen beeinträchtigt wird (mit Ausnahme schwerst belasteter Regionen). In vielen Waldgebieten Europas ist die Baumvitalität als schlecht einzustufen, wobei der Stickstoff-Ernährungszustand als gut oder im Überfluß eingestuft werden muß. Dennoch ist die Holzproduktion in diesen Gebieten normal oder sogar relativ hoch (in diesem Zusammenhang sollte der Aspekt der global gestiegenen und weiter steigenden CO_2-Konzentrationen nicht außer acht gelassen werden, s. Bd. 2A, Kap. 4.2). Der düngende Effekt der Stickstoffdeposition wird teilweise durch mangelnde Wasserversorgung der Bäume kompensiert, wobei N-Depositionen den Wasserhaushalt der Bestände aufgrund erhöhter Sproß/Wurzel-Relationen und gesteigerter Transpirationsraten beeinträchtigen dürften.

Artenzusammensetzung der Waldbodenvegetation

Die Bodenvegetation stellt ein bedeutendes Kompartiment der Waldökosysteme dar. In den vergangenen Jahrzehnten hat dort, speziell in Kiefernwäldern, eine dramatische Veränderung stattgefunden (Abb. 1.3-4). Die ursprüngliche, von Moosen und Flechten dominerte Vegetation hat sich in von Gräsern dominierte Gesellschaften gewandelt (Hofmann et al. 1990). In vielen Wäldern auf sauren Böden ist die Drahtschmiele (*Deschampsia flexuosa*) zu einer sehr häufigen Art geworden. In niederländischen Kiefernforsten wurde sogar das Vorkommen von Weidelgras (*Lolium perenne*), einer Charakterart der stark gedüngten Fettweiden, beobachtet. Ob und welche Auswirkungen die Veränderung der Bodenvegetation auf die Baumschicht hat, ist allerdings weitgehend ungeklärt. Konkurrenz um die Wasservorräte könnte eine Rolle spielen, darauf deuten zumindest Befunde aus den vergleichsweise kontinentalen und niederschlagsarmen Kiefernwäldern der nordostdeutschen Tiefebene hin, in denen eine Beeinträchtigung der Wasserversorgung der Baumschicht durch das massenhafte Wachstum von Untergräsern wie *Calamagrostis epigeios* vermutet wird (Hofmann et al. 1990). Dieses Gras wird außerdem wegen seiner verjüngungshemmenden Wirkung im Waldbau gefürchtet, und ein hoher Prozentsatz der Forstämter in Nordostdeutschland berichtet von Verjüngungsproblemen durch *C. epigeios* in Kiefernforsten (Schmidt et al. 1996).

Flechten (Symbiosen aus Algen und Pilzen) stellen einen hohen Anteil der Diversität in Waldökosystemen. Nach einer starken Reduktion des Flechtenbewuchses zwischen 1940 und 1970 kann derzeit eine Erholung beobachtet werden. Diese Entwicklung steht im Zusammenhang mit der zeitlichen Veränderung der SO_2-Belastung. Aber auch NH_3

beeinflußt epiphytische (auf Baumborken lebende) Flechten: NH_3-Deposition wird als Hauptgrund dafür angesehen, daß sich die Artenzusammensetzung zugunsten nitrophiler Arten verändert hat. Möglicherweise spielt dabei die pH-Änderung der Borken durch NH_3 eine größere Rolle als der erhöhte N-Eintrag.

Die meisten Flechten besitzen Grünalgen als Photobionten, in ca. 10% fungieren jedoch Blaualgen als Assimilat-Versorger. Grünalgen reagieren eher auf Versauerung und weniger auf Stickstoff, während Blaualgen sowohl durch Versauerung als auch durch Stickstoff beeinträchtigt werden können. Die meisten gegenüber Luftverunreinigungen empfindlichen Flechten besitzen Blaualgen als Symbionten und sind in Nordwesteuropa in ihrem Vorkommen gefährdet. Dies kann zumindest teilweise auf erhöhte Stickstoffdepositionen zurückgeführt werden.

Obwohl noch hoher Forschungsbedarf besteht, ist anhand der vorliegenden Kenntnisse eine Stickstoffdeposition von 5 bis 15 kg N ha^{-1} a^{-1} als Schwellenwert für die Gefährdung von Flechten mit Blaualgen als Symbionten angesetzt worden. Diese Flechten könnten die empfindlichsten Organismen in manchen Waldökosystemen darstellen und damit die „critical loads" für diese Systeme determinieren.

Freilebende Grünalgen, vor allem der Gattung *Pleurococcus*, sind auf nahezu allen Oberflächen (inklusive Nadeln bzw. Blättern) weit verbreitet. Durch erhöhte Stickstoffdeposition wird ihre Kolonisierung deutlich gefördert. Freilandbefunde aus Schweden belegen, daß Fichtennadeln nur dann von Grünalgen besiedelt werden, wenn die N-Deposition mindestens ca. 5 kg ha^{-1} a^{-1} beträgt. In Regionen mit Stickstoffeinträgen über 20 kg ha^{-1} a^{-1} kann der Algenbewuchs so mächtig werden, daß die Photosyntheseleistung der Nadeln beeinträchtigt wird (Bråkenhielm 1991).

Ständerpilze sind die Fruchtkörper von Ektomykorrhizapilzen, die in Symbiose mit Baumwurzeln leben. Zahlreiche Untersuchungen belegen einen Rückgang der Fruchtkörper vor allem in Gebieten mit hoher Stickstoffdeposition. Die Fruchtkörperbildung wird durch NH_4-N stärker beeinträchtigt als durch NO_3-N und reagiert auf vermehrtes Stickstoffangebot stärker negativ als das Wachstum der vegetativen Pilzhyphen. Die Rolle der Mykorrhizapilze für das Baumwachstum wird noch kontrovers diskutiert, so daß eine Veränderung der Artenkombination oder ein Artenrückgang nicht zwangsläufig als Indikator für eine Bedrohung der Baumvitälität herangezogen werden können.

Man sollte allerdings nicht nur der Frage nachgehen, ob Veränderungen der Artenzusammensetzung der Bodenvegetation (im weitesten Sinn) eine Rolle für Wachstum und Streßresistenz der Baumschicht besitzen. Das Auftreten von Änderungen der Artenzusammensetzung

Abb. 1.3-4. Stickstoffdeposition fördert das Baumwachstum und führt in der Bodenvegetation zu einem Wechsel von Beständen, die von Flechten und Moos dominiert werden, zu von Gräsern und Sträuchern dominierten Gesellschaften. Dies kann als Frühwarnung für gravierendere Effekte angesehen werden.

bedeutet eine Antwort der Ökosysteme im Hinblick auf ihre Biodiversität, und dies an sich ist bereits von ökologischer Relevanz.

1.3.3.2 Heiden

Heiden bilden einen wichtigen Aspekt westeuropäischer Landschaften. Aufgrund ihrer Bedeutung sind viele Heidegebiete unter Schutz gestellt. Natürliche Heiden existieren lediglich an der Atlantikküste; fast alle Heiden im Inland sind anthropogenen Ursprungs und durch jahrhundertelange Bewirtschaftung entstanden. Die ursprüngliche Nutzung sorgte für einen regelmäßigen Entzug von Nährstoffen aus dem System, indem beweidet wurde und Plaggenhieb (Entfernen der obersten Bodenhorizonte als Einstreu für die Stallungen) stattfand, so daß Nährstoffeintrag und -austrag im Gleichgewicht standen. Während der letzten Jahrzehnte ist dieses Gleichgewicht durch verstärkte Stickstoffeinträge und Nutzungsänderung bzw. Nutzungsaufgabe gestört worden mit der Folge einer Umwandlung von Heide in Grasgesellschaften.

Bei geringer Stickstoffdeposition steigt die Stickstoffmineralisation von ca. 10 kg N ha^{-1} a^{-1} direkt nach dem Plaggenhieb auf 50 bis 110 kg N ha^{-1} a^{-1} nach drei bis vier Jahrzehnten. Ohne den Export von Nährstoffen führt dies zu einer Umwandlung von Heiden zunächst in Grünland, später in Wälder. Bei erhöhtem Stickstoffeintrag aus der Atmosphäre reicht die Stickstoffverfügbarkeit bereits nach einem Jahrzehnt aus, um die Umwandlung von Heide in Grasgesellschaften zu bewerkstelligen (Berdowski 1993). In den trockenen, von *Calluna vulgaris* dominierten Sandheiden vollzieht sich die Umwandlung allerdings erst nach Öffnen der Heidebestände. Diese Öffnung der Bestände kann durch eine Heidekäferinvasion (vgl. „Wirkungen auf die Fauna" weiter oben) oder durch Frostschäden initiiert werden. Beide Prozesse werden durch Stickstoffdepositionen gefördert.

Feuchte, von der Glockenheide (*Erica tetralix*) dominierte Heiden erfahren durch Sickstoffdeposition ebenfalls eine Umwandlung in Grasgesellschaften, der zugrundeliegende Mechanismus funktioniert aber etwas anders als in den trockenen Sandheiden.

Bei geringen Stickstoffeinträgen existieren in Sandheiden und in feuchten Heiden mosaikförmige Strukturen mit artenreicher Vegetation. Charakteristische Arten dieser Flächen sind z.B. *Arnica montana, Antennaria dioica, Gentiana pneumonanthe* und *Thymus serpyllum.* Dieses mosaikfömige Vegetationsmuster ist im Verschwinden begriffen, da u.a. durch den Eintrag sowohl von Stickstoff als auch von saurer Deposition die kleinräumige Variabilität der Bodenbedingungen verloren geht. Die genannten Arten sind auf einen pH zwischen 4,5 und 5,5 angewiesen, reagieren empfindlich auf Aluminium und können nicht überleben, wenn Ammonium die einzige Stickstoffquelle darstellt. Die entsprechenden Biotope verschwinden daher bei erhöhter Stickstoffdeposition.

Vermutlich reagieren auch alpine Heiden empindlich auf Stickstoffeinträge aus der Atmosphäre, da die Stickstoff-Festlegung sehr effektiv ist. Allerdings wird die Primärproduktion wesentlich von anderen Faktoren als Stickstoff (nämlich von Temperatur und Feuchte) reguliert.

1.3.3.3 Halbtrockenrasen

Ähnlich wie Heiden stellen Halbtrockenrasen in West- und Zentraleuropa (bis auf wenige, meist orographisch bedingte natürliche Vorkommen) halbnatürliche, durch menschliche Nutzung entstandene Systeme dar, die eine Vielzahl von bedrohten Pflanzen- und Tierarten beherbergen. Viele der Gebiete stehen daher unter Schutz. Halbtrockenrasen sind aufgrund der Nutzungsform (Nährstoffentzug durch Beweidung bzw. Mahd, keine oder nur geringe Düngung) nährstoffarm. Intensive Düngung oder Stickstoffeinträge aus der Atmosphäre führen zur Umwandlung von Halbtrockenrasen in artenarme, von Gräsern der Fettweiden und -wiesen dominierte Bestände. Ein klassisches Experiment zur Wirkung von Nährstoffen auf Grünlandsysteme stellt das

Park-Grass-Experiment in Rothamsted, Großbritannien, dar, das bereits seit 1856 besteht. Nach Stickstoffapplikation in Form von Ammoniumsulfat oder Natriumnitrat (48 kg N ha^{-1} a^{-1}) zeichnet sich die Vegetation durch starke Artenverarmung aus und wird von Gräsern wie *Holcus lanatus* oder *Agrostis*-Arten dominiert (Williams 1978).

In Kalkmagerrasen wird das Wachstum von *Brachypodium pinnatum* durch Stickstoffeinträge stark gefördert. Der dichte Blattfilz dieser Art verringert Einstrahlungsquantität und -qualität für die niedrigwüchsigen Kräuter und Gräser und sorgt so für eine drastische Reduktion der Artendiversität (Bobbink 1991). *B. pinnatum* ist nicht nur ein starker Konkurrent um die Einstrahlung, sondern verfügt auch über eine effektive Stickstoffakquisition und Verlagerung aus seneszenten Sprossen in das gut entwickelte Rhizomsystem. Der so gespeicherte Stickstoff sichert ein gutes Wachstum in der folgenden Vegetationsperiode.

Neben dem Einfluß auf die Artenzahlen und -zusammensetzung der höheren Pflanzen bewirken Stickstoffdepositionen in Halbtrockenrasen auch einen Rückgang im Vorkommen vieler charakteristischer Flechten und Moose.

1.3.4
„Critical levels" und „critical loads"

„Critical levels" und „critical loads" stellen Schwellenwerte für die Wirkung von Luftverunreinigungen dar. „Critical levels" (CLE) werden definiert als: diejenige Konzentration (eines Luftschadstoffs) in der Atmosphäre, bei deren Überschreitung nach dem gegenwärtigen Stand des Wissens direkte negative Effekte auf Rezeptoren wie Pflanzen, Ökosysteme oder Materialien auftreten können. Für „critical loads" (CLO) gilt: ein quantitatives Maß für die Exposition (Deposition) gegenüber einem oder mehreren Luftschadstoffen, bei deren Unterschreitung nach dem gegenwärtigen Stand des Wissens keine signifikanten negativen Effekte auf spezifische empfindliche Bestandteile der Umwelt auftreten.

CLEs und CLOs sollen die Vegetation schützen, und im Prinzip können sie ineinander umgerechnet werden, wenn die Depositionsgeschwindigkeiten bekannt sind. Unter diesem Gesichtspunkt scheint es überflüssig, sowohl CLEs als auch CLOs zu bestimmen. In den gegenwärtigen Evaluierungsansätzen beziehen sich CLEs und CLOs jedoch auf unterschiedliche Zeitskalen (CLEs: Kurzeitbelastung, 1 Jahr oder weniger, CLOs: Langzeitbelastung, 10 bis 100 Jahre, vgl. Tabelle 1.3-3), so daß sie sich gegenseitig ergänzen. Die gegenwärtig gültigen CLEs für NO_x und NH_3 finden sich in Tabelle 1.3-4.

Tabelle 1.3-3. Allgemeine Charakteristika von „critical levels" (CLE) und „critical loads" (CLO).

	CLE	CLO
Expositionsdauer	kurzzeitig (1 Jahr oder weniger)	langfristig (10 bis 100 Jahre)
Maßeinheit für die Exposition	Konzentration ($\mu g\ m^{-3}$)	Deposition ($kg\ ha^{-1}\ a^{-1}$)
Schutzziel	empfindliche Arten	Ökosystemfunktion
Kombination von Schadstoffen	Komponenten werden einzeln evaluiert; Interaktionen (z. B. Synergismen) werden ebenfalls in Betracht gezogen	Stickstoffhaltige Verbindungen werden zusammengefaßt (unter der Annahme additiver Wirkung); dies gilt auch für saure Deposition
Methodik der Bewertung	Laborexperimente, niedrigste relevante und effektive Exposition	empirische Daten und Steady-state-Bodenmodelle

Tabelle 1.3-4. „Critical levels" (CLE) für NO_x und NH_3 für die Effekte auf Pflanzen ($NOx = NO + NO_2$, addiert in ppb und ausgedrückt als NO_2 in $\mu g\ m^{-3}$).

Verbindung	Vegetation	Wirkungen und Kriterien	CLE
NO_x[1)]	Pflanzen allgemein	negative Wirkungen auf der Ebene von Individuen	Jahresmittel: 30 $\mu g\ m^{-3}$
NH_3	Pflanzenarten der (halb)natürlichen Vegetation	negative Wirkungen auf der Ebene von Individuen oder Pflanzengemeinschaften[2)]	Jahresmittel: 8 $\mu g\ m^{-3}$

1) Nicht nur NO_2, sondern auch NO ist toxisch. Zur Berechnung der CLEs wurde Additivität der Wirkungen angenommen. Interaktionen zwischen NO_2 und/oder O_3 wurden in die Berechungen einbezogen.

2) Sowohl Stimulierung als auch Hemmung des Wachstums wurden berücksichtigt. Interaktionen mit anderen Luftschadstoffen wurden nicht einbezogen.

„Critical loads" für Stickstoff wurden sowohl aus empirischen Daten abgeleitet, in denen bekannte Depositionen mit den beobachteten Effekten verbunden wurden, als auch aus Steady-state-Bodenmodellen, mit denen kritische Werte für Ionenkonzentrationen oder -verhältnisse in den Blättern bzw. Nadeln und der Bodenlösung berechnet werden. Die derart gewonnenen „critical loads" sind in Tabelle 1.3-5 aufgeführt.

Für toxische Verbindungen mit einem sigmoidalen Expositions/Wirkungs-Verlauf ist die Ableitung von Grenzwerten vergleichsweise einfach: Die niedrigste Exposition mit einem sigifikanten Effekt repräsentiert den Grenzwert. Dieser Ansatz ist jedoch für die Wirkung stickstoffhaltiger Luftverunreinigungen auf stickstofflimitierte Vegetationseinheiten prinzipiell falsch. Stickstoff stellt einen Makro-Nährstoff dar, und jede zusätzliche Gabe von Stickstoff kann daher physiologische Reaktionen hervorrufen. Eine mit steigender Deposition ebenfalls steigende Wachstumsförderung schlägt bei hoher Belastung in eine Wachstumsreduktion um (vgl. Abb. 1.3-3). Zusätzlich wird die Ableitung von Schwellenwerten (CLEs und CLOs) dadurch verkompliziert, daß der „Status" der Vegetation (z. B. im Hinblick auf die Biodiversität) bei Depositionen im Hintergrundbereich nicht unbedingt optimal sein muß.

1.3.5 Diskussion und Folgerungen

Gegenwärtig sind die Ökosysteme Westeuropas hohen Einträgen an Stickstoff ausgesetzt. Direkte toxische Effekte von NH_3 und NO_x sind im Freiland (in der Regel) nicht quantifiziert worden, vermutlich spielen sie aber im Vergleich mit den indirekten Auswirkungen nur eine geringe Rolle. Die Beteiligung von NH_3 an der Eutrophierung von Ökosystemen ist offensichtlich, während die diesbezügliche Funktion von NO_x weniger klar ist. NO_x beeinträchtigt die Vegetation aber mit Sicherheit auf andere Art und Weise, nämlich in Form seiner Bedeutung als Vorläufersubstanz bei der photochemischen Bildung von troposphärischem Ozon (Guderian 1985; Krupa u. Manning 1988; s. Bd. 2A, Kap. 4.4). Die wichtigste Wirkungsweise von Stickstoffdepositionen auf Ökosysteme in Westeuropa dürfte in der Eutrophierung, weniger in der Versauerung liegen.

Die Biodiversität in Wäldern, Heiden und artenreichen Grasgesellschaften ist bereits jetzt durch Stickstoffeinträge deutlich beeinträchtigt worden. Für Auswirkungen auf die Fauna existieren ebenfalls einige Belege.

In der Regel führen Stickstoffdepositionen zu verbesserten Wuchsleistungen der dominierenden Arten (Bäume in Wäldern, Heidekraut in

Tabelle 1.3-5. Zusammenfassung der Empfehlungen für „critical loads" für Stickstoffdepositionen (kg N ha^{-1} a^{-1}) auf (halb)natürliche Ökosysteme. (Nach Bobbink et al. 1992)
##: verläßlich, #: einigermaßen verläßlich, (#): bestmögliche Bestimmung.

Ökosystem	„critical load" (kg N ha^{-1} a^{-1})		Störungsindikation
Ombotrophe (Hoch-)Moore	5 bis 10	#	Einbußen von *Sphagnum* und untergeordneten Arten, Zunahme großer graminoider Arten
Basische artenreiche Rasen	14 bis 25	##	Zunahme von hochwüchsigen Gräsern, Abnahme der Diversität
Neutral-saure artenreiche Rasen	20 bis 30	#	Zunahme von hochwüchsigen Gräsern, Abnahme der Diversität
Montan-subalpine Rasen	10 bis 15	(#)	Zunahme von hochwüchsigen graminoiden Arten, Abnahme der Diversität
Trockene Heiden der tiefen Lagen	15 bis 20	##	Umwandlung von Heide in Grasgesellschaften
Feuchte Heiden der tiefen Lagen	17 bis 22	##	Umwandlung von Heide in Grasgesellschaften
Artenreiche Heiden/Saure Rasen	7 bis 15/20	#	Einbußen empfindlicher Arten
Arktische und alpine Heiden	5 bis 15	(#)	Einbußen bei Flechten, Moosen und immergrünen Zwergsträuchern, Zunahme von Gräsern und Kräutern
Koniferenwälder auf sauren Böden, bewirtschaftet	10 bis 15	#	Baumgesundheit; Nährstoffungleichgewichte (niedrige Nitrifizierungsrate)
Koniferenwälder auf sauren Böden, bewirtschaftet	20 bis 50	#	Baumgesundheit; Nährstoffungleichgewichte (mäßige bis hohe Nitrifizierungsrate)

Koniferenwälder auf sauren Böden, bewirtschaftet	15 bis 20	##	Veränderungen der Bodenvegetation
Laubwälder auf sauren Böden, bewirtschaftet	15 bis 20	#	Baumgesundheit; Nährstoffungleichgewichte; Sproß/Wurzel-Relation
Laubwälder auf sauren Böden, bewirtschaftet	15 bis 20	#	Veränderungen der Bodenvegetation
Wälder auf sauren Böden, unbewirtschaftet	unbekannt		unbekannt
Wälder auf basischen Böden	15 bis 20	(#)	Veränderungen der Bodenvegetation

Heiden), vermutlich in Verbindung mit einer erhöhten Streßanfälligkeit. Diese Arten sind – im Vergleich mit anderen biotischen Komponenten der Ökosysteme wie Flechten, Moosen und Mykorrhizaplizen – relativ tolerant gegenüber der Deposition. Die deponierten Stickstoffmengen akkumulieren derzeit noch in den Systemen; Sättigung im Sinne einer Null-Stickstoff-Bilanz (Auswaschung so hoch wie die N-Einträge) bildet noch die Ausnahme.

Es bereitet Probleme, die künftigen Auswirkungen von Stickstoffdepositionen auf Wälder zu prognostizieren. Anhand der beobachteten Trends von N-Deposition und Ernährungszustand ist ein großflächig vermindertes Wachstum oder gar ein Baumsterben kurzfristig (in den kommenden 10 Jahren) nicht zu erwarten. Es ist aber unklar, was in den folgenden ein bis zwei Dekaden geschehen wird. Möglicherweise gelangen die Wälder für einige Zeit in ein Stadium mit schnelleren Stickstoffflüssen, höherer Biomasseproduktion und kürzerer Lebensdauer der Bäume und einer Dominanz von nitrophilen Arten in der Bodenvegetation. Diese Veränderung der Artenzusammensetzung stellt möglicherweise einen empfindlichen Indikator für noch gravierendere Effekte in den Waldökosystemen dar. Der CLO für floristische Veränderungen liegt niedriger als das physiologische Optimum für das Baumwachstum, wobei dieses Optimum gleichzeitig die Wirkungsschwelle für eine erhöhte Streßanfälligkeit der Bäume repräsentieren dürfte. Natürlich wird sich der Ernährungszustand der Bäume bei weiterem Stickstoffeintrag in Höhe der heutigen Depositionsraten weiter in Richtung Imbalance verschieben, was zu Wuchsminderungen und erhöhter Anfälligkeit gegenüber Frost, Sturm und biotischen Schädlingen führen dürfte. Die Biodiversität von Waldökosystemen hat bereits jetzt deutlich gelitten, und diese Situation wird sich bei Fortdauer der Belastung weiter verschlechtern. Bei unverändert hohem Eintrag von versauernd wirkenden Verbindungen (inklusive N) wird der Boden-pH sinken und Al^{3+} in Konzentrationsbereichen verfügbar werden, die schädigend auf die Baumschicht wirken und die Ökosysteme destabilisieren. Nur bei einer Reduktion der Stickstoff-Emissionen um 50 bis 70% kann die Al^{3+}-Freisetzung reduziert und der Boden-pH erhöht werden.

Anhand eines Vergleichs von Wald- und Heideökosystemen soll gezeigt werden, daß die Artenzusammensetzung der Bodenvegetation in Wäldern möglicherweise als Indikator für gravierendere Beeinträchtigungen auf ökosystemarer Ebene dienen kann: Bei erhöhten Stickstoffdepositionen verschwinden zahlreiche stickstoffmeidende Arten (z. B. Flechten, Bryophyten) aus den Heiden, das Heidekraut (*C. vulgaris*) als dominierende Art antwortet jedoch mit verstärktem Wachstum, wenn auch in Verbindung mit einer erhöhten Empfindlichkeit gegenüber verschiedenen Stressoren. Der Verlust von *C. vulgaris* und die Umwandlung in Grasgesellschaften treten erst dann ein, wenn eine streßbedingte Auflichtung der Heidebestände stattgefunden hat (z. B. durch einen Heidekäferausbruch, Spätfröste o. Ä.). Ähnlich wie das Heidekraut in Heideökosystemen antwortet auch die Baumschicht in Waldökosystemen zunächst mit verbessertem Wachstum und einer erhöhten Streßanfälligkeit auf Stickstoffdepositionen.

Bei der Erarbeitung von Wirkungsschwellen für Stickstoffverbindungen muß die Art und Wirkungsweise der betreffenden Verbindungen in Betracht gezogen werden. Bei toxischen Verbindungen ist die Grenzwertfindung einfach: Die niedrigste Exposition mit einem signifikanten Effekt kann als Grenzwert betrachtet werden. Für den Eintrag von Stickstoff in stickstofflimitierte Systeme funktioniert dieser Ansatz jedoch nicht. Die Deposition von Stickstoff kann aufgrund seiner Funktion als Makro-Nährstoff physiologische Reaktionen hervorrufen, die zunächst in eine Wachstumsförderung, bei hoher Belastung in eine Wachstumsreduktion münden. Dies gilt in entsprechender Weise für die Streßempfindlichkeit und die Biodiversität. Aus diesem Grund müssen sich „critical levels" und „critical loads" zum Schutz von Waldökosystemen an weitergehenden Kriterien als nur der Produktivität oder dem Ertrag orientieren. Vielmehr müssen CLEs und CLOs unter Einbeziehung ihrer Funktion für die Biodiversität und als Ressource für die Menschheit definiert werden.

1.3.6 Literatur

Aber JD (1992) Nitrogen cycling and nitrogen saturation in temperate forest ecosystems. Trends Ecol Evol 7:220–223

Berdowski JJM (1993) The effect of external stress and disturbance factors on *Calluna*-dominated heathland vegetation. In: Aerts R, Heil GW (eds) Heathland: patterns and processes in a changing environment. Geobotany 20. Kluwer, Dordrecht, pp 85–124

Berge E, Bartnicki J, Olendrzynski K, Tsyro SG (1999) Long-term trends in emissions and transboundary transport of acidifying air pollution in Europe. J Environ Manage 57:31–50

Bink RJ, Bal D, Van den Berk VM, Draaijer LJ (1994) De toestand van de natur; 2. Informatie- en kenniscentrum natuur, Wageningen, Nederland, 246 pp

Bobbink R (1991) Effects of nutrient enrichment in Dutch chalk grassland. J Appl Ecol 28:28–41

Bobbink R, Boxman D, Fremstad E, Heil G, Houdijk A, Roelofs J (1992) Critical loads for nitrogen eutrophication of terrestrial and wetland ecosystems based upon changes in vegetation and fauna. In: Grennfelt P, Thörnelöf E (eds) Critical loads for nitrogen. Nord (Miljörapport) 41:111-159. Nordic Council of Ministers, Copenhagen

Bråkenhielm S (1991) Vegetation monitoring in the PMK reference areas. Activity report of 1990. Swedish Environmental Protection Agency Report 3954 (Schwedisch mit englischer Zusammenfassung)

Eichhorn J, Paar U (1992) Streß in einem stickstoffgesättigten Buchenwaldökosystem. AFZ 12:666–668

Ellenberg H (1985) Veränderungen der Flora Mitteleuropas unter dem Einfluss von Düngung und Immissionen. Schweiz Z Forstwes 136:19–39

Graveland J, Van der Wal R, Van Balen JH, Van Noordwijk AJ (1994) Poor reproduction in forest passerines from decline of snail abundance on acidified soils. Nature 368:446–448

Guderian R (ed) (1985) Air pollution by photochemical oxidants. Formation, transport, control, and effects on plants. Ecological studies 52. Springer, Berlin Heidelberg New York

Hofmann G, Heinsdorf D, Kraub HH (1990) Wirkung atmogener Stickstoffeinträge auf Produktivität und Stabilität von Kiefern-Forstökosystemen. Beiträge für die Forstwirtschaft 24:59–73

Husted S, Schjoerring JK (1996) Ammonia flux between *Brassica napus* plants and the atmosphere in response to changes in leaf temperature, light intensity and air humidity: interactions with leaf conductance and apoplastic NH_4^+ and H^+ concentrations. Plant Physiol 112:67–74

Krupa SV, Manning WJ (1988) Atmospheric ozone: formation and effects on vegetation. Environ Pollut 50:101–137

Lekkerkerk LJA, Heij GJ, Hootsmans MJM (1995) Ammoniak: de feiten. Report nr 300-06; Dutch Priority Programma on Acidification. RIVM, Bilthoven Nederland, pp 95

Pearson J, Stewart GR (1993) The deposition of atmospheric ammonia and its effects on plants. New Phytol 125:283–305

Pitcairn CER (ed) (1994) Impacts of nitrogen deposition on terrestrial ecosystems. Report of UK rev. group on Imp. of Atm. N. Dept of the Env. London, UK

Schmidt W, Pfirrmann H, Brünn S (1996) Zur Ausbreitung von *Calamagrostis epigejos* in niedersächsischen Kiefernwäldern. Forst und Holz 51:369–372

Tamm CO (1991) Nitrogen in terrestrial ecosystems. Ecological studies 81. Springer-Verlag, Berlin Heidelberg New York

UNECE (1989) Manual on methologies and criteria for harmonized sampling, assessment, monitoring and analysis of the effects of air pollution on forests. ICP-Forests. PCC/UNEP/ECE

Van der Eerden LJM, Dueck TA, Berdowski JJM, Greven H, Van Dobben HF (1991) Influence of NH_3 and $(NH_4)_2SO_4$ on heathland vegetation. Acta Bot Neerl 40: 281–297

Van der Eerden LJ, De Vries W, De Visser P, Van Dobben HF, Steingröver E, Dueck TA, Van Grinsven H, Mohren F, Boxman D, Roelofs J, Graveland J (1997a) Effects on forest ecosystems. In: Heij GJ, Erisman JW (eds) Acid Atmospheric deposition and its effects on Terrestrial ecosystems in The Netherlands. Elsevier, Amsterdam, pp 83–128

Van der Eerden LJ, Caporn S, Lee J (1997b) Critical levels of nitrogen containing air pollutants on vegetation. In: WHO air quality guidelines for Europe, vol 4. Ecotox, 33 pp (in press)

Williams ED (1978) Botanical composition of the Park Grass plots at Rothamsted 1856–1976. Rothamsted Experimental Station Internal Report, Harpenden

1.4 Fluoride

G. Halbwachs, C. Nemetz und W. Kronberger

1.4.1 Vorkommen

Das ubiquitäre Element Fluor ist in über 80 Mineralien, darunter in zahlreichen aus der Gruppe der Silikate (z.B. Glimmerarten), sowie in den ökonomisch bedeutenden Mineralien Flußspat (CaF_2), Kryolith (Na_3AlF_6) und Apatit ($Ca_{10}[PO_4]_6F_2$) enthalten. Am Aufbau der Erdrinde ist es bis zu 0,09% beteiligt. Die Fluorgehalte der Böden stehen in enger Beziehung zu den jeweiligen Fluorgehalten des Ausgangsgesteins und schwanken daher in weiten Grenzen. Da Fluor aber weder zu den essentiellen Makro- noch zu den Mikronährstoffen für Pflanzen zählt, ist die Fluoraufnahme aus der Bodenlösung normalerweise sehr eingeschränkt, so daß es nur in sehr geringen Konzentrationen in der pflanzlichen Trockensubstanz zu finden ist (2 bis 20 ppm). Ausnahmen stellen lediglich einige fluorakkumulierende Pflanzenarten wie z.B. Tee (*Camellia sinensis*) dar, die in der Trockensubstanz (TS) ihrer Blätter Gehalte von mehreren Hundert ppm aufweisen können. Skorkowska-Zieleniewska (1983) vermutet daher bei starken Teetrinkern ein gewisses Gesundheitsrisiko. Vorwiegend in Australien, aber auch in Südamerika und in Afrika sind einige Pflanzenarten bekannt, die organische Fluorverbindungen synthetisieren und speichern. Die diesbezüglichen Literaturzitate finden sich bei Weinstein (1977) und Doley (1986). Bennett et al. (1983) konnten mittels Gewebekulturen von *Acacia georginae* die Bildung von Fluoracetat aus anorganischen Fluorverbindungen (NaF) experimentell belegen. Die afrikanische Gattung *Dichapetalum* z.B. kann Fluoracetat in solchen Mengen enthalten, daß der Konsum für die in der Nahrungskette folgenden Glieder (z.B. Weidetiere) tödlich sein kann (Rao 1977). Auf die ökotoxische Bedeutung von Fluorverbindungen wird auch in den von Hapke (s. Kap. 4.1), sowie von Kierdorf und Wolters (s. Kap. 4.2) verfaßten Kapiteln näher eingegangen.

Die Quellen für die Belastung der Atmosphäre mit Fluor sind sowohl natürlich als auch anthropogen. Aufgrund seiner extremen Reaktivität (elektronegativstes Element) tritt Fluor praktisch nie in elementarer Form auf, sondern in diversen Bindungsformen, unter denen die gasförmige Fluorwasserstoffsäure (HF) wegen ihrer hohen Phytotoxizität von besonderem Interesse ist. Der hier allgemein verwendete Ausdruck „Fluor“ bezieht sich demnach sowohl auf das Fluoridion als auch auf das Element Fluor in all seinen Bindungsformen. Unter den natürlichen

Quellen spielen Vulkanausbrüche und Verwehungen von terrestrischen Stäuben und Meeresaerosolen die bedeutendste Rolle. Anthropogene Quellen stellen alle Industrien dar, die Steine und Erden entweder als Rohmaterial oder im Produktionsprozeß als Katalysatoren oder Flußmittel einsetzen, wie z.B. Aluminiumhütten, Emaille-, Porzellan- und Glasfabriken, Düngemittelfabriken und Ziegeleien, aber auch Müllverbrennungs- und Großfeuerungsanlagen. Die jeweils freigesetzte Fluormenge ist dabei positiv mit der Höhe der Prozeßtemperatur korreliert. Im Gegensatz zu anderen luftverunreinigenden Schadstoffen, die über große Entfernungen transportiert werden können, sind die hochreaktiven Fluorverbindungen vor allem von lokaler, selten auch regionaler Bedeutung. Unter anderem ist dafür die ausgesprochen hohe Affinität von Fluorwasserstoffsäure zu Wasser verantwortlich – Regenereignisse reinigen die Atmosphäre sehr wirkungsvoll.

1.4.2
Aufnahme, Translokation, Abgabe

Für die Fluoraufnahme durch die Pflanze kommen prinzipiell mehrere Pfade in Frage: die Aufnahme aus Wasser oder der Bodenlösung über die Wurzeln, das Eindringen gasförmiger Fluorverbindungen durch die Spaltöffnungen der oberirdischen Pflanzenteile, insbesondere der Blattorgane, und schließlich die Diffusion der Lösungsprodukte gas- und partikelförmiger Fluorverbindungen durch die Cuticula. Eine umfassende Darstellung über pflanzliche Aufnahme-, Verlagerungs-, Speicherungs- und Abgabeprozesse von atmosphärischen und im Boden vorhandenen Fluorverbindungen lieferte Davison (1983).

Es konnte mehrfach gezeigt werden, daß zwischen den Fluor-Gesamtgehalten von Böden und den F-Gehalten der darauf stockenden Pflanzenarten keine Korrelation besteht. Dies erklärt sich aus der Tatsache, daß für Pflanzen grundsätzlich nur der wasserlösliche Fluoranteil verfügbar ist, dessen Ausmaß vom Boden-pH-Wert abhängt: Ein Minimum ergibt sich im neutralen bis mäßig sauren Bereich, während die Fluorverfügbarkeit sowohl in stark sauren als auch in carbonathaltigen Böden am höchsten ist (Wenzel 1990). In Gebieten mit gasförmigen Fluorimmissionen überwiegt die Aufnahme durch die Stomata der Blattorgane bei weitem. Nach Stillegung eines potenten Fluoremittenten (Aluminiumhütte) konnten bereits in der ersten Vegetationsperiode nach der Schließung in den landwirtschaftlichen Kulturpflanzen der näheren Umgebung Fluor-Normalgehalte registriert werden, obwohl die Bodenkontamination natürlich weiterhin vorhanden war. Lag z.B. in einem landwirtschaftlichen Betrieb, bei dessen Rinderbestand Fluorosesymptome erkennbar waren, die durchschnittliche Fluorkonzentration der Jahresernte einer 4-schnittigen Wiese bei 128 ppm i.d.TS (Glawischnig u. Halbwachs 1987), so wies dieselbe Wiese nach Wegfall der Immissionen nur mehr einen durchschnittlichen Fluorgehalt von 6 ppm i. d. TS auf. Ähnlich wie die einjährigen Pflanzenarten reagierten auch einige relativ resistente Laubbaumarten wie Birke (*Betula pubescens*), Grauweide (*Salix cinerea*) und Schwarzerle (*Alnus glutinosa*), die einen drastischen Rückgang der Fluorgehalte im Neuaustrieb erkennen ließen (Abb. 1.4-1). Bei Koniferen mit mehrjährigen Blattorganen wie z.B. Schwarzkiefer (*Pinus nigra*) und Fichte (*Picea abies*) erfolgte zwar vor allem im Neuaustrieb eine bemerkenswerte Abnahme der Fluorkonzentration, jedoch wiesen alle Nadeljahrgänge weiterhin deutlich erhöhte Fluorgehalte auf (Halbwachs u. Nemetz 1994), was auf pflanzeninterne Verlagerungsmechanismen zurückzuführen ist, wie sie u.a. von Garrec u. Chopin (1983), Keller (1979) und Kronberger et al. (1978) beschrieben bzw. auch experimentell bestätigt werden konnten (Abb. 1.4-1).

Die Aufnahme gasförmiger F-Verbindungen aus der Atmosphäre führt zu F-Gehalten in den Blattorganen, die weit über den natürlichen

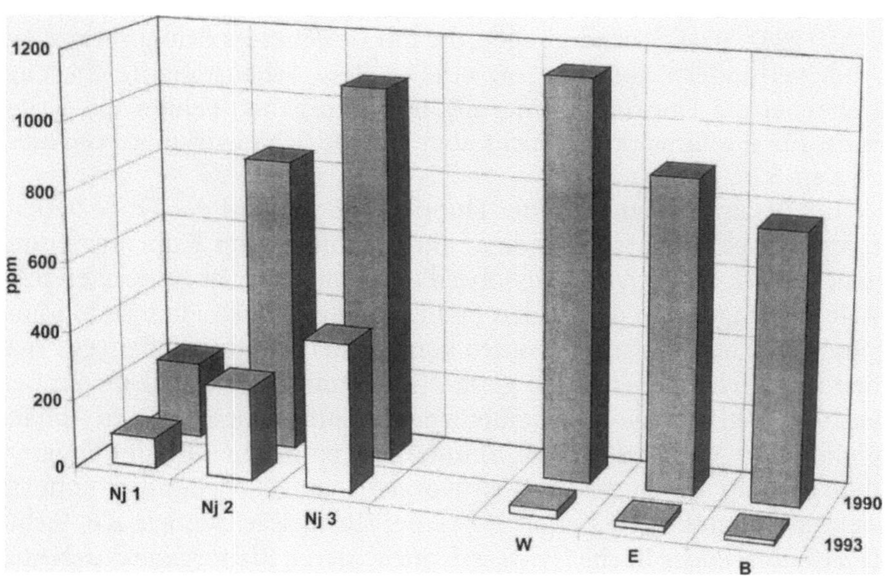

Abb. 1.4-1. Vergleich der Fluorgehalte in den Blattorganen einer Konifere (3 Nadeljahrgänge) und dreier Laubbaumarten vor und nach Schließung eines Fluoremittenten im Jahr 1992
links: Schwarzkiefer (*Pinus nigra*), rechts: *W* Grauweide (*Salix cinerea*), *E* Schwarzerle (*Alnus glutinosa*), *B* Birke (*Betula pubescens*)

Gehalten liegen. Insbesondere Pflanzenarten, die aufgrund ihrer Fluortoleranz relativ resistent sind, weisen hohe Fluorgehalte auf. So zeigten die Blätter des Rainfarns (*Tanacetum vulgare*) in der Umgebung einer Aluminiumhütte am Ende der Vegetationsperiode F-Gehalte von mehr als 2000 ppm i.d.TS, ohne Schadsymptome ausgebildet zu haben. Weinstein u. Alscher-Herman (1982) referieren sogar über einen F-Gehalt in Baumwolle (*Gossypium sp.*) von 4000 ppm i.d.TS. Diese Tatsache unterstreicht, daß die chemische Pflanzenanalyse speziell im Falle des Elementes Fluor klare Hinweise auf eine stattgefundene Immissionseinwirkung liefern kann und somit ein sehr brauchbares Einwirkungskriterium darstellt. Als alleiniges Wirkungskriterium dagegen ist das Ergebnis einer Fluoranalyse von Pflanzen wegen der unterschiedlichen Empfindlichkeit der einzelnen Pflanzenarten nicht aussagekräftig. So können z.B. langfristig einwirkende niedrige HF-Konzentrationen bei relativ resistenten Pflanzen nur geringe Schädigungen, aber eine hohe Fluoranreicherung verursachen. Empfindliche Pflanzen dagegen reagieren unter den gleichen Immissionsverhältnissen oft mit stärkeren Symptomen, die Schadstoffanreicherung ist jedoch geringer. Eine mögliche Erklärung für diese Reaktion empfindlicher Pflanzen kann darin gesehen werden, daß die ausgelösten metabolischen und physiologischen Störungen die weitere Fluoraufnahme herabsetzen (Weinstein et al. 1998). Starke Schädigungen, die mit Gewebezerstörung verbunden sind, verhindern ebenfalls oft eine weitere Schadstoffanreicherung. Daher ist die Fluoridanreicherung in Blattorganen primär ein Kriterium für die Einwirkung, nicht aber für die Schadwirkung (vgl. hierzu Kap. 3.2).

Im Zusammenhang mit der Fluoranalytik kommt der Frage Bedeutung zu, welche Anteile von gas- und staubförmigen Fluorverbindungen, die sich auf den Pflanzenoberflächen ablagern, abgewaschen bzw. welche Mengen von den in den Pflanzen befindlichen Fluorverbindungen wieder ausgewaschen werden können. Bei krautigen Pflanzen ergaben vergleichende Analysen gewaschener und ungewaschener Proben aus Gebieten mit gas- und staubförmigen Immissionen, daß in Abhängigkeit vom vorherrschenden Immissionstyp bis zu 50% des Gesamtfluorgehaltes durch einen Waschvorgang von 20 Sekunden entfernt werden konnten (Kronberger 1981). Bei Holzgewächsen wie z.B. Fichte (*Picea abies*) oder Buche (*Fagus sylvatica*), deren Blattorgane durch Aufsaugen von Kaliumfluorid-Lösungen fluorkontaminiert waren, konnte Kronberger (1981) nach zweistündigem Waschvorgang eine geringfügige Auswaschung (bis 6% des Gesamtfluorgehaltes) nachweisen. Dieses Ergebnis und weitere Untersuchungen (z.B. Chamel u. Garrec 1977) belegen die prinzipielle Durchlässigkeit von Cuticulen für Fluoride.

Neben der Minderung des Fluorgehaltes von Pflanzen durch Ab- und Auswaschung sind auch basipetale Verlagerungen aufgenommener Fluoride in den Wurzelbereich und eine Ausscheidung in den Boden (Ledbetter et al. 1960; Romney et al. 1969) sowie die Abgabe flüchtiger Fluorverbindungen durch die Blattorgane möglich (Garrec u. Chopin 1983). Beide Mechanismen sind aber quantitativ von nur untergeordneter Bedeutung. Eine wesentlich bedeutendere Rolle spielt in wachsenden Pflanzen die Zunahme der Trockensubstanz, die mit einer Abnahme der Fluorkonzentration im Gewebe verbunden ist (z. B. Guderian et al. 1969; Kronberger u. Halbwachs 1978).

Die Aufnahme von gasförmigem Fluorwasserstoff über die Stomata der Blattorgane stellt ohne Zweifel die effektivste Form des Fluoreintrages in Pflanzen dar; i. a. ist auch die Akkumulation in den Blättern bzw. Nadeln am größten. Die in das Interzellularsystem der Blattorgane eingedrungenen Fluorverbindungen lösen sich sehr rasch im Imbibitionswasser der Zellwände und werden mit dem Transpirationsstrom verlagert. Richtung und Grad dieser Translokation hängen mit dem Bau der Blattorgane zusammen, und die Verlagerungsgeschwindigkeit ist positiv mit der Transpirationsintensität korreliert. In den parallelnervigen Blättern der einkeimblättrigen Pflanzen und in den Nadelblättern der Koniferen erfolgt eine Verlagerung in Richtung Spitze, während in den netznervigen Blättern der meisten zweikeimblättrigen Pflanzen neben einer spitzenwärts gerichteten Verlagerung auch eine in Richtung Blattrand zu beobachten ist. Erst nach Erreichen einer artspezifisch sehr unterschiedlichen Schwellenkonzentration erfolgt das Eindringen in die Zellen. Kronberger (1987) konnte experimentell nachweisen, daß sich Fluorwasserstoffsäure genauso verhält wie andere schwache Säuren, indem sie undissoziiert über das Plasmalemma in die Zelle permeiert. Nach Dissoziation reichern sich die Fluorionen in sehr unterschiedlicher Menge in den einzelnen biomembranumschlossenen Kompartimenten der Zelle (Organellen) an. Diese Anreicherung ist stark pH-abhängig: Mit der Zunahme um eine pH-Einheit von „sauer“ in Richtung „alkalisch“ steigt der Fluorgehalt um das Zehnfache. Neutrale und schwach alkalische Kompartimente sind somit wesentlich stärker belastet als saure (Kronberger 1988; Miller 1993).

1.4.3 Wirkungen

Bei der Diskussion der auf den verschiedenen pflanzlichen Organisationsebenen ablaufenden Reaktionen, die einer Fluoreinwirkung folgen, ist neben der Schadstoffkonzentration in stärkerem Maße als bei anderen Schadstoffen auch die Einwirkungsdauer zu beachten. Der Expositionsdauer kommt deshalb große Bedeutung zu, weil Fluor zu den akkumulierenden toxischen Substanzen zählt. In der Medizin ist von zahlreichen toxischen Substanzen bekannt, daß sie in unterschwelligen Konzentrationen zunächst eine stimulierende Wirkung auf Organismen ausüben. Das trifft grundsätzlich auch auf die Beziehung Fluorid – Pflanze zu. Allerdings liegt die Reizschwelle für negative Effekte bei vielen Pflanzenarten sehr niedrig, so daß nach Weinstein (1977) Pflanzen im allgemeinen als die empfindlichsten Wirkungsobjekte gegenüber fluorhaltigen Luftverunreinigungen angesehen werden. Die pflanzlichen Reaktionen werden auch von den herrschenden Umweltbedingungen beeinflußt. Verallgemeinernde Aussagen über den Einfluß von Umweltfaktoren wie Licht, Temperatur, Wasserstreß, relative Luftfeuchtigkeit, Ernährungszustand u. a. auf den Schädigungsgrad oder auf die Akkumulation können aber nicht getroffen werden, da verschiedene Pflanzenarten sehr uneinheitlich, z. T. sogar gegensätzlich reagieren (vgl. hierzu auch Bd. 2A, Kap. 3.4.3.1).

1.4.3.1 Auswirkungen auf Anatomie, Histologie und Struktur

Unter starkem Fluorimmissionseinfluß konnten Schneider u. Halbwachs (1989) bei einer zwergwüchsigen Fichte (*Picea abies*) signifikante Form- und Dimensionsänderungen an den Nadeln feststellen, wobei die starke Reduktion der Querschnittsflächen in erster Linie auf einer verminderten Anzahl der Zellen des Assimilationsgewebes und weniger auf deren Verkleinerung beruhte. Größenreduktionen wiesen vor allem die Zellen der äußeren Begrenzungsschicht der Nadeln (Epidermis) auf.

Der Immissionseinfluß kann sich auch im Holzkörper von Bäumen niederschlagen, wo mehrfach Zell-, Gewebe- und Strukturänderungen gefunden wurden, die in Tabelle 1.4-1 zusammengefaßt sind (Halbwachs u. Wimmer 1987; dort auch weitere Literaturhinweise). Begasungsversuche mit HF erbrachten bei *Picea*-Klonen zwar einen signifikanten Verlust an Holzzuwachs, aber keine Hinweise auf eine Verminderung der Holzqualität (Greve et al. 1985). Extrem belastete Kiefern-Exemplare (*Pinus sylvestris*) zeigten nicht nur eine stark erhöhte Anzahl von Harzkanälen vorwiegend im Spätholz, sondern auch zahlreiche traumatisch veränderte Zellverbände (Camerer 1996).

Tabelle 1.4-1. Übersicht über mögliche Veränderungen einiger anatomischer Holzmerkmale unter HF-Immissionsstreß (Halbwachs u. Wimmer 1987)

Merkmal	Nadelholz	Laubholz
radialer Dickenzuwachs	–	–
Anteil der leitenden Querschnittsfläche	–	(+)
Festigungsanteil	+	(–)
Tracheiden-/ Tracheenlänge	–	–
Tracheiden-/ Tracheenanzahl/pro Flächeneinheit	+	+
Hoftüpfelanzahl	+	
Hoftüpfeldurchmesser	–	
Auftreten von Quertracheiden	–	
Holzstrahlenzahl pro Flächeneinheit	+	+
Holzstrahlenhöhe	–	–
Anzahl der Harzkanäle	+	

\+ zunehmend
– abnehmend
( ) eingeschränkt gültig

1.4.3.2 Auswirkungen auf Biochemie und Physiologie

Fluorid beeinflußt zahlreiche Enzymsysteme in der pflanzlichen Zelle, was sowohl zu Hemmungen, u. a. bei Enolase und Phosphoglucomutase, als auch unter bestimmten Bedingungen zu Aktivitätssteigerungen, wie z. B. bei Malatdehydrogenase, Cytochromoxidase und Catalase, führen kann (Miller et al. 1983; Miller 1993). Als Folge dieser Enzymbeeinflussungen kommt es zu Stoffwechselstörungen und Auswirkungen auf physiologische Prozesse, die ihren Niederschlag letztlich auf der Organ- und Organismusebene finden (Halbwachs 1984).

Die pH-abhängige Fluoranreicherung in verschiedenen Zellkompartimenten (Ionenfallenmechanismus) führt zu einer besonderen Belastung z. B. der Mitochondrien und der Chloroplasten. Die genannten

Organellen sind für Atmung bzw. Photosynthese von wesentlicher Bedeutung. Über Stimulierungen der Licht- und Dunkelatmung bei gleichzeitiger Herabsetzung der Photosynthese bei *Pinus sylvestris* berichten u.a. Lorenc-Plucinska u. Oleksyn (1982); als Folge dieser Konstellation können Ertrags- und Qualitätseinbußen eintreten. Keller (1977) faßte die ältere Literatur über Chlorophyllabbau und Störungen der Photosynthese zusammen und wies experimentell für zahlreiche Waldbaumarten eine fluorbedingte Herabsetzung der Photosyntheseleistung bereits dann nach, wenn äußere Schädigungssymptome fehlten. In der Umgebung einer Aluminiumfabrik stellten Garrec et al. (1981) mit zunehmendem Fluorgehalt im Nadelgewebe von *Abies alba* eine Abnahme des Gehaltes an freien Zuckern (Fructose, Glucose, Saccharose, Raffinose), nicht aber eine Beeinflussung der Aminosäuren fest.

Die in der Zelle befindlichen Fluoridionen können aber auch mit diversen Kationen unter Bildung unlöslicher Verbindungen reagieren. Damit wird zwar Fluor aus dem Stoffwechsel eliminiert, doch wenn es sich bei den Reaktionspartnern um essentielle Elemente wie Calcium, Magnesium oder Mangan handelt, dann verursacht diese Reaktion ebenfalls Stoffwechselstörungen bzw. Mangelerscheinungen, die sich auf die physiologische Aktivität auswirken. Jacobson (1992) sieht sogar in der Verminderung der Verfügbarkeit von Calcium und Magnesium den Hauptgrund für die ausgeprägte Phytotoxizität gasförmiger Fluoride (HF, H_2SiF_4), doch scheint die gleichzeitige Beeinflussung zahlreicher Enzymsysteme ausschlaggebender zu sein. Andererseits können Fluoridionen auch mit toxischen Kationen wie z.B. Aluminium reagieren, wodurch die Giftwirkung beider Reaktionspartner stark reduziert wird. Auch der Phosphathaushalt der Zellen kann durch Fluor beeinflußt werden, indem eine Vorbelastung mit Fluor (NaF) eine verstärkte Phosphoraufnahme induziert. Die ausreichende Verfügbarkeit von Kalzium fördert diese Reaktion. Die starke Affinität von Fluor z.B. zu Magnesium trägt auch zur Hemmung jener Enzymsysteme bei, für deren Aktivierung Magnesium erforderlich ist, wie z.B. Carboxylasen und Enolasen. Da Magnesium im Chlorophyllmolekül ein zentrales Atom darstellt, ist der Fluoreinfluß auf den Chlorophyllgehalt naheliegend. Ivinskis u. Murray (1984) beschrieben bei einer fluorempfindlichen Eukalyptusart (*E. punctata*) unter dem Einfluß fluorhaltiger Luftverunreinigungen nicht nur einen Rückgang der Photosynthesekapazität, sondern auch eine Abnahme des Gehaltes an Chlorophyll a und b. Bei einer Reihe von Laubbäumen registrierte Prisedskii (1985) in Begasungsversuchen ebenfalls eine Chlorophyllabnahme, sobald sichtbare Schädigungssymptome auftraten. Auswirkungen auf den Sekundärstoffwechsel, die als Frühindikationsmethode geeignet scheinen, referiert z.B. Yee-Meiler (1977), die bei Koniferen eine signifikante Zunahme des Phenolgehaltes in den Nadeln in der Nähe eines Fluoremittenten nachweisen konnte. Diese Reaktion trat auch dann ein, wenn die Nadeln keine äußerlich sichtbaren Schädigungssymptome aufwiesen. Laubbäume zeigten diese Reaktion dagegen nicht.

Längerfristig einwirkende Fluorimmissionen induzieren häufig ein Schließen der Stomata, was negative Auswirkungen auf den Transpirationsstrom im Leitgewebe und damit auch auf die Wasserbewegung und Nährelementversorgung vor allem der oberen Kronenbereiche von Bäumen zur Folge hat. Die Verminderung der für den Wassertransport verantwortlichen Saugspannung war mit der Zunahme des Schädigungsgrades der Blattorgane positiv korreliert (Halbwachs 1970).

Ultrastrukturelle Veränderungen beschrieben u.a. Soikkeli u. Paakkunainen (1981), Eleftheriou u. Tsekos (1991), Miller (1993) und Wulff (1996). Alle Untersuchungsergebnisse weisen klar darauf hin, daß Fluor Zellbiomembranen angreift, wobei Thylakoidschwellungen die am häufigsten beobachteten Symptome waren.

1.4.3.3
Auswirkungen auf Organ- und Organismusebene

In Fluorimmissionsgebieten nimmt der Fluorgehalt eines pflanzlichen Organismus im allgemeinen im Verlauf der Vegetationsperiode kontinuierlich zu. Wesentlich differenzierter stellt sich die Situation für die einzelnen Pflanzenorgane und für die Fluorkonzentration im Gewebe im Verlauf der Pflanzenentwicklung dar. Sofern Fluor vorwiegend über die Atmosphäre auf Pflanzen einwirkt, sind die stoffwechselaktiven Blattorgane die Orte der stärksten Fluoranreicherung. Allerdings gibt es – zumindest temporär – Ausnahmen. So fanden Kronberger u. Halbwachs (1978) z.B. bei *Zea mays* die Maximalgehalte nicht in den Blättern, sondern in der am höchsten inserierten männlichen Blüte, die zudem klebrig und daher auch für die Ablagerung partikelförmiger Fluoride prädestiniert ist. Insbesonders bei Bäumen spielt die Exposition – ob solitär, im Bestand oder am Bestandesrand stehend – eine entscheidende Rolle für die Akkumulation. So zeigen z.B. Fichten aus der Mitte eines geschlossenen Bestandes niedrigere Gesamtfluorgehalte als randständige Fichten.

Bei der Beurteilung von Immissionswirkungen an langlebigen Organismen wie Bäumen muß außerdem eine Differenzierung zwischen den Reaktionen der Blattorgane und der Gesamtpflanze vorgenommen werden, weil sie oft unterschiedliche Empfindlichkeiten aufweisen. Die Blätter der Laubgehölze sind zwar relativ empfindlich, die Baumindividuen dagegen relativ resistent. Bei den Koniferen (Ausnahme Lärche) ist es umgekehrt. Unter den gleichen Immissionsbedingungen reichern Laubblätter im Verlauf einer Vegetationsperiode mehr Fluor an als der vergleichbare jüngste Nadeljahrgang von Koniferen. Speziell die Ränder der Blattspreiten von Laubblättern weisen aufgrund der bereits diskutierten Aufnahme- und Translokationsverhältnisse wesentlich höhere Fluorgehalte als z.B. die Blattstiele auf. Die Nadelblätter der Koniferen haben dementsprechend die höchsten Fluorgehalte im Spitzenbereich, während der basale Nadelabschnitt meist durch niedrige Werte gekennzeichnet ist (Kronberger u. Halbwachs 1974). Diese Verhältnisse spiegeln sich auch in der Symptomatik der Fluorschädigungen wider, indem Rand- bzw. Spitzennekrosen vorherrschen. Häufig ist das nekrotische Gewebe durch ein rötlich-braun gefärbtes Band vom gesunden Gewebe getrennt. Eine ausführliche Beschreibung der an diversen Pflanzenarten nach Fluoreinwirkung auftretenden Symptome liefern Weinstein et al. (1998), wobei sie aber betonen, daß diese Symptome nicht fluorspezifisch sind, sondern auch durch eine Reihe anderer Faktoren in ähnlicher Art verursacht werden können. Farbliche Darstellungen der charakteristischen Symptome an den Blattorganen diverser krautiger Pflanzen und Holzgewächse finden sich u.a. bei Guderian et al. (1969), Treshow u. Pack (1970), Doley (1986), Däßler (1991), Arndt et al. (1995) und Weinstein et al. (1998). Der Nekrosenbildung gehen oft chlorotische Verfärbungen voraus, beide Symptome können aber auch gleichzeitig auftreten. Häufig ist bei Koniferen zu beobachten, daß auf einem Trieb zwischen geschädigten Nadeln immer wieder ungeschädigte vorhanden sind. Ob nekrotisierte Blattorgane frühzeitig abgeworfen werden, ist artspezifisch unterschiedlich.

Unter dem langfristigen Einfluß fluorhaltiger Luftverunreinigungen treten bei Bäumen häufig Habitusänderungen im Kronenbereich auf. Bei Fichten äußern sich diese in einer stark entnadelten Zone unmittelbar unter dem Wipfel (Fensterbildung), während Kiefern ihre Krone abflachen (Schirmbildung). Auch Kurznadeligkeit bzw. Kleinblättrigkeit sind häufige Symptome. Extreme Belastung kann sowohl bei Nadel- als auch bei Laubbäumen Zwergwüchsigkeit verursachen (Halbwachs u. Kisser 1967).

1.4.3.4 Auswirkungen auf Ertrag und Qualität

Die bereits erwähnten und in zahlreichen weiteren Untersuchungen bestätigten physiologischen Reaktionen von fluoridbelasteten Pflanzen haben Ertragseinbußen zur Folge. Dazu kommt ferner, daß das im

Pflanzengewebe akkumulierte Fluorid die Qualität insbesonders bei Nahrungs- und Futterpflanzen entscheidend mindert. Bei Gräsern, krautigen Pflanzen und auch bei Holzgewächsen werden als Kriterien für eine Ertragsminderung häufig der Verlust an Trockengewicht, aber auch Dimensionsänderungen von Blattorganen bezüglich Länge, Fläche oder Volumen im Vergleich zu Kontrollpflanzen herangezogen. Arndt et al. (1984) fanden bei Weinstöcken (*Vitis vinifera*) in der Umgebung einer Ziegelei sowohl Abnahmen der Blattflächen mit zunehmender äußerlich sichtbarer Schädigung als auch hochsignifikant mit dem Schädigungsgrad korrelierte Verkürzungen der Internodienlängen. Für einige Waldbaumarten ist zwar ein negativer Einfluß auf das radiale Dickenwachstum nachgewiesen, doch speziell in stark durch Immissionen aufgelichteten Beständen kann diese Dimensionsabnahme durch Lichtungszuwächse kompensiert werden. Sidhu u. Staniforth (1986) fanden bei je einer relativ empfindlichen Tannen-, Fichten- und Lärchenart (*Abies balsamea*, *Picea mariana* und *Larix laricina*) neben den bekannten Schädigungssymptomen an den Nadeln auch Schäden im reproduktiven Bereich. Die Samengröße, das Samengewicht, das Keimprozent, die Anzahl der Samen pro Zapfen und die Anzahl der Zapfen pro Baum waren in artspezifisch unterschiedlichem Maße vermindert. Bei Obstgehölzen konnten Reuter u. Däßler (1983) sowohl experimentell als auch in Fluorimmissionsgebieten nicht nur starke Wachstumshemmungen, u.a. auch signifikante Verminderung des Dickenwachstums, sondern auch deutliche Ertragsverluste feststellen.

Im Hinblick auf „sekundäre Wirkungen“, die durch die Fluorkontamination von Nahrungs- und Futterpflanzen bei den in der Nahrungskette folgenden Gliedern auftreten könnten, ist die Frage nach dem Nutzungsziel von wesentlicher Bedeutung, was durch zwei Beispiele erläutert werden soll. Findet Mais (*Zea mays*) als Grünfutter Verwendung oder wird er für Silierungszwecke genutzt, dann sind die möglichen Fluoreinträge in die Nahrungskette erheblich größer als bei ausschließlicher Nutzung der Körner. Nur etwa 2% des von einer Pflanze während einer Vegetationsperiode aufgenommenen Fluors sind am Ende der Vegetationsperiode in den Körnern lokalisiert, während sich in den Blättern (speziell vor Blühbeginn) über 90% des aufgenommenen Fluors befinden (Kronberger u. Halbwachs 1978). Sehr ähnlich liegen die Verhältnisse bei der stark zur Fluorakkumulation neigenden Rapspflanze (*Brassica napus*), bei deren Verwendung als Grünfutter in Fluorimmissionsgebieten ein hohes Gefährdungspotential besteht, während die Nutzung der fetthaltigen Samen vergleichsweise risikolos ist (Halbwachs u. Nemetz 1988).

1.4.3.5 Auswirkungen auf ökosystemarer Ebene

Aufgrund der spezifischen Giftwirkungen, die von fluorhaltigen Verbindungen auf allen Organisationsebenen der Flora und Fauna entfaltet werden können, sind Fluoride von hoher ökotoxischer Relevanz und daher in vielen Teilen der Welt ein beachtliches Umweltproblem. Ein von Wienhaus et al. (1992) publizierter Artikel spiegelt deutlich wider, daß die ökotoxische Bedeutung von Fluorimmissionen in Deutschland dank verbesserter Filtertechnik zwar im allgemeinen rückläufig, als lokales bis regionales Problem aber nach wie vor gegeben ist. Während in den alten deutschen Bundesländern Fluorimmissionen und deren biologisch-physiologische Auswirkungen kaum noch relevant sind, zählte Sachsen in den 1990er Jahren nach wie vor zu den am stärksten fluorbelasteten Gebieten Deutschlands. Dies hängt einerseits mit Groß- und Kleinemittenten im Land selbst, aber auch mit grenzüberschreitenden Immissionen aus braunkohlebefeuerten Großkraftwerken zusammen.

Im engeren Einwirkungsbereich von Fluoremittenten kann es zu auffälligen Veränderungen im Artenspektrum kommen, und zwar sowohl bei der Baumvegetation als auch der Krautschicht (vgl. hierzu auch Bd. 2A, Kap. 4.1.2). In einer Fallstudie aus dem Alpenvorland, wo die natürliche Waldvegetation aus submontanen Laubmischwäldern bestanden hat, derzeit aber von sekundären Fichten- und Rotkiefernbeständen gebildet wird, konnte gezeigt werden, daß im Baumartenspektrum vor allem das Fehlen von Koniferen zu registrieren ist. Zu den relativ resistenten Laubbaumarten, die auch unter starker Belastung ein bemerkenswertes „Ausharrvermögen" zeigten, zählten Schwarzerle (*Alnus glutinosa*), Birke (*Betula verrucosa*), vor allem aber Grauweide (*Salix cinerea*). In der baumlosen Belastungszone dominierten resistente Ruderalpflanzen, vor allem aus der Familie der *Compositae*, während die üblichen Arten der Kahlschlagvegetation (*Epilobio-Senecionetum silvatici*) allmählich ausgefallen waren (Niklfeld 1967). Um die langfristigen Auswirkungen einer Fluorkontamination auf Ökosysteme beurteilen zu können, ist zunächst die mengenmäßige Erfassung des in den einzelnen Kompartimenten akkumulierten Fluors erforderlich. Kühnert et al. (1993) stellten die in einem Zeitraum von 50 Jahren quellenseitig emittierte Fluormenge der Gesamtfluorakkumulation in einem forstlichen Ökosystem gegenüber. Der Vergleich von Gesamteintrag und Gesamtakkumulation weist klar darauf hin, daß der überwiegende Teil des eingetragenen Fluors vor allem im Boden, aber auch im Auflagehumus langfristig deponiert wird (Abb. 1.4-2). Die durch die

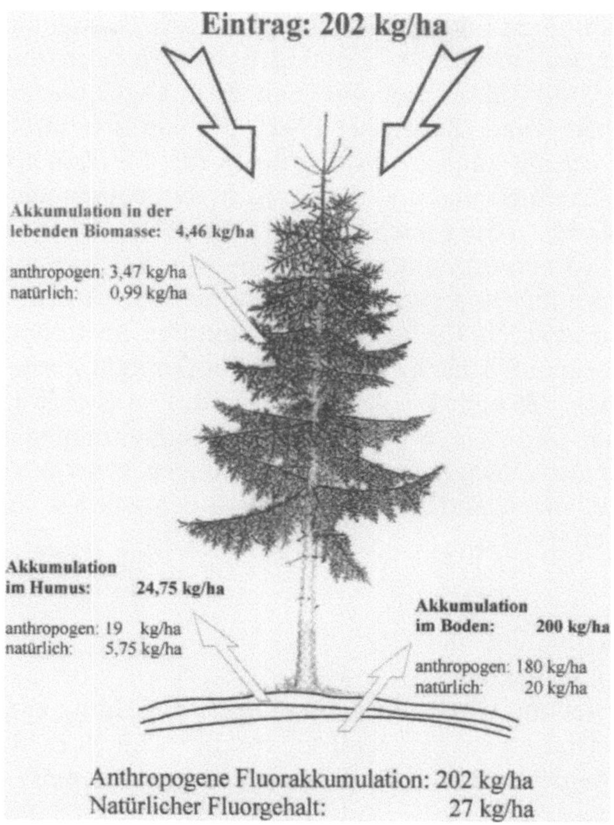

Abb. 1.4-2. Vergleich des atmosphärischen Fluoreintrages in einen Fichtenbestand mit der in den einzelnen Ökosystemkompartimenten akkumulierten Fluormenge

Vegetation aufgenommene Fluormenge fällt bei der Bilanzierung nur wenig ins Gewicht. Obwohl die Blattorgane die höchsten Fluorgehalte aufweisen, spielt dieser Anteil wegen der geringen Biomasse nur eine untergeordnete Rolle. Die größte Biomasse weist in älteren Waldbeständen das Stammholz auf, in dem aber nur sehr geringe Mengen von Fluor akkumuliert werden. Die Fluorakkumulation in der lebenden pflanzlichen Biomasse verhielt sich zu der in Humus und Mineralboden wie 1:5:40. Zu sehr ähnlichen Ergebnissen bezüglich der Fluorakkumulation in den einzelnen Kompartimenten eines schweizerischen Kiefernbestandes, der rd. 70 Jahre Fluorimmissionen ausgesetzt war, gelangten Ferlin et al. (1982). Aus beiden Untersuchungen, die sich mit dem mengenmäßigen Umsatz und Verbleib des über Jahrzehnte emittierten Fluors befassen, läßt sich folgern, daß nach Aufhören der Immission zwar die Belastung der Vegetation sofort stark verringert wird, die Belastungen des Bodens und der Humusauflage jedoch über lange Zeiträume anhalten, was zu Beeinträchtigungen der Vegetation durch Störung der Boden- und Humusdynamik und zu mangelnder Nährstoffversorgung führen kann (Zehentner 1992). Der damit verbundene Verlust an Vitalität schafft günstige Bedingungen für die Massenvermehrung forstlicher Schadinsekten und für das Auftreten pathogener Pilze (Sierpinski 1984; vgl. hierzu auch Bd. 2A, Kap. 4.1.3). Über eine erhöhte Anfälligkeit von *Pinus contorta* in der Umgebung einer fluoremittierenden Aluminiumfabrik gegenüber nadelminierenden Insekten berichten u.a. Carlson et al. (1977). Andererseits konnten Mitterböck u. Führer (1988) experimentell nachweisen, daß fluorkontaminierte Fichtennadeln (bis max. 365 ppm F i.d.TS) schädigende Auswirkungen auf die Entwicklung und das Wachstum von Nonnenraupen (*Lymantria monacha*) hatten. Mögliche Wechselwirkungen zwischen fluorkontaminierten Pflanzen und Insektenpopulationen werden von Edmunds (1983) diskutiert.

1.4.4 Dosis-Wirkung-Beziehungen

Die Herstellung einer allgemeingültigen Beziehung zwischen einer Fluorkonzentration in der Atmosphäre, der Zeitdauer ihrer Einwirkung und dem resultierenden Schädigungsgrad an einer betroffenen Pflanze ist aus mehreren Gründen schwierig (vgl. hierzu auch Bd. 2A, Kap. 3.4.1.1). Die für das Eintreten einer Wirkung erforderliche Konzentration im Gewebe muß in keiner engen Beziehung zur Fluorkonzentration in der Atmosphäre stehen, im übrigen differieren Aufnahmerate und Akkumulationsvermögen bei den verschiedenen Pflanzenarten beträchtlich, wie z.B. Sidhu (1979) bei Laub- und Nadelgehölzen in der Umgebung einer Superphosphatfabrik nachweisen konnte. Viele Hinweise auf schädigende Fluordosen (Produkt aus Konzentration und Einwirkungsdauer) entstammen Begasungsexperimenten unter kontrollierten Bedingungen. Die unmittelbare Übertragung dieser Ergebnisse auf Freilandbedingungen ist kritisch (vgl. hierzu auch Bd. 2A, Kap. 3.3), weil z.B. MacLean u. Schneider (1973) bei gleichen Fluordosen im Falle kontinuierlicher Begasung eine stärkere Akkumulation fanden als bei intermittierendem Angebot. McCune et al. (1976) wandten bei der Versuchspflanze Mohrenhirse (*Sorghum sp.*) 8 unterschiedliche Expositionsmuster mit Fluorwasserstoff an und kamen ebenfalls zu dem Ergebnis, daß bei einem akkumulierenden Schadstoff durch die gleichen mittleren Konzentrationen sehr unterschiedliche Wirkungen ausgelöst werden. Die praktische Unmöglichkeit, für jede einzelne Pflanzenart eine Beziehung zwischen Schadstoffdosis und Reaktion herzustellen, führte zur Bildung von drei Empfindlichkeitsgruppen, und zwar „sehr empfindliche", „empfindliche" und „weniger empfindliche" Pflanzen. Die für die Einstufung zu wählenden Beurteilungskriterien sind für Laub-und Nadelhölzer, für landwirtschaftliche und gärtnerische Kulturen sowie für Ziergehölze jeweils unterschiedlich und werden bei Guderian (1971) diskutiert. Auflistungen ausgewählter mitteleuropäischer Pflanzenarten mit unterschiedlicher relativer Empfindlichkeit gegenüber Fluorwasserstoff finden sich u.a. bei Guderian (1971), Prinz u. Brandt (1980) und van Haut u. Krause (1982); ähnliche Listen für tropische und subtropische Pflanzen haben Arndt et al. (1995) und für ausgewählte Pflanzenarten aus dem amerikanischen Raum Weinstein et al. (1998) publiziert.

Die Kommission „Reinhaltung der Luft" des VDI hat in der Richtlinie 2310, Bl. 3 (1989) maximale Immissionskonzentrationen zum Schutze der Vegetation gegenüber Fluorwasserstoff festgelegt. Die entsprechenden Kurz- und Langzeit-Grenzwerte sind in Tabelle 1.4-2 angeführt.

Der von der IUFRO (International Union of Forest Research Organizations) 1979 zum Schutz der vollen Leistungsfähigkeit von Wäldern (auf den meisten Standorten) geforderte HF-Immissions-Jahresmittelwert liegt in vergleichbarer Größenordnung wie die VDI-Vegetationszeitmittelwerte für sehr empfindliche bzw. empfindliche Pflanzen.

Zum Schutz der in der Nahrungskette folgenden Glieder sollte die Konzentration im Gewebe von Nahrungs- und Futterpflanzen 40 ppm auf Trockengewichtsbasis nicht überschreiten. Ungeachtet der zuvor diskutierten Schwierigkeiten versuchte Sidhu (1980) auf rechnerischem Weg einen Zusammenhang zwischen atmosphärischen Konzentrationen und Fluorgehalten in pflanzlichem Gewebe herzustellen. Er gelangte bei Holzgewächsen zu dem Ergebnis, daß eine atmosphärische Konzentration von 0,3 µg HF/m^3 während einer zweijährigen Exposition zu einer Fluorakkumulation von etwa 20 ppm i. d. TS der Blattorgane führt. Ein relativ einfaches Modell zur Voraussage des zu erwartenden Fluorgehaltes in Weidegräsern unter Berücksichtigung der atmosphärischen Fluorkonzentration, der Jahreszeit und der Regenereignisse stellte Van der Eerden (1991) vor. Um tiergefährdende Fluoranreicherungen im Grünfutter für Rinder zu vermeiden, sollte eine Fluorkonzentration in der Luft während der Vegetationszeit von 0,8 µg F/m^3(als 24-Stunden-Mittelwert) und für die übrige Zeit des Jahres ein Durchschnittswert von 0,3 µg F/m^3 nicht überschritten werden. Während der von Van der Eerden genannte Kurzzeitwert relativ niedrig ist, liegt der Langzeitwert in der gleichen Größenordnung wie bei den Vorschlägen anderer Autoren. Somit ist zumindest bei Einhaltung der in Tabelle 1.4-2 genannten

Tabelle 1.4-2. Grenzwerte für Fluorwasserstoff (in µg/m³) zum Schutze der Vegetation (nach VDI 2310 Bl. 3 1989)

Empfindlichkeitsstufen der Pflanzenarten	Mittelwert 24 Std.	Mittelwert 30 Tage	Mittelwert 7 Monate (Apr. bis Okt.)
sehr empfindlich	1,0	0,3	0,2
empfindlich	2,0	0,6	0,4
weniger empfindlich	7,5	2,5	1,2

Langzeitwerte nach heutigem Wissensstand sowohl der Schutz von Pflanzen als auch der in der Nahrungskette folgenden Glieder gewährleistet.

Vegetationsgefährdungen können außerdem über bioindikatorische Verfahren unter Verwendung von Reaktions- und Akkumulationsindikatoren beurteilt werden (vgl. hierzu Kap. 3.1 und Arndt et al.1987). So berichteten z.B. Klumpp et al. (1997) über die Eignung zweier Gladiolensorten (White Friendship und Eurovision) als Reaktionsindikatoren für die Bioindikation von Fluoriden in tropischen, subtropischen und gemäßigten Regionen. Die älteren Untersuchungen von Scholl (z.B. 1971, 1976) unter Verwendung von Gräsern ergaben, daß die Aufnahmerate von Fluor in standardisierten Graskulturen ein Kriterium für immissionsbedingte Belastungen der Vegetation durch Fluorverbindungen sein kann, da enge Beziehungen zwischen der Aufnahmerate der Graskultur und den toxischen Wirkungen auf andere Pflanzenarten bestehen. Darüber hinaus kann aus der Fluoraufnahmerate standardisierter Graskulturen auch das Risiko einer Tiergefährdung abgeschätzt werden (vgl. hierzu auch Kap. 3.1 und 4.1).

1.4.5 Literatur

Arndt U, Flores F, Weinstein L (1995) Fluorwirkungen auf Pflanzen – Schadensdiagnose an der Vegetation Brasiliens. Ed.da Universidade/UFRGS Porto Alegre

Arndt U, Michenfelder K, Nobel W (1984) Ziegelei-Rauchschäden und lufthygienischer Fortschritt - erläutert an einem praktischen Fall. Die Weinwissenschaft 39:151–164

Arndt U, Nobel W, Schweizer B (1987) Bioindikatoren. Möglichkeiten, Grenzen und neue Erkenntnisse. Verlag Ulmer, Stuttgart

Bennett LW, Miller GW, Yu MH, Lynn RI (1983) Production of fluoroacetate by callus tissue from leaves of *Acacia georginae*. Fluoride 16:111–117

Camerer A (1996) Dendroökologische Untersuchungen an immissionsgeschädigten Kiefern und deren Veränderungen nach Schließung des Emittenten. Diplomarbeit, Univ. f. Bodenkultur, Wien

Carlson CE, Bousfield WE, McGregor MD (1977) The relationship of an insect infestation on Lodgepole Pine to fluorides emitted from nearby aluminum plant in Montana. Fluoride 10:14–21

Chamel A, Garrec JP (1977) Penetration of fluorine through isolated pear leaf cuticles. Environ Pollut 12:307–310

Däßler HG (1991) Einfluß von Luftverunreinigungen auf die Vegetation. VEB Gustav Fischer, Jena

Davison AW (1983) Uptake, transport and accumulation of soil and airborne fluorides by vegetation. In: Shupe JL et al (eds) Fluorides – effects on vegetation, animals and humans. Paragon Press, Salt Lake City, Utah

Doley D (1986) Plant – fluoride relationships. Inkata Press, Melbourne

Edmunds GF Jr (1983) Effects of fluoride on plant - insect interactions. In: Shupe JL et al (eds) Fluorides – effects on vegetation, animals and humans. Paragon Press, Salt Lake City, Utah

Eleftheriou EP, Tsekos I (1991) Fluoride effects on leaf cell ultrastructure of olive trees growing in the vicinity of the aluminium factory of Greece. Trees: Structure and function 5:83–89

Ferlin P, Flühler H, Polomski J (1982) Immissionsbedingte Fluorbelastung eines Föhrenstandortes im unteren Pfynwald. Schweiz Z Forstwes 133:139–157

Garrec JP, Chopin S (1983) Mise en evidence d'un dégagement de fluor gazeux par les végétaux soumis à une pollution fluorée. Environ Pollut Ser A 30:201–210

Garrec JP, Plébin R, Audin M (1981) Effects of fluorine on the levels of free sugars and amino acids in the needles of fir (*Abies alba* Mill.). Environ Pollut Ser A 26:281–295

Glawischnig E, Halbwachs G (1987) Das Rind als Indikator für Fluorimmissionen. In: VDI Berichte 609. Bioindikation. VDI-Verlag, Düsseldorf

Greve U, Eckstein F, Scholz F, Schweingruber FH (1985) Holzbiologische Untersuchungen an Fichtenklonen unterschiedlicher Empfindlichkeit gegen eine HF-Begasung. Angew Bot 59:81–93

Guderian R (1971) Ergebnisse aus Begasungsexperimenten zur Ermittlung pflanzenschädigender HF-Konzentrationen. In: VDI- Berichte 164. Fluorhaltige Luftverunreinigungen. VDI-Verlag, Düsseldorf

Guderian R, van Haut H, Stratmann H (1969) Experimentelle Untersuchungen über pflanzenschädigende Fluorwasserstoffkonzentrationen. Forschungsber d Landes NW, Westd Verlag, Köln und Opladen

Halbwachs G (1970) Vergleichende Untersuchungen über die Wasserbewegung in gesunden und fluorgeschädigten Holzgewächsen. Cbl Ges Forstwesen 87:1–22

Halbwachs G (1984) Organismal responses of higher plants to atmospheric pollutants: Sulphur dioxide and fluoride. In: Treshow M (ed) Air pollution and plant life. Wiley, Chichester

Halbwachs G, Kisser J (1967) Durch Rauchimmissionen bedingter Zwergwuchs bei Fichte und Birke. Cbl Ges Forstwesen 84:156–173

Halbwachs G, Nemetz C (1988) Der Einfluß fluorhaltiger Immissionen auf Land- und Forstwirtschaft. In: Grill D, Guttenberger H (Hrsg) Ökophysiologische Probleme durch Luftverunreinigungen, Karl-Franzens-Univ, Graz

Halbwachs G, Nemetz C (1994) Untersuchungen zur unterschiedlichen Fluorakkumulation der Blattorgane von Laub- und Nadelbäumen in der Umgebung eines Fluoremittenten vor und nach dessen Schließung. In: Kuttler W, Jochimsen M (Hrsg) Immissionsökologische Forschung im Wandel der Zeit; Festschrift für Robert Guderian. Westarp-Wiss, Magdeburg

Halbwachs G, Wimmer R (1987) Holzanatomische Aspekte bei der Einwirkung von Immissionen auf Bäume. In: Rossmanith HP (Hrsg) Int. Tagung Waldschäden – Holzwirtschaft. Österr Agrarverlag, Wien

Haut van H, Krause GHM (1982) Wirkungen von Fluorwasserstoff-Immissionen auf die Vegetation. In: LIS-NW (Hrsg) Fluorwasserstoff – Wirkungen auf Pflanzen. LIS-Ber. 25, Essen

IUFRO (1979) Resolution über maximale Immissionswerte zum Schutze der Wälder. Supplement to IUFRO News 25

Ivinskis M, Murray F (1984) Associations between metabolic injury and fluoride susceptibility in two species of *Eucalyptus*. Environ Pollut Ser A 34:207–223

Jacobson JS (1992) Air pollution impacts on forest trees: effects of fluorides. Eesti-Teaduste-Akadeemia-Toimetised, Okoloogia 2:1–6, 29–30

Keller T (1977) Der Einfluß von Fluorimmissionen auf die Nettoassimilation von Waldbäumen. Mitt Eidg Anst Forstl Versuchswesen 53:161–198

Keller T (1979) Zur Fluor-Translokation bei Waldbäumen. Mitt Eidg Anst Forstl Versuchswesen 51:337–356

Klumpp A, Modesto IF, Domingos M, Klumpp G (1997) Susceptibility of various *Gladiolus* cultivars to fluoride pollution and their suitability for bioindication. Perq Agropec Bras, Brasilia 32:239–247

Kronberger W (1981) Die Ab-und Auswaschung von Fluorid als Mechanismus zur Verringerung der Fluorakkumulation in Nadeln und Blättern. Mitt Forstl Bundesversuchsanstalt Wien 137:181–191

Kronberger W (1987) Kinetics of nonionic diffusion of hydrogen fluoride in plants. I. Experimental and theoretical treatment of weak acid permeation. Phyton (Austria) 27:241–265

Kronberger W (1988) Kinetics of nonionic diffusion of hydrogen fluoride in plants. II. Model estimation on uptake, distribution, and translocation of F in higher plants. Phyton (Austria) 28:27–49

Kronberger W, Halbwachs G (1974) Über eine einfache Methode zur Bestimmung des Fluorgehaltes von Pflanzen mittels ionenspezifischer Elektrode. In: Proc IX Int Tagung Luftverunreinigung und Forstwirtschaft. Mariánské Lázne, CSSR

Kronberger W, Halbwachs G (1978) Distribution of fluoride in *Zea mays* grown near an aluminum plant. Fluoride 11:129–135

Kronberger W, Halbwachs G, Richter H (1978) Fluortranslokation in *Picea abies* (L.) Karsten. Angew Bot 52:149–154

Kühnert M, Halbwachs G, Bellusova M, Nemetz C, Novak H, Ruppert W, Wimmer R, Zehentner H (1993) Akkumulation von Fluoriden in Waldökosystemen. Forstw Cbl 112:64–69

Ledbetter CM, Mavrodineanu R, Weiss AJ (1960) Distribution studies of radioactive fluorine^{18} and stable fluorine^{19} in tomato plants. Contr Boyce Thompson Inst 20:331–348

Lorenc-Plucinska G, Oleksyn J (1982) Effects of hydrogen fluoride on photosynthesis, photorespiration and dark respiration in Scotch pine (*Pinus sylvestris*). Fluoride 15:149–156

MacLean DC, Schneider RE (1973) Fluoride accumulation by forage: continuous vs. intermittent exposures to hydrogen fluoride. J Environ Qual 2:501–503

McCune DC, MacLean DC, Schneider RE (1976) Experimental approaches to the effects of airborne fluoride on plants. In: Mansfield TA (Hrsg) Effects of air pollutants on plants. Cambridge Univ Press, Cambridge

Miller GW (1993) The effect of fluoride in higher plants. Fluoride 26:3–22

Miller GW, Yu MH, Pushnik JC (1983) Basic metabolic and physiologic effects of fluorides on vegetation. In: Shupe JL et al (eds) Fluorides – effects on vegetation, animals and humans. Paragon Press, Salt Lake City, Utah

Mitterböck F, Führer E (1988) Wirkungen fluorbelasteter Fichtennadeln auf Nonnenraupen, *Lymantria monacha*.L.(Lep., Lymantriidae). J Appl Ent 105:19–27

Niklfeld H (1967) Pflanzensoziologische Beobachtungen im Rauchschadensgebiet eines Aluminiumwerkes. Cbl Ges Forstwesen 84:2–6

Prinz B, Brandt CJ (1980) Study on the impact of the principal atmospheric pollutants on the vegetation. Environment and Consumer Protection Service. EUR 6644 EN

Prisedskii YG (1985) Effect of air pollution with hydrogen fluoride on the content of pigments in leaves of woody plants. Lesnoi-Zhurnal 1:35–38

Rao KVN (1977) The uptake of fluorides by plants. In: Indian Academy of Geoscience. Proceedings Symp on Fluorosis. Hyderabad, India

Reuter F, Däßler HG (1983) Der Einfluß von Fluorwasserstoff auf Kernobstgehölze, insbesondere auf die Obstart Apfel, Teil II: Der Einfluß von Fluorwasserstoff auf Wachstum und Ertrag verschiedener Apfelsorten. Arch Gartenbau, Berlin 31:333–340

Romney EM, Wood RA, Wieland PAT (1969) Radioactive fluorine[18] in soil and plants. Soil Sci 108:419–423

Schneider M, Halbwachs G (1989) Anatomische und morphologische Untersuchungen zur Regenerationsfähigkeit einer durch Fluorimmissionen geschädigten Fichte. Eur J For Pathol 19:29–46

Scholl G (1971) Die Immissionsrate von Fluor in Pflanzen als Maßstab für eine Immissionsbegrenzung. In: VDI-Berichte 164. Fluorhaltige Luftverunreinigungen. VDI-Verlag, Düsseldorf

Scholl G (1976) Vorschläge für die Begrenzung der Aufnahmerate von Fluorid in standardisierter Graskultur zum Schutz von Pflanzen und Weidetieren. Schriftenr LIB NW 37:129–132

Sidhu SS (1979) Fluoride levels in air, vegetation and soil in the vicinity of a phosphorus plant. JAPCA 29:1069–1072

Sidhu SS (1980) Patterns of fluoride accumulation in boreal forest species under perennial exposure to emissions from a phosphorus plant. Stud Environ Sci 8:425–432

Sidhu SS, Staniforth RJ (1986) Effects of atmospheric fluorides on foliage, and cone and seed production in balsam fir, black spruce, and larch. Can J Bot 64:923–931

Sierpinski Z (1984) Über den Einfluß von Luftverunreinigungen auf Schadinsekten in polnischen Nadelbaumbeständen. Forstw Cbl 103:83–92

Skorkowska-Zieleniewska J (1983) In heavy tea and coffee drinkers „nutritional status“ of fluoride in relation to that of other mineral elements. Fluoride 16:20–23

Soikkeli S, Paakkunainen T (1981) The effect of air pollution on the ultrastructure of the developing and current year needles of Norway spruce. Mitt Forstl Bundesversuchsanstalt Wien 137:159–164

Treshow M, Pack MR (1970) Fluoride. In: Jacobson JS, Hill AC (eds) Recognition of air pollution injury to vegetation: a pictorial atlas. APCA, Pittsburgh, Pennsylvania

Van der Eerden LJM (1991) Fluoride content in grass as related to atmospheric fluoride concentrations: a simplified predictive model. Agricult Ecosyst Environ 37:257–273

VDI 2310 Bl. 3 (1989) Maximale Immissions-Werte zum Schutze der Vegetation; Maximale Immissions-Konzentrationen für Fluorwasserstoff
Weinstein LH (1977) Fluoride and plant life. J Occup Med 19:49–78
Weinstein LH, Alscher-Herman R (1982) Physiological responses of plants to fluorine. In: Unsworth MH, Ormrod DP (eds) Effects of gaseous air pollution in agriculture and horticulture. Butterworths, London
Weinstein LH, Arndt U, Davison AW (1998) Fluoride. In: Flagler RB (ed) Recognition of air pollution injury to vegetation. Air and waste management, Pittburgh, 4-1–4-27
Wenzel WW (1990) Bodenbelastungen durch Fluor und Schwermetalle im Immissionsbereich der Aluminiumhütte Ranshofen und ihre Auswirkungen auf Bodenzustand und Bodenfunktionen. Diss Univ Bodenkultur, Wien
Wienhaus O, Börtitz S, Reuter F (1992) Fluorimmissionen in Sachsen – Rückblick und derzeitige Situation. Staub 52:461–465
Wulff A (1996) Ultrastructural, visible and chemical indications of dry and wet deposited air pollutants in conifer needles. Univ Printing Office, Kuopio
Yee-Meiler D (1977) Phenole als Indikatoren metabolischer Störungen bei fluorexponierten Waldbäumen. Mitt Eidg Anst Forstl Versuchswesen 53:201–229
Zehentner H (1992) Untersuchungen der Humusauflagen in verschieden belasteten Waldbeständen in der Umgebung eines Fluoremittenten. Diplomarbeit Univ f Bodenkultur, Wien

1.5 Belastungspfade der Vegetation durch polychlorierte Dibenzo-p-dioxine und polychlorierte Dibenzofurane

■ M.S. McLachlan und G.H.M. Krause

1.5.1 Einführung

Polychlorierte Dibenzo-p-dioxine und Dibenzofurane (PCDD/Fs), gemeinhin auch mit dem Trivialnamen „Dioxine“ belegt, sind trizyklische aromatische Verbindungen, die aus 2 aromatischen Benzolringen bestehen, die über Sauerstoffatome verbunden sind. Im Fall der PCDD bzw. PCDF werden die Benzolringe über zwei Sauerstoffbrücken bzw. direkt über eine Kohlenstoff- und eine Sauerstoffbrücke verbunden. Abb. 1.5-1 gibt die Grundstrukturformel der PCDD/F einschließlich der üblichen Nummerierung der Positionen des Benzolringes wieder, an dem Chlor oder auch andere Halogenatome substituiert werden können. Der Austausch von bis zu maximal 8 Chlor-/Halogenatome erlaubt die Bildung von 75 PCDD und 135 PCDF und somit in der Summe 210 verschiedenen Isomeren. Von den übrigen Halogenen ist insbesondere Brom zu erwähnen, dessen Gegenwart beispielsweise in Additiven des

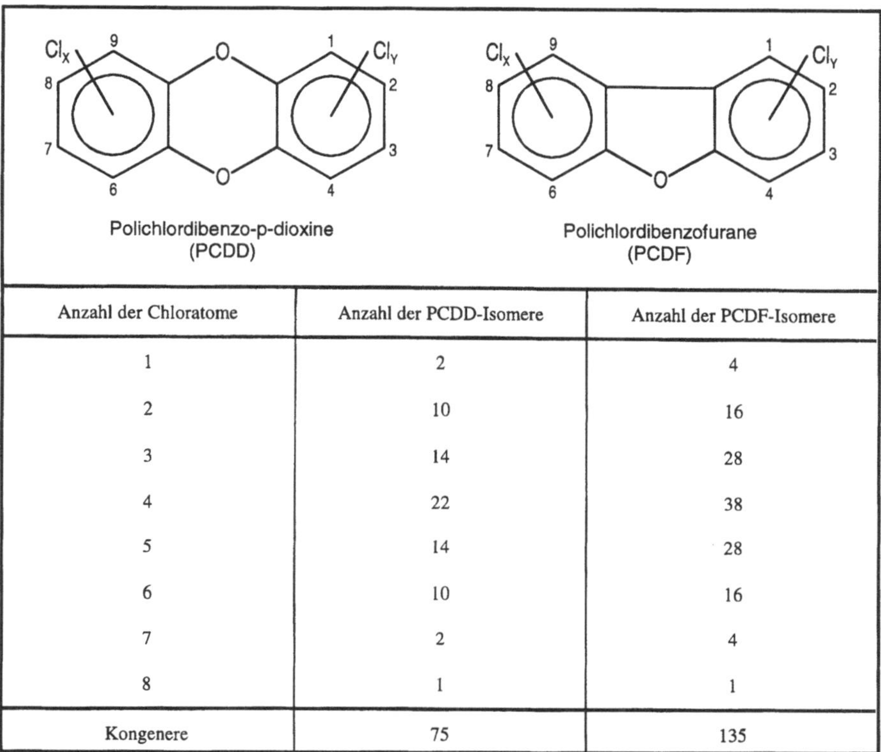

Anzahl der Chloratome	Anzahl der PCDD-Isomere	Anzahl der PCDF-Isomere
1	2	4
2	10	16
3	14	28
4	22	38
5	14	28
6	10	16
7	2	4
8	1	1
Kongenere	75	135

Abb. 1.5-1. Strukturformel der polychlorierten Dibenzo-p-dioxine und Dibenzofurane sowie entsprechende Kongenere

verbleiten Benzins, sogenannten „scavengern", oder in Plastikstoffen über bromhaltige Flammschutzmittel bei entsprechenden Verbrennungsprozessen zur Bildung bromierter Dioxine und Furane (PBDD/Fs) führt und die Umwelt belasten kann.

PCDD/Fs wurden zu keinem Zeitpunkt mit Vorsatz industriell produziert, sondern sie fallen zum einen als Nebenprodukte chemischer Syntheseprozesse, beispielsweise der Herstellung von Chlorchemikalien (Trichlorphenole, Pentachlorphenol und polychlorierte Biphenyle) (Fiedler et al. 1991), zum anderen bei Verbrennungsprozessen an, in die die entsprechenden Ausgangsstoffe (Prekursoren) wie Kohlenstoff, Sauerstoff, Wasserstoff und Halogene in Gegenwart von Katalysatoren (z. B. Kupfer) bei Temperaturen zwischen 600 und 800 Grad C eingebunden sind. Insbesondere kommunale oder klinische Müllverbrennungsanlagen, aber auch Stahlwerke oder Anlagen der Nichteisen-Metall verarbeitenden Industrie sind in den 1980er und Anfang der 1990er

Jahre als bedeutsame Dioxinquellen bekannt geworden. Primär sind es schließlich diese thermischen Prozesse, die zur ubiquitären Belastung der terrestrischen Umwelt geführt haben (Fiedler 1995). Nach neueren Berechnungen wird die jährliche PCDD/F-Emission für 17 europäische Länder auf 6,5 kg ITE pro Jahr geschätzt. Legt man die Grundfläche der 17 Länder zugrunde und unterstellt einen vollständigen Eintrag, so beträgt die Deposition derzeit ca. 5 pg ITE/m^2 · d (Quaß u. Fermann 1997).

In allen Kompartimenten unserer Umwelt reichern sich die Dioxine/Furane aufgrund ihrer Persistenz an, wobei sich für den tierischen bzw. menschlichen Organismus besonders die 17 Kongenere, die mindestens an der 2, 3, 7 und 8 Positionen mit Chlor substituiert sind, als bedeutsam erwiesen, da sie sowohl sehr persistent als auch hoch toxisch sind. Die Anreicherung erfolgt zu über 95% oral über die Nahrungsaufnahme bzw. Verunreinigungen, die mit der Nahrungsaufnahme verbunden sind (Fürst et al. 1990). Demnach spielt die inhalative bzw. dermale Aufnahme eine untergeordnete Rolle.

Menge, Matrix und Kongener der 2,3,7,8-substituierten Dioxine/Furane bestimmen die Bioverfügbarkeit und die Bindung nach oraler Aufnahme an Lipoproteine des Blutes. PCDD und PCDF reichern sich lebenslang insbesondere im Fettgewebe von Tier und Mensch (z.B. Leber) an, können die Plazentarschranke überwinden und werden über die Milch an Nachkommen weitergegeben (Fürst et al. 1992). Die Ausscheidung von PCDD/F bzw. die Halbwertzeit wird wesentlich vom jeweiligen Substituierungsgrad des Isomers bestimmt, wobei zuvor eine metabolische Umwandlung in polare Verbindungen stattgefunden haben muss. Die Halbwertzeit von 2,3,7,8-PCDD wird beim Menschen auf 5 bis 10 Jahre geschätzt (vgl. Quass u. Fermann 1997).

Von den 2,3,7,8-substuierten Dioxine/Furane konzentrierte sich die Forschung auf die toxikologischen Eigenschaften des sogenannten Seveso-Dioxins: 2,3,7,8-TCDD. Im Tierexperiment erwies sich 2,3,7,8-TCDD als Tumorpromotor, und eine vergleichbare Wirkung kann für den Menschen nicht ausgeschlossen werden, wenngleich auch ein entsprechender Zusammenhang bisher nicht eindeutig nachweisbar war. Im Tierexperiment konnte bisher kein eindeutiges Zusammenwirken zwischen 2,3,7,8-TCDD und dem genetischen Material der Zelle nachgewiesen werden, so daß 2,3,7,8-TCDD als nicht genotoxisches Karzinogen bezeichnet wird.

Mensch und Tier sind aber in der Praxis stets einem Gemisch verschiedener Isomere ausgesetzt, deren toxische Eigenschaften im einzelnen nur sehr unzureichend bekannt ist. Es wurde daher eine Konvention festgelegt, die relative Toxizität der siebzehn PCDD und

PCDF mit 2,3,7,8-Stellung mit Hilfe von Toxizitätsäquivalentfaktoren (TEF) zu bewerten. Die bisher am stärksten toxisch wirkende Verbindung (2,3,7,8-TCDD) bekam einen TEF von 1, während relativ hierzu die übrigen 2,3,7,8-Substituierten mit niedrigeren TEFs belegt wurden. Multipliziert man die jeweilige Konzentration der Isomere in einer bestimmten Matrix mit den jeweiligen TEFs, ergibt das Produkt das Toxizitätsäquivalent (TE), deren Summe wiederum den Beurteilungsmaßstab für die Gesamttoxizität des Gemisches in einer bestimmten Probe (Pflanze, Boden, Organe etc.) beschreibt. Hierbei wurde zunächst vom Bundesgesundheitsamt Mitte der 1980er Jahre eine Bewertungssystematik für die Bundesrepublik Deutschland eingeführt (TE-BGA). Inzwischen sind die von der NATO/CCMS aus dem Jahr 1988 (Kutz et al. 1990) abgeleiteten TEs international unter der Bezeichnung ITE als Bewertungsmaßstab anerkannt (Tabelle 1.5-1).

Tabelle 1.5-1. Toxizitätsäquivalente nach BGA und NATO/CCMS

Kongener	BGA (TE-BGA)	NATO/CCMS (ITE)
2,3,7,8-TetraCDD	1,0	1,0
1,2,3,7,8-PentaCDD	0,1	0,5
1,2,3,4,7,8-HexaCDD	0,1	0,1
1,2,3,6,7,8-HexaCDD	0,1	0,1
1,2,3,7,8,9-HexaCDD	0,1	0,001
OctaCDD	0,001	0,001
2,3,7,8-TetraCDF	0,1	0,1
1,2,3,7,8-PentaCDF	0,1	0,05
2,3,4,7,8-PentaCDF	0,1	0,5
1,2,3,4,7,8-HexaCDF	0,1	0,1
1,2,3,6,7,8-HexaCDF	0,1	0,1
1,2,3,7,8,9-HexaCDF	0,1	0,1
2,3,4,6,7,8-HexaCDF	0,1	0,1
1,2,3,4,6,7,8-HeptaCDF	0,01	0,01
1,2,3,4,7,8,9-HeptaCDF	0,01	0,01
OctaCDF	0,001	0,001
Sonstige TetraCDD	0,01	0
Sonstige PentaCDD	0,01	0
Sonstige HexaCDD	0,01	0
Sonstige HeptaCDD	0,001	0
Sonstige TetraCDF	0,01	0
Sonstige PentaCDF	0,01	0
Sonstige HexaCDF	0,01	0
Sonstige HeptaCDF	0,001	0

Die jahrelange Emission aus zahlreichen diffusen Quellen hat dazu geführt, daß PCDD/F überall auf der Erde gefunden werden, auch in den entlegensten Regionen weit von jeder Industrie oder menschlichen Aktivität. In diesem Beitrag wird der Eintrag von PCDD/F aus dem Boden und aus der Luft in Pflanzen sowie die Auswirkungen dieser Anreicherung besonders in Hinblick auf die Kontamination terrestrischer Nahrungsketten diskutiert.

1.5.2
Pfad Boden → Pflanze

PCDD/F können grundsätzlich über drei Wege aus dem Boden in oberirdische Pflanzenteile gelangen: (i) Aufnahme in die Wurzeln und anschließende Translokation in Stamm und Blätter (Pfad Boden → Pflanze), (ii) durch Verflüchtigung (Ausgasung) aus dem Boden und anschließende gasförmige Deposition auf den oberirdischen Pflanzenteilen (Pfad Boden → *Luft* → Pflanze), oder (iii) durch Ablagerung von Bodenteilchen auf Blättern, z.B. Mitreißen von Bodenteilchen durch Wind oder aufspritzende Regentropfen (Pfad Boden → *Bodenpartikel* → Pflanze).

Als Maß für den Übergang zwischen angrenzenden Kompartimenten oder auch Medien dienen Transferfaktoren. Sie sind beispielsweise für die Ableitung von Richt- oder Grenzwerten unerläßlich und werden pfadabhängig aus dem Quotienten der auf Trockenmasse bezogenen Konzentrationen in Pflanzen und (i) Boden bzw. (ii) Staubniederschlag gebildet.

(i) ng ITE/kg Trockenmasse Pflanze/ng ITE/kg Trockenmasse Boden
(ii) ng ITE/kg Trockenmasse Pflanze/pg ITE/(m^2d) Staubniederschlag

Bei der Ableitung der Transferfaktoren ist allerdings zu berücksichtigen, daß (i) insbesondere bei Freilanderhebungen andere Eintragspfade wie z.B. der über die Luft nicht ausgeschlossen werden können und somit das Ergebnis verfälscht werden kann und (ii) einzelne Kongenere unterschiedliche Transferfaktoren aufweisen können und demzufolge auf ITE-Basis abgestellte Angaben zum Transfer Boden → Pflanze eine gewisse Ungenauigkeit beinhalten.

1.5.2.1
Aufnahme von PCDD/F über die Wurzeln

Die Aufnahme von PCDD/F über die Pflanzenwurzeln wurde schon sehr früh von Isensee u. Jones (1971) mit radioaktiv markiertem 2,3,7,8-

TCDD untersucht. Sie kamen zu dem Schluß, daß eine Aufnahme über diesen Weg sehr unwahrscheinlich war. Der Unfall bei Seveso und die darauf folgende Entdeckung erhöhter 2,3,7,8-TCDD-Konzentrationen in der Vegetation löste intensive Forschungsaktivitäten zu diesem Thema aus, die aber zu sehr unterschiedlichen Ergebnissen führten (Cocussi et al. 1979; Wipf et al. 1982; Sacchi et al. 1986; Facchetti et al. 1986). Der Grund dafür lag in der Tatsache, daß bei allen Versuchsansätzen sowohl Aufnahme über die Wurzeln als auch die Aufnahme durch Verflüchtigung und anschließende gasförmige Deposition möglich war und keine auf den Kontaminationspfad bezogene Fallunterscheidung bei der Versuchsanstellung berücksichtigt wurde. Erst mit der Entwicklung einer Laborapparatur, die den Wurzelraum vom Luftraum effektiv abtrennte, konnte eindeutig bewiesen werden, daß die Aufnahme von 2,3,7,8-TCDD über die Wurzeln von Sojabohnen- und Maispflanzen unter den gegebenen Randbedingungen vernachlässigbar gering ist (McCrady et al. 1990). Dieses Ergebnis steht auch in Einklang mit Modellvorstellungen, die eine Verlagerung von solchen hydrophoben Substanzen in der Pflanze ausschließen, weil sie sich sofort aus dem wäßrigen Transpirationsstrom in den hydrophoben Komponenten des Pflanzengewebes verteilen und so immobilisiert werden (Briggs et al. 1982).

Diese Schlußfolgerung wurde in vielen Feldstudien bestätigt. So wurde bei parallelen Untersuchungen von Pflanzen- und Bodenproben an mit PCDD/F kontaminierten Standorten in Deutschland wie Marsberg (Krause et al. 1993), Maulach (Hülster u. Marschner 1993), Hamburg (BAGS 1993) oder im Umgebungsbereich zahlreicher Quellen in Nordrhein-Westfalen (Chloraromaten Meßprogramm 1991) keine Erhöhung der Pflanzenkonzentrationen an Standorten mit stark erhöhter Bodenbelastung gegenüber Kontrollflächen mit einer niedrigen Bodenbelastung beobachtet. Sehr umfangreiche Untersuchungen von Hülster et al. an einer Vielzahl landwirtschaftlicher und gärtnerischer Kulturpflanzen zeigten, daß sich Korrelationen zwischen Boden- und Pflanzengehalten nur dann ergeben, wenn die Bodengehalte im Mikrogrammbereich liegen (Hülster u. Marschner 1993; Müller et al. 1993).

Es gibt jedoch eine Ausnahme zu dieser Regel. Hülster und Kollegen stellten fest, daß Pflanzen der Familie *Cucurbitaceae* wie Zucchini oder Kürbisgewächse durchaus in der Lage sind, PCDD/F aus dem Boden aufzunehmen und in die Blätter und Frucht zu verlagern (Hülster et al. 1994). Es wird vermutet, daß diese Pflanzen Wurzelexudate produzieren, die PCDD/F in der Bodenlösung komplexieren und so deren Absorption in die Wurzel und Translokation durch die Pflanze ermöglichen (Hülster u. Marschner 1995).

Aus zahlreichen Untersuchungen ergibt sich, daß die Aufnahme von PCDD/F über den Pfad Boden → Pflanze sehr niedrig ist und der Transferfaktor selbst unter Berücksichtigung verschiedener Ungenauigkeiten bei <0,01 liegt, die Vegetation insgesamt also über diesen Pfad vergleichsweise gering belastet wird.

1.5.2.2 Ausgasung aus dem Boden und anschließende gasförmige Deposition

Wie oben angedeutet, wurde bei einigen Versuchen über die pflanzliche Aufnahme von 2,3,7,8-TCDD aus dem Boden festgestellt, daß eine Verflüchtigung gefolgt von gasförmiger Deposition zu einer Anreicherung bodenbürtiger PCDD/F in oberirdischen Pflanzenteilen führen kann (Wipf et al. 1982; Facchetti et al. 1986). In einem kontrollierten Laborversuch in einer geschlossenen Kammer zeigten Bacci et al. (1992), daß 1,2,3,4-TCDD aus einem sandigen Boden verdampft und sich in Azaleenblättern anreichert. In detaillierten Untersuchungen wurde von Krause (1993) die Ausgasung von PCDD/F aus einem kontaminierten Boden quantifiziert. Durch ergänzende Versuche stellte er fest, daß Gras, das im sauberen Boden wuchs, aber von einem kontaminierten Boden umgeben war, deutlich höher belastet war als Gras, das von sauberem Boden umgeben war.

Die oben erwähnten Versuche, in denen eine Anreicherung über den Weg Boden → Luft → Pflanze festgestellt wurde, hatten alle gemeinsam, daß sie unter kontrollierten Laborbedingungen in Kammern mit niedrigem Luftdurchsatz durchgeführt wurden. Mittels eines mathematischen Modells zeigten Trapp u. Matthies (1994) jedoch, daß unter Umweltbedingungen höchstens die Pflanzenteile innerhalb der ersten paar Zentimeter der Bodenoberfläche durch diesen Prozeß beeinflußt werden können. Ansonsten ist die Verdünnung in dem Bestand durch hineinströmende Luft so stark, daß die erhöhten Konzentrationen in Bodennähe sehr schnell auf die Konzentrationen in der Luft herabgesetzt werden und so die Aufnahme in die Blätter unbeeinflußt bleibt. Auch die oben erwähnten Ergebnisse der vergleichenden Boden- und Pflanzenmessungen im Freiland unterstreichen, daß dieser Prozeß in der Regel keinen relevanten Eintragsweg darstellt. Von Krause (1992) wurde für den Pfad Boden → *Luft* → Pflanze ein Transferfaktor von 0,02 abgeschätzt.

1.5.2.3 Transport auf Bodenpartikeln

Bodenpartikel können durch Bodenbearbeitung, Niederschlag und Wind auf oberirdische Pflanzenteile gelangen und auf diese Weise zu einer Kontamination der Pflanzen führen. Laboruntersuchungen hierzu sind bisher nicht bekannt geworden. Orientierende Untersuchungen des Landesumweltamtes NRW ergaben, daß der Übergang von PCDD/F aus hochkontaminierten Bodenpartikeln in die stark wachshaltige Kutikula von Grünkohl zwar grundsätzlich möglich ist, die tatsächlich von den Blättern aufgenommenen Mengen jedoch sehr gering sind und zu einem Transferfaktor $< 0{,}01$ führen (Krause, unveröffentlicht). Ferner haben Feldmessungen gezeigt, daß dieser Mechanismus, obwohl prinzipiell vorhanden, im Freiland eine zu vernachlässigende Rolle spielt.

Für Futtermittel kann jedoch der Boden eine wichtige PCDD/F-Quelle sein. Allerdings steht hier nicht die direkte Kontamination der Pflanzen im Vordergrund, sondern die indirekte Verschmutzung der Futtermittel durch Erntemaschinen, die kontaminierten Boden miterfassen. Dies ist insbesondere bei der Grünfuttergewinnung und bei Futterrüben von Bedeutung. Zum Beispiel wird berichtet, daß Grassilage in den Niederlanden im Durchschnitt mehrere Prozent Boden, bezogen auf Trockengewicht, enthält (Berende 1990). So liegt der Transferfaktor Boden-Grassilage deutlich über 0,01, was bedeutet, daß auch Böden mit mäßig erhöhten PCDD/F-Gehalten die landwirtschaftliche Nahrungskette deutlich belasten können. Das Ausmaß des Eintrags ist jedoch von vielen Bedingungen wie Bodeneigenschaften, Maulwurfbesiedlung, Wetterbedingungen zum Erntezeitpunkt und Erntemethoden selbst abhängig, so daß allgemeine Aussagen nicht getroffen werden können.

1.5.3 Pfad Luft → Pflanze

Da Bodenbelastungen durch PCDD/F unter den meisten Bedingungen keinen nennenswerten Beitrag zur der PCDD/F-Kontamination oberirdischer Pflanzenteile liefern, liegt der Schluß nahe, daß der Eintrag überwiegend aus der Atmosphäre erfolgen muß. Die Tatsache, daß die Bedeutung atmosphärischer Deposition erst um 1990 erkannt wurde (Reischl et al. 1989; Hembrock-Heger 1990; McLachlan u. Hutzinger 1990), ist vermutlich darauf zurückzuführen, daß PCDD/F als „schwerflüchtig" und daher als nicht über den Luftweg transportierbar galten.

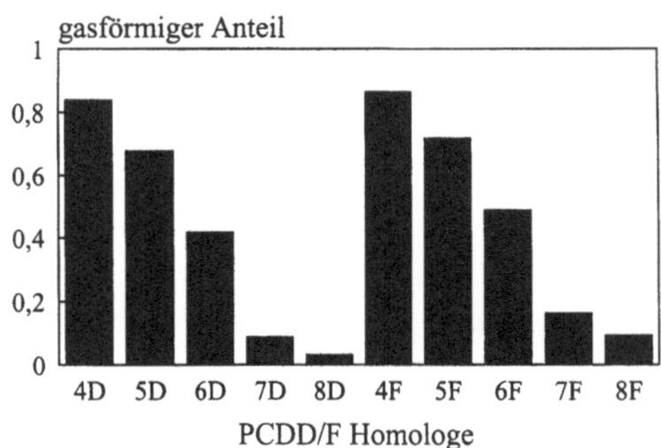

Abb. 1.5-2. Der durchschnittliche gasförmige Anteil der PCDD/F-Homologe in Süddeutschland während der Sommermonate (Daten aus Hippelein et al. 1996)

Atmosphärischer Eintrag in Pflanzen kann durch Deposition von gasförmiger, an Partikel gebundener, oder in Niederschlag gelöster Substanz erfolgen. Die relative Bedeutung dieser Prozesse variiert stark zwischen den Homologen: Mit zunehmendem Chlorierungsgrad nimmt der Anteil der an Partikel gebundenen Deposition zu (McLachlan u. Hutzinger 1990). Dies ist auf die Gas/Partikel-Verteilung der PCDD/F zurückzuführen; mit zunehmendem Chlorierungsgrad nimmt der Anteil der PCDD/F in der Atmosphäre zu, der an Partikel gebunden ist. Während der Wachstumsperiode sind nur etwa 10% der Cl_4DF an Partikel gebunden, während 90% gasförmig vorliegt. Bei Cl_8DD dagegen liegt der an Partikel gebundene Anteil bei >95% (s. Abb. 1.5-2). Dies führt dazu, daß an Partikel gebundene Deposition bei Cl_8DD verhältnismäßig wichtiger ist als bei Cl_4DF.

Es gibt neben der Gas/Partikel-Verteilung eine Vielzahl weiterer Faktoren, die die relative Bedeutung der gasförmigen und an Partikel gebundenen Deposition beeinflussen. Dazu gehören meteorologische Bedingungen, Pflanzeneigenschaften und atmosphärische Variable wie die Korngrößenverteilung der PCDD/F. Um die komplexen Wechselwirkungen dieser Parameter besser verstehen zu können, ist eine detailliertere Behandlung der einzelnen Depositionsprozesse erforderlich.

1.5.3.1 Gasförmige Deposition

Die Bedeutung der gasförmigen Deposition für die PCDD/F-Aufnahme in Pflanzen wurde von Welsch-Pausch et al. (1995) unter Beweis gestellt: Mit einem Gewächshausversuch unter naturnahen Bedingungen wurde gezeigt, daß die Aufnahme der $Cl_{4-6}DD/F$ in Weidelgras unter in Bayreuth während der Wachstumsperiode herrschenden Bedingungen vorwiegend durch gasförmige Deposition erfolgte. Dieses Ergebnis wurde in einem späteren Versuch mit Grünlandmischkulturen bestätigt (Welsch-Pausch u. McLachlan 1996). Angesichts der herausragenden toxikologischen Bedeutung von 2,3,7,8-PCDD, 1,2,3,7,8-PCDD und 2,3,4,7,8-PCDF war diese Feststellung für die PCDD/F-Risikoabschätzung besonders wichtig.

Die gasförmige Deposition ist ein diffusiver Prozeß, der als das Produkt eines Konzentrationsgradienten zwischen Luft und Pflanze, eines Massentransferkoeffizienten k und einer Fläche A beschrieben werden kann. Um den Konzentrationsgradienten zu berechnen, muß die Konzentration in der Pflanze C_P durch den Pflanzen/Luft-Verteilungskoeffizient K_{PL} normiert werden, um sozusagen „die Konzentration in der Pflanze, wenn sie Luft wäre“ zu erhalten:

$$V(\mathrm{d}C_P/\mathrm{d}t) = kA(C_L - C_P/K_{PL}) \quad (1),$$

wo V das Pflanzenvolumen und C_L die Konzentration in der Gasphase der Luft sind.

Dieses einfache Modell der Pflanzenaufnahme geht davon aus, daß die Pflanze als ein homogenes Kompartiment behandelt werden kann. Die gasförmige Deposition erfolgt gleichzeitig zur Kutikula und zu den Stomataöffnungen. Die Kutikula hat aufgrund ihrer wachsartigen Zusammensetzung eine hohe Affinität für die lipophilen PCDD/F, und es wird davon ausgegangen, daß lipophile Verbindungen wie die PCDD/F hauptsächlich hier aufgenommen werden (Riederer 1995). Es ist für andere lipophile Verbindungen bekannt, daß das Kutin eine sehr hohe Kapazität hat, lipophile organische Spurenstoffe zu speichern (Kerler u. Schönherr 1988). Folglich sollten sich die PCDD/F vor allem hier anreichern und nicht weiter in tieferliegende Gewebe eindringen. Die Tatsache, daß PCDD/F durch Ultraschallbehandlung von intakten Fichtennadeln aus diesen vollständig extrahiert werden können (Reischl et al. 1989), deutet darauf hin.

Diffusive Vorgänge streben einen Gleichgewichtszustand an. Ob ein Verteilungsgleichgewicht zwischen Luft und Pflanze erreicht wird, hängt vom Verteilungskoeffizienten ab. Wenn dieser im Vergleich mit der Eintragsrate von Substanz aus der Luft in die Pflanze zu groß ist, kann die Speicherkapazität der Pflanze nicht aufgefüllt werden. Dies ist der Fall bei den PCDD/F (McLachlan et al. 1995; Horstmann und McLachlan 1998), und so reduziert sich Gl. 1 auf:

$$V(\mathrm{d}C_P/\mathrm{d}t) = kAC_L \quad (2)$$

Es ist ferner von Bedeutung, ob der Massentransferkoeffizient k durch den Transport von der freien Atmosphäre bis zur Pflanzenoberfläche oder durch den Transport von der Pflanzenoberfläche durch die Pflanze zu den Orten der Speicherung bestimmt wird. Im ersten Fall ist k relativ konstant für alle PCDD/F, während im zweiten Fall k mit zunehmender Chlorierung stark zunehmen sollte. Feldmessungen haben jedoch relativ konstante Werte für k unter den verschiedenen PCDD/F ergeben. Daraus wird geschlossen, daß die Aufnahme durch einen luftseitigen Widerstand bestimmt wird (McLachlan et al. 1995; Horstmann u. McLachlan 1998). Der Massentransferkoeffizient k hat Einheiten von m/h und kann als Depositionsgeschwindigkeit verstanden werden.

Es gibt bisher nur wenige Messungen von k für PCDD/F unter natürlichen Bedingungen. Die, die es gibt, sind auf Bestands- oder Grundfläche bezogen. Welsch-Pausch (1998) hat einen durchschnittlichen Wert von 8 m/h für Deposition zu Wiesen gemessen. Dieser liegt etwas höher als der Wert von 2 m/h, die Schröder et al. (1997) für eine glatte Bodenoberfläche gemessen haben, aber deutlich unter den Werten von 28 und 130 m/h, die Horstmann u. McLachlan (1998) für Deposition von PCDD/F zu einem Fichten- und einem Laubwald bestimmten. Letztere sind sehr hoch und liegen im Bereich der in der Literatur angegebenen Depositionsgeschwindigkeiten von HNO_3, die an Blattoberflächen reagieren und von denen daher ein Verhalten ähnlich dem der PCDD/F erwartet werden könnte.

Der gasförmige Eintrag von PCDD/F kann durch photolytische Reaktionen auf der Pflanzenoberfläche beeinflußt werden. Experimente über die Abgabe-Kinetik von radioaktiv markiertem TCDD sowie über die Bestrahlung von PCDD/F in rekristallisiertem epikutikularem Wachs haben einen schnellen Abbau der PCDD/F gezeigt (McCrady u. Maggard 1993; Schuler et al. 1998). Allerdings zeigen Ergebnisse aus Feldversuchen, daß dieser Prozeß unter Umweltbedingungen während der Wachstumsperiode in Deutschland nur einen mäßigen Einfluß auf die Aufnahme hat (Welsch-Pausch 1998; Welsch-Pausch u. McLachlan 1995). Laut dieser Versuche gehen etwa ein Viertel der PCDD und die Hälfte der deponierten PCDF durch photolytischen Abbau verloren. So betrugen die effektiven Depositionsgeschwindigkeiten zu den oben erwähnten Wiesen 6 bzw. 4 statt 8 m/h.

Einmal durch gasförmige Deposition eingetragene PCDD/F müssen nicht auf den Pflanzen bleiben. Sie können durch Erosion auch von der Pflanze wieder abgetragen werden, wie für einen Fichtenwald gezeigt wurde (Horstmann u. McLachlan 1996). Über diesen Prozeß ist aber wenig bekannt.

1.5.3.2
Partikel-gebundene Deposition

Die an Partikel gebundene Deposition gewinnt mit zunehmender Chlorierung der PCDD/F an Bedeutung. Der oben angesprochene Gewächshausversuch mit Grünlandmischkulturen hat gezeigt, daß an Partikel gebundene Deposition die Akkumulation von Cl_{7-8}DD/F in diesen Pflanzen bestimmt (Welsch-Pausch u. McLachlan 1996).

An Partikel gebundene PCDD/F können sowohl naß als auch trocken deponiert werden. Die nasse Deposition ist ein bedeutender Mechanismus für den Eintrag von PCDD/F in Pflanzenbestände, da die Partikel, an denen PCDD/F gebunden sind, durch den Niederschlag sehr effektiv aus der Atmosphäre ausgewaschen werden. Als Maß hierfür wird der Auswaschkoeffizient verwendet, der Quotient der Konzentration im Wasser zur Konzentration in der Luft. Für schwerflüchtige organische Verbindungen wird ein Wert von etwa 200000 in Lehrbüchern angegeben (Mackay 1991). Anders ausgedrückt, ein Regentropfen entfernt sämtliche an Partikel gebundene Schadstoffe aus einem Luftvolumen, das 200000mal größer ist als der Regentropfen selber. Messungen der Auswaschkoeffizienten von PCDD/F in Deutschland haben etwas niedrigere Werte von im Durchschnittt 80000 ergeben (McLachlan et al. 1998).

Obwohl der Eintrag von PCDD/F in Pflanzenbestände durch nasse, an Partikel gebundene Deposition sehr hoch ist, ist die daraus resultierende Aufnahme in der Pflanze sehr schwierig vorherzusagen. Die Zurückhaltung der Partikel und deren Einbettung bzw. der Übergang der PCDD/F aus den Partikeln in die Pflanze hängen von einer Vielzahl von Faktoren ab, wie z.B. Niederschlagsintensität und Dauer, Partikeleigenschaften, Neigung und Geometrie der Blätter, Morphologie der Pflanzenoberfläche usw. Messungen der PCDD/F-Belastung in einem Maisbestand vor und nach Niederschlagsereignissen haben gezeigt, daß die Pflanzenkonzentrationen nach dem Niederschlag manchmal höher und manchmal niedriger waren als vorher (Kaupp 1996). Dies verdeutlicht einen weiteren Aspekt dieser Problematik, nämlich, daß Niederschlag auch schon deponiertes Material von der Pflanze wieder abwaschen kann.

Die trockene Deposition von Partikeln erfolgt vorwiegend über einen von drei Mechanismen: Sedimentation durch Schwerkraft (große Partikel), Impaktion durch Impuls (mittelgroße Partikel mit aerodynamischem Durchmesser um 1 µm) oder Diffusion (kleine Partikel). Die mit Sedimentation verbundenen Depositionsgeschwindigkeiten sind weit höher als die mit Diffusion verbundenen, und diese sind wiederum etwas größer als die Depositionsgeschwindigkeiten von mittelgroßen impaktierenden Partikeln (Sehmel 1980). Die trockene Deposition von PCDD/F durch Impaktion und Diffusion ist unter ländlichen Bedingungen in Deutschland weit geringer als die Summe der nassen und der trockenen Deposition durch Sedimentation (Schröder et al. 1997; Horstmann u. McLachlan 1998). Die Bedeutung der trockenen Deposition für den Eintrag in Pflanzenbestände hängt daher davon ab, wie viel PCDD/F mit großen Partikeln assoziert sind. Parallelmessungen der trockenen und nassen sedimentierenden Deposition an zwei ländlichen Standorten in Deutschland haben gezeigt, daß die trockene Deposition etwa die Hälfte der nassen beträgt (McLachlan et al. 1998). Es ist möglich, daß die trockene Deposition in der Nähe von Quellen noch wichtiger ist, falls diese auch große Partikeln emittieren.

Allerdings sind die Kenntnisse über die partikelgebundene trockene Deposition von PCDD/F in Pflanzenbestände sowie die Aufnahme in die Pflanzen sehr lückenhaft. Prinzipiell gelten hier die gleichen Schwierigkeiten wie bei der nassen Deposition. Vergleichende Analysen unterschiedlicher Pflanzenspezies vom gleichen Standort haben jedoch gezeigt, daß die Akkumulation der partikelgebundenen Deposition (naß und trocken) von Spezies zu Spezies stark variiert. Aufrecht stehende Gräser mit einer glatten Blattoberfläche akkumulieren die höher chlorierten PCDD/F nur wenig, während die großen behaarten waagerecht stehenden Blätter von Bärenklau diese Verbindungen sehr stark akkumulieren (Welsch-Pausch u. McLachlan 1996).

1.5.4 Beziehungen zur Beschreibung der Pflanzenaufnahme

Tabelle 1.5-2 veranschaulicht einige interessante Aspekte der Akkumulation von PCDD/F in Pflanzen. Die PCDD/F-Konzentrationen in drei verschiedenen Gemüsepflanzen von jeweils 6 Standorten, ausgedrückt in TE-BGA, sowie die Konzentrationen in Boden und Staubniederschlag zeigen, daß es deutliche Unterschiede zwischen den Pflanzen gibt, die bis zu einem Faktor 25 reichen. Die vergleichsweise niedrigen Konzentrationen in Kopfsalat sind vermutlich auf das schnelle Wachstum (daher eine geringere Expositionszeit) und die geschlossene Form dieser Pflanze, die einen Großteil der Biomasse vor atmosphärischem Eintrag schützt, zurückzuführen. Der mit hohen Konzentrationen belastete Grünkohl wächst dagegen viel offener und hat ausgesprochen stark gekräuselte Blätter, die aufgrund der großen Oberfläche einerseits Partikel effektiver zurückhalten, andererseits die Turbulenz in der darüberstehenden Luft erhöhen und dadurch die gasförmige Deposition begünstigen. Dies ist ein wesentlicher Grund für die Nutzung dieser Pflanzenart als Bioindikator, der, unter standardisierten Bedingungen exponiert, räumlich/zeitliche Belastungsituationen wiedergibt und somit Risikobeurteilungen ermöglicht (Radermacher u. Rudolph 1995; vgl. hierzu auch Kap. 3.1).

Aus Tabelle 1.5-2 ist ferner zu erkennen, daß die von Standort zu Standort deutlich variierende Belastung von Endivien und Grünkohl keineswegs mit der Bodenbelastung korreliert ist. Dies ist einer von vielen Felddatensätzen, die zeigen, daß die Bodenkonzentration keinen meßbaren Einfluß auf die Pflanzenbelastung hat.

Auf der anderen Seite gibt es eine gute Korrelation zwischen der Belastung von Endivien und Grünkohl und dem Staubniederschlag. Hieraus darf natürlich kein genereller kausaler Zusammenhang zwischen dem Staubniederschlag und der Pflanzenbelastung abgeleitet werden; der Staubniederschlag ist hier ein Surrogat für die atmosphärische Belastung. Durch diese Korrelation wird jedoch deutlich, daß die Aufnahme von PCDD/F in diesen zwei Pflanzen über den Luftweg geschieht. Die undifferenzierten Ergebnisse bei Kopfsalat mögen auf die sehr niedrigen Konzentrationen im Bereich der Nachweisgrenze zurückzuführen sein.

Als Werkzeug für die Abschätzung der PCDD/F-Anreicherung in Pflanzen werden, wie schon zuvor erwähnt, häufig Transferfaktoren benutzt. Die auf ITE-Basis berechneten Transferfaktoren zwischen Staubniederschlag und Pflanze (pg ITE/g TS Pflanze)/(pgITE/m^2d Deposition) und Boden und Pflanze (pg ITE/g TS Pflanze)/(pg ITE/g TS Boden) geben zwar keine Information über den Mechanismus oder das Verhalten einzelner Kongenere; sie stellen jedoch ein einfache Methode für die Praxis dar, um das Transferverhalten abzuschätzen. Wie oben diskutiert, sind die Boden-Pflanze-Transferfaktoren kleiner

Tabelle 1.5-2. Vergleich der PCDD/F-Gehalte [ng TE-BGA/kg Tm] in Nahrungspflanzen, Gartenböden (0 bis 25 cm) mit dem Gesamteintrag im Staubniederschlag [pg TE-BGA/(m^2d)] (MURL 1995)

Kopfsalat	Endivie	Grünkohl	Bodengehalt	Staubniederschlag
2,4	28,5	65,6	75,1	56
1,5	5,6	20,8	77,6	20
3,1	14,4	53,7	35,9	51
2,8	5,5	20,3	16,4	21
1,8	2,2	4,0	21,3	7,4
2,2	1,7	2,6	21,8	5,7

als 0,01 mit Ausnahme von Pflanzen der Familie *Curcubitaceae*. Die Staubniederschlag-Pflanze-Transferfaktoren sind für Fruchtgemüsearten und Obst ebenfalls sehr niedrig (< 0,02 als geschätzte Obergrenze; Prinz et al. 1990), da die Oberfläche im Verhältnis zum Gewicht sehr klein ist. Vom Blattgemüse weisen Sorten mit geschlossenen Köpfen (Eisbergsalat, Kopfsalat) deutlich geringere PCDD/F-Gehalte auf als offene Sorten wie Radiccio, Endivien- oder Feldsalat, während Grünkohl stets sehr hohe Anreicherungen verzeichnet (Prinz et al. 1993; BAGS 1993; Radermacher u. Rudolph 1995). Die Transferfaktoren liegen in der Regel zwischen 0,02 und 0,2, während für Grünkohl Werte von ca. 0,5 gemessen werden (Prinz et al. 1993). Aus dem Chloraromaten-Meßprogramm des Landes Nordrhein-Westfalen geht hervor, daß der Staubniederschlag-Pflanze-Transferfaktor zu Weideland etwa 0,15 beträgt (CLAM 1991).

1.5.5 Toxikologische Relevanz der PCDD/F-Anreicherung in Pflanzen

Bisher sind keine Befunde, gleich für welchen Aufnahmepfad, bekannt geworden, die von phytotoxischen Wirkungen der PCDD/F berichten, sei es nach akuter, sei es nach chronischer Exposition. Gleiches gilt für Untersuchungen unter kontrollierten Bedingungen im Labor- bzw. Kammerversuch. Es ist anzunehmen, daß die PCDD/F überwiegend an/auf der Kutikula der Blätter außen abgelagert werden und nur ein vergleichsweise geringer Anteil über passive Diffusionsvorgänge über die Stomata der Blätter ins Blattinnere gelangt. Aufgrund der geringen Wasserlöslichkeit der PCDD/F ist ferner zu vermuten, daß an den Zellenwänden nur vergleichsweise wenig PCDD/F in Lösung gehen, die, wenn überhaupt, stoffwechselrelevant sein können.

Da sich die PCDD/F in Pflanzen und damit natürlich auch in Nahrungs- bzw. Futterpflanzen anreichern, besitzen sie eine nicht unerhebliche humantoxikologische Relevanz, zumal sie als persistente Stoffe innerhalb der Nahrungskette weitergegeben und angereichert werden. Die Belastung des Menschen über den direkten Verzehr von kontaminierten Nahrungspflanzen ist in der Regel unbedeutend, abgesehen von Personengruppen, die im Umgebungsbereich entsprechender Quellen leben und ihren Nahrungskorb wesentlich aus Haus- oder Kleingärten abdecken (Prinz et al. 1993). Von diesen speziellen Fällen abgesehen wird die PCDD/F-Belastung der Pflanzen erst durch die Anreicherung in einem Zwischenglied der Nahrungskette relevant. Diese Funktion übernimmt in erster Linie das Rind. Milchprodukte und Rindfleisch zusammen sind für etwa die Hälfte der PCDD/F-Exposition der Bevölkerung in vielen westlichen Ländern verantwortlich (Fürst et al. 1990; Theelen et al. 1993; Birmingham et al. 1989). Die Belastung der Milch und des Rindfleisches stammt ihrerseits zum größten Teil aus dem Grünfutter, und so kommt der Anreicherung von PCDD/F in Grünlandbewuchs eine besondere Bedeutung zu (McLachlan u. Hutzinger 1990).

Die Weitergabe der PCDD/F durch das Rind ist nicht quantitativ. Nur ein Teil der PCDD/F im Futter wird im Verdauungstrakt des Rinds aufgenommen. Diese Absorptionseffektivität beträgt etwa 40 bis 50% für 2,3,7,8-TCDD und nimmt mit zunehmender Chlorierung ab; die Absorption von OCDD beträgt nur noch weniger als 1% (McLachlan u. Richter 1998). Hinzu kommt, daß viele der absorbierten PCDD/F im Rind metabolisiert werden. Nur die meisten 2,3,7,8-substituierten Kongenere bleiben hiervon weitgehend verschont (McLachlan et al. 1990). Diese persistenten Kongenere sind allerdings die für den Menschen toxikologisch bedenklichsten. So reichen diese biologischen Filtermechanismen im Rind nicht aus, die Anreicherung zu kompensieren, die durch den Verzehr großer Pflanzenmengen verursacht wird. Eine detailliertere Behandlung dieser Thematik findet sich bei McLachlan (1994).

Aufgrund der Bedeutung dieses Pfades für die Exposition des Menschen gegenüber PCDD/F und anderen persistenten lipophilen organischen Verbindungen ist die Erforschung der Anreicherung dieser Verbindungen in Grünland- und anderen Futterpflanzen besonders wichtig.

1.5.6 Literatur

Bacci E, Cerejeira MJ, Gaggi C, Chemello G, Calamari D, Vighi M (1992) Chlorinated Dioxins: Volatilization from Soils and Bioconcentration in Plant Leaves. Bull Environ Contam Toxicol 48:401–408

BAGS (Behörde für Arbeit, Gesundheit und Soziales der Hansestadt Hamburg) (1993) Untersuchungen zum Transfer von Dioxinen und Furanen, 90 S

Berende PLM (1990) Grondopname door melkkoeien. Institute for Livestock Feeding and Nutrition Research, internal report no 312, Lelystad

Birmingham B, Gilman A, Grant D, Salminen J, Boddington M, Thorpe B, Wile I, Toft P, Armstrong V (1989) PCDD/PCDF Multimedia Exposure Analysis for the Canadian Population: detailed exposure estimation. Chemosphere 19: 637–642

Briggs GG, Bromilow RH, Evans AA (1982) Relationships between lipophilicity and root uptake and translocation of non-ionised chemicals by barley. Pestic Sci 13:495–504

CLAM (1991) NRW-Meßprogramm Chloraromaten-Herkunft und Transfer. Ministerium für Umwelt, Raumordnung und Landwirtschaft des Landes Nordrhein-Westfalen, Düsseldorf

Cocucci S, Di Gerolamo F, Verderio A, Cavallaro A, Colli G, Gorni A, Invernizzi G, Luciani L (1979) Absorption and translocation of tetrachlorodibenzo-p-dioxine by plants from polluted soil. Experientia 35:482–484

Facchetti S, Balasso A, Fichtner C, Frare G, Leoni A, Mauri C, Vasconi M (1986) Studies on the absorption of TCDD by some plant species. Chemosphere 15: 1387–1388

Fiedler H (1995) Quellen von PCDD/PCDF und Konzentrationen in der Umwelt. Organohalogen Compounds 22:7–29

Fiedler H., Hutzinger O, Kaune A (1991) Polychlorierte Dibenzo-p-dioxine und Dibenzofurane (PCDD/PCDF). Organohalogen Compounds 5, Eco-Informa Press, Bayreuth

Fürst P, Fürst C, Groebel W (1990) Levels of PCDDs and PCDFs in food-stuffs from the Federal Republic of Germany. Chemosphere 20:787–792

Fürst P, Fürst C, Wilmers K (1992) PCDD, PCDF, PCB and organochlorine pesticides in mother's milk-statistical evaluation of a 6 year survey. Chemosphere 25:1029–1032

Hembrock-Heger A (1990) PCDD/F-levels in soils and plants of Northrhine-Westfalia. Organohalogen Compounds 1:475–478

Hippelein M, Kaupp H, Dörr G, McLachlan M, Hutzinger O (1996) Baseline contamination assessment for a new resource recovery facility in Germany, part II: atmospheric concentrations of PCDD/F. Chemosphere 32:1605–1616

Horstmann M, McLachlan MS (1996) Evidence of a novel mechanism of semivolatile organic compound deposition in coniferous forests. Environ Sci Technol 30:1794–1796

Horstmann M, McLachlan MS (1998) Atmospheric deposition of semivolatile organic compounds to two forest canopies. Atmos Environ 32:1799–1809

Hülster A, Marschner H (1993) Transfer of PCDD/PCDF from contaminated soils to food and fodder crop plants. Chemosphere 27:439–446

Hülster A, Marschner H (1995) PCDD/PCDF-complexing compounds in zucchini. Organohalogen Compounds 24:493–496

Hülster A, Müller JF, Marschner H (1994) Soil-plant transfer of polychlorinated dibenzo-p-dioxins and dibenzofurans to vegetables of the cucumber family (*Cucurbitaceae*). Environ Sci Technol 28:1110–1115

Isensee AR, Jones GE (1971) Absorption and translocation of root and foliage applied 2,4-dichlorophenol, 2,7-dichlorodibenzo-p-dioxin and 2,3,7,8-tetrachlorodibenzo-p-dioxin. J Agric Food Chem 19:1210–1214

Kaupp H (1996) Atmosphärische Eintragswege und Verhalten von polychlorierten Dibenzo-p-dioxinen und -furanen sowie polyzyklischen Aromaten in einem Maisbestand. Dissertation, Univ Bayreuth

Kerler F, Schönherr J (1988) Accumulation of lipophilic chemicals in plant cuticles: prediction from octanol/water partition coefficients. Arch Environ Contam Toxicol 17:1–6

Krause GHM (1992) Ausgasung polychlorieter Dibenzo-p-dioxine und Dibenzofurane aus kontaminierten Böden. Aus der Tätigkeit der LIS 1992. Landesanstalt für Immissionsschutz NRW, Essen, pp 69–72

Krause GHM, Delschen T, Fürst P, Hein D (1993) PCDD/F in Böden, Vegetation und Kuhmilch. UWSF Z Umweltchem Ökotox 5:194–203

Krause GHM, Landesumweltamt NRW, Wallneyerstr. 6, 45133 Essen, unveröffentlicht

Kutz FW, Barnes DG, Bottimore DP, Greim H, Bretthauer EW (1990) The international toxicity equivalent factor (I-TEF) Method of risk assessment for complex mixtuires of dioxins and related compounds. Chemosphere 20:751–757

Mackay D (1991) Multimedia environmental models. Lewis Publishers, Boca Raton

McCrady JK, Maggard SP (1993) Uptake and Photodegradation of 2,3,7,8-Tetrachlorodibenzo-p-dioxin Sorbed to Grass Foliage. Environ Sci Technol 27:-343–350

McCrady JK, McFarlane C, Gander LK (1990) The transport and fate of 2,3,7,8-TCDD in soybean and corn. Chemosphere 21:359–376

McLachlan MS (1994) Model of the fate of hydrophobic contaminants in cows. Environ Sci Technol 28:2407–2414

McLachlan MS, Horstmann M, Towara J, Pfitzenmaier F, Scholz M (1998) Untersuchung der atmosphärischen Belastung, des weiträumigen Transports und des Verbleibs von polychlorierten Dibenzodioxinen, Dibenzofuranen und coplanaren biphenylen in ausgewählten Gebieten Deutschlands. Abschlußbericht zum Forschungsvorhaben 104 02 659, Umweltbundesamt, Berlin

McLachlan MS, Hutzinger O (1990) Accumulation of organochlorine compounds in agricultural food chains. Organohalogen Compounds 1:479–484

McLachlan MS, Richter W (1998) Uptake and transfer of PCDD/Fs by cattle fed naturally contaminated feedstuffs and feed contaminated as a result of sewage sludge application. 1. Lactating cows. J Agric Food Chem 46:1166–1172

McLachlan MS, Thoma H, Reissinger M, Hutzinger O (1990) PCDD/F in an agricultural food chain, part 1: PCDD/F mass balance of a lactating cow. Chemosphere 20:1013–1020

McLachlan MS, Welsch-Pausch K, Tolls J (1995) Field validation of a model of the uptake of gaseous SOC in *Lolium multiflorum* (Rye Grass). Environ Sci Technol 29:1998–2004

Müller JF, Hülster A, Päpke O, Ball M, Marschner H (1993) Transfer pathways of PCDD/PCDF to fruits. Chemosphere 27:195–201

Ministerium für Umwelt, Raumordnung und Landwirtschaft (MURL) (1995) Luftreinhalteplanung in Nordrhein-Westfalen. Untersuchungsbericht Ostruhrgebiet, Lüftgüteüberwachung Sektor 8/Hamm, 277 S

Prinz B, Krause GHM, Radermacher L (1990) Criteria for the evalution of dioxins in the environment. Chemosphere 23:1743–1761

Prinz B, Krause GHM, Radermacher L (1993) Standards and guidelines for PCDD/PCDF – an integrated approach with special respect to the control of ambient air pollution. Chemosphere 27:491–500

Quass J, Fehrmann M (1997) Identification of relevant industrial sources of dioxins and furans in Europe. Materialien no 43 Landesumweltamt NRW, Postbox 102363, 45023 Essen, ISSN 0947–5206

Radermacher L, Rudolph H (1994) Grünkohl als Bioindikator – ein Verfahren zum Nachweis von organischen Substanzen in Nahrungsmitteln. UWSF Z Umweltchem Ökotox 6(6):384–386

Reischl A, Reissinger M, Thoma H, Hutzinger O (1989) Accumulation of organic air constituents by plant surfaces, part IV: plant surfaces: a sampling system for atmospheric Polychlorodibenzo-p-dioxin (PCDD) and Polychlorodibenzo-p-furan (PCDF). Chemosphere 18:561–568

Riederer M (1995) Partitioning and transport of organic chemicals between the atmospheric environment and leaves. In: Trapp S, McFarlane C (eds) Plant contamination - modeling and simulation of organic chemical processes. Lewis, Boca Raton, pp 153–190

Sacchi GA, Vigano P, Fortunati G, Cocucci SM (1986) Accumulation of 2,3,7,8-Tetrachlorodibenzo-p-dioxin from soil and nutrient solution by beans and maize plants. Experientia 42:586–588

Schröder J, Welsch-Pausch K, McLachlan MS (1997) Measurement of atmospheric deposition of Polychlorinated Dibenzo-p-dioxins (PCDDs) and Dibenzofurans (PCDFs) to a Soil. Atmos Environ 31:2983–2989

Schuler F, Schmid P, Schlatter C (1998) Photodegradation of polychlorinated dibenzo-p-dioxins and dibenzofurans in cuticular waxes of laurel cherry (*Prunus laurocerasus*). Chemosphere 36:21–34

Sehmel GA (1980) Particle and gas dry deposition: a review. Atmos Environ 14: 983–1011

Theelen RMC, Liem AKD, Slob W, van Wijnen JH (1993) Intake of 2,3,7,8 chlorine substituted dioxins, furans, and planar PCBs from food in the Netherlands: median and distribution. Chemosphere 27:1625–1635

Trapp S, Matthies M (1994) Transfer von PCDD/F und anderen organischen Umweltchemikalien im System Boden-Pflanze-Luft. II. Ausgasung aus dem Boden und Pflanzenaufnahme. UWSF Z Umweltchem Ökotox 6:157–163

Welsch-Pausch K (1999) Atmosphärische Deposition polychlorierter Dibzenzo-p-dioxine und Dibenzofurane auf Futterpflanzen. Dissertation, Univ Bayreuth

Welsch-Pausch K, McLachlan MS (1995) Photodegradation of PCDD/Fs on pasture grass. Organohalogen Compounds 24:509–512

Welsch-Pausch K, McLachlan MS (1996) Pathways of atmospheric PCDD/F to a native grassland culture: the importance of particle-bound deposition. Organohalogen Compounds 28:72–75

Welsch-Pausch K, McLachlan MS, Umlauf G (1995) Determination of the principal pathway of polychlorinated dibenzo-p-dioxins and dibenzofurans to *Lolium multiflorum* (Welsh Ray Grass). Environ Sci Technol 29:1090–1098

Wipf H-K, Homberger E, Neuner N, Ranalder UB, Vetter W, Vuilleumier JP (1982) TCDD-levels in soil and plant samples from the Seveso Area. In: Hutzinger O et al (eds) Chlorinated dioxins and related compounds: impact on the environment, 1st edn. Pergamon Press, New York, pp 115–126

Abkürzungen

PCDD/F = Polychlorierte Dibenzo-p-dioxine und polychlorierte Dibenzofurane
ITE = Internationale Toxizitätsäquivalente nach NATO/CCMS
TEF = Toxizitätsäquivalentfaktor
BGA = ehemaliges Bundesgesundheitsamt Berlin, jetzt BGVV
NATO/CCMS = North Atlantic Treaty Organization Committee on the Challenges of Modern Society

1.6 Schwermetalle

H.J. Weigel und H.M. Helal

1.6.1 Einführung

Im Laufe der letzten 200 Jahre sind die natürlichen biogeochemischen Kreisläufe von Massen- und Spurenelementen der Erde durch menschliche Aktivitäten erheblich modifiziert worden (s. Bd. 1B, Kap. 4.3). Dies hat dazu geführt, daß die Konzentrationen vieler dieser Elemente in den Umweltmedien Luft, Boden, Vegetation und Wasser über das „natürliche" Maß hinaus angestiegen sind und in den betroffenen Ökosystemen unerwünschte bzw. negative oder toxische Wirkungen nach sich ziehen. Dadurch verursachte Störungen von Ökosystemstrukturen und -funktionen gefährden die natürlichen Lebensgrundlagen des Menschen. Darüber hinaus kann die menschliche Gesundheit direkt durch unerwünschte Anreicherungen von bestimmten Elementen entlang der Nahrungskette gefährdet sein. Schwermetalle stellen unter beiden Aspekten ein besonderes Problem, da sie u.a. wegen ihrer Nichtabbaubarkeit bzw. Persistenz, ihrer Tendenz zur Anreicherung und ihrer potentiellen Toxizität für Mikroorganismen, Tiere, Pflanzen und für den Menschen eine Gefahr sind.

Unter den metallischen Elementen werden nach der gebräuchlichsten Definition solche Elemente als Schwermetalle bezeichnet, die in Elementform eine Dichte von >4,5 bzw. 5,0 g/cm^3 aufweisen. Zu diesen Schwermetallen gehören Ag (Silber), As (Arsen), Au (Gold), Bi (Wismut), Cd (Cadmium), Co (Kobalt), Cu (Kupfer), Cr (Chrom), Fe (Eisen), Hg (Quecksilber), Mn (Mangan), Mo (Molybdän), Ni (Nickel), Pb (Blei), Pt (Platin), Sb (Antimon), Se (Selen), Sn (Zinn), Te (Tellur), Ti (Titan), Tl (Thallium), V (Vanadin), Zn (Zink) und Zr (Zirkon). Die meisten dieser Metalle kommen in Gesteinen und Sedimenten in mineralischer Form als Sulfide, Oxide, Phosphate, Sulfate und Carbonate vor, nur wenige Elemente (z.B. Au, Hg, Cu, Pt) werden in der Natur auch in elementarer Form gefunden.

Schwermetalle wie Cu, Fe, Mn, Mo, Ni und Zn zählen zu den für Organismen lebensnotwendigen, den *essentiellen* Spurenelementen, während andere wie Cd, Hg, Pb und Tl, für die bisher noch keine biologische Funktion nachgewiesen werden konnte, als biologisch *nicht-essentielle* Schwermetalle bezeichnet werden. Oberhalb einer bestimmten element- und organismenspezifischen Konzentration sind jedoch beide Gruppen von Metallen für Lebewesen schädlich oder toxisch

Abb. 1.6-1. Generelle Beziehung zwischen der Konzentration essentieller und nicht-essentieller Schwermetalle und ihrer Wirkung auf eine biologische Größe. (Nach Heinz u. Reinhardt 1990)

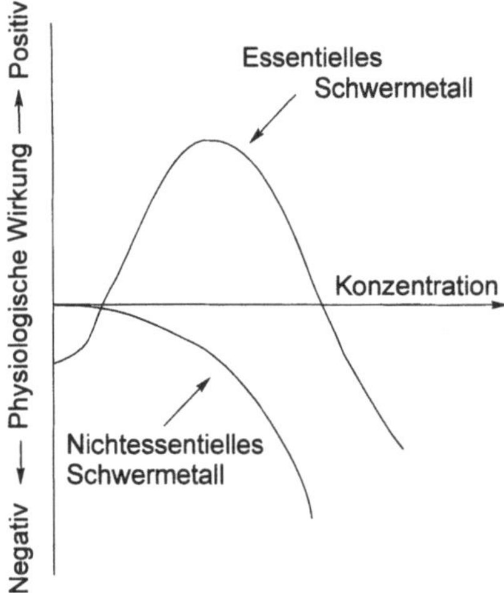

(Abb. 1.6-1), wobei die spezifisch negative Wirkung eines Metalls von der chemischen Form abhängt, in der es mit dem biologischen System in Wechselwirkung tritt.

Im Hinblick auf ihre Funktionen und Interaktionen in biologischen Systemen bzw. ihre Eigenschaften als Schadstoffe für Organismen ist die Bezeichnung „Schwermetall" im Sinne der o.g. Definition wenig aussagefähig, da die Masse der Elementform eines Metalls in physiologischen Reaktionen kaum eine Rolle spielt. Die Eigenschaft eines Schwermetalls als essentieller Spurenstoff oder als Schadstoff in Organismen beruht meist auf der Reaktion der Ionenform oder einer Verbindung des jeweiligen Elementes mit speziellen Liganden in organischen Molekülen. Basierend auf der unterschiedlichen Fähigkeit der Ionenform von metallischen Elementen insgesamt, koordinative Bindungen einzugehen, d.h. Komplexe mit verschiedenen Liganden zu bilden, ist daher eine Klassifizierung in drei Gruppen vorgenommen worden (Nieboer u. Richardson 1980; Streit u. Stumm 1993):

- A-Gruppen-Elemente mit Bindungspräferenz für sauerstoffhaltige Liganden,
- B-Gruppen-Elemente mit Bindungspräferenz für stickstoff- und schwefelhaltige Liganden,
- intermediäre Elemente („borderline elements"), deren Bindungspräferenz zwischen denen der Gruppen A und B liegt.

Der Charakter als B-Gruppen-Element nimmt z.B. in der Reihenfolge Zn, Ni, Co, Cd, Cu, Pb ab, d.h. Zn zeigt im Vergleich zu Cu eine niedrigere Tendenz zur Komplexbildung mit sauerstoffhaltigen Liganden. Das zweiwertige Hg-Ion wird aufgrund seiner großen Affinität für schwefel- und stickstoffhaltige Liganden als B-Gruppen-Element eingestuft. Die meisten Metalle fallen in den Übergangsbereich zwischen A- und B-Elementen, z.B. zählen Pb und Cd näher zur B-Gruppe. Zur Erklärung von Wirkmechanismen der Toxizität der Schwermetalle auf molekularer und biochemischer Ebene ist diese Art der Klassifizierung hilfreich.

Höhere Pflanzen sind in bezug auf die Biogeochemie von Schwermetallen in terrestrischen Ökosystemen und der damit verbundenen Wirkungen auf die Biosphäre aus verschiedenen Gründen von besonderer Bedeutung:

- Pflanzen „mobilisieren" Nährstoffe und damit auch Schwermetalle aus dem Boden und akkumulieren diese. Durch diese z.T. selektive Mobilisierung gelangen die Metalle in die biologischen Kreisläufe. Andere Lebensformen hängen davon wiederum ab bzw. sind davon betroffen.
- Als Bindeglied zwischen Atmosphäre und Biosphäre stellen Pflanzen aufgrund ihrer „Filterwirkung" eine bedeutende Senke für den atmosphärischen Eintrag von Schwermetallen dar. Diese kann erheblich zur Schwermetallakkumulation in Ökosystemen beitragen.
- Pflanzen fungieren als die prinzipiellen „Eintrittspforten" für Schwermetalle in die Nahrungskette. Unter den verschiedenen Belastungspfaden stellen pflanzliche Nahrungs- bzw. Futtermittel bei vielen Schwermetallen die Hauptquelle für Mensch und Tier dar.
- Pflanzen eignen sich unter bestimmten Bedingungen als Indikatoren für eine Schwermetallbelastung eines Standortes.

Eine ökotoxikologische Bewertung von Schwermetallen erfordert daher insbesondere die Kenntnis der verschiedenen Aufnahmewege und -kapazitäten durch Pflanzen, der pflanzeninternen Verteilung und Bindung sowie der Wirkungen auf die pflanzlichen Funktionen und Leistungen.

Der vorliegende Beitrag umreißt die Eintragspfade von Schwermetallen in terrestrische Ökosysteme, die damit verknüpften Aufnahmewege in die Pflanze sowie die Verlagerung und Bindung der Elemente innerhalb der Pflanze, deren Kenntnis Voraussetzung ist für das Verständnis der verschiedenen Wirkungen. Im Mittelpunkt steht die Beschreibung von Schwermetall-Überschußwirkungen auf die verschiedenen Leistungen pflanzlicher Organismen. Wegen der Vielfalt der Eigenschaften und der damit verbundenen Effekte der verschiedenen Schwermetalle werden vorwiegend allgemeine Mechanismen angesprochen, elementspezifische Aspekte werden – soweit notwendig – beispielhaft an Vertretern der essentiellen (z.B. Cu, Ni und Zn) bzw. der nichtessentiellen (z.B. Cd, Pb) Schwermetalle erörtert. Überwiegend beziehen sich diese Aussagen auf krautige Pflanzen und hier meist auf Kulturpflanzen, für die die breiteste Datenbasis vorliegt.

1.6.2 Eintragspfade und Aufnahme in die Pflanze

1.6.2.1 Quellen, Einträge und Belastungspfade

Über die geogen vorgegebenen, standörtlich unterschiedlichen Hintergrundkonzentrationen hinaus ist die Belastung terrestrischer Ökosysteme mit Schwermetallen auf zahlreiche anthropogene Quellen zurückzuführen (s. Bd. 1A, Kap. 2.7). Diese Quellen umfassen industrielle Aktivitäten wie Metallerzeugung und -verarbeitung, Herstellung von Plastik- und Mikroelektronikartikeln, von Textilien, Holzschutz-, Dünge- und Pflanzenschutzmitteln, die Energieerzeugung für Industrie und Privathaushalte aus fossilen Brennstoffen sowie den in den letzten Jahrzehnten stetig angestiegenen Kraftfahrzeugverkehr (Fiedler u. Rösler 1993; Ross 1994; UBA 1997). Die aus diesen Quellen emittierten Metalle kontaminieren Böden und Pflanzen über Einträge aus der Atmosphäre sowie über Einträge, die aus der Verwertung und Entsorgung von schwermetallhaltigen Produkten, Rest- und Abfallstoffen oder aus landwirtschaftlichen Bewirtschaftungsmaßnahmen resultieren.

Die Atmosphäre stellt ein wichtiges Medium für die Verfrachtung von Schwermetallen aus natürlichen und anthropogenen Quellen auch über weite Entfernungen dar. Zu den natürlichen Emissionsquellen, die als Beitrag zur Hintergrundbelastung bei der Bewertung anthropogener Quellen berücksichtigt werden müssen, zählen z.B. Vulkantätigkeiten, Waldbrände, marine Aerosole und Staubpartikel aus Verwitterung von Gesteinen und Erzen (Nriagu u. Davison 1986; Ross 1994). Global gesehen haben die o.g. anthropogenen Aktivitäten besonders in den letzten 100 Jahren zu einem drastischen Anstieg der Schwermetallemissionen in die Atmosphäre geführt (Nriagu 1979).

In der Atmosphäre sind Schwermetalle vor allem an Partikel bzw. Aerosole gebunden, die den mengenmäßig größten Anteil der Gesamtmetallbelastung ausmachen, während gasförmige Schwermetallverbindungen (z.B. bestimmte Carbonyle oder Alkyle von Hg, Ni oder Pb) nur eine untergeordnete Rolle spielen. Aus der Bindung an Partikel bzw. Aerosole läßt sich die Verfrachtung von Schwermetallen über weite

Strecken erklären, die dazu führt, daß nicht nur in der unmittelbaren Umgebung urbaner oder industrieller Zentren hohe atmosphärische Schwermetalleinträge in Ökosysteme zu verzeichnen sind, sondern daß auch in natürlichen oder naturnahen, d.h. emittentenfernen Gebieten anthropogene Schwermetallbelastungen aus der Atmosphäre nachweisbar sind (Pacyna et al. 1984; Steinnes 1989; UBA 1997).

Der Eintrag von Schwermetallen in Böden und auf Pflanzen von Agrar- und Forstökosystemen aus der Atmosphäre erfolgt durch trockene und nasse Depositionen in Form schwermetallhaltiger Niederschläge, Stäube, Aerosole und Gase (Haygarth u. Jones 1992). Direkt auf den Boden gelangen Schwermetalle mit dem Niederschlagswasser (nasse Deposition) oder durch Sedimentation größerer Partikel oder Aerosole sowie durch die Deposition aus der Gasphase (trockene Deposition). Bei vorhandener Vegetation sind jedoch Pflanzenoberflächen die primären Ablagerungsorte von Schwermetallen aus der Atmosphäre. In Niederschlägen gelöste Schwermetalle sowie mit dem Niederschlag ausgewaschene Aerosole und sedimentierende Schwermetallstäube können (i) an die Oberflächen von Nadeln und Blättern adsorptiv gebunden und gegebenenfalls zeitverzögert durch Abwaschung remobilisiert werden, (ii) in die Kutikula bzw. Wachsschichten der Blätter und Nadel absorbiert bzw. eingelagert werden oder (iii) – im Falle der gelösten Metalle – unbeeinflußt die Pflanzenbestände passieren und auf den Boden gelangen. Die als Interzeptionsdeposition, d.h. als zusätzliche Ausfilterung der Elemente durch die Vegetation bezeichneten Einträge sowie – bei Bäumen – Einträge aus dem Stammabfluß zusammen mit der nassen und trockenen Deposition aus der freien Atmosphäre auf unbewachsenen Boden summieren sich zu dem gesamten atmosphärischen Schwermetalleintrag in den Boden. Abb. 1.6-2 zeigt diese Zusammenhänge schematisch für einen Forstökosystemausschnitt.

Die Deposition von Schwermetallen ist durch eine hohe räumliche und zeitliche Variabilität gekennzeichnet, zu der die geographische Lage (z.B. Emittentennähe), die Reliefsituation eines Standortes (z.B. Exposition, Neigung), makro- und mikroklimatische Bedingungen (z.B. Windgeschwindigkeit, Niederschlagsmenge) sowie der Vegetationstyp (Wald, Acker- oder Grünland) beitragen. Einen Eindruck über Größenordnungen der Depositionen verschiedener Schwermetalle in Mitteleuropa vermittelt Tabelle 1.6-1.

Zusätzlich zu den Einträgen über die Atmosphäre werden terrestrische Ökosysteme mit Schwermetallfrachten kontaminiert, die ebenfalls aus den o.g. industriellen und landwirtschaftlichen Aktivitäten resultieren und die im Zuge der Herstellung, Anwendung, Verwertung und Entsorgung schwermetallhaltiger Betriebsmittel, Produkte und Abfälle

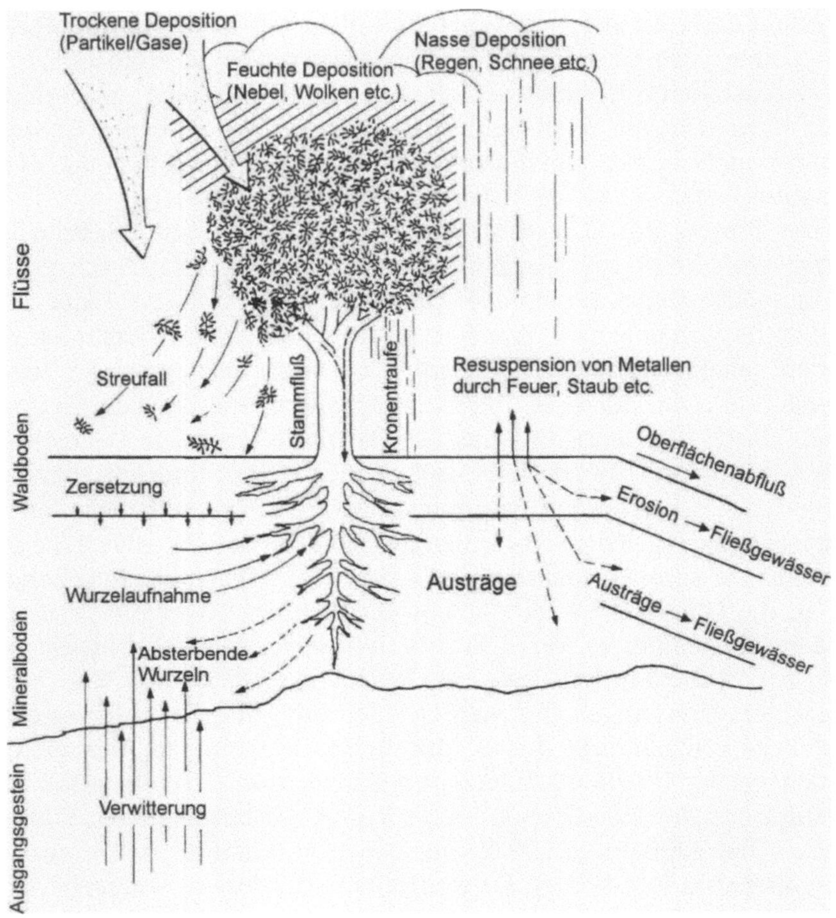

Abb. 1.6-2. Schematisierte Darstellung der Schwermetall-Flüsse durch ein Forstökosystem. (Nach Friedland 1990; verändert)

unmittelbar in den Boden gelangen. In Agrarökosystemen bzw. auf landwirtschaftlich genutzten Flächen und daran angrenzenden Ökosystemen resultiert diese Art der Schwermetallbelastung aus den verschiedenen landwirtschaftlichen Bewirtschaftungsmaßnahmen. Dazu zählen Düngungsmaßnahmen (z.B. Mineraldünger, Wirtschaftsdünger), Pestizidanwendungen und Bewässerungsmaßnahmen sowie Metalleinträge aus der Nutztierhaltung (z.B. über Importfutter, Futterzusätze, Tiermedikamente). Die Verwertung von Rest- bzw. Abfallstoffen (Klärschlämme, Komposte, Industriekalke, Bodenaushub, inklusive Abwasserverregnung), die aus industriellen Aktivitäten, aus Privathaus-

Tabelle 1.6-1. Größenordnungen der Niederschlagsdepositionen verschiedener Schwermetalle im Freiland an verschiedenen Standorten ermittelt über mehrere Jahre. (Nach Brechtel 1989; aus Wilcke u. Döhler 1995)

Element	Minimum (g/ha • a)	Maximum	arithmet. Mittelwert	Standardabweichung (%)	Variationskoeffizient	Zahl der Messungen
Cd	2	33	6	6	102	54
Cr	2	20	7	5	76	12
Cu	20	88	16	23	146	34
Ni	5	80	25	23	91	15
Pb	50	640	190	110	60	58
Zn	90	4900	540	900	167	33
Niederschlag (mm)	503	2099	1000	381	38	80

halten und aus der Landwirtschaft selbst stammen, sowie Überschwemmungsereignisse tragen ebenfalls zur Schwermetallbefrachtung von Agrarökosystemen bei. Die Quellen und Anteile der aus diesen Aktivitäten und Maßnahmen resultierenden Frachten an der Gesamtschwermetallbelastung sowie deren Bewertung sind an anderer Stelle ausführlich dargestellt (Sauerbeck 1985; Kreysa u. Wiesner 1994; Wilcke u. Döhler 1995).

Eine Bewertung der Wirkungen von Schwermetallen auf Pflanzen eines bestimmten Standortes hat demnach die gleichzeitige Belastung aus der Luft und aus dem Boden zu berücksichtigen. Häufig wird daher zwischen „Belastungspfaden" (z.B. Atmosphäre → Pflanze, Atmosphäre→ Boden → Pflanze bzw. Boden → Pflanze) differenziert (UBA 1987). Wirkungsseitig sind diese verschiedenen Belastungspfade nur schwer voneinander zu trennen.

Für das Ausmaß der Wirkungen der über den Luft- und Bodenpfad einwirkenden Schwermetalle bei Pflanzen sind neben den verschiedenen elementspezifischen Faktoren (z.B. Bindungsform und Partikelgröße des Staubniederschlages, Oxidationsstufe, Elementkonzentration im Boden) klimatische (z.B. Niederschlagsintensität, Luftfeuchte), bodenspezifische (z.B. pH-Wert, Redox-Potential) und pflanzliche Faktoren (z.B. Morphologie der Blatt- oder Nadeloberfläche, art- und sortenspezifische Metallaufnahme und -empfindlichkeit) bestimmend (Abb. 1.6-3).

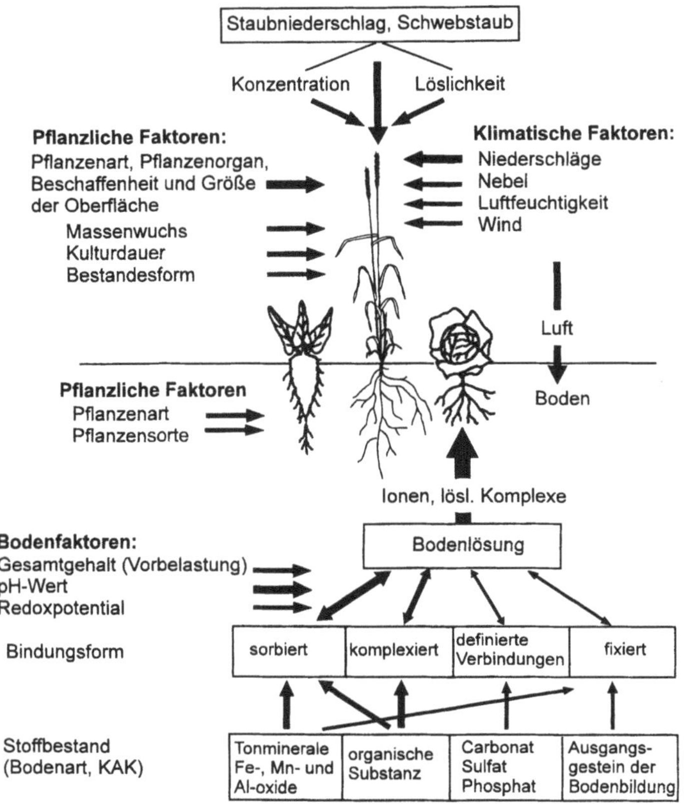

Abb. 1.6-3. Faktoren, die die Aufnahme von Schwermetallen aus der Atmosphäre und aus dem Boden sowie deren Wirkungsausprägung beeinflussen, dargestellt am Beispiel des Elementes Cd. (Nach UBA 1987)

1.6.2.2 Schwermetallaufnahme in die Pflanze

Die Aufnahme von Schwermetallen aus der Umgebung in Pflanzen erfolgt prinzipiell über die oberirdischen Pflanzenteile (Blätter, Nadeln) oder über das Wurzelsystem. Der Aufnahmeprozeß selbst, sowohl über die Sproßorgane aus der Atmosphäre als auch über die Wurzel aus dem Boden, kann (i) passiv sein, d.h. er kann auf Diffusion entlang eines elektrochemischen Gradienten zwischen dem Außenmedium (Luft, Bodenwasser) und dem Pflanzeninneren beruhen, er kann (ii) gekennzeichnet sein durch erleichterte Diffusion, die zwar metabolische Energie erfordert, aber nicht an einen speziellen energieliefernden Prozeß gebunden ist, oder (iii) die Aufnahme kann aktiv gegen einen elektrochemischen Gradienten erfolgen, d.h. sie benötigt die direkte Anbindung an einen spezifischen energieliefernden Prozeß und ist meist an einen speziellen Carrier gekoppelt.

Aufnahme aus der Atmosphäre

Schwermetalle, die im Niederschlag gelöst oder als Stäube auf Blatt- oder Nadeloberflächen gelangen, können in das Pflanzeninnere eindringen. Einer ungehinderten Aufnahme steht die den Epidermiszellen aufgelagerte Kutikula einschließlich der epikutikulären Wachsschichten entgegen, an die die Schwermetalle ebenso wie an die darunterliegenden Zellwände gebunden werden können. Die chemische Zusammensetzung der Kutikula bedingt deren hydrophobe bzw. lipophile Eigenschaften, wobei die äußeren Schichten im allgemeinen eine leicht negative Oberflächenladung aufweisen bzw. als schwacher Kationenaustauscher fungieren. Der Durchtritt von gelösten Stoffen durch die Kutikula in das Innere der Pflanze geschieht durch Diffusion, wobei gelöste Stoffe mit geringen Molekulargewichten (z.B. Zucker, Metallionen und damit auch Schwermetalle) – ebenso wie die Transpiration von Wasser – durch spezielle hydrophile Poren in der Kutikula erfolgen kann (Marschner 1995).

Partikelgebundene oder gelöste Schwermetalle, die auf Pflanzenoberflächen abgelagert werden, werden dort zum Teil adsorptiv an die Oberflächen gebunden, zum Teil dringen sie in das Pflanzeninnere ein. Nach Little (1973) ist bei den auf den Blättern deponierten Schwermetallen zwischen einer wasserlöslichen (mit Wasser abwaschbaren), einer physikalisch-gebundenen (mit Detergenz abwaschbar) und einer austauschbaren (mit schwachen Säuren abwaschbar) Fraktion zu unterscheiden. Little u. Martin (1972) zeigten z.B., daß Cd, Zn und Cu stärker in das Blattinnere eindringen als Pb, das vorwiegend durch die Wachsschichten der Kutikula gebunden wird. Untersuchungen an Pflanzenmaterial in der Umgebung spezieller Schwermetallemittenten sowie Bestaubungversuche, die zur Simulation von Schwermetallimmissionen eingesetzt wurden, ergaben, daß die auf den Pflanzenoberflächen deponierten bzw. aufgestaubten Metalle Zn, Cd oder Pb nur zum geringen Teil in das Pflanzeninnere eindringen und große Anteile von den Blattoberflächen abwaschbar sind (Little 1973; Krause 1974; Guderian et al. 1977; Klein et al. 1980; UBA 1987).

Die relative Bedeutung des atmosphärischen Anteils an der gesamten Cd-Belastung von Indikatorpflanzen wurde in England untersucht. Der Anteil des abwaschbaren, d.h. oberflächlich an den Pflanzen anhaftenden Cd lag je nach Versuchsort zwischen 0% bis >50%

(Nicholson et al. 1995). Nach Tjell et al. (1979) und Hovmand et al. (1983) stammen 20% bis 60% des Cd und bis zu 90% des Pb in Vegetationsproben in ländlichen Räumen aus der Atmosphäre. Am Beispiel eines Fichtenökosystems konnte gezeigt werden, daß gemessen am Gesamtschwermetalleintrag der atmosphärische Anteil (gemessen als Bulkdeposition) 10% bis 30% (Cu, Cr, Ni, Zn) bzw. bis zu 50% (Cd, Pb) betrug (Bergkvist 1987).

Cd und Pb werden in der Kutikula und an den äußeren Zellwänden der darunterliegenden Epidermis adsorptiv gebunden, wo sie in leicht austauschbarer Form vorliegen und damit nur bedingt stoffwechselaktiv werden (Ernst 1972; Ernst u. Josse 1983). Es wurde daher vermutet, daß Pflanzen Belastungen mit Schwermetallen, die aus der Atmosphäre resultieren, in höheren Konzentrationen vertragen als vergleichbare Belastungen über den Bodenpfad (UBA 1987). Die zwischen verschiedenen Pflanzenarten und -organen bestehenden deutlichen Unterschiede in der Schwermetallaufnahme aus der Atmosphäre sind hauptsächlich bedingt durch unterschiedliche morphologische Strukturen (z.B. Eigenschaften der Kutikula, Anzahl und Größe von Trichomen).

Aufnahme aus dem Boden

Bedingt durch Verwitterungs- und Bodenbildungsvorgänge sowie die verschiedenen externen Einträge kommen Schwermetalle im Boden grob vereinfacht in fünf verschiedenen Bindungsformen bzw. Fraktionen vor: (i) als Bestandteile von Bodenmineralen, (ii) als schwerlösliche oder okkludierte Verbindungen, (iii) als an Tonminerale, Metalloxide bzw. -hydroxide und an die organische Bodensubstanz austauschbar gebundene Ionen, (iv) als freie Metallionen oder Metallkomplexe von organischen und anorganischen Liganden in der Bodenlösung und (v) als Bestandteile der Bodenbiomasse einschließlich unterirdischer Pflanzenteile. Geogene und anthropogene Schwermetallbelastungen können sich dabei hinsichtlich ihres Verhaltens in der Bodenlösung unterscheiden (Blume 1992).

Die Bodenlösung gilt als das eigentliche Medium für die Schwermetallaufnahme durch Pflanzenwurzeln. Die Bioverfügbarkeit der Schwermetalle im Boden wird deshalb maßgeblich beeinflußt durch deren Konzentration in der Bodenlösung und durch das Vermögen der übrigen Schwermetallfraktionen, unter den gegebenen Bodenbedingungen die Verarmung der Bodenlösung durch Pflanzenentzug abzupuffern. Die Bioverfügbarkeit eines Metalls im Boden ist daher das Resultat einer komplizierten Wechselwirkung zwischen Komplexierung an den Oberflächen der Pflanzenwurzel, den verschiedenen Bodenfestphasen und der Bodenlösung, wobei die verschiedenen Fraktionen über die Prozesse Lösung/Ausfällung, Sorption/Desorption und Komplexbildung/-zerfall in Wechselwirkung stehen. Richtung und Intensität der damit verbundenen Umsetzungen und damit auch die Schwermetallbioverfügbarkeit werden durch Bodeneigenschaften wie Kationenaustauschkapazität der festen Bodenphase, Humusgehalt, pH-Wert, Temperatur, Redoxpotential sowie durch Wurzel-/Boden Interaktionen beeinflußt.

Der Gesamtgehalt eines Metalls im Boden ist daher kein geeigneter Indikator der Metallkonzentration in der Pflanze, da nur ein Teil des Metalls verfügbar ist für die Aufnahme in die Pflanze. Die Bioverfügbarkeit bzw. die bioverfügbare Fraktion von Schwermetallen im Boden wird daher durch die Anwendung verschiedener Extraktionsmedien wie verdünnte Lösungen von Salzen, Säuren oder Komplexbildnern zu charakterisieren versucht (Prüeß 1994).

Der Aufnahmeprozeß von Schwermetallen aus der Bodenlösung durch die Pflanzenwurzel kann in mehrere Phasen unterteilt werden: Transport von Schwermetallionen oder -komplexen aus der Bodenlösung an die Oberflächen der Wurzeln, Aufnahme in die äußeren Regionen des Wurzelgewebes (Rindenzellen, Cortex), apoplastischer und symplastischer Transport in die inneren Wurzelgefäße und Transport in die oberirdischen Pflanzenteile. Der Metalltransport innerhalb des sog. apparenten freien Raumes („apparent free space“) des Wurzelgewebes erfolgt passiv (energieunabhängig) über den Apoplasten, d.h. nur entlang der Zellwände und nicht über Zellmembranen, und wird durch elektrochemische Potentialgradienten getrieben. Für den symplastischen Transport müssen die Schwermetalle über die Plasmalemma-Membranen der Wurzelzellen ins Zellinnere aufgenommen werden. Dies kann über aktive (energieabhängige) Transportprozesse erfolgen, die gegen einen über die Membran bestehenden Konzentrations- und Potentialgradienten arbeiten und die z.T. an spezielle Carrier-Mechanismen bzw. Träger-Moleküle gekoppelt sind. Prinzipiell ist der Stofftransport durch die Plasmalemma-Membran auch per Diffusion in der wässrigen Phase über spezielle Poren in beiden Richtungen möglich. Der symplastische Transport setzt sich von Zelle zu Zelle (über Plasmodesmen) fort. Abb. 1.6-4 faßt verschiedene Bindungsformen und Aufnahmevorgänge von Schwermetallen im Boden schematisch zusammen.

Pflanzenarten unterscheiden sich erheblich im Hinblick auf das Schwermetallaneignungsvermögen über die Wurzel (Tabelle 1.6-2), was z.T. auf speziellen Wurzeleigenschaften und -aktivitäten basiert. Dazu zählen z.B. die Exudation von Wurzelkomponenten (Protonen, reduzierende Verbindungen, Phytosiderophoren), die die Löslichkeit von

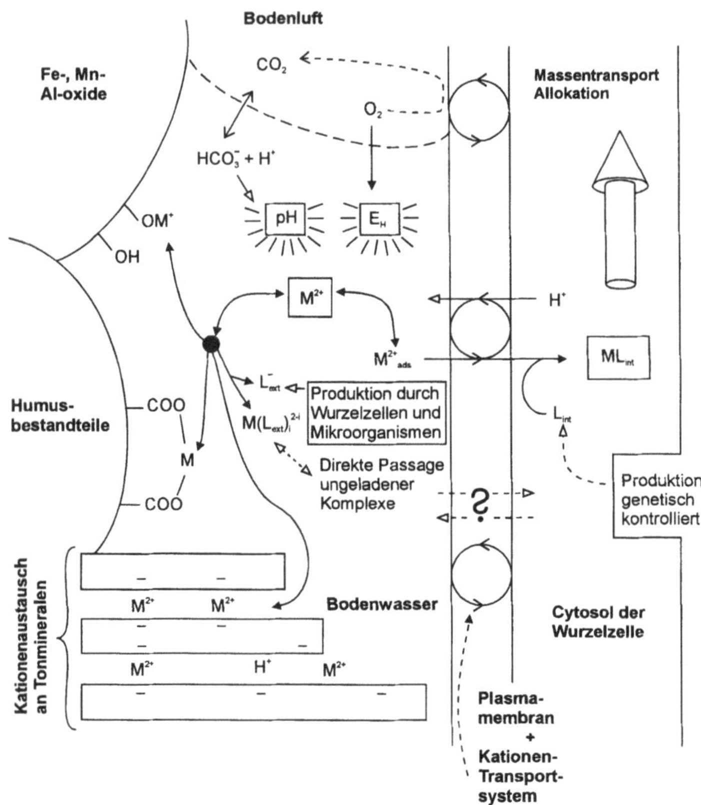

Abb. 1.6-4. Schematisierte Darstellung der Metallspezifikation in der Bodenlösung und an Bodenoberflächen sowie der Metallaufnahme durch die Pflanzenwurzel: M^{2+} divalentes Kation; L_{ext} monovalenter-externer, L_{int} pflanzeninterner Ligand. (Nach Streit u. Stumm 1993, verändert)

Metallen in der Rhizosphäre beeinflussen (Römheld u. Marschner 1986), sowie unterschiedlich große Wurzelsysteme, die zu Unterschieden in der Bodendurchwurzelung und damit zur Erschließung unterschiedlicher Bodenvolumina führen (Helal et al. 1990).

Tabelle 1.6-2. Wurzel-/Sproß-Verhältnis und Schwermetallaufnahme aus einem schwermetallbelasteten Boden pro Einheit Wurzeloberfläche verschiedener Pflanzenarten. *TS* Trockensubstanz. (Nach Padeken 1997)

	Wurzel/Sproß-Verhältnis	Schwermetallaufnahme/Wurzeloberfläche		
		Cd	Cu	Zn
	cm^2/g TS	ng/cm^2	ng/cm^2	ng/cm^2
Mais	117	17	240	1360
Raps	94	31	160	2430
Schwarzer Senf	79	55	180	4590
Öllein	87	79	290	2060
Sonnenblume	133	23	250	2810
Spinat	28	269	1350	13310
Ackerbohne	66	31	780	4260

1.6.3 Verlagerung und Bindung innerhalb der Pflanze

1.6.3.1 Transport und Transportformen innerhalb der Pflanze

Der Langstreckentransport von Wasser und von kleinmolekularen organischen Verbindungen (Zucker, Aminosäuren, organische Säuren) sowie von Makro- und Mikroelementen in Pflanzen erfolgt über die toten Zellen des Xylemsystems und die lebenden Zellen des Phloemsystems. Der durch den Wurzeldruck und den Wasserpotentialgradienten zwischen Boden und Atmosphäre getriebene Xylemtransport verläuft unidirektional von der Wurzel in Richtung Sproß. Dagegen ist der Elementtransport im Phloem bidirektional und trägt damit entscheidend zur Stoff- und Elementverteilung zwischen Sproß und Wurzel innerhalb der Pflanze bei. Die Zusammensetzung und die Konzentrationen gelöster Stoffe im Xylem stehen in enger Beziehung zur Transpirationsrate (Marschner 1995).

Bei der Untersuchung von Xylemexudaten und Phloemsäften meist krautiger Pflanzenarten wurden verschiedene Schwermetalle nachgewiesen, woraus geschlossen werden kann, daß der Ferntransport und die Verteilung dieser Elemente über beide Systeme erfolgt (Stephan u. Scholz 1993). Die chemische Form, in der die Metalle dort transportiert werden, ist nicht im einzelnen bekannt. Polyvalente Schwermetallkationen im Xylem sollen vorwiegend als Komplexe mit organischen Bindungspartnern wie organischen Säuren, kleinmolekularen Peptiden oder Aminosäuren vorliegen. Cd z.B. wurde sowohl als freies Ion als auch als kationischer Komplex gefunden (Petit u. van de Geijn 1978), während Cataldo et al. (1981) und White et al. (1981) einen anionischen Cd-Komplex in Sojabohnen nachwiesen. Verschiedentlich konnte gezeigt werden, daß Zitronensäure beim Langstreckentransport von Cd und Zn eine besondere Rolle spielt (White et al. 1981; Senden et al. 1994). Nach Baker u. Brooks (1989) sind organische Säuren im Xylemsaft auch am Metalltransport von Schwermetallhyperakkumulatoren beteiligt. Kleinmolekulare Peptide (Molekulargewicht ca. 1400 bis 5000 Dalton) wurden von White et al. (1981) und Przemeck u. Haase (1991) als Bindungspartner bzw. Transportform für Cu, Cd und Mn im Xylemsaft verschiedener Kulturpflanzen identifiziert.

Dagegen ist über die Konzentrationen von Schwermetallen und deren Bindungszustand im Phloem weniger bekannt (Marschner 1995). Die Beteiligung von Nicotinamid am Phloemtransport von Fe wurde nachgewiesen. Da auch Zn, Co, Ni und Cu Verbindungen mit dieser Substanz eingehen können, ist geäußert worden, daß Nicotinamid möglicherweise als genereller Schwermetalltransporter im Phloem dient (Stephan u. Scholz 1993). Nach anderen Untersuchungen scheint für den Transport von Ni im Phloem auch die Aminosäure Histidin von Bedeutung zu sein (Martens and Boyd 1994).

1.6.3.2 Organspezifische Verteilung

Die über den Belastungspfad Atmosphäre → Pflanze oder Boden → Pflanze in das Pflanzeninnere gelangten Schwermetalle werden in unterschiedlichen Ausmaß, d.h. abhängig von Metall und Pflanzenart oder -sorte in verschiedene Teile oder Organe der Pflanzen verlagert. Für Cd und Zn ist z.B. nachgewiesen worden, daß die über die Blätter eingedrungenen Metalle in akro- und basipetaler Richtung innerhalb der Pflanze verlagert werden, während dies für Pb nur in geringem Maß erfolgt (UBA 1987). Aufgestaubtes Cd wurde in Tomaten-, Radies- und Ackerbohnenblättern stark, in der Tomatenfrucht, in der Radieswurzel sowie in Kohlrabiknollen jedoch nur schwach angereichert (Guderian et al.1977). Die Pb-Anreicherung in verzehrbaren Teilen verschiedener Pflanzen über den Belastungspfad Atmosphäre → Pflanze soll in der Reihenfolge Blattgemüse > Wurzelgemüse > Kernobst, Steinobst, Beerenobst > Fruchtgemüse, Getreide, Hackfrüchte abnehmen (UBA 1987). Diese Reihung beruht allerdings z.T. auf Freilanduntersuchungen, wo der Anteil des bodenbürtigen Pb nicht exakt ermittelt werden konnte.

Zur Beurteilung des Schwermetalltransfers Boden → Pflanze wird die Elementkonzentration in der Pflanze auf die Konzentration im Boden bezogen. Dieses Verhältnis wird als Transferfaktor (TF) bezeichnet:

TF = Schwermetallkonzentration in der Pflanze/Schwermetallkonzentration im Boden.

Der Transferfaktor ist sowohl metallspezifisch als auch pflanzenartspezifisch und spiegelt die Pflanzenverfügbarkeit der Schwermetalle unter den gegebenen Bedingungen wider. Die Transferfaktoren für Cr, Hg und Pb in Tabelle 1.6-3 z.B. demonstrieren die relative starke Bindung dieser Metalle im Boden und den geringen Transfer in die Pflanze, während das Verhalten von Ni, Cu, Zn und Cd eher auf eine relativ hohe Mobilität der Elemente im Boden und in der Pflanze hindeutet. Transferfaktoren sind konzentrationsabhängig, d.h. sie nehmen mit steigender Bodenkonzentration ab. Hohe Transferfaktoren werden häufig auf vergleichsweise gering kontaminierten Böden festgestellt.

Das Schwermetallaufnahme- und Transferverhalten verschiedener Pflanzenarten unter Berücksichtigung der Schwermetallkonzentrationen in den oberirdischen Pflanzenteilen wird häufig durch Einteilung in drei Gruppen charakterisiert (Baker 1981):

- *Indikatorpflanzen*: Diese Arten nehmen Schwermetalle auf und verlagern sie in die oberirdischen Teile mehr oder weniger proportional zur Konzentration der Metalle im Boden.
- *Akkumulatorpflanzen*: Diese Arten sind in der Lage, Schwermetalle aktiv anzureichern, indem sie schon bei relativ niedrigen Bodenkonzentrationen die Metalle aufnehmen und diese in die oberirdischen Pflanzenteile verlagern, wo sie angereichert werden. Eine extreme Form der Akkumulatorpflanzen stellen sog. Hyperakkumulatoren dar, bei denen es sich um Spezialisten (krautige Arten, Sträucher, Bäume) handelt, die sich auf schwermetallreichen Extremstandorten herausgebildet haben, die aber auch aus geringfügig belasteten Böden Schwermetalle stark akkumulieren können (Baker u. Brooks 1989).
- *Exkluderpflanzen*: Diese Arten nehmen über einen breiten Bodenkonzentrationsbereich nur geringe Schwermetallmengen auf und können damit gleichzeitig relativ niedrigere Schwermetallkonzentrationen im Sproß aufrechterhalten. Dies geschieht bis zu einer kritischen Konzentration, oberhalb derer eine sprunghaft steigende Aufnahme der Metalle in den Sproß erfolgt.

Bei Kulturpflanzen ist eine generelle Zuordnung zu diesen Gruppen schwierig, u.a. weil oft nur begrenzte Angaben über die Transferfaktoren bei verschiedenen Bodenkonzentrationen vorliegen und weil die Pflanzenverfügbarkeit der Schwermetalle und damit auch die Transferfaktoren von der Historie bzw. der Herkunft der Schwermetallbelastung abhängen. Kulturpflanzenarten auf klärschlammbehandelten Böden (Lübben 1993) zeigen z.B. relativ höhere Schwermetall-Transferfaktoren als auf Böden, die durch Erzgewinnung mit Schwermetallen belastet sind (Padeken 1997). Sauerbeck (1991) kommt nach Langzeituntersuchungen an verschiedenen Kulturpflanzen auf mit Klärschlamm belasteten Böden zu dem Schluß, daß dikotyle Pflanzenarten (z.B. Blattgemüse wie Salat oder Spinat) generell mehr Schwermetalle aufnehmen als monokotyle Arten (z.B. Getreide). Eine Untersuchung der Cd-Aufnahme über die Wurzel bei 34 Pflanzenarten aus 9 verschiedenen Familien ergab drei grobe Kategorien der Metallakkumulation (Kuboi et al. 1986): Vertreter der Leguminosen zeigten eine geringe, Vertreter der Gramineen, Liliaceen, Curcurbitaceen und Umbelliferen eine mäßige und Vertreter der Chenopodiaceen, Kruziferen, Solanaceen und Kompositen eine hohe Metallanreicherung.

Die Verteilung von Schwermetallen zwischen verschiedenen Organen von Pflanzen (z.B. Sproß/Wurzel; vegetative/generative Organe; ältere und jüngere Blätter) variiert erheblich. Besonders ausgeprägte Konzentrationsunterschiede treten oft zwischen Wurzel und Sproßgeweben sowie zwischen vegetativen und generativen Pflanzenteilen auf. Dies deutet u.a. auf physiologisch-biochemische und/oder morpholo-

Tabelle 1.6-3. Transferfaktoren Boden/Pflanze und Konzentrationsbereiche verschiedener Schwermetalle in Pflanzen. *TS* Trockensubstanz. (Nach Sauerbeck 1985, verändert)

Element	Transferfaktoren Pflanzenkonzentration/ Bodenkonzentration	Konzentrationen in Pflanzen mg/kg TS „Normalbereich“	Kritischer Bereich (Wachstumshemmung)
Cd	1 bis 10	< 0,1 bis 1	5 bis 10
Cr	0,01 bis 0,1	< 0,1 bis 1	1 bis 2
Cu	0,1 bis 1	3 bis 15	15 bis 20
Hg	0,01 bis 0,1	< 0,1 bis 0,5	0,5 bis 1
Ni	0,1 bis 1	0,1 bis 5	20 bis 30
Pb	0,01 bis 0,1	1 bis 5	10 bis 20
Tl	1 bis 10	< 0,5 bis 5	20 bis 30
Zn	1 bis 10	15 bis 150	150 bis 200

gisch-anatomische „Barrieren" hin. Das Konzentrationsverhältnis Wurzel/Sproß gilt z.B. als Maß für die Effizienz dieser Barriere. Über ähnliche Konzentrationsverhältnisse läßt sich die Schwermetallverlagerung in die Früchte bzw. Samen beurteilen (Tabelle 1.6-4; Padeken 1997). So wird das Element Cu z.B. am stärksten in den Wurzeln zurückgehalten und reichert sich bei fast allen Arten in den Samen stärker an als im

Tabelle 1.6-4. Konzentrationen von Zn, Cu und Cd in verschiedenen Organen von Kulturpflanzen (mg/kg TS) sowie jeweilige Konzentrationsverhältnisse zwischen Wurzel/Sproß und vegetativen/generativen Teilen. Die Pflanzen wurden bis zur Reife auf einem schwermetallkontaminierten, schluffigen Lehmboden kultiviert. *TS* Trockensubstanz. (Nach Padeken 1997)

Pflanzenart		Wurzel	Sproß	Korn bzw. Samen	Wurzel/ Sproß	generativ/ vegetativ
Weizen	Zn		175	77		0,44
	Cu		5,2	7,1		1,36
	Cd		1,3	0,55		0,40
Mais	Zn	590	100	40	5,9	0,40
	Cu	212	6,51	4,3	32,6	0,66
	Cd	13,8	0,62	0,03	22,3	0,05
Raps	Zn	358	199	74	1,8	0,38
	Cu	119	7,1	6,1	16,7	0,86
	Cd	5,4	2,44	0,29	2,2	0,12
Schwarzer Senf	Zn	284	316	100	0,9	0,32
	Cu	106	6,9	8,3	15,3	1,21
	Cd	4,5	3,74	0,28	1,2	0,07
Öllein	Zn	811	121	79	6,7	0,66
	Cu	222	9,9	16,2	22,4	1,64
	Cd	28,3	4,87	1,64	5,8	0,34
Sonnenblume	Zn	1036	280	73	3,7	0,26
	Cu	255	10,7	15,4	23,8	1,44
	Cd	12,5	1,99	1,16	6,3	0,58
Spinat	Zn	1653	290	166	5,7	0,57
	Cu	976	9,1	9,7	107,3	1,08
	Cd	18,0	6,22	2,97	2,9	0,48
Ackerbohne	Zn	893	203	86	4,4	0,43
	Cu	501	9,0	10,7	55,7	1,20
	Cd	11,5	1,18	0,24	9,7	0,20

Sproß. Im Gegensatz hierzu sind die Cd- und Zn-Konzentrationen in den Samen stets niedriger als im Sproß. Vor allem die Cd-Verlagerung in die Samen zeigt eine starke artspezifische Abhängigkeit. Da die Aufnahme und Verlagerung von Schwermetallen in Kulturpflanzen durch zahlreiche Faktoren wie Nährstoffangebot (Helal et al. 1995; Padeken 1997), Konzentrationsverhältnis der Schwermetalle im Substrat (Anderson et al. 1973) sowie verschiedene Streßbedingungen (Helal et al. 1996) modifiziert werden können, können Ergebnisse wie in Tabelle 1.6-4 nur beschränkt verallgemeinert werden. Wagner (1993) weist auf die Bedeutung der applizierten Metalldosis im Substrat für Ergebnisse zur Cd-Verteilung im Pflanzengewebe hin.

Für nicht landwirtschaftlich genutzte Pflanzen wie Forstpflanzen und Wildkräuter sind generalisierende Aussagen über die Verteilung von Schwermetallen in verschiedenen Organen noch schwieriger, da die vorliegenden Daten aus diesbezüglichen Untersuchungen wegen der unterschiedlichen Untersuchungsstrategien (z.B. Anreicherungsversuche mit Jungbäumen vs. Freilanderhebungen in Beständen) meist nicht vergleichbar sind.

Anreicherungsexperimente ergaben, daß mobile Schwermetalle wie Cd bei steigender Bodenkontamination auch bei Baumarten in die Nadel- und Blattorgane verlagert werden, allerdings bleibt in der Regel ein hohes Wurzel-/Sproß-Konzentrationsverhältnis – auch bei anderen Metallen – aufrecht erhalten (Bender et al. 1989). Untersuchungen zur Metallverteilung in Buchen und Fichten des Solling zeigten (Heinrichs u. Meyer 1980) vergleichsweise hohe Pb- und Zn-Konzentrationen in der Rinde und geringere Konzentrationen im Holz der Stämme und Zweige. In der Buche wurden die höchsten Cd-Konzentrationen in den Blättern gefunden. Dagegen variierten die Cu-Konzentrationen in allen untersuchten Organen (Holz und Rinde der Stämme, Nadeln, Blätter) am wenigsten. Die meisten Schwermetallkonzentrationen variierten mit dem Alter der untersuchten Organe. Ältere Blätter und Nadeln enthielten z.B. vergleichsweise weniger Pb, Zn und Cu, aber mehr Cd als jüngere Organe. Über die Verteilung von Schwermetallen in verschiedenen Organen von Pflanzen der Waldbodenvegetation (Gräser, Farne) berichten Neite et al. (1991). Auch hier fanden sich höchste Cd-, Cu- und Pb-Gehalte in den Wurzeln und auffallend hohe Zn-Gehalte in den Rhizomen der jüngsten Pflanzen.

1.6.3.3 Subzelluläre Verteilung und Bindungsformen

Die Kenntnis der Verteilung von Schwermetallen zwischen verschiedenen Pflanzenteilen oder -organen nach Aufnahme aus der Atmosphäre oder dem Boden ist wichtig für die Risikoabschätzung der Schwermetallbelastung von Mensch und Tier über die Nahrungsaufnahme. Unter dem gleichen Aspekt spielt eine Rolle, in welcher chemischen Form bzw. in welcher Bindungsform ein Schwermetall in der pflanzlichen Zelle vorliegt, da dies für die Bioverfügbarkeit, d.h. für die Resorption bzw. Aufnahme des Metalls im menschlichen oder tierischen Organismus von Bedeutung sein kann (McKenzie 1984; Cataldo et al. 1987; Weigel et al. 1987). Von besonderer Bedeutung ist dies, wenn der größte Teil eines oral aufgenommenen Schwermetalls aus pflanzlichen Nahrungs- bzw. Futtermitteln stammt, wie dies für das nicht-essentielle Element Cd der Fall ist (Wagner 1993).

Die zellulären Verteilungsmuster bzw. die subzelluläre Kompartimentierung und Bindung von Schwermetallen in der Zelle bestimmen darüber hinaus ganz wesentlich die phytotoxischen Wirkmechanismen nach erhöhter Schwermetallaufnahme durch Pflanzen (Ernst 1980). Bei schwermetalltoleranten Pflanzenarten liegen darin auch die Toleranzmechanismen gegenüber ansonsten toxischen Schwermetallkonzentrationen begründet (Verkleij u. Schat 1990; Maywald u. Weigel 1997).

Die meisten Pflanzenarten, unabhängig davon, ob es sich um tolerante oder nicht-tolerante Arten handelt, haben auf zellulärer Ebene Mechanismen bzw. Pufferungssysteme entwickelt, die die Konzentrationen freier Schwermetallionen in der Zelle regulieren (Abb. 1.6-5). Zu diesen Mechanismen zählen u.a. (i) die Bindung an die Zellwand, (ii) die Verlagerung von Metallen aus dem Zytoplasma in die Vakuole und (iii) die Bindung an Peptide (z.B. metallothionein-ähnliche Proteine oder Phytochelatine) oder an sonstige organische Anionen im Zytoplasma (Verkleij u. Schat 1990; Wagner 1993; Maywald u. Weigel 1997).

Ergebnisse zur organellenspezifischen bzw. subzellulären Verteilung von Schwermetallen basieren auf Zellfraktionierungsuntersuchungen und direkter Lokalisierung z.B. mittels Elektronenmikroskopie oder Färbetechniken. In Wurzelzellen, die unmittelbar den Schwermetallen in der Bodenlösung ausgesetzt sind, sind bei einer Reihe von Dikotyledonen unterschiedliche Anteile (bis > 80%) des Gesamtschwermetallgehaltes (Ni, Cd, Cu, Pb, Cr) der Wurzel gebunden an die Zellwandfraktion gefunden worden (Turner 1970; Ernst 1974; Farago et al. 1980; Weigel u. Jäger 1980a; Lozano-Rodriguez et al. 1997). In Untersuchungen an oberirdischen Pflanzenteilen (Sprosse, Blätter) nach Schwermetallapplika-

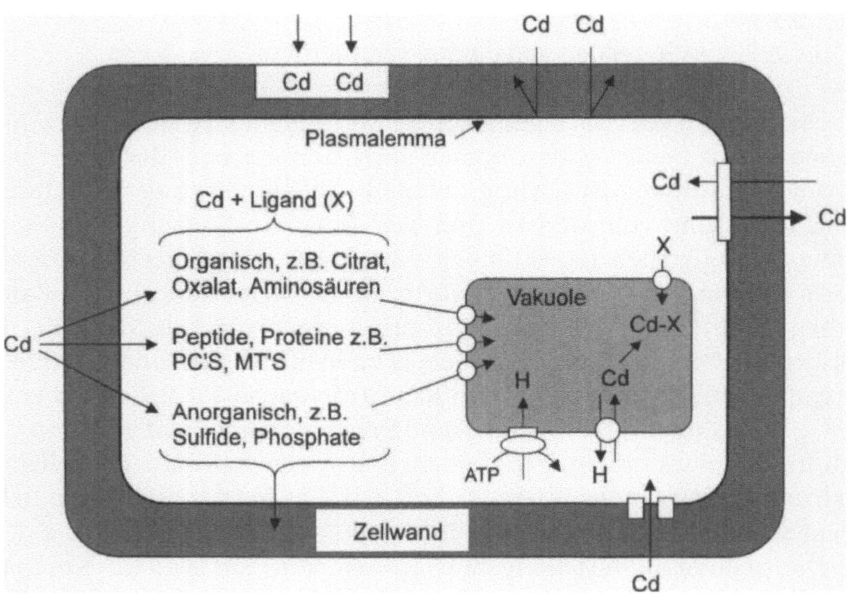

Abb. 1.6-5. Modellvorstellungen zur Regulation bzw. Kontrolle der Konzentrationen freier Schwermetallionen auf zellulärer Ebene dargestellt am Beispiel Cd. *PC* Phytochelatine; *MT* Metallothioneine. (Nach Wagner 1993, verändert)

tion über die Wurzel variierte der jeweils an die Zellwandfraktion gebundene Metallanteil ebenfalls zwischen verschiedenen Arten und Metallen (Cd, Ni, Zn). Entsprechend geringere oder höhere Anteile wurden in der Organellenfraktion (z. B. Chloroplasten, Mitochondrien) bzw. der löslichen Fraktion (lösliche Anteile des Zytoplasmas) nachgewiesen. Cd in Maispflanzen war vorwiegend an die Zellwandfraktion gebunden (Khan et al. 1984; Lozano-Rodriguez et al. 1997), während das Metall in Buschbohnen und Erbsen überwiegend in der löslichen Fraktion nachgewiesen wurde (Weigel u. Jäger 1980a; Lozano-Rodriguez et al. 1997). Schwermetallanreicherungen in Form partikulärer Niederschläge wurden auch an der äußeren Oberfläche der Chloroplastenhüllmembran gefunden (Cummings u. Taylor 1990; Verkleij u. Schat 1990).

Verschiedene Untersuchungen konnten zeigen, daß die Vakuole der Pflanzenzelle als Speicherort für die Schwermetalle Cd, Ni, Zn, Cu und Pb fungiert (Lee et al. 1977; Mathys 1977; Ernst 1980; Godbold et al. 1984). Hier finden sich hohe Konzentrationen entsprechender organischer Liganden wie Zitronensäure, Oxalsäure, Apfelsäure, Bernsteinsäure, Phenole und Aminosäuren, die zur Komplexbildung mit zweiwertigen Kationen neigen.

Als Detoxifikationsmechanismus im Zytoplasma wird die Bindung von Schwermetallen an Proteine bzw. proteinähnliche Verbindungen oder Oligo- bzw. Polypeptide beschrieben. Bei vielen Pflanzen wird unter dem Einfluß erhöhter Schwermetallkonzentrationen die Bildung entsprechender Verbindungen induziert. Diese schwermetall-komplexierenden Verbindungen sind sowohl als Metallothioneine als auch als Phytochelatine bezeichnet worden (Steffens 1990; Robinson et al. 1993; Maywald u. Weigel 1997). Metallothioneine, die primäre Genprodukte darstellen, ein Molekulargewicht von etwa 10000 Dalton haben, sich durch einen hohen Cysteinanteil auszeichnen und die durch Cd, Zn, Cu und Hg induziert werden, wurden zuerst aus tierischen Organismen isoliert. Metallothionein-ähnliche Verbindungen sind auch aus Pflanzen isoliert worden (Grünhage et al. 1985). Die in pflanzlichen Zellkulturen unter dem Einfluß von Schwermetallionen gebildeten schwermetall-komplexierenden Peptide werden als Phytochelatine bezeichnet (Grill et al. 1985). Sie bestehen nur aus den Aminosäuren Glutaminsäure, Cystein und Glycin, stellen keine primären Genprodukte dar und sollen eine entscheidende Rolle für die Regulation der Schwermetall-homöostase in der Zelle spielen. Phytochelatine sollen im Pflanzenreich ubiquitär vorkommen, während die Existenz von „echten" Metallothioneinen bei Pflanzen noch immer umstritten ist.

1.6.4 Schwermetallüberschußwirkungen auf Pflanzen

1.6.4.1 Wirkungskategorien und Konzentration-Effekt-Beziehungen

Führen erhöhte Schwermetallkonzentrationen in der Umgebung von Pflanzen (Boden, Luft) zu ansteigenden Metallgehalten im Pflanzeninneren, ist deren Überschußwirkung nach unterschiedlichen Kriterien bewertbar (Abb. 1.6-6). Im Hinblick auf die Erkennung und Festlegung kritischer Konzentrationsbereiche bzw. zur Abschätzung von Konsequenzen für verschiedene Schutzgüter (Mensch, Tier, Ökosysteme) wird deutlich, daß lebens- oder futtermittelhygienische, stoffwechselphysiologische, agronomische oder ökologische Betrachtungs- bzw. Bewertungsebenen zu berücksichtigen sind, je nachdem, ob durch die Schwermetallbelastung die Nahrungs- und Futtermittelqualität, der pflanzliche Stoffwechsel, der Ertrag bzw. die Biomassebildung oder für die Ökosystemfunktion bedeutende Eigenschaften (z.B. Streßempfindlichkeit, Qualität der Bestandesabfälle) verändert werden können.

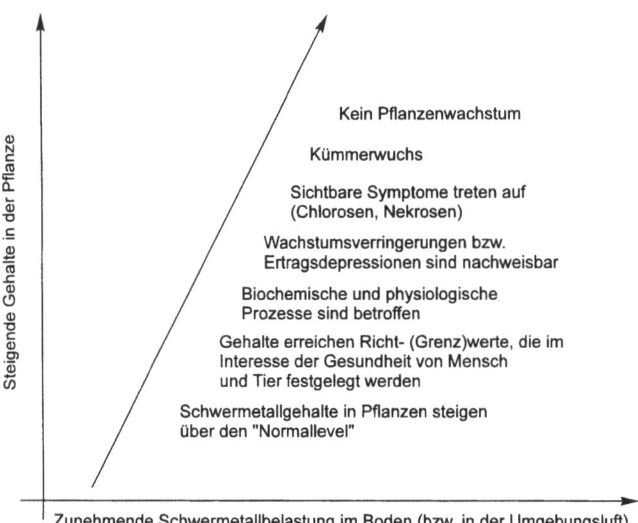

Abb. 1.6-6. Allgemeiner Zusammenhang zwischen zunehmender Schwermetallbelastung in der Umgebung von Pflanzen und verschiedene Kategorien zur Wirkungsbewertung. (Nach Eikmann u. Kloke 1994, verändert)

Phytotoxizität bedeutet in diesem Zusammenhang, daß sich die potentiell schädigende Substanz (d.h. das Schwermetall) im pflanzlichen Gewebe bis zu einer Konzentration angereichert hat, die das „optimale" Wachstum der Pflanze beeinflußt. Chang et al. (1992) diskutieren die Schwierigkeiten, die sich bei Schwermetallen mit einer eindeutigen Definition des Begriffes Phytotoxizität ergeben. Eine solche eindeutige Diagnose einer Schwermetallüberschußwirkung bei Pflanzen erfordert danach, daß (i) ein potentiell toxisches Element im pflanzlichen Gewebe angereichert wird, daß (ii) die betroffenen Pflanzen eine nachhaltige (d.h. über alle Entwicklungsstadien hinweg reichende) Schädigung zeigen, daß (iii) die beobachteten Abweichungen vom „normalen" Wachstum nicht auf andere Prozesse zurückzuführen sind und daß (iv) die biochemischen Mechanismen, die eine schädigende Wirkung der Metalle verursachen, während des gesamten Wachstums zu beobachten sind.

Ebenso wie bei anderen Schadstoffen ist auch die Phytotoxizität von Schwermetallen durch unterschiedliche Zusammenhänge zwischen Konzentration und Wirkung auf die Pflanze charakterisiert (Abb. 1.6-7). Wegen der ausgeprägten pflanzeninternen Transport- und Akkumulationsprozesse, der starken zellulären und subzellulären Kompartimentierung und des permanenten Wachtums bei Pflanzen

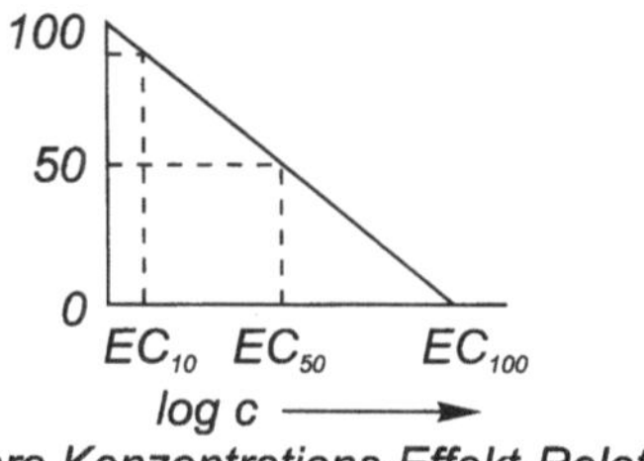

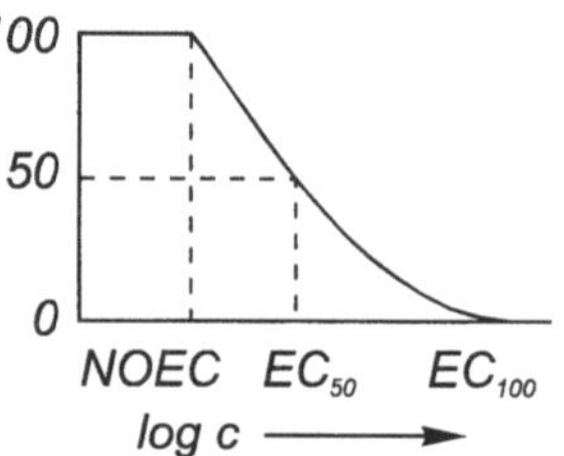

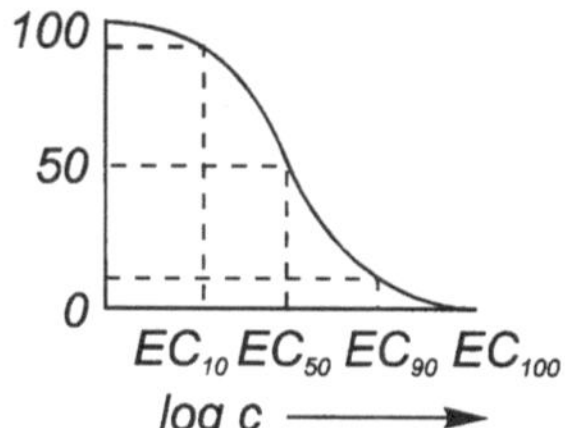

Abb. 1.6-7. Konzentrations-Effekt-Relationen bei der Einwirkung steigender Schwermetallkonzentrationen auf Leistungen von Pflanzen. *EC* „effect concentration"; *NOEC* „no observable effect concentration". (Nach Ernst 1994)

schlägt Ernst (1994) vor, die in diesem Zusammenhang gebräuchlichen Begriffe „Dosis" bzw. „Dosis-Wirkung-Beziehung" durch „Konzentration-Effekt-Beziehung" zu ersetzen. Prinzipiell anwendbar ist das Konzentration-Effekt-Konzept auf verschiedenen biologischen Organisationsstufen (subzellulärer Bereich → Zelle → Organ/Gewebe → Organismus/Individuum → Population → Ökosystem). Erreicht oder überschreitet die Konzentration eines Metalls einen kritischen Wert, kann auf der Organismusebene z. B. ein Stoffwechselprozeß der Zelle (Enzymaktivität), die Leistung eines Organs (Blatt-Photosynthese) oder die Gesamtleistung des Organismus (Wachstum) beeinträchtigt sein. Auf der Ebene von Populationen kann dies z. B. zu einer Änderung der Genotypenzusammensetzung einer Population führen, während auf der Ökosystemebene durch den Schwermetalleinfluß Veränderungen der Artenzusammensetzung und -vielfalt, der Nährstoffkreisläufe oder der Mineralisation organischer Bodenbestandteile hervorgerufen werden können (Ernst 1994). Die eine Schwermetallbelastung kennzeichnende Konzentrationsangabe wird dabei sowohl auf das externe Medium (Wachstumssubstrat, Inkubationsmedium bei In-vitro-Versuchen) als auch auf die im Pflanzengewebe nachweisbaren Schwermetalle bezogen.

Zu unterscheiden sind demnach verschiedene Schwermetallkonzentrationen (EC = „effect concentration"; Abb. 1.6-7), bei deren Erreichen einer der o.g. Prozesse oder Strukturen um 10%, 50% oder 100% gegenüber einer Referenz vermindert ist. Die Konzentration-Effekt-Relation kann linear, sigmoid oder hyperbolisch sein. Die häufig zu beobachtende, gegenüber einer schwermetallarmen oder -freien Kontrolle positive oder stimulierende Wirkung geringer Schwermetallbelastungen (auch von nicht-essentiellen Elementen) wird dabei nicht berücksichtigt. Während die Wirksamkeit hoher Schwermetallbelastungen (z.B. EC 50) meist deutlich nachweisbar ist, gelingt der Beweis nachteiliger Wirkungen geringer Schwermetallbelastungen (EC 10) wegen der hohen Variabilität biologischer Reaktionen meist nur schwer. Als „no observable effect concentration" (NOEC) wird die Konzentration bezeichnet, unterhalb derer sich keine meßbaren, von der Kontrolle abweichenden Reaktionen an der Pflanze nachweisen lassen. Die entsprechenden Konzentration-Effekt-Beziehungen sind durch einen Schwellenwert charakterisiert.

1.6.4.2 Beeinträchtigung des Stoffwechsels

Ergebnisse zur Wirkung von Schwermetallen auf Stoffwechselprozesse in der Pflanze basieren auf zwei Untersuchungsstrategien:

In-vitro-Experimente:

- Isolierte Zellen (z.B. Protoplasten), Organelle (z.B. Mitochondrien; Chloroplasten), Membranen (z.B. Thylakoide) oder Enzyme, die aus Pflanzen von unkontaminierten Substraten stammen, werden mit Schwermetallionen inkubiert. Damit werden direkte Schwermetallwirkungen bzw. Kurzzeiteffekte untersucht.
- Metallionen werden zu abgetrennten, aber intakten Organen (Blätter, Wurzeln) oder zu Gewebe- bzw. Blattstücken oder -teilen zugesetzt, bevor die Extraktion bzw. Messung erfolgt. Damit können z.B. auch Prozesse wie der Kurzstreckentransport, nicht aber die Regulation der Metallaufnahme durch die Wurzel in die Wirkungsbewertung mit einfließen.

In-vivo-Experimente:

- Hier werden vergleichende Untersuchungen an Pflanzen durchgeführt, die auf Nährlösungen oder sonstigen Substraten mit oder ohne

Schwermetallzusatz kultiviert wurden und aus denen entsprechende Organelle, Membranen oder Enzyme isoliert werden bzw. an denen vergleichend physiologische Messungen (Gasaustausch, Chlorophyll-Fluoreszenz, Nährstoffaufnahme) durchgeführt werden. Hierzu zählen auch Untersuchungen an Pflanzenmaterial im Freiland an kontaminierten Standorten oder entlang von Belastungsgradienten.

Die eigentlichen Ursachen von Änderungen des Stoffwechsels von Pflanzen unter Schwermetalleinfluß liegen auf molekularer bzw. biochemischer Ebene und werden durch die Bindungseigenschaften der Metalle und der biologischen Liganden bestimmt (vgl. 1.6.1). Nach Ochiai (1987) zählen dazu: (i) Verdrängung essentieller Metallionen aus Biomolekülen und anderen biologischen Funktionseinheiten, (ii) Hemmung essentieller funktioneller Gruppen von Biomolekülen wie z. B. Enzyme und Polynukleotide, (iii) Modifikation der aktiven Konformation von Biomolekülen, speziell von Enzymen und Polynukleotiden und (iv) Schädigung der Integrität von biologischen Strukturen. Auf diese Grundmechanismen lassen sich Membranveränderungen, Hemmungen von Enzymaktivitäten, Beeinträchtigungen der Photosynthese (Biochemie der Licht- und Dunkelreaktionen; Gasaustausch), Veränderungen der Assimilatallokation, Veränderungen des Wasserhaushaltes, Veränderungen der Nährstoffaufnahme und des Nährstoffhaushaltes etc. zurückführen (Ernst 1980; Bahlsberg-Pahlsson 1989; Van Assche u. Clijsters 1990; Barcelo u. Poschenrieder 1990; Ross 1994; Krupa u. Baszynski 1995; Prasad 1995; Ernst 1996; Maywald u. Weigel 1997; Prasad u. Hagemeyer 1999).

Wirkungen auf Membransysteme

Um die intrazellulären Wirkorte der Pflanze zu erreichen, müssen Schwermetalle über die äußere Membran (Plasmalemma) der Blatt- oder Wurzelzelle in das Zellinnere eindringen. Die Plasmalemmamembran ist daher einer der ersten Angriffspunkte von Schwermetallen. Veränderungen der Permeabilitätseigenschaften dieser Membran, die sich z. B. in einem Efflux von Kalium-Ionen und anderen gelösten Stoffen aus der Zelle äußern, sind unter dem Einfluß von Cu, Zn und Hg bei In-vitro- und In-vivo-Kontamination nachgewiesen worden (Collins 1981). Empfindlich auf Schwermetalle reagieren insbesondere die in der Plasmalemmamembran der Zelle lokalisierten ATP-asen. Diese selektiven, enzymatischen „Pumpsysteme", die für den transmembranen Stoff- und Elementtransport sowie den transmembranen Potentialgradienten verantwortlich sind, werden z. B. durch hohe Cu-, Cd-, Zn-, Ni- und Hg-

Konzentrationen gehemmt (Ros et al. 1992; Vangronsfeld u. Clijsters 1994).

Eine Desintegration von Biomembranen durch Lipidperoxidation ausgelöst durch die Bildung reaktiver freier Radikale ist wie bei anderen Organismengruppen auch bei Pflanzen ein generelles Reaktionssyndrom unter dem Einfluß abiotischer Stressoren (z.B. Kälte, Trockenheit, Ozon, Herbizide; Salin 1987). Speziell Schwermetalle mit Redox-Eigenschaften wie Cu, Ag oder Fe können durch Autoxidation oder Reaktion mit anderen zellulären Redox-Systemen (z.B. Wasserstoffperoxid H_2O_2) radikalische Sauerstoffverbindungen (Superoxidanion, Hydroxylradikal) und/oder freie Lipidperoxidradikale bilden, die die Permeabilitätseigenschaften von Biomembranen verändern (Vangronsfeld u. Clijsters 1994).

Gestützt wurde dieser Befund auch dadurch, daß unter dem Einfluß phytotoxischer Zn- und Cu-Konzentrationen das membrangebundene Enzym Lipoxygenase zunimmt, das zur Initiation der Lipidperoxidation beiträgt (Gora u. Clijsters 1989). Störungen der Permeabilitätseigenschaften der Membranen haben zur Folge, daß z.B. der Wasserhaushalt der Zelle oder die Nährstoffaufnahme eines Organs beeinträchtigt werden.

Wirkungen auf Enzymaktivitäten

Basierend auf der hohen Bindungsaffinität von Schwermetallen zu funktionellen Sulfhydrylgruppen und zu Carboxylgruppen von Enzymproteinen (Vallee u. Ulmer 1972) treten Metalle wie Cd, Cu, Zn im Cytosol der Pflanzenzelle oder – nach Passage der entsprechenden Membranen – in den Organellen in Wechselwirkung mit Enzymen wichtiger Stoffwechselwege. Aus höheren Pflanzen und Algen liegen dazu In-vitro- und In-vivo-Befunde vor (Bahlsberg-Pahlsson 1989; Van Assche and Clijsters 1990; Vangronsfeld u. Clijsters 1994; Ernst 1996). Daraus sind als Grundmuster dieser Wechselwirkungen erkennbar (i) die Inhibierung von Enzymen aufgrund von Veränderungen der katalytischen Aktivität oder der Enzymintegrität, (ii) Aktivitätsveränderungen durch Substitution essentieller Schwermetallionen in Metall-Enzymen und (iii) die Induktion von Enzymen als Sekundäreffekt der Metallüberschußwirkung und Teil einer generellen „Stress-Antwort" der Pflanze.

Unter In-vitro-Bedingungen ist die Empfindlichkeit von Enzymen gegenüber Schwermetallen metallspezifisch und enzymspezifisch. So erweist sich die Aktivität der Nitratreduktase, die den primären Schritt der Nitratassimilation in Pflanzen katalysiert, gegenüber Cd- und Cu-Ionen (Konzentrationsbereich im Inkubationsmedium 0,1 bis1 mM) als sehr empfindlich, während Mn-, Ni- und Co-Ionen nur eine geringe Hemmwirkung zeigen (Mathys 1975). Unterschiedlich empfindlich gegenüber gleich hohen Konzentrationen von Zn-, Cd- und Cu-Ionen im Testmedium reagieren die Enzyme Glutamatdehydrogenase und Malatdehydrogenase (Abb. 1.6-8). Auf die In-vitro-Hemmungwirkung von Schwermetallionen auf Enzyme der Dunkelreaktion der Photosynthese wird weiter unten eingegangen.

Eine Reihe von Metall-Enzymen (z.B. Ribulose-1,5-Bisphosphat Carboxylase, Isocitratdehydrogenase, Carboanhydrase) benötigen zu ihrer Aktivierung bzw. zu ihrer maximalen Aktivität zweiwertige Metallkationen (Mn, Mg, Zn) als Cofaktoren, wobei die Metallbindung an das Protein mehr oder weniger reversibel sein kann. Unter dem Einfluß hoher Schwermetallkonzentrationen können diese „essentiellen" Metallionen durch ein anderes Schwermetall ersetzt werden (van Assche u. Clijsters 1990; Vangronsfeld u. Clijsters 1994; Ernst 1996), was zu Aktivitätsveränderungen bzw. zur Hemmung des Enzyms führen kann (Abb. 1.6-8). Untersucht wurde diese Substitution insbesondere bei der Ribulose-1,5-Bisphosphat Carboxylase, die Mg als essentiellen Cofaktor benötigt. Bezogen auf die maximale Aktivität des Mg-Enzyms wurde in In-vitro-Versuchen eine starke Hemmung unter der Einwirkung von Ni, Zn, Cu und Co erzielt (van Assche u. Clijsters 1990; Ernst 1996). Auch *in vivo* gelang der Nachweis, daß die Enzymaktivität durch einen Zn-Überschuß im Wachstumssubstrat gehemmt wird. Eine Verdrängung des Metallkofaktors Zn, die zur Hemmung der Enzymaktivität führte, wurde bei dem Zn-Metall-Enzym Carboanhydrase nachgewiesen (Vangronsfeld u. Clijsters 1994).

Membranschädigungen und Hemmungen von Enzymaktivitäten in der Zelle sind Beispiele für direkte Interaktionen von Schwermetallen mit Zellreaktionen oder Zellkomponenten. Als Schwermetallüberschußwirkung, die nur unter In-vivo-Metallapplikation auftritt, kann die Induktion von Enzymen angesehen werden. Generell ist hierunter die Steigerung einer Enzymkapazität bzw. -aktivität infolge einer Reaktion auf externe Stressoren zu verstehen, die eine Änderung des metabolischen Zustandes der Zelle anzeigt (Elstner et al. 1988). Zu den Enzymen, deren Aktivitäten unter dem Einfluß von Schwermetallen signifikant induziert bzw. stimuliert wurden, zählen z.B. Peroxidasen, Katalase, Esterasen sowie Enzyme des Intermediärstoffwechsels wie Isocitratdehydrogenase, Malatdehydrogenase, Glutamatdehydrogenase und das „Malat-Enzym" (Weigel u. Jäger 1980b,c; van Assche u. Clijsters 1990; Vangronsfeld u. Clijsters 1994). Besonders häufig untersucht wurde die Peroxidase, deren Aktivität in Buschbohnen, Mais, Klee und Salat durch Cd, Zn, Cu, Ni und Pb signifikant stimuliert wurde, wobei

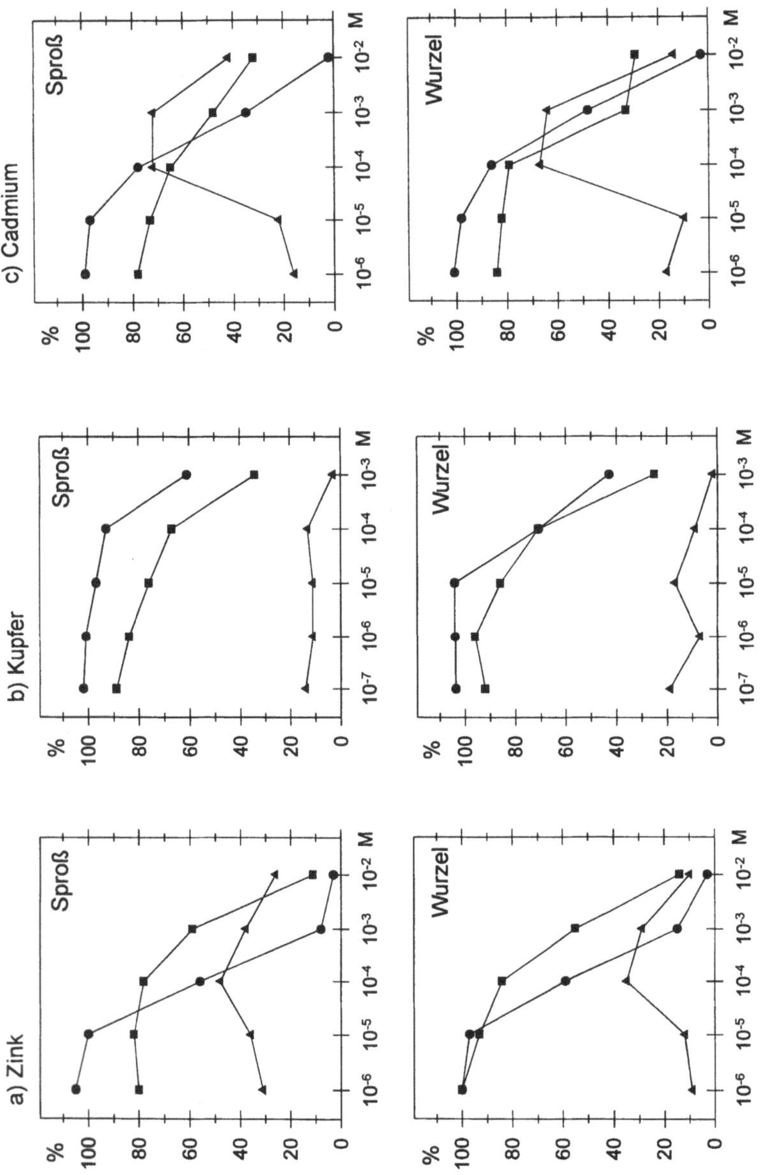

Abb. 1.6-8. In-vitro-Wirkung steigender Zn-, Cu- und Cd-Ionenkonzentrationen auf die Aktivitäten der Enzyme Glutamatdehydrogenase (● GDH), Malatdehydrogenase (■ MDH) und Isocitratdehydrogenase (Δ ICDH) isoliert aus Sproß und Wurzel von Buschbohnen. Aktivitäten in % der Kontrolle ohne Metallzusatz; ICDH-Kontrolle ohne Mg- und Mn-Zusatz. (Nach Weigel u. Jäger 1980c)

dies häufig mit Änderungen im Isoenzymmuster verbunden sein kann. Eine Zunahme der Aktivitäten der Katalase und der Cu-, Zn- und Mn-Superoxid-Dismutase in den Wurzeln von *Silene cucubalus* wurde nach Zugabe toxischer Cu-Konzentrationen gefunden (van Assche u. Clijsters 1990). Die Enzyme Peroxidase, Katalase und Superoxid-Dismutase spielen eine wichtige Rolle bei der Entgiftung „aktivierter" Sauerstoffspezies (Wasserstoffperoxid, Hydroxyl- und Superoxidradikale) und werden auch durch andere Schadstoffe oder ungünstige Umweltfaktoren (Ozon, Kälte, Hitze, Herbizide, Sauerstoffmangel) aktiviert (Salin 1987). Dies deutet darauf hin, daß die Schädigungsmechanismen unter Schwermetalleinfluß auf ähnliche Weise wie bei der Einwirkung dieser Stressoren ablaufen könnten.

Generell ist festzustellen, daß In-vitro-Reaktionen von Enzymen auf Schwermetalle Hinweise auf besonders empfindliche oder kritische Stoffwechselwege geben können, aber nicht zur kausalen Erklärung der Metallphytotoxizität *in vivo* herangezogen werden können. Die Reaktion eines Enzyms auf Schwermetalle *in vivo* wird von der Konzentration des freien Metallions in der Umgebung des Enzyms bestimmt, und diese hängt von zahlreichen weiteren Faktoren ab. Es kann daher zu unterschiedlichen bzw. widersprüchlichen Ergebnissen führen, wenn In-vitro- und In-vivo-Ergebnisse zur Metallwirkung auf Enzymaktivitäten gegenübergestellt werden. Bei Buschbohnen wurde z. B. eine signifikante Hemmung der Aktivität der Glutamatdehydrogenase durch Cd *in vitro*, aber eine Stimulation der Aktivität nach In-vivo-Applikation des Metalls nachgewiesen (Weigel u. Jäger 1980b).

Wirkungen auf Photosynthese und Atmung

Bei der Suche nach den Ursachen bzw. den Mechanismen der Schwermetalltoxizität bei Pflanzen war die Reaktion der Photosynthese als grundlegender Prozeß der pflanzlichen Stoffbildung Gegenstand zahlreicher Untersuchungen vorwiegend mit den Metallen Zn, Cu, Ni, Pb, Cd und Hg (Sheoran et al. 1991; Singh et al. 1993; Vangronsfeld u. Clijsters 1994; Krupa u. Baszynski 1995). Die Mehrzahl der Untersuchungen beinhaltete In-vitro-Versuche zur Abschätzung der Empfindlichkeit einzelner Teilprozesse der Photosynthese (membrangebundener Elektronentransport, Enzyme der Dunkelreaktion), wobei die Untersuchung des nicht-essentiellen Elementes Cd dominierte.

Bei In-vitro-Versuchen wird meist eine Hemmung der photosynthetischen CO_2-Fixierung isolierter Protoplasten oder Chloroplasten unter Schwermetalleinfluß beobachtet, die von der Art des Schwermetalls abhängt und in der Regel mit der Konzentration des zugesetzten Metalls

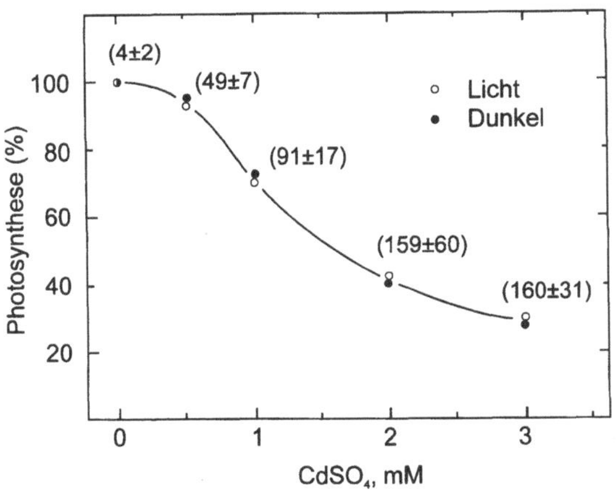

Abb. 1.6-9. In-vitro-Wirkung steigender $CdSO_4$-Konzentrationen auf die Photosynthese (CO_2-abhängige O_2-Entwicklung) isolierter Mesophyllprotoplasten nach Vorinkubation im Licht oder im Dunkeln (in % der Kontrolle ohne Metallzusatz). Die Zahlen in Klammern geben die Cd-Konzentrationen in den Protoplasten (µg Cd/mg Chlorophyll) nach Abtrennung vom Inkubationsmedium an. (Nach Weigel 1985a).

bzw. mit der Dauer der Einwirkung zunimmt (Abb. 1.6-9). Die Ursachen dieser Hemmung können in Teilprozessen der Licht- und/oder der Dunkelreaktion der Photosynthese liegen.

Zahlreiche In-vitro-Versuche mit isolierten Chloroplastenfragmenten oder Thylakoidmembranen ergaben, daß die Hemmung der CO_2-Fixierung auf einer Reaktion der Metalle mit den photosynthetischen Elektronentransportreaktionen zu beruhen scheint. Dabei erwiesen sich das Reaktionszentrum und die Redox-Komponenten des Photosystems II allgemein als empfindlicher gegenüber dem Schwermetalleinfluß als die Komponenten des Photosystems I. Wenig untersucht und wenig eindeutig ist, ob auch eine direkte Beeinflussung der Photophosphorylierung erfolgt (Krupa u. Baszynski 1995). Potentielle Angriffspunkte verschiedener Schwermetalle an den photosynthetischen Elektronentransportketten sind in Abb. 1.6-10 schematisch zusammengefaßt.

Eine vergleichsweise geringere Zahl von In-vitro-Versuchen hat sich mit der Beeinflussung von Enzymen der Dunkelreaktionen der Photosynthese befaßt, wobei die Enzyme des Calvin-Zyklus im Vordergrund standen (van Assche u. Clijsters 1990; Krupa u. Baszynski 1995). Während z.B. Weigel (1985a,b) keine Hemmung der Aktivität der Ribulose-1,5-Bisphosphat-Carboxylase durch Cd-Ionen (2 mM im Inkubationsmedium) nachweisen konnte, ergaben andere Untersuchungen mit verschiedenen Konzentrationen (µM) der Metalle Cd (1–5), Zn (500), Pb (15) und Cu (50) eine Hemmung der Enzymaktivität > 10% gegenüber der Kontrolle (van Assche u. Clijsters 1990). Durch Zugabe von Cd *in vitro* wurde die Licht-Aktivierung der Enzyme des Calvin-Zyklus Glycerinaldehyd-3-Phosphat-Dehydrogenase und Ribulose-5-Phosphat-Kinase teilweise gehemmt (Weigel 1985a).

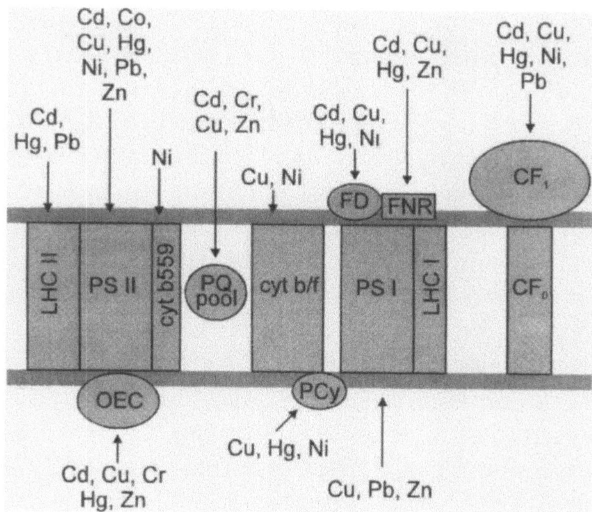

Abb. 1.6-10. Schematische Darstellung einer Thylakoidmembran und möglicher Punkte der Wechselwirkungen von Schwermetallen mit der photosynthetischen Elektronentransportkette, basierend auf In-vitro- und In-vivo-Untersuchungen. *CF* „coupling factor"; *FD* Ferredoxin; *FNR* Ferredoxin-Oxidoreduktase; *LHC* „light harvesting complex"; *PQ* Plastochinon; P_{cy} Plastocyanin; *OEC* „oxygen evolving complex"; *PS I, II* Photosystem I und II. (Nach Krupa u. Baszynski 1995)

In einigen In-vitro-Untersuchungen erfolgte die Hemmung der CO_2-Fixierung durch geringere Schwermetallkonzentrationen als die des Photosystems II. Daraus sowie aus anderen Befunden ist der Schluß gezogen worden, daß nicht die primären membrangebundenen, photochemischen Reaktionen der Thylakoidmembranen, sondern eher die Enzyme der Dunkelreaktionen primäre Angriffpunkte einer Schwermetallhemmung der Photosynthese sein könnten. Eine ausführliche Diskussion zu dieser Frage findet sich bei Krupa u. Baszynski (1995).

In-vivo-Versuche, d.h. Kontamination der Wachstumsmedien intakter Pflanzen mit Schwermetallen und anschließender Extraktion und Messung des Enzyms, sind weitaus seltener durchgeführt worden. Dabei konnte häufig eine Hemmung der Aktivität der Ribulose-1,5-Bisphosphat-Carboxylase durch Cd-, Cu- und Zn-Zusatz nachgewiesen werden. Andere In-vivo-Untersuchungen zeigten, daß die Schwermetalle Cd, Ni, Cu, Zn, Pb, Hg bei Belastung der Versuchspflanzen über die Wurzel die Aktivitäten weiterer Schlüsselenzyme der Dunkelreaktion der Photosynthese (z.B. NAD- und NADP-Glycerinaldehyd-3-Phosphat-Dehydrogenase, Aldolase, Fruktose-1,6-Bisphosphatase, 3-Phosphoglycerat-Kinase) hemmten. Jedoch wurden auch unter In-vivo-Kontaminationsbedingungen Hemmwirkungen von Schwermetallen auf photochemische, membrangebundene Prozesse gefunden (Krupa u. Baszynski 1995).

Unabhängig von der Frage, ob erhöhte Schwermetallkonzentrationen primär die membrangebundenen Lichtreaktionen oder die Enzyme der Dunkelreaktionen beeinflussen, ist darauf hinzuweisen, daß weitere mit der Photosynthese verknüpfte Prozesse empfindlich auf Schwermetalle reagieren. So wurden Veränderungen der stomatären Leitfähigkeit, des Transportes bzw. der Allokation von Assimilaten innerhalb der Pflanze sowie negative Wirkungen auf die Chlorophyll-Biosynthesewege bzw. auf die Gehalte an Blattpigmenten sowie auf die Zusammensetzung der Thylakoidmembranen unter dem Einfluß von Cd, Pb, Ni und Zn nachgewiesen (Bazzaz et al. 1974; Carlson et al. 1975; Lamoreaux u. Chaney 1978a; Sheoran et al. 1991; Greger u. Johansson 1992; Moya et al. 1993; Singh et al. 1993; Krupa u. Baszynski 1995).

Zu berücksichtigen ist bei der Interpretation der o.g. Ergebnisse, daß meist nur ein geringer Teil (ca. 10%) des in einer Pflanze insgesamt nachweisbaren Metalls in den photosynthetisch aktiven Organen (Blätter, Nadeln) nachgewiesen werden kann (Ernst et al. 1992; Meharg 1994) bzw. daß nur sehr geringe Anteile des Gesamtschwermetallgehaltes eines Blattes in den Chloroplasten gefunden werden. Die effektiv wirksamen Konzentrationen von Schwermetallen im Stroma und in den Thylakoiden von Chloroplasten sind nicht bekannt, auch wenn in einigen Fällen Metalle (Zn, Cd) in den Chloroplasten nachgewiesen wurden (Ernst 1980). Die organspezifische und die subzelluläre Verteilung vieler Schwermetalle ist daher nicht unbedingt identisch mit den Orten der Photosynthese.

Die bisherigen Ergebnisse lassen insgesamt den Schluß zu, daß die Photosynthese einer der empfindlichen Prozesse des Stoffwechselgeschehens von Pflanzen unter der Einwirkung toxischer Schwermetallkonzentrationen zu sein scheint. Das generelle Verständnis der Mechanismen, die einer Hemmung der photosynthetischen CO_2-Fixierung unter Schwermetalleinfluß zugrunde liegen, bleibt jedoch schwierig, da eine primäre Wirkungsebene bzw. ein spezieller Wirkort eines bestimmten Metalls bisher nicht benannt werden konnten.

Im Vergleich zur Photosynthese liegen zur Schwermetallüberschußwirkung auf die Dunkelatmung weitaus weniger Ergebnisse vor, die sich zudem meist auf das Metall Cd beziehen. In Untersuchungen zur Wirkung von Cd stellten Lee et al. (1976) und Lamoreaux u. Chaney (1978a) eine Zunahme der Dunkelatmung bei Sojabohnen fest, während Keck (1978) in den Wurzeln von Haferkeimlingen eine Abnahme der Atmung zusammen mit einem verminderten ATP-Gehalt fanden. Schlegel et al. (1987) konnten bei Fichten keine Veränderung der Atmung unter Cd-Einfluß nachweisen, während die Photosynthese (gemessen als CO_2-Aufnahme) signifikant vermindert war. Van Assche et al. (1979) ermittelten keine Veränderung der Atmung unter dem Einfluß hoher Zn-Konzentrationen. Eine stark hemmende Wirkung auf Prozesse der Dunkelatmung hat dagegen ein Cu-Überschuß (Singh et al. 1993). In Anwesenheit hoher Ni-Konzentrationen im Wachstumsmedium wird die Atmung verschiedener Pflanzenarten stimuliert (McIlveen u. Negusanti 1994).

Wirkungen auf den Wasserhaushalt

Der Wasserhaushalt einer Pflanze ist eine Funktion der drei Prozesse Wasseraufnahme, Wassertransport und Wasserabgabe. Für alle drei Prozesse sind unter dem Einfluß erhöhter Schwermetallkonzentrationen Störungen nachgewiesen worden (Barcelo u. Poschenrieder 1990). Alle Schwermetallwirkungen, die direkt oder indirekt mit einer Änderung der Morphologie oder einer Verminderung der Größe des Wurzelsystems verbunden sind, können letztlich zu Änderungen bzw. Reduktionen der Wasseraufnahme und der Wasserausnutzung führen und damit den Wasserhaushalt insgesamt beeinflussen (Breckle 1991).

Eine Beeinträchtigung des Wassertransportes in Pflanzen ist aus vereinzelten Untersuchungen abgeleitet worden, in denen eine Reduktion der Xylemgefäßdurchmesser unter dem Einfluß toxischer Konzentrationen von Metallen wie Cd, Zn und Cr nachgewiesen werden konnte (Lamoreaux u. Chaney 1978a; Robb et al. 1980; Barcelo et al. 1988).

Dagegen konnten vergleichsweise zahlreiche Schwermetallkontaminationsversuche mit intakten Pflanzen zeigen, daß sich unter Schwermetallstreß die stomatäre Leitfähigkeit und damit (neben der Photosynthese) die Transpiration, d.h. die Wasserabgabe durch die Pflanze, verändert. Allerdings sind die dazu bisher erzielten Ergebnisse wenig konsistent, da die Richtung und das Ausmaß der Beeinflussung der Transpiration von der Art des Metalls, dessen Konzentration und Einwirkungsdauer sowie von der untersuchten Pflanzenart beeinflußt werden. Wie Tabelle 1.6-5 zusammenfassend zeigt, verursacht eine Schwermetallbelastung sowohl Minderungen als auch Zunahmen der Transpirationsraten. Veränderte Transpirationsraten unter Schwermetallbelastung sind von Bedeutung für die Streßempfindlichkeit der Einzelpflanze als auch für die Stoffkreisläufe (z.B. Nährstoffaufnahme und -transport) und für das Mikroklima in Pflanzenbeständen.

Tabelle 1.6-5. Transpirationsraten (ml/dm^2 · d) und stomatäre Widerstände (sec/cm) sowie deren Relativwerte (Prozent der Kontrolle) bei verschiedenen Pflanzenarten unter dem Einfluß von Schwermetallen (μM). *h* Stunde; *d* Tag; *w* Woche. (Nach Barcelo u. Poschenrieder 1990, verändert)

Metall	Expositionszeit	Pflanzenart	Transpirationsrate	stomatärer Widerstand
Cadmium				
0,09	50 d	Chrysanthemum m.	7,1 / 112%	14 / 50%
9	50 d	Chrysanthemum m.	0,6 / 9,5%	> 30 / -
9	19 d	Triticum aest. (Ponca)	-	6,6 / 124%
9	19 d	Triticum aest. (Kan King)	-	7,6 / 200%
9	19 d	Triticum aest. (Ponca)	-	13,0 / 245%
9	19 d	Triticum aest. (Kan King)	-	4,9 / 129%
1	5 w	Picea abies	0,6 / 100%	-
5	5 w	Picea abies	0,4 / 57%	
3	48 h	Phaseolus v. (Contender)	-	4,8 / 160%
45	3 w	Phaseolus v. (Noir Belgique)	4,6 / 150%	-
45	40 h	Acer saccharinum	2,0 / 46 %	-
45	2 w	Acer saccharinum	-	1,6 / 178%
178	2 w	Acer saccharinum	-	3,8 / 422%
45	7 d	Fagus sylvatica	4,1 / 50%	-
Kupfer				
5,5	6 w	Trifolium rep. (Friesland)	35 / 91%	-
5,5	6 w	Trifolium rep. (Brabant)	22 / 130%	-
5,5	6 w	Lolium perenne (Friesland)	30 / 200%	-
5,5	6 w	Lolium perenne (Brabant)	14 / 63%	-
Zink				
200	24 h	Phaseolus v. (Kentwood)	-	23,5 / 214%
3000	6 w	Phaseolus v. (Limb.Vroeje)	8 / 42%	(CO_2-Leitfähigkeit)
Nickel				
200	24 h	Phaseolus v. (Kentwood)	-	15 / 136%

1.6.4.3 Wirkungen auf Symptomatik, Nährstoffhaushalt und Wachstumsparameter

Die mit einer Schwermetallüberschußwirkung oder -toxizität verbundenen sichtbaren Schädigungssymptome variieren erheblich zwischen und innerhalb verschiedener Pflanzenarten (z. B. Kulturpflanzen, Wildkräuter, Bäume). Häufig zu beobachtende Symptome einer Schwermetalltoxizität sind z. B. chlorotische oder bräunliche Verfärbungen der Blattorgane bzw. Blattränder sowie braun verfärbte, gestauchte Wurzeln (Tabelle 1.6-6). Elementspezifische Toxizitätssymptome sind kaum zu beobachten (Foy et al. 1978). Da andere Umweltfaktoren wie Nährstoffmangel, Wasser- und Salzstreß, Pflanzenkrankheiten, Pestizide usw. ähnliche sichtbare Symptome auslösen können, ist diese Art der Diagnose einer Schwermetalltoxizität schwierig (Chang et al. 1992).

Die als generelles Symptom einer Schwermetallüberschußwirkung bei höheren Pflanzen auftretenden Chlorosen vor allem der jüngeren Blattorgane gehen oft mit einer reduzierten Fe-Konzentration im Gewebe einher und deuten auf eine durch den Metallüberschuß induzierte Veränderung der Fe-Mobilisierung, -Aufnahme und -Translokation hin (Marschner 1995; Foy et al. 1978). Bereits bei der Aufnahme durch Pflanzenwurzeln können Schwermetalle Nährstoffe und in besonderem Maße Mikronährstoffe, d. h. andere Schwermetalle wie Fe, Zn und Mn, die in der Bodenlösung in vergleichsweise niedrigen Konzentrationen vorkommen, verdrängen. Eine durch Schwermetalle verursachte Hemmung des Wurzelwachstums führt ebenfalls zur Beeinträchtigung der Nährstoffaufnahme. Dies gilt insbesondere für Nährstoffe wie z. B. Kalium und Phosphor, die per Diffusion zur Wurzel gelangen. Weiterhin wirkt sich die Beeinflussung der Transpiration durch Schwermetalle auf Aufnahme von Nährstoffen wie z. B. Calcium und Stickstoff aus, die vorwiegend durch Massenfluß zur Wurzel transportiert werden. Tabelle 1.6-7 faßt Beispiele nachgewiesener Interaktionen zwischen Schwermetallüberschußwirkungen und verschiedenen Nährstoffen zusammen.

Zur Quantifizierung einer Schwermetalltoxizität beziehungsweise -toleranz über Wachstumsparameter wird sowohl die Wurzel als auch der Sproß herangezogen. Da Schwermetalle zunächst in der Wurzel angereichert werden und dort zuerst Schäden hervorrufen können, bevor toxische Sproßkonzentrationen erreicht werden, wird die Wurzel häufig zur Wirkungsbewertung herangezogen. Hohe Schwermetallkonzentrationen können das Wachstum, die Länge bzw. die Architektur der Wurzeln verändern (Breckle 1991). Eine Reduktion der Wurzel-

Tabelle 1.6-6. Beispiele für sichtbare Toxizitätssymptome bei Kulturpflanzen unter dem Einfluß hoher Schwermetallbelastungen

Element	Symptome
Cd	kleine Blätter, Braunfärbung der Blattränder, Chlorosen, rötliche Färbung der Blattadern und -ränder, eingerollte Blätter, gestauchtes Sproß- und Wurzelwachstum, braune Wurzelverfärbung
Cu	kleine Blätter, Verkürzung und Verdickung der Wurzel, Dunkelgrünfärbung der Blätter, gestauchtes Sproßwachstum, reduzierte Bestockung, reduzierte Seitenwurzelbildung
Zn	gestauchtes Sproßwachstum, chlorotische und nekrotische Blattspitzen, Chlorosen der jungen Blattspreiten, „Stacheldraht-Wurzel“
Ni	Chlorosen der jungen Blattspreiten, graugrüne Blattfärbung, braune gestauchte Wurzeln
Pb	dunkelgrüne Blätter, Welken der älteren Blätter, gestauchtes Blattwachstum, kurze braune Wurzeln

längen wurde z.B. unter dem Einfluß von hohen Zn-, Cu- und Pb-Konzentrationen beobachtet, wobei die Mechanismen der Wachstumsbeeinflussung zwischen den verschiedenen Metallen variierten (z.B. Inhibierung der Wurzelzellteilung oder des Zellenlängenwachstums). Darüber hinaus reduzierten hohe Gaben von Cd, Zn, Cr, Mn und Pb die Wurzelhaardichte und verstärkten die Bildung von Seitenwurzeln, was zu einem dichteren, kompakteren Wurzelsystem führte. Untersuchungen an Bäumen, die auf einem mit hohen Zn-, Pb- und Cu-Konzentrationen kontaminierten Boden wuchsen, ergaben einen gegenüber nichtbelasteten Böden geringeren Mykorrhizierungsgrad der Wurzeln (Bell et al. 1988). Dieser wirkt sich indirekt über eine Verminderung der Wasser- und Nährstoffaufnahme negativ auf das Wachstum aus.

Zur Beurteilung der relativen Schwermetallempfindlichkeit von Pflanzen wird häufig die Wurzelwachstumsrate in schwermetallhaltigen Nährlösungen im Vergleich zu unbelasteten Nährlösungen untersucht (Baker 1987). Daraus wird der Toleranzindex (TI)

TI = Wurzelwachstum in Lösung <u>mit</u> Metall/Wurzelwachstum in Lösung <u>ohne</u> Metall

bestimmt. Da z.B. die Zusammensetzung der Testlösung sowie weitere experimentelle Bedingungen das Ergebnis beeinflussen und da im Boden meist mehrere Schwermetalle gleichzeitig vorkommen und sich

Tabelle 1.6-7. Beispiele für die Beeinflussung des Makro- und Mikronährstoffhaushaltes von Pflanzen durch Schwermetallbelastungen

Schwermetallüberschuß	Beeinflußter Nährstoff	Quelle
Cd	Ca, Fe, Mg, Mn	Jalil et al. (1994) Yang et al. (1996)
Cu	Fe, Mg, Zn	Woolhouse (1983) Bowen (1987)
Pb	Ca, Fe, Mg, Mn, Zn, K	Huang u. Cunningham (1996)
Ni	Ca, Fe, Mg, Zn	Anderson et al. (1973)
Zn	Cu, P	Bowen (1987)

gegenseitig beeinflussen (Turner 1994), ist die Interpretation dieses relativ einfach durchzuführenden Tests schwierig.

Daraus und aus der Tatsache, daß die bioverfügbare Schwermetallkonzentration im Boden nicht exakt bestimmbar ist und häufig nicht mit den Metallgehalten im pflanzlichen Gewebe korreliert, ist abgeleitet worden, daß es sinnvoller ist, die Wirkung eines Metalls mit dessen Konzentration im pflanzlichen Gewebe selbst zu korrelieren, um damit eine von den Wachtumsbedingungen unabhängige Bewertungsgröße zu haben. Hieraus lassen sich Grenzkonzentrationen bzw. kritische Konzentrationen („upper critical levels"; Beckett u. Davies 1977) ermitteln (Tabelle 1.6-3). Sie geben die Schwermetallkonzentrationsbereiche an, oberhalb derer Wachstums- bzw. Ertragseinbußen zu erwarten sind bzw. kennzeichnen die höchsten Schwermetallkonzentrationen, die noch keine Wachstumshemmung verursachen. Einige Autoren differenzierten hierbei zwischen direkter Schwermetalltoxizität und schwermetallinduziertem Nährstoffmangel (Klein et al. 1981; Sauerbeck 1982).

Wie aus Tabelle 1.6-3 zu erkennen ist, liegen die kritischen Konzentrationen verschiedener Schwermetalle, die eine Wachstumsdepression verursachen können, um Größenordnungen bis zum 300fachen auseinander, da z. B. Hg und Cr schon bei Gewebekonzentrationen negative Wachstumsbeeinflussungen hervorrufen, die weit unter denen des Elementes Zn liegen. Aus den vergleichweise wenigen Untersuchungen an Waldbaumarten läßt sich ableiten, daß die kritischen Konzentrationen für die genannten Schwermetalle auch bei dieser Pflanzengruppe in der gleichen Größenordnung liegen (Bahlsberg-Pahlsson 1989). Für Zn z. B. liegen diese kritischen Konzentrationen damit erheblich (> 10fach) höher als die Gewebekonzentrationen, die man an Freilandstandorten (ohne direkten Immissionseinfluß) nachweisen kann. Die Größenordnungen der toxischen bzw. kritischen Grenzkonzentrationen von Cu in oberirdischen Geweben sind bedingt durch das starke Rückhaltevermögen der Pflanzenwurzeln, das eine Cu-Verlagerung in den Sproß verhindert. Vereinzelt wurden auch deutlich höhere kritische Cu-Grenzkonzentrationen (> 80 µg TS) als die in Tabelle 1.6-3 gezeigten nachgewiesen. Erst wenn das Wurzelgewebe durch eine sehr hohe Cu-Belastung geschädigt ist und seine Regulationsfähigkeit verliert, sind dadurch indirekt die Schwermetallkonzentrationen in Nadeln und Blättern beeinflußt. Ähnliches gilt für Pb, für das wegen seiner geringen Mobilität speziell für Baumarten bzw. Wildpflanzen aber nur wenige Daten vorliegen. Kritische Cu-Konzentrationen liegen damit relativ nahe an den oberen Normalgehalten. Das verhältnismäßig mobile Cd führt bei geringeren (< ca. 2 µg TS) als den angegebenen Grenzkonzentrationen häufig zu einer geringen Wachstumsstimulation (Wagner 1993). Aus Tabelle 1.6-3 wird auch deutlich, daß die Spannbreite der kritischen Konzentrationen einzelner Schwermetalle in Kulturpflanzen relativ eng ist. Kritische Schwermetallkonzentrationen in Kulturpflanzen im Hinblick auf direkte phytotoxische Wirkungen auf das Wachstum und den Ertrag sind unter gegenwärtigen Anbau- und Kontaminationsbedingungen aber von geringer Bedeutung. Insgesamt ist die Angabe kritischer Gewebekonzentrationen für Schwermetalle, die mobil sind (Cd, Zn), eine geeignete Kenngröße für eine vergleichende Beurteilung möglicher negativer Wirkungen.

Die Fähigkeit von Pflanzen zur Reproduktion (z.B. Samenzahl, Samenkeimung, Samenqualität) unter dem Einfluß von Schwermetallbelastungen ist vergleichsweise wenig untersucht, und die Ergebnisse sind z. T. widersprüchlich. Entsprechende Versuche wurden häufig unter unrealistischen Bedingungen (z.B. hohe Schwermetallbelastungen in Nährlösungsversuchen) durchgeführt. Im Vergleich zur Empfindlichkeit anderer Wirkungskriterien (Stoffwechselreaktionen, Biomassebildung, Ertrag) soll bei Baumarten z.B. die Samenkeimung relativ unempfindlich gegenüber der Einwirkung hoher Zn-, Cu-, Cd- oder Pb-Konzentrationen sein, obwohl in den entsprechenden Versuchen die weitere Entwicklung und die Überlebensrate der Keimlinge meist nicht weiter verfolgt wurde (Bahlsberg-Pahlsson 1989; Ernst 1994).

1.6.4.4 Kombinationswirkungen verschiedener Schwermetalle

Unter realen Bedingungen wirken einzelne Schwermetalle sowohl über die Atmosphäre als auch über den Boden nicht isoliert auf Pflanzen ein, sondern in der Regel besteht die Belastung in der gleichzeitigen oder alternierenden Einwirkung durch verschiedene Schwermetalle, die sich in ihrer Wirkung gegenseitig beeinflussen. Diese Kombinationswirkungen, die im Hinblick auf die zugrunde liegenden Mechanismen und die Ableitung von Belastungsgrenzen bisher kaum untersucht worden sind, können andere Folgen nach sich ziehen als die Einwirkung eines einzelnen Metalls. Sind die Effekte einer kombinierten Metalleinwirkung gleich oder größer als die Summe der Einzeleffekte eines Metalls, liegt eine additive bzw. synergistische Interaktion vor. Antagonistische Wechselwirkungen führen dazu, daß die Summe der Kombinationseffekte kleiner ist als die der Einzelmetalle (s. Bd. 2A, Kap. 3.4). Die bisher vorliegenden Untersuchungen zur Kombinationswirkung von Schwermetallen auf Pflanzen haben gezeigt, daß Interaktionen zwischen den Elementen im Hinblick auf deren Aufnahme in die Pflanze und den Auswirkungen auf pflanzliche Prozesse auftreten, die komplex sind bzw. z.T. zu widersprüchlichen Ergebnissen führten und sich damit einer generellen Bewertung entziehen.

So nahmen bei steigenden Cd-Konzentrationen in Maispflanzen die Zn-Konzentrationen im Gewebe ab (Root et al. 1975), während in verschiedenen Gemüsearten eine In-vivo-Cd-Behandlung zu einer Zunahme der Aufnahme und der Sproßkonzentrationen von Zn führte. Zusätzlich hängt die Wechselwirkung von der Konzentration der eingesetzten Metalle im Umgebungsmedium ab. Bei der genannten Wechselwirkung von Cd und Zn, in ähnlicher Weise auch bei der kombinierten Applikation von Cd und Cu, wurden die Zn-Konzentrationen im Gewebe bei geringen Zn-Konzentrationen nicht durch Cd beeinflußt, während bei hohen Zn- und Cd-Gaben zum Außenmedium die Zn-Konzentrationen in den Pflanzengeweben abnahmen.

Ebenfalls in Maispflanzen führte eine Pb-Belastung zu einer Zunahme der Cd-Aufnahme, während Cd die Pb-Aufnahme verminderte (Miller et al. 1977). Die kombinierte Einwirkung von Cd und Pb führte zu einer mehr als additiven Hemmwirkung auf das Wurzel- und Sproßwachstum (Carlson u. Bazzaz 1977). Bender et al. (1989) konnten bei Versuchen mit jungen Buchen, Fichten und Tannen zeigen, daß eine Bodenkontamination mit Cd alleine und in Kombination mit Ni und/oder Pb dazu führte, daß die Cd-Aufnahme durch die Anwesenheit der beiden anderen Metalle deutlich vermindert wurde. Kahle u. Breckle (1978) und Burton et al. (1986) fanden ähnliche Wechselwirkungen mit Cd-/Pb- bzw. Cd-/Cu-Kombinationen. Bei Platanen führte dagegen die Einzelapplikation von Cd und Pb zu einer geringeren Metallaufnahme als bei kombinierter Applikation beider Metalle (Carlson u. Bazzaz 1977).

1.6.4.5 Wechselwirkungen von Schwermetallen mit weiteren Schadstoffen

Neben einer möglichen Schwermetallbelastung sind Pflanzen an ihren natürlichen Standorten zahlreichen weiteren limitierenden Wachstumsfaktoren bzw. Stressoren ausgesetzt. Zu diesen zählen neben weiteren Schadstoffen des Bodens oder der Luft (s. Bd. 2A, Kap. 3.4) (z. B. schwefel- und stickstoffhaltige Gase und Niederschläge, Photooxidantien, Xenobiotica, Salze) ungünstige Wasser- und Klimabedingungen (Trockenheit, Hitze, Frost, UV-Strahlung, Wind, Sauerstoffmangel). Neben den pflanzeneigenen Faktoren wie Arten- und Sortenempfindlichkeit, Entwicklungszustand und Alter beeinflussen diese Größen die Reaktion auf eine Schwermetallbelastung. Nur wenige der möglichen Interaktionen zwischen diesen Faktoren und speziell im Hinblick auf ihre Wechselwirkung mit Schwermetallen sind bisher systematisch untersucht worden. Beispielhaft soll die Interaktion zwischen Schwermetallen und gasförmigen Luftschadstoffen angesprochen werden.

Gasförmige Luftschadstoffe wie Schwefeldioxid (SO_2), Stickstoffoxide (NO, NO_2) und Ozon (O_3) werden fast ausschließlich durch die Stomata von Blättern oder Nadeln aufgenommen. Unter Berücksichtigung der o.g. Wirkungen von Schwermetallen auf die stomatäre Leitfähigkeit bzw. die Transpiration (vgl. 1.6.4.2) ist die Möglichkeit einer Wechselwirkung (antagonistische und synergistische Wirkungen) dieser beiden Schadstoffgruppen prinzipiell gegeben. Kombinationswirkungen von Schwermetallen (Cu, Cd, Pb, Zn) mit SO_2 wurden z. B. von Krause u. Kaiser (1977), Lamoreaux u. Chaney (1978a), Toivonen u. Hofstra (1979), Grünhage u. Jäger (1981) und Dueck (1986) an einigen Pflanzenarten untersucht, wobei verschiedene Wirkungskriterien (Transpiration, Ertrag, Wachstum, Ionengehalte) zur Toxizitätsbewertung herangezogen wurden. Die durch eine Cu-Belastung reduzierte stomatäre Leitfähigkeit bewirkte dabei z. B. eine verminderte SO_2-Aufnahme (Toivonen u. Hofstra 1979), während bei Weidelgras und Weißklee keine Beeinflussung von SO_2-Wirkungen auf verschiedene krautige Pflanzenarten durch die gleichzeitige In-vivo-Applikation von Cu über die Wurzel nachweisbar war (Dueck 1986). Transpiration und Photosynthese abgetrennter Blätter des Zuckerahorns wurden durch die gleichzeitige Belastung mit SO_2 und Cd mehr gehemmt als durch die beiden Schadstoffe alleine (Lamoreaux u. Chaney 1978b).

Die wenigen Untersuchungen zur Interaktion zwischen O_3 und Schwermetallen lassen keine generalisierenden Schlußfolgerungen über mögliche Wechselwirkungen zu. Applikation von Ni und Cd über den Boden in Konzentrationen, die noch nicht phytotoxisch wirkten, verursachten eine erhöhte O_3-Empfindlichkeit bei Erbsen, Kresse und Salat, während bei pflanzenschädigenden Schwermetallkonzentrationen die O_3-Empfindlichkeit abnahm (Czuba u. Ormrod 1974; Ormrod 1977). Bei Tomatenpflanzen führte eine Cd-Behandlung *in vivo* bei gleichzeitiger O_3-Belastung zu einer synergistischen Wechselwirkung, da die Cd-Belastung die Pflanze empfindlicher gegenüber dem O_3-Einfluß machte (Harkov et al. 1979).

1.6.4.6
Zusammenfassende Wertung

Potentielle und tatsächliche Überschußwirkungen von essentiellen und nicht-essentiellen Schwermetallen auf Pflanzen sind in erheblichem Umfang untersucht worden. Basis für die Wirkungsabschätzung der Schwermetalle war überwiegend die Einzelpflanze als Individuum, da sich auf dieser Organisationsstufe Schwermetallüberschußwirkungen am besten simulieren und interpretieren lassen. Basierend auf der Notwendigkeit, den Transfer von Schwermetallen entlang der Nahrungskette in bezug auf die Gesundheit von Mensch und Tier erkennen und kontrollieren zu müssen, ist die Wechselwirkung von Schwermetallen mit Nahrungs- und Futterpflanzen in Agrarökosystemen besonders intensiv untersucht worden. Zahlreiche Gesetzmäßigkeiten, die die Schwermetallaufnahme aus dem Boden und aus der Atmosphäre beeinflussen und zur Schwermetallakkumulation beitragen, sind z. T. so weit bekannt, daß entsprechende Maßnahmen (z. B. Düngung, Kalkung, Bodenbearbeitung, Sortenwahl) zur Minderung der Schwermetallakkumulation abgeleitet werden konnten. Unter den gegenwärtigen Belastungsbedingungen in den meisten industrialisierten Ländern der westlichen Welt ist (abgesehen von lokalen, extrem belasteten Standorten) eine Schwermetallanreicherung in Kulturpflanzen, die zu negativen Wirkungen auf die Leistungen der Pflanzen führt, unwahrscheinlich, d. h. die Schwermetallgehalte in Kulturpflanzen erreichen meist nicht das Phytotoxizitätsniveau. Selbst unter geringen Belastungsbedingungen tragen diese „gesunden" Pflanzen jedoch zu einem erheblichen Anteil zu der Gesamtmetallaufnahme des Menschen über die Nahrung bei. Da die Einträge von Schwermetallen – und besonders von „Problemmetallen" wie Cd – in Agrarökosysteme speziell aus der Atmosphäre, aber auch aus sonstigen Quellen weiter andauern, ist eine Kontrolle bzw. eine weitere Minderung der Metallaufnahme durch Nahrungspflanzen weiterhin dringend notwendig.

Die Bewertung von Schwermetallüberschußwirkungen auf halbnatürliche oder natürliche Pflanzen (z. B. Wildkräuter, Forstpflanzen) speziell unter Feldbedingungen und deren Bedeutung für die Schwermetallumsätze im Ökosystem ist vergleichsweise schwieriger. Meist wurden entsprechende Untersuchungen nur an wenigen „Leitorganismen" oder „Stellvertreterarten" unter simplifizierten Bedingungen durchgeführt, die nicht ohne weiteres für das Ökosystem repräsentativ sind. Ebenso wie bei vielen Untersuchungen mit Kulturpflanzen wurden z.B. unrealistisch hohe Metallkonzentrationen eingesetzt, nur sehr kurze Versuchszeiträume gewählt, die Wechselwirkungen mit anderen Schwermetallen bzw. mit anderen Nährstoffen vernachlässigt oder Wirkungskriterien mit geringer Relevanz für das Ökosystem gewählt. In den nicht landwirtschaftlich genutzten Ökosystemen spielt der Belastungspfad über die atmosphärischen Schwermetalleinträge eine noch größere Rolle als in Agrarökosystemen, da hier die Einträge aus anderen Quellen (z.B. Bewirtschaftung) weitgehend entfallen.

Soweit es unter der Belastung mit hohen Schwermetallkonzentrationen überhaupt zu Abweichungen pflanzlicher Leistungen (Physiologie, Wachstum, Reproduktion) vom „Normalzustand" kommt, d.h. soweit phytotoxische Wirkungen nachweisbar sind, ist kein genereller bzw. übergeordneter Schwermetalltoxizitätsmechanismus erkennbar. Dazu sind die Eigenschaften der einzelnen Metalle und die art- und sortenspezifischen Reaktionsmuster der Pflanzen zu verschieden. In dieser enormen Reaktionsbreite von Pflanzen auf Schwermetalle und speziell in den verschiedenen Metallaufnahme- und -translokationsvermögen einzelner Arten und Sorten liegen jedoch gleichzeitig auch Möglichkeiten vor, schwermetallbelastete Standorte bzw. Böden gezielt zu bewirtschaften bzw. zu deren Dekontamination beizutragen. Dazu sind allerdings die Mechanismen, die diesen sehr unterschiedlichen Eigenschaften – speziell bei Spezialisten der Schwermetallaufnahme und -translokation – zugrunde liegen, genauer aufzuklären.

1.6.5 Literatur

Anderson AJ, Meyer DR, Mayer FK (1973) Heavy metal toxicities: levels of nickel, cobalt and chromium in the soil and plants associated with visual symptoms and variation in growth of an oat crop. Aust J Agricult Res 24:557–571

Baker AJM (1981) Accumulators and excluders – strategies in the response of plants to heavy metals. J Plant Nutr 3:643–654

Baker AJM (1987) Metal tolerance. New Phytologist 106:93–111

Baker AJM, Brooks RR (1989) Terrestrial higher plants which hyperaccumulate metallic elements – a review of their distribution, ecology and phytochemistry. Biorecovery 1:81–126

Bahlsberg-Pahlsson A-M (1989) Toxicity of heavy metals (Zn, Cu, Cd, Pb) to vascular plants. Water Air Soil Pollut 47:287–319

Barcelo J, Poschenrieder C (1990) Plant water relations as affected by heavy metal stress: a review. J Plant Nutr 13:1–37

Barcelo J, Vasquez MD, Poschenrieder C (1988) Structural and ultrastructural disorders in cadmium-treated bush bean plants. New Phytologist 108:37–49

Bazzaz FA, Carlson RW, Rolfe GL (1974) The effect of heavy metals on plants, part I: Inhibition of gas exchange in sunflower by Pb, Cd, Ni and Tl. Environ Pollut 7:241–246

Beckett PHT, Davies RD (1977) Upper critical levels of toxic elements in plants. New Phytologist 79:95–106

Bell R, Evans CS, Robert ER (1988) Decreased incidence of mycorrhizal root tips associated with soil heavy metal enrichment. Plant Soil 106:143–146

Bender J, Grünhage L, Jäger HJ (1989) Aufnahme und Wirkung von Schwermetallen bei Waldbäumen: Bodenkontaminationsversuche mit Cadmium, Blei und Nickel. Angew Bot 63:81–93

Bergkvist B(1987) Soil solution chemistry and metal budget of spruce forest ecosystems of Sweden. Water Air Soil Pollut 33:131–154

Blume HP (1992) Böden als Filter, Puffer und Transformatoren. In: Blume HP (Hrsg) Handbuch des Bodenschutzes. Ecomed Verlagsgesellschaft, Landsberg, S 99–107

Bowen HJM (1979) Environmental chemistry of the trace elements. Academic Press, London

Breckle SW (1991) Growth under stress. In: Waisel Y, Eshel A, Kafkafi U (eds) Plant roots: the hidden half. Marcel Dekker, New York, pp 351–373

Brechtel HM (1989) Stoffeinträge in Waldökosysteme – Niederschlagsdeposition im Freiland und in Waldbeständen. DVWK Mitteilungen 17:27–52

Burton KW, Morgan E, Roig A (1986) Interactive effects of cadmium, copper and nickel on the growth of sitka spruce and studies of metal uptake from nutrient solution. New Phytologist 103:549–557

Carlson RW, Bazzaz FA (1977) Growth reduction in American sycamore (Platanus occidentalis L.) caused by Pb-Cd interaction. Environ Pollut 12:243–253

Carlson RW, Bazzaz FA, Rolfe GL (1975) The effect of heavy metals on plants, part II. Net photosynthesis and transpiration of whole corn and sunflower plants treated with Pb, Cd, Ni and Tl. Environ Res 10:113–120

Cataldo DA, Garland TR, Wildung RE (1981) Cadmium distribution and chemical fate in soybean plants. Plant Physiol 68:835–839

Cataldo DA, Wildung RE, Garland TR (1987) Speciation of trace inorganic contaminants in plants and bioavailability to animals: an overview. J Environ Qual 16:289–295

Chang AC, Granato TL, Page AL (1992) A methodology for establishing phytotoxicity criteria for chromium, copper, nickel, and zinc in agricultural land application of municipal sewage sludges. J Environ Qual 21:521–536

Collins JC (1981) Zinc. In: Lepp NW (ed) Effect of heavy metal pollution on plants, vol 1. Applied Science Publishers, London, pp 145–169

Cummings JR, Taylor GJ (1990) Mechanisms of metal tolerance in plants: physiological adaptations for exclusion of metal ions from the cytoplasm. In: Alscher RG, Cummings JR (eds) Stress responses in plants: adaptation and acclimation mechanisms. Wiley-Liss, New York, pp 329–356

Czuba M, Ormrod DP (1974) Effects of cadmium and zinc on ozone-induced phytotoxicity in cress and lettuce. Can J Bot 52:645–649

Dueck TA (1986) Impact of heavy metals and air pollutants on plants. Academisch Proefschrift, Free Univ Press, Amsterdam

Eikmann T, Kloke A (1994) Ableitungskriterien für die Eikmann-Kloke-Werte. In: Kreysa G, Wiesner J, DECHEMA eV (Hrsg) Beurteilung von Schwermetallen in Böden von Ballungsgebieten: Arsen, Blei und Cadmium. DECHEMA, Frankfurt/Main, S 469–500

Elstner EF, Wagner GA, Schütz W (1988) Activated oxygen in green plants in relation to stress situations. Curr Top Plant Biochem Physiol 7:159–187

Ernst WHO (1972) Zink- und Cadmium-Immissionen auf Böden und Pflanzen in der Umgebung einer Zinkhütte. Ber Dtsch Bot Ges 85:295–300

Ernst WHO (1974) Schwermetallvegetation der Erde. Fischer-Verlag, Stuttgart

Ernst WHO (1980) Biochemical aspects of cadmium in plants. In: Nriagu JO (ed) Cadmium in the environment, part I. Wiley and Sons, New York, pp 639–653

Ernst WHO (1994) Wirkungen erhöhter Bodengehalte an Arsen, Blei und Cadmium auf Pflanzen. In: Kreysa G, Wiesner J, DECHEMA eV (Hrsg) Beurteilung von Schwermetallen in Böden von Ballungsgebieten: Arsen, Blei und Cadmium. DECHEMA, Frankfurt am Main, S 319–355

Ernst WHO (1996) Schwermetalle. In: Brunhold C, Rüegsegger A, Brändle R (Hrsg) Stress bei Pflanzen. UTB-Verlag P. Haupt, Bern, S 191–219

Ernst WHO, Josse ENG (1983) Umweltbelastung durch Mineralstoffe – biologische Effekte. Fischer-Verlag, Stuttgart

Ernst WHO, Verkleij JAC, Schat H (1992) Metal tolerance in plants. Acta Bot Neerland 41:229–248

Farago ME, Mullen WA, Cole MM, Smith RF (1980) A study of Armeria maritima (Mill.) Willd. growing in a copper-impregnated bog. Environ Pollut Ser A21:225–244

Fiedler HJ, Rösler HJ (1993) Spurenelemente in der Umwelt, 2. Aufl. Fischer-Verlag, Jena

Foy CD, Chaney RL, White MC (1978) The physiology of metal toxicity in plants. Annu Rev Plant Physiol 29:511- 566

Friedland AJ (1990) The movement of metals through soils and ecosystems. In: Shaw AJ (ed) Heavy metal tolerance in plants. CRC Press, Boca Raton, FL, pp 8–19

Godbold DL, Horst WJ, Collins JC, Thurman DA, Marschner H (1984) Accumulation of zinc and organic acids in roots of Zn tolerant and nontolerant ecotypes of Deschampsia caespitosa. J Plant Physiol 116:59–69

Gora L, Clijsters H (1989) Effects of copper and zinc on the ethylene metabolism in Phaseolus vulgaris L. In: Clijsters H, DeProft M, Marcelle R, Van Poucke M (eds) Biochemical and physiological aspects of ethylene production in lower and higher plants. Kluwer Academic Publishers, Dordrecht, pp 219–228

Greger M, Johansson M (1992) Cadmium effects on leaf transpiration of sugar beet (Beta vulgaris L.). Physiol Plant 86:465–473

Grill E, Winnacker EL, Zenk MH (1985) Phytochelatins: the principal heavy metal complexing peptides of higher plants. Science 230:674–676

Grünhage L, Jäger HJ (1981) Kombinationswirkungen von SO_2 und Cadmium auf Pisum sativum L.1. Ertrag, Schadstoffgehalte und Ionenhaushalt. Angew Bot 55:345–359

Grünhage L, Weigel HJ, Ilge D, Jäger HJ (1985) Isolation and partial characterization of a cadmium-binding protein from *Pisum sativum*. J Plant Physiol 119:327–334

Guderian R, Krause GHM, Kaiser H (1977) Untersuchungen zur Kombinationswirkung von Schwefeldioxid und schwermetallhaltigen Stäuben auf Pflanzen. Schriftenreihe der Landesanstalt für Immissionsschutz/Essen 40:23–30

Harkov R, Clarke B, Brennan E (1979) Cadmium contamination may modify response of tomato to atmospheric ozone. J Air Pollut Control Assoc 29:1247–1249

Haygarth PM, Jones KC (1992) Atmospheric deposition of metals to agricultural surfaces. In: Adriano DC (ed) Biogeochemistry of trace metals. Lewis Publishers, Boca Raton, pp 249–276

Heinrichs H, Mayer R (1980) The role of forest vegetation in the biogeochemistry cycle of heavy metals. J Environ Qual 9:111–118

Heinz A, Reinhardt GA (Hrsg) (1990) Chemie und Umwelt. Vieweg-Verlag, Braunschweig

Helal HM, Arisha H, Rietz E (1990) The uptake of trace elements by spinach and bean varieties of different root parameters. Plant Soil 123:229–232

Helal HM, Haque SA, Ramadan A, Schnug E (1996) Salinity-heavy metal interactions as evaluated by soil extraction and plant analysis. Commun Soil Sci Plant Anal 27:1355–1361

Helal HM, Schnug E, Eickriede A, Fild M (1995) Uptake of zinc by Brassica napus as affected by sulphur supply. Z Pflanzenernähr Bodenkd 158:123–124

Hovmand H, Tjell JC, Mosbaek (1983) Plant uptake of airborne Cd. Environ Pollut Ser A 30:27–38

Huang JW, Cunningham SD (1996) Lead phytoextraction: species variation in lead uptake and translocation. New Phytologist 134:75–84

Jalil A, Selles F, Clarke JM (1994) Effects of cadmium on growth and the uptake of other elements by durum wheat. J Plant Nutr 17:1839–1858

Kahle H, Breckle SW (1987) Wirkungen ökotoxischer Schwermetalle auf Buchenjungwuchs. Minister für Umwelt, Raumordnung und Landwirtschaft: Statuskolloquium „Luftverunreinigungen und Waldschäden“. Düsseldorf, Okt. 1986, S 84–90

Keck RW (1978) Cadmium alteration of root physiology and potassium ion fluxes. Plant Physiol 62:94–96

Khan DH, Duckett JG, Frankland B, Kirkham JB (1984) An X-ray microanalytical study of the distribution of Cd in roots of Zea mays L. J Plant Physiol 115:19–28

Klein H, Priebe A, Weigel HJ, Jäger H J (1980) Ökophysiologische Aspekte der Kontamination von Kulturpflanzen mit dem Schwermetall Cadmium. Verh Ges Ökol VIII:481–491

Klein H, Priebe A, Jäger HJ (1981) Grenzen der Belastbarkeit von Kulturpflanzen mit dem Schwermetall Cadmium. Angew Bot 55:295–308

Krause GHM (1974) Zur Aufnahme von Zink und Cadmium durch oberirdische Pflanzenorgane. Dissertation, Rheinische Friedrichs-Wilhelm-Univ Bonn

Krause GHM, Kaiser H (1977) Plant response to heavy metals and sulphur dioxide. Environ Pollut 12:63–71

Kreysa G, Wiesner J (1994) Beurteilung von Schwermetallen in Böden von Ballungsgebieten: Arsen, Blei und Cadmium. DECHEMA eV (Hrsg), DECHEMA, Frankfurt/Main

Krupa Z, Baszynski T (1995) Some aspects of heavy metal toxicity towards photosynthetic apparatus - direct and indirect effects on light and dark reactions. Acta Physiol Plant 17:177–190

Kuboi T, Noguchi A, Yazaki J (1986) Family dependent cadmium-accumulation characteristics in higher plants. Plant Soil 92:405–415

Lamoreaux RJ, Chaney WR (1978a) The effect of cadmium on net photosynthesis, transpiration and dark respiration of excised silver maple leaves. Physiol Plant 43:231–236

Lamoreaux RJ, Chaney WR (1978b) Photosynthesis and transpiration of excised silver maple leaves exposed to cadmium and sulphur dioxide. Environ Pollut 17:259–268

Lee KG, Cunningham BA, Paulsen GM, Liang GH, Moore RB (1976) Effect of cadmium on respiration rate and activity of several enzymes in soybean seedlings. Physiol Plant 36:4–6

Lee J, Reeves RD, Brooks RR, Jaffre T (1977) Isolation and identification of a citrato-complex of nickel from nickel-accumulating plants. Phytochemistry 16:1503–1505

Little P (1973) A study of heavy metal contamination of leaf surfaces. Environ Pollut 5:159–172

Little P, Martin MH (1972) A survey of zinc, lead and cadmium in soil and natural vegetation around a smelting complex. Environ Pollut 3:241–254

Lozano-Rodriguez E, Hernandez LE, Bonay P, Carpena-Ruiz RO (1997) Distribution of cadmium in shoot and root tissues of maize and pea plants: physiological disturbances. J Exp Bot 48:123–128

Lübben S (1993) Vergleichende Untersuchungen zur Schwermetallaufnahme verschiedener Kulturpflanzen aus klärschlammgedüngten Böden und deren Prognose durch Bodenextraktion. Landbauforschung Völkenrode, Sonderheft 140

Marschner H (1995) Mineral nutrition of higher plants, 2nd edn. Academic Press, London

Martens SN, Boyd RS (1994) The ecological significance of nickel hyperaccumulation: a plant chemical defense. Oecologia 98:379–384

Mathys W (1975) Enzymes of heavy metal-resistant and non-resistant populations of Silene cucubalus and their interaction with some heavy metals in vitro and in vivo. Physiol Plant 33:161–165

Mathys W (1977) The role of malate, oxalate and mustard oil glucosides in the evolution of zinc-resistance in herbage plants. Physiol Plant 40:130–136

Maywald F, Weigel HJ (1997) Zur Biochemie und Molekularbiologie der Schwermetallaufnahme und -speicherung bei höheren Pflanzen. Landbauforschung Völkenrode 3:103–126

McKenzie JM (1984) Bioavailability of trace elements in foodstuffs and beverages. In: Nriagu JO (ed) Changing metal cycles and human health. Springer-Verlag, Berlin Heidelberg New York, pp 187–198

McIlveen WD, Negusanti JJ (1994) Nickel in the terrestrial environment. Sci Total Environ 148:109–138

Meharg AA (1994) Integrated tolerance mechanisms: constitutive and adaptive plant responses to elevated metal concentrations in the environment. Plant Cell Environ 17:969–993

Miller JE, Hassett JJ, Koeppe DE (1977) Interactions of lead and cadmium on metal uptake and growth of corn plants. J Environ Qual 6:18–20

Moya JL, Ros R, Picazo I (1993) Influence of cadmium and nickel on growth, net photosynthesis and carbohydrate distribution in rice plants. Photosynth Res 36:75–80

Neite H, Neikes N, Wittig R (1991) Verteilung von Schwermetallen im Wurzelbereich und den Organen von Waldbodenpflanzen aus Buchenwäldern. Flora 185:325–333

Nicholson FA, Jones KC, Johnston AE (1995) The significance of the retention of atmospherically deposited cadmium on plant surfaces to the cadmium content of herbage. Chemosphere 3:3043–3049

Nieboer E, Richardson DHS (1980) The replacement of the nondescript term „heavy metal" by a biologically and chemically significant classification of metal ions. Environ Pollut Ser B1:3–26

Nriagu JO (1979) Global inventory of natural and anthropogenic emissions of trace metals into the atmosphere. Nature 279:409

Nriagu JO, Davidson CI (eds) (1986) Toxic metals in the atmosphere. Wiley & Sons, New York

Ochiai EI (1987) General principles of biochemistry of the elements. Plenum Press, New York

Ormrod DP (1977) Cadmium and nickel effects on growth and ozone sensitivity of pea. Water Air Soil Pollut 8:263–270

Pacyna JM, Semb A, Hanssen JF (1984) Emission and long-range transport of trace elements in Europe. Tellus (Ser B) 36B:163–178

Padeken K (1997) Schwermetallaufnahme verschiedener Pflanzenarten unter besonderer Berücksichtigung der N- und P-Ernährung. Dissertation. Fachbereich Agrarwissenschaften, Univ Göttingen

Petit CM, van de Geijn SC (1978) In vivo measurement of cadmium$^{(115m)}$ transport and accumulation in the stems of intact tomato plants (Lycopersicon esculentum, Mill.). I. Long distance transport and local accumulation. Planta 138:137–143

Prasad MNV (1995) Cadmium toxicity and tolerance in vascular plants. Environ Exp Bot 35:525–545

Prasad MNV, Hagemeyer J (1999) Heavy metal stress in plants – from molecules to ecosystems. Springer-Verlag, Berlin, Heidelberg, New York

Prüeß A (1994) Vorsorgewerte und Prüfwerte für mobile (NH_4NO_3-extrahierbare) Spurenelemente in Mineralböden. In: Kreysa G, Wiesner J, DECHEMA eV (Hrsg) Beurteilung von Schwermetallen in Böden von Ballungsgebieten: Arsen, Blei und Cadmium. DECHEMA, Frankfurt/Main, S 415–467

Przemeck E, Haase NU (1991) On the bonding of manganese, copper and cadmium to peptides of the xylem sap of plant roots. Water Air Soil Pollut 57/58:569–577

Robb J, Busch L, Rauser WE (1980) Zinc toxicity and xylem vessel alterations in white beans. Ann Bot 46:43–50

Robinson NJ, Tommey AM, Kuske C, Jackson PJ (1993) Plant metallothioneins. Biochem J 295:1–10

Römheld V, Marschner H (1986) Mobilization of iron in the rhizosphere of different plant species. Adv Plant Nutr 2:155–204

Root RA, Miller RJ, Koeppe DE (1975) Uptake of cadmium – its toxicity and effect on the iron ratio in hydroponically grown corn. J Environ Qual 4:473–476

Ros R, Morrales A, Segura J, Picazo J (1992) In vitro and in vivo effects of nickel and cadmium in the plasmalemma ATPase from rice (Oryza sativa L.) shoots and roots. Plant Sci 83:1–6

Ross SM (ed) (1994) Toxic metals in soil plant systems. Wiley & Sons, Chichester

Ross SM (1994) Sources and forms of potentially toxic metals in soil-plant systems. In: Ross SM (ed) Toxic metals in soil plant systems. John Wiley & Sons, Chichester, pp 3–26

Salin ML (1987) Toxic oxygen species and protective systems of the chloroplast. Physiol Plant 72:681–689

Sauerbeck D (1982) Welche Schwermetallgehalte in Pflanzen dürfen nicht überschritten werden, um Wachstumsbeeinträchtigungen zu vermeiden? Landwirtsch Forsch SH 93:108–129

Sauerbeck D (1985) Funktion, Güte und Belastbarkeit des Bodens aus agrikulturchemischer Sicht. Kohlhammer, Stuttgart

Sauerbeck D (1991) Plant, element and soil properties governing uptake and availability of heavy metals derived from sewage sludge. Water Air Soil Pollut 57/58:227–237

Schlegel H, Godbold DL, Hüttermann A (1987) Whole plant aspects of heavy metal induced changes in CO_2 uptake and water relations of spruce (Picea abies) seedlings. Physiol Plant 69:265–270

Senden MHMN, van der Meer AJGM, Verburg TG, Wolterbeek HT (1994) Effects of cadmium on the behaviour of citric acid in isolated tomato xylem cell walls. J Exp Bot 45:597–606

Sheoran IS, Gupta VK, Laura JS, Singh R (1991) Photosynthetic carbon fixation, translocation and metabolite levels in pigeon pea (Cajanus cajan L.) leaves exposed to excess cadmium. Indian J Exp Biol 29:857–861

Singh N, Farooqui A, Pandey V, Misra J, Kulschresha K, Srivastava K, Singh SN, Yunus M, Ahmad KJ (1993) Heavy metal pollutants and plants. Appl Bot Abstr 13:41–56

Stephan UW, Scholz G (1993) Nicotinamin: mediator of transport of iron and heavy metals in the phloem? Physiol Plant 88:522–529

Steffens JC (1990) The heavy metal-binding peptides of plants. Annu Rev Plant Physiol Plant Mol Biol 41:553–575

Steinnes E (1989) Cadmium in the terrestrial environment: impact of long-range atmospheric transport. Toxicol Environ Chem 19:139–145

Streit B, Stumm W (1993) Chemical aspects. In: Markert B (ed) Plants as biomonitors - indicators for heavy metals in the terrestrial environment. VCH Verlagsgesellschaft, Weinheim

Tjell JC, Hovmand MF, Mosbaek H (1979) Atmospheric lead pollution of grass grown in background areas of Denmark. Nature 280:425–426

Toivonen PM, Hofstra G (1979) The interaction of copper and sulphur dioxide in plant injury. Can J Plant Sci 59:475–479

Turner RG (1970) The subcellular distribution of zinc and copper within the roots of metal-tolerant clones of Agrostis tenuis Sibth. New Phytologist 69:725–731

Turner AP (1994) The responses of plants to heavy metals. In: Ross SM (ed)Toxic metals in soil-plant systems. Wiley, Chichester, pp 153–187

UBA (Hrsg) (1987) Umweltbundesamt- Entscheidungshilfen für die Prüfung in Sonderfällen nach TA Luft: Teil III. Beurteilung einer Belastung von Nahrungs- und Futterpflanzen mit Cadmium, Blei, Thallium und Fluor. Schmidt-Verlag, Berlin

UBA (1997) Umweltbundesamt - Daten zur Umwelt 1995/1996. Schmidt-Verlag, Berlin

Vallee BL, Ulmer DD (1972) Biochemical effects of mercury, cadmium and lead. Annu Rev Biochem 41:91–128

Vangronsfeld J, Clijsters H (1994) Toxic effects of metals. In: Farago ME (ed) Plants and the chemical elements. VCH-Verlag, Weinheim, pp 149–177

van Assche F, Clijsters H, Marcelle R (1979) Photosynthesis in Phaseolus vulgaris L. as influenced by supra-optimal zinc nutrition. In: Marcelle R, Clijsters H, Van Poucke M (eds) Photosynthesis and plant development. Junk Publishers, The Hague, pp 175–184

van Assche F, Clijsters H (1990) Effects of metals on enzyme activities in plants. Plant Cell Environ 13:195–206

Verkleij JAC, Schat H (1990) Mechanisms of metal tolerance of higher plants. In: Shaw AJ (ed) Heavy metal tolerance in plants: evolutionary aspects. CRC Press, Boca Raton, pp 179–193

Wagner GJ (1993) Accumulation of cadmium in crop plants and its consequences to human health. Adv Agron 51:173–212

Weigel HJ, Jäger HJ (1980a) Subcellular distribution and chemical form of cadmium in bean plants. Plant Physiol 65:480–482

Weigel HJ, Jäger HJ (1980b) Different effects of cadmium in vitro and in vivo on enzyme activities in bean plants (Phaseolus vulgaris L.c.v. Sankt Andreas). J Plant Physiol 97:103–113

Weigel HJ, Jäger HJ (1980c) Der Einfluß von Schwermetallen auf Wachstum und Stoffwechsel von Buschbohnen. Angew Bot 54:195–205

Weigel HJ (1985a) The effect of Cd^{2+} on photosynthetic reactions of mesophyll protoplasts. Physiol Plant 63:192–200

Weigel HJ (1985b) Inhibition of photosynthetic reactions of isolated intact chloroplasts by cadmium. J Plant Physiol 119:179–189

Weigel HJ, Ilge D, Elmadfa I, Jäger HJ (1987) Availability and toxicological effects of low levels of biologically bound cadmium. Arch Environ Contam Toxicol 16:85–93

White MC, Decker AM, Chaney RL (1981) Metal complexation in xylem fluid. I. Chemical composition of tomato and soybean stem exudates. Plant Physiol 67:292–300

Wilcke W, Döhler H (Hrsg) (1995) Schwermetalle in der Landwirtschaft. Kuratorium für Technik und Bauwesen in der Landwirtschaft eV (KTBL), Arbeitspapier 217

Woolhouse HW (1993) Toxicity and tolerance in response of plants to metals. In: Lange OL et al (eds) Encyclopedia of plant physiology, vol 12c. Springer-Verlag, Berlin Heidelberg New York, pp 246–300

Yang X, Baligar VC, Martens DC, Clark RB (1996) Cadmium effects on influx and transport of mineral nutrients in plant species. J Plant Nutr 19:643–656

1.7 Konzentrationen und Wirkungen von Radionukliden in Böden und Pflanzen

H.G. Paretzke

Ein Radionuklid ist ein radioaktives Isotop eines chemischen Elements. Es wird „radio-aktiv“ genannt, weil es mit gewisser Wahrscheinlichkeit spontan unter Aussendung von ionisierender Strahlung in einen energetisch niedrigeren kernphysikalischen Zustand und möglicherweise dabei auch in ein anderes chemisches Element übergehen kann (s. Abschn. 1.7.1). Die Konzentrationen und Wirkungen derartiger radioaktiver Stoffe in Böden und Pflanze sind meist aus folgenden Gesichtspunkten von Interesse:

- wegen der chemischen Eigenschaften und Wirkungen der primären Elemente oder – nach einem radioaktiven Alpha- oder Beta-Zerfall –

deren Tochter-Elemente. Hier verhalten sich fast alle radioaktiven Isotope so wie ihre nicht radioaktiven Isotop-Geschwister. Diese Eigenschaften werden in diesem Handbuch an vielen anderen Stellen betrachtet und deshalb in diesem Kapitel nicht weiter besprochen. Es sei hier jedoch darauf hingewiesen, daß insbesondere bei langlebigen Radioisotopen, wie z.B. von Uran und von Transuranen, diese chemischen Umweltwirkungen von Radionukliden sogar wichtiger als deren radioaktive sein können;

- wegen der bei radioaktiven Übergängen von Radionukliden ausgesandten ionisierenden Strahlung. Derartige Strahlung kann – im Gegensatz zu allen chemischen Wirkungen, deren „Wechselwirkungs-Reichweite" typisch im Sub-Nanometerbereich der Moleküldimensionen liegt – auch noch über große Distanzen wirken. So kann z.B. Gammastrahlung leicht über 100 m entfernte Molekülverbände z.B.in der DNS einer biologischen Zelle eines Menschen, der auf radioaktiv kontaminierten Böden steht, treffen und physikochemisch und biologisch bedeutsam verändern;
- ferner besitzt ein Radionuklid eine charakteristische „innere Uhr", d.h. es kann mit genau bekannter Wahrscheinlichkeit pro Zeitintervall in einen anderen Zustand übergehen;
- zudem lassen sich Radionuklide in Umweltproben meistens spezifisch und empfindlich nachweisen. Deshalb wird ihre „innere Uhr" oft z.B. in der Datierung und Herkunftbestimmung von verschiedensten Materialien (z.B. von Steinen, Wasserkörpern, archeologischen Funden) benutzt.

Wegen ihrer besonderen kernphysikalischen Eigenschaften, ihrer inneren Uhr und der von ihnen ausgesandten ionisierenden Strahlung spielen Radionuklide auch im Kontext Umwelt und Ökotoxikologie besondere Rollen. Auf die wichtigsten wird hier eingegangen: Zuerst werden nachfolgend kurz die physikalischen Eigenschaften der Radionuklide und der ionisierenden Strahlung erläutert sowie eine Übersicht über die Herkunft relevanter natürlicher und anthropogener Umweltradionuklide gegeben. Sodann werden in den Abschnitten 1.7.2 und 1.7.3 die Konzentrationsbereiche derartiger Radionuklide in Böden und Pflanzen aufgeführt und in 1.7.4 und 1.7.5 für diese Umweltkompartimente die entsprechenden direkten und einige indirekte Wirkungen der Radionuklide erwähnt.

1.7.1 Eigenschaften und Ursprung der Radionuklide in Böden und Pflanzen

1.7.1.1 Radioaktivität

Atomkerne (Nuklide) können die Eigenschaft zeigen, unter Aussendung von ionisierender Strahlung direkt oder über Zwischenstufen in ihren stabilen Grundzustand (bei Gammastrahlenemission) oder in stabile Tochternuklide (bei Elektroneneinfang (ec), Alphateilchen-, Betastrahlen- oder Neutronen-Emission) überzugehen. Es gibt auch „duale" Übergänge, wenn Nukliden mit gewissen Wahrscheinlichkeiten zwei (oder mehr) Übergangsmöglichkeiten offenstehen, sowie lange „Zerfallsketten", bei denen der kernphysikalisch stabile Endzustand erst nach bis zu mehr als zehn Zwischenstufen in Form so genannter Tochternuklide erreicht wird. Das der Eigenschaft der Radioaktivität zugrunde liegende statistische „Zerfalls"-Gesetz, das sich auch unter Änderung der physikalischen und chemischen Bedingungen nicht ändert, besagt, daß die Anzahl dN der sich pro Zeiteinheit dt umwandelnden Kerne der Zahl der jeweils noch im angeregten Zustand vorhandenen Nuklide N proprortional ist: $dN/dt = -\lambda N$. Die nach einer Zeit t von ursprünglich N Atomen noch vorhandene Zahl angeregter Nuklide ist dann: $N(t) = N\ e^{-\lambda t}$. Die Proportionalitätskonstante λ, die sogenannte Zerfallskonstante, und die emittierte Strahlung sind für Nuklid und Anfangszustand charakteristisch und werden deshalb strahlenmeßtechnisch zur Radionuklid-Analytik verwendet.

Die über einhundert chemischen Elemente kommen in Form von über 2700 Isotopen vor, von denen über 2000 radioaktiv sind. Daraus folgt, daß der Zustand der Radioaktivität der natürlicherweise überwiegende ist. Es ist wahrscheinlich, daß praktisch alle heute bekannten Radionuklide auch vor geologisch langen Zeiten in kosmischen Prozessen erzeugt wurden. Inzwischen sind Milliarden von Jahren vergangen. Wegen der gegenüber dieser langen Zeit meist kurzen Halbwertszeiten von Radioisotopen sind viele dieser natürlichen Radionuklide praktisch schon vollständig zerfallen (dies gilt z.B. für die natürliche ^{241} Pu-Zerfallsreihe). Die heute beobachteten Isotope dieser kurzlebigeren Art stammen dann oft aus „anthropogen" oder „künstlich" genannten Quellen; dies gilt z.B. für ^{241}Pu, ^{137}Cs und ^{90}Sr.

Von den über 2000 Radionukliden kommen ca. 80 in der Natur aus primordialen, kosmogenen, und anthropogenen Quellen in meßbaren Konzentrationen vor (s. 1.7.1.3 bis 1.7.1.5).

1.7.1.2
Ionisierende Strahlung

Die bei Kernumwandlungen emittierten ionisierenden Strahlen lassen sich – je nach Übergang – einteilen in Alpha-, Beta-, Gamma- oder Neutronenstrahlung. Die Art der Strahlung ist von Bedeutung sowohl hinsichtlich der chemischen Natur des Tochterkerns nach dem Zerfall, als auch hinsichtlich des optimalen Meßverfahrens für diese Strahlung und ihrer biologischen und ökotoxikologischen Wirkung:

- Beim Alphazerfall wird monoenergetisch ein hochenergetischer (einige MeV kinetischer Energie) ^{4}He-Kern emittiert mit hoher biologischer Wirksamkeit pro abgegebener Energie und typischen Reichweiten in Luft von einigen cm bzw. von einigen zehn Mikrometern in Böden und Pflanzen. Die Kernladungszahl des dabei neu entstehenden Tochternuklids ist um 2 Einheiten geringer als die des Ausgangskerns.
- Beim Beta-(β^+- oder β^-)Zerfall wird ein breites, zu höheren Energien abfallendes Spektrum von Positronen (β^+) bzw. Elektronen (β^-) emittiert mit Maximalenergien bis zu typisch einem MeV und der gleichen, gegenüber Alphateilchen weit (um ca. den Faktor 20) geringeren biologischen Wirksamkeit pro abgegebener Energie wie Gammastrahlen. Die Reichweite dieser Teilchen-Strahlung beträgt in Luft selten mehr als 2 m bzw. ca. zwei mm in Böden oder Pflanzen; die Kernladungszahl des Tochternuklids ist um eine Einheit erhöht (β^-) bzw. verringert (β^+).
- Gammastrahlung wird bei kernphysikalischen Übergängen von energetisch höheren zu niedrigeren Zuständen des nur bei diesem Prozeß chemisch gleichbleibenden Kerns emittiert, d.h. ohne Veränderung der Kernladungszahl. Gammastrahlung durchdringt in der Regel einige cm feste Materie bzw. über hundert m Luft. Sie wird fast immer auch bei Alpha- oder Betazerfällen zusätzlich emittiert.
- Neutronenstrahlung tritt bei schweren Kernen (z.B. bei ^{238}U) bei der seltenen Spontanspaltung unter Emission von zwei mittelschweren Kernen sowie von Neutronen- und Gammastrahlung auf.

Die meßtechnische Analyse von Alpha- oder Gammastrahlung erlaubt aufgrund ihrer charakteristischen, schmalen Liniennatur eine meßtechnisch sichere Identifizierung des emittierenden Radionuklids und die Bestimmung seiner spezifischen Aktivität in einer Probe anhand der in der Literatur gut dokumentierten Übergangswahrscheinlichkeiten und -energien. Das breite, kontinuierliche Betateilchenspektrum macht zur meßtechnischen Identifizierung und Aktivitätsbestimmung derartiger Radionuklide meist eine vorherige chemische Trennung nötig.

1.7.1.3
Primordiale Radionuklide

Fünfundvierzig der ca. 80 in der Natur in nennenswerten Mengen vorkommenden Radionuklide (s. Tabelle 1.7-1) gehören den langlebigen natürlichen Zerfallsreihen der primordialen Mutternuklide ^{238}U, ^{235}U und ^{232}Th an (s. Tabelle 1.7-2a–c), die noch von der kosmischen Nukleosynthese übrig geblieben sind (d.h. sie sind älter als die Erde!) und im Laufe von Jahrmilliarden über ca. 10 Radionuklid-Zwischenstufen („radiogene" Isotope) schließlich in die stabilen Blei-Isotope ^{206}Pb, ^{207}Pb bzw. ^{208}Pb zerfallen. Zusätzlich existieren ca. 6 weitere primordiale Radionuklide, wie z.B. ^{40}K und ^{87}Rb, die schon nach einer Umwandlung in stabile Kerne übergehen.

1.7.1.4
Kosmogene Radionuklide

Es gibt etwa 15 kosmogene Radionuklide, die ständig vor allem durch Wechselwirkung der kosmischen Strahlung mit der Lufthülle der Erde entstehen und zumeist in der Biophäre zu finden sind. Die Pro-

Tabelle 1.7-1. Primordiale Radionuklide, ihre Zerfallscharakteristika und Bodenkonzentrationen. (Nach ICRP38 1983 und UNSCEAR 1999)

Radio-nuklid	Anteil am Element (%)	Halbwerts-zeit (10^9 a)	Zerfalls-art	Tochter-nuklid	Konz. (Bq/kg) im Boden Median (Bereich)
^{40}K	0,012	1,28	ec (10,7%): β^- (89%):	^{40}A ^{40}Ca	400 (140–850)
^{87}Rb	27,8	47,5	β^-	^{87}Sr	ca. 7
^{138}La	0,09	105	ec (66%): β^- (34%):	^{138}Ba ^{138}Ce	
^{147}Sm	15	106	α	^{143}Nd	
^{176}Lu	2,6	37,8	β^-	^{176}Hf	
^{187}Re	62,6	46	α	^{187}Os	
^{232}Th	100	14	α, β^--Kette	^{208}Pb	30 (11–64)
^{235}U	0,72	0,7	α, β^--Kette	^{207}Pb	ca. 2
^{238}U	99,28	4,47	α, β^--Kette	^{206}Pb	37 (16–110)

Tabelle 1.7-2a. Radionuklide der Zerfallskette des primordialen Radionuklids ^{232}Th (nach ICRP38 1983) und ihre Photonen-Dosisleistungsbeiträge (in nGy/h pro Bq/kg Boden) in 1 m Höhe über homogen kontaminiertem Erdboden (ICRU53 1994) (Notation: E-5 bedeutet: 10^{-5}, usw.)

Radionuklid	Halbwertszeit	Haupt-Zerfallsart	Dosisleistung
^{232}Th	14 Ga	α	4,78 E-5
^{228}Ra	5,75 a	β^-	5,45 E-5
^{228}Ac	6,15 h	β^-	2,21 E-1
^{228}Th	1,91 a	α	3,44 E-4
^{224}Ra	3,66 d	α	2,14 E-3
^{220}Rn	55,6 s	α	1,73 E-4
^{216}Po	145 ms	α	
^{212}Pb	10,64 h	β^-	2,77 E-2
^{212}Bi	60,5 min	α (36%), β^- (64%)	2,72 E-2
^{212}Po	0,3 µs	α	
^{208}Tl	3,05 min	β^-	3,26 E-1
^{208}Pb	∞	stabil	
	Summe bei radioaktivem Gleichgewicht:		6,04 E-1

Tabelle 1.7-2b. Radionuklide der Zerfallskette des primordialen Radionuklids ^{235}U. (Nach ICRP38 1983)

Radionuklid	Halbwertszeit	Haupt-Zerfallsart
^{235}U	704 Ma	α
^{231}Th	25,5 h	β^-
^{231}Pa	32,76 ka	α
^{227}Ac	21,8 a	α (1,4%), β^- (98,6%)
^{227}Th	18,7 d	α
^{223}Fr	22 min	β^-
^{223}Ra	11,4 d	α
^{219}Ra	4 s	α
^{215}Po	1,8 ms	α
^{211}Po	36,1 min	β^-
^{211}Bi	2,14 min	α (99,7%), β^- (0,3%)
^{207}Tl	4,77 min	β^-
^{207}Pb	∞	stabil

Tabelle 1.7-2c. Radionuklide der Zerfallskette des primordialen Radionuklids ^{238}U (nach ICRP38 1983) und ihre Photonen-Dosisleistungsbeiträge (in nGy/h pro Bq/kg Boden) in 1 m Höhe über homogen kontaminiertem Erdboden (ICRU53 1994)

Radionuklid	Halbwertszeit	Haupt-Zerfallsart	Dosisleistung
^{238}U	4,47 Ga	α (99,9%)	4,33 E-5
^{234}Th	24,1 d	β^-	9,47 E-4
^{234m}Pa	1,17 min	β^-	3,00 E-3
^{234}U	245 ka	α (99,7%)	5,14 E-5
^{230}Th	75,4 ka	α	6,90 E-5
^{226}Ra	1,6 ka	α (100%)	1,25 E-3
^{222}Rn	3,8 d	α	8,78 E-5
^{218}Po	3,1 min	α (99,98%), ß⁻ (0,02%)	
^{214}Pb	26,8 min	β^-	5,46 E-2
^{214}Bi	19,9 min	α (0,02%), ß⁻ (99,98%)	4,01 E-1
^{214}Po	164 µs	α	
^{210}Tl	1,3 min	β^-	1,15 E-4
^{210}Pb	22,3 a	β^-	
^{210}Bi	5,01 d	β^-	2,07 E-4
^{210}Po	138,4 d	α	
^{206}Pb	∞	stabil	
	Summe bei radioaktivem Gleichgewicht:		4,62 E-1

duktionsrate der meisten kosmogenen Radionuklide ist am größten in der oberen Stratosphäre, sie ist abhängig von der geographischen Breite und wird durch seinen Einfluß auf das Erdmagnetfeld mit dem 11jährigen Sonnenzyklus moduliert. Die kosmogenen Nuklide sind alle deutlich kurzlebiger und stellen nur einen um viele Größenordnungen geringeren Isotopen-Anteil am Vorkommen eines Elementes dar (typisch 10^{-7} oder weniger) als die primordialen Radionuklide. Ihr Eintrag in Pflanzen und Böden aus der Atmosphäre geschieht z.B. durch trockene und nasse Deposition aus der Atmosphäre (z.B. bei ^{3}H und ^{7}Be) oder durch Photo-Assimilation von $^{14}CO_2$ in Pflanzenmaterial. Die häufigsten dieser kosmogenen Radionuklide mit Halbwertszeiten über 1 d sind in Tabelle 1.7-3 aufgeführt.

1.7.1.5 Anthropogene Radionuklide

Auch durch menschliche Handlungen wurden und werden Radionuklide in Böden und Pflanzen eingetragen. Antropogene Radionuklide entstehen z.B. bei der Energieumwandlung durch Spaltung schwerer

Tabelle 1.7-3. Kosmogene Radionuklide und ihre Produktions- (nach UNSCEAR 1999) und Zerfallscharakteristika (ICRP38 1983)

Radio-nuklid	Erzeugungs-rate (PBq/a)	Globales Inventar (PBq)	Halbwerts-zeit	Zerfalls-art	Tochter nuklid
^{3}H	72	1275	12,33 a	β^-	^{3}He
^{7}Be	1960	413	53,29 d	β^-	^{7}Li
^{10}Be	64 E-6	230	1,51 Ma	β^-	^{10}B
^{14}C	1,54	12750	5,73 ka	β^-	^{14}N
^{22}Na	0,12	0,44	2,6 a	ec	^{22}Ne
^{26}Al	1 E-6	0,71	0,74 Ma	ec	^{26}Mg
^{32}Si	870 E-6	0,82	172 a	β^-	^{32}P
^{32}P	73	4,1	14,26 d	β^-	^{32}S
^{33}P	35	3,5	25,34 d	β^-	^{33}S
^{35}S	21	7,1	87,51 d	β^-	^{35}Cl
^{36}Cl	13 E-6	5,6	301 ka	ec (1,9%)	^{36}S
				β^- (98,1%)	^{36}Ar
^{37}Ar	31	4,2	35,04 d	ec	^{37}Cl
^{39}Ar	0,074	28,6	269 a	β^-	^{39}K
^{81}Kr	0,017 E-6	0,005	229 ka	ec	^{81}Br

Kerne (Spaltfragmente wie Sr, I, Cs), bei der Aktivierung von Materialien z. B. durch Neutroneneinfang (Aktivierungsprodukte wie ^{14}C, ^{60}Co, ^{239}Pu), und wurden freigesetzt in die Umwelt aus dem Normalbetrieb oder bei Unfällen (s. Tabelle 1.7-4) in Industrieanlagen (z. B. aus Anlagen im Kreislauf der Kernenergieerzeugung, ^{3}H auch aus der Uhrenindustrie), Forschungsstätten, aus Krankenhäusern, bei atmosphärischen Atombombentests (s. Tabelle 1.7-4), etc. Auch „natürliche" Radionuklide können in den Böden und Pflanzen durch zivilisatorische Handlungen in ihren natürlichen Konzentrationen stark verändert werden, wie z. B. durch Verbrennung fossiler Brennstoffe (U-, Th-Zerfallsketten), durch Bergbau und Verarbeitung von Mineralien (U-, Th-Zerfallsketten), durch Beschränkung des Luftaustausches in Häusern (Rn und Tochternuklide).

1.7.2 Konzentrationen von Radionukliden in Böden

Die Konzentrationen von Radionukliden in Böden hängt im wesentlichen von der Genese der Gesteine und Böden, sowie von anthropogenen Einflüssen (z. B. Bergbau, Einrichtungen des Kernbrennstoffzyklusses) ab. Die meisten der am Aufbau der Erdkruste beteiligten Isotope

Tabelle 1.7-4. Eintrag wichtiger anthropogener Radionuklide in den Boden in München und Berlin durch oberirdische Atombombentests und den Reaktorunfall von Tschernobyl (nach Wirth 1996 und Bunzl 1997)

Radio-nuklid	Halbwert-zeit	Zerfalls-art	Deponierte Aktivität (kBq/m²) A-Bomben-tests	Reaktorunfall 4/86 München	Reaktorunfall 4/86 Berlin	Gehalt 4/1995 München
^{3}H	12,32 a	β	ca. 8,7 pro a	–	–	–
^{54}Mn	310 d	ec	–	0,03	–	<NWG
^{55}Fe	2,7 a	ec	4,5	–	–	–
^{89}Sr	50,5 d	β	20	2,2	0,89	–
^{90}Sr	28 a	β	3,2	0,21	0,076	1,66
^{99}Mo	60 h	β, γ	–	9,6	0,270	–
^{103}Ru	39,4 d	β, γ	–	27	7,8	–
^{106}Ru	374 d	β, γ	–	6,9	2	0,013
^{129m}Te	33,6 d	β, γ	–	30	2	–
$^{132}Te/^{132}I$	78h/2h	β, γ	–	123	4,9	–
^{129}I	16 Ma	β, γ	0,09	–	–	0,09
^{131}I	8 d	β, γ	19	92	8,5	–
^{133}I	21 h	β, γ	–	3,7	–	
^{134}Cs	2,1 a	β, γ	0	11,1	1,2	0,54
^{136}Cs	13 d	β, γ	–	4,2	0,25	–
^{137}Cs	30 a	β, γ	5,2	19	2,3	18
$^{140}Ba/^{140}La$	13d/40h	β, γ	23	12	1,6	–
^{144}Ce	285 d	β, γ	–	0,4	<NWG	–
^{238}Pu	88 a	α	0,002	1,4E-5	<NWG	0,002
^{239}Pu	24,1 ka	α	0,035	4,0E-5	<NWG	0,035
^{240}Pu	6,55 ka	α	0,023	–	–	0,023
^{241}Pu	14,4 a	β	0,730	–	–	0,160
^{241}Am	432,6 a	α, γ	0,025	–	–	0,018

sind aber stabil; ca. 99% der Masse wird von O, Si, Al, Fe, Ca, Na, K, Mg beigetragen. Radionuklide kommen hier nur in äußerst geringen Massen vor (typisch weniger als mg pro t). Diese geringen Massen können aber bemerkenswerte Wirkungen haben (s. 1.7.4 und 1.7.5).

1.7.2.1 Natürliche Radionuklide

Die wichtigsten natürlichen Radionuklide in Böden sind das primordiale Isotop ^{40}K sowie die Mitglieder der primordialen Uran- und Thorium-Zerfallsketten (s. Tabelle 1.7-1 und 1.7-2a–c). Insgesamt sind davon in den oberen 2 km der Erdkruste vorhanden (in Tt = 10^{15} kg): ^{40}K: 2,7, ^{87}Rb: 24,3, ^{232}Th: 8,18, ^{238}U: 1.98 (Herrmann 1996); im gesamten Meereswasser kommen noch einmal etwa 1‰ bis 1% dieser Massen hinzu (außer für Th). Die lokalen Konzentrationen dieser Radionuklide hängen von der Art der Gesteine und Böden ab; in Tabelle 1.7-5 sind für einige davon typische Konzentrationswerte aufgeführt (Kemski 1996). Wenn diese Konzentrationen deutlich höher werden (z. B. in Graniten), kann sich der bergmännische Abbau dieser Erze lohnen (s. 1.7.4.2) und/oder es können Regionen teilweise stark erhöhter terrestrischer Photonenstrahlung (s. 1.7.4.1) und Radongas-Emanationen aus diesen

Tabelle 1.7-5. Mittelwerte der Konzentrationen von natürlichen Radionukliden in ausgewählten Böden (Kemski 1996)

Gestein/Boden	Konzentration (ppm)			Spezifische Aktivität (Bq/kg)		
	K_{nat}	^{232}Th	^{238}U	K_{nat}	^{232}Th	^{238}U
saure Magmatite	32000	12,6	3,5	997	52	44
intermediäre Magmatite	28000	3,9	1,5	872	16	39
basische Magmatite	6000	1,9	0,8	187	8	11
Ultrabasite	40	0,4	0,05	1	2	1
Sandsteine	14800	1,7	1,6	461	7	20
Tonsteine	28100	12,2	3,7	876	50	34
Carbonate	3100	1,1	1,8	97	5	23
Bauxite		49	11,4		201	144
Schwarzschiefer		>100	3–1200		>410	38–15120
Phosphate		1–5	50– 900		4–21	630–11340
Krustenmittel	20000	13	2,5	623	53	32
Böden	16800	10,3	3,2	523	42	40

Böden (Kemski 1996b; SSK 1998) auftreten. Ferner können diese natürlichen Radionuklide in Pflanzen (s. 1.7.3 und 1.7.5) und Trinkwässer (insbesondere in Mineralwässer; Rühle 1996) übergehen und so zur Strahlenexposition des derartige Lebensmittel konsumierenden Menschen oder von Tieren beitragen. Auch bei der Gewinnung und Endlagerung radioaktiver Stoffe aus dem Kernbrennstoffzyklus in tiefen geologischen Formationen können langlebige natürliche Radionuklide die Hauptrolle bei rechnerischen, potentiellen Strahlenexpositionen zukünftiger Generationen spielen (Herrmann 1996). Kosmogene Radionuklide (s. Tabelle 1.7-3) spielen bei der radioaktiven Kontamination von Böden meist keine Rolle (für Ausnahmen s. z. B. Michel 1999), wohl aber bei der von Pflanzen (z. B. ^{3}H und ^{14}C, s. 1.7.3).

1.7.2.2
Anthropogene Radionuklide

Radionuklide können auch direkt oder über den Wasser- oder Luftpfad aus technischen oder industriellen Einrichtungen, sowie über militärische Waffentests in den Boden eingetragen werden. Als unter Berücksichtigung ihrer Mengen und Halbwertszeiten wichtige Radionuklide sind hier vor allem anthropogenes ^{3}H und ^{14}C (vor allem aus atmosphärischen Atombombentests), sowie die Uran-Spaltfragmente Cs und Sr zu nennen; bei der Endlagerung radioaktiver Abfälle in tiefen geologischen Formationen spielen weitere, langlebige Radionuklide, wie z. B. Pu eine wichtige Rolle in rechnerischen Expositionsabschätzungen.

In Tabelle 1.7-4 sind wichtige anthropogene Radionuklide und ihre Eintragswerte in den Boden für die oberirdischen, atmosphärischen Atombombentests (vor allem in den 1950er und 1960er Jahren) und den für die Böden (und Pflanzen) in Europa diesbezüglich teilweise bedeutenderen Reaktorunfall von Tschernobyl im Jahre 1986 aufgeführt.

1.7.3
Konzentrationen von Radionukliden in Pflanzen

Natürliche und anthropogene Radionuklide können auf verschiedenen Pfaden in Pflanzen gelangen (Coughtry 1983), so z. B. über die Aufnahme aus dem Erdboden durch die Wurzel, nach externer Kontamination oberirdischer Pflanzenteile mit Bodenpartikeln (z. B. nach „rainsplash", Wind-Resuspension und Re-Deposition), nach externer Kontamination bei der Deposition von Aerosolpartikeln, über die Stomataöffnungen (z. B. für ^{3}HHO-Dampf, $^{14}CO_2$), bei Beregnung mit kontaminiertem Wasser. Während die direkte externe Kontamination aus der Atmosphäre oder mit Beregnungswasser nur in der Wachstumszeit geschehen kann und meist nur bei der nächsten Ernte (potentiell große) Konsequenzen haben kann, sind die anderen oben erwähnten Kontaminationspfade über den Boden eventuell auch noch nach vielen Jahren bis Jahrzehnten nach einer Kontamination von Bedeutung. Die chemische Bindungsform des Radioisotops und die geochemischen und mikrobiellen Prozesse in den Böden während der Zeit nach dem Eintrag in den bzw. nach der radiogenen Entstehung (z. B. von ^{228}Ra in der ^{232}Th-Zerfallskette) von Radionukliden im Boden und vor der Wurzelaufnahmen können die Verfügbarkeit des Radionuklids für diese Aufnahme stark beeinflussen. Die jeweiligen Konzentrationen hängen von vielen weiteren Parametern ab, wie der Pflanzen- und Bodenart, der systemischen Regelung (z. B. für K_{nat}), Klima und Witterung, etc.

1.7.3.1 Natürliche Radionuklide

In allen Pflanzen werden viele natürliche Radionuklide nachgewiesen. Neben dem typischerweise in Mengen von einigen zehn bis zu einigen hundert Bq/kg vorhandenen ^{40}K sind auch U und Th mit den Tochternukliden ihrer Zerfallsketten in Konzentrationen von meist weniger als 1 Bq/kg zu finden; in Tabelle 1.7-6 sind charakteristische Werte derartiger Konzentrationen für Getreide, Blattgemüse, Wurzelgemüse und Früchte für verschiedene Länder angegeben. Derartige Konzentrationen in Pflanzen lassen sich aus gemessenen Konzentrationen in den Böden der Wurzelzone mithilfe so genannter Transferparameter abschätzen (s. Tabelle 1.7-7; AVV45 1990; Coughtry 1983). Einige Pflanzen haben offensichtlich spezielle Anreicherungsmechanismen für manche Nuklide; so sind z. B. besonders hohe Konzentrationen von Ra in Paranüssen zu finden. Für die Berechnung der Kontaminationen von Pflanzen durch die aus der kosmischen Strahlung herrührenden radiogenen Gase ^{3}HHO und $^{14}CO_2$ sind andere, kompliziertere Modelle zur Beschreibung des Transfers aus Luft und Wasser in Pflanzen zu benutzen.

1.7.3.2 Anthropogene Radionuklide

Im Zusammenhang mit dem Monitoring von radioaktiven Kontaminationen in Umweltmedien durch die atmosphärischen Atombombentests in den 1950er und 1960er Jahren sind weltweite, umfangreiche und

Tabelle 1.7-6. Konzentrationsbereiche (in mBq/kg Frischgewicht) von natürlichen Radionukliden in einigen landwirtschaftlichen Pflanzen (nach UNSCEAR 1999)

Region		*Getreide*	
	^{238}U	^{226}Ra	^{232}Th
USA	3 - 23	7 - 100	0,1- 2,8
Indien	7,4- 67	-	-
Deutschland	20 -220	20 -2900	-
Polen	4,7- 11	80 - 110	2 -21
England	6,2- 35	0,7-5200	12
		Blattgemüse	
	^{238}U	^{226}Ra	^{232}Th
USA	24	56	18
Indien	61 - 72	-	-
Deutschland	6 -2200	10 -1150	-
Polen	14 - 15	37 - 43	4-7
England	9,8- 400	2,2- 170	-
		Wurzelgemüse/Früchte	
	^{238}U	^{226}Ra	^{232}Th
USA	0,9- 7,7	7- 47	0,08-1,4
Indien	0,4- 77	-	-
Deutschland	10 -240	22-1300	-
Polen	0,9- 10	11- 215	0,7 -7,1
England	6	9- 41	-

empfindliche Meßnetze aufgebaut worden, die u.a. die Konzentrationen von anthropogenen Radionukliden in Pflanzen, insbesondere von Pflanzen, die direkt oder indirekt (z.B. via Tierfutter) der menschlichen Nahrung dienen, messen und dokumentieren. Diese Meßnetze wurden erweitert und ertüchtigt nach dem Reaktorunfall von Tschernobyl. Deshalb liegen sehr umfangreiche Kenntnisse über die Konzentrationen anthropogener Radionuklide in Pflanzen in Abhängigkeit von Ort und Zeit vor, deren Beschreibung diesen Rahmen sprengen würde.

Die expositionsrelevantesten langlebigeren Radionuklide aus dem Atombombentest-Fallout waren ^{137}Cs und ^{90}Sr, bzw. ^{137}Cs aus dem Reaktorunfall von Tschernobyl. Diese Nuklide lagen im Maximum in den 1960er Jahren durch Fallout in Konzentrationen von bis zu einigen zehn Bq/kg in wichtigeren Nahrungsmittelpflanzen vor (UNSCEAR 1993; Wirth 1996). Nach dem Tschernobyl-Unfall führte anfänglich die externe Kontamination von Pflanzen zu sehr hohen Werten von teilweise einigen 1000 Bq/kg selbst in dem von der Quelle ca. 1500 km weit entfernten Deutschland (EC 1996; SSK 1996). Im Jahr 2000 sind aber die dadurch in Deutschland bewirkten Pflanzenkontaminationen durch Wurzelaufnahme selbst des langlebigen ^{137}Cs meist auf Werte unter 1 Bq/kg zurückgegangen (Ausnahmen bilden bestimmte Pilzsorten wie z.B. Maronen); die meisten anderen Radionuklide aus diesem Unfall sind aufgrund ihrer kürzeren radioaktiven Halbwertszeiten und/oder ihrer geringeren Kontaminationsstärke im Jahre 1986 in Pflanzen kaum noch nachzuweisen.

Die Konzentrationen von anthropogenen Radionukliden in Pflanzen können prognostisch aus den Konzentrationen dieser Nuklide in den Böden mit Hilfe der auch in 1.7.3.1 erwähnten Transferparameter (s. Tabelle 1.7-7) berechnet werden. Bei der Verwendung derartiger Zahlenwerte aus der Literatur ist u.a. darauf zu achten, ob sie sich auf Trocken- oder Frischgewichte der Pflanzen beziehen, ob die Pflanzen vorher gewaschen oder anderweitig gereinigt wurden und ob die Daten in Gewächshaus- oder in Freilandexperimenten (d.h. mit Resuspension, „rainsplash" und sonstiger Bodenbeladung) gewonnen wurden. Wegen der Zeitabhängigkeit geochemischer und bodenbakterieller Prozesse können diese Transferparameter für die Wurzelaufnahme von Radionukliden aus dem Boden nach dem Eintrag anthropogener Kontamination auch einige Jahre lang zeitlich zu- oder abnehmen.

Zum Schutz der Bevölkerung vor dem Verzehr hoch kontaminierter Nahrungsmittel nach einem großen kerntechnischen Unfall mit signifikanten Umweltauswirkungen in größeren Regionen hat die Europäische Gemeinschaft Verordnungen erlassen, die die maximalen Konzentrationen an verschiedenen dosisbestimmenden antropogenen Radionukliden in markfähigen pflanzlichen Nahrungsmittel für den Menschen (EURATOM 1989; s. Tabelle 1.7-8) und in tierischen Futtermitteln festgelegen (EURATOM 1990). Letztere begrenzt u.a. die maximal erlaubten Cs-Konzentrationen (d.h. die Summe aus den Aktivitäten an ^{134}Cs und

Tabelle 1.7-7. Transferparameter (in Bq/kg Frischsubstanz pro Bq/kg trockenem Boden gemittelt über Wurzelzone) für die Wurzelaufnahme von Radionukliden aus Böden in Pflanzen zum Erntezeitpunkt (AVV45 1990)

Pflanzen	Element										
	K	Ca	Fe	Co	As	Se	Sr	Cs	Ra	Th	U
Weide	1	0,2	0,005	0,02	0,006	0,5	0,4	0,05	0,03	0,005	0,05
Andere Pflanzen	1	0,06	0,005	0,02	0,002	0,5	0,4	0,05	0,09	0,005	0,005

Tabelle 1.7-8. Höchstwerte für Radionuklidaktivitäten (in Bq/kg) in marktfähigen Nahrungsmitteln gemäß EU-Verordnung (EURATOM 1989) (Abk.: *N* = Nahrungsmittel)

Radionuklid	N. für Säuglinge	Milch-erzeugnisse	Andere N., außer N. von geringer Bedeutung	Flüssige N.
Strontiumisotope (insbes. ^{90}Sr)	75	125	750	125
Jodisotope (insbes. ^{131}I)	150	500	2000	500
Alphateilchen emittierende Plutoniumisotope und Transplutoniumelemente (insbes. ^{239}Pu, ^{241}Am)	1	20	80	20
Alle übrigen Nuklide mit einer Halbwertszeit > 10 d (insbes. ^{134}Cs, ^{137}Cs)	400	1000	1250	1000

^{137}Cs pro kg Futtermittel) in Futtermitteln für Schweine auf 1250 Bq/kg, für Geflügel, Lämmer, Kälber auf 2500 Bq/kg und für andere Tiere auf 5000 Bq/kg.

1.7.4 Wirkungen von Radionukliden in Böden

Das ubiquitäre und teilweise charakteristische Vorkommen von natürlichen oder anthropogenen radioaktiven Stoffen in Böden führt zu einer Reihe verschiedenartiger positiver bzw. negativer Konsequenzen.

1.7.4.1 Radonemanation

So können aus Böden aufgrund des ubiquitären Vorkommens von U und Th Radongase (^{222}Rn und ^{220}Rn; s. Tabelle 1.7-2a–c) entweichen und bei ihrer Einatmung durch den Menschen oder der ihrer Tochterisotope zu einer signifikanten Strahlenexposition der Lunge führen. Etwa die Hälfte oder mehr (ca. ein bis einige mSv/a Effektivdosis) der jährlichen natürlichen Strahlenexposition der meisten Menschen resultiert aus diesem Expositionspfad (Kemski 1996b; Postendörfer 1996; SSK 1998), was zu dem auf die Kollektivdosis bezogen größten Gesundheitsproblem des Strahlenschutzes führt. Auch im nuklearen Kernbrennstoffzyklus trägt die Strahlenexposition durch Radon (insbesondere dessen Langzeit-Emanation aus Bergbau-Halden) den mit Abstand größten Teil zur gesamten Strahlenexposition durch diese Technik zur Elektrizitätserzeugung am Arbeitsplatz und in der Bevölkerung bei (UNSCEAR 1993).

In der Bodenluft können aktivitätsbezogene Konzentrationen von Radon und seinen Tochterprodukten von typisch einigen zehntausend bis zu einigen hunderttausend Bq/m^3 vorliegen. Ein Großteil dieser Zerfälle ist mit der Emission von Alpha- und Betastrahlen, also energiereicher Teilchenstrahlung verbunden. Deshalb sind die Fauna im Boden (Würmer, Mäuse, Bodenbakterien, etc.) und die Wurzeln von Pflanzen dort natürlicherweise sehr hohen Strahlenexpositionen ausgesetzt. Atmosphärische Diffusions-, Advektions- und Turbulenzprozesse führen in der freien Luft zu einer starken Verdünnung dieser hohen Radon-Konzentrationen auf typisch nur einige Bq/m^3 (in einigen Regionen lokal bis zu 200 Bq/m^3). Innerhalb von geschlossenen Häusern werden – wegen der Verhinderung der Verdünnung – europäische Mittelwerte von einigen zehn Bq/m^3 bis ca. 100 Bq/m^3 beobachtet, die aber in Regionen mit hohem Urangehalt der Böden („radon prone areas“) auch leicht um das fünf- bis zwanzigfache übertroffen werden können.

1.7.4.2
Externe Strahlung

Radionuklide in Böden können zur externen Bestrahlung des darauf stehenden Menschen führen (s. Dosisleistungsangaben in Tabelle 1.7-2a und c und in Tabelle 1.7-9). Bei Aufenthalt im Freien können in Gebieten mit derartig „normalen“ Gehalten an natürlichen Radionukliden Dosisleistungen (Kerma frei Luft) von ca. 60 bis 70 nGy/h entstehen. Es gibt aber auch Gebiete mit deutlich höheren Radionuklidgehalten (z. B. aufgrund von Monazitsandablagerungen, vulkanischen Intrusionen, ^{226}Ra-Ablagerungen durch Mineralwässer) und damit stärkerer externer Dosisleistung (im Mittel bis zu einigen 100 nGy/h), so z. B. in Brasilien (in den Staaten Rio de Janeiro, Mineas Gerais, Goias), Indien (in den Staaten Kerala, Madras), Frankreich (im Massive Central), Ägypten (im Nildelta), Italien (Region Lazio, Campania, Toscana, in der Stadt Orvieto), in der Schweiz (Gneis im Tessin, Jura, Alpen) und Deutschland (z. B. Uranbergbaugebiete von Thüringen und Sachsen, in Eifel, Fichtelgebirge und Schwarzwald).

Tabelle 1.7-9. Dosisleistung in Luft in 1m Höhe über radioaktiv homogen kontaminierten Böden (nach Kemski et al. 1996) (Spez. Aktivität des Mutternuklides)

Radionuklid	Spez. Aktivität (Bq/kg pro ppm)	Mittlere Konzentration (ppm)	(Bq/kg)	Dosisleistung (nGy/h)[a)] pro Bq/kg	pro ppm	bei mittl. Konzentr.
K_{nat}	0,03117	16800	523	0,0414	0,00129	22
^{232}Th	4,1	10,3	42	0,623	2,6	27
^{238}U	12,4	3,2	40	0,461	5,8	19

[a)] einschließlich Beiträge der Zerfallsprodukte im radioaktiven Gleichgewicht (s. Tabellen 1.7-2a und -2c)

Innerhalb von Gebäuden kann nicht nur die interne (durch erhöhte Konzentrationen von Radon und Folgeprodukte), sondern auch die externe Strahlenexposition durch natürliche Radionuklide in Baumaterialien mit - je nach Ursprungsmaterial - typischen Gehalten von ca. 500 Bq/kg ^{40}K, je 50 Bq/kg ^{226}Ra und ^{232}Th zu Dosisleistungen von ca. 80 nGy/h führen. Bei höheren Radionuklidgehalten in den Baustoffen wurden auch Dosisleistungen bis weit über 200 nGy/h in Gebäuden gemessen (UNSCEAR 1999).

Auf den Boden deponierte anthropogene Radionuklide (z. B. nach einem Reaktorunfall) und die daraus resultierende externe Strahlenexposition der Bevölkerung können gleichfalls zu signifikanten Beiträgen (bis zu über 50%) der Gesamtexposition durch ein derartiges Ereignis beitragen. Die Diffusion dieser Radionuklide in tiefere Bodenschichten mit Wanderungsgeschwindigkeiten von typisch einigen mm pro Jahr (Bunzl 1997) führt zur allmählichen Selbstabschirmung dieser künstlichen Quelle. Bodenerosion ist ein anderer Mechanismus, durch den oberflächlich deponierte Radionuklide örtlich verlagert werden können, was in Änderungen der jeweiligen lokalen externen Strahlenexpositionen vom Boden resultiert.

1.7.4.3 Radionuklide in Bodenschätzen

Erden und Gesteine werden zu vielen Zwecken technisch verwendet, so als Baugestein, als Düngemittel (Phosphatgestein), sowie als fossile und nukleare Brennstoffe. Bei der Gewinnung, Verarbeitung, Verwendung und bei den dabei anfallenden Reststoffen und Abfällen können die Gehalte an Radionukliden einerseits und die Strahlenexpositionen der damit umgehenden Personen und der Bevölkerung andererseits teilweise stark verändert werden (Lehmann 1996). So werden z. B. die natürlichen Radionuklidkonzentrationen der U- und Th-Reihen in Steinkohle bei der Verbrennung in der Flugasche um mehr als das Zehnfache aufkonzentriert. Phosphatdüngemittel haben nach der Herstellung typische Gehalte von u. a. etwa 1000 Bq/kg ^{238}U und ^{230}Th sowie – bei NPK-Dünger – einige 1000 Bq/kg ^{40}K.

Bei höheren Konzentrationen an Radionukliden kann sich deren bergmännische Gewinnung lohnen (Gatzweiler 1996). Klaproth hat U als schwerstes aller natürlichen Elemente bereits 1789 entdeckt, was bald zu seiner Verwendung als Farbstoffpigment führte. Seit der Uranfarbenherstellung in Joachimsthal 1853, seit der Entdeckung 1898 des Radium durch Marie und Pierre Curie, aber vor allem seit ca. 1940 aus militärischen und kerntechnischen Gründen werden Uranerze als Rohstoffe gezielt abgebaut (der Silbererzbergbau im 16. Jahrhundert im Joachimsthal hat diese Erze aus anderen Gründen an die Oberfläche gebracht und so unbewußt, aber signifikant zu deren Kontamination mit natürlichen Radionukliden beigetragen). In der Zeit von 1960 bis 1995 lag die jährliche Produktion stets zwischen 30 und 70 kt U pro Jahr bei U-Erzgehalten im Bereich von mindestens 350 ppm bis über 10%. Diese Produktion und Verarbeitung hat zu teilweise starken lokalen Umweltkontaminationen mit natürlichen Radionukliden der Böden in den Bergbaugebieten geführt, die umfangreiche Sanierungsmaßnahmen notwendig machen.

1.7.4.4 Erdwärme, Radiometrie und Datierung

Nach Siehl (1996) und Stacey (1992) trägt die natürliche Radioaktivität der primordialen Radionuklide in Erdkruste und Erdkern signifikant (ca. 28 TW) zur gesamten Wärmeproduktion der Erde (32 TW) und damit zum geothermischen Gradienten, dem Motor der endogenen geologischen Kreisläufe, bei: Der Zerfall von ^{40}K liefert ca. 0,03 mW/kg, der von ^{232}Th ca. 0,027, der von ^{235}U ca. 0,562 und der von ^{238}U ca. 0,095. Wegen der höheren Gehalte an ^{238}U und ^{232}Th liefern diese beiden Radionuklide mit jeweils ca. 12,5 TW die größten absoluten Beiträge zur inneren Wärmeproduktion. Obwohl die Erdkruste nur 0,42% der Erdgesamtmasse enthält, liefert sie wegen ihres höheren Radionuklidgehalts doch mit ca. 8 TW den relativ größten Wärmebeitrag. Der Gehalt von 0,93% Argon, dem damit dritthäufigsten Gas, in der Erdatmosphäre rührt zu mehr als 99% von ^{40}Ar her, dem Zerfallsprodukt des primordialen, wärmeproduzierenden ^{40}K in der Erde.

Der radioaktive Zerfall natürlicher und künstlicher Radionuklide und/oder ihre relativen Verhältnisse (z. B. $^{40}K/^{40}Ar$, U/Pb) in Gesteinen und Böden, Wasserkörpern etc. können auch radiometrisch zur Datierung kleiner oder großer Zeiträume und zur Herkunftbestimmung von Proben verwendet werden (Siehl 1996). Das liegt vor allem daran, daß die radioaktiven Zerfallsgesetze durch keinerlei Umwelteinwirkungen verändert werden, hinreichend lange Halbwertszeiten vorliegen und beim Zerfall ausgesandte ionisierende Strahlung hinreichend spezifisch und empfindlich gemessen werden kann. Ferner zeigen viele Minerale und Gläser die Eigenschaft, von dabei abgebremsten Teilchen (z. B. Elektronen, Alphateilchen, Rückstoßkerne) hinterlassene Spuren über große Zeiträume bis zu ihrer Auswertung (z. B. mittels chemischer Ätzung oder durch Thermolumineszenz) speichern zu können. Bei anderweitig gemessenem Gehalt an U und bekannter Halbwertszeit für den Zerfall von ^{238}U durch Spontanspaltung (8100 Ta) kann aus der mikroskopisch meßbaren Anzahl geätzter Teilchenspuren auf das Alter eines Minerals seit seiner letzten Erhitzung geschlossen werden.

Die Bestimmung von Verhältnissen verschiedener natürlicher oder anthropogener Isotope in Wasserproben kann Rückschlüsse auf den Herkunftort eines Wasserkörpers und seinen Transportweg erlauben.

1.7.5 Wirkungen von Radionukliden auf Pflanze, Mensch und Tier

1.7.5.1 Wirkungen auf Pflanzen

Radionuklide in Böden und Pflanzen erreichen natürlicherweise praktisch nie so hohe Konzentrationen, daß Pflanzen durch die dadurch bedingten Strahlenwirkungen selbst geschädigt werden. In Tabelle 1.7-10 sind die durch natürliche Radionuklide in Blättern und Nadeln hervorgerufenen nuklid-spezifischen Dosisleistungen aufgetragen. Wenn diese Werte mit den dort natürlicherweise jeweils vorliegenden Konzentrationen multipliziert werden (s. z. B. Tabelle 1.7-6) und die externe Bestrahlung (vor allem durch terrestrische Bodenstrahlung) addiert wird, ergeben sich Expositionswerte von oberirdischen Pflanzenteilen von deutlich weniger als 1 mGy/h. Dies liegt um Größenordnungen unterhalb den Werten, bei denen in Pflanzen Strahlenschäden beobachtet wurden (s. Tabelle 1.7-11, -12 und -13).

Bei höheren, anthropogenen Strahlenexpositionen nach Unfällen mit starken Umweltkontaminationen und in wissenschaftlichen Experimenten sind aber derartige Wirkungen beobachtet und eingehend erforscht worden (Sparrow et al. 1967; Whicker und Schultz 1982; IAEA 1992; UNSCEAR 1996). Hierbei wurde bei Pflanzen (wie auch bei Tieren) fest-

Tabelle 1.7-10. Interne Dosisleistungen in Blättern und Nadeln von Pflanzen aufgrund der in ihnen enthaltenen natürlichen Radionuklide (nach Jacobi u. Paretzke 1986)

Radionuklide	Dosisleistung pro Einheitsaktivität (nGy/h pro Bq/kg) durch α-Strahlung	β-, γ-Strahlung
^{3}H	–	0,0033
^{14}C	–	0,028
^{40}K	–	0,039
^{238}U	2,42	–
^{234}Th [a)]	–	0,057
^{234}U	2,76	–
^{230}Th	2,71	–
^{226}Ra	2,76	–
^{222}Rn [b)]	11,1	0,13
^{210}Pb	–	0,068
^{210}Po	3,07	–
^{232}Th	2,32	–
^{228}Ra [a)]	–	0,13
^{228}Th [a)]	6,42	–
^{220}Rn [b)]	12,1	0,12

[a)] einschließlich Beitrag von Zerfallsprodukt(en)
[b)] einschließlich Beiträge der kurzlebigen Zerfallsprodukte im radioaktiven Gleichgewicht

Tabelle 1.7-11. Schwere von biologischen Effekten durch kurzzeitige Strahlenexpositionen von verschiedenen Pflanzen (nach Whicker u. Schultz 1982)

Pflanzengemeinschaften	Dosisbereiche (Gy) Geringe Wirkungen	Mittlere Wirkungen	Starke Wirkungen
Nadelwald	1– 10	10– 20	> 20
Laubwald	10– 100	50– 350	> 100
Tropischer Regenwald	40– 100	100– 400	> 400
Waldkräuter/Unterholz	200– 400	400– 600	> 600
Grasland	80– 100	100–1000	>1000
Moose, Flechten	100–1000	500–5000	>2000

Tabelle 1.7-12. Strahlenschäden in Bäumen durch starke Bodenkontamination mit ^{90}Sr im südöstlichen Ural (Kystim-Unfall) (nach UNSCEAR 1996)

^{90}Sr Aktivität (MBq/m^2)	Mittlere Dosen (Gy) in Nadeln	in Knospen	Beobachtete Strahlenwirkungen
1,5–1,8	5–10	2–4	Nadelbäume: Vertrocknung der Nadeln im unteren Teil der Kronen, Absterben der Pollen und Samen, Reduktion des weiteren Wuchses
3,7–4,4	10–20	5–10	Nadelbäume: Vertrocknung von 95% der Nadeln, Wachstumsverringerung
6,3–7,4	20–40	10–20	Nadelbäume: Absterben (Letale Dosis LD_{100})
37–59	-	40–60	Birke: Vertrocknung des oberen Kronenbereichs in 1% der Bäume, bei bis zu 30% der jungen Bäume : Reduktion des weiteren Wuchses, geringere Sproß-Kapazität der Samen
92–140	-	100–150	Birke: Vertrocknung des oberen Kronenbereichs bei 30% der Bäume, bei bis zu 75% der jungen Bäume: Reduktion des weiteren Wuchses (LD_{50})

Tabelle 1.7-13. Bereiche der letalen Dosen nach kurzzeitiger Bestrahlung für verschiedene taxonomische Gruppen. (Nach Whicker u. Schultz; Sparrow et al. 1967)

Taxonomische Gruppe	Dosisbereich (Gy)
Säugetiere	2–20
Vögel	5–30
Höhere Pflanzen	5–800
Fische	6–60
Amphibien	8–60
Reptilien	8–50
Krustentiere	10–200
Insekten	20–3000
Moose, Flechten, Algen	40–10000
Bakterien	50–10000
Protozoen	100–5000
Mollusken	100–2000
Viren	200–10000

gestellt, daß die Strahlenempfindlichkeit etwa proportional dem zellulären Chromosomenvolumen in der Interphase zunimmt (Sparrow et al. 1967). Die Strahlenwirkungen auf Pflanzen (und Tiere) bei gleicher Gesamtdosis nehmen stark mit der Dosisleistung ab; chronische Strahlenexpositionen mit weniger als 10 mGy/d scheinen keine beobachtbaren Strahlenwirkungen auf Pflanzen hervorzurufen (IAEA 1992).

1.7.5.2 Wirkungen auf Mensch und Tier

Bei normalen Konzentrationen natürlicher Radionuklide in der Umwelt sind statistisch signifikante Strahleneffekte auf die Gesundheit von Mensch und Tier nicht zu beobachten. Für anthropogene Expositionen gilt (IAEA 1992): Wenn der Mensch in einer Region hinreichend gegen negative Gesundheitseffekte durch ionisierende Strahlung geschützt ist (was das Ziel der Gesetzgebung zum allgemeinen Strahlenschutz ist), sind (bis auf hier unbedeutende Ausnahmen) auch Pflanzen und Tiere hinreichend geschützt.

Für terrestrische Tiere kann festgestellt werden (IAEA 1992):

- Die Reproduktion einer Tierpopulation ist wahrscheinlich derjenige biologische Endpunkt, der am sensibelsten auf Strahlenexpositionen reagiert und daher am stärksten expositionsbegrenzend wirkt;
- die Empfindlichkeit auf chronische Strahlenexpositionen variiert bemerkenswert zwischen den verschiedenen Spezies (s. Tabelle 1.7-13); einige Säugetiere, Vögel und Reptilien scheinen besonders empfindlich zu sein;
- chronische Bestrahlungen mit Dosisleistungen von höchstens 1 mGy/d scheinen keine beobachtbaren Effekte bei terrestrischen Tieren zu bewirken (jedoch müssen mögliche Wirkungen auf langlebige Spezies mit geringer Fortpflanzungskapazität noch genauer untersucht werden);
- bei aquatischen Tieren wurde keine höhere Strahlenempfindlichkeit als bei den terrestrischen beobachtet; ihre strahleninduzierten Mutationsraten könnten zwischen der für die Drosophila und der Maus liegen (IAEA 1992);
- akute Letalität bei Tieren tritt erst bei Dosen auf (s. Tabelle 1.7-13), die hoch gegenüber denen sind, die selbst nach großen, unfallbedingten Umweltkontaminationen zu erwarten sind.

Die Strahlenexposition von Menschen durch Radionuklide in Pflanzen kann entweder durch direkten Verzehr der Pflanzen verursacht werden oder durch Verzehr tierischer Nahrungsmittel, die nach Verwendung radioaktiv kontaminierter Pflanzen als Tierfutter erzeugt wurden. Diese Expositionspfade des Menschen sind sowohl für natürliche Radionuklide als auch für anthropogene Nuklide (z.B. aus kerntechnischen Anlagen, AVV45 1990) zu betrachten und können nach großen Umweltkontaminationen für die Strahlenexposition der Bevölkerung sehr wichtig sein. Für planerische Abschätzungen der potentiellen zukünftigen Strahlenexpositionen durch Radionuklide in Pflanzen vor der Genehmigung von Kernkraftwerken kann die hierfür erarbeitete „Allgemeine Verwaltungsvorschrift" (AVV45 1990) benutzt werden. Nach dem Reaktorunfall von Tschernobyl wurden zum gleichen Zweck aber dynamische Radioökologiemodelle benutzt (SSK 1996); aus den dabei in Deutschland deponierten anthropogenen Radionukliden resultierten hier mittlere gesamte Strahlenexpositionen im Bereich von 1 mSv und weniger, zeitlich integriert über die Zeit von 1986 bis 50 Jahre darnach, wobei etwa die Hälfte auf den oben beschriebenen Nahrungsmittelpfad entfiel.

Die normale orale Aufnahme der ubiquitären natürlichen Radionuklide durch den Menschen mit der Nahrung (pflanzliche und tierische Nahrungsmittel sowie Trinkwasser) führt zu internen Strahlenexpositionen pro Jahr im Bereich um 0,34 mSv/a, wovon jeweils die Hälfte allein von ^{40}K einerseits und von U und Th mit ihren Folgeprodukten andererseits beigetragen wird.

Während bei Pflanzen und Tieren vor allem Strahleneffekte auf die Populationen zu betrachten sind, ist beim Menschen jedes einzelne Individuum hinreichend gegen Strahlenwirkungen zu schützen. Als wichtigste Gesundheitseffekte nach dem Einwirken niedriger Strahlendosen (wie z.B. durch Radionuklide in Böden und Pflanzen) werden beim Menschen insbesondere Erhöhungen der Sterblichkeit an Krebs und Leukämie sowie genetische Effekte in den Folgegenerationen betrachtet. Unter der im Strahlenschutz üblichen Arbeitshypothese einer linearen Dosis-Wirkungs-Beziehung ohne Schwellwerte bei kleinen Dosen wird angenommen, daß der mittlere Risikofaktor im ersten Fall (letale Krebs- und Leukämieerkrankungen) bei etwa 5% pro Sv liegt und im zweiten Fall (genetische Effekte) im Bereich von etwa 1% pro Sv (ICRP60 1990). Nach dem gegenwärtigen Kenntnisstand läßt sich aber auch nicht ausschließen, daß die Strahlenwirkungen auf den Menschen im Bereich von wenigen mSv bei chronischer Bestrahlung durch diese Annahmen (Linearität, kein Schwellwert) stark überschätzt werden.

1.7.6 Literatur

AVV45 (1990) Allgemeine Verwaltungsvorschrift zu §45 Strahlenschutzverordnung: Ermittlung der Strahlenexposition durch die Ableitung radioaktiver Stoffe aus kerntechnischen Anlagen oder Einrichtungen, Bundesanzeiger Nr.64a, Jahrgang 42, 31.3.1990

Bunzl K (1997) Radionuklide, Kap. 6.5.2.6. In: Handbuch der Bodenkunde 3.Erg. Lfg. 11/97

Coughtry PJ, Thorne MC (1983) Radionuclide Distribution and Transport in Terrestrial and Aquatic Ecosystems, Vols. 1-6, Balkema, Rotterdam

EC (1996) European Commission and the Belarus, Russian and Ukrainian Ministries on Chernobyl affairs, Emergency Matters and Health: The radiological consequences of the Chernobyl accident. Karaoglou A, Desmet G, Kelly GN, Menzel HG (eds) EUR 16544, ISBN 92-827-5248-8, Brussels-Luxembourg

EURATOM (1989) Verordnung (EURATOM) Nr. 2218/89 des Rates vom 18. Juli 1989 zur Änderung der Verordnung Nr. 3954/87 zur Festlegung von Höchstwerten an Radioaktivität in Nahrungsmitteln und Futtermitteln im Falle eines nuklearen Unfalls oder einer anderen radiologischen Notstandssituation, Amtsblatt der Eur. Gemeinschaften, Nr. L 211, 22.7.1989

EURATOM (1990) Commission Regulation no 770/90 of March 1990 laying down maximum permitted levels of radioactive contamination of feedingstuffs following a nuclear accident or any case of radiological emergency, Official Journal of the European Communities No. L 83/78, 30.3.1990

Gatzweiler R (1996) Lagerstätten- und produktionsbedingte Umweltauswirkungen des Uranerzbergbaus. In: Siehl A (Hrsg) Umweltradioaktivität. Ernst & Sohn, Berlin

Herrmann AG, Röthemeyer H (1996) Radioaktive Abfälle und Reststoffe in der Geosphäre. In: Siehl A (Hrsg) Umweltradioaktivität. Ernst & Sohn, Berlin

IAEA (1992) International Atomic Energy Agency - Effect of ionizing radiation on plants and animals at levels implied by current radiation protection standards. Technical reports series no 332, ISBN 92-0-100992-5, Vienna

ICRP38 (1983) International Commission on Radiological Protection, Radionuclide transformations - energy and intensity of emissions. Annals of the ICRP vol 11–13, Report 38. Pergamon Press, Oxford

ICRP60 (1990) Empfehlungen der Internationalen Strahlenschutzkommission 1990. Fischer-Verlag, Stuttgart

ICRU53 (1994) International Commission on Radiation Units and Measurements, Gamma-ray spectrometry in the environment, Report 53, ISBN 0-913394-52-1, Bethesda, Md, USA

Jacobi W, Paretzke HG (1986) Betrachtungen zur Strahlenexposition von Bäumen durch natürliche und künstliche Strahlenquellen, GSF-Bericht S 5/86, Neuherberg

Kemski J, Klingel R, Siehl A (1996) Die terrestrische Strahlung durch natürlich radioaktive Elemente. In: Siehl A (Hrsg) Umweltradioaktivität. Ernst & Sohn, Berlin

Kemski J, Klingel R, Siehl A (1996b) Das geogene Radon-Potential. In: Siehl A (Hrsg) Umweltradioaktivität. Ernst & Sohn, Berlin

Lehmann R (1996) Strahlenbelastung durch natürliche Radionuklide in Baumaterialien, fossilen Brennstoffen und Düngemittel. In: Siehl A (Hrsg) Umweltradioaktivität. Ernst & Sohn, Berlin

Michel R (1999) Long-lived radionuclides as tracers in terrestrial and extraterrestrial matter. Radiochim Acta 87:47–73
Porstendörfer J (1996) Zur Dynamik von Radon und Folgeprodukten in der freien Atmosphäre und Raumluft. In: Siehl A (Hrsg) Umweltradioaktivität. Ernst & Sohn, Berlin
Rühle H (1996) Radioaktivität in verschiedenen Wasservorkommen. In: Siehl A (Hrsg) Umweltradioaktivität. Ernst & Sohn, Berlin
Siehl A (1996) Grundlagen und geowissenschaftliche Aspekte der Umweltradioaktivität. In: Siehl A (Hrsg) Umweltradioaktivität. Ernst & Sohn, Berlin
Sparrow AH, Underbrink AG, Sparrow RC (1967) Chromosomes and cellular radiosensitivity. I. The relationship of D_0 to chromosome volume and complexity in seventy-nine different organisms. Radiat Res 32:915–945
SSK (1996) Strahlenschutzkommission: Zehn Jahre nach Tschernobyl, eine Bilanz. Bayer A, Kaul A, Reiners C (Hrsg). Fischer-Verlag, Stuttgart
SSK (1998) Radon-Statusgespräch 1998, Berichte der Strahlenschutzkommission des Bundesministeriums für Umwelt, Naturschutz und Reaktorsicherheit, Heft 17, Fischer-Verlag, Stuttgart
Stacey FD (1992) Physics of the earth, Brookfield, Kenmore
UNSCEAR (1993) United Nations Scientific Committee on the Effects of Atomic Radiation, Sources, Effects and Risks of Ionizing Radiation: Report to the General Assembly, New York, ISBN 92-1-142200-0
UNSCEAR (1996) United Nations Scientific Committee on the Effects of Atomic Radiation: Report to the General Assembly with scientific annex, Effects of radiation on the environment, New York
UNSCEAR (1999) United Nations Scientific Committee on the Effect of Atomic Radiation: Exposures from natural radiation sources, Report 80110, Vienna
Whicker FW, Schultz V (1982) Radioecology: nuclear energy and the environment, vol II. CRC Press, Boca Raton
Wirth E (1996) Die Kontamination der Umwelt mit künstlichen Radionukliden und die daraus resultierende Strahlenexposition des Menschen. In: Siehl A (Hrsg) Umweltradioaktivität. Ernst & Sohn, Berlin

2 Änderungen in der Atmosphäre in ihren Auswirkungen auf die Vegetation

2.1 Auswirkungen klimatischer und luftchemischer Faktoren auf die Geschichte der Vegetation

B. FRENZEL

2.1.1 Einführung

Innerhalb des Eiszeitalters, des Quartärs (letzte 2500000 Jahre), hat das Klima der Erde mehrfach zwischen Zeiten sehr kalter Bedingungen und solchen geschwankt, die den heutigen mehr oder weniger entsprochen hatten oder die sogar deutlich wärmer und meist auch feuchter gewesen waren. Die Kaltzeiten hatten ab etwa 610000 vor heute (v.h.) den Aufbau großer Inlandeismassen ermöglicht. Sie waren also als Eiszeiten zu bezeichnen. Die zwischengeschalteten, bedeutenden Warmzeiten gelten als Interglaziale, obwohl nicht stets erwiesen ist, daß sie tatsächlich zwischen Eiszeiten vermittelt hatten, wenn sich auch immer mehr Hinweise auf noch frühere große Eisvorstöße als erst ab 610000 Jahren v. h. häufen. So weit bekannt, dauerten die Interglaziale in der Regel zwischen etwa 15000 und 10000 Jahren. Dies ergab sich aus der Analyse jahreszeitlich geschichteter Ozean- oder Seeablagerungen (d.h. lakustriner Sedimente). Die bisher letzte Warmzeit bedeutenden Ausmaßes, die Nacheiszeit oder das Holozän, begann nach Ausweis jahreszeitlich geschichteten Inlandeises, von Seeablagerungen und Jahrringen langlebiger Bäume (Björck et al. 1996; Spurk et al. 1998) vor etwa 11550 Jahren. Wesentlich länger dauerten die Kaltzeiten, und zwar seit etwa 610.000 v. h. jeweils ungefähr 100000 Jahre, vorher aber um 80000 Jahre oder etwas weniger (Berger et al. 1994). Diese Kalt- oder Eiszeiten waren ihrerseits untergliedert von mehreren kürzeren und/oder schwächeren Phasen der Erwärmung, den sogenannten Interstadialen. Als Stadiale werden aber Zeiten bedeutender Kälte bezeichnet.

Eine generelle Absenkung der globalen Lufttemperatur bedeutet eine verminderte Verdunstung der Ozeane. Dies hat zur Folge, daß die

Stadiale in der Regel durch sehr trockene Klimate ausgezeichnet waren, die Interglaziale oft aber durch deutlich feuchtere als heute. Hierbei ist allerdings zu berücksichtigen, daß es sowohl in Kaltzeiten als auch während der Warmzeiten große regionale Unterschiede des Klimacharakters gegeben hat. Eine Analyse der Auswirkungen klimatischer Faktoren auf die Entwicklung der Vegetation ist also sehr vorsichtig zu betreiben, ohne schnellen Verallgemeinerungen zu erliegen. Denn natürlich haben Flora und Fauna der Erde auf größere oder kleinere Klimaänderungen reagiert, doch einerseits waren die äußeren Zwänge in den einzelnen Klimagebieten der Erde zur selben Zeit qualitativ und quantitativ unterschiedlich, und andererseits verfügt die Lebewelt, die Biosphäre, verschiedentlich über ein ausgeprägtes Beharrungsvermögen, so daß häufig erst bestimmte Schwellenwerte der Klimaentwicklung überschritten werden müssen, bevor die Biosphäre antwortet (Smith 1962; Frenzel u. Gliemeroth 1995).

Es kommen zwei weitere generelle Schwierigkeiten hinzu: Bis vor kurzem galt die Lehrmeinung, daß besonders Pflanzengesellschaften in ihrer heutigen Zusammensetzung bei gegebenen Klimaänderungen gewandert seien, ohne sich entscheidend in ihrem Aufbau geändert zu haben (u.a. Horvat 1959). Inzwischen ist aber bekannt, daß sich die Lebensgemeinschaften immer wieder neu zusammengestellt haben, je nach Wandermöglichkeiten, Lage der Ausgangsgebiete, bzw. der Refugien, der Sippenzusammensetzung dieser Ausgangsgebiete und der klimatischen Faktoren, aber natürlich auch in Abhängigkeit von den Wanderungen der Samen verbreitenden Tierwelt (Firbas 1949; Huntley u. Birks 1983; Bernabo u. Webb 1977; Berthold 1990; Gliemeroth 1995). Hieraus folgt, daß selbst bei gleichbleibender genetischer Konstitution der einzelnen Sippen die von ihnen aufgebauten Lebensgemeinschaften häufig stark voneinander abgewichen waren. Dies erschwert einerseits jede paläoklimatische Analyse aus der Struktur der ehemaligen Lebensgemeinschaften, andererseits aber auch Prognosen künftiger Änderungen der wichtigsten Pflanzengemeinschaften, die oft fälschlicherweise als Biome bezeichnet werden, obwohl unter diesem Begriff definitionsgemäß einerseits als „Zonobiome" Räume gleichartiger ökologischer Klimadiagrammtypen verstanden werden, nicht aber Pflanzengemeinschaften, als „Eu-Biome" oder „Biome" aber Grundeinheiten innerhalb dieser klimatischen Räume, wie die mitteleuropäischen Laubwälder oder die Sonora-Wüste (Walter u. Breckle 1991). Ihre Entwicklung wird aber durch die Biommodellierung nicht bearbeitet.

Die zweite prinzipielle Schwierigkeit liegt darin, daß sich innerhalb des Quartärs die genetische Konstitution mancher Sippen (Taxa) geändert hat, so daß auch ihre physiologischen Fähigkeiten nicht konstant geblieben sein müssen. Erste Ansätze zum Verständnis einer derartigen Sippengliederung unter dem Einfluß der klimatisch aufgezwungenen Verhältnisse liegen bereits vor, etwa am Beispiel molekulargenetischer Tannen- und Fichtenrassen der Schweiz (Burga u. Perret 1998).

Aus diesen Schwierigkeiten folgt, daß die Betrachtung der Vegetationsgeschichte stets vorsichtig und nie schematisierend erfolgen sollte.

Chemische Analysen an Gasblasen, die im Inlandeis eingeschlossen sind (z.B. Lorius 1990; Oeschger u. Arquit 1990; Siegenthaler 1990; Oeschger 1995), aber auch Abschätzungen aus den Änderungen der Biosphäre (Frenzel 1985) ergaben, daß sich die Chemie der Atmosphäre im Eiszeit-Interglazialrhythmus mehrfach lebhaft geändert hat. Das Forschungsinteresse konzentrierte sich vor allem auf einige Spurengase, wie das CO_2 und das CH_4, die die Wärmestrahlung der Erde in den Weltenraum zu hemmen vermögen. Erstaunlicherweise sind aber die quantitativen und regionalen Änderungen des Wasserdampfgehaltes der Atmosphäre nur recht wenig beachtet worden, obwohl dieses Gas für den Wärmehaushalt der Erde von höchster Bedeutung ist (z.B. Fiedler 1987; Fischer u. Graßl 1987; Steig et al. 1994; Berger u. Loutre 1997; vgl. hierzu Bd. 1B, Kap. 4.2). Andererseits ist gut bekannt, daß sich die Niederschlagsmengen während der Eiszeit-Interglazialzyklen mehrfach geändert hatten (z.B. Frenzel et al. 1992a).

Die Änderungen aller dieser strahlungswirksamen Gase beeinflußten den Wärmehaushalt der Erde während des Eiszeitalters in starkem Maße, damit auch Vegetation und Tierwelt. Aber die Biosphäre übte ihrerseits auch beachtliche Einflüsse auf die Gaszusammensetzung der Atmosphäre aus (z.B. hinsichtlich des CH_4: Ehhalt 1987; Brook et al. 1996; Chapellaz et al. 1993, 1997; Korhola et al. 1996; Moosavi et al. 1996; Steudler et al. 1996; Mosier et al. 1997; für das CO_2: Heinze u. Hasselmann 1993; Friend u. Cox 1995; Henderson-Sellers et al. 1995; Oechel et al. 1995; Oeschger 1995; Berger u. Loutre 1996, 1997; Goulden et al. 1996; Rivkin et al. 1996; Washington u. Meehl 1996; Brady u. Gíslason 1997). Hierbei ist auch die Wechselwirkung mit dem Chemismus und der Lebewelt der Ozeane zu berücksichtigen. Das bedeutet, daß der vorliegende Beitrag nicht als eine Untersuchung direkter Wirkungen von Klima und Luftchemie auf die Biosphäre verstanden werden darf, sondern daß es sich um eine Betrachtung der Wechselwirkungen handelt, die vielfach äußerst komplex und oft nur schwer überschaubar sind. Auch in diesem Fall verbietet sich also eine voreilige Verallgemeinerung weniger Erkenntnisse auf das gesamte System.

Natürliche und anthropogene Prozesse haben stets Chemismus und Menge des Aerosols beeinflußt, das seinerseits in Gestalt des Lößstaubes geomorphologisch und pedogenetisch während nahezu aller Stadiale des Eiszeitalters bedeutungsvoll gewesen ist, das dabei aber auch indirekt - etwa über die Bodenfruchtbarkeit - Langzeitwirkungen ausgelöst hat, die den Chemismus der Atmosphäre über Bioproduktion und Bodenatmung noch Jahrtausende nach Bildung der Lösse zu beeinflussen vermocht oder in die Bioproduktion der Ozeane eingegriffen hatte (z.B. Watson 1997; zu den Wechselbeziehungen innerhalb der Atmosphäre vgl. Dlugokencky et al. 1996; Schwartz u. Andreae 1996). Andererseits hat der Mensch seit Beginn der landwirtschaftlichen Tätigkeit, besonders aber seit Beginn der Erzgewinnung und Verhüttung das Aerosol wiederholt quantitativ und qualitativ stark verändert (van Geel et al. 1989; Görres 1991; Hong et al. 1996; Kempter 1996; Shotyk 1996). Auch dies sollte sich auf das Klimasystem ausgewirkt und die Biosphäre beeinflußt haben.

Es wird deutlich, daß auch hinsichtlich der Wechselbeziehungen zwischen der Chemie der Atmosphäre, dem Klima und der Biosphäre ein ganzes Bündel höchst unterschiedlicher Faktoren zu betrachten sein wird.

Anhand der chemischen Untersuchungen der in den Inlandeismassen eingeschlossenen Gasblasen ist einiges über die chemischen Änderungen der globalen Atmosphäre für die Zeit seit dem Schlußteil der Vorletzten Eiszeit bekannt, kaum aber mit entsprechender Genauigkeit über diejenigen früherer Abschnitte des Eiszeitalters. Außerdem muß berücksichtigt werden, daß die Datierungsqualität der verschiedensten Ereignisse ungefähr des letzten klimatischen Großzyklus, der vor etwa 130000 bis 125000 Jahren, also mit dem Beginn des Letzten Interglazials, eingesetzt hatte und der bis zur Gegenwart andauert, sehr viel besser ist, als für die vorangegangenen Abschnitte des Quartärs. Daher werden im vorliegenden Falle nur diese letzten 130000 Jahre betrachtet, denn, wenn es darauf ankommt, die Wechselwirkungen zwischen den verschiedensten klimatischen, atmosphärischen und biotischen Prozessen zu analysieren, bedarf es einer guten Datierungsgenauigkeit, um die Frage nach dem „lead and lag" (Sirocko 1996) beantworten zu können. Es wird deutlich werden, daß selbst bei Betrachtung dieses kurzen Abschnittes erhebliche Schwierigkeiten zu überwinden sind, und vieles bleibt noch heute offen.

2.1.2 Methodologische Probleme

2.1.2.1 Die Datierung

Für die Datierung geologischer bzw. paläoökologischer Ereignisse der Vergangenheit steht eine Reihe recht unterschiedlicher Methoden zur Verfügung. Im vorliegenden Falle interessiert nicht, wie diese arbeiten, sondern welche Präzision der Datierung mit ihnen erreicht werden kann.

Die üblichen paläontologischen und paläobotanischen Verfahren, die auf der Evolution einzelner Taxa bzw. derjenigen der Vegetation basieren, sind gut geeignet für eine relative Datierung, nicht aber für die hier notwendige hohe zeitliche Präzision. Ähnliches gilt für den Grad der Verwitterung von Gesteinen. Bei der Obsidian-Hydratations-Methode ist ebenso mit sehr breiten Standardabweichungen der erzielten Altersdaten zu rechnen (einige Tausend bis Zehntausende von Jahren), wie bei der ^{3}He-Datierung, der Elektronenspinresonanz (ESR), der Fission-track-Methode, der Aminosäuren-Epimerisierung (Dethier u. McCoy 1993), den Lumineszenz-Datierungen, der K/Ar-, bzw. der Ar/Ar-Datierung und den Datierungen mit Hilfe der Uranium-Reihe (Geyh 1980). Die für etwa die letzten 40000 Jahre angewandte ^{14}C-Datierung, die im Prinzip mit Standardabweichungen von wenigen Jahrzehnten arbeiten kann, ist jedoch beeinträchtigt durch schwankende Ausgangsmengen des ^{14}C in der Atmosphäre (z.B. Stuiver u. Reimer 1993), durch einen nur langsamen Austausch zwischen Oberflächen- und Tiefenwasser in den Ozeanen (Broecker et al. 1990), durch Inkorporation „alten Kohlenstoffs“ in den Ozeanen (Reservoireffekt: Berger et al. 1994; Shackleton et al. 1988; Voelker et al. 1998) und auf dem Festland (van Campo u. Gasse 1993; Geyh et al. 1996), aber auch durch Fälschung „jungen“ Kohlenstoffs innerhalb der Sedimentsäule, so daß Edwards u. Barker (1994) recht resignierend davon sprachen, daß vieles neu überdacht werden müsse, falls Korrekturmöglichkeiten vorliegen. Um diese ungute Situation zu bereinigen, sind Rechenprogramme entwickelt worden (Biasi u. Weldon 1994), bei denen man hofft, auf statistischem Wege zu einigermaßen guten Altersangaben zu gelangen, falls eine große Zahl von ^{14}C-Daten vorliegt, oder es wurde versucht, die ^{14}C-Daten an jahreszeitlichen Bildungen zu eichen, sie zu kalibrieren, wie an jahreszeitlich geschichtetem Gletschereis (Brook et al. 1996), an Jahresschichtungen (Warven) in Seen (Zolitschka 1990) bzw. an Jahresringen langlebiger Bäume (Björck et al. 1996; Spurk et al. 1998).

Angesichts dieser schwierigen Situation wird heute vielfach auf eine Kombination jeweils verschiedener Methoden der Datengewinnung mit indirekten Berechnungen zurückgegriffen, bei denen die Abhängigkeit des globalen Klimas von Änderungen des Strahlungsgenusses der Erde infolge sich ändernder Erdbahnelemente als Bezugsgröße genutzt wird (Martinson et al. 1987). Doch selbst in diesem Falle bleiben z.T. große Unschärfen von einigen Jahrhunderten bis zu mehreren Jahrtausenden bestehen. Auf diese astronomischen Werte, dargestellt in den sich ändernden $\delta^{18}O$-Werten in Schalen planktischer und benthischer Foraminiferen, werden dann andere Kurvenzüge bezogen, und zwar entweder ebenfalls von $\delta^{18}O$-Werten an anderen Stellen erbohrter Tiefseekerne (z.B. van Andel 1998; Andrews et al. 1994; Brook et al. 1996; Jahns 1996; Voelker et al. 1998), oder aber auch von ganz anderen Parametern, die auf dem Festland studiert worden sind, wie etwa der magnetischen Suszeptibilität einzelner Schichten (z.B. An et al. 1991; Meyers et al. 1993; Fang et al. 1995, 1997; Kemp et al. 1995; Li et al. 1995; Maher und Thompson 1995; Xiao et al. 1995). Hierbei ist es nötig, die Kurven aufeinander abzustimmen, sie dabei zu „tunen" (zum Prinzip der Methode: Berger et al. 1994). Der Versuch des „tunens" geht davon aus, daß die geologische Überlieferung miteinander verglichener Kurvenzüge komplett ist. Hieran können jedoch z.T. erhebliche Zweifel bestehen, wie etwa bei vielen Lößprofilen Nord-Chinas, die hinsichtlich ihrer Karbonatgehalte oder ihrer magnetischen Suszeptibilität an $\delta^{18}O$-Kurven der Tiefsee angepaßt werden, obwohl die betrachteten Lößprofile nicht vollständig sind, wie mir aus eigener Erfahrung bekannt ist (Fehlen von A-Horizonten bei fossilen Böden, Fehlen von Interstadialen etc.). Außerdem bedeutet eine Gleichartigkeit zweier Kurvenzüge noch nicht zweifelsfrei, daß deren Maxima und Minima gleichzeitig eingetreten waren. Beispiele für beträchtliche Fehlinterpretationen werden etwa erwähnt bei Andrews et al. (1994) und bei Meyers et al. (1993).

Aber selbst dort, wo ^{14}C-Daten an Jahresringen langlebiger Bäume haben geeicht werden können, bleiben bei der Datierung vielfach Unsicherheiten mehrerer Jahrhunderte bestehen und zwar dadurch, daß die erwähnten Schwankungen der ^{14}C-Gehalte der Atmosphäre „Alters-Plateaus" geschaffen haben, bei denen sich über lange Zeiträume hinweg das ^{14}C-Alter nicht geändert hat.

Die Konsequenz dieser Betrachtung ist, daß die zur Verfügung stehenden Datierungsverfahren vielfach eine Ungenauigkeit von einigen Jahrhunderten bis zu mehreren Jahrtausenden enthalten. Sie lassen es in diesem Fall nicht zu, sehr präzise Altersangaben über bestimmte geologische oder paläoökologische Ereignisse der Vergangenheit zu machen. Die Frage nach Auslöser und Folge einzelner Erscheinungen der Vergangenheit wird damit nicht obsolet, aber man sollte sich hüten, die jeweilige Datierungsgrundlage zu übersehen und sich nur auf mitgeteilte Altersangaben ohne Berücksichtigung deren Fehlerbereiches zu verlassen. Hieraus folgt, daß noch heute relativ kurz aufeinander folgende Prozesse der Vergangenheit nicht stets sicher in ihrem wahren Alter voneinander unterschieden werden können.

2.1.2.2
Rekonstruktion der Ökosysteme

Im vorliegenden Falle kommt es darauf an, nicht nur die Entwicklung der Vegetation in Zeit und Raum zu verfolgen, sondern auch die sich dabei ändernden Böden und die Tierwelt für verschiedene Abschnitte der Vergangenheit zu erfassen, hinsichtlich der Ozeane aber die Entwicklung derjenigen Lebensgemeinschaften zu studieren, die entscheidend in den Gasaustausch eingegriffen haben mögen. Ein reiches Schrifttum unterrichtet über die Möglichkeiten, anhand des Pollens und der Sporen der Pflanzen, also der Sporomorphen, die ehemalige terrestrische Vegetation zu ermitteln (z.B. Firbas 1949; Godwin 1975; Faegri et al. 1989). Hierbei ist jedoch zwischen denjenigen Klimagebieten zu unterscheiden, in denen Windblütigkeit überwiegt, gegenüber solchen, in denen Tierblütigkeit stark vertreten ist, wie in den Tropen. Denn die Menge in geeigneten Sedimentationsfallen niedergelegten Sporomorphenmaterials, und damit die Sicherheit, alle ehemals wichtigen Taxa zu erfassen, ist in diesen beiden bestäubungsökologischen Regionen höchst unterschiedlich. Es kommt hinzu, daß in größeren Sedimentationsfallen, wie großen Mooren oder Seen, die Sporomorphenflora eines großen Einzugsgebietes widergespiegelt wird, in kleinen Sedimentationsfallen aber diejenige der engeren Umgebung. Außerdem spiegeln feuchte Substrate vor allem die groben Züge eines sehr großen Einzugsgebietes wider, das Hunderte von Kilometern betragen kann, trockene Substrate aber in viel stärkerem Maße die Vegetation der unmittelbaren Umgebung (Frenzel 1963). Zur Ermittlung der feineren Züge der Vegetation muß sehr intensiv die sippenreiche sogenannte Nichtbaumpollenflora beachtet werden (u.a. O'Sullivan u. Riley 1974; Behre 1988).

Aber die Sporomorphen lassen vielfach nicht feinere systematische Einheiten des Pflanzenreiches erkennen, also Arten oder Unterarten, die für die Charakterisierung der Vegetation wichtig sind, sondern meist nur Gattungen oder Familien. Hier helfen Makrofossilfloren weiter, die in der Regel bis zur Art bestimmt werden können und die nähere Umgebung erkennen lassen (u.a. Renfrew 1973; Kac et al. 1977).

Doch stets handelt es sich bei dem biologischen fossilen Material nur um Totengemeinschaften, bei denen unbekannt ist, aus welchen Lebensgemeinschaften die einzelnen Komponenten stammen. Schon Jatajkin (1964) hatte versucht, über statistische Verfahren die ehemaligen Vegetationstypen aus der Pollenanalyse zu ermitteln. Dies ist intensiv, etwa mit Hilfe der „principal component analysis", weiter verfolgt worden (u.a. Makahonenko et al. 1998), doch bestehen keine absoluten Sicherheiten, daß statistisch hochkorrelierte Taxa tatsächlich ehemals gemeinsam eine Pflanzengesellschaft aufgebaut hatten. Vielfach wird davon ausgegangen, daß heutige Pflanzengemeinschaften ihre Analoga oder gar Homologa in der Vergangenheit gehabt hatten. Beim Studium der Einwanderungsvorgänge, wie sie nach dem Ende der Letzten Eiszeit abgelaufen waren (Literatur, vgl. Abschn. 2.1.1) ist aber deutlich geworden, daß gerade diese Annahme desto weniger berechtigt ist, je weiter in die Vergangenheit zurückgegangen wird. Dasselbe gilt auch für Tiergemeinschaften (Adam 1953; Kowalski 1986; von Koenigswald 1988). Aus diesen Unsicherheiten folgt, daß aus dem fossilen Material vielfach nur die groben Züge der ehemaligen Lebensgemeinschaften ermittelt werden können, ohne allzu große Genauigkeiten im Einzelfall zuzulassen. Eine Ausnahme machen die in den USA wiederholt untersuchten „packrat middens", also der Dung von Nagetieren, deren Lebensraum eng umschrieben ist (z.B. Devender et al. 1994), so daß einigermaßen sicher die Feinheiten der ehemaligen Vegetation in unmittelbarer Umgebung der Nester ermittelt werden können. Ähnliche Feinheiten lassen die ehemalige Molluskenfauna (u.a. Ložek 1964), z.T. auch Insektenfaunen (z.B. Coope 1977) erkennen. Dennoch gilt auch in diesem Falle, daß die Rekonstruktion der betreffenden Gemeinschaften schon für das frühe, zum Teil auch für das mittlere Holozän unsicher wird, da heute unbekannte Artenkombinationen immer häufiger werden, die eine schnelle Homologisierung mit heutigen Lebensgemeinschaften verbieten. Generell muß außerdem festgehalten werden, daß der paläoökologische Aussagewert verschiedener Formenkreise des Tier- und Pflanzenreiches unterschiedlich präzis ist (Frenzel 1980).

Es scheint, daß die Bedingungen in der Tiefsee günstiger liegen, soweit der Korrosion gegenüber widerstandsfähige Tier- und Pflanzenreste auf dem Meeresboden akkumuliert werden. Aber auch hier gilt, daß, abgesehen von nachträglicher Zersetzung, die Lebensgemeinschaften sich im Laufe der Zeit geändert haben können (z.B. Pflaumann 1986) und es dann mühevoller Berechnungen des „best modern analog" bedarf, um einigermaßen sicher die wesentlichen Züge der ehemaligen Lebensgemeinschaften zu ermitteln (Thunell et al. 1994).

Von hoher Bedeutung für die Charakterisierung der ehemaligen Lebensgemeinschaften ist die Ermittlung der damaligen Verbreitung verschiedener Bodentypen (z.B. Morozova 1981). Ihre Kenntnis wird auch für die Ermittlung der Bioproduktion wichtig. Auf diesem Sektor könnte leicht ein großes Material für verschiedene Zeitscheiben zusammengetragen werden, da umfassende paläopedologische Untersuchungen in weiten Räumen der Erde betrieben worden sind, doch fehlt es in der Regel an kritischen regionalen Zusammenfassungen. Dies betrifft auch die Kartierung der Verbreitung verschiedener Moortypen für ausgewählte Abschnitte der Vergangenheit. Auch hierzu liegt ein überreiches Material in Spezialpublikationen vor, die ganz andere Fragestellungen haben, ohne daß die ehemalige Verbreitung der Moortypen untersucht worden wäre. Die Folge ist, daß indirekt aus Veränderungen in den Konzentrationen einzelner Spurengase auf die Herkunftsgebiete geschlossen wird (z.B. Brook et al. 1996; Chapellaz et al. 1997; Geyh, schriftl. Mitt.).

2.1.2.3
Rekonstruktion der ehemaligen Bioproduktion

Bei der Rekonstruktion der ehemaligen Bioproduktion kommt abermals das Datierungsproblem ins Spiel. Angesichts der häufigen Unsicherheiten in der Altersbestimmung wird man in der Regel keine allzu genauen Daten erwarten dürfen. Im übrigen gilt, daß das ehemals produzierte organische Material seither nicht abgebaut sein darf, soll die frühere Bioproduktion ermittelt werden. Jedoch kann dieser nachträgliche Zersatz nirgends ausgeschlossen werden. So schätzen Warner et al. (1993) die zersetzte Menge um 10000 v. h. akkumulierten organischen Kohlenstoffs in nordischen Mooren auf etwa 67%. Ob dieser Wert verallgemeinert werden darf, ist nicht bekannt. Andererseits fällt auf, daß die Humushorizonte vieler fossiler Böden gekappt oder vollkommen erodiert sind, so daß es nicht gelingt, das ehemals auf der Substratoberfläche angesammelte organische Material messend zu bestimmen. In der Tiefsee mögen die Bedingungen besser sein, allerdings nur so lange nicht nachträgliche Lösungsvorgänge und Strömungen das ursprünglich gebildete organische Sediment zerstört oder weggeführt haben. Daß dies allerdings sehr häufig vorkommt, ist gut bekannt. Im terrestrischen Bereich ist versucht worden, die ehemalige Biomasse über die $\delta^{13}C$-Werte organischen Sediments in Seen oder Böden zu bestimmen. Der Ansatzpunkt ist, daß C_3- und C_4-Pflanzen in der Zellulose recht unterschiedliche $\delta^{13}C$-Werte aufweisen (z.B. Aucour et al. 1994; Ehleringer et al. 1997). Aber diese $\delta^{13}C$-Werte sagen bestenfalls etwas aus über den relativen Anteil der C_3- und C_4-Pflanzen in unmittelbarer Nähe des Sedimentationsortes, nichts aber über die ehemalige „Biomasse". Angesichts dieser Schwierigkeiten bleibt mindestens im terrestrischen Bereich nichts anderes übrig, als zunächst für bestimmte Zeiten der Vergangenheit die Vegetation möglichst genau zu rekonstruieren, einschließlich der damals vorhandenen Bodentypen, und dann nach den nächsten heutigen Analoga zu suchen, deren ober- und unterirdische Bioproduktion bereits von anderen Forschergruppen bestimmt worden ist (Gliemeroth 1995). Ähnlich, wie bei der Ermittlung der ehemaligen Vegetation, besteht die Schwierigkeit, daß manche Vegetationstypen der Vergangenheit keine heutigen Analoga mehr haben. Außerdem ist damit zu rechnen, daß der inzwischen erfolgte, oft Jahrtausende lange menschliche Eingriff derartige Änderungen der Vegetation verursacht hat, daß die angestellten Messungen der heutigen ober- und unterirdischen Produktion wenig aussagen. Tatsächlich stellt dieser oft nur schwer erkennbare menschliche Eingriff in den Haushalt der Natur eine ganz entscheidende Fehlerquelle derartiger Untersuchungen dar, die ohne zusätzliche Analysen des möglichen menschlichen Eingriffs nicht zu beheben ist.

2.1.2.4 Rekonstruktion des menschlichen Eingriffs

In Europa ist die Literatur über den botanischen Nachweis der ehemaligen Tätigkeit des Menschen überreich, wenn es hierin auch große regionale Unterschiede gibt (zum Nachweis des menschlichen Eingriffes vgl. z.B. Iversen 1941; Firbas 1949; Godwin 1975; Behre 1988; Frenzel et al. 1992b, 1994a,b). Schon in anderen Hochkulturgebieten sieht die Situation sehr viel ungünstiger aus. So findet man z.B. in Tieflands-China kaum paläobotanische Hinweise auf die ehemalige Tätigkeit des Menschen (z.B. Liu et al. 1992, für das Mündungsgebiet des Chang djiang; Zhao et al. 1984, für die Umgebung von Beijing). Dies hängt damit zusammen, daß bei Fehlen überzeugender Hinweise auf die ehemalige Tätigkeit des Menschen vieles, was tatsächlich auf den Menschen zurückzuführen ist, fälschlicherweise klimatisch gedeutet werden kann und umgekehrt. Dennoch scheinen landschaftsökologisch wichtige Spuren der Tätigkeit des Menschen in vielen Landschaften weit zurückzugehen. Hierbei ist allerdings der einigermaßen zweifelsfreie Nachweis der frühen Tätigkeit des Menschen das eine Problem. Das andere besteht in seiner Quantifizierung. Zur Beantwortung dieser Frage sind erstaunlicherweise nur erste Versuche unternommen worden (O'Sullivan 1973; Frenzel 1983a; Gaillard u. Berglund 1998; Dambach 2000). Es zeigt sich, daß die Abschätzung der Fläche gerodeten Landes über die Pollenanalyse selbst in Europa nur recht unterschiedlich zuverlässig möglich ist. Dennoch: Diese Forschung muß vorangetrieben werden, um Geschichte und Ausmaß der menschlichen Störungen des Klimas verstehen zu lernen.

2.1.2.5 Bestimmung luftchemischer Veränderungen

Chemische Analysen der im Inlandeis eingeschlossenen Gasblasen haben viele Feinheiten der sich ändernden Atmosphärenchemie innerhalb des letzten klimatischen Großzyklus erkennen lassen (u.a. Oeschger 1980; Lorius 1990; Oeschger u. Arquit 1990; Siegenthaler 1990; Chapellaz et al. 1997), wobei der zeitliche Unterschied zwischen der Ablagerung des Schnees und dem definitiven Einschluß der Gasblasen zu beachten ist (Chapellaz et al. 1993; Brook et al. 1996). Generell dürfen nicht die Schwierigkeiten übersehen werden, die bei quantitativen Aussagen über die Austauschraten verschiedener Spurengase bestehen. Sie liegen einerseits darin, daß meist nur kurze Meßkampagnen gefahren werden, bei denen unklar bleibt, ob die gewonnenen Ergebnisse auf längere Zeiträume extrapoliert werden dürfen. Meßtechnische Probleme bei der CH_4-Bestimmung im Freiland kommen hinzu (Hall et al. 1996). Angesichts des hohen apparativen Aufwandes ist es zwar verständlich, daß meist nur kurze Meßperioden durchgeführt werden, doch bleibt eben die Frage nach der Extrapolierbarkeit auf größere Zeiträume und größere Gebiete unbeantwortet. Mehrfach wurde allerdings auf die so erwachsenden Unschärfen der Aussagen verwiesen (u.a. Hall et al. 1995; Loehle 1995; Schulze 1995; Gupta et al. 1996; Rivkin et al. 1996). Sie gelten erst recht bei einem Vergleich zwischen Messungen und Modellrechnungen (z.B. Körner 1995; Levy et al. 1997), bei dem stets die prinzipiellen Schwierigkeiten bei Erheben der Daten und ihrer Umsetzung in gute Modelle beachtet werden müssen.

Andererseits gibt es bereits mehrere experimentelle Serien, die längere Zeiträume umfassen. Sie liefern entweder verläßlichere Daten oder lassen die Schwankungsbreite der in der Natur ablaufenden Prozesse mindestens annäherungsweise erkennen (N_2O und CH_4: Flessa u. Dörsch 1995; CH_4: Moosavi et al. 1996; N_2O und CH_4: Mosier et al. 1996, 1997; Kohlenstoffflüsse eines Moores: Saarnio et al. 1997; CO_2: Goulden et al. 1996; CO_2-Flüsse in der subarktischen Tundra: Oechel et al. 1995). Die Resultate betreffen unterschiedliche Pflanzengemeinschaften und Klimagebiete. Sie lassen gut erkennen, wie schwierig zuverlässige allgemeine Aussagen über globale Stoffumsätze zu erhalten sind.

Ein besonders schwieriges Gebiet ist die Ermittlung der Umsatzraten flüchtiger organischer Verbindungen aus Pflanzen (s. Bd. 1A, Kap. 2.8), die in die Atmosphärenchemie einzugreifen vermögen (s. Bd. 1A, Kap. 3.2). Als Beispiel sei die Abgabe von Monoterpenen durch verschiedene Baumarten des Mittelmeergebietes erwähnt (Bertin et al. 1997; Staudt et al. 1997), und zwar gerade im Blick auf die Änderungen der Vegetation dieses Gebietes innerhalb des letzten klimatischen Großzyklus. Es ist zu vermuten, daß die so markanten globalen Änderungen der Vegetation im Ablauf eines Interglazial-Glazial-Zyklus auch Auswirkungen auf den Umsatz dieser organischen Substanzen in flächenhaft großem Maßstab und damit auf das Klima gehabt haben, obwohl hierzu noch viel zu wenig Sicheres bekannt ist.

Von erheblicher Bedeutung für chemische und physikalische Prozesse der Atmosphäre sind im Blick auf Wechselwirkungen mit der Biosphäre die Aerosole (s. Bd. 1B, Kap. 1.1). Ihre Klimawirksamkeit ist höchst unterschiedlich, je nachdem, ob sie in der Stratosphäre oder in der Troposphäre wirksam werden. Sehr starke Vulkaneruptionen erreichen die Stratosphäre leicht. Indem sie das einfallende Sonnenlicht z.T. reflektieren, können sie mindestens die Witterung stark beeinflussen. Es ist aber die Frage, ob derartige Ausbrüche das Klima in Richtung auf stadiale Bedingungen umzusteuern vermögen (so schon Windheuser u. Brunnacker 1978). Dies wird heute erneut diskutiert, wenn auch in sehr gemilderter Form (Rampino u. Self 1993). Da aber Interaktionen mit ganz anderen Prozessen auftreten können, wie mit dem El-Niño-Phänomen (Robock 1996), werden die Reaktionen des Klimasystems recht komplex, zumal Material, das von Vulkanen ausgeworfen wurde, das Wachstum des Phytoplanktons der Weltmeere in sonst ungünstig ernährten Gebieten stimulieren kann. Dies löst Einflüsse auf den CO_2-Haushalt der Ozeane und damit auch der Atmosphäre aus (Watson 1997).

Eine bedeutende Quelle des Aerosols ist kontinentaler Staub, besonders in Form des Lößstaubes. Herkunft, Akkumulation und Mächtigkeiten des Lößstaubes werden seit langem intensiv untersucht. Reflexion der Sonneneinstrahlung und Dämmung der Wärmeabstrahlung bei starken Lößstürmen dürften sicher beachtlich sein. Der andere klimatische Einfluß liegt aber, wie bereits erwähnt, auch im Düngungseffekt nährstoffarmer oder in den Nährstoffen unausgewogener Gebiete der Ozeane (Watson 1997), zumal da hierdurch indirekt über den CO_2-Haushalt der Atmosphäre ganz andere Wirkungen, als die zunächst erwarteten, ausgelöst werden können. Der Zeitraum der wichtigsten Phasen äolisch transportierten Lößstaubes und größerer Mengen von Meeressalzen läßt sich allerdings gut in den großen Inlandeisgebieten der Erde ermitteln (Petit et al. 1981; Shaw 1989; Hansson 1994; De Angelis et al. 1997). Hierauf wird später zurückzukommen sein.

Schließlich hat der Mensch durch landwirtschaftliche, gewerbliche und industrielle Tätigkeit das globale und regionale Aerosol sehr stark beeinflußt. Es fällt auf, daß schon die neolithische landwirtschaftliche Tätigkeit, besonders aber ab etwa 4500 v.h. die Erzverwertung (Literatur, s. Abschn. 2.1.1), deutliche Spuren im Nährstoffhaushalt der Seen und Hochmoore hinterlassen haben. Hierbei erstaunt mindestens in Europa, daß durch die menschliche Tätigkeit kaum ein generelles Misch-Aerosol hergestellt worden ist, sondern daß sich regionale landwirtschaftliche und gewerbliche Tätigkeiten sehr deutlich abzeichnen, wie auch der Import mariner Elemente nach Europa aufgrund einer erhöhten zyklonalen Tätigkeit innerhalb etwa der letzen 3000 Jahre (Frenzel 1998). Bedauerlicherweise liegen jedoch zum Problem des menschlichen Einflusses auf das Aerosol der meisten Landschaften der Erde kaum hinreichende Angaben vor. Dies betrifft auch die anthropogenen Vorgänge der Staub liefernden Desertifikation. Wir stehen also gerade erst am Anfang eines Verständnisses dieser Klima und Biosphäre gleichermaßen berührenden Tätigkeit des Menschen, seit er Landwirtschaft und Gewerbe praktiziert.

2.1.2.6
Schlußfolgerungen

Es wird eine Reihe prinzipieller Schwierigkeiten deutlich: Innerhalb des Zeitraumes, aus dem jahreszeitliche Bildungen vorliegen (Inlandeis für etwa 50000 Jahre, Warven ungefähr 22500 Jahre, Jahrringe langlebiger Bäume aber für ungefähr 12300 Jahre), gelingen dort, wo so datiert werden kann, Altersangaben auf das Jahr genau. Außerhalb des Gültigkeitsbereiches dieser Datierungsarten erreichen die Unschärfen aber schnell einige hundert bis wenige tausend Jahre. Können über vulkanische Aschenlagen oder ähnliche Prozesse verschiedene Sedimentationsräume zweifelsfrei miteinander verknüpft werden, dann kann dennoch bei den hier interessierenden Vorgängen zwischen Anlaß oder Vorläufer und Folge unterschieden werden. Fehlen diese zweifelsfreien „Marker“, ist große Vorsicht geboten.

Diese zeitliche Unsicherheit beeinflußt auch die Rekonstruktion der ehemaligen Vegetation, die mit eigenen Schwierigkeiten in den verschiedensten Gebieten der Erde zu kämpfen hat. Es ist zwar nicht unmöglich, die wesentlichen Züge der ehemaligen Vegetationsverbreitung und ihrer Wechselwirkung mit bodenbildenden Prozessen zu ermitteln. Tatsächlich ist der Kenntnisstand in vielen Gebieten der Erde schon recht gut. Aber es muß vor zu schnellen Aussagen gewarnt werden, und zwar erst recht dann, wenn Quantität und Qualität des zugrunde liegenden Materials unerwähnt bleiben.

Eine weitere Erschwernis liegt darin, daß es oft erhebliche Mühen bereitet, erste Anfänge der menschlichen Einflüsse auf Vegetation und Böden sicher von natürlichen, z.B. klimatischen Prozessen zu unterscheiden, da Lehrmeinungen über die ungenügenden Fähigkeiten früherer menschlicher Kulturen den Gang der Erkenntnis beeinträchtigen.

Hinsichtlich der Klimarekonstruktion gilt aber, daß die meisten Klimaindikatoren nicht nur von einem einzigen Faktor abhängen, sondern in der Regel von mehreren. Hierbei kann stark in die Irre führen, wenn angenommen wird, daß die heutige Verbreitung vieler Taxa und Vegetationstypen unmittelbar vom Klima bestimmt werden, denn manche Wanderungsbewegungen im Tier- und Pflanzenreich mögen zwar klimatisch ausgelöst worden sein, können dann aber nach eigenen Regelhaftigkeiten weitergelaufen sein, bis schließlich klimatische Grenzwerte erreicht wurden. Bei umfassenden Analysen stellt sich schnell heraus, wie gering die Gültigkeit der Annahme bestimmter klimatischer Abhängigkeiten sein kann (Fassl 1996). Es kommt also darauf an, möglichst viele voneinander unabhängige Parameter zu betrachten, um das ehemalige Klima einigermaßen sicher quantifizieren zu können.

Hinsichtlich luftchemischer Veränderungen gilt aber, daß nicht alle Faktoren und ihre Änderungen aus Gasblasen im Inlandeis erfaßt werden können. Man erkennt also sicher nur einen Ausschnitt dessen, was sich tatsächlich abgespielt hat. Hieraus folgt wiederum, daß man sich in der Regel damit begnügen muß, die Grundzüge herauszuarbeiten, ohne zu hoffen, viele entscheidende Einzelheiten darstellen zu können.

2.1.3 Wechselwirkungen klimatischer, luftchemischer und biotischer Prozesse während des letzten klimatischen Großzyklus

2.1.3.1 Grundzüge der globalen Vegetations- und Klimageschichte

Je nach angewandtem Datierungsverfahren soll das Letzte, das Eem-Interglazial vor etwa 130000 oder vor 125000 Jahren begonnen haben. Es dauerte nach Ausweis jahreszeitlich geschichteter Seesedimente, die in Norddeutschland untersucht worden sind, und nach entsprechender Analyse des Inlandeises (Ram u. Koenig 1997) etwa 10200 Jahre. In der

Regel wird angenommen, daß sich die zu dem Interglazial führende Erwärmung kontinuierlich entwickelt habe, also ohne Wärmewellen vor dem eigentlichen Interglazial (vgl. etwa Oppo et al. 1997). Seidenkrantz (1993) zeigte aber an marinen Bohrungen in Nord-Dänemark, daß es doch derartige Schwankungen gegeben habe. Sarnthein u. Tiedemann (1990) hatten Ähnliches bei Tiefseebohrungen im Atlantik ermittelt, und eine derartige Wärmeschwankung ist auch aus terrestrischen Bildungen bekannt (Frenzel 1982; vgl. Literatur dort). Offenbar hatten also diese Wärmeschwankungen unmittelbar vor Beginn des Letzten interglazials existiert. Sie sollten die Einwanderung von Flora und Fauna in wieder zugänglich werdende Gebiete beeinflußt haben, ohne daß dies heute schon überall verfolgbar ist.

Untersuchungen der GRIP-Bohrung im grönländischen Inlandeis hatten den Verdacht aufkommen lassen (Dansgaard et al. 1993; GRIP Members 1993), daß das Letzte Interglazial durch mehrere, äußerst schnelle und starke Klimaschwankungen gegliedert gewesen seß obwohl dies aus jahreszeitlich geschichteten Seesedimenten Norddeutschlands, die pollenanalytisch minutiös haben untersucht werden können (z.B. Behre 1962; Müller 1974), nicht hervorgegangen war. Mehrfach wurde anschließend dargestellt, daß das Klima des Eem-Interglazials tatsächlich ungleich variabler gewesen sei als das des Holozäns (u.a. Berger et al. 1994; Field et al. 1994; Fang et al. 1995, 1997; Suchorukova 1998). Dies steht in krassem Widerspruch zu Klimarekonstruktionen des Eem-Interglazials an zahllosen europäischen Pollensequenzen (Frenzel 1991a; Zagwijn 1996), und die Befunde in Grönland selbst wurden inzwischen an Hand von Neuuntersuchungen der GRIP- und der benachbarten GISP2-Bohrung angezweifelt (Oeschger 1995; Thorsteinsson et al. 1995; Johnsen et al. 1997; Steffensen et al. 1997) bzw. widerlegt (Cortijo et al. 1994; Aaby u. Tauber 1995; Souchez et al. 1995; Maslin et al. 1996; Fronval u. Jansen 1997). Man wird daher davon ausgehen müssen, daß es derartige heftige Klimaschwankungen innerhalb des Eem-Interglazials nicht gegeben hat. Statt dessen fällt auf, daß sich damals, etwa 5000 Jahre nach Beginn des Interglazials, eine Kälteschwankung ereignet hatte von ungefähr 400 Jahren Dauer (Cortijo et al. 1994; Maslin 1996; Maslin et al. 1996). Diese Phase fällt etwa zusammen mit einer Zeit, in der in Mittel- und Westeuropa die winterliche Ozeanität des Klimas zugenommen hatte (Menke 1981; Frenzel 1991a; Zagwijn 1996). Es gelingt noch nicht, diese beiden Erscheinungen zweifelsfrei miteinander zu verknüpfen, obwohl manches hierfür spricht, zumal da sich zur Zeit der erwähnten Kälteschwankung die nordatlantische Ozean-Zirkulation umgestellt hatte (Cortijo et al. 1994; Maslin 1996; Maslin et al. 1996; Fronval u. Jansen 1997).

In Europa war das Klima des Eem-Interglazials untergliedert in einen warmen, trockeneren Anfangsteil und einen etwas kühleren, doch deutlich wintermilderen zweiten Abschnitt. Ob dies auch für andere Gebiete der Erde gegolten hatte, ist noch unbekannt. Es liegen aber zahlreiche Hinweise darauf vor, daß das Klima zur Zeit seines Optimums einige Grad wärmer, in der Regel auch feuchter als heute gewesen ist (Zusammenstellung für die Nordhalbkugel vgl. Frenzel et al. 1992a). Dies hatte zur Folge, daß die Waldgürtel der Erde zwar in der Regel den heutigen weitgehend geähnelt hatten, wenn sie auch nicht in ihrer Artenzusammensetzung mit diesen identisch gewesen sind, daß sie aber meist um einige hundert Kilometer weiter zu den subpolaren Klimaten und gegenüber den Trockengebieten vorgerückt waren. Diese waren also deutlich gegenüber den heutigen Bedingungen eingeschränkt, wie auch aus der Verbreitung von Waldböden in vielen heutigen Grasländern bekannt ist. Auch die Regenwaldgebiete Australiens hatten sich ausgedehnt, doch die Prärielandschaften Nordamerikas in ihren zentralen Teilen waren trockener als gegenwärtig. In den Tropen fällt die bisher für damals wenig bekannte starke Ausdehnung der Mangrove auf.

Die für Europa und Russisch-Asien schon recht gut erarbeitete zeitliche Gliederung der Vegetation dieses Interglazials kann aber in den meisten anderen Gebieten in der Regel noch nicht ähnlich genau entziffert werden.

Innerhalb von 3000 bis 4000 Jahren ging dieses Interglazial in das erste Stadial der Letzten Eiszeit über, ermittelt aus jahreszeitlich geschichteten Seeablagerungen Süddeutschlands (Frenzel u. Bludau 1987). Dieses Stadial hatte schon in weiten Teilen der Nordhalbkugel die Ausbreitung von Kältesteppen erzwungen, in denen vielfach Lösse gebildet wurden. Die vorherrschende Grassteppenvegetation war allerdings noch viel produktiver als die der späteren Stadiale der Letzten Eiszeit, so daß auch die tierische Bioproduktion anfangs noch sehr hoch war, wie aus vielen urgeschichtlichen Befunden bekannt ist.

Dem Beginn dieser Kaltphase und der zugehörigen Ausbreitung einer Steppenvegetation in vielen Teilen der Nordhalbkugel war noch während des Interglazials der Anfang einer eustatischen Absenkung des Meeresspiegels vorausgegangen (Streif 1991; Knudsen 1992; Fronval u. Jansen 1997). Dies kann kaum durch eine beträchtliche Abkühlung erklärt werden, denn wärmeliebende Pflanzen hatten sich in Europa noch nicht nennenswert zurückgezogen. Man wird eher an verstärkte Schneeniederschläge in den hohen Breiten denken müssen (z.B. Maslin 1996; Fronval u. Jansen 1997). Dies paßt recht gut zu der gerade erwähnten Umstellung der ozeanischen Zirkulation während des zweiten Teiles des Letzten Interglaziales im Nordatlantik. Hierbei ist wichtig, daß das Tiefseestadium 5e pollenanalytisch sicher mit dem Eem-Interglazial verknüpft werden kann (Turon 1984). Es ist aber noch nicht möglich, über vergleichbare Leithorizonte die anschließenden Tiefseestadien 5c und 5a mit entsprechenden Warmzeiten der Festländer eindeutig zu verbinden bzw. die zwischengeschalteten Kaltphasen 5d und 5b mit zugehörigen Bildungen auf dem Festland, obwohl als sicher gilt, daß in Europa den Tiefseestadien 5c und 5a die Interstadiale St. Germain I und II entsprochen haben (Woillard u. Mook 1982). In beiden Fällen hat es sich um Warmzeiten gehandelt, die im südwestlichen Mitteleuropa nahezu interglazialen Rang gehabt hatten. Ähnliches gilt für die heute feuchten Tropen Afrikas (Frédoux 1994; Dupont u. Weinelt 1996; Jahns 1996; Dupont et al. 2000), aber auch für den Nordteil der Anden (Hooghiemstra u. Ran 1994). Vergleichbares wird von dem chinesischen Lößplateau berichtet, wo drei fossile Böden interglazialen Ranges dicht aufeinander gefolgt sind, die alle als S_1-Böden zusammengefaßt werden (u. a. An et al. 1991; Liu 1991; Fang et al. 1995, 1997; Kemp et al. 1995, Li et al. 1995).

Ein wichtiger Leithorizont könnte eine erdmagnetische Exkursion, der sogenannte „blake event", gewesen sein, der oberhalb dieser drei weit entwickelten Waldböden Nord-Chinas gelegen sein soll, doch unterhalb weiterer Böden, die dort allerdings eher als Steppenböden ausgebildet sind (Chen u. Li 1994). Die Lage dieses „blake event" ist aber in Europa z. T. umstritten. Hier bestehen also Unklarheiten in der richtigen zeitlichen Zuordnung einzelner wichtiger Wärmeschwankungen verschiedener Erdräume zueinander (Maruszczak 1980).

Feuchtgebiete, besonders die verschiedensten Moortypen, sind sehr wichtige Quellen für das in der Atmosphäre enthaltene Methan, wenn auch die Produktionsrate stark vom jeweils untersuchten Typ des Mikroreliefs, der Bewuchsart und dem Wassergehalt abhängt (drainiert gegenüber undrainiert). Aus der reichen Literatur seien nur wenige neuere Arbeiten genannt: Nykänen et al. 1995; Hall et al. 1996; Korhola et al. 1996; Moosavi et al. 1996; Waddington u. Roulet 1996; Waddington et al. 1996; Saarnio et al. 1997. Waldböden stellen dagegen wichtige Zehrgebiete (sinks) des CH_4 dar (Brook et al. 1996; Steudler et al. 1996; Whalen u. Reeburgh 1996). Graslandböden sind jedoch zwar in der Regel CH_4-sinks, können aber auch zu Quellen werden, falls ihre Feuchtigkeit sehr ansteigt (Flessa u. Dörsch 1995; Steudler et al. 1996; Mosier et al. 1997). Angesichts dieser Sachverhalte interessiert die Frage der Verbreitung von Feuchtgebieten während des Letzten Interglazials und während der ersten bedeutenden Interstadiale der Letzten Eiszeit (Tiefseestadien 5e, 5c, 5a).

Aus dem Letzten Interglazial ist, wie erwähnt, bekannt, daß das Klima meist deutlich feuchter als gegenwärtig gewesen ist. Zum Teil können die damaligen tropischen Moore direkt bei paläobotanischen Untersuchungen nachgewiesen werden; in vielen anderen Fällen, bei denen die terrestrische Vegetation anhand von Tiefseebohrungen ermittelt worden ist, muß aus der damaligen hohen Feuchtigkeit und der weiten Verbreitung der Mangrove auf weit verbreitete Moore geschlossen werden. Die damalige starke Verbreitung der Feuchtgebiete ist für die gemäßigten Breiten der Nordhalbkugel wohl bekannt (u.a. Frenzel 1968). Es kommt hinzu, daß während des interglazialen Klimaoptimums bei deutlich höheren Temperaturen als heute (Frenzel et al. 1992a) der Dauerfrostboden der hochnordischen Gebiete wesentlich stärker oberflächennah aufgetaut war als in der Gegenwart. Dies ermöglichte, ähnlich wie während des holozänen Klimaoptimums, dort eine deutlich stärkere Ausbreitung der Moorvegetation. Zum Ende des Interglazials hatte zudem infolge stärker verbreiteter jahreszeitlicher Gefrornis die Vermoorung in den gemäßigten Breiten der Nordhalbkugel zugenommen. Es liegen allerdings keine Angaben darüber vor, ob die Westsibirische Tiefebene und der Kanadische Schild ähnlich stark vermoort waren wie heute. Gleichzeitig hatten während des Interglazials, wie erwähnt, die Bewaldungflächen eine ungewöhnlich starke Ausdehnung erlangt. Ihre Rolle als CH_4-sinks ist daher sicher zu beachten. Wenn das Klima während sehr langer Abschnitte des Interglazials auch meist feuchter als heute war, sollte doch auch vermutet werden, daß die in ihrer Ausdehnung gegenüber den heutigen natürlichen Bedingungen reduzierten Grasländer der Erde in der Regel nur als CH_4-sinks gewirkt hatten.

Dieses Bild änderte sich grundsätzlich bereits während des ersten Stadials nach Ende des Eem-Interglazials. Denn einerseits waren damals in den ehemaligen Waldgebieten z.T. Grassteppen, vielfach aber schon bis nach Westeuropa Lößsteppen verbreitet. Besonders in den Lößsteppen kam es kaum zur Bildung von Humushorizonten, wie zahllose Lößprofile dieser Zeit lehren. Andererseits hatte der Frost immer intensiver in den Boden einzugreifen begonnen, selbst in Mittel- und Westeuropa auf großer Fläche. Außerdem hatten sich in den polaren und subpolaren Klimaten der Nord- und Südhalbkugel große Eismassen zu bilden begonnen (z.B. Bd. 1 der Reihe „Paläoklimaforschung"; Kellogg et al. 1978; Andreeva et al. 1982; Knudsen 1992; Fronval u. Jansen 1997). In den heutigen feuchten Tropen konnte sich aber auch noch im Tiefland weitverbreitet eine Waldvegetation halten, zu der vermutlich auch Moore gehört hatten, wenn auch dort alles unter einem deutlich kälteren Klima zu leiden gehabt hatte als während des Interglazials (Frédoux 1994; Dupont u. Weinelt 1996; Dupont et al. 1996, 2000; Jahns et al. 1998). Die vorhandenen paläobotanischen und paläopedologischen Daten sind jedoch leider noch zu spärlich, um ein der Realität entsprechendes

Bild der damaligen Vegetationsverbreitung in den heutigen Tropen und Subtropen zu entwerfen.

Diese Bedingungen wurden abgelöst durch weitverbreitete verschiedene Waldgesellschaften und Grassteppen auf Tschernosemen während des Tiefseestadiums 5c, in abgeschwächtem Maße auch in 5a. Das anschließende Stadial (Tiefseestadium 4, etwa 73500 bis 58900 v. h.) brachte aber nahezu überall, wo es hat erfaßt werden können, auf den Kontinenten der Nord- und Südhalbkugel bis in die Tropen hinein die Ausbreitung von Kräutersteppen und dürftigen Grassavannen. Die ehemals herrschenden Wälder der nördlichen, südlichen und tropischen Breiten hatten sich aber auf wenige Refugialräume zurückgezogen. Die damalige Lößbildung ist bekannt von den meisten Gebieten der heutigen nordhemisphärischen kühl- und warmgemäßigten Breiten, aber auch von der Nordinsel Neuseelands (Alloway et al. 1992). Im tropischen Afrika hatten sich Grassavannen mit einem recht hohen Anteil sudanischer Elemente ausgebreitet, bei stark reduzierter Mangrove (Frédoux 1994; Jahns et al. 1998). Im tropischen Südamerika transportierte der Amazonas sehr viel andinen Pollen bis zu seinem Schwemmkegel (Haberle u. Maslin 1999); die Vegetation des Tieflandes kann also nicht dicht gewesen sein. Hierauf verweist auch, daß in Ost-Brasilien zwischen 51200 +1700/−1400 und 28660 ± 450 v. h. (unkalibrierte ^{14}C-Jahre) die organische Produktion sehr stark zurückgegangen war und viel Quarzstaub in die spätere Untersuchungsstelle eingeweht wurde (Martin et al. 1993); in den Hochlagen der Anden hatten sich gleichzeitig beachtliche Gletschervorstöße ereignet, Seespiegel lagen hoch oder oszillierten häufig (Hooghiemstra u. Ran 1994; van der Hammen u. Absy 1994) bei deutlich abgesenkter Höhenlage der alpinen Waldgrenze; im nordöstlichen Queensland, Australien, war aber nach Ausweis der Vegetation die Jahresniederschlagssumme etwa 1500 mm niedriger als gegenwärtig (Kershaw 1994); auf West-Java hatte der ehemals vorherrschende Süßwasser-Sumpfwald der Vegetation eines deutlich trockener gewordenen Klimas weichen müssen (van der Kars u. Dam 1995), und auf den Kontinentalabhängen Südchinas und Nordwest-Borneos war in der Südchinasee die Akkumulationsrate terrigenen Materials auf den zwei- bis fünffachen Wert der nacheiszeitlichen oder letztinterglazialen Größen angestiegen (Schönfeld u. Kudrass 1993), ein Hinweis auf die beachtliche Auflockerung der dortigen festländischen Vegetation. Nur an wenigen Stellen scheint es Abweichungen von diesem Bild gegeben zu haben, wie etwa im Becken des Toten Meeres (Yechieli et al. 1993).

Nach Ausweis meist schwacher fossiler Böden in den erwähnten Lössen, bzw. auch dürftiger Reste kleinerer Feuchtgebiete, war diese Phase eines generell kalten und trockenen Klimas von mehrfachen schwächeren oder kürzeren Wärme- und Feuchteschwankungen unterbrochen worden, deren Datierung auf dem Festland Schwierigkeiten bereitet. Aus dem grönländischen Inlandeis ist zwar eine große Anzahl sehr kurzer Wärmeschwankungen bekannt (Oeschger 1980; Dansgaard et al. 1984, 1993; Johnsen et al. 1992), die aber noch nicht sicher mit den auf dem Festland nachgewiesenen verknüpft werden können. Weißmüller (1997) sowie van Andel (1998) haben den Versuch unternommen, Ansätze für eine derartige Korrelation zu schaffen, doch wird man weitere Studien an ausgedehnterem Material abwarten müssen, bevor von einer sicheren Korrelation gesprochen werden kann, denn recht lokale Verhältnisse mögen auf dem Festland die Existenz ehemaliger Feuchtphasen nur vorspiegeln (Frenzel 1989). Immerhin ist es wichtig, daß die Zeit eines generell trocken-kalten Klimas mehrfach untergliedert gewesen zu sein scheint.

Zwischen dem Tiefseestadium 4 und dem Tiefseestadium 2, dessen ökologische Bedingungen wesentlich ungünstiger gewesen waren als zu den gerade betrachteten Zeiten, vermittelte die höchst interessante Phase des Tiefseestadiums 3 (etwa 58900 bis 24000 v. h.). Dies war keine Zeit gleichbleibender klimatischer Bedingungen, vielmehr hatten Klima und Vegetation mehrfach scharfe Änderungen erfahren (Oeschger 1980; Dansgaard et al. 1984, 1993; Johnsen et al. 1992), wenn auch die warmzeitlichen Bedingungen nicht so weit auseinandergeklafft hatten, daß sie bei nur ungenügender zeitlicher Auflösung nicht hätten zusammengefaßt werden können (Frenzel et al. 1992a). Das Bemerkenswerte war vegetations- und klimageschichtlich, daß Tropen und Subtropen in der Regel durch auffallend feuchte Bedingungen und eine Ausbreitung verschiedener Wald-, Moor- und Savannentypen ausgezeichnet waren (Literatur: Frenzel 1999).

Deutlich trockenere Bedingungen herrschten aber in vielen Teilen Nordamerikas (Frenzel et al. 1992a; Negrini u. Davis 1992; Anderson 1993; Jackson u. Whitehead 1993; vgl. aber auch Szabo et al. 1994). In West-Spitzbergen waren gleichzeitig die Gletscher offenbar nicht viel größer als heute, da marine Sedimente bis kurz vor die heutigen Gletscherstirnen reichten (Mangerud et al. 1992).

Frenzel et al. (1992a) hatten die entsprechenden Befunde für Nordeurasien zusammengestellt. Hierbei fällt auf, daß im Gegensatz zu den meisten Gebieten dieses Kontinents auf den Hochlagen des tibetischen Plateaus zahllose sehr große Seen bestanden hatten. Sie finden sich auch in den angrenzenden Wüstenlandschaften in Kansu und der Mongolei (Pachur et al. 1995; Geyh et al. 1996; Frenzel u. Gliemeroth 1998). Außerdem war zur selben Zeit an vielen Stellen Mittel- und Ostsibiriens der Dauerforst oberflächlich aufgetaut, so daß zahlreiche Moore und Seen entstanden waren, deren Bildungszeit gut datiert werden konnte (Abb. 2.1-1). Dies hat bei dem jetzigen Kenntnisstand nicht seinesgleichen in Nordamerika. Es entsteht der Eindruck, daß damals nicht nur durch Verminderung der Evaporation infolge höherer sommerlicher Bewölkung das Tibetische Plateau mehr Feuchtigkeit erhalten hatte, sondern daß auch ein Keil sommerlich wärmerer Luftmassen über Mittel- und Ostsibirien gelegen habe. Hier ist allerdings auch zu berücksichtigen, daß die Waldvegetation damals dort nicht so dicht geschlossen wie heute war, sondern eher einer Waldsteppe geähnelt hatte. Das sollte eine stärkere sommerliche Einstrahlung der Bodenoberfläche ermöglicht haben, also ein Abtauen des Dauerfrostes.

In der russischen Literatur spielt das Karga-Interstadial eine große Rolle, das sich zwischen etwa 55000 und 24000 v. h. ereignet und den Vorstoß der Waldvegetation weit über die heutige Lage der polaren Waldgrenze nach Norden ermöglicht haben solle. Dies paßt mit der erwähnten Auftauphase des Dauerfrostes Mittel- und Ostsibiriens gut zusammen. Andreeva et al. (1982) gaben eine quantifizierende Klimarekonstruktion dieser Zeit für die Taimyr-Halbinsel. Hier, wie in vielen anderen Fällen, gibt es aber erhebliche Zweifel an der Präzision der Datierung (z.B.: Katzenberger u. Grün 1985; Suchorukova 1998; Literatur bei Frenzel 1991b). Es besteht nämlich der Verdacht, daß als Sedimente des Karga-Interstadials z.T. diejenigen des vorangegangenen Kazancevo- (= Eem-) Interglazials angesehen worden sind. Es erscheint daher richtiger, dieses „Interstadial" nicht in die vorliegende Betrachtung einzubeziehen, bis klärende Untersuchungen haben durchgeführt werden können.

Wie erwähnt, waren die Klima- und Vegetationsgeschichte dieses Zeitraumes recht vielgestaltig. Es fällt auf, daß Abb. 2.1-1 eine eigenartige Gliederung der Zahl der Altersdaten von Seen und Mooren aus dem Dauerfrostgebiet Mittel- und Ostsibiriens erkennen läßt, die verblüffend dem gleichzeitigen Gang der CO_2- und CH_4-Gehalte der Atmosphäre, ermittelt an Gasblasen des antarktischen Inlandeises (Abb. 2.1-2), entspricht. Hierauf wird später zurückzukommen sein.

Die wechselvolle Geschichte des Klimas und der Vegetation des Tiefseestadiums 3 wurde schließlich in einigen Oszillationen abgelöst vom Höhepunkt der Letzten Eiszeit, dem LGM, etwa 22000 bis 21000 v. h. (calibr., Tushingham u. Peltier 1993). Hier wird allerdings ein längerer Zeitraum betrachtet, dessen Ende gebietsweise etwas unterschiedlich gelegen war. Wenn auch dieses „Hochglazial" durch mehrfache kleinere Wärmeschwankungen unterbrochen war (u.a. Oeschger 1980; Dansgaard et al. 1984), können doch eine Reihe sehr charakteristischer Eigenschaften genannt werden. Denn generell war es eine Zeit extrem

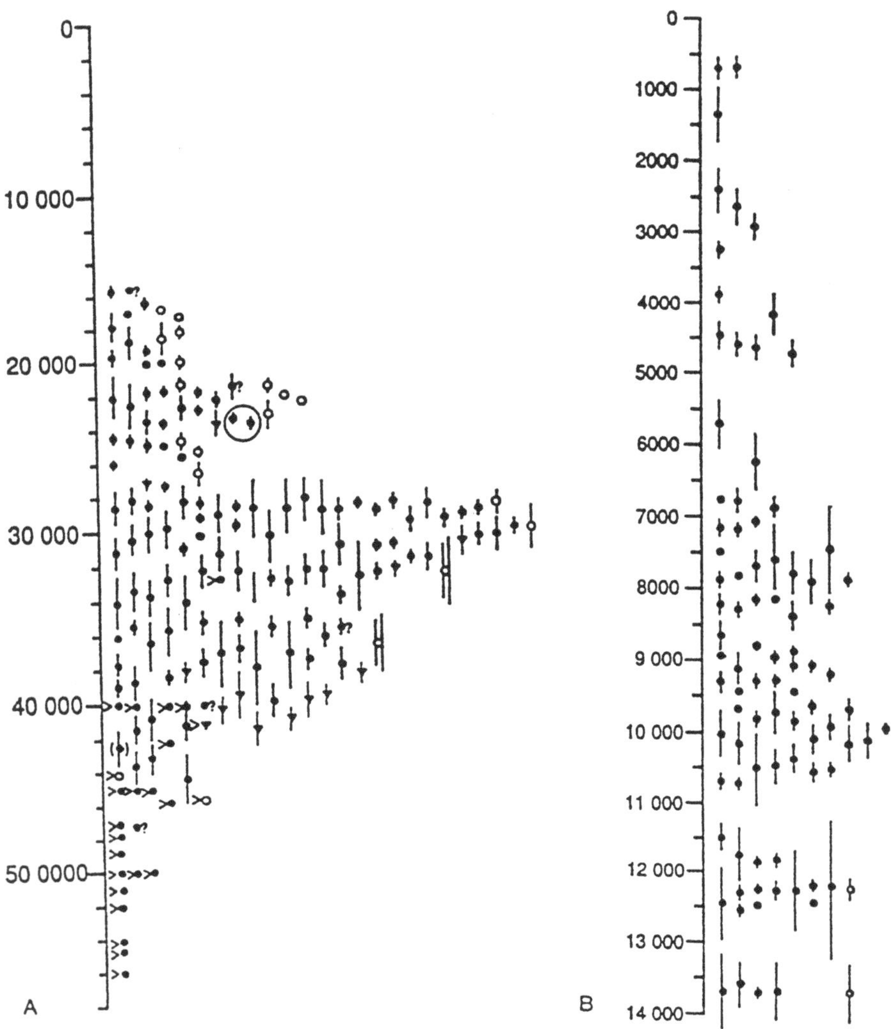

Abb. 2.1-1. Jungquartäre Funde organischen Materials in Thermokarstbecken des ehemaligen oder heutigen Dauerfrostes Nordeurasiens.
A Älterer Abschnitt (56000 bis 14000 ^{14}C-Jahre vor heute, unkalibr.); **B** 14000 bis 0 v. h. *Schwarze Punkte*: Sibirisches Material; *offene Kreise*: Osteuropäisches Material; *Dreiecke*: Material von Kamčatka und den Kurilen (vulkanische Eruptionen datierend); *großer Kreis*: Mehrfache Datierung einer Probe; *vertikale Striche*: Standardabweichung der Datierungen (aus Frenzel 1993). Bei Anwendung der Kalibrierung fallen die Altersdaten zwischen 20000 und 44000 v. h. etwa in die Zeit von 22000 bis 46000/47000 v.h.

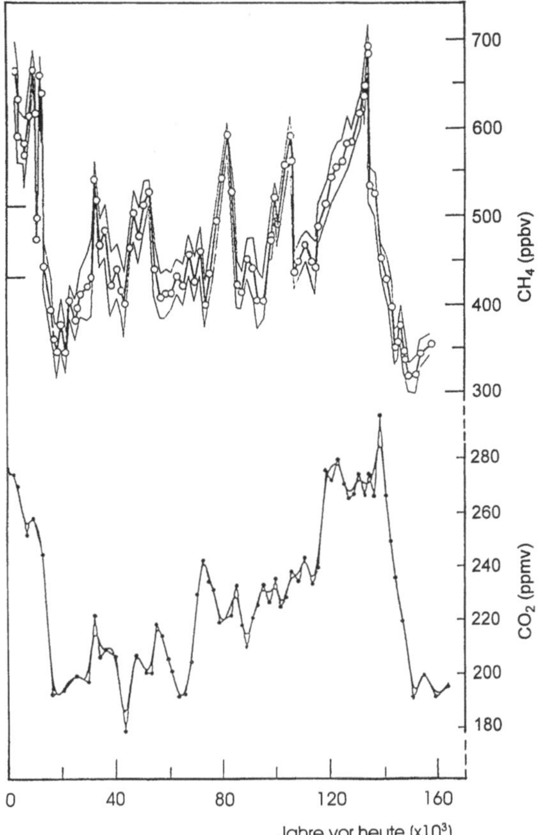

Abb. 2.1-2. Vergleich des Verlaufes der CH_4-Gehalts-Kurve (*oben*) mit der CO_2-Gehalts-Kurve (*unten*), bestimmt an Gasblasen des antarktischen Inlandeises, Station Vostok. Die Altersdaten sind kalibriert. CH_4-Kurve nach Chapellaz et al. (1994); CO_2-Kurve nach Lorius (1990)

weitverbreiteter Löß-Steppen, in denen sich keine Humushorizonte gebildet hatten, ungewöhnlich stark reduzierter Wälder, selbst in den Tropen, vermutlich nur noch höchst seltener Feuchtgebiete und sehr starker Frosteinwirkungen bis in heute warmgemäßigte Zonen hinein. Die klimatischen und paläoökologischen Bedingungen während des LGM sind für die Nordhalbkugel bis zum Äquator dargestellt worden (Frenzel et al. 1992a). Abb. 2.1-3 vermittelt einen Überblick über die vermutlich letzteiszeitliche Verbreitung der jüngsten Lösse. Die neuere paläoökologische und vegetationsgeschichtliche Literatur, besonders für die Tropen und Subtropen, ist von Frenzel (1999) zusammengestellt worden; einen kartographischen Überblick über die damalige Vegetation Nordafrikas bis 10°S lieferte aber Anhuf (in Lauer 1998).

Es ist wichtig, daß die Oberflächentemperaturen des Atlantiks, besonders vor Afrika, von Sarnthein et al. (1998) kartographisch dargestellt worden sind (vgl. auch Broecker et al. 1990 für den tropischen

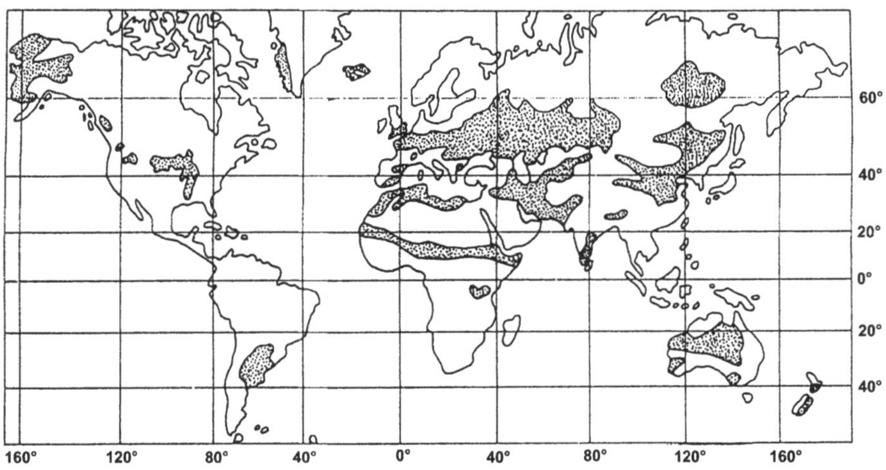

Abb. 2.1-3. Verbreitung der Lösse auf der Erde (Catt 1992)

West-Atlantik, Schrag et al. 1996 für den Ceara Rise vor der Amazonas-Mündung und Wefer et al. 1996 für den Südatlantik). Es stellt sich heraus, daß meist die Oberflächentemperaturen des Atlantiks um einige Grade Celsius tiefer gelegen hatten, als von CLIMAP (1981) ermittelt worden war. Dies paßt sehr gut zu den an Land gewonnenen Werten.

Aus den verfügbaren Befunden wird deutlich, daß zu Beginn des Tiefseestadiums 2 (etwa 24000 bis 18000 v. h., kalibr.), vielleicht mit Ausnahme einiger weniger Gebiete, die klimatischen Bedingungen der Vegetation, der Moorbildung und der Bildung von Humushorizonten nahezu überall extrem ungünstig geworden waren. Humushorizonte oder Feuchtgebiete fehlten daher weitgehend als Lieferanten des CO_2 oder des CH_4. Die anspruchsvollere Flora und Fauna konnten sich nur noch in stark zerstreuten, wahrscheinlich in den Gebirgslandschaften der Tropen, Subtropen und der heute warm gemäßigten Breiten gar nicht so seltenen kleinen Refugien erhalten. Ihre Geschichte ist nahezu unbekannt. Diese Refugien waren aber sicher für den globalen CO_2- und CH_4-Haushalt bedeutungslos.

Von Bedeutung für die hier zu behandelnde Frage ist jedoch der Beginn der Erwärmung nach beendetem LGM. Sirocko et al. (1996) nahmen an, daß sie von der Antarktis und den Tropen ausgegangen sei, die Nordhalbkugel aber deutlich nachgehinkt habe. Tatsächlich ist die Beantwortung dieser Frage schwierig, da zwei Probleme zu lösen sind, nämlich einerseits das der einigermaßen zutreffenden Datierung und andererseits das der beginnenden Fühlbarkeit der Erwärmung in unterschiedlichen Ökosystemen. Die Altersdaten der Literatur sind vielfach erst zu kalibrieren, und hinsichtlich der Fühlbarkeit der Klimabesserung ist nach den ersten Anzeichen zu suchen, nicht nach dem Beginn voll entwickelter Interstadiale (aus der reichen Literatur vgl. Kellogg et al. 1978; Broecker et al. 1990; Hoganson u. Ashworth 1992; Benson 1993; Chapellaz et al. 1993; Aucour et al. 1994; Edwards u. Barker 1994; Elenga et al. 1994; Grosjean 1994; Hope u. Tulip 1994; Johnson et al. 1996; Anderson et al. 1997, alte Kalibrierung; Mangerud et al. 1992; Marean 1992; Rodbell 1993; van der Hammen u. Absy 1994; Watts u. Hansen 1994; Sirocko et al. 1996; van Andel 1998; Sylvestre et al. 1999 usw.).

Offenbar hatte es mehrere Wellen der Klimabesserung gegeben: 21000 bis 20000 v. h. (schwach), 17000 bis 16000 v. h. (sehr weit nachweisbar), 14500 v. h., 11500 und 11000 v. h. (letzte seltener nachweisbar). Zeitgleich mit diesen Etappen der Klimabesserung setzten diejenigen Änderungen der terrestrischen Ökosysteme ein, die schließlich zu den holozänen Bedingungen geführt hatten. Hierbei gab es aber bemerkenswerte regionale Unterschiede. Sowohl in den chilenischen Anden (Grosjean 1994) als auch auf Vulkanen der Ostsahara (Pachur u. Hoelzmann 1991), vielleicht auch auf dem Tibetischen Plateau (van Campo u. Gasse 1993; Frenzel 1994b), scheint die Verbesserung des Wasserhaushaltes um einige Jahrtausende früher fühlbar geworden zu sein als in den umgebenden Tiefländern. Dies kann mit besonderen Windsystemen zusammengehangen haben (Grosjean 1994), mag aber auch Ausdruck der dort häufigeren Wolkenbedeckung gewesen sein, damit der Herabsetzung der Evapotranspiration. Denn das spätglaziale Klima hatte, zu verschiedenen Phasen unterschiedlich, noch stark unter den geringen Niederschlagsmengen zu leiden gehabt (für Nordeurasien Frenzel 1994a).

Generell gilt aber, daß es anscheinend keine Verzögerung im Beginn der Klimabesserung der Nordhalbkugel gegenüber dem der Südhalbkugel gegeben hat, wenn auch die Daten von manchen Unsicherheiten behaftet sind, da sich beispielsweise erst Aquifere auffüllen müssen, bevor Seespiegel zu steigen beginnen.

Ein anderer Punkt ist, daß besonders in Nordafrika (Pachur et al. 1990; Pachur u. Hoelzmann 1991), aber auch im Vorderen Orient (Yechieli et al. 1993), in Tansania (Casanova u. Hilaire-Marcel 1992), Südwest-Afrika (Shi et al. 1998), den chilenischen Anden (Grosjean 1994), im westlichen Zentral-Chile (Hoganson u. Ashworth 1992; Heusser u. Shackleton 1994), in Zentralbrasilien (Ledru 1993), dem nördlichen Zentral-Texas (Humphrey u. Ferring 1994) und auf der Nordinsel Neuseelands (Newnham et al. 1993) ab etwa 12000 (cal. B.P.) die zur Verfügung stehende Feuchte in den späteren Abschnitten des Spätglazials und während des ersten Teiles des Holozäns hoch gewesen ist, häufig deutlich höher als in der Gegenwart. Mindestens aus Nordafrika ist bekannt, daß dies eine erhebliche Bereicherung der Tierwelt zur Folge gehabt hatte. Es handelte sich um sehr große Flächen (vgl. Pachur u. Hoelzmann 1991). Dies sollte den CO_2- und CH_4-Gehalt beeinflußt haben. In Nordafrika dauerte diese Zeit guten Wasserhaushaltes bis etwa 7000 bis 6000 cal. B.P. Andererseits begannen die großen Moore der Westsibirischen Tiefebene erst gegen etwa 9000 cal. B.P sich anfangs zögernd, dann immer schneller auszubreiten (Nejštadt 1971; Nejštadt et al. 1974; Literatur bei Frenzel 1983b). Vermutlich etwa gleichzeitig entstanden viele der kanadischen Moore, nachdem das Gelände definitiv eisfrei geworden war. Unabhängig hiervon verlief aber die spätglaziale und holozäne Entwicklung der Vegetation mineralischer Standorte (Europa, Abb. 2.1-4). Besonders am Ende des Spätglazials und zu Beginn des Holozäns, bis etwa zu dessen Mitte, waren also recht verschiedene

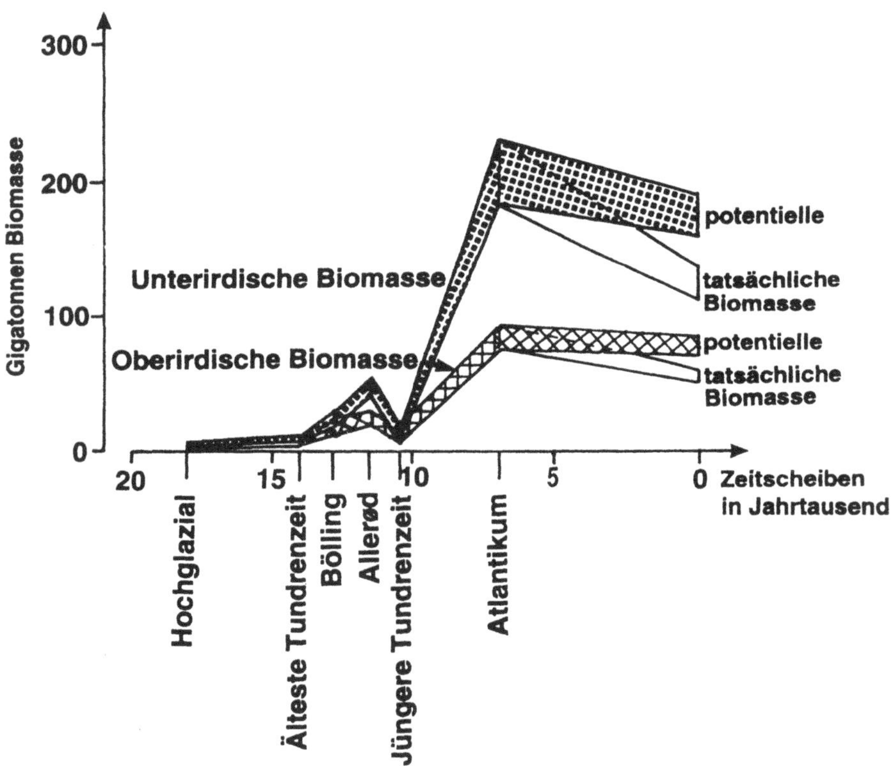

Abb. 2.1-4. Änderung der Biomasse Europas (nach Gliemeroth 1995). Kalibrierte ^{14}C-Daten. Die mit *vertikalen Strichen* markierten Phasen geben an, für welche ungefähre Zeiten die Biomasse bestimmt worden ist

Prozesse in der Biosphäre abgelaufen, die hinsichtlich der Gehalte an CO_2 und CH_4 in der Atmosphäre zum Teil gegensätzlich gewirkt haben sollten.

Schließlich darf hinsichtlich der Wechselwirkungen Biosphäre - Klima nicht die Aktivität des Menschen vergessen werden. Im vorliegenden Zusammenhang interessieren Zeiträume und Intensität des menschlichen Eingriffes in den Haushalt der Natur, nicht jedoch Alter und Phasengliederung der menschlichen Kulturen.

Bemerkenswerterweise ist in jüngster Zeit versucht worden, aus Pollendiagrammen das Ausmaß der Flächenbeanspruchung durch den Menschen für verschiedene Phasen der letzten 7000 Jahre zu ermitteln (O'Sullivan 1973; Frenzel 1983a; Gaillard u. Berglund 1998). Eingangs wurde über Erfolge und Schwierigkeiten dieses Forschungsansatzes berichtet. Der Hinweis genüge, daß aufgrund ganz unterschiedlicher Methoden ermittelt worden ist, daß bereits in der mittleren Jungsteinzeit (d.h. gegen 6000 cal. B.P.) in den heutigen Niederlanden etwa 2 bis 3% der Fläche gerodet waren (Groenman-van Wateringe 1992), in Südwestdeutschland unterhalb von 700 m Höhe etwa 20% (Frenzel 1983a). Bei weiteren methodologischen Untersuchungen stellte sich heraus, daß das pollenanalytische Verfahren nur im Herrschaftsgebiet der südmitteleuropäischen montanen bis subalpinen Nadel-Laub-Mischwälder einigermaßen verläßlich angewandt werden kann, kaum in anderen ehemaligen Waldtypen (Dambach 2000). Leider sind derartige Untersuchungen noch nicht in weiteren Erdräumen durchgeführt worden.

Einige wenige Angaben der neueren Literatur zum frühen menschlichen Eingriff in den Haushalt der Natur verschiedener Landschaften finden sich in der folgenden Aufstellung:

Gebiet	Datum v. h., kalibr.	Autor
Afrika		
Nordafrika	seit 7000	Anhuf 1996
Ägypten	seit 5020	Henfling u. Pflaumbaum 1991; Westendorf u. Henfling 1998
Äthiopien	seit 2400	Bonnefille u. Mohammed 1994
Burundi	ab 5900	Aucour et al. 1994
Burundi	ab 4300	Jolly et al. 1994
Kenia, Nairobi	7000 bis 1200	Marean 1992
Kongobecken	ab 3600	Elenga et al. 1994
Madagaskar	ab 2200	Burney 1993
Südwest-Afrika	gegen 1000	Hüser et al. 1998
Südwest-Afrika	ab 2000	Shi et al. 1998

Gebiet	Datum v. h., kalibr.	Autor
Amerika		
Mittelamerika	ab 5200	Alcala-Herrera et al. 1994
Zentral-Mexico	ab 4800	del Socorro u. Ortega-Guerrero 1994
Yucatan	ab 6000	Leyden et al. 1994
Costa-Rica, Chirripó Pàramo	2600	Horn 1993
Süd-Amerika, zentralperuvianische Anden	zwischen 7800 und 5500	Hansen et al. 1994
Boston, Machachusettes	5500 bis 4500	Newby u. Webb 1994
Neuguinea und Australien		
Irian Jaya	besonders ab 8000 und 5000	Hope u. Tulip 1994
Australien, nordöstliches Queensland	38000 bis 26000	Kershaw 1994

Die Beispiele lassen ahnen, wie früh und wie stark der Mensch in den Haushalt der Natur in den verschiedensten Landschaften eingegriffen hat. Die Folgen für die geänderte Oberflächenalbedo sowie die Wärme- und Feuchteflüsse sind noch nicht zu übersehen. Hierbei müssen außerdem die Änderungen des troposphärischen Aerosols berücksichtigt werden, auf die eingangs verwiesen worden ist. Auch sie sind bestenfalls für Europa und Grönland zu erahnen, kaum aber für die anderen Kontinente. Ein wesentlicher Faktor der Strahlungshaushaltsgleichung kann also noch nicht in seiner historischen Veränderung dargestellt werden.

2.1.3.2 Beziehungen zwischen Klima, Biosphäre und Atmosphärenchemie im Ablauf der Zeit

Es besteht Konsens darüber, daß eine entscheidende Grundlage der Klimaschwankungen des Eiszeitalters die periodischen Änderungen der Erdbahnelemente sind (u. a. Berger u. Loutre 1996, 1997; Berger et al. 1994; Haigh 1996). Es ist allerdings fraglich, wie eng die Schwankungen des Strahlungsgenusses der Erde mit dem globalen Klima, den Änderungen in der Biosphäre und denen der Atmosphärenchemie verknüpft sind bzw. wann und wo Wechselwirkungen zwischen einzelnen Komponenten dieses Systems neue Bedingungen geschaffen haben, die nicht unmittelbar mit dem Strahlungshaushalt zusammenhängen. Bei der Beantwortung dieser Frage werden erneut Datierungsschwierigkeiten deutlich: Die große Zahl bisher bekannter interstadialer Wärmeschwankungen, die sich aus den $\beta^{18}O$-Kurven des grönländischen Inlandeises ergeben, kann nur zu einem kleineren Teil sicher mit auf dem Festland beobachteten Interstadialen verknüpft werden, da deren Spuren häufig unvollständig sind. Ähnliches gilt für die im Nordatlantik so wichtigen „Heinrich events", die nur indirekt über klimatische Folgen oder über gute Altersdaten mit bestimmten Erscheinungen auf dem Festland verknüpft werden können. So lange hier nicht in viel stärkerem Maße als bisher Leithorizonte, wie vulkanische Aschenlagen, benutzt werden können, die geologische Sequenzen auf dem Festland und in der Tiefsee zweifelsfrei miteinander verbinden, bleibt vieles recht unsicher.

Die markanten Schwankungen des CO_2- und CH_4-Gehaltes in Gasblasen des antarktischen und grönländischen Inlandeises scheinen geeignet zu sein, die eingangs erwähnten Wechselbeziehungen zwischen Klima, Ozean, Biosphäre und Atmosphärenchemie anzuzeigen (Abb. 2.1-2). Diese Schwankungen lassen sich hinsichtlich des Wärmeklimas mindestens in den jüngeren Abschnitten der Letzten Eiszeit noch feiner aufgliedern (Abb. 2.1-5). Heinze u. Hasselmann (1993) haben sich mit der Frage nach den Ursachen der starken Absenkungen der CO_2-Gehalte beschäftigt, Chapellaz et al. (1993) und Brook et al. (1996) wandten sich aber besonders denen der CH_4-Gehalte zu. Auf diese Arbeiten wird noch zurückzukommen sein.

Das Klima des Eem-Interglazials war – gebietsweise unterschiedlich – zur Zeit der optimalen Bedingungen deutlich wärmer und meist auch feuchter als das des Holozäns (Frenzel et al. 1992a). Dies hatte in den Tropen, aber auch im außertropischen Bereich die Ausbreitung einer sehr anspruchsvollen Vegetation ermöglicht, ohne daß jedoch die CO_2- und CH_4-Gehalte der Atmosphäre nennenswert gegenüber den heutigen Bedingungen erhöht gewesen wären. Wie bereits erwähnt, hatte sich in der Mitte des Interglazials im Nord-Atlantik eine Umstellung der ozeanischen Zirkulation ereignet, die zu einer deutlichen, wenn auch kurzen Abnahme der Oberflächentemperaturen geführt hatte. Etwa zur selben Zeit scheint das eustatische Absenken des Meerespiegels begonnen zu haben (Streif 1991), wie aber auch der Beginn milderer, ozeanischer Winter in Europa (Frenzel 1991a). Es ist unklar, ob dieses Zusammenfallen der Ereignisse nur vorgetäuscht wird, oder ob es sich um eine Abhängigkeit gehandelt hatte. Fronval u. Jansen (1997) verwiesen darauf, daß die Abkühlung der Norwegen-See und das Wachstum der Eisdecken in der

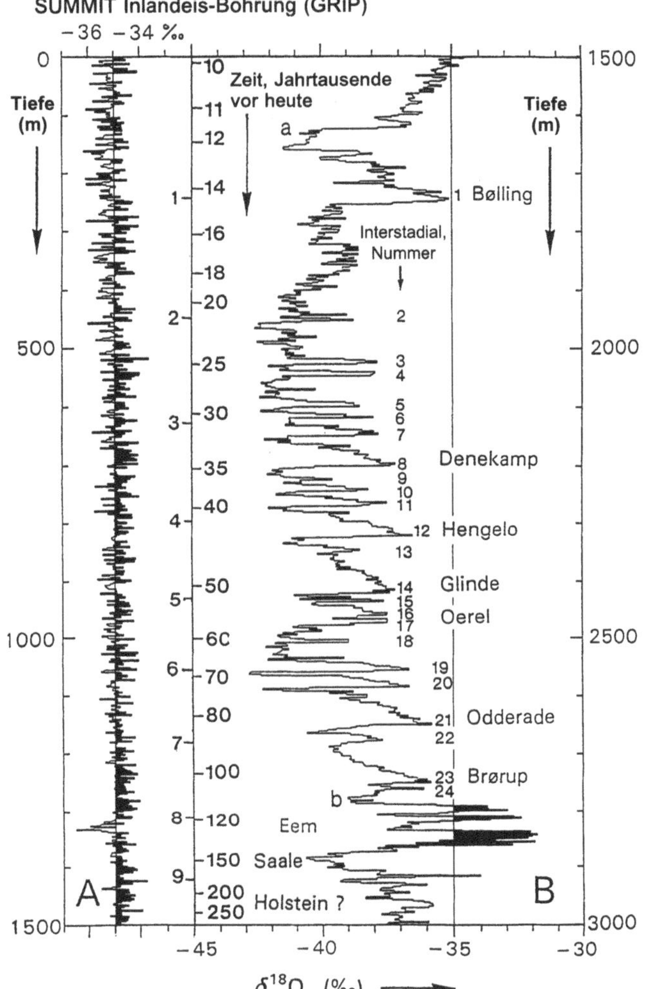

Abb. 2.1-5. δ^{18}O-Kurve des GRIP-Eisbohrkerns in Zentral-Grönland, Station „Summit". Ausschläge der δ^{18}O-Kurve nach rechts bezeichnen Zeiten relativ warmer Klimate, nach links aber Kaltzeiten. (Aus: Dansgaard et al. 1993)

Umgebung deutlich vor dem generellen Anwachsen der globalen Eismassen begonnen habe. Dies mag darauf verweisen, daß die Koinzidenz der erwähnten Erscheinungen nicht nur etwas Zufälliges war.

Ein anderer, sehr merkwürdiger Sachverhalt ist die Tatsache, daß unmittelbar nach Erreichen der maximalen interglazialen Werte von etwa 700 ppbv der CH_4-Gehalt der Atmosphäre abzusinken begann, noch mitten während des Interglazials. Dies findet seine Entsprechung in der ersten Hälfte des Holozäns (Abb. 2.1-2), doch stieg dann innerhalb der letzten 5000 Jahre des Holozäns der CH_4-Gehalt wieder an (Chapellaz et al. 1993). Diese Autoren und Brook et al. (1996) verwiesen darauf, daß die tropischen Moore Entscheidendes zu den Mengen des atmosphärischen CH_4 beigesteuert hatten. In den Tropen hatte früh eine Verbesserung des Wasserhaushaltes eingesetzt, so daß die Sahara während der ersten Hälfte des Holozäns zahlreiche große Seen enthalten hatte (Pachur u. Hoelzmann 1991; Pachur et al. 1990). Etwas später begann die Bildung vieler Moore in den heute gemäßigten Breiten. Dies sollte entsprechend auch für das Letzte Interglazial gegolten haben. Die holozäne Feuchtphase endete in der Sahara definitiv gegen 7000 bis 6000 cal. B.P. Schon vorher waren dort Schwierigkeiten im Wasserhaushalt deutlich geworden. Es ist zu vermuten, daß diese Zone damals als Lieferant des CH_4 aus den frühholozänen großen Sümpfen schrittweise ausfiel. Andererseits scheinen erst ab etwa 8000 bis 9000 cal. B.P. die Moore der Westsibirischen Tiefebene zu entstehen begonnen haben. Sie, wie auch die Moore des Laurentischen Schildes, sind heute wesentliche Lieferanten des CH_4, besonders so lange es sich um Niedermoore handelt (Korhola et al. 1996; Moosavi et al. 1996; Waddington u. Roulet 1996). Es ist denkbar, daß dieses verspätete Moorwachstum großen Stils auf der Nordhalbkugel den erneuten Anstieg der CH_4-Gehalte während der letzten 5000 bis 6000 Jahre verursacht hat. Um Klarheit zu schaffen, müßten die Moorflächen für einzelne Zeitscheiben kartiert werden. Hiervon sind wir noch weit entfernt. Andererseits sind aus dem Letzten Interglazial derart riesige Moorflächen nicht bekannt. Auf dem Laurentischen Schild könnte das mit der späteren Eiserosion zusammenhängen, nicht aber in der Westsibirischen Tiefebene. Aus dieser Zeit wurden zwar besonders in Nordeurasien sehr viel Moore vegetationsgeschichtlich untersucht. Meist handelte es sich um kleine Moore. Nur vom oberen Dnepr ist bisher ein mehr als 5 km langer Mooraufschluß des Letzten Interglazials bekannt. Vergleichbares fehlt in Sibirien trotz der dort z. T. hervorragenden Aufschlußsituation entlang den Flüssen. Es könnte also sein, daß der auffallende Rückgang der CH_4-Gehalte während des Letzten Interglazials damit zusammenhängt, daß sich die Wälder sehr stark hatten ausbreiten können, auch auf Kosten der Tundra (Frenzel 1968), daß es aber nicht zur Ausbildung großer Moorkomplexe gekommen ist. Nach Abb. 2.1-2 ging anschließend der CH_4-Gehalt der Atmosphäre bis etwa 120000 v. h. zurück, nicht aber der des CO_2. Es ist sehr wohl bekannt, daß in den gemäßigten Breiten am Ende des Letzten Interglazials das Klima schnell trockener und frostreicher wurde. Moore wurden zerstört. Auch in den Tropen und Subtropen hatte sich der Wasserhaushalt der Böden schnell verschlechtert. Auch hier muß also die Moorfläche erhebliche Einbußen erlitten haben. Dies dürfte die CH_4-Produktion generell drastisch reduziert haben.

Andererseits breiteten sich damals in vielen Gebieten der Nordhalbkugel an Stelle der verschiedenen Waldtypen des zu Ende gehenden Interglazials sehr produktive Grassteppen aus, die deutlich verschieden gewesen sind von den viel ärmeren Kräutersteppengesellschaften vieler Landschaften der Nordhalbkugel während späterer Stadiale. Die reiche Tierwelt spiegelt sich in den zahlreichen urgeschichtlichen Funden dieser Zeit wider. Außerdem ging die Bodenbildung im europäischen Mittelmeergebiet intensiv mit steppenbodenartigen Typen weiter (u.a. Brunnacker et al. 1981), und in der tropischen Region waren immer noch Wälder, aber auch verschiedene Savannentypen weitverbreitet. Dies sollte den CO_2-Umsatz auf einem hohen Niveau gehalten haben, wie er ja tatsächlich beobachtet wird. Die stärkere CO_2-Bindung im Ozean bei dessen abgesenkten Temperaturen fiel aber offenbar noch nicht ins Gewicht. Berger u. Loutre (1997) hatten zwar berechnet, daß das Ausmaß der Abkühlung während der Letzten Eiszeit zu 20,8% durch die Änderungen des CO_2-Gehaltes erklärt werden könne. Der gerade dargestellte Gang der Ereignisse zu Beginn der Letzten Eiszeit läßt jedoch erkennen, daß die Bindung zwischen Änderungen des CO_2-Gehaltes und des Klimas nicht zu eng verstanden werden sollte. Auf der anderen Seite hatten Brook et al. (1996) hervorgehoben, daß auch die Bindungen zwischen Klima und CH_4-Gehalt nicht als sehr direkt gelten dürfen. Nach dem Dargelegten scheinen die Schwankungen der Gehalte beider Spurengase eher Folge der Klimaschwankungen und der Änderungen in den Ökosystemen gewesen zu sein als deren Anlaß, wenn sie auch ihrerseits die Amplitude der Klimaschwankungen verstärkt haben. Hierauf ist später erneut zurückzukommen.

Hinsichtlich der großen Interstadiale St. Germain I und II (ob gleich Tiefseestadien 5c und 5a?), wird aus Abb. 2.1-2 deutlich, daß die CH_4-Gehalte der Atmosphäre diese Wärmeschwankungen sehr gut nachzeichnen, nicht aber der Gehalt des CO_2. Beide Interstadiale waren in den Tropen, wie oben dargestellt, Zeiten der Ausbreitung montaner Regenwälder und wiederholt auch hoher Seespiegel. Es ist zu vermuten, daß damals dort ausgedehnte Feuchtgebiete und Moore weitverbreitet waren, wenn dies auch heute nur andeutungsweise bei terrestrischen Untersuchungen faßbar wird. Von den gegenwärtig kühlen und kalten gemäßigten Breiten der Nordhalbkugel sind aber schon lange zahllose Moore dieser Zeit bekannt. Beim gegenwärtigen Kenntnisstand muß angenommen werden, daß generell die damalige Fläche der Feuchtgebiete, die als CH_4-Quelle hatten dienen können, wesentlich geringer gewesen ist als während des vorangegangenen Interglazials. Statt dessen waren in den kontinentaleren Klimaten Waldsteppen und anspruchsvolle Steppen auf Schwarzerden weit verbreitet, die als CH_4-sinks gedient haben sollten. Die geringeren CH_4-Mengen der damaligen Zeit, unterbrochen durch ein deutliches Minimum während der Kaltzeit 5b, sind also durchaus verständlich. Bei den CO_2-Gehalten scheint aber, ähnlich wie am Ende des Letzten Interglazials, gegolten zu haben, daß einerseits auch während der Kaltzeiten 5d und 5b die Steppen- und Savannenvegetation immer noch, wie zahlreiche botanische und faunistische Analysen erkennen lassen, recht produktiv gewesen sind; andererseits ist auch bekannt, daß zu Beginn des Tiefseestadiums 4 die Bodenbildung zunächst kontinuierlich von der Lößakkumulation überwältigt worden ist, aber auch, daß die beginnende Frosteinwirkung Humushorizonte und Lößstaub intensiv durch Frosthebung vermischt hatte. Dies sollte, wie aus Untersuchungen in der Tundrenregion Nord-Alaskas bekannt ist (Oechel et al. 1995), eine Produktion des CO_2 durchaus gefördert haben, zumal da diese Frosteinwirkung ein flächenhaft sehr weit verbreiteter Prozeß war.

Während der Stadiale ab etwa 60000 cal. B.P. macht sich aber bei den CH_4- und CO_2-Gehalten die große Kälte und Trockenheit des Klimas sowie der Böden bemerkbar. Zwar kann die starke Kälte vielfach erwiesen werden, aber Hinweise auf Frosterscheinungen fehlen weitgehend in den damals sehr weitverbreiteten, mächtigen Lößschichten. Offenbar war die zur Verfügung stehende Feuchte viel zu gering, um Frostbildungen flächenhaft entstehen zu lassen. Merkwürdigerweise scheint bisher ein für den CO_2-Haushalt wichtiger Prozeß übersehen worden zu sein, nämlich die Lößbildung. Löß ist ein äolisches Sediment, dessen Grundkomponente Quarz und andere Silikate darstellen. Das feinkörnige Material wurde sekundär durch $CaCO_3$ verbacken; nur zu einem kleinen Teil, und dies gebietsweise unterschiedlich, mögen Kalksplitter äolisch antransportiert worden sein. Im wesentlichen resultiert aber das $CaCO_3$ aus der Reaktion des unter einem sehr trockenen Klima im Bodenwasser aufsteigenden Ca mit dem CO_2 der Luft. Es bildet sich HCO_3^-, das mit dem Ca reagiert. Lößbildung fand über eine riesige Fläche statt (Abb. 2.1-3). Die mittlere Lößmächtigkeit ist schwer anzugeben. Sie war für die Zeit des Stadiums 2 geringer als für die des Stadiums 4 und mag vielleicht im ersten Fall um 4 m betragen haben, im zweiten um 6 m. Dies bedeutet bei einem mittleren $CaCO_3$-Gehalt der Lösse von etwa 20 bis 40 Gewichtsprozent eine erhebliche Menge gebundenen Luft-CO_2. Dies sollte während dieser Stadiale den CO_2-Gehalt der Atmosphäre vermindert haben, zusätzlich zu der verminderten Veratmung bzw. Vergärung des C_{org} wegen der damals in der Regel nicht existierenden Humushorizonte auf nahezu der gesamten Festlandsmasse der Erde und zusätzlich zu der verstärkten CO_2-Absorption in den kalten Wässern. Eine Quantifizierung des pedogenen Anteils dieser CO_2-Bindung muß allerdings erst noch durchgeführt werden.

Hinsichtlich der Wechselwirkungen zwischen Klima, Biosphäre, CO_2- und CH_4-Gehalt der Atmosphäre ist aber für den Interstadialkomplex um etwa 39000 bis 28000 cal. B.P. das Folgende wichtig (Abb. 1.2-1 und 1.2-2): Der zeitliche Verlauf der Kurven der CO_2- und CH_4-Gehalte der Atmosphäre findet, falls die herkömmlichen ^{14}C-Daten kalibriert werden (Voelker et al. 1998), seine nahezu genaue Entsprechung in der Anzahl an Hinweisen auf die Entstehung von Auftaubodeninseln, gefüllt mit Seen und Mooren, in Sibirien. Dies verweist darauf, daß Klimaschwankungen sowohl die Entwicklung der dortigen Vegetation als auch diejenige der globalen CO_2- und CH_4-Gehalte gesteuert hatten. Damit ist nicht gesagt, daß alle Oszillationen in der Entwicklung der letzteiszeitlichen Bio-, Geo- und Atmosphäre durch das Klima aufgezwungen waren. Die so wichtigen Schmelzwasserereignisse der „Heinrich events", wie auch Umstellungen der ozeanischen Zirkulation, die wiederum mit diesen „Heinrich events" z.T. eng verknüpft waren (Oeschger 1995), waren sicher sehr bedeutungsvoll. Aber hinsichtlich der großen Untergliederung der Letzten Eiszeit war offenbar das von außen gesteuerte Klima der entscheidende Faktor. In diesem Zusammenhang sind auch die Vorgänge am Ende der Letzten Eiszeit wichtig. Aus Abb. 2.1-2 geht hervor, daß die CO_2- und CH_4-Gehalte der Atmosphäre ab etwa 17000 cal. B.P. drastisch anzusteigen begannen. Wird dies mit den oben aufgeführten kalibrierten Altersdaten des Beginns der Klimabesserung am Ende der Letzten Eiszeit verglichen, dann bemerkt man, daß abermals im großen Synchroneität besteht. Dies verweist erneut darauf, daß diese klimatischen Änderungen und die der Vegetation gleichzeitig erfolgt, also vom generellen Klimagang gesteuert worden sind, so weit sich das angesichts der unguten Datierungslage sagen läßt. Brook et al. (1996) hatten bereits hinsichtlich des CH_4 dasselbe betont, so auch Chapellaz et al. (1993). Die letztgenannten Autoren halten es für möglich, daß der Anstieg der CH_4-Gehalte etwa 200 Jahre dem des Klimas bei der Erwärmungsphase um 14500 cal. B.P. vorausgeeilt sei, verweisen aber auf die Ungenauigkeit der Datierung.

Es scheint sich also erneut herauszustellen, daß Änderungen des CH_4-Gehaltes der Atmosphäre und diejenigen der Landökosysteme während der großen Klimaschwankungen parallel zueinander verlaufen sind, daß aber auch die Änderungen des CO_2-Gehaltes zu diesen Zeiten nicht die Klimaänderungen gesteuert hatten. Auch während des Holozäns gingen deutliche Schwankungen des Gehaltes beider Spurengase nicht parallel mit Klimaschwankungen (s. o.). Hiermit soll nicht gesagt werden, daß beide Gase nicht in den Wärmehaushalt der Erde einzugreifen vermögen, wohl aber, daß vielfach andere Faktoren und deren Wechselwirkungen eine wesentlich größere Rolle spielen. Es muß aber auch auf den Wasserdampfgehalt der Atmosphäre verwiesen werden. Während des Spätglazials hatten sich größere Schwankungen der mindestens in der Alten Welt zur Verfügung stehenden Feuchtigkeit abgespielt (Frenzel 1994a). Auch schon für frühe Phasen des Spätglazials werden sowohl in den chilenischen Anden als auch in Nordafrika und wahrscheinlich auch in Zentral- und Südasien (Grosjean 1994; Pachur u. Hoelzmann 1991; Sirocko et al. 1996; van Campo u. Gasse 1993) eine Feuchtezunahme in den Hochgebirgen bzw. eine Intensivierung regenbringender Windsysteme erwähnt. Hierbei sollte die verstärkte Bewölkung eine hohe Bedeutung gehabt haben. Sie ist aber noch gar nicht faßbar. Einen Ansatzpunkt zur Ermittlung des damaligen Ganges der Luftfeuchtigkeit könnte eine zeitliche und räumliche Analyse der Lößbildung gegenüber der der synsedimentären Lößlehme darstellen, falls die Lößbildung zeitlich durch zuverlässige Datierungsverfahren geeicht werden könnte. Die anderen Faktoren, die in die Gehalte des CO_2 und des CH_4 während des Holozäns bestimmend eingegriffen haben, liegen in dem erwähnten Gang der Moorbildung, der bisher nie untersuchten sich ändernden Fläche der CH_4-produzierenden Wattenmeere, dem Gang der Vegetationsentwicklung und dem der Böden in den verschiedenen Klimazonen der Erde. Hierin ist vielfach erst Pionierarbeit zu leisten, doch läßt sich ahnen, wie stark derartige Prozesse unabhängig von einer engen Bindung an das Klima die CO_2- und CH_4-Flüsse im Ablauf der Zeit beeinflußt haben müssen. Die entscheidenden Züge der Gehaltsänderungen des CH_4 und des CO_2 in der Atmosphäre scheinen aber Folge der Änderungen des Klimas, der Biosphäre und des ozeanischen Bereichs gewesen zu sein, nicht jedoch deren steuernde Ursachen oder Auslöser.

2.1.4 Zusammenfassende Bewertung

Einer Untersuchung der Beziehungen zwischen Klimaschwankungen, Änderungen der Biosphäre und denen der Gehalte an strahlungswirksamen Spurengasen der Atmosphäre über den letzten Interglazial-Glazial-Interglazial-Zyklus stehen mehrere prinzipielle Schwierigkeiten entgegen. Sie liegen vor allem in der meist noch immer unzureichenden Präzision der Datierungen ganz unterschiedlicher Räume der Erde sowie in der meist noch fehlenden kartographischen Darstellung der Vegetation, der Böden, der landschaftsgenetischen Prozesse und des Klimas wichtiger Zeitscheiben und Zeiträume. Dies ermöglicht nur vorsichtige, generelle Abschätzungen der Stärke einzelner Wechselbeziehungen.

Es scheint sich herauszustellen, daß die Klimaschwankungen des in Frage stehenden Zeitraumes, letztlich verursacht durch Änderungen der Erdbahnelemente, die großen Züge in der Gestaltung der Bio- und Hydrosphäre gesteuert hatten, die ihrerseits die Gehalte an strahlungswirksamen Spurengasen der Atmosphäre bestimmt hatten. Die Gehaltsänderungen des CO_2 und des CH_4 verliefen in dem betrachteten Zeitraum wiederholt unabhängig voneinander, lassen sich aber leicht durch Änderungen bestimmter Elemente der wichtigsten Ökosysteme der Festländer erklären. Hierbei ist bemerkenswert, daß die natürlichen Gehaltsänderungen des CO_2 und des CH_4, abgesehen von kleineren Schwankungen, mit einer viel geringeren Geschwindigkeit verlaufen sind als die jetzt zu beobachtenden anthropogenen. Dies mag am Beispiel des CO_2 gezeigt sein: Am Übergang der vorletzten Eiszeit in das Letzte Interglazial stieg über etwa 10000 Jahre der CO_2-Gehalt der Erdatmosphäre um insgesamt etwa 105 ppmv an, d. h. mit 2,1 ppmv pro 200 Jahre. Derselbe Vorgang vollzog sich am Übergang der letzten Eiszeit bis zum beginnenden Holozän über etwa 5000 Jahre hinweg, und zwar um insgesamt 67 ppmv, also um 2,68 ppmv pro 200 Jahre. Von 1740 n. Chr. bis 1982 n. Chr., also während des Industriezeitalters, betrug dieser CO_2-Anstieg der Atmosphäre aber 56,2 ppmv pro 200 Jahre. Hier liegt also eine ganz andere Größenordnung vor als unter natürlichen Bedingungen. Es ist jedoch interessant, daß innerhalb des Holozäns die natürlichen und frühanthroprogenen Gehaltsänderungen des CO_2 keinen erkennbaren Einfluß auf das Klimageschehen gehabt hatten. Das besagt nicht, daß zusätzliche, sehr viel schnellere anthropogene Änderungen wirkungslos seien. In dieser Beziehung stehen wir wohl gerade erst am Beginn eines richtigen Verständnisses. Es zeigt sich aber auch, daß Umstellungen der ozeanischen Zirkulation, wie schon von anderen Autoren dargestellt, nachhaltigen Einfluß auf das Klima, die Ökosysteme und somit auf die Atmosphärenchemie haben können, die die astronomischen Steuerungsprozesse überlagern und diese intensiv verschleiern.

2.1.5 Literatur

Aaby B, Tauber M (1995) Eemian climate and pollen. Nature 376:27–28

Adam KD (1953) Die Bedeutung der altpleistozänen Säugetier-Faunen Südwestdeutschlands für die Gliederung des Eiszeitalters. Geologica Bavarica 19:357–363

Alcala-Herrera JA, Jacob JS, Machain Castillo ML, Neck RW (1994) Holocene palaeosalinity in a Maya wetland, Belize, inferred from the microfaunal assemblages. Quat Res 41:121–130

Alloway BV, Steward RB, Neall VE, Vucetich CG (1992) Climate of the Last Glaciation in New Zealand, based on aerosolic quartz influx in an andesitic terrain. Quat Res 38:170–179

An ZS, Kukla GJ, Porter SC, Xiao JL (1991) Magnetic susceptibility evidence of monsoon variation on the loess plateau of central China during the last 130 000 years. Quat Res 36:29–36

Andel TH van (1998) Middle and Upper Palaeolithic environments and the calibration of ^{14}C dates beyond 10000 BP. Antiquity 72:26–33

Anderson PM, Lozhkin AV, Belaya BV, Glushkova OY, Brubaker LB (1997) A lacustrine pollen record from near altitudinal forest limit, Upper Kolyma region, northeastern Siberia. Holocene 7:331–335

Anderson RS (1993) A 35 000 year vegetation and climate history from Potato Lake, Mogollon Rim, Arizona. Quat Res 40:351–359

Andreeva SM, Isaeva LL, Kind NV, Nikol'skaja (1982) Oledenenija, morskie transgressii i klimat v pozdnem plejstocene i golocene (Vergletscherungen, marine Transgressionen und Klima im späten Pleistozän und Holozän). In: Kind NV, Leonov BN (eds) Antropogen Tajmyra. Nauka, Moskva, pp 157–165 (russisch)

Andrews JT, Erlenkeuser H, Tedesco K, Aksu AE, Jull AJT (1994) Late Quaternary (stage 2 and 3) meltwater and Heinrich events, Northwest Labrador Sea. Quat Res 41:26–34

Anhuf D (1996) Untersuchungen zur holozänen Vegetationsgeschichte des nördlichen Afrika. Mannheimer Geogr Arb 44:427–445

Aucour A-M, Hillaire-Marcel C, Bonnefille R (1994) Late Quaternary biomass changes from ^{13}C measurements in a higland peatbog from Equatorial Africa (Burundi). Quat Res 41:225–233

Behre K-E (1962) Pollen- und diatomeenanalytische Untersuchungen an letztinterglazialen Kieselgurlagern der Lüneburger Heide (Schwindebeck und Grevenhof im oberen Luhetal). Flora 152:325–370

Behre K-E (1988) The role of man in European vegetation history. In: Huntley B, Webb T (eds) Vegetation history. Handb Veget Sci 7:633–672

Benson L (1993) Factors affecting ^{14}C ages of lacustrine carbonates: Timing and duration of the last highstand lake in the Lahontan Basin. Quat Res 39:163–174

Berger A, Loutre M-F (1996) Modelling the climate response to astronomical and CO_2 forcings. CR Acad Sci Paris 323 (IIa):1–16

Berger A, Loutre M-F (1997) Palaeoclimate sensitivity to CO_2 and insolation. Ambio 26:32–37

Berger WH, Bickert T, Jansen E, Yasuda M, Wefer G (1994) Das Klima im Quartär. Rekonstruktion aus Tiefseesedimenten mit Hilfe der Milankovitch Theorie. Geowissenschaften 12:258–266

Bernabo JC, Webb T III (1977) Changing patterns in the Holocene pollen record of northeastern North America; a mapped summary. Quat Res 8:64–96

Berthold P (1990) Vogelzug, eine kurze, aktuelle Gesamtübersicht, 252 S. Wiss Buchgesellschaft, Darmstadt

Bertin N, Staudt M, Hansen U, Seufert G, Ciccioli P, Foster P, Fugit, J-L, Torres, L. (1997) Diurnal and seasonal course of monoterpene emissions from *Quercus ilex* (L.) under natural conditions – application of light and temperature algorithms. Atmos Environ 31 (SI):135–144

Biasi GP, Weldon R Jr (1994) Quantitative refinement of calibrated ^{14}C distributions. Quat Res 41:1–18

Björck S, Kromer B, Johnsen S, Benniko O, Hammarlund D, Lemdahl G, Possnert G, Rasmussen TL, Wohlfahrt B, Hammer CU, Spurk M (1996) Synchronized terrestrial-atmospheric deglacial records around the North Atlantic. Science 274:1155–1160

Bonnefille R, Mohammed U (1994) Pollen-inferred climatic fluctuations in Ethiopia during the last 3000 years. Palaeogeogr Palaeoclimat Palaeoecol 109: 331–343

Brady PV, Gíslason SR (1997) Seafloor weathering controls on atmospheric CO_2 and global climate. Geochim. Cosmochim Acta 61:965–973

Broecker WS, Klas M, Clark E, Trumbore S, Bonani G, Wölfli W, Ivy S (1990) Accelerator mass spectrometric radiocarbon measurements on foraminifera shells from deepsea cores. Radiocarbon 32:119–133

Brook EJ, Sowers T, Orchardo J (1996) Rapid variations in atmospheric methane concentration during the past 110000 years. Science 273:1087–1090

Brunnacker K, Schütt H, Brunnacker M (1981) Über das Hoch- und Spätglazial in der Küstenebene von Israel. Beih zum Tübinger Atlas des Vorderen Orients, Reihe A (Naturwissenschaften) Nr 8; Frei W, Uerpmann H-P (Hrsg) Beiträge zur Umweltgeschichte des Vorderen Orients, S 61–79

Burga CA, Perret R (1998) Vegetation und Klima der Schweiz seit dem jüngeren Eiszeitalter, 805 S. Ott, Thun

Burney DA (1993) Late Holocene environmental changes in arid southwestern Madagascar. Quat Res 40:98–106

Campo E van, Gasse F (1993) Pollen- and diatom-inferred climatic and hydrological changes in Sumxi Co Basin (Western Tibet) since 13000 yr BP. Quat Res 39:300–313

Casanova J, Hilaire-Marcel C (1992) Chronology and paleohydrology of Late Quaternary high lake levels in the Manyara Basin (Tanzania) from isotopic data (^{18}O, ^{13}C, ^{14}C, Th/U) on fossil stromatolites. Quat Res 38:205–226

Catt JA (1992) Angewandte Quartärgeologie, 358 S. Enke, Stuttgart

Chapellaz J, Blunier T, Raynaud D, Barnola JM, Schwander J, Stauffer B (1993) Synchronous changes in atmospheric CH_4 and Greenland climate between 40 and 8 kyr BP. Nature 366:443–445

Chapellaz J, Barnola JM, Raynaud D, Korotkevich YS, Lorius C (1994) Historical CH_4 record from the Vostok ice core. In: Boden TA, Kaiser DP, Sepanski RJ, Stoss FW (eds) Trends '93: a compendium of data on Global Change, S 229–232. ORNL/CDIAG-65. Carbon dioxide information analysis center, Oak Ridge National Laboratory, Oak Ridge, Tenn, USA

Chapellaz J, Blunier T, Kints S, Dällenbach A, Barnola JM, Schwander J, Raynaud D, Stauffer B (1997) Changes in atmospheric CH_4 gradients between Greenland and Antarctica during the Holocene. J Geophys Res 102, no.D13:15,987–15,997

Chen FH, Li JJ (1994) The preliminary study on climatic record by Longxi loess during the last interglacial stage. Study of formation and evolution, environmental changes and ecological systems on the Tibetan Plateau. Science Press, Beijing, pp 96–102 (chinesisch)

CLIMAP Project Members (1981) Seasonal reconstructions of the Earth's surface at the last glacial maximum. The Geological Society of America Map and Chart Series, MC-36

Coope GR (1977) Fossil coleopteran assemblages as sensitive indicators of climatic changes during the Devensian (Last) cold stage. Philos Trans R Soc Lond B 280:313–340

Cortijo E, Duplessy JC, Labeyrie L, Leclaire H, Duprat J, van Weering TCE (1994) Eemian cooling in the Norwegian Sea and North Atlantic Ocean preceding continental ice-sheet growth. Nature 372:446–449

Dambach K (2000) Ein Versuch zur Quantifizierung der gerodeten Landfläche einzelner Landschaften Mitteleuropas mit Hilfe der Pollenanalyse. Dissertationes Botanicae 336:151 S., J. Cramer, Berlin-Stuttgart

Dansgaard W, Johnsen SJ, Clausen HB, Dahl-Jensen D, Gundestrup N, Hammer CU, Oeschger H (1984) North Atlantic climatic oscillations revealed by deep Greenland ice cores. Geophys Monogr 29:288-298

Dansgaard W, Johnsen SJ, Clausen H, Dahl-Jensen D, Gundestrup NS, Hammer CU, Hvidberg CS, Steffensen JP, Sveinbjörnsdottir AE, Jouzel J, Bond G (1993) Evidence for general instability of past climate from a 250 kyr ice-core record. Nature 364:218–220

De Angelis M, Steffensen JF, Legrand M, Clausen H, Hammer C (1997) Primary aerosol (sea salt and soil dust) deposited in Greenland ice during the last climatic cycle - comparison with East Antarctic records. J Geophys Res Oceans 102 (HC12):26681-26698

Dethier DP, McCoy WD (1993) Aminostratigraphic relations and age of Quaternary deposits, northern Española Basin, New Mexico. Quat Res 39:222–230

Devender TR van, Burgess TL, Piper JC, Turner RM (1994) Paleoclimatic implications of Holocene plant remains from the Sierra Bacha, Sonora, Mexico. Quat Res 41:99–108

Dlugokencky EJ, Dutton EG, Novelli PC, Tans PP, Masarie KA, Lantz KO, Madronich S (1996) Changes in CH_4 and CO growth rates after the eruption of Mt. Pinatubo and their link with changes in tropospheric UV flux. Geophys Res Lett 23:2761-2764

Dupont LM, Weinelt M (1996) Vegetation history of the savanna corridor between the Guinean and Congolian rain forest during the last 150,000 years. Veget Hist Archaeobot 5:273–292

Dupont LM, Jahns S, Marret F, Shi N (1996) *Podocarpus* in West Africa during the Late Pleistocene. Palaeoecol Africa 24:85–101

Dupont LM, Jahns S, Marret F, Shi N (2000) Vegetation change in equatorial Africa: time slices for the last 150 Ka. Palaeogeogr Palaeoclimat Palaeoecol 155:95–122

Edwards ME, Barker ED Jr (1994) Climate and vegetation in Northeastern Alaska 18000 yr BP to present. Palaeogeogr Palaeoclimat Palaeoecol 109:127–135

Ehhalt DH (1987) Der troposphärische Kreislauf klimarelevanter Spurengase. AEF, Menschlicher Einfluß auf das Klima, 26. und 27. 11. 1987, 33–35

Ehleringer JR, Cerling TE, Helliker BR (1997) C_4photosynthesis, atmospheric CO_2 and climate. Oecologia 112:285–299

Elenga H, Schwartz D, Vincens A (1994) Pollen evidence of Late Quaternary vegetation and inferred climate changes in Congo. Palaeogeogr Palaeoclimat Palaeoecol 109:345–378

Faegri K, Kaland PE, Krzywinski K (1989) Textbook of pollen analysis, 4th edn. Wiley, Chichester, 328pp

Fang XM, Dai XR, Li JJ, Cao DH, Guang YP, Hao YP, Wang JL, Wang JM (1995) Abruptness and instability of Asian monsoon. An example from soil genesis during the last interglacial. Sci China B 26:154–160

Fang XM, Li JJ, Voo R van der, Niocaill CM, Dai XR, Kemp R, Derbyshire E, Cao JX, Wang JM, Wang G (1997) A record of the Blake Event during the last interglacial paleosol in the Western Loess Plateau of China. Earth Planet Sci Lett 146:73–82

Fassl K (1996) Die Bewertung von Zeigerarten in europäischen Pollendiagrammen für die Rekonstruktion des Klimas im Holozän. Paläoklimaforsch Palaeoclimate Res 22:371. Fischer, Stuttgart

Fiedler F (1987) Klimabeeinflussung durch veränderte Wasser- und Energiebilanz des Bodens. AGF, „Menschlicher Einfluß auf das Klima", 26. und 27.11.1987, S 46–49

Field MH, Huntley B, Müller H (1994) Eemian climate fluctuations observed in a European pollen record. Nature 371:779–783

Firbas F (1949) Spät- und nacheiszeitliche Waldgeschichte Mitteleuropas nördlich der Alpen. 1. Allgemeine Waldgeschichte, 480 S, Fischer, Jena

Fischer H, Graßl H (1987) Strahlungs- und Klimaeffekte durch Konzentrationsänderungen atmosphärischer Spurenstoffe. AGF, „Menschlicher Einfluß auf das Klima", 26. und 27.11.1987, S 42–45

Flessa H, Dörsch P (1995) Seasonal variations of N_2O and CH_4 fluxes in differently managed arable soils in southern Germany. J Geophys Res 100, no.D11: 23,115–123,124

Frédoux A (1994) Pollen analysis of a deep-sea core in the Gulf of Guinea: vegetation and climatic changes during the last 225 000 years BP. Palaeogeogr Palaeoclimat Palaeoecol 109:317–330

Frenzel B (1963) Floren- und Vegetationsgeschichte seit dem Ende des Tertiärs. Fortschr Bot 25:172–189

Frenzel B (1968) Grundzüge der pleistozänen Vegetationsgeschichte Nord-Eurasiens. Erdwissenschaftliche Forschung 1. Steiner, Wiesbaden, 322 S.

Frenzel B (1980) Klima der Letzten Eiszeit und der Nacheiszeit in Europa. Veröff Joachim Jungius Ges Wiss Hamburg 44:9–46

Frenzel B (1982) The history of flora and vegetation during the Quaternary. Prog Bot 44:406–417

Frenzel B (1983a) Die Vegetationsgeschichte Süddeutschlands im Eiszeitalter. In: Müller-Beck H-J (Hrsg) Urgeschichte in Baden-Württemberg. Theiss, Stuttgart, S 91–166

Frenzel B (1983b) Mires – repositories of climatic information or self-perpetuating ecosystems? In: Gore AJP (ed) Mires: swamp, bog, fen and moor. Ecosystems of the World 4A. Elsevier, Amsterdam, pp 35–65

Frenzel B (1985) Die Umwelt des Menschen im Eiszeitalter. Quartär 35/36:7–33

Frenzel B (1989) Theoretische Grundprobleme der botanischen Biostratigraphie des Eiszeitalters. In: Rose J, Schlüchter C (eds) Quaternary type sections: imagination or reality? Brookfield, Rotterdam, pp 33–39

Frenzel B (1991a) Das Klima des Letzten Interglazials in Europa. In: Klimageschichtliche Probleme der letzten 130 000 Jahre. Paläoklimaforschung/Palaeoclimate Res 1:449–451

Frenzel B (1991b) The history of flora and vegetation during the Quaternary. Prog Bot 52:359–380

Frenzel B (1993) The histoy of flora and vegetation during the Quaternary. Prog Bot 54:402–427

Frenzel B (1994a) Projektgruppe „Terrestrische Paläoklimatologie" im Klimaforschungsprogramm der Bundesregierung. Jahrbuch 1993, Akad d Wiss u d Lit Mainz, S 201–231

Frenzel B (1994b) Über Probleme der holozänen Vegetationsgeschichte Osttibets. Göttinger Geogr Abh 95:143–166
Frenzel B (1998) 40 000 Jahre Geschichte des Klimas in der Alten Welt. In: Lozán IL, Gral H, Hupfer P (Hrsg.) Warnsignal Klima. Das Klima des 21. Jahrhunderts: 65–71. Wissenschaftl Auswertungen, Hamburg
Frenzel B (1999) History of flora and vegetation during the Quaternary. Prog Bot 61:303–334
Frenzel B, Bludau W (1987) On the duration of the interglacial to glacial transition at the end of the Eemian interglacial (deep sea stage 5). Botanical and sedimentological evidence. In: Berger WH, Labeyrie LD (eds) Abrupt climatic change. Reidel, Dordrecht, pp 151–162
Frenzel B, Gliemeroth AK (1995) Zur Vegetationsgeschichte Mitteleuropas: Alpen-Mittelgebirge-Tiefland. Angew Landschaftsökol 4:15–50
Frenzel B, Gliemeroth AK (1998) Paläoklimatologie des mittleren Teiles der Letzten Eiszeit im Hochland von Tibet. Petermanns Geogr Mitt 142:181–189
Frenzel B, Pécsi M, Velichko AA (eds) (1992a) Atlas of paleoclimates and paleoenvironments of the Northern Hemisphere; Late Pleistocene - Holocene, 135pp. Fischer, Stuttgart
Frenzel B, Reisch L, Gläser B (eds) (1992b) Evaluation of land surfaces cleared from forests by prehistoric man in Early Neolithic times and the time of migrating Germanic tribes. Paläoklimaforschung/Palaeoclimate Res 8:225. Fischer, Stuttgart
Frenzel B, Reisch L, Weiß MM (eds) (1994a) Evaluation of land surfaces cleard from forests in the Mediterranean region during the time of the Roman empire. Paläoklimaforschung/Palaeoclimate Res 10:170. Fischer, Stuttgart
Frenzel B, Andersen ST, Berglund BE, Gläser B (eds) (1994b) Evaluation of land surfaces cleared from forests in the Roman Iron Age and the time of migrating Germanic tribes based on regional pollen diagrams. Paläoklimaforschung/ Palaeoclimate Res 12:134. Fischer, Stuttgart
Friend AD, Cox PM (1995) Modelling the effects of atmospheric CO_2 on vegetation - atmosphere interactions. Agricultural Forest Meteorol 73:285–295
Fronval T, Jansen E (1997) Eemian and Early Weichselian (140–60 Ka) paleoceanography and paleoclimate in the Nordic Seas with comparisons to Holocene conditions. Paleoceanography 12:443–462
Gaillard M-J, Berglund BE (eds) (1998) Quantification of land surfaces cleared of forests during the Holocene - modern pollen/vegetation/landscape relationships as an aid to the interpretation of fossil pollen data. Paläoklimaforschung/ Palaeoclimate Res 27:148. Fischer, Stuttgart
Geel B van, Bergman R, Molen PC van der, Dupont LM, van Driel-Murray C (1989) Holocene raised bog deposits in the Netherlands as geochemical archives of prehistoric aerosols. Acta Bot Neerl 38:467–476
Geyh MA (1980) Einführung in die Methoden der physikalischen und chemischen Altersbestimmung, 276 S. Wiss Buchgesellschaft, Darmstadt
Geyh MA, Gu WZ, Jäkel D (1996) Groundwater recharge study in the Gobi Desert, China. Geowissenschaften 14:279–280
Gliemeroth AK (1995) Paläoökologische Untersuchungen über die letzten 22000 Jahre in Europa. Paläoklimaforschung/Palaeoclimate Res 18:252. Fischer, Stuttgart
Godwin H (1975) The history of the British flora. A factual basis for phytogeography, 2nd edn. 541pp. Cambridge Univ Press, Cambridge

Görres M (1991) Über den Eintrag anorganischer Nährstoffe in ombrogene Moore als Indikator der ehemaligen Aerosolbelastung. Diss Bot 181:179. Cramer, Berlin

Goulden ML, Munger JW, Fan S-M, Daube BC, Wofsy SC (1996) Exchange of carbon dioxide by a deciduous forest: response to interannual climate variability. Science 271:1576–1578

GRIP Members (1993) Climate instability during the last interglacial period recorded in the GRIP ice core. Nature 364:203–207

Groenman van Waateringe W (1992) The impact of man on the neolithic and bronze age landscape of the Netherlands from a general methodological aspect. Paläoklimaforschung/Palaeoclimate Res 8:13–24

Grosjean M (1994) Paleohydrology of the Laguna Lejia (north Chilean Altiplano) and climatic implications for late-glacial times. Palaeogeogr Palaeoclimat Palaeoecol 109:89–100

Gupta M, Tyler S, Cicerone R (1996) Modeling atmospheric δ^{13} CH_4 and the causes of recent changes in atmospheric CH_4 amounts. J Geophys Res 101 no.D17 22,923–922,932

Haberle SG, Maslin MA (1999) Late Quaternary vegetation and climate change in the Amazon Basin based on a 50 000 year pollen record from the Amazon Fan, ODP site 932. Quat Res 51:27–38

Haigh JD (1996) The impact of solar variability on climate. Science 272:981–984

Hall DO, Ojima DS, Parton WJ, Scurlock JMD (1995) Response of temperate and tropical grasslands to CO_2 and climate change. J Biogeogr 22:537–57

Hall GH, Simon BM, Pickup RW (1996) CH_4 production in blanket bog peat: a procedure for sampling, sectioning and incubating samples whilst maintaining anaërobic conditions. Soil Biol Biochem 28:9–15

Hammen T van der, Absy ML (1994) Amazonia during the last glacial. Paleogeogr Palaeoclimat Palaeoecol 109:247–261

Hansen BCS, Seltzer GO, Wright HE Jr (1994) Late Quaternary vegetational change in the central Peruvian Andes. Palaeogeogr Palaeoclimat Palaeoecol 109: 263–285

Hansson ME (1994) The Greenland ice core – a Northern Hemisphere record of aerosol composition over 120000 years. Tellus B Chem Phys Meteorol 46: 390–418

Harris SE, Mix AC (1999) Pleistocene precipitation balance in the Amazonas Basin recorded in deep sea sediments. Quat Res 51:14–26

Heinze C, Hasselmann K (1993) Inverse multiparameter modeling of paleoclimate carbon cycle indices. Quat Res 40:281–296

Henderson-Sellers A, McGuffie K, Gross C (1995) Sensitivity of global climate model simulations to increased stomatal resistance and CO_2 increases. J Climate 8:1738–1756

Henfling E, Pflaumenbaum H (1991) Neue Aspekte zur klimatischen Interpretation der hohen pharaonischen Nilflutmarken am 2. Katarakt aus ägyptologischer und geomorphologischer Sicht. Würzburger Geogr Arb 80: 87–109

Heusser LE, Shackleton NJ (1994) Tropical climatic variation on the Pacific slopes of the Ecuadorian Andes based on a 25000 years pollen record from deepsea sediment core Tri 163-31B. Quat Res 42:222–225

Hoganson JW, Ashworth AC (1992) Fossil beetle evidence for climatic change 18000–10000 years BP in South-Central Chile. Quat Res 37:101–116

Hong S-M, Candelone J-P, Petterson CC, Boutron CF (1996) History of ancient copper smelting pollution during Roman and Medieval times recorded in Greenland ice. Science 272:246–249

Hooghiemstra H, Ran ETH (1994) Late and Middle Pleistocene climatic change and forest development in Colombia: Pollen record Funza II (2–158 m core interval). Palaeogeogr Palaeoclimat Palaeoecol 109:211–246

Hope G, Tulip J (1994) A long vegetation history from lowland Irian - Jaya, Indonesia. Palaeogeogr Palaeoclimat Palaeoecol 109:385–246

Horn SP (1993) Postglacial vegetation and fire history in the Chirripó Páramo of Costa Rica. Quat Res 40:107–116

Horvat I (1959) Die Pflanzenwelt Südosteuropas als Ausdruck der erd- und vegetationsgeschichtlichen Vorgänge. Acta Soc Bot Pol 28:381–408 (poln Zusammenfassung)

Hüser K, Blümel WD, Eitel B (1998) Landschafts- und Klimageschichte des südwestlichen Afrika. Geogr Rundsch 238–244

Humphrey JD, Ferring CR (1994) Stable isotopic evidence for Latest Pleistocene and Holocene climatic change in North-Central Texas. Quat Res 41:200–213

Huntley B, Birks HJB (1983) An atlas of past and present pollen maps for Europe, 0–13 000 years ago, 667pp. Cambridge Univ Press, Cambridge

Iversen J (1941) Landnam i Danmarks stenalder. En pollenanalytisk undersøgelse over det første landbrugs indvirkning paa vegetationsudviklingen. Danmarks Geol Undersøg, II. raekke, Nr 66:68s

Jackson ST, Whitehead DR (1993) Pollen and macrofossils from Wisconsinan interstadial sediments in northeastern Georgia. Quat Res 39:99–106

Jahns S (1996) Vegetation history and climate changes in West Equatorial Africa during the Late Pleistocene and Holocene, based on a marine pollen diagram from the Congo fan. Veget Hist Archaeobot 5:207–213

Jahns S, Hüls M, Sarnthein M (1998) Vegetation and climate history of West Equatorial Africa based on a marine pollen record off Liberia (site GIK 16776) covering the last 400 000 years. Rev Palaeobot Palynol 102:277–288

Jatajkin LM (1964) Umgelagerter Pollen und die Anwendung der Korrelationsanalyse für seine Erkennung. Sistematika i metody izučenija iskopaemych pyl'cy i spor, pp 169–176. Moskva

Johnsen SJ, Clausen HB, Dansgaard W et al (1992) Irregular glacial-interstadials recorded in a new Greenland ice core. Nature 359:311–313

Johnsen SJ, Clausen HB, Dansgaard W, Gundestrup NS, Hammer CU, Andersen U, Andersen KK, Hvidberg CS, Dahl-Jensen D, Steffensen JP, Shoji H, Sveinbjörnsdóttir AE, White J, Jouzel J, Fisher D (1997) The $\delta^{18}O$ record along the Greenland Ice Core Project deep ice core and the problem of the possible Eemian climatic instability. J Geophys Res 102, no.C12:26,397–26,410

Johnson TC, Scholz CA, Talbot MR, Kelts K, Ricketts RD, Ngobi G, Beuning K, Ssemmanda I, McGill JW (1996) Late Pleistocene desiccation of Lake Victoria and rapid evolution of Cichlid fishes. Science 273:1091–1093

Jolly D, Bonnefille R, Roux M (1994) Numerical interpretation of a high resolution Holocene pollen record from Burundi. Paleogeogr Palaeoclimat Palaeoecol 109:357–370

Kac NJa, Kac SV, i Skobeeva EI (1977) Atlas rastitel'nych ostatkov v torfach. Atlas der Pflanzenreste in Torfen, 371 S. Nedra, Moskva (russ)

Kars WA van der, Dam MAC (1995) A 135 000-year record of vegetational and climatic change from the Bandung area, West-Java, Indonesia. Palaeogeogr Palaeoclimat Palaeoecol 117:55–72

Katzenberger O, Grün R (1985) ESR dating of circumarctic molluscs. Nucl Track 10:885–890

Kellogg TB, Duplessy JC, Shackleton NJ (1978) Planktonic foraminiferal and oxygen isotopic stratigraphy and palaeoclimatology of Norwegian Sea deep-sea cores. Boreas 7:61–73

Kemp RA, Derbyshire E, Meng XM, Chen FH, Pan BT (1995) Pedosedimentary reconstructions of a thick loess-palaeosol sequence near Lanzhou in north-central China. Quat Res 43:30–45

Kempter H (1996) Der Verlauf des anthropogenen Elementeintrages in Regenwassermoore des westlichen Mitteleuropas während des jüngeren Holozäns. Paläoklimaforschung/Palaeoclimate Res 26:309. Fischer, Stuttgart

Kershaw AP (1994) Pleistocene vegetation of the humid tropics of northeastern Queensland, Australia. Palaeogeogr Palaeoclimat Palaeocol 109:399–412

Knudsen KL (1992) A long marine Eemian-Weichselian shelf record in North Denmark, Scandinavia. In: Kukla GJ, Went E (eds) Start of a glacial. Proc Mallorca NATO ARW, NATO ASI Series I 3, vol 13. Springer, Berlin Heidelberg New York, pp 157–171

Koenigswald W von (Hrsg) (1988) Zur Paläoklimatologie des Letzten Interglazials im Nordteil der Oberrheinebene. Paläoklimaforschung 4:327. Fischer, Stuttgart

Körner C (1995) Towards a better experimental basis for upscaling plant responses to elevated CO_2 and climate warming. Plant Cell Environ 18:1101–1110

Korhola A, Alm J, Tolonen K, Turunen J, Junger H (1996) Three-dimensional reconstructions of carbon accumulation and CH_4 emission during nine millennia in a raised mire. J Quat Sci 11:161–165

Kowalski K (1986) Die Tierwelt des Eiszeitalters. Erträge der Forschung 239, 147 S. Wiss Buchgesellschaft, Darmstadt

Lauer W (1998) Paläoklima in Afrika: Rekonstruktion der Vegetation für die Zeit um 18000 v. h. (Teilprojekt Frankenberg / Anhuf / Lauer). Jahrbuch 1997, Akad d Wiss u d Lit Mainz 171

Ledru M-P (1993) Late Quaternary environmental and climatic changes in Central Brazil. Quat Res 39:90–98

Levy PE, Moncrieff JB, Masshedder JM, Jarvis PG, Scott SL, Brouwer J (1997) CO_2 fluxes at leaf and canopy scale in millet, fallow and tiger bush vegetation at the HAPEX-Sahel southern super-site. J Hydrol 188/189:612–632

Leyden BW, Brenner M, Hodell DA, Curtis JH (1994) Orbital and internal forcing of climate on the Yucatan Pensinsula for the past ca. 36 ka. Palaeogeogr Palaeoclimat Palaeoecol 109:193–210

Li HN, Yao WS, Wang JD (1995) The magnetic susceptibility curve of Weinan loess section and its significance in environment and age in the last 220 ka. Scientia Geol Sinica Suppl 1:31–42

Liu KB, Sun SC, Jiang XH (1992) Environmental change in the Yangtze River delta since 12000 years BP. Quat Res 38:32–45

Liu TS (ed) (1991) Loess, environmental and global change, 288pp. Science Press, Beijing

Loehle C (1995) Anomalous responses of plants to CO_2 enrichment. Oikos 73:181–187

Lorius C (1990) A record of climatic and environmental changes. In: Bradley RS (ed) Global changes of the past. UCAR/Office for Interdisciplinary Earth Studies, Boulder, Colorado, pp 261–194

Ložek U (1964) Quartärmollusken der Tschechoslowakei. Rozpravy Ústredn. Ústavu Geolog 31:374S

Maher BA, Thompson R (1995) Paleorainfall reconstructions from pedogenic magnetic susceptibility variations in the Chinese loess and paleosols. Quat Res 44:383–391

Makahonenko M, Gaillard M-J, Tobolski K (1998) Modern pollen/land-use relationships in ancient-cultural landscapes of north-western Poland, with an emphasis on mowing, grazing, and crop cultivation. Paläoklimaforschung/Palaeoclimate Res 27:85–101

Mangerud J, Bolstad M, Elgersma A, Helliksen D, Landvik JY, Lønne I, Lycke AK, Salvigsen O, Sandahl T, Svendsen JJ (1992) The last glacial maximum on Spitsbergen, Svalbard. Quat Res 38:1–31

Marean CW (1992) Implications of Late Quaternary mammalian fauna from Lukenya Hill (South-Central Kenya) for paleoenvironmental change and faunal extinctions. Quat Res 37:239–255

Martin L, Fournier M, Mourguiart P, Sifeddine A, Turcq B, Absy ML, Flexer JM (1993) Southern oscillation signal in South American paleoclimatic data of the last 7000 years. Quat Res 39:338–346

Martinson DG, Pisias NG, Hays JD, Imbrie J, Moore TC, Shackleton NJ (1987) Age dating and the orbital theory of the ice ages: Development of a high-resolution 0 to 300000-year chronostratigraphy. Quat Res 27:1–29

Maruszczak H (1980) Stratigraphy and chronology of the Vistulian loesses in Poland. Quat Stud Poland 2:57–76

Maslin M (1996) Intra-Eemian cold event. Terra Nova 8:395

Maslin M, Sarnthein M, Knaack JJ (1996) Subtropical Eastern Atlantic climate during the Eemian. Naturwissenschaften 83:122–126

Menke B (1981) Vegetation, Klima und Verwitterung im Eem-Interglazial und Weichsel-Frühglazial Schleswig-Holsteins. Verh Naturwiss Ver Hamburg NF 24:123–132

Meyers PA, Takemura K, Horie S (1993) Reinterpretation of Late Quaternary sediment chronology of Lake Biwa, Japan, from correlation with marine glacial-interglacial cycles. Quat Res 39:154–162

Moosavi SC, Crill PM, Pullman ER, Funk DW, Peterson KM (1996) Controls on CH_4 flux from an Alaskan boreal wetland. Global Biogeochem Cycles 10:287–296

Morozova TD (1981) Razvitie počvennogo pokrova Evropy v pozdnem plejstocene. Die Entwicklung der Böden Europas im späten Pleistozän, 282 S Nauka, Moskva (russ)

Mosier AR, Parton WJ, Valentine DW, Ojima DS, Schimel DS, Delgado JA (1996) CH_4 and N_2O fluxes in the Colorado shortgrass steppe: 1. Impact of landscapes and nitrogen addition. Global Biogeochem Cycles 10:387–399

Mosier AR, Parton WJ, Valentine DW, Ojima OS, Schimel DS, Heinemeyer O (1997) CH_4 and N_2O fluxes in the Colorado shortgrass steppe. 2. Long-term impact of land use change. Global Biogeochem Cycles 11:29–42

Müller H (1974) Pollenanalytische Untersuchungen und Jahresschichtenzählung an der Eem-zeitlichen Kieselgur von Bispingen/Luhe. Geol Jahrb Reihe A H 21:149–169

Negrini RM, Davis JO (1992) Dating Late Pleistocene pluvial events and tephras by correlating paleomagnetic secular variation records from the western Great Basin. Quat Res 38:46–59

Nejštadt MI (1971) Mirovoj prirodnyj fenomen - zaboločennost' zapadno-sibirskoj ravniny. (Ein globales Naturphänomen - die Vermoorung der Westsibirischen Tiefebene). Izv Akad Nauk SSSR, Ser Geol 1971:21–34 (russisch)
Nejštadt MI, Firsov LV, Orlova LA, Panychev VA (1974) Some peculiarities of Holocene processes in Western Siberia. Geoforum 17:77–83
Newby PE, Webb T III (1994) Radiocarbon-dated pollen and sediment records from near the Boylston Street fishweir site in Boston, Massachusetts. Quat Res 41:214–224
Newnham R, Ogden J, Mildenhall D (1993) A vegetation history of the far north of New Zealand during the Late Otira (last) glaciation. Quat Res 39:361–372
Nykänen H, Alm J, Lång K, Silvola J, Martikainen PJ (1995) Emissions of CH_4, N_2O and CO_2 from a virgin fen and a fen drained for grassland in Finland. J Biogeogr 22:351–357
Oechel WC, Vorlitis GL, Hastings SJ, Bochkarev SA (1995) Change in Arctic CO_2 flux over two decades: effects of climate change at Barrow, Alaska. Ecol Applicat 5:846–855
Oeschger H (1980) In der Natur gespeicherte Geschichte von Umweltvorgängen. In: Oeschger H, Messerli B, Svilar M (Hrsg) Das Klima, Analysen und Modelle, Geschichte und Zukunft, S 209–236, Springer, Berlin Heidelberg New York
Oeschger H (1995) Klimavergangenheit - Klimazukunft. Wissenschaft in der globalen Herausforderung. Verhandl Ges Dtsch Naturforsch Ärzte 118:127–146
Oeschger H, Arquit A (1990) Resolving abrupt and high-frequency global changes in the ice-core record. In: Bradley RS (ed) Global changes of the past, UCAR/Office for Interdisciplinary Earth Studies. Boulder, Colorado, pp 175–200
Oppo DW, Horowitz M, Lehman SJ (1997) Marine core evidence for reduced deep water production during Termination II followed by a relatively stable substage 5e (Eemian). Paleoceanography 12:51–63
O'Sullivan PE (1973) Contemporary pollen studies in a native Scots pine ecosystem. Oikos 24:143–150
O'Sullivan PE, Riley DH (1974) Multivariate numerical analysis of surface pollen spectra from a native Scots pine forest. Pollen et Spores 16:239–264
Pachur H-J, Hoelzmann P (1991) Paleoclimatic implications of Late Quaternary lacustrine sediments in Western Nubia, Sudan. Quat Res 36:257–276
Pachur H-J, Kröpelin S, Hoelzmann P, Goschin M, Altmann N (1990) Late Quaternary fluvio-lacustrine environments of western Nubia. Berlin Geowiss Abh A 120:203–260
Pachur H-J, Wünnemann B, Zhang HC (1995) Lake evolution in the Tenggri Desert, northwestern China, during the last 40000 years. Quat Res 44:176–180
Petit J-R, Briat M, Royer A (1981) Ice age aerosol content from East Antarctic Ice core samples and past wind strength. Nature 293:391–394
Pflaumann U (1986) Sea-surface temperatures during the last 750000 years in the eastern Equatorial Atlantic: Planktonic foraminiferal record of „Meteor"-cores 13519:13521, and 16415. „Meteor"-Forschungsergebnisse, Reihe C, Nr 40:137–161
Ram M, Koenig G (1997) Continuous dust concentration profile of pre-Holocene ice from the Greenland Ice Sheet Project 2 ice core: dust, stadials, interstadials and the Eemian. J Geophys Res 102, no.C12,26,641–26,648
Rampino MR, Self S (1993) Climate-volcanism feedback and the Toba eruption of ca. 74000 years ago. Quat Res 40:269–280
Renfrew JM (1973) Palaeoethnobotany. The prehistoric food plants of the Near East and Europe, 248pp. Methuen, London

Rivkin RB, Legendre L, Deibel D, Tremblay J-E, Klein B, Crocker K, Roy S, Silverberg N, Lovejoy C, Mesplé F, Romero N, Anderson MR, Matthews P, Savenkoff C, Vézina A, Therriault J-C, Wesson J, Bérubé C, Ingram RG (1996) Vertical flux of biogenic carbon in the ocean: is there food web control? Science 272:1163–1166

Robock A (1996) Stratospheric control of climate. Science 272:972–973

Rodbell DT (1993) Subdivision of Late Pleistocene moraines in the Cordillera Blanca, Peru, based on rock-weathering features, soils, and radiocarbon dates. Quat Res 39:133–143

Saarnio S, Alm J, Silvola J, Lohila A, Nykänen H, Martikainen PJ (1997) Seasonal variation in CH_4 emissions and production and oxidation potentials at microsites on an oligotrophic pine fen. Oecologia 110:414–422

Sarnthein M, Tiedemann (1990) Younger Dryas-style cooling events at glacial terminations I–VI at ODP site 658: associated benthic $\delta^{13}C$ anomalies constrain meltwater hypothesis. Paleoceanography 56:1041–1055

Sarnthein M, Pflaumann U, Vogelsang R, Spielhagen R, Niebler S, Gersonde R (1998) Der Atlantik im Letzten Glazialen Maximum. Stand der neuen Synthese „CLIMAP 2000". Klimaforschungsprogramm des BMBF 1994–1997, 3 S. GKSS, Geesthacht

Schönfeld J, Kudrass H-R (1993) Hemipelagic sediment accumulation rates in the South China Sea related to Late Quaternary sea-level changes. Quat Res 40:368–379

Schrag DP, Hampt G, Murray DW (1996) Pore fluid constraints on the temperature and oxygen-isotopic composition of the glacial ocean. Science 272:1930–1932

Schulze E-D (1995) Wieviel zusätzlichen Kohlenstoff kann die Vegetation der Erde binden? Wissenschaft in der globalen Herausforderung. Verh Ges Dtsch Naturforscher Ärzte 118:251–266

Schwartz SE, Andreae MO (1996) Uncertainty in climate change caused by aerosols. Science 272:1121–1122

Seidenkrantz MS (1993) Benthic foraminiferal and stable isotope evidence for a „Younger Dryas-style" cold spell at the Saalian-Eemian transition, Denmark. Palaeogeogr Palaeoclimatol Palaeoecol 102:103–120

Shackleton NJ, Duplessy J-C, Arnold M, Maurice P, Hall MA, Cartridge J (1988) Radiocarbon age of last glacial Pacific deep water. Nature 335:708–711

Shaw GE (1989) Aerosol transport from sources to ice sheets. Phys Chem Earth Sci Res Rep 1989:13–27. Wiley, Chichester

Shi N, Dupont LM, Beug H-J, Schneider R (1998) Vegetation and climate changes during the last 21 000 years in SW Africa based on a marine pollen record. Veget Hist Archaeobot 7:127–140

Shotyk W (1996) Peat bog archives of atmospheric metal deposition: geochemical evaluation of peat profiles, natural variations in metal concentrations, and metal enrichment factors. Environm Rev 4:149–183

Siegenthaler U (1990) Glacial-interglacial atmospheric CO_2 variations. In: Bradley RS (ed) Global changes of the past. UCAR/Office for Interdisciplinary Earth Studies, Boulder, Colorado, pp 245–260

Sirocko F (1996) Past and present subtropical summer monsoons. Science 274:937–938

Sirocko F, Garbe-Schönberg D, McIntyre A, Molfino B (1996) Teleconnections between the subtropical monsoons and high-latitude climates during the last deglaciation. Science 272:526–529

Smith AG (1962) Threshold and inertia in British Late Quaternary paleoecology. Pollen et Spores, 4:378–379

Socorro Lozano-Garcia M del, Ortega-Guerrero B (1994) Palynological and magnetic susceptibility records of Lake Chalco, Central Mexico. Palaeogeogr Palaeoclimatol Palaeoecol 109:177–191

Souchez R, Lemmens M, Chapellaz J (1995) Flow-induced mixing in the GRIP basal ice deduced from the CO_2 and CH_4 records. Geophys Res Lett 22:41–44

Spurk M, Friedrich M, Hofmann J, Remmele S, Frenzel B, Leuschner HH, Kromer B (1998) Revisions and extension of the Hohenheim oak and pine chronologies: new evidence about the timing of the Younger Dryas/Preboreal transition. Radiocarbon 40:1107–1116

Staudt M, Bertin N, Hansen U, Seufert G, Ciccioli P, Foster P, Frenzel B, Fugit J-L (1997) Seasonal and diurnal patterns of monoterpene emissions from *Pinus pinea* (L.) under field conditions. Atmos Environ 31(SI):145–156

Steffensen JP, Clausen HB, Hammer CU, Legrand M, DeAngelis M (1997) The chemical composition of cold events within the Eemian section of the Greenland Ice Core Project ice core from Summit, Greenland. J Geophys Res 102 no.C12:26,747–26,754

Steig EJ, Grootes PM, Stuiver M (1994) Seasoal precipitation timing and ice core records. Science 266:1835–1886

Steudler PA, Melillo JM; Feigl BJ, Neill C, Piccolo MC, Cerri CC (1996) Consequence of forest-to-pasture conversion on CH_4-fluxes in the Brazilian Amazon Basin. J Geophys Res 101, no.013:18,547–18,554

Streif H-J (1991) Zum Ausmaß und Ablauf eustatischer Meeresspiegelschwankungen im südlichen Nordseegebiet seit Beginn des Letzten Interglazials. Paläoklimaforschung 1:231–249

Stuiver M, Reimer PJ (1993) Extended ^{14}Cdata base and revised CALIB3.0^{14}C age calibration program. Radiocarbon 35:215–230

Suchorukova SS (1998) Opornyj razrez morskich otloženij i kolebanija klimata Kazancevskogo (eemskogo) mežlednikov'ja. Reference section of marine deposits and climatic fluctuations in the Kazantsevo (Eemian) interglacial (Northern Siberia). Geologija i geofizika 39(1):74–85, russ

Sylvestre F, Servant M, Servant-Vildary S, Causse C, Fournier M, Ybert J-P (1999) Lake-level chronology on the southern Bolivian Altiplano (18°--23°S) during Late-Glacial times and the early Holocene. Quat Res 51:54–66

Szabo NJ, Kolesar PT, Riggs AC, Winograd IJ, Ludwig KR (1994) Paleoclimatic inferences from a 120000-yr calcite record of water-table fluctuation an Browns Room of Devils Hole, Nevada. Quat Res 41:59–69

Thorsteinsson, Th, Kipfstuhl J, Eicken H, Johnsen SJ, Fuhrer K (1995) Crystal size variations in Eemian-age ice from the GRIP ice core, Central Greenland. Earth. Planet Sci Lett 131:381–394

Thunell R, Anderson D, Gellar D, Miao QM (1994)Sea-surface temperature estimates for the tropical western Pacific during the last glaciation and their implications for the Pacific warm pool. Quat Res 41:225–264

Turon J-L (1984) Direct land/sea correlations in the last interglacial complex. Nature 309:676–676

Tushingham AM, Peltier WR (1993) Implications of the radiocarbon timescale for ice-sheet chronology and sea-level change. Quat Res 39:125–129

Voelker AHL, Sarnthein M, Grootes PM, Erlenkeuser H, Laj C, Mazaud A, Nadeau M-J, Schleicher, M. (1998) Correlation of marine ^{14}C ages from the Nordic Seas with the GISP2 isotope record: implications for radiocarbon calibration beyond 25 Ka B.P. Radiocarbon 20:517–534

Waddington JM, Roulet NT (1996) Atmosphere-wetland carbon exchange: scale dependency of CO_2 and CH_4 exchange on the developmental topography of a peatland. Global Biogeochem Cycles 10:233–245

Waddington JM, Roulet NT, Swanson RV (1996) Water table control of CH_4 emission enhancement by vascular plants ind boereal peatlands. J of Geophys Res 101 No. D17:22,775–22,785

Walter H, Breckle S-W (1991) Ökologie der Erde, 1, Grundlagen, 2. Aufl, 238 S. UTB Große Reihe, Fischer, Stuttgart

Warner BG, Clymo RS, Tolonen K (1993) Implications of peat accumulation at Point Escuminac, New Brunswick. Quat Res 39:245–248

Washington WM, Meehl GA (1996) High-latitude climate change in a global coupled ocean-atmosphere-sea ice model with increased atmospheric CO_2. J Geophys Res 101, noD8:12.795–12.801

Watson AJ (1997) Volcanic iron, CO_2, ocean productivity and climate. Nature 385:587–588

Watts WA, Hansen BCS (1994) Pre-Holocene and Holocene pollen records of vegetation history from the Florida Peninsula and their climatic implications. Palaeogeogr Palaeoclimat Palaeoecol 109:163–176

Wefer G, Berger WH, Siedler G, Webb DJ (eds) (1996) The South Atlantic. Springer, Berlin Heidelberg New York, 644pp

Weißmüller W (1997) Eine Korrelation der $\delta^{18}O$-Ereignisse des grönlandischen Festlandeises mit den Interstadialen des atlantischen und des kontinentalen Europa im Zeitraum von 45 bis 14 Ka. Quartär 47/48:89–111

Westendorf W, Henfling E (1998) Paläohydrologische Daten des Nils nach pharaonisch-ägyptischen Quellen des 4. bis 1. Jahrtausends v. Chr. Klimaforschungsprogramm BMBF 1994–1997, Berichte aus den einzelnen Projekten, 5 S, GKSS, Geesthacht

Whalen SC, Reeburgh WS (1996) Moisture and temperature sensitivity of CH_4 oxidation in boreal soils. Soil Biol Biochem 28:1271–1281

Windheuser H, Brunnacker K (1978) Zeitstellung und Tephrostratigraphie des quartären Osteifel-Vulkanismus. Geol Jb Hessen 106:261–271

Woillard GM, Mook WG (1982) Carbon-14 dates at Grande Pile: correlation of land and sea chronologies. Science 215:159–161

Xiao JL, Porter SC, An ZS, Kumai H, Yoshikawa S (1995) Grain size of quartz as an indicator of winter monsoon strength on the Loess Plateau of Central China during the last 130000 years. Quat Res 43:22–29

Yechieli Y, Magaritz M, Levy Y, Weber U, Kafri U, Woelfli W, Bonani G (1993) Late Quaternary geological history of the Dead Sea area, Israel. Quat Res 39:59–67

Zagwijn WH (1996) An analysis of Eemian climate in western and central Europe. Quat Sci Rev 15:451–469

Zhao XT, Sun XP, Zh YL, Huang XQ (1984) Paleogeographic evolution of the Beijing plain during the past 30 000 years. Scientia Sinica B 27:1183–1196

Zolitschka B (1990) Spätquartäre jahreszeitlich geschichtete Seesedimente ausgewählter Eifelmaare. Paläolimnologische Untersuchungen als Beitrag zur spät- und postglazialen Klima- und Besiedlungsgeschichte. Documenta Naturae 60:226S, München

2.2 Mögliche Auswirkungen eines vom Menschen beeinflußten Klimas auf terrestrische Ökosysteme

W. CRAMER

2.2.1 Einführung

Klima und Vegetation stehen in einer Beziehung gegenseitiger Abhängigkeit. Einerseits stellt die Zonierung des Klimas die wichtigste Ursache für die globale Verteilung der Vegetation dar. Andererseits aber ist die Dynamik der Atmosphäre auch stark durch die vegetationsbedingten Oberflächeneigenschaften der Erde beeinflußt. Spätestens seit Beginn der industriellen Revolution beeinflußt der Mensch die Zusammensetzung der Atmosphäre nachhaltig, und zwar (außer mit verschiedenen Schadstoffen) vor allem durch die Anreicherung von Kohlendioxid aus der Verbrennung von fossilen Brennstoffen und der Produktion von Zement, aber auch durch die proportional stärker ansteigenden Emissionen von Methan (CH_4) oder Stickoxiden (NO_x). CO_2 ist ein Gas, das sowohl die Atmosphäre als auch die Landbiosphäre in hohem Maße direkt beeinflußt: erhöhte CO_2-Gehalte der Atmosphäre verändern die Strahlungsbilanz (ebenso wie CH_4) und führen hierdurch u.a. zu einer Erwärmung der Troposphäre – aber sie stimulieren innerhalb gewisser Grenzen auch die pflanzliche Photosynthese und damit meist die Nettoprimärproduktion (NPP, s. auch Bd. 2A, Kap. 4.2). Das Phänomen des „globalen Wandels" beinhaltet aus dieser Sicht mehrere Faktoren, von denen die Klimaänderung selbst nur ein wichtiges Element ist. Die übrigen Emissionen aus Industrie und Verkehr, die zeitgleich verlaufenden Änderungen der Landnutzung und die Rückkopplungen zwischen all diesen Faktoren stellen gemeinsam eine wesentliche Veränderung der Wuchsbedingungen für Pflanzen dar, deren Auswirkungen im einzelnen und an jedem Ort noch nicht genau bekannt sein können. Ziel dieses Kapitels ist es, deutlich zu machen, in welcher Weise Klimaänderungen auf die Vegetation im großräumigen Maßstab wirken (können) und welche Auswirkungen die Veränderungen der Atmosphäre so auf die belebte Natur insgesamt und auf das Nutzungspotential in direkt von der Biosphäre abhängigen Sektoren wie Land-, Forst- und Wasserwirtschaft oder Tourismus haben können.

Die Auswirkungen von Änderungen der Atmosphäre auf Ökosysteme – und insbesondere auf die Vegetation – sind in den letzten Jahren aus zahlreichen Gründen stärker als früher in das öffentliche Interesse getreten. Nachdem der *Intergovernmental Panel on Climatic Change* (IPCC) in drei großangelegten Berichten (Houghton et al. 1990, 1992, 1996) auf die Wahrscheinlichkeit einer tatsächlichen Beeinflussung des Klimas durch den Menschen aufmerksam gemacht hatte, stellte sich die Frage, ob eine solche Veränderung die natürlichen Grundlagen menschlichen Wirtschaftens, z. B. in Land- und Forstwirtschaft, wesentlich verändern könne. (Der Stand des Wissens hierzu ist ebenfalls mehrfach ausführlich durch den IPCC zusammengefaßt worden, cf. Tegart et al. 1990; Watson et al. 1996). Darüber hinaus haben Modellrechnungen bereits seit Mitte der 1980er Jahre gezeigt, daß Rückkopplungsprozesse zwischen klimabedingten Vegetationsänderungen und dem Klima selbst zu weiteren Veränderungen führen könnten (z. B. Bonan et al. 1992; Claussen 1994).

Menschliche Aktivitäten beeinflussen folglich das globale Klima in mehrfacher Hinsicht. Neben den Wirkungen des erhöhten CO_2-Ausstosses aus Verkehr und Industrie beeinflussen auch die Veränderungen der Struktur der Landoberfläche, insbesondere durch die seit dem Neolithikum bis in die jüngste Zeit in mehreren Wellen durchgeführte Entwaldung großer Gebiete, ebenfalls die Strahlungsbilanz und damit das Klima. Dieser Tatsache wird seit kurzem auch durch die Verhandlungen zur Klimarahmenkonvention („Kyoto-Protokoll“) auf politischer Ebene verstärkt Rechnung getragen. Modellrechnungen zeigen, daß die physikalischen Änderungen der Landoberfläche - gemeinsam mit den chemischen Veränderungen der Atmosphäre - sowohl direkt zu einer Änderung des regionalen Niederschlags- und Temperaturmusters als auch zu einer Änderung der globalen atmosphärischen Zirkulation führen können (für eine ausführlichere Behandlung des Themas „Klimaänderung“ selbst vgl. Bd. 1B, Kap. 4.2).

Der folgende Abschnitt soll den gegenwärtigen Stand des Wissens zu dieser Thematik kurz zusammenfassen. Es ist wichtig, auf zwei Aspekte vorab besonders hinzuweisen:

Obwohl inzwischen der Nachweis des menschlichen Einflusses auf das globale Klima insgesamt vorliegt (Houghton et al. 1996), kann heute für einzelne Orte nicht nachgewiesen werden, daß eine lokale Veränderung von Ökosystemen durch die globalen Klimaänderungen stattgefunden hat (auf die häufig vorkommenden, z. B. durch Baumaßnahmen verursachten Veränderungen des Lokalklimas und deren sekundäre Wirkungen auf Ökosysteme wird in diesem Kapitel nicht eingegangen, da es sich um eine grundsätzlich anders geartete Problematik handelt). Dies ist darauf zurückzuführen, daß die Trennung von „natürlichen“ regionalen Veränderungen im Klima von den globalen Trends noch nicht möglich ist. Veränderungen der alpinen Vegetationsgrenzen z. B.

können (wenn sie nicht, wie in vielen Teilen Europas, direkt durch zurückgehende Beweidung oder durch Schadstoffimmissionen bedingt sind) sowohl durch natürliche Klimaänderungen als auch – zusätzlich – durch die globale anthropogene Klimaänderung bedingt sein; eine Trennung der beiden Faktoren voneinander ist aber gegenwärtig noch nicht möglich. Hieraus ist allerdings umgekehrt auch nicht ableitbar, daß solche Veränderungen ausgeschlossen werden können – sie sind im Gegenteil äußerst plausibel.

Eine *Voraussage* des Zustands der Ökosysteme an einem bestimmten Ort und zu einem bestimmten Zeitpunkt in der Zukunft ist derzeit unmöglich. Diese würde erst nach einer Beantwortung aller offenen Fragen in der Klimaforschung stattfinden können, denn erst dann wäre eine räumlich hoch aufgelöste Klimavorhersage möglich. Auch müßte eine solche Vorhersage die Zukunft der menschlichen Landnutzung einschließen, die aber primär durch soziale, kulturelle und ökonomische Trends beeinflußt wird und daher nicht vorhergesagt werden kann.

Trotz solcher Unsicherheiten ist es keinesfalls spekulativ, wenn durch Modellrechnungen die Sensitivität von Ökosystemen gegenüber Klimaänderungen abgeschätzt wird. Solche Sensitivitätsanalysen können mit Hilfe von Szenarien der Klima- und Emissionsentwicklung durchgeführt werden, die eine Bandbreite verschiedener möglicher Zustände des Erdsystems beschreiben. Für den (denkbaren) Fall, daß verschiedene solche Szenarien ähnliche Empfindlichkeiten der Vegetation gegenüber Klimaänderungen aufzeigen, muß es als wahrscheinlich angesehen werden, daß in der Zukunft tatsächlich klimabedingte Vegetationsänderungen auftreten. Eine nähere Untersuchung dieser prinzipiellen Zusammenhänge kann dann aufzeigen, in welchen Ökosystemen und/oder Regionen besonders mit Veränderungen gerechnet werden muß, ob diese sich nachteilig oder günstig auf die biologische Produktivität oder andere schützenswerte Faktoren (z.B. Biodiversität) auswirken und ob es Ökosysteme gibt, in denen durch gezielte Eingriffe Schäden vermieden oder verringert werden können. Ein Beispiel hierfür wäre die von aufgrund mehrerer Simulationsrechnungen mit Klimamodellen erwartete zunehmende Trockenheit im östlichen Mitteleuropa: Verschiedene Klimaszenarien bilden diesen Trend ab, aber doch in unterschiedlicher Intensität. Wenn sich zeigen läßt, in welchem Maße Ökosysteme empfindlich auf eine derartige regionale Klimaänderung reagieren, dann läßt sich hieraus auch ableiten, bis zu welchem Grad verbesserte Modellrechnungen erforderlich sind, um landnutzungsrelevante Schlußfolgerungen möglich zu machen.

2.2.2 Klimawirkungen auf Wachstum und Produktivität von Pflanzen

2.2.2.1 Physiologische Mechanismen

Pflanzen sind primär von den Ressourcen Energie (Strahlung), Wasser und Nährstoffen abhängig – ihr Wachstum ist daher (auch) eine direkte Funktion der Witterung. Änderungen des mittleren Klimas bewirken Änderungen der Witterung in wesentlichen Phasen des pflanzlichen Lebenszyklus, allerdings mit vielen verschiedenen möglichen Ausprägungen. So kann sich beispielsweise eine Erhöhung der Jahresmitteltemperatur sehr unterschiedlich auf Pflanzen auswirken: Sie kann direkt zu einer Verlängerung der Vegetationsperiode (jedenfalls dann, wenn diese temperaturlimitiert ist) und damit zu einer Erhöhung der photosynthetisch nutzbaren Energiemenge führen. Sie kann aber auch durch Erhöhung der Verdunstung zu trockenheitsbedingten Produktivitätseinbußen führen, oder sie kann durch verringerte Frosthäufigkeit oder -intensität bestimmte Schädlinge begünstigen und damit bestimmten Pflanzen das Überleben deutlich erschweren. Überdies ist eine von Klimamodellen erwartete Erhöhung der Jahresmitteltemperatur nicht gleichbedeutend mit einer identischen Erhöhung aller Tages- und Nachttemperaturen (Kukla u. Karl 1993). Änderungen im Temperaturregime und Energiehaushalt bringen Veränderungen der Wasserbilanz mit sich, und es ist deshalb notwendig, die Wasserverfügbarkeit und ihren Zusammenhang mit dem atmosphärischen CO_2-Gehalt in die Betrachtungen mit einzubeziehen.

Eine Betrachtung der Vegetation bezüglich ihrer Sensitivität gegenüber einer globalen, mittleren Temperaturerhöhung hat daher für sich allein wenig Sinn, selbst wenn Änderungen dieser Größe aus Klimamodellen heute mit größerer Sicherheit abschätzbar sind als z. B. Änderungen der Niederschläge. Im folgenden sollen daher die wichtigsten Reaktionsvorgänge der Pflanze und des Ökosystems gegenüber einzelnen klimaabhängigen Standortfaktoren beschrieben werden. Hierbei soll das Schwergewicht auf den großräumig wirksamen Veränderungen liegen.

Kohlendioxid

CO_2 ist ein wesentlicher Grundstoff für die pflanzliche Photosynthese und damit überhaupt für das Leben von Pflanzen- und Tierwelt. Die CO_2-Konzentration im Blattinneren hat einen direkten Einfluß auf die

Photosyntheserate, d.h. ein höheres CO_2-Angebot führt in der Regel (wenn alle anderen Faktoren gleich bleiben) direkt zu einer Erhöhung der Photosyntheserate. Der CO_2-Gehalt innerhalb des Blattes steht zur CO_2-Konzentration der Umgebung in einer engen Beziehung, die vor allem durch den Diffusionswiderstand der Spaltöffnungen geregelt ist. Dieser Widerstand befindet sich in einem Regelkreis, durch den einerseits der durch die Photosynthese herabgesetzte CO_2-Gehalt wieder ausgeglichen werden kann, durch den aber gleichzeitig auch Verluste an Wasserdampf möglichst minimiert werden. Erhöht sich der Partialdruck des CO_2 außerhalb des Blattes, kann entweder bei gleicher Spaltöffnungsweite mehr CO_2 von außen in das Blattinnere transportiert werden, oder die Spaltöffnungsweite kann verringert und Wasserdampfverluste können damit reduziert werden. In wasserlimitierten Ökosystemen ist letzteres der entscheidende Effekt der Wirkung erhöhter CO_2-Gehalte auf Pflanzen, jedenfalls bei Pflanzen, die dem sogenannten C_3-Pfad der Photosynthese folgen. C_4 oder CAM-Pflanzen reagieren in dieser Hinsicht weniger ausgeprägt (vgl. hierzu Bd. 2A, Kap. 4.2).

Diese physiologischen Reaktionen der Pflanze, die durch viele Laborexperimente belegt worden sind, treten jedenfalls dann auf, wenn die Pflanze einer plötzlichen Änderung des CO_2-Gehaltes ihrer Umgebung ausgesetzt wird. Es deuten aber viele Anzeichen darauf hin, daß ein allmählicher Anstieg bzw. das Aufwachsen der Pflanze unter anderen CO_2-Bedingungen in den meisten Fällen zu einer Anpassung führt, die ggf. zu anderem physiologischem Verhalten führt als der experimentelle Schritt zur plötzlichen Erhöhung. Insbesondere gelten diese Sachverhalte für isoliert wachsende Pflanzen – für ein ganzes Ökosystem können andere Bedingungen vorliegen. Untersuchungen in natürlichen Ökosystemen und unter experimentellen Bedingungen haben gezeigt, daß eine schnelle Erhöhung der CO_2-Konzentration häufig nur zu einer kurzfristigen, starken Steigerung der NPP führt (z.B. in Oechel et al. 1994). In Wäldern scheint es ebenfalls Zeichen dafür zu geben, daß der erste Produktivitätsanstieg im CO_2-Anreicherungsexperiment sich nicht immer fortsetzt und daß eine gewisse „Akklimatisierung" stattzufinden scheint. Die physiologischen Gründe dafür können hier aus Platzgründen nicht näher erörtert werden (eine gute Übersicht findet sich z.B. bei Saxe et al. 1998). Auch beinhaltet eine physiologisch bedingt höhere Produktivität noch nicht notwendigerweise eine höhere Produktivität des Gesamtökosystems, da gleichzeitig wirkende klimatische Faktoren dem „Düngungseffekt" entgegenwirken können oder weil z.B. andere Organismen (konkurrierende Pflanzen im selben Bestand, Schädlinge) gleichfalls ihre Produktivität erhöhen und in negativer Weise auf die primär betrachtete Pflanze einwirken können.

Es ist aus den oben erwähnten Gründen derzeit nicht möglich zu sagen, in welchem Ausmaß die gesamte Biosphäre oder große Vegetationszonen am Ende einen Produktivitätszuwachs erfahren werden. Selbst wenn die Nettoprimärproduktion (d. h. die Photosynthese abzüglich der pflanzeneigenen Atmung) dauerhaft ansteigen sollte, so könnte doch die Zunahme der Bodenatmung insgesamt zu einem schnelleren Umsatz führen, ohne daß hieraus ein Zuwachs an Pflanzenmasse oder eine andere Strukturänderung resultieren würde.

Temperatur

Die Photosynthese hat ein ausgeprägtes, artenspezifisches Temperaturoptimum. Dies bedeutet, daß Pflanzen, die unter relativ (im Verhältnis zu ihrem jeweiligen Optimum) kühlen Bedingungen leben, auf eine Erwärmung mit direkt erhöhter Photosyntheseleistung reagieren können – solange eine ausreichende Wasser- und Nährstoffversorgung gewährleistet ist. Allerdings sind auch Pflanzen in kühleren Klimaregionen, wie z. B. in der borealen Zone, oft in erster Linie nährstofflimitiert, was u. a. darauf beruht, daß die Nährstoffe bei niedrigen Temperaturen im Boden nur langsam rezirkuliert werden. Eine Erwärmung kann daher hier, zusätzlich zum positiven Einfluß auf die Photosynthese, auch indirekt auf das Wachstum einwirken, indem die Bodenatmung verstärkt und in der Streu gebundene Nährstoffe schneller wieder freigesetzt werden. In der Nähe oder oberhalb des Temperaturoptimums wird eine Temperaturerhöhung eher nachteilige Folgen für die Pflanze haben. In erster Linie wird die Photosyntheseleistung selbst nicht weiter erhöht, statt dessen aber steigt die Verdunstungsrate und damit potentiell auch die Atmung und der damit verbundene Wasserstreß.

Neben der Photosynthese sind auch andere Lebensfunktionen der Pflanzen temperaturabhängig. So sind z. B. viele laubabwerfende Pflanzen an eine kühle Jahreszeit dadurch adaptiert, daß sie ihre Lebensprozesse drosseln. Wenn Wintertemperaturen aber ein ganzjähriges Wachstum möglich machen, dann werden in der Regel andere Arten Konkurrenzvorteile erhalten. Solche Verschiebungen der Artenzusammensetzung können durch direkte Konkurrenz (z. B. durch Beschattung) erfolgen, aber auch indirekt, z. B. dadurch, daß Schädlinge, die normalerweise durch niedrige Wintertemperaturen dezimiert oder eliminiert werden, in einem wärmeren Klima bessere Reproduktionsmöglichkeiten erhalten. Pflanzenarten, die an wärmeres Klima adaptiert sind, haben in der Regel auch Verteidigungsmechanismen gegenüber solchen Schädlingen, die bei den wintertoleranten Arten weniger stark entwickelt sind. Andererseits haben viele Arten (z.B. Obstbäume und Getreidearten) auch einen physiologischen Mechanismus, durch den niedrige Wintertemperaturen zunächst die Blüte und damit die weitere Entwicklung ermöglichen (Vernalisation). Fällt dieser Faktor weg, ist die Pflanze nicht mehr in der Lage, ihren Reproduktionszyklus durchzuführen. (Für eine ausführliche Betrachtung des Themas vgl. Woodward 1987.)

Feuchtigkeit

Ebenso wie für die Temperatur gibt es für alle Pflanzen eine relativ gut definierbare, artenspezifisch aber stark schwankende Abhängigkeit vom Feuchtigkeitsangebot. Wasser wird von der Pflanze direkt in der Photosynthese verwendet, aber es stellt auch einen wichtigen Lösungs- und Transportfaktor für Nährstoffe und einen bedeutenden Temperaturregulator für die Pflanze und für den ganzen Bestand dar, da verstärkte Verdunstung zu Abkühlung führt. Staunässe im Boden führt zu Sauerstoffmangel im Wurzelbereich, aber auch hier existiert eine große Variationsbreite an Anpassungsformen, von Moorpflanzen, die an permanente Wassersättigung im Wurzelbereich adaptiert sind (und den Sauerstoffmangel durch spezielle Transportmechanismen innerhalb der Wurzeln ausgleichen) bis zu Pflanzen der Trockengebiete, die in der Regel bei wassergesättigtem Boden nicht lange überlebensfähig sind. Aufgrund dieser Anpassungen, die morphologisch zu erheblichen Unterschieden zwischen Pflanzenarten führen, kann zwar eine große Bandbreite an Feuchtigkeitsbedingungen von Ökosystemen genutzt werden; aber die Pflanzen sind gleichzeitig nur bedingt anpassungsfähig, d.h. eine Änderung des Feuchtigkeitsangebotes führt beinahe zwangsläufig zur Änderung der Artenzusammensetzung und damit auch aller anderen Funktionen des Ökosystems. (Eine gute Zusammenstellung des Wissenstandes zu dieser Thematik findet sich bei Walter u. Breckle 1983.)

Wind

Wind wirkt auf Pflanzen und Pflanzenbestände zunächst als ein die Wasserbilanz beeinflussender Faktor, d.h. mit zunehmender Windgeschwindigkeit nimmt die Verdunstung zu. In dieser Weise sind Änderungen der lokalen Windsysteme, die mit einer Klimaänderung einher gehen können, auch von direkter Bedeutung für die Physiologie der Pflanze und für den Stoffkreislauf des Ökosystems. Wind wirkt aber auch positiven und negativen Temperaturextremen entgegen, die sich an Strahlungstagen oder -nächten bilden können. Auch andere Austauschvorgänge, etwa von CO_2, werden durch zunehmende Windgeschwindigkeit beschleunigt. Im Fall von Starkwindereignissen ergeben sich naturgemäß auch direkte Schädigungen durch Windbruch und Windwurf (s. weiter unten unter Störungsmechanismen).

Zusammenspiel der klimatischen Wachstumsfaktoren

Aus dem bisher Gesagten ergibt sich, daß kein Klimafaktor von den anderen isoliert betrachtet werden kann. Die Toleranz gegenüber zunehmender Trockenheit und/oder Wärme z. B. ist zum Teil vom verfügbaren Wasserangebot abhängig; alle diese Beziehungen stehen überdies in einem nicht gänzlich erforschten Verhältnis zum CO_2-Gehalt der Luft. Es sind in den letzten Jahren numerische Simulationsmodelle entwickelt worden, mit deren Hilfe das Zusammenspiel der wichtigsten Wachstumsfaktoren quantitativ ausgedrückt werden kann. In diesem Beitrag sollen vor allem die großräumig verwendbaren Modelle (die z. T. global anwendbar sind) betrachtet werden. Für bestimmte Pflanzen, insbesondere Kulturpflanzen wie Weizen oder Nutzbaumarten, existieren auch komplexere Modelle, die die energetischen Wechselwirkungen mit der Umgebung genauer beschreiben, aber dafür weniger gut großräumig anwendbar sind.

Ökosystemmodelle sind dazu geeignet, die Bedeutung des großräumigen Klimamusters auf die pflanzliche NPP zu beschreiben und in Kartenform darzustellen. (Für eine ausführliche Diskussion der NPP-Modelle cf. Cramer u. Kohlmaier 1997; Cramer et al. 1999.) Abb. 2.2-1 stellt ein Beispiel für eine solche Karte vor. Hier ist mit Hilfe des BIOME3-Modells von Haxeltine u. Prentice (1996a) und einer grobgerasterten Klimadatenbank für Europa die mittlere NPP in Abhängigkeit von Temperatur, Niederschlag, Strahlung und CO_2-Gehalt dargestellt, wobei zunächst alle lokalen Einflüsse wie Landnutzung, Luftverschmutzung usw. nicht berücksichtigt wurden. Diese Modellrechnungen können natürlich nur die groben geographischen Trends der mittleren Produktivität großer Gebiete wiedergeben, aber sie sind gut dafür geeignet, Abschätzungen zukünftiger Trends zu ermöglichen.

Die Betrachtung von Klimaänderungen (einschließlich von Änderungen des CO_2-Gehaltes) und ihrer Wirkung auf die Physiologie der Pflanze wird dadurch erschwert, daß sich kaum ein Klimafaktor ändert, ohne daß sich nicht mehrere andere Faktoren ebenfalls ändern. Selbst wenn man in einem Laborexperiment oder durch eine Computersimu-

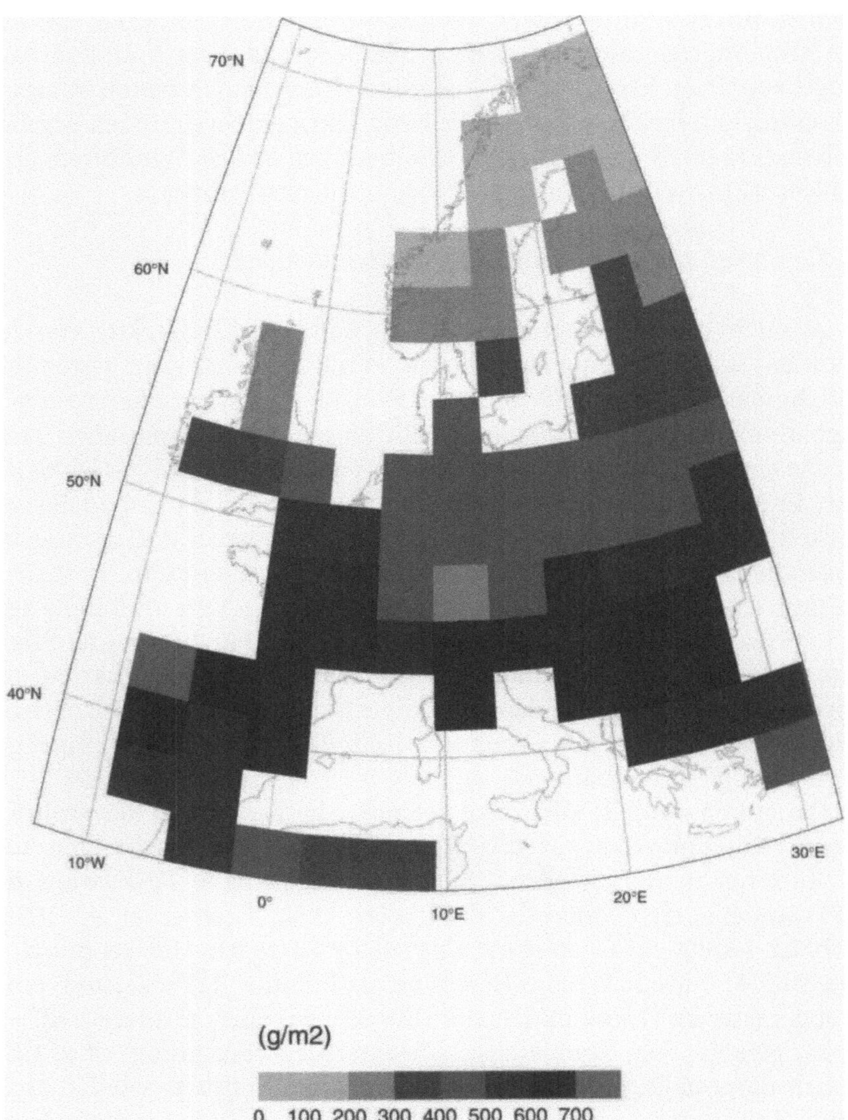

Abb. 2.2-1. Karte der geographischen Verteilung der Nettoprimärproduktivität (NPP, in g C m^{-2}) von potentiell natürlicher Vegetation in Europa, simuliert mit Hilfe des BIOME3-Modells (Haxeltine u. Prentice 1996a) und Daten für das Klima der Periode 1931 bis 1960 (aktualisierte Daten von Leemans u. Cramer 1991). Die Darstellung ist auf das grobe Raster eines Klimamodells ausgelegt, um den Vergleich mit den folgenden Szenario-Abbildungen zu ermöglichen. Die Karte berücksichtigt keine lokalen Aspekte der Landnutzung oder Luftverschmutzung

lation die Änderung eines einzelnen Faktors in Isolation betrachten kann, wird in der Wirklichkeit praktisch immer eine von vielen möglichen Kombinationen auftreten. Erwärmung führt z.B. in der Regel zu verstärkter Verdunstung, und es ist vom Zustrom zusätzlicher Feuchtigkeit aus anderen Regionen abhängig, ob dieser Verlust durch vermehrte Niederschläge ausgeglichen wird oder nicht. Die Untersuchung von Auswirkungen einer globalen *Erwärmung* allein ist deshalb für ökosystemare Prozesse nicht sinnvoll. Es muß außerdem in die Betrachtung einbezogen werden, daß für viele Wachstumsprozesse die Häufigkeit von Extremwerten oder die Dauer von bestimmten Grenzwertüberschreitungen (z.B. die Länge der Vegetationsperiode) von größerer Bedeutung sind als die Veränderung von Jahresmittelwerten. Die Produktivität von Ökosystemen hängt so immer von der lokalen Ausprägung aller Klimafaktoren ab. Dies bedeutet, daß eine generelle Erwärmung, z.B. in Nordeuropa, nicht automatisch im Sinne einer generellen Produktivitätssteigerung interpretiert werden kann. Vielmehr bestimmt das lokale Zusammenspiel zwischen Temperatur, Niederschlag, CO_2-Gehalt und Nährstoffangebot, ob eine Region sich in Richtung auf günstigere oder ungünstigere Produktionsbedingungen entwickelt.

Möglichkeiten der Anpassung an geänderte Wachstumsbedingungen

Erdgeschichtlich stellt eine Änderung der klimatischen Wachstumsbedingungen für Pflanzen keinen Sonderfall dar. Pflanzen haben generell mehrere Möglichkeiten, sich an geänderte Umweltbedingungen anzupassen. Zunächst gibt es Mechanismen der phänotypischen Anpassung, d.h. innerhalb gewisser Grenzen können sich der photosynthetische Apparat oder die Reproduktionsmechanismen der Pflanze an geänderte Gegebenheiten anpassen. Von größerer Bedeutung über längere Zeiträume aber ist die Möglichkeit der genotypischen Anpassung. Zum Beispiel kann sich aus dem in lebenden Pflanzen und existierenden Samen vorhandenen Vorrat an genotypischer Variabilität in einer Pflanzenpopulation während der Reproduktion und Selektion eine andere, besser an die geänderten Umweltbedingungen angepaßte Pflanzenpopulation entwickeln. Eine weitere Möglichkeit besteht darin, daß durch Mutationen neue Genotypen entstehen. Abhängig von der betrachteten Art und der Geschwindigkeit ihrer Populationszyklen können solche Veränderungen Jahrzehnte oder Jahrhunderte beanspruchen. Ein Beispiel für solche Veränderungen sind die beobachteten Änderungen der Spaltöffnungszahl in verschiedenen Pflanzenarten, die sich in Herbarien über mehrere Jahrhunderte zurückverfolgen lassen und die als morphologische Anpassung an geänderte CO_2-Gehalte interpretiert werden können (Beerling et al. 1993).

2.2.2.2 Änderung der Produktivität von Kulturpflanzen

Landwirtschaftliche Kulturen sind dadurch geprägt, daß Mangelfaktoren wie Wasser oder Nährstoffe im Prinzip durch Bewässerung und/oder Düngung ausgeglichen werden können. Hieraus folgt, daß z.B. zunehmende Trockenheit aufgrund von Temperaturerhöhung bei unveränderten Niederschlägen durch vermehrte Bewässerung ausgeglichen werden könnte. Der Bedarf ist dabei aufgrund intensiver physiologischer Forschung oft gut abschätzbar. In der Realität werden aber in den meisten semi-humiden Gebieten die Bewässerungsmöglichkeiten bereits bis an die Grenzen des ökonomisch Möglichen ausgenutzt. Daher würde ein zunehmender Trockenstreß gerade diese Kulturen in solcher Art gefährden, daß eine weitere Bewirtschaftung nicht mehr ökonomisch sein würde (oder durch zusätzliche Subventionen von außen gestützt werden müßte). Umgekehrt würde dort eine Zunahme des Niederschlagsangebotes durch Klimaänderung die ökonomischen Rahmenbedingungen positiv beeinflussen und, falls entsprechende Flächen vorhanden sind, eine Ausweitung des genutzten Areals möglich machen bzw. den erzielbaren Gewinn auf den vorhandenen Flächen erhöhen. Auch in diesem Fall ist daher das Endergebnis nach Änderung der klimatischen Rahmenbedingungen lokal unterschiedlich und vom Zusammenspiel aller Faktoren abhängig.

Aufwendige Experimente an Weizen-, Baumwoll- und anderen Kulturen im Freiland haben gezeigt, daß der CO_2-Effekt eine große Rolle für die Gesamtproduktivität der Kulturpflanze haben kann. Insbesondere bei feuchtelimitierten Wuchsbedingungen bewirkt ein erhöhter CO_2-Gehalt eine bessere Effizienz der Wassernutzung und damit ein höheres Wachstum. Allerdings folgt hieraus nicht notwendigerweise eine Erhöhung des nutzbaren Ernteertrages, denn die Pflanze scheint in erster Linie ihren Jahreszyklus mit Hilfe der höheren Produktivität zu beschleunigen, ohne daß sich daraus notwendigerweise ein erhöhter Kornertrag entwickeln oder eine Qualitätsverbesserung ergeben (Wechsung et al. 1999).

Für die Forstwirtschaft liegen besondere Bedingungen insofern vor, da bei den langen Umtriebszeiten nur geringe Einflußmöglichkeiten auf die Baumartenzusammensetzung gegeben sind. Das bedingt einen erhöhten Bedarf an Vorhersagegenauigkeit – im Idealfall sollten die mittleren Klimabedingungen einschließlich des CO_2-Gehaltes und der zu erwartenden Extrembedingungen (Frosthäufigkeit, Trockenperioden, Stürme usw.) 50 bis 80 Jahre im voraus für den einzelnen Standort bekannt sein. Selbst für den Fall einer in bezug auf Produktivität lokal positiven Klimaentwicklung kann so die Forstwirtschaft im Grunde nicht profitieren, denn eine exakte Langfristvorhersage des lokalen Klimas und die darauf aufbauende Wahl der Bestockung und Bewirtschaftungsstrategien sind bis auf weiteres unmöglich.

Die oben erwähnten genetischen Aspekte sind für Land- und Forstwirtschaft seit langem ein wichtiger Planungsfaktor. So wird bei der Sortenwahl in der Landwirtschaft versucht, eine direkte Auswahl des für lokale Klima- und sonstige Standortsbedingungen geeigneten Genotyps, die inzwischen auch durch direkte genetische Manipulation vermehrt werden, vorzunehmen. In der Forstwirtschaft ist in letzter Zeit vor allem die Diversität der Bestände in den Vordergrund getreten, da nur der Anbau möglichst vieler Arten und Genotypen als sinnvolle Strategie angesehen wird, unter unsicheren Vorhersagebedingungen eine möglichst große Sicherheit der Bestandesentwicklung zu gewährleisten (Scholz 1993).

2.2.2.3 Änderungen der Produktivität und Kohlenstoffspeicherung der Biosphäre

Es ist naheliegend, aus physiologischen Änderungen des Produktivitätspotentiales von Ökosystemen auf Änderungen der Produktivität der gesamten Biosphäre schließen zu wollen. Hieraus könnten sich nicht zuletzt wichtige Anhaltspunkte zu einem besseren Verständnis des globalen Kohlenstoffkreislaufes ergeben. So deutet vieles darauf hin, daß interannuelle Schwankungen des globalen Klimas in einer solchen Beziehung zum CO_2-Gehalt der Atmosphäre stehen, der gut durch klimabedingte Produktivitätsschwankungen und Schwankungen der Zersetzung von organischer Materie der Biosphäre erklärt werden könnte (Keeling et al. 1995; Kindermann et al. 1996; Braswell et al. 1997). Zudem gibt es Anzeichen dafür, daß die Pflanzenwelt, zumindest in nördlichen Breiten, tatsächlich in den letzten Jahrzehnten auf Erwärmung und CO_2-Anstieg durch eine Verlängerung der sommerlichen Wachstumsperiode reagiert haben könnte (Keeling et al. 1996; Myneni et al. 1997; Menzel u. Fabian 1999). Die oben erwähnten Simulationsmodelle sind tatsächlich dazu geeignet, die geographische Abhängigkeit der NPP von Klima und Boden zu untersuchen. (Für einen Überblick über diese Forschungsansätze vgl. Cramer et al. 1999.) Inzwischen lassen sich die Unsicherheiten bei der Abschätzung solcher globalen Flüsse recht gut durch Messungen z.B. der längerfristigen Schwankungen des atmosphärischen CO_2 auf verschiedenen Zeitskalen überprüfen. Auch kann etwa die Blattflächenentwicklung der Biosphäre gut mit Zeitreihen von Satellitendaten überprüft werden, woraus sich ein indirekter Modelltest für einige wichtige Parameter ergibt (Bondeau et al. 1999). Mit Hilfe von Klimaszenarien lassen sich daher auch Rechnungen für die zukünftige NPP durchführen.

Man könnte erwarten, daß ein weiter verstärktes Wachstum deshalb generell zu einer zusätzlichen Kohlenstoffspeicherung und damit zu einer Minderung des Anstiegs des CO_2-Gehaltes führt. Trotzdem bildet der physiologische Kenntnisstand keine Grundlage dafür, von einem für Pflanzen und Ökosysteme langfristig positiven Trend (im Sinne von zunehmendem Wachstum) auszugehen. Die bisher beobachteten Veränderungen dürften als Teil der natürlichen Schwankungen zwischen verschiedenen Jahren oder weniger Jahrzehnte zu betrachten sein. Ein anhaltender Trend im CO_2-Anstieg und in den oben diskutierten Klimavariablen dürfte aber nicht nur zu einer Veränderung der NPP, sondern auch zu einschneidenden Veränderungen in der *Struktur* der Ökosysteme führen. Diese würden ihrerseits Rückwirkungen auf das C-Bindungspotential der Biosphäre haben.

2.2.3 Änderungen von Vegetationsstruktur und Vegetationsverteilung durch Klimaänderungen

2.2.3.1 Der Zusammenhang zwischen Pflanzenwachstum und Vegetationsstruktur

Die Struktur vieler Ökosysteme ist vor allem durch die langlebigen Pflanzen geprägt, die oft einen großen Teil der Biomasse ausmachen. Wenn im allgemeinen Sprachgebrauch die großräumige Verteilung von Vegetation beschrieben wird, werden in der Regel solche Klassen verwendet, die sich insbesondere durch physiognomische, d.h. leicht erkennbare strukturelle Eigenschaften auszeichnen, wie z.B. „borealer Nadelwald“ oder „Savanne”. Diese Haupttypen sind in der Regel von dominanten Pflanzengruppen geprägt, die man als „funktionale“ Gruppen bezeichnet. Aus diesen Vegetationstypen lassen sich indirekt die Lebensbedingungen auch der nicht dominanten Pflanzen und Tiere grob abschätzen, deren Anwesenheit meist wesentlich durch die strukturdominanten Arten bedingt ist. In vielen Wäldern ermöglichen z.B.

die Bäume und ihre Wirkung als Schutz vor Witterungsextremen oder als Sichtschutz das Überleben vieler Pflanzen- und Tierarten.

Die so definierte Struktur des Ökosystems ist z. T. eine klimaabhängige Größe, die jedoch nicht allein durch physiologische Mechanismen beschrieben werden kann, sondern auf die auch andere Faktoren einwirken, wie die Einwanderung oder Rückzugsgeschichte und der menschliche Einfluß. Hierzu gehört außerdem die Populationsdynamik der vorhandenen Arten, d.h. der Wechsel zwischen Individuen in verschiedenen Lebensphasen sowie die Wechselwirkungen zwischen verschiedenen Organismen im Ökosystem. Außerdem spielen seltene und/oder extreme Ereignisse eine besondere Rolle. Die erstmalige Etablierung oder die Regeneration vieler Arten ist in ihren Anfangsstadien viel stärker von Umweltbedingungen geprägt als spätere Lebensphasen. So kann z.B. ein Jahr mit besonders gering ausfallenden Frostereignissen die Etablierung einer Baumart ermöglichen, die sonst gewöhnlich durch Frost eliminiert wird und die sich aber, wenn sie einmal die erste Lebensphase überstanden hat, als sehr konkurrenzkräftig erweisen kann (Kullman 1995). Umgekehrt kann ein einziges Trockenjahr mit besonders intensiven oder häufigen Waldbränden die Ökosystemstruktur einer ganzen Region nachhaltig verändern. In beiden Fällen hat ein einzelnes „Klimaereignis" die Struktur des Ökosystems über viele Jahrzehnte maßgeblich beeinflußt, ohne daß dies durch die mittleren physiologischen Wachstumsbedingungen ausgedrückt würde.

Die durch aktuelles Klima *und* die Vorgeschichte des Bestandes geformte Struktur eines Ökosystems hat große Bedeutung dafür, ob und in welcher Weise das durch die Klimabedingungen gegebene physiologische Wachstumspotential ausgenutzt werden kann. Die potentielle Produktivität hat auch einen großen Einfluß darauf, wie schnell die Struktur des Ökosystems nach einer Änderung der Umweltbedingungen oder eine Störung der Bestandesstruktur wiederhergestellt wird. In arktischen Gebieten genügt z.B. schon eine oberflächliche Störung der spärlichen Pflanzendecke, um das realisierte Wachstum für viele Jahre zu hemmen – und es dauert entsprechend lange, bis der ursprüngliche Zustand des Ökosystems wiederhergestellt ist.

2.2.3.2 Vegetationsdynamik auf der Landschaftsebene in Abhängigkeit vom Klima

Veränderungen im Lebenszyklus von Organismen und die Interaktionen zwischen ihnen sind besonders auf der Landschaftsebene von Bedeutung. Hierunter ist zu verstehen, daß insbesondere diejenigen

Prozesse betrachtet werden müssen, bei denen eine räumliche Nähe verschiedener Entwicklungsstadien von besonderer Bedeutung ist. Es war eine wesentliche Erkenntnis des schwedischen Biologen Rutger Sernander, daß die Struktur borealer Nadelwälder durch ein fortgesetztes natürliches Wechselspiel zwischen der Bildung von „Sturmlücken" und der in diesen Lücken stattfindenden Regeneration definiert ist (Sernander 1936). Ein natürlicher Nadelwald dieser Region ist folglich durch das fleckenweise Nebeneinander aller denkbarer Altersklassen geprägt und nicht, wie vorher vermutet, durch maximale Biomasse sehr alter Bäume. Der Begriff der „Klimax" im Sinne von Clements (1916), d.h. eines voll entwickelten, stagnierenden Pflanzenbestandes, der über lange Zeit Ökologie und Pflanzengeographie geprägt hatte, war damit als ungeeignet verworfen. Einzelne Faktoren dieses dynamischen Gleichgewichts sind mehr oder weniger durch Zufälle kontrolliert, die überwiegende Mehrzahl aber drückt sich im Gesamtmuster der Landschaft aus, d.h. durch das Vorhandensein verschiedener Zustände in unmittelbarer Nachbarschaft.

Die so beschriebene Sturmlückendynamik nach Sernander (1936) tritt in verschiedenen Vegetationstypen in sehr unterschiedlicher Form auf. Zum Beispiel ist das Feuer ein wichtiger Störungsfaktor in borealen und mediterranen Wäldern, während es in der nemoralen Zone von geringerer Bedeutung ist. Generell bildet die simultane Betrachtung von Wachstum und Störungsdynamik, ergänzt durch weitere Prozesse, den Kern vieler moderner Simulationsmodelle der Walddynamik (Botkin et al. 1972; Shugart 1984; Prentice et al. 1993a; Bugmann 1996b). Bugmann (1996a) konnte zeigen, daß die Simulation einer großen Bandbreite von Waldtypen mit dem gleichen Modell möglich ist: ein notwendiger Schritt, um plausibel die Populationsdynamik verschiedener Wälder der Erde einheitlich analysieren zu können.

Störungsdynamik (Feuer, Windwurf, Schädlinge) und Migration

Ein neu entstandener Pflanzenbestand auf einer vorher vegetationsfreien Fläche ist zunächst durch das mehr oder weniger ungehemmte Wachstum der zuerst eintreffenden Pflanzen charakterisiert. Nach einiger Zeit treten diese in Konkurrenz zueinander, und es bildet sich eine Dominanzhierarchie, die durch die verschiedenartigen Fähigkeiten, Ressourcen zu binden, kontrolliert wird. Wenn früher oder später eine natürliche Störung dieser Entwicklung eintritt (z.B. durch Feuer oder Starkwindereignisse), dann wird für einen Teil des Bestandes die Biomasse zerstört und die Gelegenheit geschaffen, wieder in eine frühere Phase der Entwicklung zurückzufallen. Solche Störungen sind nie auszuschließen; sie bilden im Gegenteil ein Element der natürlichen Entwicklung und des dynamischen Gleichgewichtes im Ökosystem (Pickett u. White 1985). Durch Störungen und die sekundär durch sie verursachten Änderungen wie die Öffnung der Bodenoberfläche entsteht nicht nur biologische Vielfalt, sondern sie ist in vielen Fällen auch eine Voraussetzung für die Fähigkeit des Ökosystems, Belastungen standzuhalten. Nur wenn auch Nischen vorhanden sind, in denen z.B. diejenigen Arten, die in späteren Entwicklungsstadien der Konkurrenz mit anderen zum Opfer fallen, überleben können, werden bei einer größeren Störung diese Pionierarten auch anwesend sein, um eine neue Bestandesentwicklung einzuleiten.

Störungen können klimabedingt sein, sie müssen es aber nicht. Feuer zum Beispiel ist in der Regel eine Konsequenz des Vorhandenseins großer Mengen an toter, trockener Biomasse (und erst in zweiter Ordnung ein Resultat von Blitzschlag oder anderen Zündquellen). Trockenperioden lassen daher die Wahrscheinlichkeit von Wald- oder Grasbränden zunehmen. Im Zusammenhang mit Klimaänderungen ist es wichtig, daß eine (lokale) Veränderung in Richtung auf zunehmende Trockenheit zu erhöhtem Feuerrisiko führt und daher die Wahrscheinlichkeit einer sehr schnellen Vegetationsänderung in sich birgt. Dagegen bringt eine Veränderung in Richtung auf feuchtere Bedingungen nur die Änderung der Konkurrenzverhältnisse bei abnehmender Feuertendenz mit sich, d.h. man kann von einer nur langsamen Vegetationsänderung ausgehen.

Die Vegetationsverteilung auf der Landschaftsebene ist kein statischer Zustand. Als Folge von Störungen (wie oben erwähnt) erfolgt ein fortwährender lateraler Austausch von Pflanzen, z.B. durch Neukolonisierung in einer Sturmlücke. Es existieren viele Mechanismen, mit deren Hilfe Pflanzen diese Wege zurücklegen, etwa durch Windverbreitung, Tiere, Wasser oder auf anderem Wege. Entscheidend für die Klimaabhängigkeit des Verbreitungsvorganges ist, daß nicht nur der physische Transport von regenerationsfähigen Pflanzenteilen (Diasporen) stattfindet, sondern daß diese auch Aufwuchsbedingungen vorfinden, die es ihnen erlauben, den Generationszyklus durchzuführen und sich ggf. in der nächsten Generation weiter zu verbreiten. Eine großräumige Wanderung von Pflanzen, wie etwa nach der letzten Vergletscherung Nordeuropas und der Alpen, ist daher auch ein Landschaftsprozeß, denn er erfordert eine Vielzahl von einzelnen Schritten, die jeweils von den lokal gegebenen Standortsfaktoren abhängig sind. So ist z.B. die Veränderung der Waldgrenze in alpinen Gebieten ein Prozeß, der von einer Erwärmung bedingt sein kann – dessen Geschwindigkeit und lokale Ausprägung aber von vielen, durch die lokale Naturlandschaftsbedingungen bedingten Faktoren stärker kontrolliert ist.

Stoffhaushalte auf Landschaftsebene

Jede Landschaft ist durch ihre kleinräumige Topographie differenziert. Selbst in sehr flachen Gegenden liegt in der Regel ein gewisses Relief vor, welches zu einem lokalen Muster der Bodenstruktur und damit dem Nährstoff- und Wasserhaushalt führen kann. In Gebirgsregionen ist dieses Muster meist stärker ausgeprägt, und es kommen noch die unterschiedlichen Einstrahlungsbedingungen hinzu, die z. B. die Wasserbilanz weiter differenzieren. (Ein guter Überblick des aktuellen Wissensstandes hierzu findet sich in Tenhunen u. Kabat 1999.) So werden in einer Landschaft, die von einer Mischung aus trocken-warmen Südhängen und feuchteren Nordhängen geprägt ist, die Südhänge bei einer Temperaturerhöhung eher an den Rand echter Dürrebedingungen geraten als die Vegetation der Nordhänge. Hieraus ergeben sich direkt Veränderungen für Wachstum und Dynamik der Vegetation. Eine klimabedingte Veränderung des Hochwasserverhaltens in einer Flußniederung (z. B. durch Verschiebung der Niederschläge vom Sommer in den Winter) kann in ähnlicher Weise differenzierte Auswirkungen in der Landschaft haben, die von Austrocknung in Teilen der Talaue im Sommer bis hin zu verstärkten Hochwasserschäden im Winter reichen können.

Außer der Topographie spielt auch die Landnutzung eine vielfach entscheidende Rolle für den Stoffhaushalt einer Landschaft und damit auch für Auswirkungen möglicher Klimaänderungen. So hat die anteilmäßige Verteilung von Wald und landwirtschaftlich genutzten Flächen große Bedeutung für die Wasser- und Nährstoffbilanz, denn diese Ökosysteme reagieren mit unterschiedlicher Sensitivität auf Klimaänderungen. In der realen Landschaft ergeben sich hieraus auch Rückkopplungsmechanismen, denn eine klimatisch zunehmende Trockenheit kann zur Aufgabe der Landwirtschaft und damit zu weiteren Veränderungen der Wasserbilanz führen.

Der Transport von Bodensubstanz durch Oberflächenabfluß ist in vielen Regionen vor allem durch die Bodennutzung beeinflußt. Durch die Anreicherung von feineren Sedimenten in der Talaue führen diese Prozesse zu einer weiteren Differenzierung der Landschaft. Wie aus den oben erwähnten Beispielen erkennbar, ist aber auch die Bodenerosion sekundär durch Klimaänderung beeinflußt (vor allem dann, wenn sich die Frequenz von Starkregenereignissen ändert oder wenn die Vegetation nachhaltig verändert wird). Die gegenwärtigen Klimaszenarien lassen noch keine eindeutigen Aussagen über die Veränderung erosionsbedingender Faktoren zu, aber es erscheint doch plausibel, daß z. B. die beobachtete Verschiebung von Sommer- zu Winterniederschlägen in Brandenburg (Stock u. Toth 1996) wesentliche Ökosystemveränderungen auch durch veränderte Erosion bewirken kann.

2.2.3.3 Veränderungen der großräumigen Vegetationsverteilung durch Klimaänderungen

Aussagen aus Gleichgewichtsmodellen

Die ersten Abschätzungen möglicher Veränderungen der Vegetationsverteilung auf der Erdoberfläche als Folge von Klimaveränderungen sind in der Regel von einfachen Modellvorstellungen ausgegangen, nach denen ein Gleichgewicht zwischen Vegetationsstruktur und den klimatisch bedingten Wachstumsfaktoren herrschen sollte. Ein Beispiel für die Anwendung der Gleichgewichtsvorstellung auf die zukünftige Vegetationsverteilung ist die inzwischen „klassische" Arbeit von Emanuel et al. (1985), in der ein Klimaszenario auf eine Korrelation zwischen Vegetationsverteilung und Klima (nach Holdridge 1947) angewandt wurde. Diese Darstellung lieferte auf vielen Kontinenten bereits eine überzeugende Verteilung der wichtigsten Vegetationstypen, aber insbesondere die Vegetation von stark durch Jahreszeiten geprägte Klimaten konnte nur schlecht dargestellt werden, da nur die jährliche Wärmesumme und der Jahresniederschlag als Eingabegrößen berücksichtigt wurden. Wesentliche Weiterentwicklungen des Modells von Holdridge erfolgten durch die Einführung von funktionalen Pflanzentypen (ähnlich der bereits von Raunkiær 1907 definierten Lebensform) durch Box (1981) und durch die Betrachtung physiologisch begründeter Klimagrenzwerte durch Prentice et al. (1992).

Ein neueres Simulationsmodell, in dem physiologische Mechanismen für die Beschreibung der Vegetationsstruktur verwendet werden, ist das oben bereits erwähnte BIOME3-Modell von Haxeltine und Prentice (1996a). Woodward (1987) hatte die Hypothese aufgestellt und durch eine Vielzahl zitierter experimenteller Untersuchungen untermauert, daß das hydrologische Gleichgewicht zwischen potentieller Verdunstung und Niederschlag ausschlaggebend für Blattmasse und damit die Bestandesstruktur ist. Hieraus folgt, daß bei einem gegebenen Feuchtigkeitsangebot und einem gegebenen Temperaturregime eine bestimmte Blattfläche ausreichend mit Wasser versorgt werden kann. Haxeltine und Prentice haben diese Vorstellung mit einem Photosynthesemodell gekoppelt (Farquhar et al. 1980) und so einen vollständig gekoppelten Wasser- und Kohlenstoffkreislauf auf der Ebene der Pflanze in einem Simulationsmodell beschrieben (Haxeltine u. Prentice 1996b). Aus den so berechneten Flüssen von Wasser und Kohlenstoff im Verlauf der Jahreszeiten wird dann mit Hilfe eines Optimierungsansatzes eine Verteilung der wichtigsten funktionalen Pflanzentypen und damit der Vegetationsstruktur abgeleitet. Es muß betont werden, daß bei dieser Vorstellung die Versorgung des Ökosystems mit Nährstoffen zunächst unberücksichtigt bleibt, obwohl sie in der Wirklichkeit natürlich eine wichtige Rolle spielt. Auch spielt die Struktur des Bodens nur eine untergeordnete Rolle (nämlich für die Bestimmung der Wasserbilanz).

Abb. 2.2-2 zeigt die Anwendung des BIOME3-Modells auf die großräumige europäische Vegetationsverteilung. Die Karte verdeutlicht, daß die wichtigsten klimabedingten Trends gut abgebildet werden: Die Vegetationsverteilung entspricht in etwa den realen Gegebenheiten, jedenfalls wenn man die potentielle Vegetation, die bei Abwesenheit menschlicher Landnutzung im Mittel in jeder Gitterzelle dominieren würde, zugrunde legt.

Diese Berechnung legt die Erwartung nahe, daß sich die zukünftige Verteilung von pflanzlicher Produktivität und damit der hieraus abzuleitenden Vegetationstypen jedenfalls dann voraussagen läßt, wenn Vorhersagen des zukünftigen Klimas und seiner regionalen Differenzierung möglich sind. Obwohl solche Vorhersagen bisher nicht mit Sicherheit gemacht werden können, ist es zumindest von Interesse, sogenannte Klimaszenarien zu untersuchen, d.h. die regionale Verteilung des Klimas, wie sie sich unter bestimmten Annahmen der zukünftigen Kohlendioxid-Gehalte der Atmosphäre einstellen würden. Abb. 2.2-3 zeigt die Verteilung der europäischen Vegetation unter einer solchen vereinfachenden Annahme, nämlich der, daß ein (derzeit unveröffentlichtes) Szenario zukünftiger CO_2-Emissionen und die Anwendung des gekoppelten Ozean-Atmosphärenmodells HadCM3 (Johns et al. 1997) zusammen zu einer Änderung von Temperatur und Niederschlag geführt haben. Da es sich bei BIOME3 um ein Gleichgewichtsmodell handelt, geht die Darstellung implizit davon aus, daß genügend Zeit gegeben war, um ein Gleichgewicht zwischen diesen Klimabedingungen und der Vegetation zu erreichen.

Der Vergleich der Karten in Abb. 2.2-2 und 2.2-3 zeigt deutlich, daß, unter diesem Szenario, die gemäßigten Mischwälder des östlichen Mitteleuropas in Finnland und Schweden nach Norden vordringen und im Süden von rein laubabwerfenden Wäldern verdrängt würden. Außerdem breitet sich die frost-intolerante Vegetation Nordspaniens auf den

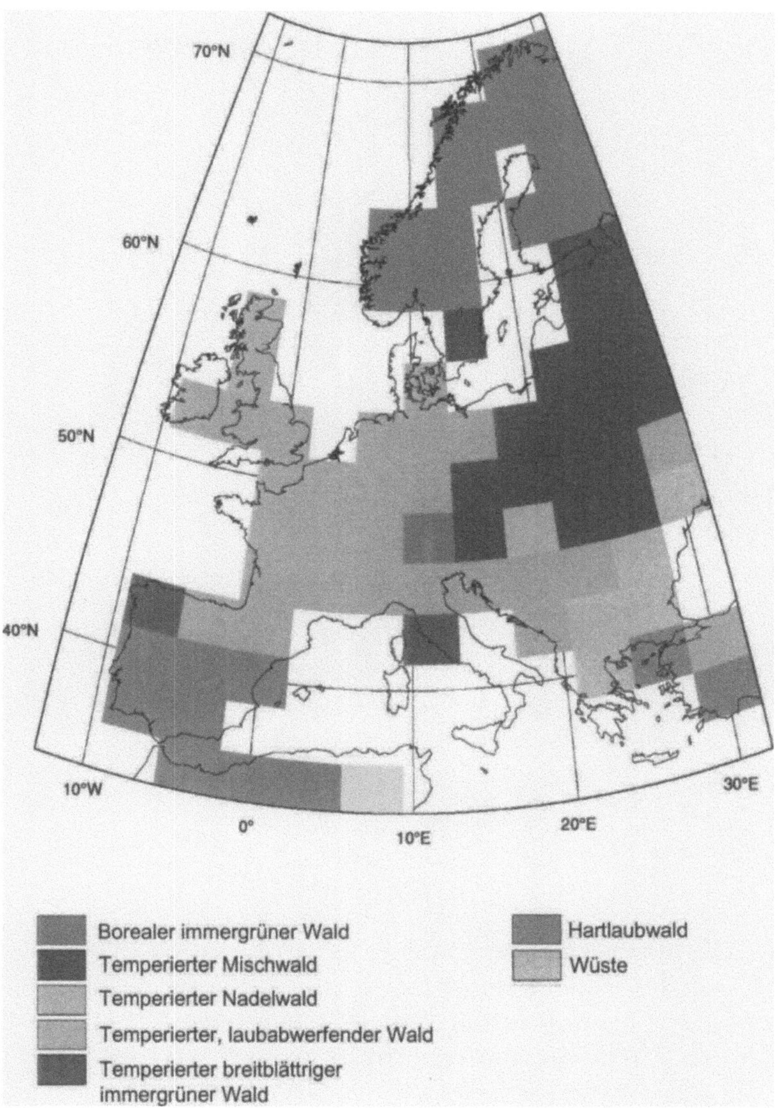

Abb. 2.2-2. Karte der geographischen Verteilung der potentiell natürlichen Vegetation in Europa unter heutigen Klimabedingungen, simuliert wie in Abb. 2.2-1

britischen Inseln aus. Daß sich im Südosten Europas keine Verwüstungstendenzen zeigen (wie in manchen anderen Untersuchungen), liegt an der in diesem Modell angenommenen Fähigkeit der Vegetation, bei stark erhöhtem CO_2-Gehalt mit erheblich weniger Wasser überleben zu können. Die Details der geänderten Verteilung zu interpretieren, hieße

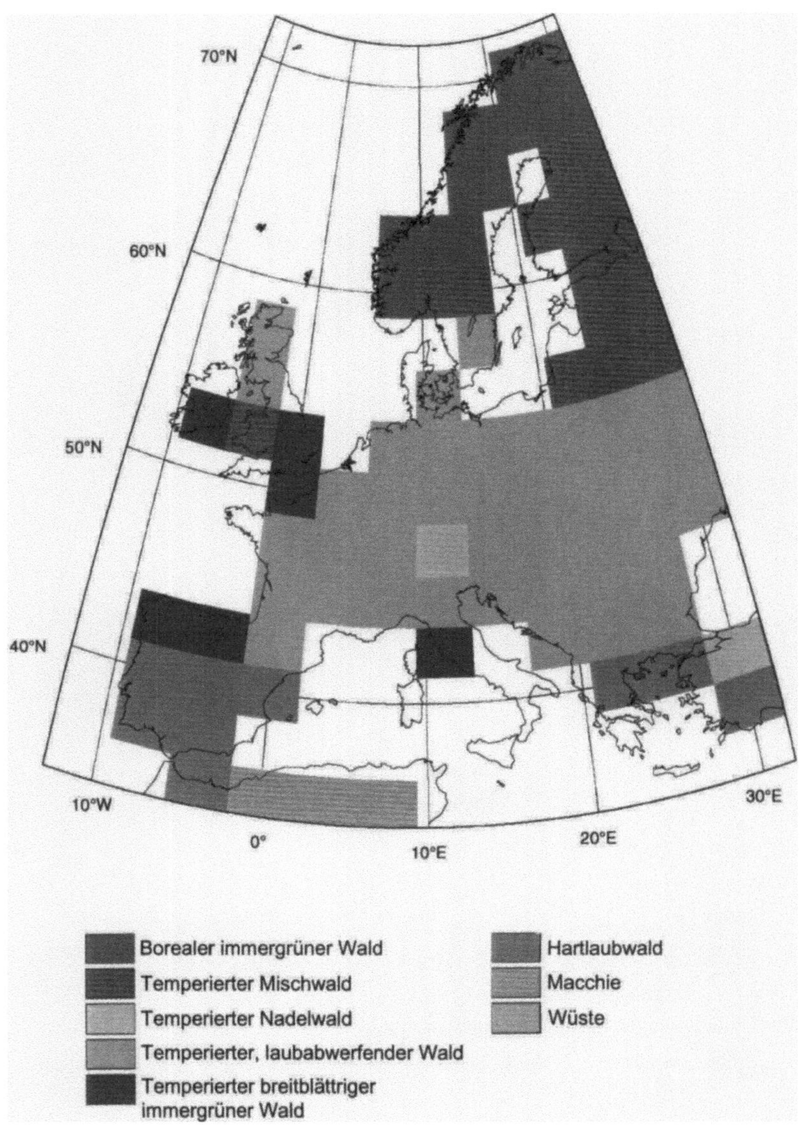

Abb. 2.2-3. Karte der geographischen Verteilung der potentiell natürlichen Vegetation in Europa im Jahr 2080, simuliert wie in Abb. 2.2-2, unter Verwendung des IPCC Emissionsszenarios A1 und des Ozean-Atmosphären-Modells HadCM3

aber, die Analyse zu weit zu treiben, denn eine geänderte Formulierung des antreibenden Emissionsszenarios würde wiederum zu einer anderen Vegetationsverteilung führen.

Solche Forschungsansätze, die die oben besprochenen Prozesse der Dynamik von Vegetation nicht berücksichtigen und im übrigen den

Einfluß der menschlichen Landnutzung ignorieren, sind vor allem in der Paläoökologie mehrfach mit Erfolg angewandt worden (z.B. Prentice et al. 1993b; Peng et al. 1995). Dies ist darauf zurückzuführen, daß historische Klimaänderungen relativ langsam verlaufen sind und außerdem die zeitliche und räumliche Trennschärfe der Vegetationsrekonstruktionen in der Größenordnung von Jahrhunderten liegt.

Dynamische globale Vegetationsmodelle

Für die Ermittlung möglicher Konsequenzen *zukünftiger* Klimaänderungen erscheint jedoch ein solches Verfahren heute als unzureichend: Die erwarteten Klimaänderungen haben voraussichtlich eine höhere Geschwindigkeit als früher, und der Bedarf an zeitlich und räumlich höher aufgelösten Informationen ist groß. Deshalb müssen insbesondere die Prozesse der zeitlichen Dynamik von Änderungen der Vegetationsstruktur untersucht werden.

Es existieren noch keine gut validierten Verfahren, um dieser Forderung gerecht zu werden. Mehrere Arbeitsgruppen haben inzwischen Prototypen sogenannter Dynamischer Globaler Vegetationsmodelle (DGVM) vorgestellt (z.B. Friend et al. 1997; Foley et al. 1998), in denen sowohl die oben erwähnten physiologischen Vorgänge als auch grundlegende Elemente der Populationsdynamik enthalten sind. Solche Modelle werden mit historischen oder aus Klimamodellen gewonnenen Zeitreihen von Temperatur, Niederschlag, Strahlung usw. angetrieben, und sie lassen sich folglich für Abschätzungen zukünftiger Entwicklungen verwenden. Allerdings lassen sich bisher aufgrund des Entwicklungsstandes und der Schwierigkeit, gut geeignete Daten für den Vergleich der Modellergebnisse mit historischen Veränderungen zu finden, mit DGVMs nur prinzipielle Aussagen machen, die regional kaum weiter aufgeschlüsselt werden können. Zu diesen gehören, daß man davon ausgehen kann, daß Landökosysteme in vielen Regionen und über längere Zeiträume zunächst nur mit Verzögerung auf Klimaänderungen reagieren werden. Die Langlebigkeit vieler Pflanzenarten und die Tatsache, daß insbesondere viele Bäume in der Etablierungsphase empfindlicher auf Klimaeinflüsse reagieren als im Reifestadium, sind die wichtigsten Gründe hierfür. In diesem Sinne ist also Abb. 2.2-3 als ein ggf. erst später eintretender Zustand zu betrachten.

Bei anhaltender Klimaänderung (und weiter ansteigendem CO_2-Gehalt der Atmosphäre) spielt das oben erwähnte Störungsregime in vielen Regionen eine zunehmend wichtigere Rolle, die gleichzeitig aber auch die Unsicherheiten bezüglich des zeitlichen Verlaufes verstärkt. Bei zunehmendem Ungleichgewicht zwischen Klimabedingungen und Vegetation wird früher oder später das natürliche Störungsregime die Veränderung der Artenzusammensetzung durch Einzelereignisse herbeiführen. Für den Fall einer regional zunehmenden Trockenheit könnte dies beispielsweise durch vermehrte Waldbrände der Fall sein.

2.2.4 Die Rolle der Landbiosphäre im Erdsystem

2.2.4.1 Globale Rückkopplungen

Viele Autoren haben in den letzten Jahren darauf hingewiesen, daß Veränderungen in Landökosystemen bedeutende Rückwirkungen in der Atmosphäre haben können und daß folglich der Zusammenhang zwischen Biosphäre und Atmosphäre als globales Rückkopplungssystem betrachtet werden muß. Beispiele für solche Arbeiten sind etwa die von Bonan et al. (1992), in der nachgewiesen wurde, daß Veränderungen der borealen Nadelwälder zu einer bedeutenden Veränderung der Strahlungsverhältnisse an der Vegetationsoberfläche führen können. Diese bewirken in einem Klimamodell ihrerseits wiederum Veränderungen der atmosphärischen Zirkulation und sekundär Änderungen der Temperatur, die dann Rückkopplungen auf die Nadelwälder hat. Ähnliche Ergebnisse sind für die Regenwälder des Amazonas vorgestellt worden (Lean u. Rowntree 1993; Eltahir u. Bras 1994). Claussen (1996) beobachtete daraufhin bei der asynchronen Kopplung zwischen dem Klimamodell ECHAM3 (Roeckner et al. 1992) und dem Gleichgewichts-Biosphärenmodell BIOME (Prentice et al. 1992), daß es von den Anfangsbedingungen der Simulation abhing, ob sich eine bestimmte Vegetationsverteilung einstellen würde. Hieraus wurde später gefolgert, daß das Atmosphären-Biosphären-System möglicherweise, zumindest in bestimmten Epochen der jüngeren Erdgeschichte, über mehrere mögliche stabile Zustände verfügt hat (Claussen 1998).

Diese Untersuchungen (und noch einige weitere) hatten nur die Beziehung zwischen Atmosphäre und Vegetation aufgrund von Veränderungen der physikalischen Oberflächenstruktur der Landoberfläche (Oberflächenrauhigkeit, Albedo) zum Gegenstand. Die wichtigen physikalischen Rückkopplungen zwischen Atmosphäre und Ozean (einschließlich Meereis) blieben dabei noch unberücksichtigt. Da die Arbeiten mit den vorhandenen komplexen Modellen sehr hohe Kosten verursachen, liegen hierfür bisher nur wenige Veröffentlichungen vor (s. aber weiter unten bzgl. vereinfachter Modellansätze).

Ebenfalls unberücksichtigt sind in den oben genannten Arbeiten die Rückkopplungen zwischen Atmosphäre und Biosphäre im Bereich des Kohlenstoffkreislaufes. Eine zunehmende Kohlenstoffspeicherung in der Vegetation würde ja den Gehalt von CO_2 in der Atmosphäre und damit die Strahlungsbilanz beeinflussen. Hier zeigen neueste Arbeiten, daß solche physiologischen Rückkopplungen tatsächlich existieren (Betts et al. 1997; Cao u. Woodwoard 1998). Es ist aber gleichzeitig auch offensichtlich, daß es einer vollständigeren Beschreibung der unter Abschn. 2.2.3.2 genannten Prozesse bedarf, um die zeitliche Dynamik der biosphärischen Veränderungen im Skalenbereich weniger Jahrzehnte abbilden zu können. Außerdem müssen die Prozesse in der marinen Biosphäre mit einbezogen werden (vgl. Bd. 1B, Kap. 4.3).

2.2.4.2
Wege zur tieferen Erforschung des Erdsystems

Die Kopplung des gesamten physikalischen und biogeochemischen Erdsystems im Sinne geschlossener Kreisläufe von Energie, Wasser und Kohlenstoff wird seit längerer Zeit mit sehr einfachen konzeptionellen Modellen untersucht (z.B. dem GAIA-Modell von Lovelock 1979). Hieraus haben sich interessante Einsichten in die mögliche Fähigkeit des Erdsystems zur Selbstregulation ergeben. Für die in diesem Kapitel gestellte Frage nach der Empfindlichkeit von Ökosystemen gegenüber Klimaänderungen ergeben sich hieraus allerdings keine direkt nutzbaren Erkenntnisse. Da die vollständige Kopplung komplexer Modelle auf Grenzen der rechentechnischen Umsetzbarkeit und methodischen Kontrolle stößt, wird derzeit ein dritter Weg beschritten, der bereits vielversprechende Ergebnisse auf der Zeitskala von Jahrhunderten bis Jahrtausenden geliefert hat. Die Entwicklung sogenannter Erdsystemmodelle intermediärer Komplexität (EMICs) hat gezeigt, daß ein wesentlicher Teil der Prozesse in Atmosphäre, Biosphäre, Ozean und Kryosphäre auf vereinfachte Weise beschrieben werden kann und somit eine Kopplung der oben erwähnten Kreisläufe möglich wird (z.B. durch Ganopolski et al. 1998). Man kann erwarten, daß aus solchen Untersuchungen Grundeinsichten über die zukünftige Entwicklung des Erdsystems abgeleitet werden können, die es ihrerseits zu einem späteren Zeitpunkt ermöglichen werden, mit Hilfe von komplexen Ökosystemmodellen exaktere Voraussagen über die zukünftige Entwicklung unserer Lebensgrundlagen zu machen.

Spätestens dann werden Voraussetzungen dafür vorliegen, auch die Anthroposphäre, d.h. die durch menschliches Verhalten und Wirtschaften veränderte Biosphäre und Atmosphäre, direkt in die Untersuchung der Rückkopplungsprozesse einzubeziehen. Auch hierfür liegen bereits Forschungsansätze vor, die auch Aussagen über mögliche Veränderungen von Ökosystemen nahelegen (Alcamo 1994; Solomons u. Leemans 1997).

2.2.5 Literatur

Alcamo J (Hrsg) (1994) IMAGE 2.0: integrated modeling of global climate change. Kluwer Academic, Dordrecht, The Netherlands

Beerling DJ, Chaloner WG, Huntley B, Pearson JA, Tooley MJ (1993) Stomatal density responds to the glacial cycle of environmental change. Proc R Soc Lond [Biol] 251:133–138

Betts RA, Cox PM, Lee SE, Woodward FI (1997) Contrasting physiological and structural vegetation feedbacks in climate change simulations. Nature 387:796–799

Bonan GB, Pollard D, Thompson SL (1992) Effects of boreal forest vegetation on global climate. Nature 359:716–718

Bondeau A, Kicklighter DW, Kaduk J, participants of the „Potsdam NPP Model Intercomparison" (1999) Comparing global models of terrestrial net primary productivity (NPP): importance of vegetation structure on seasonal NPP estimates. Gl Change Biol 5 [Suppl 1]:35–45

Botkin DB, Janak JF, Wallis JR (1972) Some ecological consequences of a computer model of forest growth. J Ecol 60:849–873

Box EO (1981) Macroclimate and plant forms: an introduction to predictive modeling in phytogeography. Junk Publishers, The Hague

Braswell BH, Schimel DS, Linder E, Moore B III (1997) The response of global terrestrial ecosystems to interannual temperature variability. Science 278: 870–872

Bugmann H (1996a) Functional types of trees in temperate and boreal forests – classification and testing. J Veg Sci 7:359–370

Bugmann HKM (1996b) A simplified forest model to study species composition along climate gradients. Ecology 77:2055–2074

Cao M, Woodward FI (1998) Dynamic responses of terrestrial ecosystem carbon cycling to global climate change. Nature 393:249–252

Claussen M (1994) On coupling global biome models with climate models. Clim Res 4:203–221

Claussen M (1996) Variability of global biome patterns as a function of initial and boundary conditions in a climate model. Clim Dyn 12:371–379

Claussen M (1998) On multiple solutions of the atmosphere-vegetation system in present-day climate. Gl Change Biol 4:549–560

Clements FE (1916) Plant succession: an analysis of the development of vegetation. Carnegie Inst Publ 242, Washington DC

Cramer W, Kicklighter DW, Bondeau A, Moore B, III, Churkina G, Nemry B, Ruimy A, Schloss AL, participants of the „Potsdam NPP Model Intercomparison" (1999) Comparing global models of terrestrial net primary productivity (NPP): overview and key results. Gl Change Biol 5 [Suppl 1]:1–15

Cramer W, Kohlmaier GH (1997) Modelle zur Simulation von Struktur und Dynamik der terrestrischen Biosphäre. In: Müller F (Hrsg) Handbuch der Umweltwissenschaften. Ecomed Verlag

Eltahir EAB, Bras RL (1994) Sensitivity of regional climate to deforestation in the Amazon basin. Adv Wat Res 17

Emanuel WR, Shugart HH, Stevenson MP (1985) Climatic change and the broad-scale distribution of terrestrial ecosystems complexes. Clim Change 7:29–43

Farquhar GD, von Caemmerer S, Berry JA (1980) A biochemical model of photosynthetic CO_2 assimilation in leaves of C_3 species. Planta 149:78–90

Foley JA, Levis S, Prentice IC, Pollard D, Thompson SL (1998) Coupling dynamic models of climate and vegetation. Gl Change Biol 4:561–580

Friend AD, Stevens AK, Knox RG, Cannell MGR (1997) A process-based, terrestrial biosphere model of ecosystem dynamics (Hybrid v3.0). Ecol Modelling 95:249–287

Ganopolski A, Rahmstorf S, Petoukhov V, Claussen M (1998) Simulation of modern and glacial climates with a coupled global climate model. Nature 391:350–356

Haxeltine A, Prentice IC (1996a) BIOME3: an equilibrium biosphere model based on ecophysiological constraints, resource availability and competition among plant functional types. Gl Biogeoch Cycl 10:693–709

Haxeltine A, Prentice IC (1996b) A general model for the light-use efficiency of primary production. Funct Ecol 10:551–561

Holdridge LR (1947) Life zone ecology. Tropical Science Center. San José, Costa Rica

Houghton JT, Callander BA, Varney SK (Hrsg) (1992) Climate change 1992 - the supplementary report to the IPCC Scientific Assessment. Cambridge Univ Press, Cambridge, UK

Houghton JT, Jenkins GJ, Ephraums JJ (Hrsg) (1990) Climate change - the IPCC Scientific Assessment. Cambridge Univ Press, Cambridge, UK

Houghton JT, Meira Filho LG, Callander BA, Harris N, Kattenberg A, Maskell K (Hrsg) (1996) Climate change 1995 - the science of climate change. Cambridge Univ Press, Cambridge, UK

Johns TC, Carnell RE, Crossley JF, Gregory JM, Mitchell JFB, Senior CA, Tett SFB, Wood RA (1997) The second Hadley Centre coupled ocean-atmosphere GCM: model description, spinup and validation. Clim Dyn 13:103–134

Keeling CD, Chin JFS, Whorf TP (1996) Increased activity of northern vegetation inferred from atmospheric CO_2 measurements. Nature 382:146–148

Keeling CD, Whorf TP, Wahlen M, Van der Plicht J (1995) Interannual extremes in the rate of rise of atmospheric carbon dioxide since 1980. Nature 375: 666–670

Kindermann J, Badeck F-W, Würth G, Kohlmaier GH (1996) Interannual variation of carbon exchange fluxes in terrestrial ecosystems. Gl Biogeoch Cycl 10: 737–746

Kukla G, Karl TR (1993) Nighttime warming and the Greenhouse effect. Environ Sci Technol 27:1468–1474

Kullman L (1995) Holocene tree-limit and climate history from the Scandes Mountains, Sweden. Ecology 76:2490–2502

Lean J, Rowntree PR (1993) A GCM simulation of the impact of Amazonian deforestation on climate using an improved canopy representation. Q J Roy Meteor Soc 119:509–530

Leemans R, Cramer W (1991) The IIASA database for mean monthly values of temperature, precipitation and cloudiness of a global terrestrial grid. International Institute for Applied Systems Analysis (IIASA)

Lovelock JE (1979) Gaia: a new look at the earth. Oxford Univ Press, Oxford

Menzel A, Fabian P (1999) Growing season extended in Europe. Nature 397:659
Myneni RB, Keeling CD, Tucker CJ, Asrar G, Nemani RR (1997) Increased plant growth in the northern high latitudes from 1981 to 1991. Nature 386:698–702
Oechel WC, Cowles S, Grulke N, Hastings SJ, Lawrence B, Prudhomme T, Riechers G, Strain B, Tissue D, Vourlitis G (1994) Transient nature of CO_2 fertilization in Arctic tundra. Nature 371:500–504
Peng CH, Guiot J, Vancampo E, Cheddadi R (1995) Temporal and spatial variations of terrestrial biomes and carbon storage since 13 000 Yr Bp in Europe – reconstruction from pollen data and statistical models. Water Air Soil Pollution 82:375–390
Pickett STA, White PS (eds) (1985) The ecology of natural disturbance and patch dynamics. Academic Press, Orlando
Prentice IC, Cramer W, Harrison SP, Leemans R, Monserud RA, Solomon AM (1992) A global biome model based on plant physiology and dominance, soil properties and climate. J Biogeogr 19:117–134
Prentice IC, Sykes MT, Cramer W (1993a) A simulation model for the transient effects of climate change on forest landscapes. Ecol Modelling 65:51–70
Prentice IC, Sykes MT, Lautenschlager M, Harrison SP, Denissenko O, Bartlein PJ (1993b) Modelling global vegetation patterns and terrestrial carbon storage at the last glacial maximum. Gl Ecol Biogeogr Lett 3:67–76
Raunkiær C (1907) Planterigets livsformer. Gyldendalske Boghandel & Nordisk Forlag, Copenhagen/Kristiania
Roeckner E, Arpe K, Bengtsson L, Brinkop S, Dümenil L, Kirk E, Lunkeit F, Esch M, Ponater M, Rockel B, Sausen R, Schlese U, Schubert S, Windelband M (1992) Simulation of the present-day climate with the ECHAM model: impact of model physics and resolution. Max-Planck-Institut für Meteorologie
Saxe H, Ellsworth DS, Heath J (1998) Tree and forest functioning in an enriched CO_2 atmosphere. New Phytol 139:395–436
Scholz F (1993) Anforderungen an die forstliche Forschung aufgrund der prognostizierten Klimaänderungen. Allg Forstz 1993:592–595
Sernander R (1936) Granskär och Fiby urskog, en studie över stormluckornas och marbuskarnas betydelse i den svenska granskogens regeneration (The primitive forests of Granskär and Fiby). Acta Phytogeogr Suec 8:1–232
Shugart HH (1984) A theory of forest dynamics: the ecological implications of forest succession models. Springer, Berlin Heidelberg New York
Solomon AM, Leemans R (1997) Boreal forest carbon stocks and wood supply: past, present and future responses to changing climate, agriculture and species availability. Agric For Met 84:137–151
Stock M, Toth F (Hrsg) (1996) Mögliche Auswirkungen von Klimaänderungen auf das Land Brandenburg – Pilotstudie. Potsdam Institut für Klimafolgenforschung, Potsdam
Tegart WJM, Sheldon GW, Griffiths DC (eds) (1990) Climate change – the IPCC impact assessment. Australian Government Publishing Service, Canberra, Australia
Tenhunen JD, Kabat P (eds) (1999) Integrating hydrology, ecosystem dynamics, and biogeochemistry in complex landscapes. Wiley, Chichester
Walter H, Breckle S-W (1983) Ökologie der Erde, Bd 1: Ökologische Grundlagen in globaler Sicht. Fischer Verlag, Stuttgart
Watson RT, Zinyowera MC, Moss RH (1996) Climate change 1995: impacts, adaptations, and mitigation. Summary for policymakers. Contribution of working

group II to the 2nd assessment report. Intergovernmental Panel on Climate Change (IPCC)

Wechsung G, Wechsung F, Wall GW, Adamsen FJ, Kimball BA, Pinter PJ, Lamorte RL, Garcia RL, Kartschall T (1999) The effects of free-air CO2 enrichment and soil water availability on spatial and seasonal patterns of wheat growth. Gl Change Biol 5:519–530

Woodward FI (1987) Climate and plant distribution. Cambridge Univ Press, Cambridge, UK

2.3 Wirkungen veränderter UV-B-Strahlung

M. Tevini

2.3.1 Einführung

Die von der Sonne emittierte UV-Strahlung war im Laufe der Evolution die wichtigste Energiequelle für photochemische Reaktionen auf der Erde. Wahrscheinlich entstanden aus Gemischen typischer Gase der Uratmosphäre mit ihrer Hilfe Aminosäuren, Formaldehyd und Cyanwasserstoff. In Laborexperimenten konnte die Bildung von Di- und Tripeptiden aus Aminosäuren, von Zucker aus Formaldehyd und von Purinbasen aus Cyanwasserstoff durch intensive UV-Strahlung nachgewiesen werden. Prinzipiell ähnliche photochemische Reaktionen dürften auch in der präbiotischen Phase abgelaufen sein. Da UV-Strahlung jedoch organisches Material auch gleichzeitig zerstört, hat sich das präbiotische Leben zunächst in den UV-geschützten Tiefen der Ozeane gebildet. Erst nach der „Erfindung" von Schutz- und Reparaturmechanismen entstanden schließlich überlebensfähige Organismen, die Sauerstoff entwickeln konnten. Dieser biotisch entwickelte Sauerstoff sammelte sich langsam in der Atmosphäre an und wurde durch kurzwellige, extraterrestrische UV-Strahlung teilweise in Ozon umgewandelt, das sich schließlich in der Stratosphäre bis zum Equilibrium konzentrierte. Die so gebildete „Ozonschicht" stellt seitdem für Mensch, Tier und Pflanze einen wirksamen Schutz gegen kurzwellige UV-Strahlung dar. Seit einigen Jahrzehnten wird diese Schutzschicht durch anthropogene chlor- und bromhaltige Gase sukzessiv verringert (s. Bd. 1A, Kap. 3.3), was zur Erhöhung der UV-Strahlung auf der Erde führt (Bojkov et al. 1995; vgl. hierzu auch Bd. 1B, Kap. 4.1).

2.3.2 UV-Strahlung

Optische Strahlung wird in UV-Strahlung mit den Unterbereichen UV-A, UV-B und UV-C, sichtbare und infrarote Strahlung eingeteilt (Tabelle 2.3-1). Für Pflanzen wichtig sind UV-B (280–315 nm), UV-A (315–400 nm) und die als Licht bezeichnete sichtbare Strahlung (400–760 nm). In wissenschaftlichen Publikationen wurde und wird nach früheren Übereinkommen häufig der UV-B-Bereich bis 320 nm ausgeweitet. Bei einer Sonnenhöhe von 90° beträgt die UV-B-Strahlung (280–320 nm) extraterrestrisch 22 Wm^{-2}, am Erdboden nur noch ca. 5 Wm^{-2}, was auf der Absorption durch Ozon beruht. Der sichtbare Bereich wird in der Pflanzenphysiologie auf die photosynthetisch aktive Strahlung (PAR = „photosynthetically active radiation") von 400 bis 700 nm begrenzt. Bei wolkenlosem Himmel und Sonnenhöchststand werden je nach Standort mehr als 400 Wm^{-2} PAR erreicht.

2.3.2.1 Veränderung der UV-B-Strahlung

Eine intakte Ozonschicht absorbiert UV-C-Strahlung (< 280 nm) vollständig und UV-B-Strahlung teilweise. Infolgedessen fällt die solare, am Erdboden meßbare spektrale Bestrahlungsstärke im UV-B-Bereich zu kürzeren Wellenlängen steil ab und die Strahlungskante endet bei ca. 290 nm. Die Verschiebung der Strahlungskante und die damit ver-

Tabelle 2.3-1. Spektrale Wellenlängenbereiche, sowie Bestrahlungsstärken und Tagesdosen (extraterrestrich und global bei 90° Sonnenhöhe Tevini u. Häder 1985 bzw. am 15.09.1997 in Karlsruhe, 49°N)

		Bestrahlungsstärke Wm^{-2}			Tagesdosis kJm^{-2}
Ultraviolette Strahlung	Bandbreite (nm)	extraterrestrisch	global	49° N	
UV-A	315– 400	> 88	> 63	66	1654
UV-B	280– 315	< 22	< 5	1,3	28
UV-C	100– 280	8	0	0	0
Sichtbare Strahlung	380– 780	> 590	> 540		
Photosynthetisch aktive Strahlung (PAR)	400– 700	< 540	< 490	8156	
Infrarot Strahlung	780–3000	> 565	< 500		

bundene Änderung der UV-B-Bestrahlungsstärke hängen von der Schichtdicke des Gesamtozons ab, bzw. von der Weglänge, die die solare UV-Strahlung durch die Ozonschicht nehmen muß. Demzufolge verändert sich UV-B-Strahlung in Abhängigkeit von der Tages- und Jahreszeit, sowie von der geographischen Breite. Bewölkungsgrad, Aerosol- und Partikeldichte verschieben ebenfalls die spektrale Strahlungskante und verändern dadurch die Bestrahlungsstärke. Über diese Zusammenhänge gibt es eine Reihe von Übersichtsartikeln (Blumthaler 1993; Madronich et al. 1995; Fioletov u. Evans 1997; Köpke 1998).

Anthropogene Veränderungen der UV-B-Strahlung gehen auf den Eintrag chlor- und bromhaltiger Gase, z.B. von Fluorchlorkohlenwasserstoffen oder Methylbromid, zurück, die in der Stratosphäre die „Ozonschicht“, insbesondere über dem Süd- und Nordpol, temporär und lokal zerstören (Molina u. Rowland 1974; Müller et al. 1997). Jede Verringerung der gesamten Ozonschichtdicke, die häufig in Dobson (Units) angegeben wird (DU = matm · cm, 100 DU = 1 mm Ozonschichtdicke komprimiert bei 1 HPa und 22° C), führt bei klarem Himmel und in Reinluftgebieten zwangsläufig zur Verschiebung der Strahlung in den kürzerwelligen Bereich und damit zur Erhöhung der Bestrahlungsstärke, wie in Abb. 2.3-1

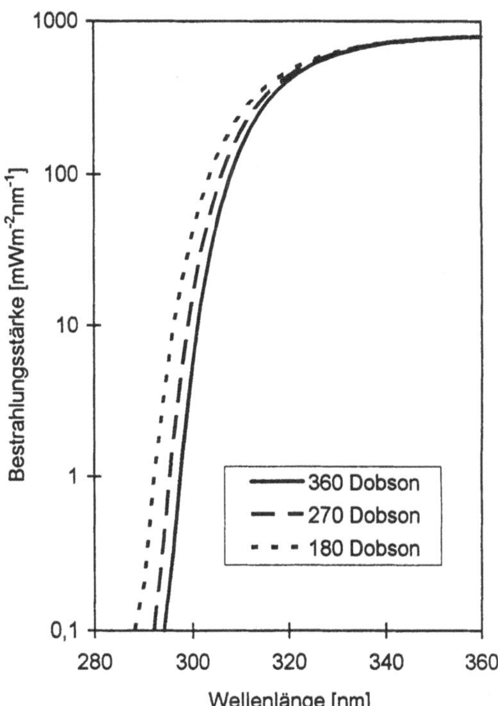

Abb. 2.3-1. Solare UV-B-Strahlungskante bei verschiedenen Ozonschichtdicken, Sonnenhöchststand (21. Juni) und 49° Nord

für 360, 270 und 180 DU dargestellt ist. Anthropogene Erhöhungen wurden in Meßstationen der Antarktis, Südamerikas und Neuseelands zu Zeiten des antarktischen Ozonabbaus von September bis November bereits gemessen (Seckmeyer u. McKenzie 1992; Frederick et al. 1993; Kerr u. McElroy 1993; Herman et al. 1996). Auch auf der Nordhalbkugel haben UV-Messungen in Tessaloniki, Garmisch-Partenkirchen, Uccle, Reykjavik und am Jungfraujoch Erhöhungen der UV-B-Werte ergeben (Blumthaler 1993; Seckmeyer et al. 1994; Mayer et al. 1997; Zerefos et al. 1995, 1997).

2.3.2.2
UV-Bestrahlung und Strahlungsmessung

UV-Bestrahlung ist keineswegs trivial und ihre experimentelle Problematik Gegenstand zahlreicher Arbeiten (Caldwell et al. 1983, 1994; Tevini et al. 1990; Adamse u. Britz 1992; Booker et al. 1992; Middleton u. Teramura 1993; Newsham et al. 1996; McLeod 1997). Ein Problem künstlicher Bestrahlungseinrichtungen ist die unausgeglichene spektrale Verteilung von UV-B/UV-A und Weißlicht im Vergleich zur Sonne. Eine spektrale Balance ist jedoch für die Beurteilung von UV-Schäden wichtig, weil die UV-A- und Weißlichtanteile für die Reparatur der UV-Schäden von Bedeutung sind (Caldwell et al. 1994). Bei der Simulation von UV-B-Szenarien, die einem definierten Ozonabbau entsprechen sollen, werden in der Regel für die Bestrahlung von Pflanzen künstliche UV-Strahlungsquellen, z.B. UV-B-Röhren (Philips TL12, Westinghouse FS 40, Q-Panel) und Xenonlampen, benutzt. Diese emittieren abhängig vom Lampentyp wechselnde Mengen sehr schädlicher UV-C-Strahlung, die in der Solarstrahlung am Erdboden nicht vorkommt. Durch geeignete Absorberfolien wird der UV-C- (z.B. Celluloseacetat) oder der UV-B-Anteil (Polyester-Folie: Mylar, Lumar) vollständig herausgefüttert. UV-B-freie Strahlung wurde in der Vergangenheit immer wieder als Kontrolle benutzt, was aber nicht der solaren Realität entspricht und zur Überschätzung der UV-B-Wirkungen führt (Newsham et al. 1996). Alle Ergebnisse mit UV-B-freien Kontrollen sind daher mit größter Vorsicht zu betrachten. Die eingesetzten Folien sind ferner nicht UV-stabil und müssen ständig gewechselt werden (Middleton u. Teramura 1993). Besser geeignet sind Quarz- (Schott WG-Serie) oder Plexigläser (GS 2458) mit guten Kanteneigenschaften und hoher Stabilität. Da sich die spektrale Energieverteilung künstlicher UV-B-Strahler im UV-B-Bereich von der Sonne stark unterscheidet, muß aus Vergleichsgründen stets die biologische Wirkung der UV-Stahlungsquelle mit Hilfe von Wirkungsspektren, die als Wichtungsfunktionen dienen (Abb. 2.3-3,

Abschn. 2.3.3.2), bestimmt werden. Die genaue spektrale Vermessung des UV-Strahlers ist dabei von höchster Wichtigkeit, da bereits Abweichungen der spektralen Kante um 1 bis 2 nm je nach Steilheit des Wirkungsspektrums zu erheblichen Berechnungsfehlern und damit zu Fehldosierungen und Fehlinterpretationen führen. Für Messungen werden hochauflösende Spektralradiometer mit Doppelmonochromatoren eingesetzt. Durch Meßgerätevergleiche müssen die Meßparameter der zahlreichen in Gebrauch befindlichen Spektroradiometer ermittelt, die Anforderungen festgelegt und die Geräte ständig kalibriert werden. Neuerdings sind schnell-registrierende Monochromator/Diodenarraygeräte in der Entwicklung, die schnelle Änderungen solarer UV-B-Strahlung z.B. bei schnell wechselnder Bewölkung erfassen können.

Eine weitere experimentelle Möglichkeit der Bestrahlung besteht darin, ausschließlich solare UV-B-Strahlung durch Abschwächung oder Ausschluß des UV-B-Bereiches mit geeigneten Plexigläsern oder Plastikfolien (UV-Plus, BP-Chemicals) einzusetzen. Eine weitere ideale Lösung bietet die Ozonfiltertechnik, bei der eine UV-durchlässige Plexiglasküvette von Ozon, dem natürlichen Absorber der UV-Strahlung, durchströmt einen klimatisierten Pflanzenwuchsschrank abdeckt. Durch Variation der Ozonmenge in der Küvette kann die solare UV-B-Strahlung jedes beliebigen Standortes reduziert werden. Die Kontrolle erfolgt in einem zweiten Pflanzenwuchsschrank, der mit einer baugleichen, luftgefüllten Küvette abgedeckt ist, so daß die Pflanzen der aktuellen, relativ zur Ozonküvette höheren UV-B-Strahlung des Standortes ausgesetzt sind (Tevini et al. 1990). Neuerdings werden unter hohem technischen und finanziellen Aufwand begehbare Pflanzenwuchskammern gebaut, in denen die spektrale Verteilung den solaren Bedingungen sehr nahe kommt (Thiel et al. 1996).

2.3.3 UV-Wirkungen

Pflanzen sind tagsüber einer ständigen UV-Belastung ausgesetzt. Zielflächen sind zunächst die äußeren Gewebeschichten der Blätter, Sprosse, Blüten und Früchte. Je nachdem wie weit die UV-B-Strahlung die Epidermis durchdringt, kann es auf molekularer Ebene zu Veränderungen der DNA, Proteine, Lipide und Phytohormone kommen. In der DNA entstehen dadurch Schäden, so daß sie ohne Reparatur ihre Funktion bei der genetischen Informationsübertragung nicht mehr oder nicht korrekt ausüben kann. Bei hoher UV-Belastung bilden sich zusätzlich Sauerstoffradikale, die zur Oxidation der Proteine und Lipide

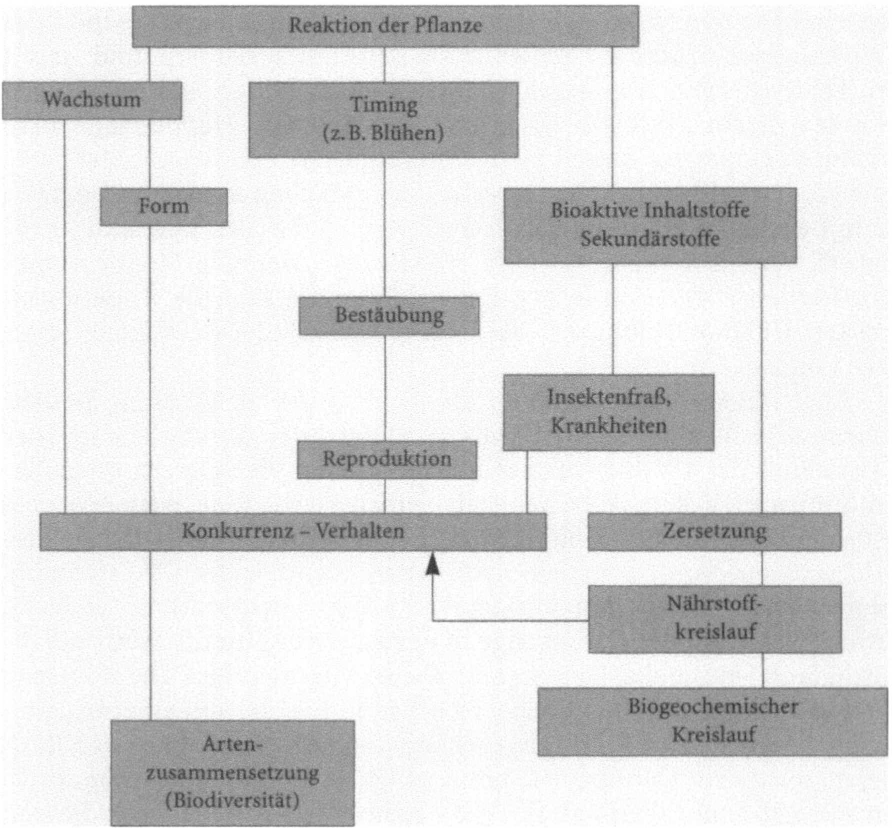

Abb. 2.3-2. Ökologische Konsequenzen für natürliche Ökosysteme

führen, was erhebliche Auswirkungen auf die Funktion von Biomembranen, das Wachstum, die Photosynthese und damit auf die Produktivität und den Ertrag haben kann (Abb. 2.3-2).

2.3.3.1 Wirkungsziele auf molekularer und zellulärer Ebene

Als Wirkungsziele auf molekularer Ebene kommen hauptsächlich Nukleinsäuren, Proteine, Lipide und bei Pflanzen auch Phytohormone in Betracht (Tevini 1993; Strid et al. 1994; Jordan 1996).

Nukleinsäuren zeigen aufgrund der aromatischen π-Elektronensysteme von Pyrimidin- und Purinbasen im Bereich um 260 nm eine sehr hohe Absorption. Proteine haben ein Absorptionsmaximum bei etwa 280 nm, was auf der Absorption der aromatischen Aminosäuren Phenylalanin, Tyrosin und Tryptophan beruht. Auch zahlreiche Lipide absorbieren aufgrund ihrer isolierten oder konjugierten π-Elektronensysteme im UV-Bereich, wie z.B. die in komplexen Membranlipiden enthaltenen, mehrfach ungesättigten Fettsäuren. Das Phytohormon Abscisinsäure absorbiert ebenso im UV wie die als Wachstumsregulator bekannte Indol-3-essigsäure (IES).

Aufgrund der Ausdehnung ihrer Absorptionen in den UV-B-Bereich muß bei allen oben erwähnten Molekülen mit UV-B-bedingten Veränderungen gerechnet werden. Allerdings können diese Moleküle auch sekundär durch aktive Sauerstoffspezies verändert werden, die im gesamten UV-Bereich in der Zelle entstehen können (Bornman u. Teramura 1993, Takeuchi et al. 1996).

Durch die Aufnahme von Wirkungsspektren lassen sich die primären Wirkungsorte beschreiben (Coohill 1989, Holmes 1997). Das Wirkungsspektrum für die Abtötung von Bakterien weist ein Maximum bei 265 nm auf und ähnelt stark dem Absorptionsspektrum der DNA. Daraus läßt sich schließen, daß der UV-Wirkungsort für die Inaktivierung von Bakterien im Genom liegt. Durch energiereiche UV-Strahlung können je nach Organismus oder experimentellen Bedingungen verschiedene Photoprodukte der DNA entstehen, die für die biologische Wirkung verantwortlich sind:

Pyrimidin-Dimere (CPD) vom Zyklobutantyp

Die biologisch wirkungsvollsten UV-induzierten Photoreaktionen erfolgen an der Pyrimidinbase Thymin, von denen zwei zu einem Zyklobutanring verknüpft werden. Diese Art der Dimerenbildung läuft in vitro und in vivo mit einer hohen Quantenausbeute ab und dürfte für den Großteil der UV-Strahlungsschäden an der DNA verantwortlich sein. Die Dimerisierung ist photoreversibel. In der Pflanze übernehmen Photolyasen die Reparatur der Dimeren.

Pyrimidin-Addukte

Hierbei lagern sich entweder zwei Thymin-Monomere oder ein Thymin- und ein Cytosin-Monomer über (6-4)-Bindungsstellen direkt zusammen. Pyrimidin-Addukte lassen sich nicht wie die Dimeren vom Zyklobutantyp durch reine photochemische Reaktionen in die Monomere zerlegen. Pflanzen enthalten jedoch ebenfalls spezifische Photolyasen für diese (6-4) Photoprodukte (Chen et al. 1994).

Pyrimidin-Photohydrate

Photohydrate sind Monomere und entstehen durch Wasseraddition an eine Doppelbindung hauptsächlich bei Uracil und Cytosin. Möglicherweise spielen Pyrimidin-Hydrate bei der Induktion von Mutationen eine Rolle. Als weitere monomere Photoprodukte können Thyminglycol- und 8-Hydroxyguanin gebildet werden.

DNA-Protein-Bindungen

Die auch als DNA-Protein-Crosslink bezeichnete Bindung entsteht nach UV-Einstrahlung zwischen Pyrimidinbasen und Aminosäuren. Die Bindung zwischen Cystein und Thymin ist besonders reaktiv. Mit Uracil werden vorzugsweise Cystein, Phenylalanin und Tyrosin kovalent verknüpft. DNA-Proteinbindungen erzeugen irreparable Zellschädigungen.

Neben den Pyrimidin-Photoprodukten sind auch Photoprodukte der Purinbasen bekannt; ihre biologische Relevanz ist jedoch weit geringer.

CPDs und (6-4)-Photoprodukte bilden die Hauptmenge aller UV-B induzierten Läsionen in Pflanzen (Taylor et al. 1996; Hidema et al. 1997).

RNA-Moleküle, z. B. m-RNAs, sind ebenfalls empfindlich für veränderte UV-Strahlung, was jedoch aufgrund der meist kurzen Lebensdauer (Minuten bis Stunden) als weniger kritisch angesehen wird.

Lipide können ebenfalls durch UV-Absorption photochemisch verändert werden. In Phospho- und Glykolipiden, den Hauptlipiden pflanzlicher Zellmembranen, reagieren ungesättigte Fettsäuren unter UV-Einfluß und Sauerstoffaufnahme zu Lipidperoxiden (Takeuchi et al. 1996). Bei der Radikalkettenreaktion ist offenbar Singlett-Sauerstoff beteiligt, der durch Photosensibilisierung mit Farbstoffen, aromatischen Kohlenwasserstoffen oder Porphyrinen entsteht. Im Falle des Protoporphyrins (Vorstufe der Chlorophylle) als Sensibilisator reagiert der entstandene Singlett-Sauerstoff mit Sterinen zu Hydroperoxid, das Fettsäuren der Membranen peroxidiert und somit deren Schädigung bewirkt.

2.3.3.2
Wirkungsspektren und Wichtungsfunktionen

Die biologische Wirkung einer UV-B-Strahlungsänderung läßt sich aus Wirkungsspektren ablesen, die je nachdem für welche Reaktion sie erarbeitet wurden, unterschiedliche Kurvenverläufe aufweisen (Abb. 2.3-2). Vereinfacht ist ein Wirkungsspektrum die graphische Darstellung einer Strahlenwirkung in Abhängigkeit von der Wellenlänge (Holmes 1997). So wird z.B. die DNA von ungeschützten Zellen oder Mikroorganismen besonders effektiv durch kurzwelliges UV-B geschädigt, was zu fehlerhafter genetischer Expression, im schlimmsten Fall zum Absterben führt (Setlow 1974). Wirkungsspektren für DNA-Schäden in Pflanzen oder physiologische Funktionen wie Photosynthese und Wachstum haben eine flachere Kante, da die gefährdeten Zielmoleküle durch UV-absorbierende Pigmente, hauptsächlich Phenylpropane, teilweise geschützt werden (Tevini et al. 1991; Sutherland et al. 1996), was die Interpretation der direkten UV-Wirkungen insbesondere im Hinblick auf zukünftige Ozonszenarien schwierig macht (Sutherland 1996). Die biologischen Wirkungsspektren stellen angenäherte Wichtungsfunktionen für die Bewertung der biologischen Effektivität von UV-Strahlung dar und sind somit ein Maß für die Beurteilung von experimentell eingesetzten Bestrahlungsanlagen. Hierbei gilt folgende Beziehung:

$BUV_{eff} = \sum E_\lambda \cdot S_\lambda \cdot \Delta_\lambda$

BUV_{eff} = Biologisch effektive Bestrahlungsstärke im UV-Bereich (Wm^{-2})

E_λ= gemessene Bestrahlungsstärke Wm^{-2} nm^{-1}

S_λ = relativer spektraler Wirkungsfaktor

Δ_λ = Meßwellen-Längenbereich in nm

Die biologische Sensitivität auf Strahlungsänderungen und damit auch auf Ozonschichtänderungen kann durch eine einfache Proportionalität definiert werden:

$\Delta E/E = RAF\ (\Delta O_3 / O_3)$

$\Delta E/E$ = Prozentuale Änderung der biologisch gewichteten Bestrahlungsstärke

RAF = „radiation amplification factor“ (Strahlungswirkungsfaktor)

$(\Delta O_3 / O_3)$ = Prozentuale Änderung der Ozonschichtdicke (Gesamtsäule)

Eine Reduktion der Gesamtozonschicht um 1% führt rein rechnerisch in Mikroorganismen zu einer Erhöhung der DNA-Schäden um

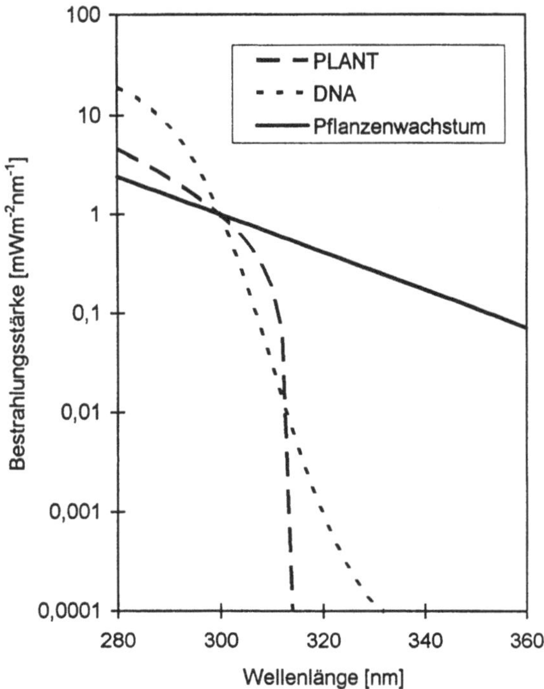

Abb. 2.3-3. Wirkungsspektren für „DNA-Schäden" (Setlow 1974), „allgemeine Pflanzenwirkung" PLANT (Caldwell 1971) und „Pflanzenwachstum" (Tevini 1996), normiert bei 300 nm

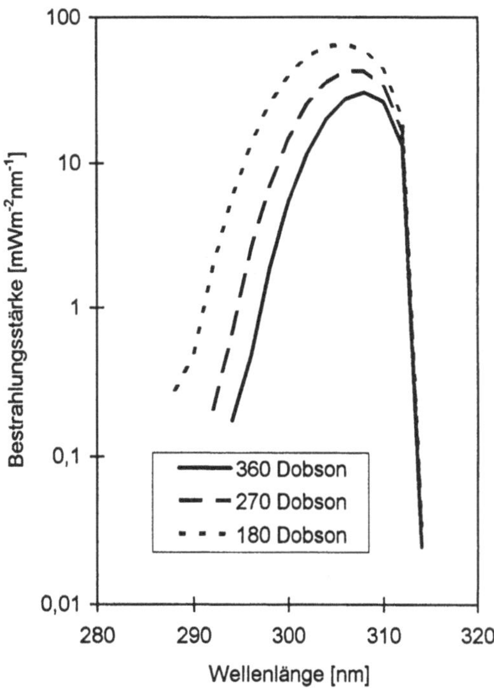

Abb. 2.3-4. Nach „PLANT" (Caldwell 1971) gewichtete solare UV-B-Strahlungskanten bei verschiedenen Ozonschichtdicken

Tabelle 2.3-2. Strahlungsamplifikationsfaktoren für 30° N (Tevini 1996)

	Januar (290 DU)	Juli (305 DU)
Generelle Pflanzenwirksamkeit	2,0	1,6
Wachstumshemmung von Kressekeimlingen	3,6	3,0
Hemmung der Hypokotylstreckung von Gurkenkeimlingen	1,1	1,0
Photosynthesehemmung	0,2	0,3
Hemmung der phytochrominduzierten Anthocyansynthese in Senfkeimlingen	1,5	1,4

2%, in Pflanzenkeimlingen nach Quaite et al. (1992) um 0,6%. Bezüglich verringertem Pflanzenwachstum liegen die Strahlungswirkungsfaktoren (RAF) zwischen 1,1 und 3,8 je nach Empfindlichkeit des Keimlings und der Pflanzenart. Aus Tabelle 2.3-2 sind die RAFs für weitere physiologische Wirkungen zu entnehmen. Die Strahlungwirkungsfaktoren sind neben der Ozonschichtdicke und dem Einstrahlungswinkel auch von der geographischen Breite und dem Wirkungsspektrum abhängig.

Aus Vergleichsgründen ergibt sich die Notwendigkeit, die biologische Wirksamkeit der experimentellen Bestrahlungsanlagen, egal, ob sie im Freiland, in Gewächshäusern oder in Pflanzenwuchsschränken eingesetzt werden, zu definieren und mit der gewichteten Solarstrahlung zu vergleichen, um so ein bestimmtes UV-B-Szenario zu bestimmen. Als Grundlage für die Wichtung sind bisher mehrere Wirkungsspektren im Gebrauch, von denen für Pflanzen das generalisierte Wirkungsspektrum „PLANT" (Caldwell 1971) am häufigsten eingesetzt wird, wie in Abb. 2.3-4 für die UV-B-Strahlung bei verschiedenen O_3-Schichtdicken dargestellt ist. Bei Verwendung der Wichtungsfunktion „DNA" wird die Effektivität größer, da die „DNA-Wirkung" im kurzwelligen UV-Bereich stärker als die „PLANT-Wirkung" ansteigt. Beide Wichtungsfunktionen führen somit aufgrund ihres unterschiedlichen Kurvenverlaufs auch zu unterschiedlicher Bewertung der UV-Strahlung experimentell eingesetzter Bestrahlungsanlagen und somit auch zu verschieden hohen simulierten Ozonreduktionsraten.

Auch die Wahl des „richtigen" Wirkungsspektrums ist problematisch, da die meisten von ihnen monochromatisch im UV-B-Bereich erarbeitet wurden. Naturnäher wären polychromatische Wirkungsspektren, bei denen auch UV-A- und Weißlichtwirkungen mit erfaßt werden, da diese einen schädigenden UV-B-Effekt aufgrund ihrer Induktion von Reparatur- und Schutzmechanismen ganz erheblich abmildern können.

Abb. 2.3-3 zeigt auch ein polychromatisches Wirkungsspektrum, welches für das Wachstum von Gurkenkeimlingen erarbeitet wurde (Steinmüller 1986). Die falsche Wahl des Wirkungsspektrums kann daher ebenfalls zu Über- oder Unterdosierungen der eingesetzten UV-B-Strahlung führen.

2.3.4 Wirkungen auf Pflanzen

Die potentiellen Effekte veränderter UV-Strahlung sind in zahlreichen neueren Zusammenfassungen dokumentiert (Tevini 1993; Bornman u. Teramura 1993; Caldwell u. Flint 1994; Tevini 1994; Singh 1994; Bornman u. Sundby-Emanuelsson 1995; Caldwell et al. 1995; Björn 1996; Tevini 1996; Jordan 1996; Corlett et al. 1997; Rozema et al. 1997a,b; Ruegsegger 1997; Ambasht 1998; Caldwell et al. 1999).

In den letzten 20 Jahren wurden über 400 Pflanzenarten und Kultursorten (meistens land- und forstwirtschaftliche Nutzpflanzen) in Klimakammern, Gewächshäusern und im Freiland mit zusätzlicher UV-Strahlung untersucht. Von ihnen sind über die Hälfte als UV-sensitiv im Hinblick auf direkte oder indirekte Effekte eingestuft worden, wobei die Sensitivität nicht einfach zu definieren ist. In den meisten Fällen wurden als Sensitivitätskriterien vermindertes Blatt- und Sproßwachstum, partielle Reduktion der Photosyntheseaktivität sowie geringere Biomasse herangezogen (Tabelle 2.3-3).

Neben der Analyse von Wachstum und Photosynthese standen jedoch Arbeiten zur UV-Wirkung auf zellulärer und molekularer Ebene im Vordergrund, die hauptsächlich in Klimakammern durchgeführt wurden. Untersuchungen zur Ertragsbildung, zum Blüh- und Konkurrenzverhalten sind auf das Freiland beschränkt und wegen des hohen Bestrahlungsaufwandes zahlenmäßig gering.

Forstwirtschaftliche Nutzpflanzen – wegen experimenteller Probleme ebenfalls wenig untersucht – sind wahrscheinlich aufgrund ihrer derben Blattstruktur weniger UV-empfindlich. So konnte mit fiberoptischen Methoden bei Koniferennadeln eine geringere UV-Transmission durch die Epidermis gemessen werden als in Epidermen von Laubbaumblättern (Vogelmann et al. 1991; Day et al. 1994). Trotzdem können sich auch bei Nadelbäumen Schäden über die Zeit akkumulieren (Sullivan u. Teramura 1992).

Tabelle 2.3-3. Direkte und indirekte Effekte erhöhter UV-B-Strahlung auf molekular-biochemische, physiologische und morphogenetische Prozesse bei Pflanzen

Direkte Effekte	Indirekte Effekte
DNA-Schäden Cyclobutan-Dimeren-Bildung (6-4)-Photoprodukt-Bildung	Morphogenetische Änderungen Blattmorphologie (Blattdicke) Sproßarchitektur Biomasse-Verteilung
Schutzmechanismen DNA-Reparatur Photolyase Schutzfaktorenbildung	Phenologische Änderungen Keimung Blühverhalten Seneszenz Reproduktion
Photosynthese Photosystem II-Veränderungen Ribulosebisphosphat-Carboxylase/Oxigenase Stomata-Funktion	Physiologische Änderungen Phytohormone Bioaktive Inhaltsstoffe (Flavonoide, Vitamin C, etherische Öle), Enzyme
Membran und Zellwandfunktion Peroxidbildung Kutikularwachssynthese Proteinschäden	

2.3.4.1 Wachstum, Morphologie, Anatomie und Struktur

Durch erhöhte UV-Strahlung kann es zu verschiedenen morphologischen Veränderungen kommen, von denen hier nur einige erwähnt werden sollen:

- Reduktion der Keimungsrate (Tevini et al. 1983);
- verringertes Hypokotyl-, Sproßlängen- und Blattflächenwachstum (Ros u. Tevini 1995; Ballaré et al. 1995; Barnes et al. 1996);
- verringerte Blattzahl pro Pflanze und Zweig (Antonelli et al. 1997);
- vermehrte Bildung von Seitenverzweigungen und Blättern (Barnes et al. 1996);
- Reduktion des Frisch- und Trockengewichtes (Caldwell u. Flint 1994);
- Zeitverlauf von Blütenbildung und Fruchtreife (Saile-Mark u. Tevini 1997);
- Auftreten von Chlorosebildungen, Veränderungen der Zusammensetzung von Pflanzeninhaltsstoffen (Tevini et al. 1983; Teramura et al. 1990a);
- Eindrehen der Kotyledonen (Wilson u. Greenberg 1993).

Das Wachstum unter erhöhter UV-Strahlung ist zum Teil aufgrund der Beeinträchtigung einiger Photosyntheseprozesse vermindert (Kap. 2.3.4.3). So kann z. B. die Photosynthesekapazität unter UV-Strahlung verringert sein, ebenso die Ribulosebisphosphatcarboxylase- (Rubisco-) und Phosphoenolpyruvatcarboxylase-Aktivität (Baker et al. 1997). Andererseits fanden nicht alle Autoren Zusammenhänge zwischen Wachstum und Photosynthese (Barnes et al. 1988).

Morphogenetische Wachstumsveränderungen werden besonders durch DNA-Schäden ausgelöst. In *Lepidium sativum* (Kresse) entspricht das Aktionsspektrum der Hemmung des Hypokotylwachstums dem der DNA-Zerstörung (Steinmetz u. Wellmann 1986).

Da auch aromatische Aminosäuren, die in Proteinen reichlich vorkommen, im UV-Bereich absorbieren, könnte z. B. auch das Apoprotein des Photorezeptors Phytochrom, das Entwicklung und Wachstum genetisch steuert, mit UV-bedingten Wachstumsänderungen in Verbindung gebracht werden. UV-Bestrahlung bewirkt zumindest eine Photokonversion des Phytochroms. Lercari et al. (1990) fanden bei Tomatenmutanten, die kein Phytochrom enthielten, daß Phytochrom nicht an der UV-induzierten Hemmung des Hypokotylstreckungswachstums beteiligt sein könne. Ballaré et al. (1995) glauben aufgrund ihrer Befunde an deetiolierten Tomatenkeimlingen, daß bei der Hemmung des Hypokotylstreckungswachstums ein Flavin als UV-B-Photorezeptor fungiert.

Des weiteren absorbieren einige Phytohormone, die als Wachstumsregulatoren nötig sind, UV-Strahlung. Auxine wie Indolessigsäure (IES) werden als Zielorte diskutiert, da sie durch UV-B-Strahlung photooxidiert werden können, wie in Hypokotylsegmenten von Sonnenblumenkeimlingen gezeigt wurde (Ros u. Tevini 1995).

UV-Eingriffe in das Wachstum äußern sich bei manchen Pflanzenarten in der Veränderung des Konkurrenzverhaltens. Vorteile erringt eine Pflanzenart, indem sie z. B. ausgelöst durch höhere UV-B-Strahlung vermehrt Seitentriebe bildet, die eine bessere Lichtausnutzung gewähren (Barnes et al. 1996). Dies ist bedeutsam für Mischkulturen oder Ökosysteme, in denen eine solche Pflanzenart durch ihren Vorteil über andere Arten dominiert, was schließlich zur Veränderung der Artenzusammensetzung führen kann (Caldwell et al. 1989).

2.3.4.2 Phänologie

Der hemmende Einfluß erhöhter UV-B-Strahlung auf das Wachstum kann gleichbedeutend mit einer Entwicklungsverzögerung oder im schlimmsten Fall mit einer Unterdrückung der reproduktiven Phase, d.h. der Blütenentwicklung sein. Bei der Langtagpflanze *Hyoscyamus niger* (Bilsenkraut) läßt sich durch zusätzliches Bestrahlen mit UV-B im Langtag ihre Blütenbildung vollständig unterdrücken (Rau et al. 1988). Falls dies auch unter solaren Bedingungen möglich sein sollte, könnte es in natürlichen Ökosystemen zum Aussterben der jeweiligen Pflanzenart kommen. In einer Reihe neuerer Untersuchungen wurden bereits Blühverzögerungen bei höherer solarer UV-B-Strahlung beschrieben. Bei einigen Buschbohnen- und Maissorten ergaben sich Blühverzögerungen bis zu sechs Tagen (Tevini 1996; Saile-Mark u. Tevini 1997). Solche Blühverzögerungen können sich erheblich auf den Ertrag auswirken. Auch aus anderen Arbeiten ist bekannt, daß UV-B-Strahlung Blühzeitpunkte verändern kann (Staxen u. Bornman 1994).

2.3.4.3 Photosynthese

Nur wenige neuere Übersichtsartikel befassen sich mit der UV-Wirkung auf photosynthetische Vorgänge und deren Proteinexpression (Bornman 1989; Teramura u. Ziska 1996; Baker et al. 1997; Mackerness et al. 1997). Aus zahlreichen älteren Untersuchungen weiß man, daß UV-C-Strahlung einen hemmenden Einfluß auf die Photosyntheseaktivität vor allem bei isolierten Chloroplasten ausübt und daß insbesondere der Bereich des Photosystems II (PS II) beeinträchtigt wird, z.B. durch Hemmung des wasserspaltenden Enzymsystems, durch Desintegration von Thylakoidmembranen oder durch Zerstörung von Plastochinon. UV-B-Strahlung hoher Intensität ist ebenfalls in der Lage, in intakten Blättern und isolierten Chloroplasten die photosynthetische Aktivität, gemessen als Abnahme der variablen Fluoreszenz oder der Hillreaktion, zu vermindern. Sämtliche Ergebnisse legten den Schluß nahe, daß insbesondere die photosynthetischen Primärprozesse, d.h. der Elektronentransport im PS II, durch UV-B-Strahlung negativ beeinflußt werden. Über die Mechanismen besteht jedoch noch immer nicht hinreichende Klarheit, da sowohl das Reaktionszentrum selbst, wie auch dessen Proteine D1 und D2, ebenso wie die Elektronencarrier QA, QB und Plastochinon als Wirkorte für UV-B-Strahlung beschrieben wurden (Bornman 1989; Teramura u. Ziska 1996). Ganz entscheidend für die primäre Interaktion scheinen die UV-Strahlungsqualität und die Bestrahlungsstärke zu sein. So führt UV-C-Strahlung auch zur Beeinträchtigung von PS I, vorwiegend aber zur Zerstörung oder Reduktion aller Fluoreszenquencher aus der Plastochinonfamilie des PS II, was zu einer Erhöhung der maximalen Fluoreszenz F_{max} führt. Unter intensiver UV-B-Strahlung nimmt jedoch F_{max} ab, was mit der Bildung einer dissipativen Senke unbekannten Ursprungs im Reaktionszentrum selbst interpretiert wird (Iwanzik et al. 1983; Renger et al. 1989). Auch auf der Donorseite von PS II im Bereich des Tyrosins sind Modifikationen beobachtet worden. Von großer Bedeutung für die differierenden Befunde scheint neben der UV-Strahlung auch die Weißlichtintensität zu sein, die UV-Effekte erheblich verändern kann. Die als Photoinhibition bezeichnete Hemmung der PSII-Aktivität beruht auf der Degradation des D1-Proteins durch reaktiven Sauerstoff, der durch Radikalreaktionen im Reaktionszentrumschlorophyll entsteht, weil hohe Weißlichtintensitäten die Plastochinone auf der Akzeptorseite vollständig reduzieren. Zur Entschärfung der Photoinhibition dient im Chloroplasten der Xanthophyllzyklus, aus dem Zeaxanthin als Quencher für Sauerstoffspezies fungiert. In neuerer Zeit konnte gezeigt werden, daß die Bildung von Zeaxanthin aus Antheraxanthin bzw. Violaxanthin durch UV-B-Strahlung gehemmt wird, so daß es zu einer Erhöhung der Photoinhibition kommt (Pfündel et al. 1992; Bornman u. Sundby-Emanuelsson 1995). Dies dürfte besonders im Freiland bei hohen Tageslichtstärken in Erscheinung treten. Als Folge kann es dann zu einer Verminderung der Nettophotosyntheserate, gemessen als CO_2-Fixierung, kommen (Teramura u. Ziska 1996). Hierbei ist hauptsächlich ein direkter Einfluß auf das CO_2-fixierende Enzym Ribulosebisphosphatcarboxylase (Rubisco) festgestellt worden. Neuerdings wurde, ebenfalls unter hoher UV-B-Belastung, gezeigt, daß eine Schädigung der PSII-Aktivität erst auftritt, wenn bereits die Rubisco und andere Enzyme des Calvin-Zyklus geschädigt sind (Baker et al. 1997).

Ein UV-Wirkungsspektrum wurde erstmalig in isolierten Chloroplasten erarbeitet (Jones u. Kok 1966) und zeigt eine langsam ansteigende Hemmung mit zunehmend kürzeren Wellenlängen. Dieses Spektrum wird im wesentlichen an einem polychromatisch in vivo bestimmten Wirkungsspektrum für die CO_2-Fixierungsrate bei *Rumex* bestätigt, das allerdings einen etwas steileren Verlauf zeigt (Caldwell et al. 1986).

2.3.4.4
Zusammensetzung und Qualität

UV-B-Strahlung kann Zusammensetzung und Gehalt von Pflanzeninhaltsstoffen in Blättern beeinflussen. So wird z.B. die Biosynthese von Flavonoiden und Anthocyanen durch UV-Strahlung gesteigert (Beggs u. Wellmann 1985), was auf der vermehrten Transkription der RNA der Chalkon-Synthase, einem Schlüsselenzym der Phenylpropansynthese, beruht (Jordan et al. 1994). In Äpfeln konnte eine Steigerung der Anthocyan-Synthese durch UV-B-Strahlung induziert werden (Arakawa et al. 1985). Dies ist von Interesse, da sekundäre Pflanzenstoffe in der menschlichen Ernährung vielfach bioaktive Wirkung entfalten, wie z.B. eine Verringerung von Thrombosen und Arteriosklerosen.

Im Hinblick auf die Qualität von Gemüse, Obst und Gewürzen bzw. Gewürzpflanzen gibt es neuerdings einige Befunde, die durch UV-Ausschlußexperimente erzielt wurden. Durchaus üblich in der gärtnerischen Praxis ist der Ausschluß von UV. Für den Anbau von Tomaten, Gurken, Salat und anderen Nutzpflanzen werden insbesondere im Winter und Frühjahr - zumindest in Europa - UV-undurchlässige Glas- oder Foliengewächshäuser verwendet. Durch den Einsatz von UV-transparenten Spezialfolien (UV-Plus-Folie der Firma PlasTech, BP-Chemicals), die als Bespannung langer Gewächshaustunnel dienten, konnten bei Basilikum- und Melonenpflanzen Qualitätsverbesserungen erzielt werden. Basilikum, eine nicht nur in der Nahrungsmittelindustrie geschätzte Gewürzpflanze, erhöht unter UV-Strahlung ihren etherischen Ölgehalt um ca. 30 bis 40%. Auch Melonen steigern ihren Gehalt an Saccharose und Vitamin-C unter der UV-Plus-Folie ganz erheblich (Tevini 1996). Daraus folgt, daß UV-B-Strahlung durchaus positive Nutzeffekte auf bestimmte Pflanzen hat, was jedoch nicht generalisiert werden darf, da bisher kaum Untersuchungen zu Geschmack und Qualität von eßbaren Pflanzen und Früchten vorliegen.

Speziell bei UV-sensitiven Pflanzen ist das UV-induzierte Glänzen der Blätter bekannt, wofür eine veränderte Blatt- bzw. Epidermismorphologie oder auch eine Veränderung der kutikularen Wachszusammensetzung verantwortlich sein können. Dieses als „Bronzening" bekannte Phänomen kommt jedoch meist nur vor, wenn neben UV-B auch UV-C-Strahlung verwendet wurde.

Erhöhte UV-B-Strahlung führt in bezug auf die Blattfläche zu größeren Wachsmengen, wobei eine Verschiebung des Anteils langkettiger Wachse zugunsten kurzkettiger erfolgt. Dies ist auf eine UV-Hemmung der Elongase für langkettige Wachse zurückzuführen (Steinmüller u. Tevini 1995).

2.3.4.5 Ertrag

Da fundamentale Prozesse für die Ertragsbildung wie Wachstum und Photosynthese durch erhöhtes UV-B verringert werden, erscheint es möglich, daß auch die Erträge von Nutzpflanzen zurückgehen. Dies ist besonders für die Ernährung der Weltbevölkerung von Bedeutung, wenn davon Hauptnahrungspflanzen wie Sojabohnen, Reis, Mais, Weizen und andere Getreidearten betroffen wären.

Freilanduntersuchungen mit erhöhter UV-B-Strahlung sind aber durch den damit verbundenen Aufwand an Strahlungstechnik teuer und auch räumlich begrenzt. Im Idealfall werden UV-B-Strahler eingesetzt, die dem Strahlungsgang der Sonne folgend einen definierten Betrag zusätzlicher UV-B-Strahlung hinzufügen, was besonders kostenintensiv ist und daher nur selten durchgeführt wurde. Auf jeden Fall müssen die Nachteile einer Wichtung der verwendeten UV-B-Strahlung in Kauf genommen werden. Ein Wirkungsspektrum für Ertragsbildung fehlt jedoch, und man behilft sich mit dem generalisierten Pflanzenspektrum „PLANT".

In Gewächshäusern mit zusätzlicher UV-B-Strahlung entsprechend einer 20%igen Ozonschichtreduktion wiesen von 16 untersuchten Reissorten ein Drittel signifikante Reduktionen von 23 bis 41% der Biomasse, Blattfläche und Halmzahl auf (Teramura et al. 1991). Am 'Internationalen Reisinstitut' ('IRRI') auf den Philippinen wurden ebenfalls im Gewächshaus 188 Reissorten verschiedener geographischer Herkunft untersucht, von denen weit über die Hälfte in der Biomasse reduziert waren (Dai et al. 1994). Eine weitere Studie mit 22 Reissorten auf den Philippinen belegt die Abnahme der Biomasse und Blattfläche bei einer simulierten Ozonabnahme von nur 5%.

In einer sechsjährigen Freilandstudie mit der UV-sensitiven Sojabohnensorte Essex wurden im Gegensatz zur nicht sensitiven Sorte Williams bei einer simulierten Ozonreduktion von 25% Photosynthese und Ertrag in klimatisch „normalen" Jahren um bis zu 25% reduziert (Teramura et al. 1990a). Allerdings gibt es auch Befunde, insbesondere von diversen Reissorten, die – obwohl im Gewächshaus sehr UV-B-sensitiv – im Freiland keine Veränderungen zeigten (Nouchi u. Kobayashi 1995; Dai et al. 1995; Olszyk et al. 1996).

In speziellen Gewächshäusern mit UV-durchlässigen bzw. teilweise durchlässigen Spezialfolien (UV-Plus Folie) läßt sich der Einfluß ausschließlich solarer UV-B-Strahlung auf Nutzpflanzen realistischer beurteilen. In einer mehrjährigen Studie in Portugal wurden 8 Mais- und 8 Bohnensorten (je 4 süd- bzw. mitteleuropäischer Herkunft) in zwei Gewächshäusern mit einer solaren UV-B-Differenz von ca. 12% bis zur Ernte angebaut.

Von den 8 Maissorten weisen 5 Sorten bei erhöhter solarer UV-B-Strahlung signifikante Einbußen des Ertrages zwischen 15% (Sorte Golda) und 31% (Sorte Fanion) bei gleichem Erntezeitpunkt aller Sorten auf. Auch die Kolbengröße ist reduziert. Erfolgt eine zweite Ernte 14 Tage später, sind die Erträge unter beiden UV-Bedingungen nahezu gleich. „Ertragsverbesserungen" unter erhöhtem UV treten vornehmlich bei südeuropäischen Sorten auf. Diese Zunahmen sind nicht immer signifikant, deuten aber auf eine gewisse Anpassung an die solare Strahlungsbedingung des Standortes hin. Die Ursache für die „Nachreife" mit bei der ersten Ernte geringerem Ertrag liegt in der Blühverzögerung dieser Sorten, was bei den Sorten Fanion und Zenit 2000 besonders deutlich wird (Tevini 1996). Die Sorte Fanion mit einer Ertragseinbuße von zunächst 31% verzögert unter höherem UV den Blühzeitpunkt, bei dem *per definitionem* 50% der männlichen und weiblichen Blütenstände aufgeblüht sind, um mehr als 4 Tage. Die Maissorte Zenit, die ähnlich einigen anderen Sorten keine Ertragseinbußen zum ersten Erntetermin aufweist, wird im Blühzeitpunkt nicht beeinflußt. Unterschiede bezüglich der Blühzeitpunkte und der Erträge zwischen süd- und mitteleuropäischen Sorten wurden nicht gefunden. Aus den Ergebnissen könnte geschlossen werden, daß für die Kulturpflanze Mais kein UV-Risiko besteht, wenn man nur lange genug mit der Ernte wartet, um auch die Blühnachzügler zur Vollreife der Maiskolben zu bringen. Es ist jedoch zu bedenken, daß die UV-Unterschiede mit 12% noch sehr gering bemessen waren. Ein größerer UV-Unterschied könnte zu weiteren Blühverzögerungen führen, der einen klimatisch günstigen Erntezeitpunkt nicht mehr erlaubt. Dies könnte bei spät im Herbst fruchtenden Nutzpflanzen der Fall sein, die vor den ersten Frösten geerntet werden müssen. Auch Bohnensorten reagieren mit Blühverzögerungen. Hier kommt hinzu, daß bei einigen Sorten sogar die Zahl der Blüten reduziert wird, was zu reellen Einbußen des Ertrages an grünen Bohnen bis zu 10% führen kann (Saile-Mark u. Tevini 1997). Auch eine neuere Studie zeigt, daß erhöhte UV-B-Strahlung die Biomasseakkumulation und den Ertrag von Roggen reduziert (Mazza et al. 1999)

2.3.4.6 UV-Schutzmechanismen

Pflanzen haben die Möglichkeit, sich durch Wachstumsänderungen, Bildung von UV-Schutzfaktoren, Reparatur von UV-Schäden an Nukleinsäuren und Induktion oxidativer Enzyme gegen erhöhte UV-Strahlung zu schützen bzw. den Strahlungseinfall zu verringern.

Über UV-Schutz- und Reparaturmechanismen geben einige Übersichtsartikel detaillierte Auskunft (Stapleton u. Walbot 1994; Strid et al. 1994; Britt 1996, 1997; Jansen et al. 1996; Bharti u. Khuruna 1997; Bornman et al. 1997).

Wachstumsänderungen

In vielen Fällen reagieren Pflanzen auf erhöhte UV-B-Strahlung durch Reduktion der Blattfläche, indem Blattlänge und Blattbreite verringert werden. Das kleinere Blatt, oft auch die kleinere Pflanze, bieten somit der Strahlung die kleinere Angriffsfläche. Die Ursache für das verringerte Wachstum könnte neben der IES-Zerstörung in der UV-induzierten Bildung von Zimtsäurederivaten liegen, die außer zum UV-Schutz auch zur Zellwandversteifung benutzt werden, was ein verlangsamtes Wachstum zur Folge hat (Tevini 1996). Bei UV-bestrahlten Sonnenblumenkeimlingen konnte tatsächlich eine geringere Elastizität isolierter Hypokotylepidermen nachgewiesen werden (Ros 1990).

UV-Schutzfaktoren

Viele Pflanzenarten sind in der Lage, UV-absorbierende Substanzen zu synthetisieren, diese in der Epidermis abzulagern und dadurch tieferliegende Zellen und Organellen zu schützen. UV-Schutzfaktoren sind meistens Phenylpropane (Zimtsäurederivate und Flavonoide), deren Biosynthese durch UV-Strahlung und Phytochrom reguliert wird. Für die Regulation der UV-induzierten Schutzfaktorenbildung kommen aber auch Zimtsäurederivate selbst in Frage, da sie aufgrund ihrer UV-induzierbaren Cis-trans-Isomerie in der Lage sind, durch die Cis-Form die übliche Feedback-Hemmung der Aktivität der Phenylalaninammoniumlyase (PAL), dem Schlüsselenzym der Phenylpropansynthese, durch die Trans-Form aufzuheben, wie dies in Roggenkeimlingen der Fall ist (Braun u. Tevini 1993). Die schnelle enzymatische Bildung UV-absorbierender Zimtsäure-Derivate könnte zumindest für frisch aus der Erde hervorbrechende Keimlinge einen Sofortschutz darstellen. Zeitlich versetzt folgt die genetisch geregelte Synthese mit massiver Akkumulation von Schutzfaktoren in den Epidermen. Bei Roggenkeimlingen ist eine epidermale Schutzfunktion für die Photosynthese der Mesophyllchloroplasten eindeutig belegt (Tevini et al. 1991). Ob die Anhäufung epidermaler Schutzfaktoren eine generelle UV-Resistenz bedeutet, ist zweifelhaft, zumindest konnten direkte Zusammenhänge zwischen erhöhten Schutzfaktoren und UV-Resistenz in zahlreichen Pflanzenspezies und -sorten nicht erkannt werden. Allerdings reagieren Flavonoidmutanten von *Arabidopsis* hypersensitiv auf UV-B-Strahlung (Li et al. 1993). Tropische Pflanzenarten, die sich im Laufe der Evolution an höchste UV-Belastungen anpassen mußten, weisen eine sehr niedrige UV-B-Transmission, d.h. eine hohe Absorption ihrer Epidermen auf. Dennoch könnten Tropenpflanzen oder auch Pflanzen höherer Breiten an der oberen Grenze der Anpassungsfähigkeit angekommen sein. Wie groß die Spielräume bei einer zukünftigen UV-B-Erhöhung sind, muß eingehend untersucht werden, insbesondere mit dem Ziel, anpassungsfähige und resistente Sorten für die Land- und Forstwirtschaft zu selektieren. Gegebenenfalls müßte auf UV-Resistenz gezüchtet oder das Erbgut biotechnologisch so verändert werden, daß vermehrt „Schutz- und Reparaturgene" in das Genom eingeführt werden.

Über die Wirkung ultravioletter Strahlung auf die Ausprägung und Biosynthese der Kutikularmembran bzw. der Kutikularwachse oder auch über eine mögliche Schutzfunktion dieser ersten Barriere der Pflanzen gegenüber ihrer Umwelt ist nur wenig bekannt. Die Rolle der epikutikulären Wachse als effektive UV-Reflektoren ist strittig. Die Zunahme der kristallinen Wachsmenge auf Eucalyptusblättern mit zunehmend höheren Standorten könnte mit einem Anstieg der UV-Strahlung korreliert sein und zu einer besseren UV-Reflexion beitragen.

Photoreparatur

Neben UV-Schutzfaktoren haben Pflanzen Reparaturenzyme für die Beseitigung von DNA-Schäden, die in Form von CDPs und (6-4)-Photoprodukten nach UV-Strahlung vermehrt auftreten (Taylor et al. 1997). Diese Reparaturenzyme sind hauptsächlich UV-A- und blaulichtabhängige Photolyasen (Pang u. Hays 1991; Hada et al. 1999). Logischerweise sind Photolyasen auch im Weißlicht aktiv, ihre eigene Expression könnte aber sehr wohl durch erhöhtes UV-B verändert werden. Die Konsequenz für einen solchen Verlust an Reparaturkapazität wäre somit eine geringere Resistenz. Ob Schutzfaktoren auch den Schutz der Photolyase selbst übernehmen können, ist bisher noch weitgehend unbekannt.

Die Aktivierung der Photolyase im UV-A/Blaulicht erfolgt durch einen an die Photolyase gebundenen Chromophor, vermutlich ein Flavin, der die Anregungsenergie auf FAD überträgt, was seinerseits zur Reparatur der Dimere beiträgt. In Pflanzen (Mais und *Arabidopsis*) ist der Chromophor ein Methenyl-tetrahydrofolat (MTHF) wie in *E. coli* (Pang u. Hays 1991).

Zur Reparatur von UV-induzierten CPDs ist eine Behandlung mit Weißlicht vor und nach UV-Bestrahlung vorteilhaft (Chen et al. 1994). Takayanagi et al. (1994) zeigten in *Medicago sativa* (Luzerne), daß das Verhältnis von UV zu Weißlicht entscheidend für die Reparatur der DNA-Schäden ist. Freilandpflanzen, die naturgemäß einen hohen Anteil Weißlicht erhalten, weisen daher weniger DNA-Dimere auf als Phytokammerpflanzen bei schwachem Weißlicht (Quaite et al. 1994). Außerdem erfolgt die Entfernung von CPDs im Weißlicht viel schneller. Dies mag der Grund für die hohe UV-Sensitvität von Pflanzen aus relativ „dunklen" Phytokammern und Gewächshäusern sein. (6-4)-Photoproduktschäden können ebenfalls repariert werden, wie in Erbsen- und Weizenblättern sowie in *Arabidopsis thaliana* nachgewiesen wurde (Chen et al. 1994; Taylor et al. 1997). *Arabidopsis*-Mutanten, die (6-4)-Photoprodukte nicht reparieren können, sind sehr UV-sensitiv (Britt et al. 1993). Neben der Photoreparatur von Dimeren kommt offensichtlich in Pflanzen auch Excisionsreparatur von Nukleotiden oder Basen vor. Spezifische Enzyme für die Excisionsreparatur von Basen wurden aus Karotten-Protoplasten und Weizenkeimen isoliert. Es ist unseres Wissens aber unbekannt, inwieweit ihre Aktivitäten in UV-bestrahlten Pflanzen auftreten.

Oxidative Enzyme

Ein weiterer UV-Schutzmechanismus ist die Beseitigung reaktiver Sauerstoffverbindungen ($^1O_2$, $O_2^{\cdot -}$, H_2O_2) oder von Lipidradikalen (Fettsäureperoxide etc.), die insbesondere bei der Bestrahlung mit kurzwelliger UV-Strahlung entstehen (Hideg u. Vass 1996; Murphy u. Vu 1996). Zur Entgiftung von H_2O_2, das aus O_2-Radikalen mittels der Superoxidismutase entsteht, dienen Ascorbatperoxidasen (Halliwell-Asada-pathway). Ascorbat wird zu Dehydroascorbat umgesetzt, seine Regeneration erfolgt durch die Dehydroascorbatreduktase mit Hilfe von reduziertem Glutathion, das durch NAD(P)H mittels der Glutathionreduktase aus oxidiertem Glutathion regeneriert wird. Eine Steigerung aller beteiligten Enzyme durch UV-Strahlung ist nachgewiesen worden (Murali et al. 1988; Ros 1990; Jansen et al. 1996; Rao et al. 1996; Takeuchi et al. 1996).

2.3.5
Wirkungen auf terrestrische Ökosysteme

In neuerer Zeit werden natürliche Ökosysteme verstärkt untersucht. Es gibt bereits einige gute Übersichtsartikel (Caldwell et al. 1989; Rozema et al. 1995; Björn et al. 1997a,b; McLeod u. Newsham 1997; Sullivan 1997; Rozema et al. 1997b).

Verschiedene Wald- und Sanddünen-Species sowie subarktische Heide- und Moosvegetationen zeigen ähnliche UV-Reaktionen wie Nutzpflanzen (Tabelle 2.3-4): verringertes Wachstum, veränderte Blattdicken, geringere Produktivität und frühe Alterung (Gehrke et al. 1995; Johanson et al. 1995a). Allerdings gibt es quantitative, artspezifische Unterschiede, wobei UV-bedingte Schäden auch erst nach längerer Zeit

Tabelle 2.3-4. UV-B-Wirkungen auf verschiedene Baumarten und Species diverser Ökosysteme

Art	Effekte	Literatur
Pinus (banksiana, contorta, resinosa, taeda, strobus, edulus, nigra, silvestris)	negativ auf Wachstum und Physiologie	Sullivan u. Teramura (1989); Stewart u. Hoddinot (1993)
Pinus (pinea, halepensis)	• negativ bei Wasserstreß • keine bei Bewässerung	Petropoulou et al. (1995) Manetas et al. (1997)
Picea (engelmannii, glauca)	negativ auf Wachstum und Physiologie	Sullivan u. Teramura (1992, 1994)
Abies fraseri		
Liquidambar styraciflua	Modifikationen	Sullivan et al. (1994) Dillenburg et al. (1995)
Swietana macrophylla	Reduktionen im Wachstum	Searles et al. (1995)
Cecropia obtusifolia		
Tetragastris panamensis		
Calophyllum longifolium		
Quercus robur	positiv auf Wachstum und Herbivorie	Newsham et al. (1996)
• Sanddünen Species		
Calamigrostis epigeios (1995)	positiv	Tosserams u. Rozema
Silene vulgaris	positiv	Van de Staaij (1994)
Elymus athericus	negativ	Van de Staaij et al. (1993)
Plantago lanceolata	negativ	Rozema et al. (1997a)
• Tropischer Regenwald		
Cecropia obtusifolia	negativ	Searles et al. (1995)

in Erscheinung treten können. So war das Sproßwachstum der immergrünen *Art Vaccinium vitis-idaea* (Preiselbeere) bei erhöhter UV-B-Strahlung (entsprechend 15% Ozonreduktion) im ersten Versuchsjahr kaum, im zweiten jedoch um 29% reduziert, das von *Empetrum hermaphroditum* um 14% im ersten und 33% im zweiten verringert (Johanson et al. 1995b). Auch das Wachstum von Moosen wie z. B. von *Hylocomium splendens* und *Polytrichum commune,* die oft dominante Arten in Heidevegetationen bilden, war ebenso wie das Wachstum von *Sphagnum*-Arten in Hochmooren durch erhöhte UV-B-Strahlung verringert (Gehrke 1998). UV-B-Wirkungen scheinen ferner von den klimatischen

Bedingungen abhängig zu sein. Bei mediterranen Kiefern-Arten wie z.B. *Pinus pinea* wirkte Wasserstress in Kombination mit erhöhter UV-B-Strahlung positiv auf das Wachstum, nicht jedoch normale Wasserversorgung (Manetas et al. 1997). Auch bei einigen Sanddünen-Arten wurden positive und negative UV-Effekte gefunden. Es scheint ferner so, daß tropische Regenwald-Spezies wie z.B. *Cecropia obtusifolia* und *Calophyllum longifolium* bereits unter gegenwärtiger UV-B-Strahlung eine Abnahme der Biomasse von bis zu 22% zeigen (Searles et al. 1995). Aus einer Studie mit einigen Pflanzenarten aus verschieden Höhenstufen der Alpen geht hervor, daß eine generelle Korrelation von UV-Sensitivität und zunehmender UV-Belastung in den Höhenstufen (flach, montan, alpin) nicht möglich ist (Rau u. Hoffmann 1996).

Allerdings zeigten zwei Genera alpiner Herkunft bessere UV-Resistenz als die des Flachlandes. Aufgrund z. T. widersprüchlicher Ergebnisse aus Experimenten mit sehr unterschiedlichen experimentellen Bedingungen und aus Mangel an Langzeitversuchen scheint es im Moment zu früh, generelle Aussagen über Wirkungen veränderter UV-B-Strahlung auf terrestrische Ökosysteme zu machen. Allerdings besteht durchaus die Gefahr, daß, insbesondere unter Berücksichtigung veränderter Blüh- und Entwicklungsabläufe, UV-sensitive Arten aus den Ökosystemen verschwinden. Diese Zusammenhänge sind in Abb. 2.3-3 (Abschn. 2.3.8) dargestellt.

2.3.6 Interaktionen mit biotischen Faktoren

2.3.6.1 Pathogene

Über die Interaktionen erhöhter UV-B-Strahlung und meist pathogenen Mikroorganismen gibt es nur wenige Übersichtsartikel (Manning u. von Tiedemann 1995; Paul 1997).

Interaktionen zwischen Pflanzen und Pathogenen (Pilze, Sporen, Mikroorganismen) hängen von der Pflanzenart, Sorte, dem Alter und insbesondere den experimentellen Bedingungen ab (vgl. Bd. 2A, Kap. 4.1.3). In Gewächshäusern mit UV-durchlässiger Folie wurden höhere Infektionsraten mit *Botrytis cinera* und *Sclorotinia sclerotiorum* bei Gurken- und Tomatenpflanzen resp. Gurken- und Eipflanzen als unter UV-Ausschluß gefunden; ebenso bei Karotten-, Porree- und Kartoffelpflanzen, die mit *Alternaria danci, Alternaria porri, Alternaria solani* infiziert wurden (Sasaki u. Honda 1985). Bei künstlich erhöhter UV-B-Strahlung sind dagegen bei Gurken- und Tomatenpflanzen weniger Infektionen mit *Colletotrichum* bzw. *Cladosporium*, ebenso mit dem Kartoffelvirus auf *Chenopodium guinoa* resp. *Diplocarpon rosae* auf Rosen (Manning u. von Tiedemann 1995) festgestellt worden. Rotem et al. (1985) beobachteten, daß natürliche Solarstrahlung die Mortalitätsrate der Sporen von *Peronospora tatacina*, *Uromyces phaseoli* und *Alternaria solani* um das 6- bis 30fache gegenüber UV-gefilterter Strahlung erhöht. Ferner wird die Infektionsrate erhöht, wenn die Pflanzen vor der Infektion mit Pilzsporen einer erhöhten UV-B-Strahlung ausgesetzt wurden, wie Orth et al. (1990) im Gewächshaus mit *Colletotrichum laganarium* und *Cladosporium cucumerinum* an verschiedenen Gurkensorten zeigten. Dies hängt sehr wahrscheinlich mit Veränderungen der Blattoberfläche durch UV-B-Strahlung zusammen, was ein besseres Eindringen von Mikroorganismen ermöglicht.

Bei *Beta vulgaris* – infiziert durch *Cercospora beticola* – ergaben sich bei gleichzeitiger UV-B-Strahlung höhere Abnahmen von Wachstum und Biomasse als bei getrennter Einwirkung von Strahlung und Pilz (Panagopoulos et al. 1992).

2.3.6.2 Insekten

Es ist bekannt, daß UV-B-Strahlung die sekundären Pflanzenstoffe qualitativ und quantitativ verändert (s. Abschn. 2.3.4.6), was zu einer veränderten Abwehr und/oder Anlockung von Insekten führen kann, aber auch zur Toxizität für Insekten und andere Tiere durch Bildung von Photosensitizern. So fanden McLoud u. Berenbaum (1994), daß erhöhte UV-B-Strahlung zur Bildung von Furanocumarinen bei *Citrus jambhiri* führt, die bei *Trichoplusia ni* (ein Schmetterling) verzögerte Larvenbildung und schließlich erhöhte Mortalität bewirken.

Die in Baumkronen von *Pinus* lebende Motte *Panolis flammea*, die durch den *Nuclear polyhedros* Virus (NPV) tödlich infiziert wird, hat unter erhöhter UV-B-Strahlung bessere Überlebenschancen, weil der NPV unter erhöhter UV-B-Strahlung abgetötet wird (Killick u. Warden 1991).

Auch für *Gunnera magellanica*, einer mehrjährigen, krautigen Kriechpflanze im natürlichen Ökosystem der Tierra del Fuego (südl. Argentinien), ergibt sich unter natürlichen UV-B-Bedingungen weniger Fraß durch Insekten als unter verringertem UV-B (Rousseaux et al. 1998).

Diese wenigen Befunde zeigen, daß sich erhebliche Auswirkungen auf die Beziehungen zwischen Pflanzenwirt und seinem Herbivoren und damit auf das jeweilige Ökosystem ergeben können. Am Beispiel von *Citrus* läßt sich leicht ableiten, daß sich diese Pflanzenart aufgrund ihrer höheren Resistenz gegen *Triplusia* ungehindert ausbreiten könnte. Allerdings führt erhöhte UV-Strahlung neben der Steigerung des Phenolgehaltes auch zu erhöhtem Stickstoffgehalt, wie z.B. in Erbsenblättern, was das Larvenwachstum von *Autographa gamma* fördert (s. Kap. 1.3) und den Konsum der Larve an Blättern verringert (Hatcher u. Paul 1994).

2.3.7 Interaktionen mit abiotischen Faktoren

Die Pflanze ist in freier Natur niemals nur einem Umweltfaktor ausgesetzt, sondern vielen, von denen eine Reihe als Stressoren wirken, wie z.B. Ozon oder organische Peroxide, die ihrerseits durch erhöhte UV-B-Strahlung entstehen können (s. Bd. 2A, Kap. 4.4). Besondere Streßbedingungen für Pflanzen sind Mineral- und/oder Wassermangel.

2.3.7.1 UV-Wirkungen bei Mineral- und Wassermangel

Neben Kohlendioxid, Wasser und Sauerstoff, die über die Photosynthese zum Aufbau von organischen Substraten benötigt werden, ist die Pflanze auf eine Vielzahl weiterer Makro- und Mikronährstoffe wie z.B. Stickstoff, Phosphor, Kalium oder Magnesium angewiesen. Bei Fehlen oder vermindertem Angebot einzelner Elemente kann es zu Störungen im Wachstum und Stoffwechsel kommen.

Stickstoff wird für den Aufbau von Aminosäuren und damit für Enzym- und Strukturproteine, aber auch für Nukleinsäuren, Porphyrine und verschiedene Phytohormone (Auxine, Cytokinine) benötigt. Bei Stickstoff- ebenso wie bei Magnesiummangel kommt es durch Chlorophyllverringerung (Porphyrine) zu chlorotischen Veränderungen der Blätter bei gleichzeitig verringertem Blattflächenwachstum. Phosphor ist wesentliches Bauelement von Energie- und Redoxsystemen. Kalium kommt eine wichtige Bedeutung bei der Regulation des Wasserhaushaltes über die Stomata der Pflanzen zu. Auch bei Kaliummangel kann es zu verringertem Wachstum und nekrotischen Erscheinungen der Blätter kommen, wie bei *Vigna unguiculata* nachgewiesen wurde (Premkumar u. Kulandaivelu 1996). Untersuchungen zur Wirkung von Mineralmangel in Kombination mit erhöhter UV-B-Strahlung sind bisher nur selten durchgeführt worden. Bogenrieder u. Doute (1982) zeigten, daß das Ausmaß der Wirkung von UV-B-Bestrahlung auf die Nettophotosynthese von *Rumex*- und *Lactuca*-Pflanzen auch von der Nährstoffversorgung beeinflußt wird. Als Folge resultierten unter Mineralmangel niedrigere Trockengewichte bei UV-B-bestrahlten Pflanzen als bei unbestrahlten Pflanzen. Murali u. Teramura (1985) fanden bei Phosphatmangel in UV-bestrahlten Sojapflanzen Reduktionen der Größe, Blattfläche und Biomasse sowie Erhöhungen des Flavonoidgehaltes gegenüber unbestrahlten Pflanzen. UV-B und P-Mangel wirkten jedoch nicht additiv, wofür die Akkumulation von Flavonoiden als UV-Schutz verantwortlich gemacht wird. N-Mangel führt zumindest bei Sonnenblumen zur erhöhten UV-Sensitivität, was auf eine verringerte Bildung von UV-Schutzfaktoren zurückgeführt wird (Ros 1995).

2.3.7.2 Treibhausfaktoren

In welcher Weise zukünftige Änderungen des Klimas durch Treibhausfaktoren wie CO_2 und Temperatur in Kombination mit erhöhter UV-B-Strahlung auf Pflanzen und Ökosysteme wirken (s. Bd. 1B, Kap. 4.2), ist ebenfalls wenig erforscht und daher auch wenig zusammenfassend beschrieben (Teramura et al. 1990b; Ziska u. Teramura 1992; Gehrke et al. 1996; Moody et al. 1997; Press et al. 1998). Zunehmend rücken auch Interaktionen von UV-B-Strahlung mit den Treibhausgasen CO_2 und Ozon in den Vordergrund (Krupa u. Kickert 1993; Runeckles u. Krupa 1994). Beide Gase weisen aufgrund erhöhten Energie- und Verkehrsbedarfs steigende Konzentrationen in der Troposphäre auf. Die möglichen Folgen erhöhter Gehalte wärmewirksamer Komponenten in der Troposphäre auf das Globalklima werden in Bd. 1B, Kap. 4.2 detailliert behandelt.

CO_2 und Temperatur

Kombinationswirkungen von UV-B, CO_2 und Temperatur sind kaum untersucht. Bei Mais- und Sonnenblumenkeimlingen wird bei erhöhtem UV-B (+30%), doppeltem CO_2 (680 ppm) und einer Temperaturerhöhung von +4°C (über Tagesgang) der schädigende UV-B-Effekt auf die Biomasse (−10%) kompensiert, z. T. überkompensiert, d.h. die Biomasse war um 30% höher als in den Kontrollpflanzen bei geringerem UV (Mark u. Tevini 1996; Mark u. Tevini 1997). Studien zu Kombinationswirkungen von erhöhtem UV-B und CO_2 bei Sojabohnen, Reis und Weizen zeigen uneinheitliche Ergebnisse. Bei Reis und Sojabohnen wurden die durch erhöhtes CO_2 induzierten Wachstums- und Ertragszunahmen durch erhöhtes UV-B eliminiert, bei Weizen jedoch noch weiter reduziert (Teramura et al. 1990b). Auch bei einigen Heidearten, wie z.B.

bei *Calluna vulgaris* und *Vaccinium myrtillus*, heben sich positive CO_2-Effekte und negative UV-B-Effekte auf (Moody et al. 1997), was auch für einige Sanddünenarten gilt (Van de Staaij et al. 1993). Bei *Pinus taeda* verschob sich durch erhöhtes UV-B und CO_2 die Biomasse zugunsten der Wurzel im Vergleich zum Sproß, nicht jedoch bei normalem CO_2 (Sullivan u. Teramura 1994).

Ozon

Auch im Hinblick auf die kombinierte Wirkung von UV-B und Ozon gibt es in der Literatur reichlich Widersprüche (Krupa u. Kickert 1993), insbesondere bei der Frage nach dem Verhalten der Streßproteine (sog. PR-Proteine), die auch bei Pathogenbelastung gebildet und deshalb PR-Proteine (Pathogen-Response) genannt werden (s. Bd. 2A, Kap. 4.1.3). Hierzu zählen Peroxidasen und Katalasen, die außer durch Pathogene auch durch Ozon und/oder UV-B genetisch induziert werden können (Willekens et al. 1994; Green u. Fluhr 1995; Rao et al. 1996).

Bei UV-bestrahlten Sojabohnen, die gleichzeitig mit Ozon begast wurden, sind keine Veränderungen im Wachstum, Chlorophyllgehalt oder bei den Peroxidasen gegenüber Pflanzen nach alleiniger Ozonbehandlung festgestellt worden (Booker et al. 1992). Bei UV-bestrahlten *Arabidopsis*-Pflanzen, die ursprünglich keine UV-Schutzfaktoren ausbilden, werden durch Vor- bzw. Nachbehandlung mit Ozon phenolische Inhaltsstoffe erhöht und die Pflanze dadurch quasi indirekt vor den schädlichen Auswirkungen der UV-Strahlung geschützt (Rao u. Ormrod 1995). Bei Soja- und normalen *Arabidopsis*-Pflanzen scheint sich eine Ozonbehandlung nicht auf die Inhaltstoffe auszuwirken (Ormrod et al. 1995), dagegen führt UV-B-Strahlung in Kombination mit doppeltem Ozongehalt bei Kiefernkeimlingen zur Reduktion der Hauptenzyme des Sekundärstoffwechsels und damit zur Verminderung von UV-Schutzfaktoren (Jungblut 1996). Thalmaier et al. (1996) fanden bei der ozonsensitiven Tabaksorte Bel W3, daß UV-B in Kombination mit Ozon die Zahl der Blattläsionen erhöhte und die Chitinaseakkumulation verringerte. Chitinase wird ebenso wie ß-1,3-Glucanase als PR-Protein angesehen und durch Ozon induziert, nicht jedoch durch UV-B.

2.3.8 Ökologische und ökonomische Konsequenzen

Das kompetitive Verhalten einzelner Arten in landwirtschaftlichen Ökosystemen ist wenig untersucht. Erste Ansätze hierzu bilden Pärchen-Studien, z.B. von Weizen als Kultursorte und Wildhafer als

Unkraut, die in Mono- oder Mischkultur unter erhöhter und reduzierter UV-Strahlung im Freiland angezogen wurden. In der Monokultur zeigt Weizen geringeres Wachstum mit veränderter Wachstumsform, Wildhafer hingegen keine Veränderung. In der Mischkultur unter „normaler“ UV-Bedingung besitzt der Wildhafer im Wachstum Vorteile gegenüber dem Weizen. Unter erhöhter UV-B-Strahlung erlangt jedoch der Weizen mit seiner veränderten Wuchsform und der damit verbundenen verbesserten Lichtausnutzung Wachstumsvorteile gegenüber dem Wildhafer (Barnes et al. 1988; Caldwell 1997). Bezüglich natürlicher Ökosysteme mag es dazu kommen, daß ebenfalls aufgrund der Wettbewerbsunterschiede um Licht sich die Artenzusammensetzung ändert. Ein neueres Beispiel hierfür ist die durch erhöhte UV-B-Strahlung ausgelöste Verringerung des jährlichen Zuwachses bestimmter Moosarten als Bestandteil von Heide- und Moorvegetationen, insbesondere wenn eine Art durch reduziertes Wachstum in einem dichten Vegetationsteppich den Kampf um das Licht zunehmend verliert. Bei Moosen von Hochmooren besteht ferner die Gefahr, daß sich ihre durch erhöhte UV-B-Strahlung verringerte Produktivität negativ auf das Wasserrückhaltevermögen auswirkt und damit den Wasserspiegel des Hochmoores absenkt (Gehrke 1998). Die oft beobachte UV-bedingte Erhöhung von sekundären Pflanzenstoffen wie Phenolen, Lignin, Tanninen und Gerbstoffen kann zu Veränderungen der Artenzusammensetzung und des biogeochemischen Kreislaufes führen. Einerseits könnte indirekt das Freßverhalten von Herbivoren verändert werden, was zum Aussterben der von dieser Vegetation abhängigen Insektenarten führen würde, andererseits dürfte auch die Mikrofauna, die den Laubfall weiterverarbeitet, indirekt beinflußt werden (Abb. 2.3-2). Neuere Untersuchungen belegen aber auch direkte Einflüsse erhöhter UV-B-Strahlung auf den Abbau humusbildenden Pflanzenmaterials. Auf der einen Seite kommt es durch erhöhte Photodegradation zum schnelleren Abbau des organischen Materials (Rozema et al. 1997c), auf der anderen Seite sollen negative UV-Wirkungen auf die Mikroflora und -fauna zur Verlangsamung des biologischen Abbaus führen (Newsham et al. 1997).

Zusammengefaßt dürften sich zahlreiche negative Auswirkungen erhöhter UV-B-Strahlung auf terrestrische Ökosysteme ergeben, quantitative Aussagen sind jedoch aufgrund fehlender Untersuchungen zur Zeit noch nicht möglich.

Danksagung

Herrn Andreas Kripp, Herrn Markus Egert und Herrn Ernst Heene wird für die Durchsicht des Manuskriptes gedankt.

2.3.9 Literatur

Adamse P, Britz SJ (1992) Spectral quality of two fluorescent UV sources during long-term use. Photochem Photobiol 56:641–644

Ambasht NK (1998) Ozone depletion and UV-B radiation enhanchement impacts. In: Ambasht RS (ed) Modern trends in ecology and environment. Backhuys Publishers, Leiden, The Netherlands, pp 307–317

Antonelli F, Grifoni D, Sabatini F, Zipoli G (1997) Morphological and physiological responses of bean plants to supplemental UV radiation in a Mediterranean climate. Plant Ecol 128:127–136

Arakawa O, Hori Y, Ogata R (1985) Relative effectiveness and interaction of UV-B and blue light in anthocyanin synthesis of apple *Malus pumila* cultivar Jonathan fruit. Physiol Plant 64:323–327

Baker N, Nogués S, Allen DJ (1997) Photosynthesis and Photoinhibition. In: Lumsden PJ (ed) Plant and UVB: responses to environmental change. Society for Experimental Biology Seminar Series 64. Cambridge Univ Press, Cambridge, pp 233–246

Ballaré CL, Barnes PW, Flint SD (1995) Inhibition of hypocotyl elongation by UV-B radiation in de-etiolating tomato seedlings. I. The photoreceptor. Physiol Plant 93:584–592

Barnes PW, Jordan PW, Gold WG, Flint SD, Caldwell MM (1988) Competition, morphology and canopy structure in wheat (*Tricium aestivum* L.) and wild oat (*Avena fatua* L.) exposed to enhanced ultraviolet-B radiation. Funct Ecol 2:319–330

Barnes PW, Ballaré CL, Caldwell MM (1996) Photomorphogenic effects of UV-B Radiation on Plants: Consequences for light competition. J Plant Physiol 146:15–20

Beggs CJ, Wellmann E (1985) Analysis of light-controlled anthocyanin formation in coleoptiles of *Zea mays* L.: the role of UV-B, blue, red and far-red light. Photochem Photobiol 41:481–486

Bharti AK, Khuruna JP (1997) Mutants of *Arabidopsis* as tools to understand the regulation of phenylpropanoid pathway and UVB Protection Mechanisms. Photochem Photobiol 65:765–776

Björn LO (1996) Effects of ozone depletion and increased UV-B on terrestrial ecosystems. Int J Environ Stud 51:217–243

Björn LO, Callaghan T, Gehrke C, Gunnarsson T, Holmgren B, Johanson U, Snogerup S, Sonesson M, Sterner O, Yu S-G (1997a) Effects on subarctic vegetation of enhanced UVB radiation. In: Lumsden PJ (ed) Plant and UVB: responses to environmental change. Society for Experimental Biology seminar series 64. Cambridge Univ Press, Cambridge, pp 233–246

Björn LO, Callaghan TV, Johnsen I, Lee JA, Manetas Y (1997b) The effects of UV-B radiation on European heathland species. Plant Ecol 128:252–264

Blumthaler M (1993) Solar UV measurements. In: Tevini M (ed) UV-B radiation and ozone depletion, effects on humans, animals, plants, micro-organisms and materials. Lewis Publishers, Boca Raton, USA, pp 71–94

Bogenrieder A, Doute Y (1982) The effects of UV on photosynthesis and growth in dependence of mineral nutrition (*Lactuca sativa* L. and *Rumex alpinus* L.). In: Bauer H et al (eds) Biological effects of UV-B radiation. Gesellschaft für Strahlen- und Umweltforschung mbH, Munich, pp 164–169

Bojkov RD, Fioletov VE, Diaz SB (1995) The relationship between solar UV irradiance and total ozone from observations over southern Argentina. Geophys Res Lett 22:1249–1252

Booker FL, Fiscus EL, Philbeck RB, Heagle AS, Miller JE, Heck WW (1992) A supplemental ultraviolet-B radiation system for open-top field chambers. J Environ Qual 21:56–61

Bornman JF (1989) Target sites of UV-B radiation in photosynthesis of higher plants. J Photochem Photobiol B Biol 4:145–158

Bornman JF, Teramura AH (1993) Effects of ultraviolet-B radiation on terrestrial plants. In: Young AR et al (eds) Environmental UV-photobiology, Plenum Press, New York, pp 427–471

Bornman JF, Sundby-Emanuelsson C (1995) Response of plants to UV-B radiation: some biochemical and physiological effects. In: Smirnoff N (ed) Environment and plant metabolism, flexibility and acclimation. BIOS 245–263

Bornman JF, Reuber S, Cen Y-P, Weissenböck G (1997) Ultraviolet radiation as a stress factor and the role of protective pigments. In: Lumsden PJ (ed) Plant and UVB: responses to environmental change. Society for Experimental Biology seminar series 64. Cambridge Univ Press, Cambridge, pp 157–170

Braun J, Tevini M (1993) Regulation of UV-protective pigment synthesis in the epidermal layer of rye seedlings (*Secale cereale* L. cv Kustro). Photochem Photobiol 57:318–323

Britt AB (1996) DNA damage and repair in plants. Annu Rev Plant Physiol Plant Mol Biol 47:75–100

Britt AB (1997) Genetic analysis of DNA repair in plants. In: Lumsden PJ (ed) Plant and UVB: responses to environmental change. Society for Experimental Biology seminar series 64. Cambrige Univ Press, Cambridge, pp 77–94

Britt AB, Chen JJ, Wykoff D, Mitchell D (1993) A UV-sensitive mutant of *Arabidopsis* defective in the repair of pyrimidine-pyrimidone (6–4) dimers. Science 261:1571–1574

Caldwell MM (1971) Solar UV irradiation and the growth and development of higher plants. In: Giese AC (ed) Photophysiology VI. Academic Press, New York, pp 131–268

Caldwell MM (1997) Alterations in competitive balance. In: Lumsden PJ (ed) Plant and UVB: responses to environmental change. Society for Experimental Biology seminar series 64. Cambridge Univ Press, Cambridge, pp 305–315

Caldwell MM, Flint SD (1994) Solar ultraviolet radiation and ozone layer changes: implications for crop plants. In: Boote K et al (eds) Physiology and determination of crop yield. Madison, Wi, pp 487–507

Caldwell MM, Gold WG, Harris G, Ashurst CW (1983) A modulated lamp system for solar UV-B (280–320 nm) supplementation studies in the field. Photochem Photobiol 37:479–485

Caldwell MM, Camp LB, Warner CW, Flint SD (1986) Action spectra and their key role in assessing biological consequences of solar UV-B radiation change. In: Worrest RC, Caldwell MM (eds) Stratospheric ozone reaction, solar ultraviolet radiation and plant life. Springer-Verlag, Berlin Heidelberg New York, pp 87–111

Caldwell MM, Teramura AH, Tevini M (1989) The changing solar ultraviolet climate and the ecological consequences for higher plants. Trends Ecol Evol 4:363–366

Caldwell MM, Flint SD, Searles PS (1994) Spectral balance and UV-B sensitivity of soybean: a field experiment. Plant Cell Environ 17:267–276

Caldwell MM, Teramura AH, Tevini M, Bornman JF, Björn LO, Kulandaivelu G (1995) Effects of increased solar ultraviolet radiation on terrestrial plants. Ambio 24:166–173

Caldwell MM, Björn LO; Bornmann JF, Flint SD, Kulandaivelu G, Teramura AH, Tevini M (1999) Effects of increased solar ultraviolet radiation on terrestrial ecosystems. Photochem Photobiol B Biol 46:40–52

Chen JJ, Mitchell DL, Britt AB (1994) A light-dependent pathway for the elimination of UV-induced pyrimidine (6–4) pyrimidone photoproducts of *Arabidopsis*. Plant Cell 6:1311–1317

Coohill TP (1989) Ultraviolet action spectra (280–380 nm) and solar effectiveness spectra for higher plants. Photochem Photobiol 50:451–457

Corlett JE, Stephen J, Jones HG, Woodfin R, Mepsted R, Paul ND (1997) Assessing the impact of UV-B radiation on the growth and yield of field crops. In: Lumsden PJ (ed) Plants and UV-B: response to environmental change. Society for Experimental Biology seminar series 64. Cambridge Univ Press, Cambridge, pp 195–212

Dai Q, Peng S, Chavez AQ, Vergara BS (1994) Intraspecific responses of 188 rice cultivars to enhanced UV-B radiation. Environ Exp Bot 34:433–442

Dai Q, Peng S, Chavez AQ, Vergara BS (1995) Effect of enhanced ultraviolet-B radiation on growth and production of rice under greenhouse and field conditions. In: Peng S et al (eds) Climate change and rice. Springer, Berlin Heidelberg New York, pp 189–198

Day TA, Rice WJ, Howells BW (1994) Ultraviolet epidermal transmittance and absorption spectra in foliage. Physiol Plant 92:207–218

Dillenburg LR, Sullivan JH, Teramura AH (1995) Leaf expansion and development of photosynthetic capacity and pigments in *Liquidambar styraciflua* (Hamamelidaceae) - effects of UV-B radiation. Am J Bot 82:878–885

Fioletov VE, Evans WFJ (1997) The influence of ozone and other factors on surface radiation. In: Wardle Di et al (eds) Ozone Science: a Canadian perspective on the changing ozone layer: Environment University of Toronto Press, Canada, pp 73–91

Frederick J E, Soulen PF, Diaz SB, Smolskaia I, Booth CR, Lucas T, Neuschuler D (1993) Solar ultraviolet irradiance observed from Southern Argentina: September 1990 to March 1991. J Geophys Res 98:8891–8897

Gehrke C (1998) Effects of enhanced ultraviolet-B radiation on subarctic ecosystems. Dissertation, University Lund, Sweden

Gehrke C, Johanson U, Callaghan T, Chadwick D, Robinson CH (1995) The impact of enhanced ultraviolet-B radiation on litter quality and decomposition processes in *Vaccinium* leaves from the Subarctic. Oikos 72:213–222

Gehrke C, Johanson U, Gwynn-Jones D, Björn LO, Callaghan TV, Lee JA (1996) Effects of enhanced ultraviolet-B radiation on terrestrial subarctic ecosystems and implications for interactions with increased atmospheric CO_2. Ecol Bull 45:192–203

Green R, Fluhr R (1995) UV-B-induced PR-1 accumulation is mediated by active oxygen species. Plant Cell 7:203–212

Hada M, Buchholz G, Hashimoto T, Nikaido O, Wellmann E (1999) Photoregulation of DNA Photolyases in Broom *Sorghum* Seedlings. Photochem Photobiol 69: 681–685

Hatcher PE, Paul ND (1994) The effects of elevated UV-B radiation on herbivory of pea by *Autographa gamma*. Entomol Exp Appl 71:227–233

Herman JR, Bhartia PK, Ziemke J, Ahmad Z, Larko D (1996) UV-B radiation increases (1979–1992) from decreases in total ozone. Geophys Res Lett 23:2117–2120

Hideg E, Vass I (1996) UV-B induced free radical production in plant leaves and in isolated thylakoid membranes. Plant Sci 115:251–260

Hidema J, Kumagai T, Sutherland JC, Sutherland BM (1997) Ultraviolet B-sensitive rice cultivar deficient in cyclobutyl pyrimidine dimer repair. Plant Physiol 113:39–44

Holmes MG (1997) Action spectra for UV-B effects on plants: monochromatic and polychromatic approaches for analysing plant responses. In: Lumsden PJ (ed) Plant and UVB: responses to environmental change. Society for Experimental Biology seminar series 64. Cambridge Univ Press, Cambridge, pp 31–52

Iwanzik W, Tevini M, Dohnt G, Voss M, Weiss W, Gröber P, Renger G (1983) Action of UV-B radiation on photosynthetic primary reactions in spinach chloroplasts. Physiol Plant 58:401–407

Jansen MAK, Babu TS, Heller D, Gaba V, Mattoo AK, Edelmann M (1996) Ultraviolet-B-Effects on *Spirodela oligorrhiza*: induction of different protection mechanisms. Plant Sci 115:217–223

Johanson U, Gehrke C, Björn LO, Callaghan TV (1995a) The effects of enhanced UV-B radiation on the Growth of Dwarf Shrubs in a Sub-Arctic Heathland. Funct Ecol 9:713–719

Johanson U, Gehrke C, Björn LO, Callaghan TV, Sonesson M (1995b) The effects of enhanced UV-B radiation on a subarctic heath ecosystem. Ambio 24:106–111

Jones LW, Kok B (1966) Photoinhibition of chloroplast reactions. I. Kinetics and action spectra. Plant Physiol 41:1037–1043

Jordan BR (1996) The effects of ultraviolet-B radiation on plants: a molecular perspective. Adv Bot Res 22:98–163

Jordan BR, James PE, Strid A, Anthony RG (1994) The effect of supplementary UV-B radiation on gene expression and pigment composition in etiolated and green pea leaf tissue: UV-B induced changes in gene expression are gene-specific and dependent upon tissue development. Plant Cell Environ 17:45–54

Jungblut TP (1996) Wirkung von UV-B Strahlung und Ozon auf den Sekundärstoffwechsel der Kiefer (*Pinus sylvestris* L.). Doktorarbeit. Fakultät für Biologie, LMU München

Kerr JB, McElroy CT (1993) Evidence for large upward trends of ultraviolet-B radiation linked to ozone depletion. Science 262:1032–1034

Killick HJ, Warden SJ (1991) Ultraviolet penetration of pine trees and insect virus survival. Entomophaga 36:87–94

Köpke P (1998) UV-Strahlung an der Erdoberfläche. In: Guderian R (Hrsg) Handbuch der Ökotoxikologie, Bd 1. Springer, Berlin Heidelberg New York (in Druck)

Krupa SV, Kickert RN (1993) The greenhouse-effect: the impacts of carbon-dioxide (CO_2), ultraviolet-B (UV-B) radiation and ozone (O_3) on vegetation (crops). Vegetatio 104/105:223–238

Lercari B, Sodi F, di Paola ML (1990) Photomorphogenic responses to UV radiation: involvement of phytochrome and UV photoreceptors in the control of hypocotyl elongation in *Lycopersicon esculentum*. Physiol Plant 79:668–672

Li J, Ou-Lee T-M, Raba R, Amundson RG, Last RL (1993) *Arabisdopsis* flavonoid mutants are hypersensitive to UV-B irradiation. Plant Cell 5:171–179

Mackerness SA-H, Jordan BR, Thomas B (1997) UV-B effects on the expression of genes encoding proteins involved in photosynthesis. In: Lumsden PJ (ed) Plant and UVB: responses to environmental change. Society for Experimental Biology seminar series 64. Cambridge Univ Press, Cambridge, pp 113–134

Madronich S, McKenzie RL, Caldwell MM, Björn LO (1995) Changes in ultraviolet radiation reaching the earth's surface. Ambio 24:143–152

Manetas Y, Petropoulou Y, Stamatikis K, Nikolopoulos D, Levizou E, Psaras G, Karabournitos G (1997) Beneficial effects of enhanced UV-B radiation under field conditions: improvement of needle water relations and survival capacity of *Pinus pinea* L. seedlings during the dry Mediterranean summer. In: Rozema J et al (eds) UV B and biosphere. Kluwer Academic Publishers, Belgium, pp 100–108

Manning WJ, von Tiedemann A (1995) Climate change: potential effects of increased atmospheric carbon dioxide (CO_2), Ozone (O_3), and Ultraviolet-B (UV-B) radiation on plant diseases. Environ Pollut 88:219–245

Mark U, Tevini M (1996) Combination effects of UV-B radiation and temperature on sunflower (*Helianthus annuus* L., cv Polstar) and maize (*Zea mays* L., cv. Zenit 2000) seedlings. Plant Physiol 148:49–56

Mark U, Tevini M (1997) Effects of elevated Ultraviolet-B-radiation, temperature and CO_2 on growth and function of sunflower and maize seedlings. Plant Ecol 128:224–234

Mayer B, Seckmeyer G, Kyling A (1997) Systematic long-term comparison of spectral UV measurements and UVSPEC modelling results. J Geophys Res 102: 8755–8767

McCloud ES, Berenbaum MR (1994) Stratospheric ozone depletion and plant-insect interactions: effects of UVB radiation on foliage quality of *Citrus jambhiri* for *Trichoplusia ni*. J Chem Ecol 20:525–539

McLeod A R (1997) Outdoor supplementation systems for studies of the effects of increased UV-B radiation. Plant Ecol 128:78–92

McLeod AR, Newsham KK (1997) Impacts of elevated UV-B on forest ecosystems. In: Lumsden PJ (ed) Plant and UVB: responses to environmental change. Society for Experimental Biology seminar series 64. Cambridge Univ Press, Cambridge, pp 247–282

Middleton EM, Teramura AH (1993) Potential errors in the use of cellulose diacetate and mylar filters in UVB radiation studies. Photochem Photobiol 57: 744–751

Molina MJ, Rowland FS (1974) Stratospheric sink for chlorofluoromethanes: chlorine atom-catalyzed destruction of ozone. Nature 249:810–812

Moody SA, Coop DJS, Paul ND (1997) Effects of elevated UV-B radiation and elevated CO_2 on heathland communities. In: Lumsden PJ (ed) Plant and UVB: responses to environmental change. Society for Experimental Biology seminar series 64. Cambridge Univ Press, Cambridge, pp 283–304

Müller R, Crutzen PJ, Grooß J-U, Brühl C, Russel III JM, Gernandt H, McKenna DS, Tuck AF (1997) Severe chemical ozone loss in the Arctic during the winter of 1995–1996. Nature 389:709–711

Murali NS, Teramura AH (1985) Effects of ultraviolet-B irradiance on soybean. VI. Influence of phosphorous nutrition on growth and flavonoid content. Physiol Plant 63:413–416

Murali NS, Teramura AH, Randall SK (1988) Response differences between two soybean cultivars with contrasting UV-B radiation sensitivities. Photochem Photobiol 48:653–657

Murphy T M, Vu H (1996) Photoinactivation of superoxide synthases of plasma membrane from rose (*Rosa damascena* Mill.) Cells. Photochem Photobiol 64:106–109

Newsham KK, McLeod AR, Greenslade PD, Emmett BA (1996) Appropriate controls in outdoor UV-B supplementation experiments. Global Change Biol 2:319–324

Newsham KK, McLeod AR, Roberts JD, Greenslade PD, Emmett BA (1997) Direct effects of UV-B radiation on the decomposition of *Quercus robur* leaf litter. Oikos 79:592–602

Nouchi I, Kobayashi K (1995) Effects of ultraviolet-B radiation on growth of rice plants in the field. In: Peng S et al (eds) Climate change and rice. Springer, Berlin Heidelberg New York, pp 169–179

Olszyk D, Dai Q, Teng P, Leung H, Luo Y, Peng S (1996) UV-B effects on crops: response of the irrigated rice ecosystem. Plant Physiol 148:26–34

Ormrod DP, Landry LG, Conklin PL (1995) Short-term UV-B radiation and ozone exposure effects on aromatic secondary metabolite accumulation and shoot growth of flavonoid-deficient *Arabidopsis* mutants. Physiol Plant 93:602–610

Orth AB, Teramura AH, Sisler HD (1990) Effects of ultraviolet-B radiation on fungal disease development in *Cucumis sativus*. Am J Bot 77:1188–1192

Panagopoulos I, Bornman JF, Björn LO (1992) Response of sugar beet plants to ultraviolet-B radiation and *Cercospora* spot disease. Physiol Plant 84:140–145

Pang Q, Hays JB (1991) UV-B-inducible and temperature-sensitive photoreactivation of cyclobutane pyrimidine dimers in *Arabidopsis thaliana*. Plant Physiol 95:536–543

Paul ND (1997) Interactions between tropic levels. In: Lumsden PJ (ed) Plant and UVB: responses to environmental change. Society for Experimental Biology seminar series 64. Cambridge Univ Press, Cambridge, pp 317–339

Petropoulou Y, Kyparissis A, Nikolopoulos D, Manetas Y (1995) Enhanced UV-B radiation alleviates the adverse effects of summer drought in two Mediterranean pines under field conditions. Physiol Plant 94:37–44

Pfündel EE, Pan RS, Dilley RA (1992) Inhibition of violaxanthin deepoxidation by ultraviolet-B radiation in isolated chloroplasts and intact leaves. Plant Physiol 98:1372–1380

Premkumar A, Kulandaivelu G (1996) Influence of ultraviolet-B enhanced solar radiation on growth and photosynthesis of potassium deficient cowpea seedlings. Photosynthetica 32:521–528

Press MC, Callaghan TV, Lee JA (1998) How will european arctic ecosystems respond to projected global environmental change? Ambio 27:306–311

Quaite FE, Sutherland BM, Sutherland JC (1992) Action spectrum for DNA damage in *alfalfa* lowers predicted impact of ozone depletion. Nature 358:576–578

Quaite FE, Takayanagi S, Ruffini J, Sutherland JC, Sutherland BM (1994) DNA damage levels determine cyclobutane pyrimidine dimer repair mechanisms in alfalfa seedlings. Plant Cell 6:1635–1641

Rao MV, Ormrod DP (1995) Ozone exposure decreases UV-B sensitivity in a UVB-sensitive flavonoid mutant of *Arabidopsis*. Photochem Photobiol 61:71–78

Rao MV, Paliyath G, Ormrod DP (1996) Ultraviolet-B- and ozone-induced biochemical changes in antioxidant enzymes of *Arabidopsis thaliana*. Plant Physiol 110:125–136

Rau W, Hofmann H (1996) Sensitivity to UV-B of plants growing in different altitudes in the Alps. Plant Physiol 148:21–25

Rau W, Hofmann A, Huber-Willer U, Mitzke-Schnabel U, Schrott E (1988) Die Wirkung von UV-B auf photoregulierte Entwicklungsvorgänge bei Pflanzen. Gesellschaft für Strahlen- und Umweltforschung mbH, München, Abschlußbericht

Renger G, Eckert HJ, Fromme R, Grüber P, Volker M, Hohmveit S (1989) On the mechanism of photosystem II deterioration by UV-B irradiation. Photochem Photobiol 49:97–105

Ros J (1995) Synergism and/or antagonism of enhanced (reduced) UV-B radiation and variable nitrogen supply (normal, reduced and enhanced) in crop plants. In: Bauer H, Nolan C (eds) European symposium on effects of environmental UV radiation. Commission of the European Communities (Brussels) and the GSF (Munich), pp 245–252

Ros J, Tevini M (1995) Interaction of UV-radiation and IAA during growth of seedlings and hypocotyl segments of sunflower. J Plant Physiol 146:295–302

Ros J (1990) Zur Wirkung von UV-Strahlung auf das Streckungswachstum von Sonnenblumenkeimlingen (Helianthus annuus L.). Karls Beitr Entw Ökophysiol 8:1–157

Rotem J, Wooding B, Ayler DE (1985) The role of radiation, especially ultraviolet, in the mortality of fungal spores. Phytopathology 75:510–514

Rozema J, Tosserams M, Magendans E (1995) Impact of enhanced solar UV-B radiation on plants from terrestrial ecosystems. In: Zwerver S et al (eds) Climate change research: evaluation and policy implications. Elsevier, Amsterdam, pp 997–1004

Rozema J, van de Staaij J, Björn LO, Caldwell M (1997a) UV-B as an environmental factor in plant life: stress and regulation. Tree 12:22–28

Rozema J, van de Staaij JWM, Tosserams M (1997b) Effects of UV-B radiation on plants from agro- and natural ecosystems. In: Lumsden PJ (ed) Plant and UVB: responses to environmental change. Society for Experimental Biology seminar series 64. Cambridge Univ Press, Cambridge, pp 213–232

Rozema J, Tosserams M, Nelissen HJM, van Heerwaarden L, Broekman RA, Flierman N (1997c) Stratospheric ozone reduction and ecosystem processes: enhanced UV-B radiation affects chemical quality and decomposition of leaves of the dune grassland species *Calamagrostis epigeios*. Plant Ecol 128:284–294

Runeckles V, Krupa SV (1994) The impact of UV-B radiation and ozone on terrestrial vegetation. Environ Pollut 83:191–213

Rüegsegger A (1997) UV-B Strahlung. In: Brunhold C et al (Hrsg) Stress bei Pflanzen. UTB, Bern, S 103–118

Saile-Mark M, Tevini M (1997) Effects of solar UV-B radiation on growth, flowering and yield of Central and Southern European bush bean cultivars (*Phaseolus vulgaris* L.). Plant Ecol 128:114–125

Sasaki T, Honda Y (1985) Control of certain diseases of greenhouse vegetables with ultraviolet absorbing films. Plant Dis 69:530–533

Searles PS, Caldwell MM, Winter K (1995) The response of five tropical dicotyledon species to solar UV-B radiation. Am J Bot 82:445–453

Seckmeyer G, McKenzie RL (1992) Increased ultraviolet radiation in New Zealand (45°S) relative to Germany (48°N). Nature 359:135–137

Seckmeyer G, Mayer B, Erb R, Bernhard G (1994) UV-B in Germany higher in 1993 than in 1992. Geophys Res Lett 21:577–580

Setlow RB (1974) The wavelengths in sunlight effective in producing skin cancer: a theoretical analysis. Proc Natl Acad Sci USA 71:3363–3366
Singh A (1994) Effects of enhanced UV-B radiation on higher plants. Trop Ecol 35:321–347
Staaij van de JWM (1994) Enhanced solar ultraviolet-B radiation: consequences for plant growth. Doctoral Thesis Vrije University Febodruk, Enschede, Amsterdam
Staaij van de JWM, Lenssen GM, Stroetenga M, Rozema J (1993) The combined effects of elevated CO_2 levels and UV-B radiation on growth characteristics of *Elymus athericus* (=*E. pycnanathus*). Vegetatio 104/105:433–439
Stapleton AE, Walbot V (1994) Flavonoids can protect maize DNA from the induction of ultraviolet radiation damage. Plant Physiol 105:881–889
Staxen I, Bornman JF (1994) A morphological and cytological study of *Petunia hybrida* exposed to UV-B radiation. Physiol Plant 91:735–740
Steinmetz V, Wellmann E (1986) The role of solar UV-B in growth regulation of cress (*Lepidium sativum* L.) seedling. Photochem Photobiol 43:189–193
Steinmüller D (1986) Zur Wirkung ultravioletter Strahlung (UV-B) auf die Struktur von Blattoberflächen und zu Wirkungsmechanismen bei der Akkumulation und Biosynthese der Kutikularlipide einiger Nutzpflanzen. Karls Beitr Entw Ökophysiol 6:1–174
Steinmüller D, Tevini M (1985) Action of ultraviolet radiation (UV-B) upon cuticular waxes in some crop plants. Planta 164:557–564
Steward JD, Hoddinott J (1993) Photosynthetic acclimation to elevated atmospheric carbon dioxide and UV irradiation in *Pinus banksiana*. Physiol Plant 88:493–500
Strid A, Chow WS, Anderson JM (1994) UV-B damage and protection at the molecular level in plants. Photosynth Res 39:475–489
Sullivan JH (1997) Effects of increasing UV-B radiation and atmospheric CO_2 on photosynthesis and growth: implications for terrestrial ecosystems. Plant Ecology 128:194–206
Sullivan JH, Teramura AH (1989) The effects of ultraviolet-B radiation on loblolly pine. 1. Growth, photosynthesis and pigment production in greenhouse-grown seedlings. Physiol Plant 77:202–207
Sullivan JH, Teramura AH (1992) The effects of ultraviolet-B radiation on loblolly pine 2. Growth of field-grown seedlings. Trees 6:115–120
Sullivan JH, Teramura AH (1994) The effect of UV-B radiation on loblolly pine. Interaction with CO_2 enhancement. Plant Cell Environ 17:311–317
Sullivan JH, Teramura AH, Dillenburg LR (1994) Growth and photosynthetic responses of field-grown sweetgum (*Liquidambar styraciflua*; Hamamelidaceae) seedlings to UV-B radiation. Am J Bot 81:826–832
Sutherland BM (1996) Action spectroscopy in complex organisms – potentials and pitfalls in predicting the impact of increased environmental UVB. J Photochem Photobiol B Biol 31:29–34
Sutherland BM, Takayanagi S, Sullivan JH, Sutherland JC (1996) Plant responses to changing environmental stress: cyclobutyl pyrimidine dimer repair in soybean leaves. Photochem Photobiol 64:464–468
Takayanagi S, Trunk JG, Sutherland C, Sutherland BM (1994) Alfalfa seedlings grown outdoors are more resistant to UV-induced DNA damage than plants grown in a UV-free environmental chamber. Photochem Photobiol 60:363–367

Takeuchi Y, Kubo H, Kasahara H, Sakaki T (1996) Adaptive alterations in the activities of scavengers of active oxygen in cucumber cotyledons irradiated with UV-B. J Plant Physiol 147:589–592

Taylor RM, Nikaido O, Jordan BR, Rosamond J, Bray CM, Tobin AK (1996) Ultraviolet-B-induced Lesions and their removal in wheat (*Triticum aestivum* L.) leaves. Plant Cell Environ 19:171–181

Taylor RM, Tobin AK, Bray CM (1997) DNA damage and repair in plants. In: Lumsden PJ (ed) Plant and UVB: responses to environmental change. Society for Experimental Biology seminar series 64. Cambridge Univ Press, Cambridge, pp 54–76

Teramura AH, Ziska LH (1996) Ultraviolet-B Radiation and Photosynthesis. In: Baker R (ed) Photosynthesis and the environment. Advances in photosynthesis, vol 5. Kluwer Academic Publishers, Dordrecht, pp 435–450

Teramura AH, Sullivan JH, Lydon J (1990a) Effects of UV-B radiation on soybean yield and seed quality: a 6-year field study. Physiol Plant 80:5–11

Teramura AH, Sullivan JH, Ziska LH (1990b) Interaction of elevated ultraviolet-B radiation and CO_2 on productivity and photosynthetic characteristics in wheat, rice and soybean. Plant Physiol 94:470–475

Teramura AH, Ziska LH, Sztein AE (1991) Changes in growth and photosynthetic capacity of rice with increased UV-B radiation. Physiol Plant 83:373–380

Tevini M (1993) Effects of enhanced UV-B radiation on terrestrial plants. In: Tevini M (ed) UV-B radiation and ozone depletion, effects on humans, animals, plants, microorganisms and materials. Lewis Publishers, Boca Raton, pp 125–153

Tevini M (1994) UV-B Effects on terrestrial plants and aquatic organisms. Progress in botany, vol 55. Springer-Verlag, Berlin Heidelberg New York, pp 174–190

Tevini M (1996) Erhöhte UV-B-Strahlung: Ein Risiko für Nutzpflanzen? Biol unserer Zeit 4:246–254

Tevini M, Häder D-P (1985) Allgemeine Photobiologie. Georg Thieme Verlag Stuttgart, New York

Tevini M, Iwanzik W, Thoma U (1983) Effects of enhanced UV-B radiation on germination, seedling growth, leaf anatomy and pigments of some crop plants. J Plant Physiol 110:435–448

Tevini M, Mark U, Saile M (1990) Plant experiments in growth chambers illuminated with natural sunlight. In: Payer H D, Pfirrmann T, Mathy P (ed) Environmental research with plants in closed chambers. Air pollution research report 26. Commission of the European Communities, Brussels, Belgium, pp 240–251

Tevini M, Braun J, Fieser G (1991) The protective function of the epidermal layer of rye seedlings against ultraviolet-B radiation. Photochem Photobiol 53:329–333

Thalmaier M, Bauw G, Thiel S, Döhring T, Langebartels C, Sandermann H Jr (1996) Ozone and ultraviolet-B effects on the defence-related proteins ß-1,3-Glucanase and Chitinase in tobacco. Plant Physiol 148:222–228

Thiel S, Döhring T, Köfferlein M, Kosak A, Martin P, Seidlitz H (1996) A phytotron for plant stress research: how far can artificial lighting compare to natural sunlight? J Plant Physiol 148:456–463

Tosserams M, Rozema J (1995) Effects of UV-B radiation on growth and physiology of the dune grassland species *Calamogrostics-Epigeios*. Environ Pollut 89:209–214

Vogelmann TC, Martin G, Chen G, Buttry D (1991) Fiber optic microprobes and measurement of the light microenvironment within plant tissues. Adv Bot Res 18:231–270

Willekens H, Van Camp W, Van Montagu M, Inzé D, Langebartels C, Sandermann H (1994) Ozone, sulfur dioxide, and ultraviolet B have similar effects on mRNA accumulation of antioxidant genes in *Nicotiana plumbaginifolia* L. Plant Physiol 106:1007–1014

Wilson MI, Greenberg BM (1993) Specificity and photomorphogenic nature of ultraviolet-B induced cotyledon curling in *Brassica napus* L. Plant Physiol 102:671–677

Zerefos CS, Bais AF, Meleti C, Ziomas IC (1995) A note on the recent increase of solar UV-B radiation over northern middle latitudes. Geophys Res Lett 22:1245–1247

Zerefos CS, Balis DS, Bais AF, Gillotay D, Simon PC, Mayer B, Seckmeyer G (1997) Variability of UV-B at four stations in Europe. Geophys Res Lett 24 11:1363–1366

Ziska LH, Teramura AH (1992) CO_2 enhancement effect of growth and photosynthesis in rice (*Oryza sativa*). Modification by increased ultraviolet-B radiation. Plant Physiol 99:473–481

3 Erkennung und Überwachung von Belastungen sowie Abhilfemaßnahmen

R. GUDERIAN

Zur Erkennung, Erfassung und Überwachung von Luftverunreinigungen und ihrer Wirkungen kommen chemisch-physikalische sowie biologische Methoden in Betracht (Abb. 3-1). Mit chemisch-physikalischen Verfahren lassen sich die Emissionen am Austritt aus der Quelle in die Atmosphäre und die dort während der Transmission ablaufenden Vorgänge ebenso messen wie die Immissionen in Bodennähe beim Übergang auf die Akzeptoren. Die Emissionsdaten bilden zusammen mit den Informationen über die Austritts- und Ausbreitungsbedingungen die Grundlage für die Modellierung der Ausbreitung und Umwandlung von Schadstoffen in der Troposphäre (s. Bd. 1B, Kap. 3). Mit den genannten Methoden läßt sich also die Belastung der Luft mit Verunreinigungskomponenten in ihren Konzentration-Zeitmustern meßtechnisch erfassen bzw. über Simulationsmodelle prognostizieren. Damit ist zugleich – unter der Voraussetzung, daß die Dosis-Wirkung-Beziehungen für den betreffenden Luftspurenstoff bekannt sind (s. Bd. 2A, Kap. 3.4.1.1) – die Möglichkeit zu Gefährdungsabschätzungen für die belasteten Schutzobjekte gegeben.

Unter den gegenwärtig vorherrschenden Immissionsbedingungen, charakterisiert durch langanhaltende Einwirkungen niedriger, vornehmlich chronisch und latent wirkender Konzentrationen und weitverbreitetes Auftreten komplexer Immissionstypen (s. neben Bd. 2A, Kap. 1.2 auch Bd. 1A, Kap. 1.2), ist die Bereitstellung geeigneter Daten für Maßnahmen sowohl im prophylaktischen als auch im nachträglichen Immissionsschutz sehr erschwert. Hieraus erklären sich die seit rund drei Jahrzehnten verstärkten Bemühungen, vorliegende Belastungen und Gefährdungen terrestrischer Ökosysteme über Wirkungsfestellungen an Lebewesen zu ermitteln. Die drei folgenden Beiträge – zur Bioindikation, Diagnose und Fernerkundung – informieren in ihrem Zusammenspiel über Möglichkeiten und Grenzen der Informationsgewinnung speziell an Pflanzen auf ihren verschiedenen Organisationsebenen.

Der Stellenwert biologischer Indikatoren resultiert daraus, daß sie Wirkungsaussagen ermöglichen, das Vorkommen ökotoxikologisch

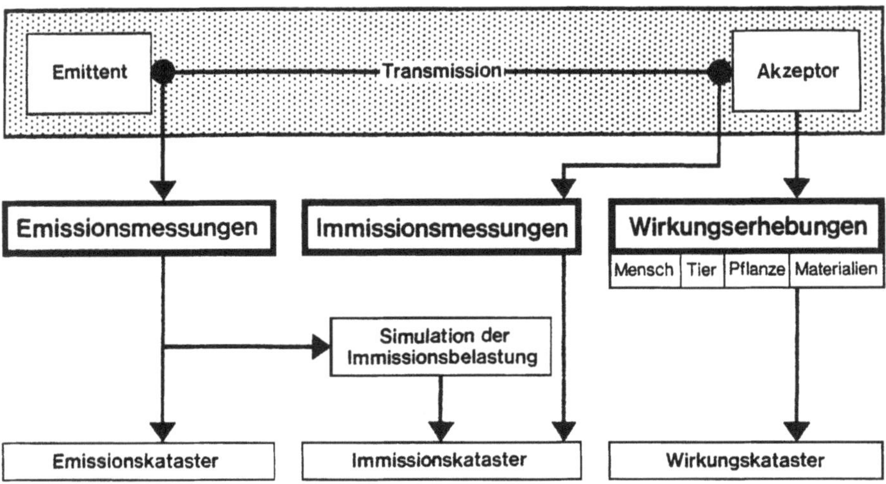

Abb. 3-1. Methoden zur Erfassung und Überwachung von Luftverunreinigungen und ihrer Wirkungen in terrestrischen Ökosystemen (Guderian u. Reidl 1982)

wirksamer Komponenten anzeigen, die Gesamtbelastung von Mischimmissionen zu beurteilen gestatten, nur auf den wirksamen Anteil einer Luftverunreinigung reagieren und nicht zuletzt Schlüsse auf die Gefährdung anderer Kompartimente im Ökosystem zulassen (Guderian u. Reidl 1982). Wirkungsfeststellungen an Lebewesen stellen mithin eine wichtige Ergänzung der durch Luft-, Wasser- und Bodenanalyse gewonnenen Informationen zur Umweltbelastung dar.

Zwischen den drei Verfahren gibt es hinsichtlich Inhalt und Methodik bestimmte Gemeinsamkeiten, aber auch wesentliche Unterschiede. Gemeinsame Aufgabe von Bioindikation und Fernerkundung ist es, Umweltveränderungen zu erkennen, zu dokumentieren und zu überwachen mit dem Ziel, Informationen über bereits eingetretene oder zu erwartende Veränderungen an der Vegetation insbesondere für prophylaktische Immissionsschutzmaßnahmen bereitzustellen. Der Aufgabenbereich dieser beiden Teildisziplinen immissionsökologischer Forschung und Praxis geht, was die Themenbreite betrifft, über den der Diagnose hinaus. Deren Aufgabe ist es, vorliegende Schäden sowie ihre Ursachen und Verursacher zu erkennen. Die hier gewonnenen Ergebnisse dienen vor allem der Anbahnung nachträglicher Abhilfemaßnahmen sowohl am Emittenten als auch am Ort der Wirkung und nicht zuletzt der Entschädigungsregulierung.

Gegenstand der Untersuchung sind in der Bioindikation ausgewählte Pflanzen bzw. Vergesellschaftungen von Pflanzen, die als Zeiger-,

Monitor- oder Testorganismen dienen und an denen im Rahmen des aktiven bzw. passiven Biomonitorings anthropogene Veränderungen erfaßt und bewertet werden. Die Fernerkundung ermittelt Abweichungen vom Normalzustand der Untersuchungsobjekte „Baum", „Gehölzbestand" und „Wald" und vermag großräumige Flächenübersichten sowohl von luftbildsichtbaren als auch von unsichtbaren Veränderungen an der Vegetation zu erfassen und zu dokumentieren. Die Diagnose konzentriert sich auf die Beschreibung und Analyse von Schäden an einzelnen Pflanzenarten oder Phytozönosen in Belastungsgebieten.

Auch in der Methodik dieser drei Spezialdisziplinen der Immissionsökologie bestehen wesentliche Unterschiede: So spielen in der Bioindikation die gemeinschaftsspezifischen Kriterien eine wichtige, weiterhin im Wachsen begriffene Rolle. Für die Diagnose haben die Ergebnisse chemisch-physikalischer Analysen von Pflanzen und der Medien Luft, Wasser und Boden große Bedeutung. Die Fernerkundung schließlich gewinnt ihre Informationen aus der „Vogelschau" ohne unmittelbaren Kontakt mit dem Untersuchungsojekt, indem sie sich der elektromagnetischen Strahlung bedient.

Die entscheidenden Maßnahmen zum Schutz der Vegetation vor Luftverunreinigungen bestehen in der Begrenzung der Immissionen auf ein von den Pflanzen tolerierbares Maß. Welche Möglichkeiten bestehen, am Ort der Wirkungen Vorkehrungen zum Schutz der Vegetation zu treffen, wird am Beispiel der Forstwirtschaft unter 3.4 verdeutlicht.

Literatur

Guderian R, Reidl K (1982) Höhere Pflanzen als Indikatoren für Immissioinsbelastungen im terrestrischen Bereich. Decheniania Beihefte (Bonn) 26:6–22

3.1 Bioindikation

U. Arndt

3.1.1 Einführung

Die Wirkungen menschlichen Fehlverhaltens wurden von jeher an gewissen Zeichen, Zeigern oder Indikatoren in unserer Umwelt erkannt, die bereits im Altertum und im Mittelalter bekannt waren und sogar zu Reaktionen und Maßnahmen führten (für den Bereich der Luftverunreinigungen vgl. Bd. 1A, Kap. 1.2 und Bd. 2A, Kap. 1). Erste ernst zu nehmende Publikationen zur Bioindikation erfolgten im vorigen Jahrhundert, als man um 1860 die Artenzusammensetzung des natürlichen Flechtenbewuchses als Kriterium für eine Belastung mit Luftverunreinigungen verwendete (Nylander 1866). Sorauer u. Ramann veröffentlichten 1899 ein Konzept für ein „Fangpflanzenverfahren", das heute die Basis für die Exposition von Indikatoren darstellt, und die frühe Entwicklung des Saprobiensystems durch Kolkwitz u. Marsson (1902) hat für die Bioindikation bis in unsere Zeit weitreichende Bedeutung erlangt. Nachdem um 1960 die allgemeine Sensibilisierung für Fragen des Umweltschutzes zuzunehmen begann, wurde auch das Basiswissen für die Anwendung von Bioindikatoren erheblich erweitert. Symptomatologische Erkenntnisse und Untersuchungen zur unterschiedlichen Resistenz von Organismen gegenüber Schadstoffen schufen wesentliche Voraussetzungen, um neue Bioindikationsverfahren zu entwickeln und zu erproben. In den letzten 10 Jahren hat nun die Bioindikation eine geradezu stürmische Entwicklung genommen. Für das große Interesse im wissenschaftlichen Bereich und die erfolgreiche Anwendung im praktischen Umweltschutz sprechen zahlreiche größere Kongresse und kleinere Veranstaltungen (McKenzie et al. 1992; Bohac 1992; Arndt et al. 1996; Fomin et al. 1999), die durch eine ganze Reihe von Monographien ergänzt werden (Arndt et al. 1987; Kovacs 1992; Peakall 1992; Steinberg et al. 1992; Jeffrey u. Madden 1993; Markert 1993; Gunkel 1994).

In Europa hat aufgrund einer entsprechenden Umweltschutz-Gesetzgebung die wirkungsbezogene Messung oder Beobachtung mit Einzelorganismen in den vergangenen Jahrzehnten eine erhebliche Bedeutung erlangt. Auch wenn die dabei verwendeten Test- und Monitoringverfahren zum Teil eine deutliche Abstraktion von den tatsächlichen Gegebenheiten in unserer Umwelt aufweisen, so zeigen sie dafür aber aufgrund ihrer methodischen Standardisierung eine hohe Reproduzierbarkeit der Ergebnisse. Diese als autökologische Bioindikation bezeichnete Richtung ist auch in Zukunft weiter entwicklungsfähig, da sie wesentliche Informationen für den Maßnahmenbereich liefert.

Anders als in Europa steht in den USA und Kanada die bioindikative Beobachtung und Beurteilung ganzer Ökosysteme im Vordergrund. Diese als synökologische Bioindikation bezeichnete Richtung überprüft die Ökosystemintegrität, was erhebliche ökologische Kenntnisse erfordert. Da der Schwierigkeitsgrad der Fragestellung hoch ist, liegen hier bisher nur relativ wenige ausgereifte Verfahren vor, und die Umsetzung der Ergebnisse in den Maßnahmenbereich ist zum Teil ungelöst (Beardsley 1992).

Der folgende Beitrag versucht in knapper Form eine Gesamtdarstellung des heute erreichten hohen Standes der ökotoxikologischen Bioindikation und zeigt zugleich, daß ein Ende der Entwicklung bei weitem noch nicht erreicht ist. Man kann vielmehr davon ausgehen, daß wissenschaftliche Forschung und Entwicklung sowie praktische Anwendung und Umsetzung der Ergebnisse weiterhin erhebliche Fortschritte machen werden, da sowohl in Mitteleuropa (Zimmermann u. Umlauff-Zimmermann 1994) als auch in den USA (Bretthauer 1992) dieses Instrument in seinen vielschichtigen Möglichkeiten zunehmend anerkannt und eingesetzt wird.

3.1.2 Prinzipien und Grundlagen

Die Bioindikation beruht auf der Reizbarkeit von Organismen und damit auf einem ökologischen Prinzip, das nicht nur für Schadstoffreize, sondern insbesondere auch für natürliche Stressoren Gültigkeit hat. Wenn nachfolgend Bioindikatoren und ihre Anwendungen mit Rücksicht auf die Zielsetzung dieses Handbuches speziell aus ökotoxikologischer Sicht behandelt werden, so darf der größere, ökologische Rahmen nicht außer acht gelassen werden.

Bei der Arbeit mit Bioindikatoren hat man sich grundsätzlich darüber im klaren zu sein, daß es sich um biologische Objekte mit ihren individuellen Eigenschaften handelt. Es sind keine physikalisch-chemischen Meßeinrichtungen und dürfen dementsprechend auch nicht mit diesen in einem bewertenden Sinne verglichen werden. Während nämlich derartige technische Geräte im allgemeinen Schadstoffkonzentrationen in Wasser oder Luft angeben, zeigen Bioindikatoren eine Reaktion, eine Wirkung an, wobei auch die Akkumulation über ein „normales" Maß hinaus als Wirkung definiert ist (Dreyhaupt et al. 1979), da auch bei den Aufnahme- und Abgabemechanismen der Stoffwechsel der Organismen beteiligt ist. Die prinzipielle Unterscheidung von unbelebten und lebenden Systemen diskutieren in klarer und knapper Form Guderian u. Reidl (1982) sowie Rudolph u. Boje (1986).

Betrachtet man biologische Systeme, so führen sich verändernde Standortsfaktoren oder z.B. Schadstoffe in der Umwelt zu einer Reaktion bei den Lebewesen. Diese Eigentümlichkeit der Organismen läßt sich als Kriterium im Sinne einer Indikation verwenden (Schönbeck et al. 1970), wobei hinter diesem Gedankengang die von Hans Selye begründete Streßforschung (1936) steht, die im Sinne der Bioindikation in den letzten Jahren weitergeführt wurde (Alsher u. Cumming 1990; Larcher 1994; Arndt et al. 1996; vgl. hierzu auch Bd. 2A, Kap. 3.4.3.1).

Das Streßverhalten von Organismen bringt es mit sich, daß auch bei der Bioindikation zwischen akuter und chronischer Belastung unterschieden und daß das Verhaltensmuster der verwendeten Organismen an einem Normalzustand orientiert werden muß. Es ist aber grundsätzlich zu berücksichtigen, daß Stressoren für alle Organismen eine nach Art, Menge und Intensität wechselnde Dauerbelastung darstellen, ja, daß sie für die Entwicklung von erhöhter Resistenz und Lebenstauglichkeit notwendig, also prinzipiell kein unnatürlicher Vorgang sind. Allerdings müssen hier Erscheinungen des ökotoxikologischen Bereichs insoweit ausgeschlossen werden, als das Einbringen von Schadstoffen in die Umwelt für Organismen in den meisten Fällen eine Art „Überraschungseffekt" besitzt - sie sind auf diese Art des Stresses nicht eingestellt. Dies bedeutet, daß das zu beobachtende Streßsyndrom als Ausdruck des Wechselspieles von destabilisierenden und resistenzfördernden Aktionen in Stoffwechsel oder Ökosystem in diesen Fällen vornehmlich auf die Schäden durch Schadstoffe zurückzuführen ist. Diese Tatsache erleichtert die ökotoxikologische Bioindikation.

3.1.3
Begriffsbestimmungen

Aufbauend auf dem Streßverhalten der Organismen und unter Berücksichtigung der auf dem 1. Hohenheimer Workshop zur Bioindikation erarbeiteten nomenklatorischen Vorschläge (Arndt et al. 1996) wird wie folgt definiert:

Bioindikatoren sind Organismen oder Organismengemeinschaften, die auf Umwelteinflüsse mit Veränderungen ihrer Lebensfunktionen, ihrer Strukturen und/oder ihrer chemischen Zusammensetzung reagieren und damit Rückschlüsse auf den Zustand ihrer Umwelt ermöglichen.

Ein im Umweltschutz verwendeter Bioindikator besitzt die Zweckbestimmung, Aussagen über Schadstoffbelastungen zu machen, und wird mit einer festgelegten Methode häufig als wiederholt einsetzbares Informationssystem verwendet. Er zeigt Wirkungen an und gibt Hinweise auf die Art, Quantität und eventuell die Dosis des Stressors. Die gebrachte Definition und die nachfolgend verwendeten Benennungen und Begriffe sind heute weitgehend akzeptiert und sollten ohne zwingende Notwendigkeit nicht geändert werden.

Unter dem Oberbegriff Bioindikator finden sich zunächst zwei im Gebrauch deutlich voneinander verschiedene Indikatortypen, nämlich die Reaktions- und Akkumulationsindikatoren (s. Abb. 3.1-1). Im streng naturwissenschaftlichen Sinne lassen sie sich in ihren Eigenschaften allerdings nicht trennen, denn eine Reaktion kann erst dann eintreten, wenn der Schadstoff zuvor aufgenommen wurde. Ein Akkumulationsindikator wird andererseits bei der Aufnahme von Schadstoffen im allgemeinen Abschirm- und eventuell auch Restitutionsmaßnahmen einleiten und damit auch reagieren. Für die Anwendung ist dies aber nicht so wesentlich, wenn nur eines der Wirkungskriterien, Reaktion oder Akkumulation, deutlich überwiegt und dadurch die Detektion eindeutig ist. Es gibt daher keinen Grund von diesen überall in der Welt verwendeten Bezeichnungen abzuweichen. Im englischen Sprachgebrauch werden die Reaktionsindikatoren häufig auch „sensitive bioindicators" genannt (Treshow u. Anderson 1989) und als Eindeutschung dementsprechend als Sensible oder Sensitive Indikatoren bezeichnet (Steubing u. Fangmeier 1992).

Reaktions- und Akkumulationsindikatoren finden sich bei allen drei in Abb. 3.1-1 genannten Verwendungsarten wieder, wobei letztere in ihrer Aussagekraft von einer leistungsstarken Analytik abhängig sind (Holler et al. 1996; Markert 1996).

Die Testorganismen werden vornehmlich in toxikologischen Labortests, bei der Umweltchemikalienprüfung und bei der Gewässerkontrolle herangezogen. Die eingesetzten Verfahren sind im allgemeinen hoch standardisiert und dienen auch dazu, potentielle Gefahren für den Menschen zu erkennen. Dementsprechend werden hierzu auch häufig Zoo-Organismen eingesetzt. Zwar sind die Ergebnisse nicht ohne weiteres auf Ökosysteme zu übertragen, doch findet in den letzten Jahren auch der ökotoxikologische Aspekt zunehmend Berücksichtigung. Dabei geben Testorganismen wie Bakterien, höhere Pflanzen und Tiere im allgemei-

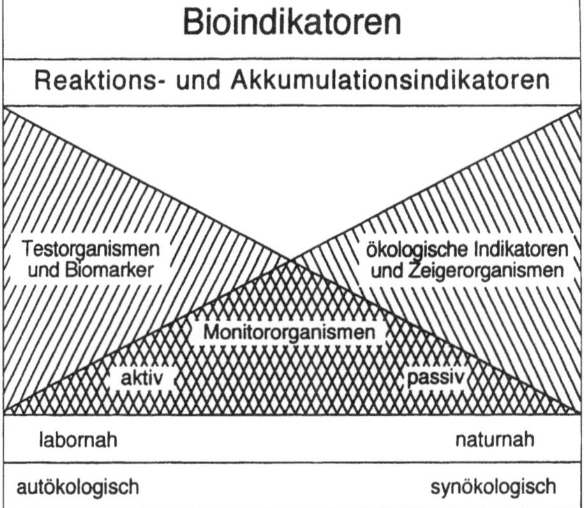

Abb. 3.1-1. Übersicht zur Benennung unterschiedlicher Indikationsverfahren

nen eine quantifizierbare Aussage über ihre Reaktion auf den einwirkenden Stressor, was durch eine möglichst genaue Festlegung der Testbedingungen erreicht wird. Allerdings bringt dies zwangsläufig eine schlechte Übertragbarkeit der Ergebnisse mit sich. Die Palette der heute bekannten Teste ist außerordentlich vielseitig, wobei zahlreichen erfolgversprechenden Ideen nur relativ wenige zertifizierte Verfahren gegenüberstehen. Diese auf eine schleppende Richtlinienarbeit zurückgehende Tatsache liegt auch in anderen Bereichen der Bioindikation vor und trägt nicht zu einer günstigen Akzeptanz des gesamten Bereiches bei. Dieser in jüngerer Zeit u. a. von Nusch (1993) dargestellte und kritisch beleuchtete Teil der Bioindikation ist ausgesprochen autökologischer Natur, d.h. er macht zunächst nur Aussagen über eine Organismenart.

Unter Monitororganismen werden Lebewesen zusammengefaßt, die zur qualitativen und quantitativen Überwachung der Wirkung von Schadstoffen, insbesondere von Luftverunreinigungen in der Umwelt verwendet werden. Der Begriff stammt aus dem anglo-amerikanischen 'to monitor' und bedeutet kontrollieren, überwachen, er beinhaltet also einen wiederholten, eine gewisse Zeit andauernden Einsatz entsprechender biologischer Verfahren. Kontinuierliche, technische Emissions- und Immissionsmessungen werden (nur) mit dem Begriff Monitoring belegt. Speziell mit Akkumulationsindikatoren versucht man Rückschlüsse auf Art und Dosis des einwirkenden Stressors zu ziehen, doch sind naturgemäß in dieser Hinsicht bei diesen sogenannten wirkungsbezogenen Meßverfahren erhebliche Schwierigkeiten vorhanden. Deutlicher als bei den ökologischen Indikatoren und Testorganismen lassen sich hier Reaktions- und Akkumulationsindikatoren unterscheiden, wobei diese entweder im Ökosystem vorhanden sind (passives Monitoring) oder in standardisierter Form in dieses eingebracht werden (aktives Monitoring). Im letzteren Falle spricht man vom Exponieren oder der Exposition von Bioindikatoren. Dieser seit mehr als 20 Jahren verwendete Begriff macht heute eine gewisse Wandlung durch, denn er wird im anglo-amerikanischen Sinne – „exposition" – als Belastung, Dosis oder Schadstoffkonzentration im Medium verwendet. Die bei der Exposition zu beobachtenden Schadbilder bzw. die analysierten Chemikaliengehalte sollen mehr oder weniger exakte Rückschlüsse auf die Schadstoffe erlauben, wenn entsprechende Kalibrierungen vorgenommen wurden. Der Bereich des Monitorings muß heute in seiner Anwendung noch vornehmlich der autökologischen Bioindikation zugeordnet werden, hat aber durchaus sowohl synökologische als auch landschaftsplanerische Aspekte.

Als ökologische Indikatoren, und hierzu gehören auch die Zeigerorganismen, sollen hier Bioindikatoren oder Indikatorgesellschaften bezeichnet werden, die Angaben über Zustände im Ökosystem erlauben. Damit ist ihre Aussage eher synökologischer Natur. Im einfachsten Fall können dies Hinweise auf einen bestimmten pH-Wert oder auf Schwermetallgehalte im Boden sein. Bestimmte Biozönosen reagieren auf das Auftreten von Schadstoffen mit Veränderungen ihrer Arten- und Mengenzusammensetzung (vgl. Bd. 2A, Kap. 4.1.2), wobei sich zur Beobachtung häufig die Kartierung der Vegetation besser als die der Fauna eignet, da Pflanzen bei leichter erfaßbaren Umweltansprüchen ortsgebunden und zahlreicher sind. Allerdings sind für Tiere in den letzten Jahren in Nordamerika wesentliche Fortschritte in aquatischen Ökosystemen gemacht worden, und auch für Waldökosysteme gibt es hier erste Ansätze (McKenzie et al. 1992; Arndt u. Tremp 1994). Im allgemeinen macht die Quantifizierung der Aussage von ökologischen Indikatoren noch Schwierigkeiten und wird in einigen Fällen heute über Indexwerte, wie den „Index of Ecosystem Integrity" (Karr 1981; Regier 1992; Schneider 1992) durchgeführt. Ein Rückschluß auf den Stressor und seine Dosis in den oben angegebenen grundsätzlichen Grenzen ist im allgemeinen noch nicht möglich. Um Veränderungen im Ökosystem feststellen zu können, sind langfristige und wiederholte Kontrollen von Zeigerwerten bzw. ökologischen Indikatoren notwendig. Derartige Arbeiten führen zu ökologischen Katastern, die auch über anthropogene Belastungen Aufschluß geben können (LfU 1994a).

Die hier verwendete Terminologie der Indikatoren soll und muß aufgrund ihrer Natur und Verwendung in bestimmten Bereichen unscharf bleiben. Aus diesem Grunde sind in Abb. 3.1-1 Überschneidungszonen zwischen ökologischen Indikatoren und dem passiven Monitoring einerseits sowie den Testorganismen und dem aktiven Monitoring andererseits gegeben. In diesen Bereichen sind die Übergänge fließend.

Für die Verwendung derartiger bioindikativer Systeme sprechen Eigenschaften, die nur diese aufweisen und zwar,

- das prinzipielle Anzeigen einer Wirkung; damit wird die modellmäßige Ableitung der Wirkung aus Daten eines Immissionsmeßnetzes, die in einigen Fällen zwar grundsätzlich möglich, aber mit erheblichen Unsicherheiten belastet ist, überflüssig;
- eine mehr oder weniger integrale Anzeige eines Immissionstyps bei Reaktionsindikatoren; d.h. die aus physikalischen Meßverfahren bekannte „Querempfindlichkeit" ist hier nicht unbedingt eine Störgröße, sondern gehört zur Gesamtwirkung;
- alle äußeren Einflüsse und Stressfaktoren, die die Wirkungsausprägung beeinflussen, auch wenn der Indikator sowohl gegenüber Verunreinigungen als auch gegenüber anderen Parametern unterschiedlich empfindlich ist, werden zusammengefaßt;

- alle endogenen Einflüsse machen sich in der Reaktion bzw. Akkumulation der Indikatoren bemerkbar. Auch dieses muß im Sinne unterschiedlicher Empfindlichkeit, beim Menschen wird in diesem Zusammenhang der Begriff der Risikogruppen verwendet, positiv gesehen werden;
- Indikatoren können neben akuten auch chronische Belastungen erkennbar machen, indem sie z.B. Schadstoffe erst zu einer Menge anreichern, die als Differenz zum Normalzustand meßbar wird oder eine Langzeitreaktion wie z.B. eine Wachstumsdepression zeigt;
- da das Ziel des Umweltschutzes die Wirkungsbegrenzung ist und diese sich an festgelegten Grenzen zu orientieren hat, liefern in diesem Fall nur Wirkobjekte zweckdienliche Daten.

Als kaum erfüllbar haben sich andererseits die Forderungen erwiesen, die eine spezifische Reaktion auf eine einzelne Komponente aus einem Immissionstyp im Freiland verlangen. Zwar liegen Indikatoren vor, die sich z.B. vornehmlich gegenüber bestimmten Luftverunreinigungen empfindlich zeigen, doch ist die absolute Ausschließlichkeit nicht gegeben und wird sich auch mit letzter Sicherheit nicht nachweisen lassen. Diese Aussage gilt in gewissem Maße auch für Akkumulationsindikatoren, bei denen zwar einzelne Komponenten analytisch bestimmt werden, deren Aufnahme sich aber eben auch auf eine Lebensäußerung, die nicht nur von der Außenkonzentration der Verunreinigung, sondern von vielen Parametern abhängig ist, zurückführen läßt.

Eine akzeptable Annäherung an das Problem der spezifischen Bioindikation von einzelnen Schadstoffen in Gemischen stellt prinzipiell ein System aus mehreren Bioindikatoren mit jeweils unterschiedlichen Empfindlichkeiten dar. In einem solchen Indikatorfächer (vgl. 3.1.4) kann eine für einen bestimmten Schadstoff unempfindliche Pflanze als interner Standard im Vergleich mit einer für diesen Schadstoff besonders empfindlichen herangezogen werden. Ein derartiges Bioindikationssystem zur Einschätzung der Phytotoxizität von Schadstoffgemischen wurde u.a. von Bücker (1995, 1999) eingeführt.

3.1.4 Einsatz von Bioindikatoren – Bioindikation

Reduziert man auf eine ökotoxikologische Anwendung, so sind unter der Bioindikation Messungen von Veränderungen an Organismen bzw. Ökosystemen zu verstehen, wie sie durch anthropogene Umwelteinflüsse hervorgerufen werden. Sie wird unter Orientierung an einem festzulegenden Normalzustand, räumlich und zeitlich differenziert, insbesondere mit Monitororganismen durchgeführt. Dabei ist wesentlich, daß es sich nicht um die quantitative Bestimmung von Streßfaktoren wie z.B. Luft- oder Wasserverunreinigungen handelt, sondern um wirkungsbezogene Meßverfahren, die nicht als konkurrierende Methoden zur Schadstoffmessung mit chemisch-physikalischen Verfahren gesehen werden dürfen.

Für den praktischen Einsatz von autökologischen Bioindikatoren, insbesondere dann, wenn er in der Form eines routinemäßig durchgeführten Wirkungskatasters erfolgt, sind einige Anforderungen zu stellen, und zwar:

- Leichte Handhabbarkeit und Wartung;
- Standardisierbarkeit;
- Preisgünstigkeit;
- genetische Einheitlichkeit;
- weitgehende Kenntnis der Reaktions- und Akkumulationsbedingungen;
- Offensichtlichkeit und Quantifizierbarkeit der Wirkung;
- leichte Auswertbarkeit des Signals;
- statistische Auswertbarkeit des Signals.

Diese Ansprüche an einen Bioindikator müssen nicht unbedingt alle zugleich erfüllt sein. Je nach Aufgabenstellung gewinnen verschiedene Eigenschaften mehr oder weniger an Bedeutung, und in speziellen Fällen mögen weitere Anforderungen hinzukommen. Je nach Sichtweise weichen derartige Anforderungen auch voneinander ab; so wurden von einer Expertenkommission für Testverfahren folgende Eignungskriterien aufgestellt (Nusch 1993):

- Relevanz, der Test sollte eine Bedeutung für das Ökosystem haben;
- Konstanz, der Test muß ausreichend wiederholbar sein;
- Empfindlichkeit, der Testorganismus muß bei realistischen Schadstoffkonzentrationen auch ansprechen;
- Objektivierbarkeit, die Wirkung muß meß- und dokumentierbar sein;
- Interpretierbarkeit, es müssen aus den Ergebnissen Rückschlüsse auf das Freiland möglich sein;
- Realisierbarkeit, der Test sollte handhabbar und finanzierbar sein;
- Standardisierbarkeit, die Versuchsbedingungen müssen eindeutig festgelegt sein.

Hier wird noch deutlicher als vorher, daß diese Anforderungen sich nicht gleichzeitig realisieren lassen, ja, sich zum Teil widersprechen; es sind daher Prioritäten zu setzen (Nusch 1993). Als wesentlicher Aspekt ist hierbei die Standardisierung der angewandten Verfahren anzusprechen. Durch entsprechende Arbeiten ist eine weitgehende Vergleichbarkeit der erzielten Ergebnisse und mittels Verfahrenskenngrößen auch der Verfahren selber möglich (Arndt et al. 1987). Folgt man einer Einteilung der Kenngrößen Keitels (1989), so sind sieben Charakteristika auf jeweils eine von drei Gruppen zu verteilen, für die sie die größte Bedeutung haben. Es muß aber betont werden, daß die Verfahrenskenngrößen auch heute noch diskutiert werden.

Kenngrößen für den Meßwert

Hierunter ist die Bestimmung der Meßgröße in verschiedenen Dimensionen zu verstehen, wie z.B. % nekrotisierte Blattfläche oder Gehalt an Schadstoff in mg/g TS.

Der Meßwert wird durch seine Genauigkeit oder auch Reproduzierbarkeit (engl.: „precision“) gekennzeichnet. Hierunter hat man die Größe des verfahrensimmanenten Fehlers zu verstehen, d.h. wie groß ist die Genauigkeit bei exakten Versuchswiederholungen. Wie weit das Verfahren als zuverlässig gelten kann, wird in Meßzahlen, in % oder als Standardabweichung ausgedrückt.

Der Meßwert wird auch durch seine Empfindlichkeit oder Sensitivität (engl.: „sensitivity“) charakterisiert. Sie ist nach DIN 1319 als das Verhältnis einer an einem Meßgerät beobachteten Änderung seiner Anzeige zu der sie verursachenden, der tatsächlichen Meßgröße definiert. Auf einen Bioindikator übertragen bedeutet dies, daß der gewählte Meßwert eine definierte Ansprechschwelle aufweist und zugleich sein Auflösungsvermögen bekannt ist.

Kenngrößen für die Wirkungsbestimmung

Hierunter werden die Eigenschaften des Bioindikators zusammengefaßt, die direkte Aussagen zur Wirkung des Stressors machen, also inwieweit der gekennzeichnete Meßwert auf einen oder mehrere Schadstoffe zurückzuführen ist.

Die Richtigkeit oder Exaktheit (engl.: „accuracy“) gibt an, mit welcher Zuverlässigkeit das ausgewählte Wirkungskriterium wirklich auf die zu indizierenden Schadstoffe und ihre Herkunft anspricht. Hierzu sind Nullproben zu ermitteln oder Bestimmungen des Normalverhaltens vorzunehmen. Auf diese Weise läßt sich unter Berücksichtigung der Streuung dieser Kontrollproben z.B. ermitteln, ob der Schadstoff tatsächlich über den Luftpfad in das Wirkobjekt gelangt.

Die Spezifität (engl.: „specificy") charakterisiert ein Bioindikationsverfahren auf zweierlei Weise. So betrifft die Stoffspezifität die Eindeutigkeit, mit der die Reaktion auf einen bestimmten Schadstoff zurückgeführt werden kann. Die Reaktionsspezifität beschreibt, mit welcher Deutlichkeit das Wirkungskriterium von anderen abzugrenzen ist.

Kenngrößen für das Aussageziel

Sie beschreiben die Aussagekraft des Bioindikationsverfahrens für andere Organismen und Organismengemeinschaften. Sie sind nicht wie die an erster und zweiter Stelle genannten Kenngrößen quantifizierbar und zudem stark von der Erfahrung des Experimentators abhängig.

Als Gültigkeit (engl.: „validity range") bezeichnet man die räumliche und zeitliche Übertragbarkeit von Indikationsergebnissen. Da z.B. klimatische Verhältnisse sowohl zeitlich als auch räumlich starke Unterschiede aufweisen, spielt für diese Kenngröße die Beobachtungszeit und die Ausdehnung der beobachteten Fläche eine große Rolle.

Unter der Repräsentanz (engl. „representation") ist die Übertragung von Ergebnissen eines bioindikativen Systems auf andere Organismen und Organismengemeinschaften bis hin zum Menschen zu verstehen. Diese wünschenswerte Eigenschaft ist bisher nur bei wenigen Bioindikatoren in geringem Umfang bekannt. Aussagen über die Repräsentanz erfordern naturgemäß umfangreiche vergleichende Untersuchungen, die bisher fast vollständig fehlen.

Als letztes Kriterium für einen Bioindikator soll hier seine Bedeutung (engl. „importance") genannt werden. Sie muß dann als besonders groß angesehen werden, wenn entweder der Organismus für den Menschen (z.B. Haustiere) bzw. für ein ganzes Ökosystem (dominante Art) wesentlich ist oder aber der Indikator eine große Repräsentanz besitzt.

Bioindikatoren finden heute in Laboratorien, in Innenräumen, emittentenbezogen im Freiland und landschaftsweit z.B. in ganzen Bundesländern Verwendung. Dabei gilt dies zur Indikation von Schadstoffwirkungen im Wasser-, Boden- und Luftbereich. Die Zeitskala ihres Einsatzes reicht von wenigen Minuten bis hin zu Jahren. Sie werden als einzelne botanische oder zoologische Spezies verwendet oder auch häufig als sogenannte Indikatorfächer oder Testbatterien. Auch Modellökosysteme („microcosms"), Biozönosen und ganze Ökosysteme werden zur Indikation herangezogen. Zu diesen verschiedenen Anwendungsformen werden nachfolgend einige prinzipielle Bemerkungen gemacht.

3.1.4.1 Testorganismen und Testverfahren

Testverfahren werden heute im ökotoxikologischen Bereich vornehmlich zur Erfüllung von Gesetzen und Verordnungen verwendet, die eine Bewertung der biologischen Wirkung von Chemikalien verlangen. Dies ist insbesondere das Chemikaliengesetz (ChemG 1980), das Mensch und Umwelt vor der Einwirkung gefährlicher Stoffe schützen soll, und das Wasserhaushaltsgesetz (WHG 1986), ein Rahmengesetz für aquatische Systeme (Peine 1994).

Die notwendigen Informationen über die Umweltgefährlichkeit von Stoffen werden zu einem großen Teil über Bioteste gewonnen, wobei einige methodische Besonderheiten für derartige Verfahren zu beachten sind. Die Tabelle 3.1-1 zeigt für die Medien Wasser und Boden vorgeschriebene Testverfahren in der Grundstufe und der Stufe 1 (nach Rudolph u. Boje 1986). Die in den 1980er Jahren ausgewählten Organismen sind heute zum Teil umstritten, und auch die Beschränkung der Grundstufe auf akute Wirkungen sowie das Medium Wasser wird heftig diskutiert. Die Stufe 1 der Teste erweitert auf ein- und mehrzellige Pflanzen und versucht auch über die längerfristigen Wirkungen an Organismen aus Wasser und Boden Informationen zu gewinnen. Für höhere biologische Ebenen liegen zwar bioindikative Vorschläge vor und könnten im Rahmen der Stufen 2 (Tabelle 3.1-1) eingesetzt werden, sie sind aber von der Gesetzeslage her nicht zwingend.

Auch wenn die gesetzliche Zielsetzung vernünftig und der Wunsch nach einer gewissen Praktikabilität des Gesamtverfahrens zur Chemikalienanmeldung verständlich ist, so kann aus wissenschaftlicher Sicht mit den ökotoxikologischen Labortesten (Tabelle 3.1-1) keine verläßliche Unbedenklichkeit garantiert werden. Die erzielten Ergebnisse gelten streng genommen nur für die untersuchten Organismen unter den gegebenen Versuchsbedingungen (diskutiert bei Rudolph u. Boje 1986; Rudolph 1992b). Dagegen lassen sich Konzentrationsbereiche von Stoffen ermitteln, die nicht erreicht werden sollten, da sich mit den Testen unter reproduzierbaren Bedingungen Dosis-Wirkungs-Beziehungen aufstellen lassen und eine Bewertung vorgenommen werden kann (Rudolph u. Boje 1986). Für diese wurden von einem Bund-Länder-Arbeitskreis entsprechende Qualitätsziele für die Beurteilung der Schadstoffkonzentrationen in Gewässern erarbeitet (Markard 1992).

Die genannten Teste sind immerhin in der Lage, ein Gefährdungspotential nachzuweisen, und haben den Vorteil, daß die Versuchszeiten kurz sind. Das Gesetzesziel wird mit ihnen insofern erreicht, als bei

Tabelle 3.1-1. Im Rahmen des ChemG verlangte ökotoxikologische Prüfungen der Grundstufe und der Stufe 1. (Zusammengestellt von Rudolph u. Boje 1986)

Grundstufe		
Akute Toxizität an einer Fischart	Tödliche Wirkung bei einmaliger Gabe nach 24 bis 48h	Zebrabärbling (*Brachydanio rerio*) Sekundär-konsument
Akute Toxizität am Wasserfloh	Hemmung der Schwimmfähigkeit bei einmaliger Gabe nach 24 bis 48h	Großer Wasserfloh (*Daphnia magna*) Primärkonsument
Stufe 1		
Algentoxizität	Hemmung der Zellvermehrung bei einmaliger Gabe während 72h	Grünalge (*Scenedesmus subspicatus*) Primärproduzent
Langfristige Daphnientoxizität	Ermittlung der „no-effect-concentration", der Schwellenkonzentration auf der Beeinträchtigung der Reproduktion und tödlichen Wirkung bei wiederholter und ständiger Gabe während 21d	Großer Wasserfloh (*Daphnia magna*)
Langfristige Fischtoxizität	Ermittlung der „no-effect-concentration", der Schwellenkonzentration auf tödliche und subletale Wirkungen bei wiederholter und ständiger Gabe während 14 bis 28d	Zebrabärbling (*Brachydanio rerio*)
Pflanzentoxizität	Wachstumshemmung bei einmaliger Gabe nach 14d	Hafer (*Avena sativa*), Rübe (*Brassica repa*), Primär-produzent
Regenwurm-toxizität	Tödliche Wirkung bei einmaliger Gabe nach 14d	Regenwurm (*Eisenia foetida*) Sekundärdestruent
Stufe 2		
	Individuelles stoffbezogenes Prüfprogramm	

einem negativen Ergebnis der Hersteller sein neues chemisches Produkt aus Kostengründen nur dann weiter verfolgt, wenn es als unersetzlich gelten kann.

Das in der Bundesrepublik geltende Wasserrecht behandelt den Schutz oberirdischer Gewässer, der Küstengewässer und den Schutz des Grundwassers. Im Sinne einer ökotoxikologischen Betrachtung ist die

Einleitung von gefährlichen Stoffen und entsprechend belastetem Abwasser von besonderer Bedeutung, und es besteht in diesem Zusammenhang eine enge Verbindung zum Chemikaliengesetz. Steinhäuser (1995) gibt einen Überblick über den Sinn und die Notwendigkeit von Biotesten im Gewässerschutz und nennt im Zusammenhang mit der RVA (Rahmenabwasserverwaltungsvorschrift) nach § 7a des WHG die Verankerung von vier Verfahren, nämlich den akuten Fischtoxizitätstest mit Goldorfen, den akuten Daphnientoxizitätstest, den Algenvermehrungshemmtest mit Fluoreszenzmessung und den Leuchtbakterientest. Es wird immer wieder betont, daß diese Testbatterie zu erweitern ist und hierfür auch zahlreiche brauchbare Vorschläge vorhanden sind (vgl. hierzu auch Tabelle 3.1-2 im Anhang).

In den letzten zehn Jahren hat sich auch eine fortlaufende Überwachung von Abwässern und Oberflächenwässern entwickelt (Knie 1994). Sie wird häufig auch als On-line-Monitoring bezeichnet und leitet über zu den in Abb. 3.1-1 erwähnten Monitororganismen. Die dafür verwendeten Verfahren setzen die Indikatororganismen laufend einem zu prüfenden Wasserstrom aus, wobei auch die Organismen z. T. laufend ausgewechselt werden, um eine Anpassung oder Prädisposition zu vermeiden. Ein bekanntes Beispiel für den Einsatz derartiger On-line-Verfahren ist die kontinuierliche Rheinwasserüberwachung (Pluta et al. 1994; MUF-RP 1996), die inzwischen auch an anderen Flüssen praktiziert wird. Allerdings sind sowohl die investiven als auch die Kosten des Dauerbetriebes nicht unerheblich, so daß eine ständige Überprüfung des Meßnetzes in bezug auf die verwendeten Organismenarten und Wirkungskriterien sowie eine weitreichende Automatisierung notwendig sind.

Es ist eine Tatsache, daß beide genannten Gesetze (ChemG und WHG) einen deutlichen Anreiz zur Forschung und zur Entwicklung neuer Testverfahren bis hin zu sogenannten Biosensoren, d.h. direkte Kopplungen von Organismen mit Meßgeräten (Kindervater u. Schmid 1989) brachten und auch heute noch bringen. So hat es in den vergangenen 10 Jahren eine Fülle neuer diesbezüglicher Vorschläge gegeben, die u.a. bei Steinhäuser u. Hansen (1992), Gunkel (1994) und Steinberg et al. (1995) zusammengestellt sind.

Bei der Durchsicht diesbezüglicher Arbeiten ist auffällig, daß weitaus die meisten Teste für das wässrige Milieu entwickelt worden sind (Tabelle 3.1-2). Wenn sie dennoch nicht im Band 3 'Aquatische Ökosysteme' sondern an dieser Stelle aufgenommen worden sind, so liegt dies in der Natur dieser Teste, die heute eine wesentliche Säule der Bioindikation darstellen. Dabei ist der erhebliche Umfang der Tabelle 3.1-2 insofern sinnvoll und gerechtfertigt, da ihr Inhalt in dieser Aktualität bisher nicht veröffentlicht ist und Ausgang für Neueinsteiger sowie Neuentwicklungen und Verbesserungen sein kann. Es besteht kein Zweifel darüber, daß wir es bei der Entwicklung und Anwendung von Biotesten mit einem Schwerpunkt der Ökotoxikologie zu tun haben, der das Biomonitoring der praktischen Luftreinhaltung in die Routineanwendung gedrängt hat. (Um den Lesefluß nicht zu stören, wurde die Tabelle 3.1-2 als Anhang beigefügt).

Als Ergänzung zu den aquatischen Biotesten werden in Tabelle 3.1-3 einige wenige Testverfahren genannt, die mit einigen Modifikationen auch für den Bereich der Luftreinhaltung brauchbar sind. So wurde der Tradescantia-Micronucleus-Test bereits erfolgreich in der Umgebung von Müllverbrennungsanlagen eingesetzt (Ma et al. 1995; Fomin u. Hafner 1998).

Dabei verwendet man neben Schnittlingen des Blütenstandes auch ganze Pflanzen, die zwischen 6 und 24 Stunden im Freiland exponiert werden. Auch Wasserlinsen nehmen über die auf dem Wasser aufliegenden Fronds Gase auf und können so von Luftverunreinigungen geschädigt werden (Feder u. Sullivan 1969; Sallenave u. Fomin 1997). Informationen über die Ökotoxizität von gasförmigen Emissionsströmen kann man über eine On-Line-Überwachung mittels *Euglena gracilis* erhalten, wenn man aus den Rauchgasen kontinuierlich ein Kondensat abzweigt und auf seine ökotoxische Aktivität überprüft (Elsner u. Arndt 1997). Da bisher Teste für die Wirkung von Luftverunreinigungen routinemäßig nicht eingesetzt werden, ist es eine lohnende methodische Aufgabe, alle bisher bekannt gewordenen Biotestverfahren auf ihre Einsatzmöglichkeit in der Luftreinhaltung zu überprüfen. Die in Tabelle 3.1-3 genannten Teste sind hierzu vielversprechende Beispiele.

Die Belastung mit Schadstoffen in bodennahen Luftschichten sowie in Gewässern Mitteleuropas ist in den vergangenen Jahren deutlich geringer geworden, so daß die biologische Wasseruntersuchung mit Biotesten häufig nicht mehr empfindlich genug ist, um ihren Zustand genauer zu beschreiben (Obst 1998). Um diese Schwierigkeit zu überwinden, werden suborganismische Testverfahren vorgeschlagen, deren Wirkungskriterien auf Gewebe- und Molekülebene liegen und auch als Biomarker bezeichnet werden (Adams et al. 1989). Ihnen wird eine höhere Spezifität in bezug auf den Verursacher zugesprochen, so daß auch die Ursachenanalyse verbessert werden könnte (Obst 1998).

Auf das Bodenschutzgesetz und seine Auswirkungen auf die Entwicklung und Verwendung von Testen kann hier nicht näher eingegangen und nur auf die Kapitel 2.1 bis 2.3 in Band 2A hingewiesen werden.

Tabelle 3.1-3. Bioteste für den Nachweis von Immissionswirkungen im terrestrischen Bereich

Testverfahren und Organismus	Wirkungskriterium	Status	Literatur
Mikronucleus-Test mit Spinnwurz (*Tradescantia*, Klon 4433)	Kleinkernbildung bei Meiose in Blütenknospen nach mutagener Belastung	weltweite über UN geförderte Verwendung	Ma (1982); Fomin et al. (1995, 1999)
Staubhaartest mit Spinnwurz (*Tradescantia*, Klon 4430)	Verfärbung an Staubhaaren von blau nach rosa bei mutagener Belastung	Verfahren bisher zu wenig verwendet	Ma et al. (1994)
Schmalwand-Test mit *Arabidopsis thaliana*	Blattentfärbungen (Panaschierung) bei genotoxischer Belastung	viel verwendet, jedoch als Test noch nicht ausreichend entwickelt	Gichner et al. (1994)
Moossporen-Test mit *Funaria hygrometrica*	Auskeimung und Längenwachstum bei Schadstoffbelastung	Entwicklungs und Erprobungsstadium	Loos (1993)
Wasserlinsen Teste mit *Lemna minor* und *Spirodela polyrhiza*	Wurzelabwurf, Turionenbildung, Frondwachstum, Anthozyanbildung bei Schadstoffbelastung	Im DIN-Ausschuß	Jungnickel u. Augsten (1986); Sallenave u. Fomin (1997)
Kresse-Test mit *Lepidium sativum*	Wurzel- und Sproßwachstum	DIN 38412	Lüssem u. Rahman (1980); Fomin et al. (1997)

3.1.4.2
Biomonitore und Wirkungskataster

Ähnlich wie bei den Testverfahren ist auch der hohe Stand des Biomonitorings insbesondere in der praktischen Luftreinhaltung der Bundesrepublik Deutschland auf ein Gesetz, nämlich das Bundes Immisionsschutz Gesetz (BImSchG 1974), seine Vorläufer und seine Verordnungen und Verwaltungsvorschriften zurückzuführen. Auch wenn in diesen die Bioindikation nicht direkt gefordert wird, so läßt sie sich doch zwanglos aus den §§ 1, 47 und anderen Hinweisen ableiten (Feldhaus 1997). Das Biomonitoring ist grundsätzlich nicht als Alternative zu physikalischen Messungen zu sehen, da der Einsatz von Organismen als wirkungsbezogene Meßverfahren Informationen liefert, die mit technischen Geräten nicht zu beschaffen sind: Sie zeigen eine Wirkung an und erfüllen so eine im Gesetz geforderte Aufgabe (Prinz 1992).

Zwischen 1965 und 1975 ist die Entwicklung des Biomonitorings wesentlich von der Landesanstalt für Immissionsschutz in Essen geprägt worden, wo man frühzeitig erkannt hatte, daß wirkungsbezogene Meßverfahren einen bedeutsamen Beitrag zur Information über den Zustand unserer Umwelt leisten können (VDI 3957, Bl. 1 1997). Heute werden wirkungsbezogene Meßverfahren, wie sie in der praktischen Luftreinhaltung verwendet werden, der autökologischen Bioindikation zugerechnet (Arndt u. Fomin 1993). Ihre Aufgabe ist es, Wirkungen aufgrund biologischer, chemischer und physikalischer Stressoren nachzuweisen und, wenn möglich, weitgehend zu quantifizieren, d.h. die Veränderungen des Akzeptors müssen mit bekanntem Fehler meßbar oder abschätzbar sein, sie sollten also ein Maß haben. Wesentlich schwieriger zu belegen, aber gleichwohl notwendig, ist der Zusammenhang zwischen der Wirkung am Objekt, also am Bioindikator und dem einwirkenden Schadstoff. Die Auswahl eines oder mehrerer Biomonitore für eine Überwachung ist dementsprechend wichtig und bestimmt den Aussagewert der für die Auswertung notwendigen Ursachenanalyse (Prinz 1992).

Biomonitore können einzeln oder in Gruppen, an einem oder an mehreren Orten zugleich, emittenten- oder flächenbezogen und wiederholt über kürzere oder längere Zeiten verwendet werden. Damit differenzieren sie mit ihren Aussagen sowohl räumlich als auch zeitlich, wenn entsprechende Vergleiche durchgeführt werden. Ihre praktische Anwendung ist national und international derart vielfältig, daß die umfangreiche Literatur in diesem Beitrag, auch in verkürzter Tabellenform, nicht vollständig dargestellt werden kann.

Eine wesentliche Voraussetzung für den großen Erfolg dieser Verfahren ist eine möglichst weitgehende Standardisierung der jeweils angewendeten Methode, die im besten Fall in einer Richtlinie im VDI/DIN-Handbuch Reinhaltung der Luft mündet. Aber bereits im Vorfeld einer entsprechenden methodischen Festlegung hat man sich in der jüngsten Vergangenheit bemüht, eingeführte und erprobte Verfahren des Biomonitorings als zusammenhängende Serie zu veröffentlichen (Zimmermann u. Umlauff-Zimmermann 1994), um so die eigentliche Richtlinienarbeit der dafür legitimierten Gremien zu erleichtern und zu beschleunigen. Einige häufiger verwendete autökologische Biomonitoring-Verfahren sind in Tabelle 3.1-4 zusammengestellt.

Aus der Fülle der bekannt gewordenen Methoden und praktizierten Verfahren sollen nachfolgend Beispiele gebracht und an diesen einige Besonderheiten der Biomonitore erläutert werden. Welche Bedeutung die exakte Festlegung und Standardisierung der methodischen Einzelheiten hat, sei an der Handhabung einer der wichtigsten Biomonitoringverfahren, der standardisierten Graskultur nach VDI-Richtlinie 3792, Bl. 1 (1978), beispielhaft dargestellt. Das Verfahren geht auf G. Scholl an der Landesanstalt für Immissionschutz (LIS) in Essen zurück (Scholl 1971).

Welsches Weidelgras (*Lolium multiflorum* ssp. *italicum*, Sorte Lema) wird in Tonschalen von 12 cm Durchmesser und 3 cm Höhe, die mit handelsüblicher Fruhstorfer Einheitserde Typ 0 gefüllt sind, mit 0,3 g Saatgut pro Gefäß ausgesät. Etwa 8 Tage nach dem Aufgang werden die Pflanzen auf 4 cm Länge zurückgeschnitten und von den Anzuchtschalen auf das Expositionsgefäß übertragen. Das Gefäß ist im unteren Teil mit einer definierten Nährlösung gefüllt, die über einen Schlauch, der in eine Keramikkerze mündet, von den Pflanzenwurzeln angesaugt werden kann. Nach einer Anzuchtdauer von 6 bis 8 Wochen, in denen das Gras zurückgeschnitten wird, erfolgt die 14tägige Exposition in 1,5 m Höhe über Grund im Freiland. Danach wird der Aufwuchs geschnitten, getrocknet, gemahlen und auf Fluor (VDI 3792, Bl. 2, 1982), auf Blei (VDI 3792, Bl. 3, 1991) und eventuell auf andere Elemente analysiert. Wesentlicher Entwicklungsschritt bei der Methode war die selbständige Wasserversorgung der Pflanzen, da es nur dadurch möglich wurde, größere Meßnetze mit zahlreichen Kulturen zu betreiben.

Im Laufe der bisher mehr als zwanzigjährigen Anwendung des Graskulturverfahrens wurde die Methode vielfältig modifiziert und optimiert, und es ist richtig, die VDI-Richtlinie den neueren Erkenntnissen anzupassen, da die von Scholl (1987) dazu gemachten Bedenken ausgeräumt worden sind (Tabelle 3.1-4). So wird heute u.a. in der Praxis mit einer vereinfachten Anzucht in Einheitstöpfen, mit größeren und

Tabelle 3.1-4. Häufiger verwendete autökologische pflanzliche Biomonitoringverfahren mit definierten Methoden. (Auf Basis der Beitragsserie „Richtlinien zur Erstellung von Wirkungskastastern“, Hrsg. Zimmermann, R.D., Umlauff-Zimmermann, R., UWSF-Z. Umweltchem. Ökotox., abgeschlossen mit Heft 8, 1996, S. 319; verändert und erweitert)

Name	Typ	Wirkungskriterium	Status	Literatur*
Graskultur-Verfahren	Akkumulationsindikator im aktiven Monitoring	Anreicherung und Analyse	VDI 3792, Bl. 1–3 in Überarbeitung	Erhardt et al. (1994)
Klon-Fichten-Verfahren	Akkumulationsindikator im aktiven Monitoring	Anreicherung und Analyse	Erprobtes Verfahren	Zimmermann u. Baumann (1994)
Moosbeutel-Verfahren	Akkumulationsindikator im aktiven Monitoring	Anreicherung von Schwermetallen und Analyse	im Ausland erprobtes Verfahren	Goodman u. Roberts (1971); Temple et al. (1981)
Grünkohl-Verfahren	Akkumulationsindikator im aktiven Monitoring	Anreicherung und Analyse org. Stoffe	VDI 3792, Bl. 6 Vorentwurf	Radermacher u. Rudolph (1994)
Tabak-Verfahren	Reaktionsindikator im aktiven Monitoring	Punktförmige Nekrosen auf best. Blättern	VDI 3792, Bl. 8	Knabe et al. (1973)
Pappelklon-Verfahren	Reaktionsindikator im aktiven Monitoring	vorzeitiger Blattabwurf	Evaluation durch UN-ICP Forests 1999	Bücker et al. (1993)
Gladiolen-Verfahren	Reaktionsindikator im aktiven Monitoring	Schadenslängenzuwachs am Blatt	älteres, optimiertes Verfahren	Kostka-Rick u. Arndt (1989)
Flechten-exposition	Reaktionsindikator im aktiven Monitoring	Entfärbung der Thallusfläche	VDI 3799, Bl. 2	Erhardt (1994)
Flechtenkartierung	Reaktionsindikator im passiven Monitoring	Veränderung von Artenzusammensetzung und Deckungsgrad	VDI 3799, Bl. 1	Wirth u. Ober-Hollenzer (1995)
Messung von Vegetationsschäden	Reaktionsindikation im passives Monitoring	Erkennung über Colorinfrarot Film auf Luftbildern	VDI 3793, Bl. 1 und Bl. 2	Krause (1988)
Wirkungsfeststellung an Blättern und Nadeln	Reaktionsindikation im passives Monitoring	Schadbilder an Bäumen	VDI 3792, Bl. 5	Arndt et al. (1985); BMU (1994)

* Die Literaturangaben weisen nicht in jedem Fall auf den Urheber der Methode hin, sondern geben eine aktuelle Verfahrensbeschreibung wieder.

veränderten Expositionsgefäßen und mit einer zweckmäßigeren Wasserversorgung gearbeitet (Erhardt et al. 1994). Wesentlich bleibt allerdings bei den im Biomonitoring notwendigen räumlichen und zeitlichen Vergleichen eine möglichst exakte Festlegung der Methode, da, wie bereits gesagt, nur dadurch Vergleiche möglich werden. Die damit verbundene Reduzierung verschiedener Einflußfaktoren auf die Wirkung führt zugleich zu einer leichteren und genaueren Ursachenanalyse.

Bei der standardisierten Graskultur handelt es sich um einen Akkumulationsindikator, der im aktiven Biomonitoring in der Umgebung von einzelnen Emittenten, z.B. Ziegeleien oder Kraftwerken (Kostka-Rick 1987; Nobel u. Maier-Reiter 1996) oder in Regionen im Rahmen eines Wirkungskatasters (s. u.) eingesetzt wird (Prinz 1992; Erhardt et al. 1994).

Zu diesem Typ gehört u.a. auch der Grünkohl (*Brassica oleracea* var. *acephala*), der von Hettche (1971) erstmals als Akkumulator für polyzyklische aromatische Kohlenwasserstoffe (PAH) eingesetzt wurde und auch heute, insbesondere wegen seiner starken Wachsschicht, immer wieder dafür verwendet wird (Nobel et al. 1992). Es hat sich gezeigt, daß auch andere fettlösliche Verbindungen, wie die hochtoxischen chlororganischen Dioxine und Furane (s. Kap. 1.6), obschon in der Luft in sehr geringen Konzentrationen vorhanden, angereichert und so nachweisbar werden. Bei Vergleichen mit anderen Pflanzen erwies sich der im aktiven Monitoring eingesetzte Grünkohl als der beste Akkumulator (Nobel et al. 1991).

Zu nennen ist in diesem Zusammenhang auch das Klon-Fichten-Verfahren, bei dem die Standardisierung bis hin zum genetisch identischen Akzeptor geht. In den Fichtennadeln (*Picea abies*) der Herkunft 'Westerhof 53' Klon Nr. 1016/102 der Hess. Forstl. Versuchsanstalt Hann. Münden werden Pb, Cd, Zn, Ca, K, Mg, Mn und mit geänderter Probenaufbereitung auch PAH und PCB analysiert (Zimmermann u. Baumann 1994).

Als Reaktionsindikator im aktiven Biomonitoring wird die Blattflechte *Hypogymnia physodes* eingesetzt. Das Wirkungskriterium ist hier also nicht eine Stoffanreicherung, die bei Flechten in gleicher Größenordnung wie bei höheren Pflanzen stattfindet (Guderian 1977), sondern eine schätz- oder meßbare, häufig äußerlich sichtbare Veränderung des Organismus. Das Verfahren der standardisierten Flechtenexposition (VDI 3799, Bl. 1, 1995) geht im wesentlichen auf Arbeiten von Schönbeck (1969; Schönbeck et al. 1970) an der Landesanstalt für Immissions- und Bodennutzungsschutz in Essen zurück. Er machte die von Brodo (1961) vorgeschlagene Transplantation nach eigenen umfangreichen methodischen Arbeiten für das Biomonitoring nutzbar.

Die Besonderheit dieses Verfahrens ist die Abschätzung der sichtbar abgestorbenen Thallusfläche, die direkt vor Ort oder über die vorherige Fotographie im Labor in 10%-Stufen erfolgt. Derartige Bonituren sind bei der Auswertung von Reaktionsindikatoren durchaus üblich und von ausreichender Genauigkeit.

Auch bei einem anderen erprobten Reaktionsindikator, der Tabaksorte (*Nicotiana tabacum*) BEL W 3, kommt es bei Ozonbelastungen sehr rasch zu deutlich sichtbaren Blattschädigungen, deren anteilige Fläche abgeschätzt wird. Das Verfahren wurde in den USA entwickelt (Heggestad u. Menser 1962), und in den frühen 1970er Jahren konnte mit ihm durch die LIS in Essen erstmals auch in Deutschland eine Belastung mit Oxidantien nachgewiesen werden (Knabe et al. 1973). Auch heute wird dieser Reaktionsindikator weltweit eingesetzt, da das Verfahren über die Blattreaktion eine Möglichkeit bietet, die in der Pflanze nicht analysierbare Leitkomponente des oxidierenden Smogs über deren Wirkung nachzuweisen. Ihre Empfindlichkeit und relativ hohe Spezifität für Ozon sind dabei weitere Vorteile, die den Nachteil einer 'exotischen' und nicht zu mitteleuropäischen Ökosystemen gehörenden Pflanze aufwiegen. Neben dem Tabak sind heute zahlreiche einheimische Pflanzen bekannt, die auf eine Oxidantienbelastung reagieren (Erhardt et al. 1995; vgl. Bd. 2A, Kap. 4.4), es hat sich aber bisher keine als so empfindlich und so leicht handhabbar erwiesen wie die Tabaksorte BEL W 3.

Obschon sich die Schadensbonitur als brauchbar erwiesen hat, ist aus verschiedenen Gründen immer wieder versucht worden, die Wirkungsmessung weiter zu objektivieren. Dies kann z.B. bei den Ozonschäden an Tabak durch Auflegen eines Netzes auf die zu beurteilenden Blätter (Arndt et al. 1987) erfolgen, in dessen Quadraten die punktförmigen Nekrosen ausgezählt werden. Allerdings kann hier, wie in ähnlich gelagerten Fällen, wohl in den nächsten Jahren bei verschiedenen Bildauswerteverfahren mit höherer Genauigkeit gerechnet werden (Della Mea et al. 1997).

Als vorteilhafte Besonderheit soll auf die Bioindikation mit Pappelschößlingen (Bücker 1991; Matyssek et al. 1993; Ballach et al. 1995) hingewiesen werden, da es sich dabei um einen Langzeitindikator für Oxidantien handelt, der von April bis zur Beendigung seines jährlichen Wachstums Mitte August exponiert bleibt. Die auftretenden Wirkungen sind durch einfaches Messen oder Auszählen relativ leicht zu quantifizieren (Mooi 1981; Bücker et al. 1993). Das Verfahren schlägt die Brücke zu den Waldbäumen (Pilgram u. Arndt 1987), deren neuartige Schäden unter anderem auch mit einer Ozonbelastung in Zusammenhang gebracht werden.

Eine meßbare Quantifizierung der Wirkung wurde von Kostka-Rick u. Arndt (1989) für das ursprünglich US-amerikanische Verfahren der fluorsensitiven Gladiolenexeposition (Johnson et al. 1950) mit der Schadenszuwachslänge eingeführt. Die Gladiolen bilden nach einer von der Immissionskonzentration abhängigen Sammelphase Nekrosen aus, die sich im Laufe der Belastungszeit von der Spitze der Blätter zur Basis ausweiten (vgl. Kap. 1.4). Diese sichtbare Schadenslänge und damit die eingetretene Wirkung ist relativ einfach meßbar. Ähnlich wie bei der Bioindikation von SO_2-Wirkungen auf Ackerbohnen (*Vicia faba*) (Guderian u. van Haut 1970) zeigen auch Gladiolensorten recht große Unterschiede ihrer Empfindlichkeit. Ein aus Gründen der Standardisierung sinnvolles Verbleiben bei einer Sorte läßt sich aber über längere Zeiten nicht einhalten, da diese nicht mehr angebaut und damit auch nicht mehr zu erhalten sind. Aus diesem Grunde sind immer wieder Experimente notwendig, um aus dem aktuellen Sortenangebot die empfindlichsten oder, wenn die Pflanzen als Akkumulatoren verwendet werden sollen, die unempfindlichsten auszuwählen (Franz-Gerstein et al. 1995). Auch das Verfahren der Gladiolenexposition ist noch heute, mehr als 40 Jahre nach seiner Erstbeschreibung, im Gebrauch und wird gerade in Entwicklungsländern, wo HF-Immissionen noch häufig auftreten (Arndt et al. 1995), mit großem Erfolg eingesetzt (Klumpp et al. 1996).

Auch die im passiven Biomonitoring verwendeten Verfahren haben eine große Bedeutung und sind zum Teil als VDI-Richtlinie festgelegt. So wird die bereits seit 130 Jahren bekannte Flechtenkartierung (s.o.) modifiziert und verbessert noch heute als Informationssystem über den Umweltzustand erfolgreich eingesetzt (VDI 3799, Bl. 1, 1995; Kirschbaum u. Wirth 1995). Insbesondere Wiederholungskartierungen können wertvolle Rückschlüsse auf Belastungsveränderungen im Hinblick auf den Immissionstyp und die Konzentration einzelner Leitkomponenten ermöglichen (Grill et al. 1988). Auch eine Rekolonisation eines ehemaligen Belastungsraumes konnte über Wiederholungskartierungen von Flechten festgestellt werden (Bates et al. 1990). Die erfolgreiche Verwendung von Flechten als Akkumulationsindikatoren strahlender Substanzen ist im passiven Biomonitoring ein interessanter Sonderfall (Hofmann et al. 1993).

Da es sich bei den Kartierungen häufig um zahlreiche Meßpunkte handelt, muß, um die Übersicht nicht zu verlieren, das Ergebnis in Form eines Index dargestellt werden, der eine Aussage über die lufthygienische Situation macht. Der bereits 1970 von LeBlanc u. De Sloover veröffentlichte Index of Atmospheric Purity (IAP) wurde inzwischen vielfach angewendet, modifiziert und verbessert (Herzig 1990). Insgesamt kann das passive Biomonitoring über Flechtenkartierungen als empfindlicher eingestuft werden als die standardisierte Flechtenexposition mit der nur relativ mittelempfindlichen Art *Hypogymnia physodes* (VDI 3799, Bl. 2, 1991). So konnten Bartholmeß und Mitarbeiter (1994) über eine Flechtenkartierung in einem nur mäßig belasteten, eher ländlichen Raum Zonen schlechterer Luftgüte in Lee kleiner Ortschaften feststellen.

Auch Moose werden seit den Arbeiten von Rühling u. Tyler (1973) häufig in Form des passiven Monitorings verwendet und haben sich sowohl als Akkumulatoren für organische Schadstoffe (Thomas u. Herrmann 1980) als auch für Schwermetalle als sehr brauchbar erwiesen (Markert u. Weckert 1993). So werden im Rahmen des Internationalen Geosphären-Biosphären Programms heute weltweit entsprechende Konzentrationsdaten erhoben und die Bewegung der Schwermetalle in Ökosystemen ermittelt (Markert 1994). Dabei eignet sich diese Pflanzengruppe insofern besonders gut für diese Aufgabe, weil auch die Wassermoose als Bioindikatoren brauchbar sind (LfU 1991; Bruns et al. 1995).

In den vergangenen Jahren ist man sowohl im Freiland (Maier-Reiter et al. 1996), als auch innerhalb von Werksarealen zur Auffindung von Leckagen (Christ 1992; Kostka-Rick 1998) mehr und mehr dazu übergegangen, Indikatorfächer auszubringen. Dabei handelt es sich um eine Parallele zu der bereits angesprochenen Testbatterie, d.h. es werden an einer Meßstelle verschiedene Monitororganismen mittels einer standardisierten Expositionseinrichtung ausgebracht (Arndt et al. 1985). Diese einfache Technik hat sich inzwischen weltweit durchgesetzt, optimiert die Reaktion der Biomonitore auf Oxidantien und verbessert die Vergleichsmöglichkeiten zwischen den Meßstellen.

Daß autökologische Bioindikation zunehmend auch in den Entwicklungs- und Schwellenländern der Tropen und Subtropen Verwendung findet (Strehl u. Lobo 1989; Ellenberg et al. 1991; Klumpp et al. 1996), kann hier ebenso nur erwähnt werden wie das sogenannte retrospektive Biomonitoring, mit dem zurückliegende Belastungsereignisse nachgewiesen werden (Arndt u. Wehrle 1982; Steinberg u. Hartmann 1986; Markert u. Thornton 1990). Der Aufbau und der langfristige Betrieb von Umweltprobenbanken ist im Zusammenhang mit retrospektiven Untersuchungen ein spezieller Aspekt (Schladot et al. 1993).

Der systematische Einsatz von Biomonitoren führt zum Wirkungskataster. Hierunter versteht man die Feststellung und Sammlung von Daten über räumliche und zeitliche Veränderungen an Organismen und Materialien aufgrund von Schadstoffen, insbesondere Luftverunreinigungen, mittels Bioindikatoren. Derartig umfassende Erhebungen wurden erstmals von der Landesanstalt für Immissionsschutz in Essen eingeführt (Prinz 1992; Dreyhaupt et al. 1979) und dienen neben dem Emissions- und dem Immissionskataster als drittes Informationssystem für die Behörden. Da mit einem entsprechenden Wirkungsnachweis die im BImSchG geforderte Motivation für Maßnahmen zur Verbesserung der Umwelt erreicht wird, hat diese Eigenschaft wohl auch zur Einrichtung derartiger regionaler und landesweiter Meßnetze geführt (Arndt et al. 1982a; Halbwachs et al. 1993; Stefan 1994; Steubing 1994).

Heute hat sich die lufthygienische Lage in Mitteleuropa wesentlich verbessert, und die in den Wirkungskatastern verwendeten Reaktionsindikatoren sind häufig zu wenig empfindlich, um eine deutliche Wirkung anzuzeigen. Die Situation ähnelt damit der im Bereich der Testorganismen und ist ebenfalls unter Verwendung von Biomarkern zu verbessern (Schulz 1989; Tietz et al. 1991; Tausz et al. 1996). Verschiedene Großmeßnetze sind u.a. wegen mangelnder Empfindlichkeit stillgelegt oder wesentlich verkleinert worden. Andere haben eine andere Zielrichtung erhalten und wenden sich von der streng auf die praktische Luftreinhaltung bezogenen Aufgabenstellung eher der Überwachung ganzer Ökosysteme zu oder verstehen sich als Lieferanten ökologischer Planungsunterlagen. Dabei können Akumulationsindikatoren aufgrund einer längerfristigen Sammelphase auch bei der heutigen geringeren Belastung eine deutliche Aussage bringen. So konnten Markert u. Weckert (1993) mit Moosen und deren Bleianreicherung den nach dem politischen Wandel ansteigenden Bleitetraäthylgehalt in der Luft der neuen deutschen Bundesländer nachweisen.

Einen Wandel hat auch das Wirkungskataster für Luftverunreinigungen Baden-Württemberg durchgemacht, dessen Raster zunächst an das bayerische Meßnetz anschloß (Arndt et al. 1982a), sich später aber als 'Ökologisches Wirkungskataster' auf ganze Landschaften bezog (LfU 1994a; 1995) und heute eher der synökologischen Bioindikation zuzuordnen ist (s. u.). Dadurch hat sich die Methodik (LfU 1994b) und die Auswertung der an Dauerbeobachtungsflächen erzielten Ergebnisse zwar deutlich verkompliziert, doch gewinnt man über den Zustand und das Verhalten unserer Umwelt eine wesentlich tiefergehende Aussage.

Das umfangreichste routinemäßig betriebene Wirkungskataster ist, obschon nicht offiziell so benannt, die jährlich wiederkehrende Waldzustandserfassung durch die deutschen Forstämter, die die dazu notwendigen Erhebungen auf Dauerbeobachtungsflächen vornehmen. Zwar war ursprünglich bei diesem Verfahren ein synökologischer Anspruch vorhanden (Knabe 1981) und wurde auch weiter aufrecht erhalten, doch dient dabei im wesentlichen der Benadelungs- bzw. Belaubungsgrad von Bäumen als Wirkungskriterium (Schröter 1983). Auch wenn also besser vom Baum- oder Forstzustand gesprochen werden sollte, so hat sich dieses Kataster in mehr als 15 Jahren ausgezeichnet bewährt, und die regelmäßig durch das Umweltbundesamt Berlin in den „Daten zur Umwelt“ veröffentlichten Waldschadenskarten geben ein eindrucksvolles Bild über den Zustand unserer Waldbäume (UBA 1997). Wie Guderian u. Wienhaus (1996) unter Darstellung sowohl des Immissions- und Depositionsverhaltens von Schadstoffen als auch der wechselnden Wirkungsausprägungen in unseren Wäldern ausführen, besteht allerdings hier die Gefahr einer zu undifferenzierten und zu sehr vereinfachenden Sichtweise, und so wird von ihnen ausdrücklich auf die über den einzelnen Baum hinausgehenden ökosystemaren Veränderungen hingewiesen. Es ist daher empfehlenswert, die Ergebnisse der Waldschadensinventur auch in eine synökologische Bioindikation unserer Waldökosysteme zu übernehmen.

3.1.4.3 Ökologische Indikatoren und Bioindikation mit synökologischem Aspekt

Die bisher angesprochenen Indikatoren und Verfahren sind allein nicht in der Lage, weitgehende Aussagen über Veränderungen in ganzen Ökosystemen zu machen, da dies u.a. an der relativ geringen Repräsentanz der Einzelorganismen für das Ganze scheitert. Es sind aber gerade die großen ökologischen Einheiten in unserer Umwelt, um die sich der Mensch Sorge machen muß, wie die Waldschäden in Mitteleuropa, die zunehmende Verwüstung in den Subtropen oder die Veränderung ganzer Gewässersysteme in Kanada und den USA beweisen. So wie sich Schadstoffe global verbreiten und die Erdatmosphäre belasten, so zeigen sich weltweite Wirkungen in oligotrophen und ombrotrophen Ökosystemen (Bach et al. 1995; vgl. Kap. 1.3). In diesem Zusammenhang ist zwar grundsätzlich eine tiefgehende ökologische Erforschung zu fordern, sie bleibt aber bei der Kompliziertheit von Ökosystemen in vielen Fällen aus finanziellen Gründen unzureichend. Um wenigstens eine Beobachtung oder Überwachung des ökosystemaren Verhaltens zu ermöglichen, bieten sich bioindikative Verfahren und ihr systematischer und langfristiger Einsatz an. Dabei soll eine derartige Bioindikation mit synökologischem Aspekt hier allein als ökotoxikologische Aufgabe gesehen werden und keine Ökosystemstudie im Sinne grundsätzlicher ökologischer Erkenntnisse sein.

Obschon grundsätzliche Schwierigkeiten bei der Bioindikation mit synökologischem Aspekt diskutiert werden (Schneider 1992; Arndt u. Tremp 1994), sind doch verschiedene Ansätze vorhanden, die gestellte Aufgabe einer Ökosystemüberwachung zu lösen (Mathes et al. 1991;

Thomas et al. 1995; Schweizer u. Arndt 1997), von denen einige bereits praktiziert werden (Messer 1992; Karr et al. 1986). Sie gehen alle von einer möglichst weitgehenden Kenntnis der Struktur und Funktionsweise des betrachteten Systems aus, da nur dann z.B. zwischen dem Vorkommen oder der Häufigkeit einzelner Arten und dem Störfaktor Zusammenhänge erkannt werden können.

Die eigentliche Aufgabe, die hier unter der Bioindikation mit synökologischem Aspekt verstanden werden soll, ist also die wirkungsbezogene Beobachtung und kontinuierliche Überwachung ökosystemarer Zustände. Um dieses in sinnvoller Weise möglich zu machen, sind „Schlüsselreaktionen" zu suchen, die eine Veränderung des Gesamtsystems deutlich machen (Arndt 1992). Diese sind zwar auf allen biologischen Ebenen zu finden (Hughes u. Noss 1992), doch sollte man sich hier auf die Ökosystem-Integrität konzentrieren, die in allerkürzester Form mit den folgenden Eigenschaften umschrieben ist:

- Erhalt der ökologischen Produktivität;
- Erhalt der Diversität von Flora und Fauna;
- Erhalt der Selbstregulation.

Die nachfolgende Zusammenstellung enthält eine Auswahl von Wirkungskriterien bzw. Schlüsselreaktionen zum Nachweis von Streß in schadstoffbelasteten Ökosystemen. (Zusammengestellt von Scheehan 1984, zit. bei Schneider 1992; in der deutschen Übersetzung verändert und ergänzt.)

Bei Individuen:

- Direkte Mortalität oder chronische Akkumulation, die zum Tod führt;
- Verhaltensbeeinträchtigung;
- Physiologische Schädigung;
- Funktionsveränderung;
- Veränderung von Wachstum und Reproduktion.

Bei Populationen und der Struktur und Dynamik des Ökosystems:

- Verringerung der Populationsgröße;
- Rückgang der Artenzahl (Aussterben auch von Spezies mit einzigartigen Funktionen);
- Veränderungen der Organismengemeinschaft und des Dominanzmusters;
- Taxonomische Unterschiede zu unbeeinträchtigten Systemen;
- Veränderung der räumlichen Strukturen im Ökosystem;
- Veränderungen von Stabilitätseigenschaften;
- Umkehr von Sukzessionen.

Bei ökosystemaren Funktionen:

- Veränderung der Zersetzerleistung;
- erhöhter Energieaufwand für Reparaturmechanismen;
- Veränderungen bei wichtigen Nährstoffkreisläufen;
- Veränderungen im Nahrungsnetz;
- Beeinträchtigung der funktionalen Regelung ökosystemarer Prozesse.

An einem Beispiel sei der Gedanke der Schlüsselreaktionen nochmals klar gemacht. Ökosysteme sind auf einen möglichst effektiven Energieabbau eingestellt (Kay 1991). Dieser sollte sich meßtechnisch überprüfen lassen, denn der Energiedurchgang durch ein Ökosystem ist eine Funktion der Differenz zwischen der eingefangenen Energie und der wieder abgegebenen Strahlung, gemessen in ° Kelvin als Schwarzkörperstrahlung (Schneider u. Kay 1993). Messungen an verschiedenen Ökosystemen zeigen tasächlich, daß ein Ökosystem um so kühler ist, je höher es entwickelt ist, d.h. um so weniger verwertbare Energie strahlt es ab oder um so effektiver hat es seine eingestrahlte Energie verwertet. Derartige Messungen werden von Flugzeugen und von Satelliten durchgeführt und heute auch im deutschen Sprachraum als „remote sensing" bezeichnet. Mit dem Ergebnis von Energiebilanzen hat man ein grobes Overall-Kriterium, eine Schlüsselreaktion, gefunden.

Mit diesem Begriff wird deutlich, daß im Bereich der Bioindikation mit synökologischem Aspekt hier nach Abb. 3.1-1 zunächst an Reaktionsindikatoren gedacht ist. Allerdings spielt in Ökosystemen auch die direkte und über die Nahrungskette indirekt erfolgende Schadstoffanreicherung, also die Akkumulationsindikatoren, eine große Rolle. Hierzu wurde das System der „critical loads" und „critical levels" entwickelt (vgl. Bd. 2A, Kap. 1), das zu einer Verhaltensbeobachtung unserer Umwelt wesentliche Informationen liefert (Lenz 1995; UBA 1993; Smiatek et al. 1995; Gregor 1995).

Wie sich auf dem Kongreß über 'Ecological Indicators' 1990 in Fort Lauderdale gezeigt hat (McKenzie et al. 1992), sind die US-Amerikaner und die Kanadier bei der Entwicklung einer Bioindikation mit synökologischem Aspekt insbesondere für aquatische Ökosysteme relativ weit fortgeschritten. Dabei spielen dort Algen und Makrophyten nur eine geringe Rolle, aber für andere Organismen liegen in Nordamerika Vorschläge und Erfahrungen für Fließgewässer (Karr 1981; Karr et al. 1986; Oberdorff u. Hughes 1992) und große Seen vor (Ryder u. Edwards 1985; Dionne u. Karr 1992), die es heute erlauben, das Environmental Monitoring and Assessment Program (EMAP) in den gesamten USA durchzuführen. Hierzu hat Schneider (1992) verschiedene Empfehlungen gegeben, die zeigen, wie sorgfältig und umfassend eine Bioindikation mit synökologischem Aspekt angegangen werden muß. Die enge Kopplung des Programms mit den politischen Entscheidungsträgern ist dabei ein ganz wesentlicher Schritt in Richtung auf eine ökologischer ausgerichtete Lebensweise. Ohne hier auf die Einzelheiten des EMAP weiter eingehen zu können, sei auf die Literatur verwiesen (EPA 1990; Hunsaker et al. 1990a; Messer et al. 1991), die eine Fülle von ökologischen Indikatoren zur Überwachung von Ökosystemen vorschlägt (Hunsaker et al. 1990).

Neben den frühen Arbeiten von Kolkwitz u. Marsson (1902), deren Verfahren aktualisiert wurden (Kolkwitz 1959) und bis heute angewendet werden (Friedrich 1990), sind in Mitteleuropa Wassermoose und andere Makrophyten für die ökologische Beurteilung des Gewässerzustands herangezogen worden (Friedrich u. Lacombe 1992). Für die Bewertung der Gewässergüte bei kurzfristig auftretenden Belastungen, wie wasserrelevante Unfälle, werden inzwischen auch in Mitteleuropa die Fischfauna und Kleinlebewesen als Bioindikatoren verwendet (Weibel et al. 1997). Insbesondere von der Arbeitsgruppe Kohler gingen in diesem Zusammenhang wesentliche Impulse aus (Kohler 1982), und durch Wiederholungskartierungen läßt sich das Verhalten eines Gewässers über längere Zeiträume ermitteln und charakterisieren (Kohler 1995). Sowohl in Fließgewässern (Carbiener et al. 1990) als auch in Seen (Melzer 1991) macht die Makrophytengesellschaft detaillierte Aussagen über die chemische Zusammensetzung der Gewässer bis hin zum Nachweis von Versauerungserscheinungen (Tremp u. Kohler 1995). Unter besonderer Berücksichtigung tierischer Organismen wurde gerade hierzu die Literatur von Böhmer u. Rahmann (1992) zusammengefaßt.

In terrestrischen Ökosystemen ist man aus verschiedenen Gründen mit einer bioindikativen Überwachung bisher nicht so weit fortgeschritten wie bei den Gewässern. Es liegen allerdings vielversprechende Ansätze vor, die zum Teil bereits praktisch erprobt werden (Mehlhorn et al. 1988; Bräkenhielm 1991; LfU 1994a); sie sind aber noch nicht ausgereift, stellen im Prinzip eher einen Indikatorfächer dar oder betreffen ausgesuchte Teilgebiete.

Auf die Anregung des Umweltbundesamtes in Berlin geht ein Vorschlag zur bioindikativen Überwachung von Waldökosystemen in Mitteleuropa zurück (Schweizer u. Arndt 1997), der zwar noch nicht praktisch erprobt ist, aber die wesentlichen Kriterien einer synökologischen Bioindikation enthält und als Denk- und Entwicklungsanstoß für diese Arbeitsrichtung dienen kann. Bei den dafür notwendigen Überlegungen haben sich einige Aspekte ergeben, die grundsätzlicher Art sind und daher hier angesprochen werden müssen.

Wie jedes andere Ökosystem haben auch unsere Wälder jeweils einen deutlich individuellen Charakter und entwickeln sich prinzipiell entsprechend der Standortsfaktoren zu eigenständigen biologischen Einheiten. Geht man von potentiell natürlichen Wäldern aus, so lassen sich etwa 12 Grundtypen unterscheiden. Anthropogene Belastungen werden sich dementsprechend auch unterschiedlich manifestieren, und Schlüsselreaktionen für den ökologischen Zustand können nicht für alle mitteleuropäischen Wälder gleich sein. Immerhin lassen sich einige Wirkungskriterien zusammenstellen, die, jeweils an die spezielle Situation angepaßt, mehr oder weniger für alle Waldökosystemtypen gelten können. Dabei ist zu bedenken, daß sich Veränderungen auf allen biologischen Ebenen des Systems zeigen können, diese jedoch in ihrer Aussagekraft von unterschiedlichem Wert sind. Daneben spielt der zeitliche Aspekt eine wesentliche Rolle, denn biochemische Reaktionen können innerhalb von Minuten nach Einwirkung eines Stressors eintreten, während das Gesamtsystem unter niedrigen und chronisch einwirkenden Belastungen erst nach Jahren Veränderungen zeigt.

Indikatorreaktionen in der Zelle sind z.B. nur dann brauchbar, wenn die dort manifest gewordene Wirkung sich trittsteinartig auf höheren Ebenen wiedererkennen läßt und letztlich das Verhalten des Ökosystems zu beeinflussen vermag. Ein Beispiel hierfür ist der von der Arbeitsgruppe Wild entwickelte Biomarkerfächer (Wild et al. 1994; Schmieden u. Wild 1997).

Auch autökologische Indikatoren auf Organismenebene können zur Beobachtung des ökologischen Zustandes unserer Wälder herangezogen werden. Sie stellen als Akkumulations- und Reaktionsindikatoren insofern eine wertvolle Ergänzung dar, als mit ihnen leichter Rückschlüsse auf den Stressor gezogen werden können als bei den ökologischen Indikatoren. Sie sind für die Zustandsbeurteilung eines Ökosystems dann besonders brauchbar, wenn sie gleichsinnig sind und sich Phyto- und Zoo-Organismen in ihrer Aussage gegenseitig stützen. Es liegt auf der Hand, daß hierzu nur Pflanzen oder Tiere als Indikatoren verwendet werden sollten, die tatsächlich zu dem unter Beobachtung stehenden Waldökosystem gehören. So kann z.B. die zunächst autökologische Schadensbonitur der Weißtanne (*Abies alba*) oder anderer Forstpflanzen wesentliche Rückschlüsse auf den Zustand des ganzen Systems zulassen. Ein gutes Beispiel ist in diesem Zusammenhang auch die Honigbiene (*Apis mellifera*), die über die Trophobiose Ameisen – saugende Insekten – Honigtau/Biene wesentliche synökologische Informationen liefert (Kloft u. Kunkel 1985; Liebig 1987; Ludwig 1991).

Einen erheblichen Einfluß auf die Sicherheit bioindikativer Aussagen kann die große natürliche genetische Heterogenität der Waldvegetation haben. Hinzu kommt, daß Schadstoffe selber populationsgenetische Prozesse wie Selektion, Mutation und Drift auslösen können (Bergmann u. Scholz 1989; Müller-Stark u. Hattemer 1989), so daß die Überwachung in Form der Genanalyse entsprechende Veränderungen deutlich machen kann und so selbst ein bioindikatives Kriterium ist (Degen u. Scholz 1997; vgl. Bd. 2A, Kap. 4.1.1). Hierzu und zur Biodiversität macht Noss (1990) interessante Vorschläge.

Auf der Populationsebene ist die Kartierung der Bodenvegetation erprobt (u. a. Wittig 1991), die in ihrer Gesamtheit im Laufe von Monaten und Jahren auf Luftverunreinigungen reagiert (Ellenberg 1985; Steubing et al. 1989). Sie ist allerdings auch von den Licht-, pH- und Nährstoffverhältnissen im Ökosystem Wald abhängig und nimmt durch ihre Veränderung auch wiederum Einfluß auf die Fauna bzw. ist über Rückkopplungsmechanismen mit ihr verbunden (u. a. Ellenberg 1989). Tierische Populationen als ökologische Indikatoren einschließlich der zugrunde liegenden umfangreichen Literatur behandelt ein Bericht der EPA (1992).

Am wertvollsten sind im synökologischen Sinne sicherlich Indikationskriterien, die das Gesamtsystem betreffen, also auf höherer biologischer Ebene abgefragt werden müssen. Hierher gehört u. a. die Mineralstoffbilanzierung, die bei der notwendigen Genauigkeit erhebliche arbeitstechnische und finanzielle Anforderungen stellt. Der von Ulrich u. Bredemeier (1992) gemachte Vorschlag ist durch langjährige theoretische und praktische Vorarbeit abgesichert und wurde daher in einen auf der bisherigen Waldschadensliteratur basierenden Vorschlag eingeordnet (Schweizer u. Arndt 1997). Derartige Bilanzen sind in vollständiger Form, also für alle wichtigen Nährstoffe, kaum häufiger als alle 10 Jahre durchzuführen. Hinzu treten Energiebilanzen (Luvall u. Holbo 1989) und die Beobachtung der Nahrungsketten (Ellenberg 1981).

Will man über eine Baumzustandserfassung hinausgehen, so muß man berücksichtigen, daß Waldökosysteme an die topographischen Verhältnisse gebunden sind und stets auch aquatische Teile umfassen. Wälder bilden im allgemeinen Einzugsgebiete von Flußsystemen, und ihre Bäche können daher Aussagen über den Zustand des gesamten Systems machen (u. a. Overrein et al. 1980; Karr 1981, 1991; Gebhardt et al. 1989; Kohler 1995).

Bei nahezu jeder Bioindikation mit synökologischem Aspekt fällt im allgemeinen eine Fülle von Daten an, die von politischen Entscheidungsträgern nicht mehr interpretiert werden können. Für Vergleiche und eine politische Umsetzung ist daher eine Indexbildung, d.h. eine

Verrechnung von Daten zu überschaubaren Zahlenwerten notwendig. Dieses Prinzip wurde im ökologischen Bereich bereits mit dem Einsatz des Saprobiensystems angewendet (Friedrich 1990) und ist heute im aquatischen Bereich üblich (Karr 1981; Miller et al. 1988; Melzer 1991), es ist aber nicht unumstritten. Für den Fall der Überwachung von Waldökosystemen wird ebenfalls die Bildung eines Index vorgeschlagen (Schweizer u. Arndt 1997).

Die bisher realisierten Monitoring-Programme mit synökologischer Zielrichtung zeigen, daß eine Waldökosystemüberwachung nur auf Dauerbeobachtungsflächen sinnvoll durchführbar ist (Umlauff-Zimmermann u. Kühl 1989). Derartige Flächen sind, wenn auch für andere Aufgaben, bereits auf Landes-, Bundes- und auf internationaler Ebene eingerichtet worden (Thomas et al. 1995) Eine pragmatische Lösung bei der Auswahl von Dauerbeobachtungsflächen für eine praktische Erprobung der Überwachung mitteleuropäischer Waldökosysteme wäre die Inanspruchnahme der sogenannten Level-III-Flächen des europäischen Waldschadensmonitorings (BML 1995). Es muß die Aufgabe einer solchen praktischen Kontrolle sein, eine anfangs große Zahl von Wirkungskriterien auf ein handhabbares und zugleich im Sinne von Schlüsselreaktionen aussagekräftiges Maß zurückzuführen, ehe das System dem Routinebetrieb übergeben werden kann.

3.1.5
Perspektiven der Bioindikation

Die Bioindikation stellt sich heute als ein umfangreiches Arbeitsfeld der Ökotoxikologie dar und hat wissenschaftlich und methodisch in den letzten 25 Jahren große Fortschritte gemacht. Ihre Entwicklung ist jedoch keineswegs abgeschlossen, sondern nimmt im Gegenteil noch an Dynamik zu, wobei sich vermehrt auch wissenschaftliche Einrichtungen der Tropen und Subtropen beteiligen. Dabei führt die große Breite des Arbeitsfeldes in jüngster Zeit dazu, daß sich Arbeitsrichtungen bilden und mit ihnen die Gefahr einer getrennten Nomenklatur besteht. Dies wäre insbesondere für die Anwender verwirrend und würde die Akzeptanz dieses vorteilhaften Instrumentes der Umweltüberwachung erschweren. Es sollte also von wissenschaftlicher Seite bei den eingeführten Benennungen bleiben und bei notwendigen Neueinführungen von Begriffen mit überlegter Behutsamkeit und auf breiter Basis vorgegangen werden.

Für die bioindikative Forschung lassen sich einige aktuelle Brennpunkte ausmachen, die zugleich die weiteren Möglichkeiten, aber auch die Grenzen dieses Arbeitsgebietes beleuchten.

- Für den Bereich der Testorganismen werden insbesondere das Chemikaliengesetz und das Wasserhaushaltsgesetz weiter für neue Entwicklungen sorgen. Hierbei ist darauf zu achten, daß die Teste eine möglichst hohe Empfindlichkeit und eine weitgehende Repräsentanz für unsere Umwelt haben. Auf den Nachweis eines mutagenen oder genotoxischen Potentials in den Bereichen Luft, Wasser und Boden sollte in Zukunft besonderes Augenmerk gelegt werden. Auch wenn die Testverfahren häufig einen hohen technischen Aufwand erfordern und weitgehend standardisiert sind, wird zur Zeit intensiv daran gearbeitet, sie in Form von Kleinlaboratorien im Online-Verfahren für das Freiland zu verwenden. Diese Zielrichtung hat sowohl an Flußläufen als auch bei Emissionsströmen von Müllverbrennungsanlagen gewisse Erfolge erzielt und sollte weiter verfolgt werden.
- Für den Bereich der Monitororganismen gilt es, sowohl neue Verfahren zu entwickeln als auch Richtlinien für sie zu formulieren. Als Wirkungskriterien wären hierbei vermehrt biochemische Veränderungen im Stoffwechsel der Bioindikatoren zu verwenden, da auf diesem Wege höhere Empfindlichkeiten erreicht werden könnten. Auch die Überarbeitung lange verwendeter Methoden und deren Richtlinien darf nicht vernachlässigt werden. So hat sich gezeigt, daß Monitoringverfahren, die z.B. in Westeuropa aufgrund der Verbesserung der lufthygienischen Situation nicht mehr verwendet wurden, in den heute zugänglichen Staaten des ehemaligen Ostblocks vorteilhaft eingesetzt werden könnten, wenn nur die bioindikativ erprobten Pflanzensorten noch käuflich wären. Für die Entwicklungsländer der Tropen und Subtropen können Bioindikatoren ein ideales Instrument der Umweltkontrolle darstellen, da sie weniger technische Kenntnisse erfordern und bei richtiger Auswahl dem Vandalismus weniger ausgesetzt sind. Es kann daher in solchen Ländern durchaus empfohlen werden, zunächst die wirkungsbezogene Überwachung aufzubauen und erst in einem zweiten Schritt die technische Immissionskontrolle an besonders gefährdeten Orten anzuschließen. Dazu können zwar gewisse methodische Aspekte aus den Industriestaaten übernommen werden, doch sind noch vermehrt adäquate einheimische Organismen auszuwählen und zu erproben.
- Im Rahmen des UNO-Programms 'Man and Biosphere' hat das globale Biomonitoring eine zunehmende Bedeutung erlangt. Aufgrund der Öffnung osteuropäischer Staaten ergibt sich die Möglichkeit, das Trittsteinsystem von Beprobungsflächen rund um den Globus erheblich zu erweitern. Gerade die zahlreichen Biospärenreservate in den Staaten der ehemaligen UdSSR mit ihrem hohen Schutzgrad

bieten die Möglichkeit, bioindikative Informationen über die Normal- oder Hintergrundgehalte bestimmter Stoffe zu erhalten. In diesem Zusammenhang sind zukünftig auch die Entwicklungsländer mehr und mehr in das globale Biomonitoring einzuschalten.

- Einen weiteren Schwerpunkt bioindikativer Forschung stellt die Überwachung höherer biologischer Ebenen wie Populationen und ganzer Ökosysteme dar. Diese Bioindikation mit synökologischem Aspekt ist im aquatischen Bereich bereits durchaus fortgeschritten und in der Anwendung z. T. etabliert. Für komplexe terrestrische Ökosysteme, wie unsere mitteleuropäischen Wälder, sind aber bisher nur Vorschläge und Konzepte vorhanden, die auf eine Erprobung warten. Es erscheint heute möglich und sinnvoll, mit ausgewählten Schlüsselreaktionen eine Überwachung auf Dauerbeobachtungsflächen bestimmter Waldökosystemtypen durchzuführen.

Letztendlich müssen bioindikative Erkenntnisse der Ökotoxikologie in den Anwendungsbereich umgesetzt werden, um sie für den Umweltschutz nutzbar zu machen. Auch hierbei sind in der Bundesrepublik und weltweit Erfolge zu verzeichnen, die vornehmlich auf entsprechende Gesetze zurückgehen. Allerdings sind in Zeiten knapper öffentlicher Haushalte auch immer wieder Rückschläge zu verzeichnen. Das System der „critical loads“ und „critical levels“, die Sensibilisierung von Behörden sowie die Herausstellung von Erfolgen, wie z.B. der vorteilhafte Einsatz von Bioindikatoren bei Genehmigungsverfahren, könnten zu einer noch besseren Akzeptanz der Bioindikation als Instrument des praktischen Umweltschutzes führen.

3.1.6 Literatur

Adams SM, Shephard KL, Greeley MS Jr, Jimenez BD, Ryon MG, Shugart LR, McCarthy JF, Hinton DE (1989) The use of biomarkers for assessing the effects of pollutant stress on fish. Mar Environ Res 28:459–464

Alsher RG, Cumming JR (eds) (1990) Stress responses in plants: adaptation and acclimation mechanisms. Wiley, Chichester, 470pp

Arndt U, Fomin A, Lorenz S (Hrsg) (1996) Bioindikation - neue Entwicklungen, Nomenklatur und synökologische Apekte. 1. Hohenheimer Workshop zur Bioindikation am Kraftwerk Altbach-Deizisau 1995. Verlag G. Heimbach 73760 Ostfildern, 308 S

Arndt U, Wehrle M (1982) Ergebnisse dendrochronologischer Untersuchungen in Eichen zur Indikation von Immissionsbelastungen. Staub Reinhalt Luft 42:64–68

Arndt U, Flores F, Weinstein L (1995) Fluoride effects on plants, diagnosis of injury in the vegetation of Brazil. Ed. da Universidade/UFRGS, Porto Alegre RS, dreisprachig, 155 S

Arndt U, Fomin A (1993) Wissenschaftliche Perspektiven der ökotoxikologischen Bioindikation. UWSF Z Umweltchem Ökotox 5:19–26

Arndt U, Tremp H (1994) Ein Vorschlag für ein bioindikatives Konzept zur Überwachung von Waldökosystemen. Forstl Schrftr Univ Bodenk Wien 7:11–28

Arndt U, Erhardt W, Keitel A, Michenfelder K, Nobel W, Schlüter C (1985) Standardisierte Exposition von pflanzlichen Reaktionsindikatoren. Staub Reinhalt Luft 45:481–483

Arndt U (1992) Key reactions in forest disease used as effects criteria for biomonitoring. In: McKenzie DH, Hyatt DE, McDonald J (eds) Ecological indicators. Elsevier Appl Sci Publ LTD, Barking, GB, pp 829–840

Arndt U, Nobel W, Schweizer B (1987) Bioindikatoren - Möglichkeiten, Grenzen und neue Erkenntnisse. Ulmer Verlag, 388 S

Arndt U, Nobel W, von Bünau H (1982a) Wirkungskataster für Luftverunreinigungen in Baden-Württemberg. Agrar Umweltf BW 1, 131 S

Bach W, Georgii HW, Steubing L (1995) Schadstoffbelastung und Schutz der Erdatmosphäre. Economica Verlag, Bonn, 188 S

Ballach HJ, Niederée C, Wittig R, Woltering EJ (1995) Reactions of cloned Poplars to air pollution. ESPR Environ Sci Pollut Res 2:201–206

Bartholmeß H, Boemer R, Rössler G, Schober G, Nobel W, Arndt U (1994) Flechten als Bioindikatoren zur Erfassung von Immissionswirkungen und ihre Möglichkeiten für Luftreinhaltestrategien. UWSF Z Umweltchem Ökotox 6:81–87

Bates JW, Bell JNB, Farmer AM (1990) Epiphyte recolonization of oaks along a gradient of air pollution in South-East England, 1979–1990. Environ Pollut 68:81–99

Beardsley DP (1992) Environmental Indicators for policy and regulatory decisions. In: McKenzie DH, Hyatt DE, McDonald J (eds) Ecological indicators. Elsevier Appl Sci Publ LTD, Barking, GB, pp 61–63

Bergmann F, Scholz F (1989) Selection effects of air pollution in Norway Spruce (*Picea abies*) populations. In: Scholz F, Gregorius HR, Rudin D (eds) Genetic effects of air pollutants in forest tree populations. Springer, Berlin Heidelberg New York, S 143–160

BImSchG (1990) Gesetz zum Schutz vor schädlichen Umwelteinwirkungen durch Luftverunreinigungen, Geräusche, Erschütterungen und ähnliche Vorgänge von 1974. Neufassung vom 14.5.1990. Bundesgesetzblatt I:880

BML (Hrsg) (1995) Dauerbeobachtungsflächen zur Umweltkontrolle im Wald - Deutscher Beitrag zum europäischen Waldschadensmonitoring (Level II Programm). Mitt Bundesministerium für Ernährung, Landwirtschaft und Forsten, 25 S

Böhmer J, Rahmann H (1992) Bioindikationsverfahren zur Gewässerversauerung. Ber PAÖ 3, 194 S

Bohac J (ed) (1992) Bioindicatores deteriorisationis regionis. Proc 6th Int Conf, 15–21 Sept 1991 Budweiss CSSR, 507pp

Bräkenhielm S (1991) Environmental monitoring in protected natural forests in Sweden - exemplified by vegetation and soil monitoring. Schriftenreihe Vegetationskd 21:121–139

Bretthauer EW (1992) Protecting the environment: a research strategy for the 1990s - an indicator of change in EPA. In: McKenzie DH, Hyatt DE, McDonald J (eds) Ecological indicators. Elsevier Appl Sci Publ LTD Barking, GB, pp 53–59

Brodo IM (1961) Transplant experiments with corticolous lichens, using a new technique. Ecology 24:838–841

Brüggemann R, Steinberg C (1995) Einsatz der Hasse-Diagrammtechnik zur vergleichenden Bewertung von aquatischen Wirkungstests. UWSF Z Umweltchem Ökotox 7:323–331

Bruns I, Siebert A, Baumbach R, Miersch J, Günther D, Markert B, Krauß GJ (1995) Analysis of heavy metals and sulphur-rich compounds in the water moss *Fontinalis antipyretica* L. ex Hedw. Fresenius J Anal Chem 353:101–104

Bücker J (1995) Unterschiedlich empfindliche Pappelvarietäten als Grundlage zur Ausarbeitung einer biochemischen Indikation pflanzengefährdender O_3 und SO_2 Konzentrationen. Verh Ges Ökol 24:255–258

Bücker J (1999) Bioindicative evaluation of the impact of ambient air pollution on forest trees using poplars. EU-ICP-Forests: minutes of the meeting of the expert panel on deposition WG ambient air quality, 15–16 March 1999, Landesumweltamt NW in Essen

Bücker J, Guderian R, Mooi J (1993) A novel method to evaluate the phytotoxic potential of low ozone concentrations using poplar cuttings. Water Air Soil Pollut 66:193–201

Carbiener R, Trémolières M, Mercier JL, Ortscheid A (1990) Aquatic macrophyte communities as bioindicators of eutrophication in calcerous oligosaprobe stream waters (Upper Rhine plain, Alsace). Vegetatio 86:71–88

ChemG (1980) Gesetz zum Schutz vor gefährlichen Stoffen. Bundesgesetzblatt I:1718

Christ RA (1992) Bioindikation mit höheren Pflanzen zur Überwachung von Werkarealen. Staub Reinhalt Luft 52:415–418

Degen B, Scholz F (1997) Ökologische Genetik. In: Umweltbundesamt Berlin (Hrsg) Auswertung der Waldschadensforschungsergebnisse (1982–1992) zur Aufklärung komplexer Ursache-Wirkungsbeziehungen mit Hilfe systemanalytischer Methoden. UBA-Ber 6:407–522

Della Mea M, Calzoni GL, Bagni N (1997) Evaluation of ozone injury in *Nicotiana tabacum* cv. BEL-W3 with computerised image analysis. Fresenius Environ Bull 6:475–480

Dionne M, Karr JR (1992) Ecological monitoring of fish assemblages in Tennessee River Reservoirs. In: McKenzie DH, Hyatt DE, McDonald J (eds) Ecological indicators. Elsevier Appl Sci Publ LTD, Barking, GB, pp 259–282

Dreyhaupt FJ, Dierschke W, Kropp L Prinz B, Schade H (1979) Handbuch zur Aufstellung von Luftreinhalteplänen. Verlag TÜV-Rheinland, Köln 449 S

Ellenberg H Jr (1981) Was ist ein Bioindikator? Sind Greifvögel Bioindikatoren? Ökologie der Vögel 3 (Sonderheft):83–99

Ellenberg H Jr (1985) Veränderungen der Flora Mitteleuropas unter dem Einfluß von Düngung und Immissionen. Schweiz Z Forstwesen 136:19–39

Ellenberg H Jr (1989) Eutrophierungsveränderungen der Waldvegetation: Folgen für und Rückwirkungen durch Rehwildverbiß. Verh Ges Ökol 17:425–436

Ellenberg H Jr, Arndt U, Bretthauer R, Ruthsatz B, Steubing L (eds) (1991) Biological monitoring - Signals from the environment. Viehweg, Braunschweig, 318pp

Elsner D, Arndt U (1997) Entwicklung eines Online-Biomonitors zur wirkungsbezogenen und kontinuierlichen Überwachung von Emissionen aus Müllverbrennungsanlagen. Abschlußbericht des PWAB (PD 94 143), 144 S

EPA (United States Environmental Protection Agency, eds) (1992) Biological populations as indicators of environmental change. EPA-230-R-92-011, 146pp

EPA (United States Environmental Protection Agency, eds) (1990) Environmental monitoring and assessment program - overview. EPA/600/9-90/001, 5pp

Erhardt W, Fischer I, Wildenmann K, Zimmermann RD (1995) Die Photooxidantien-Indikation. UWSF Z Umweltchem Ökotox 7:47–51

Erhardt W, Fischer I, Wildenmann K (1994) Standardisierte Graskultur. UWSF Z Umweltchem Ökotox 6:219–222

Erhardt W (1994) Standardisierte Flechtenexposition. UWSF Z Umweltchem Ökotox 6:113–115

Feder W, Sullivan F (1969) Ozone: depression of frond multiplication and floral production in duckweed. Science 165:1373–1374

Feldhaus G (Hrsg.) (1997) Bundesimmissionsschutzrecht. Kommentar. C.F. Müller Verlag, Heidelberg, 7 Bde, Stand 78. Erg Lfg 1997

Fomin A, Prang L, Hafner, Ch., Arndt U (1995) Die Verwendung von Tradescantia als pflanzlicher Bioindikator für mutagene Wirkungen von Luftverunreinigungen. UWSF Z Umweltchem Ökotox 7:293–298

Fomin A, Moser H, Pickl C, Arndt U (1997) Ökotoxikologische Untersuchungen saurer Tagebaugewässer der Bergbaufolgelandschaft Lausitz während ihrer Sanierung. Hohenheimer Umwelttag 29:165–178

Fomin A, Hafner C (1998) Evaluation of genotoxicity of emissions from municipal waste incinerators with Tradescantia-micronucleus bioassay (Trad-MCN). Mutat Res 414:139–148

Fomin A, Arndt U, Elsner D, Klumpp A (1999) Bioindikation – Biologische Testverfahren. 2. Hohenheimer Workshop zur Bioindikation am Kraftwerk Altbach-Deizisau 1998. Verlag G. Heimbach, 73760 Ostfildern, 317 S

Franz-Gerstein C, Fomin A, Klumpp A, Klumpp G, Domingos M, Arndt U (1995) Gladiolen als Bioindkatoren für Fluorwasserstoff in tropischen und subtropischen Immissionsgebieten. Verh Ges Ökol XXIV:293–296

Friedrich G (1990) Eine Revision des Saprobiensystems. Z Wasser Abwasserforsch 23:141–151

Friedrich G, Lacombe J (Hrsg) (1992) Ökologische Bewertung von Fließgewässern. Gustav Fischer Verlag, Stuttgart, 462 S

Gebhardt H, Linnenbach M, Marthaler R, Ness A, Segner H (1989) Die Bachforelle (*Salmo trutta fario*) - ein Bioindikator für die Gewässerversauerung. Fischökologie 1:1–21

Gichner T, Badayev SA, Demchenko SI, Relichova J, Sandhu SS, Usmanov O, Velememsky J (1994) Arabidopsis assay for mutagenicity. Mutat Res 310:249–256

Goodman GT, Roberts TM (1971) Plants and soils as indicators of metals in the air. Nature 231:287–292

Gregor HD (1995) Das Critical Loads/Levels Konzept – ein ökosystemarer Ansatz für Umweltindikatoren auf der Basis von Wirkungsschwellen. Umweltgeologie heute 5:51–58

Grill D, Haffellner J, Kaschnitz A, Pongratz W (1988) Neuerliche Erhebungen der epiphytischen Flechtenvegetation in Graz. Mitt Naturw Ver Steiermark 118:145–155

Guderian R, van Haut H (1970) Nachweis von Schwefeldioxid-Wirkungen an Pflanzen. Staub Reinhalt Luft 30:1–10

Guderian R, Reidl K (1982) Höhere Pflanzen als Indikatoren für Immissionsbelastungen im terrestrischen Bereich. Decheniana Beih 26:6–22

Guderian R, Wienhaus O (1996) „Neuartige Waldschäden" und Luftverunreinigungen aus gegenwärtiger Sicht. Jahresbericht d dt Forstvereins 181–200

Gunkel G (Hrsg.) (1994) Bioindikation in aquatischen Ökosystemen. Gustav Fischer Verlag, Stuttgart, 540 S

Halbwachs G, Kühnert M, Bellusova M, Nemetz C, Novak H, Ruppert W, Wimmer R, Zehetner H (1993) Immissionsökologische Studie über die Belastung der Vegetation durch Fluoride in der Umgebung von Fluoremitteten. Schr I, Österr Bundesministerium Umwelt, Jugend u Familie 3:211 S

Heggestad HE, Menser HA (1962) Leaf spot - sensitive tobacco strain BEL W 3, a biological indicator of the air pollutant ozone. Phytopathol 52:735

Hettche HO (1971) Pflanzenwachse als Sammler für polyzyklische Aromaten in der Luft von Wohngebieten. Staub Reinh Luft 31:1–12

Holler S, Schäfers C, Sonnenberg J (1996) Umweltanalytik und Ökotoxikologie. Springer-Verlag, Berlin Heidelberg New York, 478 S

Hughes RM, Noss RF (1992) Biological diversity and biological integrity: current concerns for lakes and streams. Fisheries 17:11–19

Hunsaker CT, Carpenter DE, Messer JJ (1990a) Ecological indicators for regional monitoring. Bull Ecol Soc Am 71:165–172

Hunsaker CT, Carpenter DE, Messer JJ (eds) (1990b) Environmental monitoring and assessment program, ecological indicators. EPA Techn Rep 600 3–90 060, 414pp

Jeffrey DW, Madden B (eds) (1993) Bioindicators and environmental management, 2nd edn. Academic Press, London, 458pp

Johnson F, Allmendinger DF, Miller VL, Gould CJ (1950) Leaf scorch of Gladiolus caused by atmospheric fluoric effluents. Phytopathol 40:239–246

Jungnickel F, Augsten H (1986) Spirodela polyrhiza - ein Biotestsystem zur Erfassung phytoaktiver Substanzen. Wiss Z Univ Jena Natw R 35/5:613–629

Karr JR (1981) Assessment of biotic integrity using fish communities. Fisheries 6:21–27

Karr JR, Fausch KD, Angermeier PL, Yant PR, Schlosser IJ (1986) Assessing biological integrity in running waters - a method and its rational. Ill Nat History Survey, Spec Publ 5, 28 S

Karr JR (1991) Biological integrity: a long neglected aspect of water resource management. Ecol Appl 1:66–84

Kay JJ (1991) A nonequilibrium thermodynamic framework for discussing ecosystem integrity. Environ Manage 15:483–495

Keitel A (1989) Praxiserprobte Bioindikationsverfahren. Staub Reinhalt Luft 49:29–34

Kindervater R, Schmid RD (1989) Biosensoren zur Analytik von Wasser und Abwasser. Z Wasser Abwasser Forsch 22:84–90

Kirschbaum U, Wirth V (1995) Flechten erkennen, Luftgüte bestimmen. Ulmer Verlag, Stuttgart, 128 S

Kloft WJ, Kunkel H (Hrsg) (1985) Waldtracht und Waldhonig in der Imkerei, 2. Aufl. Franz Ehrenwirth Verlag, München, 329 S

Klumpp A, Domingos M, Klumpp G (1996) Assessment of the vegetation risk by fluoride emissions from fertiliser industries at Cubatao, Brazil. Sci Total Environ 192:219–228

Knabe W, Brandt SC, Haut van H, Brandt JC (1973) Nachweis photochemischer Luftverunreinigungen durch biologische Indikatoren in der BRD. Proc 3rd Intern Clean Air Congr Düsseldorf A 110–114

Knabe W (1981) Immissionsökologische Waldzustandserfassung in Nordrhein-Westfalen. AFZ 36:641–643

Knie J (1994) Überwachung von Rhein und Elbe mit dem Dynamischen Daphnientest. In: Pluta HJ, Knie J, Leschber R (1994) Biomonitore in der Gewässerüberwachung. Gustav Fischer Verlag, Stuttgart, S 59–74

Kohler A, Blumenthal C, Zeltner GH (1994) Die Makrophytenvegetation des Fließgewässersystems der Moosach (Münchner Ebene). Ihre Entwicklung von 1970 bis 1992. Ber Inst Landsch Pflanzenök Univ Hohenheim H 4:53–104

Kohler A (1982) Wasserpflanzen als Belastungsindikatoren. Decheniana-Beih 26:31–42

Kohler A (1995) Wasserpflanzen als Bioindikatoren – was können sie als Zeigerorganismen für Gewässerbelastungen leisten? Ber Inst Landsch Pflanzenök Univ Hohenheim H 4:15–28

Kolkwitz R, Marsson M (1902) Grundsätze für die biologische Beurteilung des Wassers nach seiner Flora und Fauna. Mitt Kgl Prüfungsanst f Wasservers u Abwasserbes 1:33–72

Kolkwitz R (1959) Ökologie der Saprobien. Schriftenr Ver Wa-Bo-Lu-Hygiene 4:1–64

Kostka-Rick R (1987) Einsatz von wirkungsbezogenen Meßverfahren in der Umgebung eines Fluoremittenten. VDI-Ber 609:487–499

Kostka-Rick R, Arndt U (1989) Schädigungs-Zuwachsrate bei Gladiole – eine Wirkungsmeßgröße für fluorhaltige Luftverunreinighungen. Angew Bot 63:17–31

Kostka-Rick R (1999) Biomonitoring von Acklösemittel-Immissionen, Erfahrungen mit einem neu entwickelten Indikatorfächer. In: Oehlmann J, Markert B (Hrsg) Ökotoxikologie-ökosystemare Ansätze und Methoden. Ecomed Landsberg, 576 S

Kovacs M (ed) (1992) Biological indicators in environmental protection. Akademiai Kiado, Budapest, 207pp

Krause GHM (1988) Untersuchungen zum Vegetationszustand in der Umgebung der Aluminiumhütten in NRW mit Hilfe der Falschfarbenfotografie. LIS-Ber 85, 41 S

Larcher W (1994) Ökophysiologie der Pflanzen, 5. Aufl. Ulmer Verlag, Stuttgart, 394 S

Leblanc F, De Sloover J (1970) Relation between industrialization and the distribution and growth of epiphytic lichens and mosses in Montreal. Can. J. Bot. 48:1485–1496

Lenz R (1995) Kritische Stoffeinträge: neue Beurteilungsgrundlagen für Ökosystembelastungen. In: Arndt U, Böcker R, Kohler A (Hrsg) Grenzwerte und Grenzwertproblematik im Umweltbereich. Hohenheimer Umwelttagung 27:121–132

LfU (Hrsg) (1995) Terrestrische Bioindikation in Baden-Württemberg. Landesanstalt für Umweltschutz BW, 284 S

LfU (Hrsg) (1994a) Signale aus der Natur – 10 Jahre ökologisches Wirkungskataster Baden-Württemberg. Landesanstalt f Umweltschutz BW, 63 S

LfU (Hrsg) (1994b) Methoden zu Wirkungserhebungen – ein Methodenhandbuch. Ladesanstalt f Umweltschutz BW, 78 S

LfU (Hrsg) (1991) Die Moosflora der Bäche des Odenwaldes. Landesanstalt f Umweltschutz BW, 171 S

Liebig G (1987) Der Massenwechsel der grünen Tannenhoniglaus (*Cinara pectinata*) in verschieden stark erkrankten Tannenbeständen 1977–1985. Apidologie 18:147–162

Loos A (1993) Untersuchungen zur Eignung der Keimungs- und Entwicklungsphasen von Moossporen als bioindikatorisches Wirkungskriterium für Umweltchemikalien. Unveröffentl. Diplomarbeit am Institut für Landschafts- und Pflanzenökologie d Univ Hohenheim, 95 S

Ludwig W (1991) Populationsdynamik der kleinen Fichtenquirlschildlaus (*Physokermes hemicryphus* DALM, Homoptera, Coccidea) unter Berücksichtigung der

Waldschäden durch Luftverschmutzung an verschiedenen Fichtenstandorten in Baden-Württemberg. Diss Fak Biol Univ Tübingen, 96 S

Lüssem H, Rahman A (1980) Wurzellängentest mit Gartenkresse. Jb Vom Wasser 54:29–35

Luvall JC, Holbo HR (1989) Measurement of short term thermal responses of coniferous forest canopies using thermal scanner data. Remote Sens Environ 27:1–10

Ma TH (1982) Tradescantia cytogenetic tests (root-tip mitosis, pollen mitosis, pollen mother-cell meiosis). A report of the US EPA Gen-Tox Program. Mutat Res 99:293–302

Ma TH, Cabrera GL, Cebulska-Wasilewska A, Chen R, Loarca F, Vanderberg AL, Salomone MF (1994) Tradescantia stamen hair bioassay. Mutat Res 310: 211–220

Maier-Reiter W, Sommer B, Bartholmeß H, Kostka-Rick R, Finkbeiner M, Peitz P, Nobel W (1996) Aktuelle Bioindikationsverfahren – Umweltmonitoring im Raum Esslingen/Altbach. In: Bioindikation – neue Entwicklungen, Nomenklatur und synökologische Apekte. 1. Hohenheimer Workshop zur Bioindikation am Kraftwerk Altbach-Deizisau 1995. Verlag Heimbach, Ostfildern, S 51–61

Markard C (1992) Gefährliche Stoffe – Qualitätsziele zum Schutz oberirdischer Gewässer (BLAK QZ). In: Steinhäuser KG, Hansen PD (Hrsg) Biologische Testverfahren – Beiträge zu den Biotest-Statusseminaren 1989 und 1992. Gustav Fischer Verlag, Stuttgart, S 85–97

Markert B, Thornton I (1990) Multi-element analysis of an english peat bog soil. Water Air Soil Poll 49:113–123

Markert B, Weckert V (1993) Time-and-side integrated long-term biomonitoring of chemical elements by means of mosses. Toxicol Environ Chem 40:43–56

Markert B (1996) Instrumental element and multi-element analysis of plant samples. Wiley, Chichester, 296 S

Mathes K, Weidemann G, Beck L (1991) Indikatoren zur Bewertung der Belastbarkeit von Ökosystemen. Ber Ökol Forsch 2, 1265 S

Matyssek R, Günthardt-Goerg MS, Landolt W, Keller T (1993) Whole plant growth and leaf formation in ozonated hybrid Poplar (Populus x euramericana). Environ Pollut 81:207–212

McKenzie DH, Hyatt DE, McDonald J (eds) (1992) Ecological indicators. Elsevier Appl Sci Publ LTD Barking, GB, 1567pp

Mehlhorn H, Francis BJ, Wellburn AR (1988) Prediction of the probability of forest decline damage to Norway Spruce using three simple site-independent diagnostic parameters. New Phytol 110:525–534

Melzer A (1991) Die submerse Vegetation bayerischer Seen – Möglichkeiten einer biologischen Gewässerbeurteilung. Rundgespräche der Komm. Ökol. Bd. 2: Ökologie der oberbayerischen Seen, S 75–85

Messer JJ, Linthurst RA, Overton WS (1991) An EPA program for monitoring ecological status and trends. Environ Monitoring Assessment 17:67–78

Messer JJ (1992) Indicators in regional ecological monitoring and risk assessment. In: McKenzie DH, Hyatt DE, McDonald J (eds) (1992) Ecological indicators. Elsevier Appl Sci Publ LTD Barking, GB, pp 135–146

Miller DL et al (1988) Regional application of an index of biotic integrity for use in water resource management. Fisheries 13:12–20

Mooi I (1981) Influence of ozone and sulphur dioxide on defoliation and growth of poplars. Mitt Forstl Bundesvers Anstalt Wien 137:47–51

Müller-Starck G, Hattemer HH (1989) Genetische Auswirkungen von Umweltstreß auf Altbestände und Jungwuchs der Buche (*Fagus sylvatica* L.). Forstarchiv 60:17–22

MUF-RP (Ministerium f Umwelt u Forsten d Landes Rheinland-Pfalz) (Hrsg) (1996) Wie sauber ist der Rhein wirklich? Biomonitoring. Advanced Biology, Petersberg, 148 S

Nobel W, Maier-Reiter W (1996) 12 Jahre Bioindikation im Raum Esslingen-Altbach (1983–1994) In: Arndt U, Fomin A, Lorenz S (Hrsg) Bioindikation – neue Entwicklungen, Nomenklatur und synökologische Apekte. 1. Hohenheimer Workshop zur Bioindikation am Kraftwerk Altbach-Deizisau 1995. Verlag G. Heimbach, Ostfildern, S 31–50

Nobel W, Maier-Reiter W, Sommer B, Finkbeiner M, Arndt U (1992) Biological monitoring of organic air pollutants. In: McKenzie DH, Hyatt DE, McDonald J (eds) Ecological indicators. Elsevier Appl Sci Publ LTD Barking, GB, pp 1553–1556

Nobel W, Maier-Reiter W, Sommer B, Finkbeiner M (1991) Biomonitoring organischer Luftschadstoffe, insbesondere Dioxine/Furane. VDI-Ber 901:813–826

Noss RF (1990) Indicators for monitoring biodiversity: a hierarchical approach. Conserv Biol 4:355–364

Nusch EA (1993) Biologische Testverfahren – Aussagekraft und Grenzen der Übertragbarkeit. UWSF Z Umweltchem Ökotox 5:155–161

Nylander W (1866) Les lichens du Jardin de Luxembourg. Bull Soc Bot France 13:364–371

Oberdorff T, Hughes RM (1992) Modification of an index of biotic integrity based on fish assemblages to characterize rivers of the Seine Basin, France. Hydrobiologia 228:117–130

Obst U (1998) Stand, Entwicklungen und Perspektiven im Bereich suborganismischer Testverfahren. 2. Hohenheimer Workshop zu Bioindikation am Kraftwerk Altbach-Deizisau am 6. u. 7. 4. 1998, 317 S

Overrein LN, Seip HM, Tollan A (1980) Acid precipitation – effects on forest and fish. Fragrapport FR 19, 175 S

Peakall D (1992) Animal biomarkers as pollution indicators. Chapman Hall, London, Ecotoxicology series 1, 291 S

Peine FJ (1994) Gesetzliche Grundlagen des Schutzes aquatischer Systeme. In: Gunkel G (Hrsg) Bioindikation in aquatischen Ökosystemen. Gustav Fischer Verlag, Stuttgart, S 440–459

Pilgram C, Arndt U (1987) Aktives Monitoring in Waldgebieten Südwestdeutschlands. VDI-Ber 609:513–524

Pluta HJ, Knie J, Leschber R (1994) Biomonitore in der Gewässerüberwachung. Gustav Fischer Verlag, Stuttgart, 314 S

Prinz B (1992) Das Wirkungskataster Nordrhein-Westfalen. In: Kohler A, Arndt U (Hrsg.) Bioindikatoren für Umweltbelastungen. Hohenheimer Umwelttagung 24:31–47

Radermacher L, Rudolph H (1994) Grünkohl als Bioindikator – ein Verfahren zum Nachweis von organischen Substanzen in Nahrungsmitteln. UWSF Z Umweltchem Ökotox 6:384–386

Regier HA (1992) Indicators of ecosystem integrity. In: McKenzie DH, Hyatt DE, McDonald J (eds) (1992) Ecological indicators. Elsevier Appl Sci Publ LTD Barking, GB, pp 183–200

Rudolph P, Boje R (1986) Ökotoxikologie, Grundlagen für die ökotoxikologische Bewertung von Umweltchemikalien nach dem Chemikaliengesetz. Ecomed, Landsberg, 106 S

Rühling A, Tyler G (1973) Heavy metal deposition in Scandinavia. Water Air Soil Pollut 2:445–455

Ryder RA, Edwards CJ (eds) (1985) A conceptual approach for the application of biological indicators of ecosystem quality in the Great Lakes Basin. A joint effort of the international joint commission and the Great Lakes fishery commission. Report to the Great Lakes Science Advisory Board, 169pp

Sallenave RM, Fomin A (1997) Some advantages of the duckweed test to assess the toxicity of environmental samples. Acta Hydrochim Hydrobiol 25:135–140

Schmieden U, Wild A(1997) Forstpflanzenphysiologie. In: Umweltbundesamt Berlin (Hrsg) Auswertung der Waldschadensforschungsergebnisse (1982–1992) zur Aufklärung komplexer Ursache-Wirkungsbeziehungen mit Hilfe systemanalytischer Methoden. UBA-Ber 6:15–146

Schneider ED (1992) Monitoring for ecological integrity: the state of the art. In: McKenzie DH, Hyatt DE, McDonald J (eds) (1992) Ecological indicators. Elsevier Appl Sci Publ LTD Barking, GB, pp 1403–1419

Schneider ED, Kay JJ (1993) Life as a manifestation of the second law of thermodynamics. Prepubl from Dept of Environment and Resource Studies, Univ Waterloo, Ontario, Canada, 33 S

Scholl G (1971) Ein biologisches Verfahren zur Bestimmung der Herkunft und Verbreitung von Fluorverbindungen in der Luft. Landw Forsch Sonderh 26:29–55

Scholl G (1987) Grundlagen des Verfahrens der Standardisierten Graskultur zur Messung der Wirkdosis von Luftverunreinigungen. VDI-Ber 609:287–299

Schönbeck H (1969) Eine Methode zur Erfassung der biologischen Wirkung von Luftverunreinigungen durch transplantierte Flechten. Staub Reinhalt Luft 29:14–19

Schönbeck H, Buck M, van Haut H, Scholl G (1970) Biologische Meßverfahren für Luftverunreinigungen. VDI-Ber 149:225–236

Schröter H (1983) Entwicklung des Gesundheitszustandes von Tanne und Fichte auf Beobachtungsflächen der Forstlichen Versuchsanstalt. Ber FVA BW 123–131

Schulz H (1989) Biochemische Indikation mit Koniferennadeln – ein Verfahren zur Früherkennung von Immissionswirkungen. Biochem Physiol Pflanzen 184:419–432

Schweizer B, Arndt U (1997) Bioindikation mit synökologischem Aspekt. In: Umweltbundesamt Berlin (Hrsg) Auswertung der Waldschadensforschungsergebnisse (1982–1992) zur Aufklärung komplexer Ursache-Wirkungsbeziehungen mit Hilfe systemanalytischer Methoden. UBA-Ber 6:293–382

Selye H (1936) A syndrome produced by diverse nocuous agents. Nature 138:32

Smiatek G, Köble R, Gauger T (1995) Das Critical-Loads- und Levels-Konzept. In: Arndt U, Böcker R, Kohler A (Hrsg) Grenzwerte und Grenzwertproblemaik im Umweltbereich. Hohenheimer Umwelttagung 27:111–119

Sorauer P, Ramann E (1899) Sogenannte unsichtbare Rauchbeschädigungen. Botan Ctrbl 80:50

Stefan K (1994) Österreichisches Bioindikatornetz – Ergebnisse der Schwefelanalysen der Probenahme 1992 im Vergleich der Resultate der von 1983–1992 und 1985–1992 bearbeiteten Probepunkte. Forstl Bundesversuchsanst. Wien Ber BIN-S95, 133 S

Steinberg C, Hartmann H (1986) A biological paleoindicator for early lake acidification: Mallomonadacean (Chrysophyceae) scale abundance in sediments. Naturwissenschaften 73:37

Steinberg C, Kern J, Pitzen G, Traunsburger W, Geyer H (1992) Biomonitoring in Binnengewässern - Grundlagen der biologischen Überwachung organischer Schadstoffe für die Praxis des Gewässerschutzes. Ecomed, Landsberg, 312 S

Steinberg C, Klein J, Brüggemann R (1995) Ökotoxikologische Testverfahren. Ecomed, Landsberg, 106 S

Steinhäuser KG (1995) Biotests im wasserrechtlichen Vollzug - Konzeption und Praxis. In: Mücke W, Link M (Hrsg) Biotests in der Praxis - gesetzliche Vorgaben und ihre Umsetzung im Umweltschutz. Gräbner Verlag, Altendorf, S 3–15

Steinhäuser KG, Hansen PD (1992) Biologische Testverfahren - Beiträge zu den Biotest-Statusseminaren 1989 und 1992. Gustav Fischer Verlag, Stuttgart, 879 S

Steubing. L., Fangmeier A, Gnittke J, Both R, Frankenfeld M, Engelbach G (1989) Resistenz- und Konkurrenzverhalten der Waldbodenvegetation in Waldbiotopen unter dem Einfluß saurer Deposition: Ermittlung des Indikatorwertes einzelner Pflanzenarten. Abschlußbericht UFO-Plan Nr. 10607046/07, 157 S

Steubing L, Fangmeier A (1992) Pflanzenökologisches Praktikum. Ulmer Verlag, Stuttgart, 205 S

Steubing L (1994) Bioindikation von Luftverunreinigungen im Ballungsgebiet Untermain: Überblick über die Jahre 1968–1992. Geobot Kolloq 10:23–34

Strehl T, Lobo EA (1989) Analysis of the morphological characters of Tillandsia aeranthos (Loisel.) L.B. Smith and T. recurvata (L.) L. (Bromeliaceae) as bioindicators of the urban pollution in Porto Alegre City, Southern Brazil. Aquilo Ser Bot 27:19–27

Tausz M, Grill D, Bermadinger-Stabentheiner E (1996) Physiological responses of spruce trees to air pollutants - a tool for bioindication. In: Cox R, Percy K, Jensen K, Simpson C (eds) Air pollution and multiple stresses. Proc 16th Int. Meeting IUFRO-Specialists, Fredericton Canada Sept 1994, Can Forest Service 167–173

Thomas W, Herrmann R (1980) Nachweis von Chlorpestiziden, PCB, PCA und Schwermetallen mittels epiphytischer Moose als Biofilter entlang eines Profils durch Mitteleuropa. Staub Reinhalt Luft 40:440–445

Thomas W, Mrotzek R, Schmidt W (1995) Biomonitoring in naturnahen Buchenwäldern. Angew Landschaftsökol H 6, 151 S

Tietz S, Schneider S, Gill J, Wild A (1991) PEPC-Aktivität. Biochemischer Indikator für den Schädigungsgrad bei Fichten. UWSF Z Umweltchem Ökotox 3:206–209

Tremp H, Kohler A (1995) The usefulness of macrophyte monitoring systems, exemplified on eutrophication and acidification of running waters. Acte Bot Gallica 142:541–550

Treshow M, Anderson FK (1989) Plant stress from air pollution. John Wiley, Sons, Chichester, 283 S

UBA (Umweltbundesamt Berlin, Hrsg) (1997) Daten zur Umwelt - der Zustand der Umwelt in Deutschland. Erich Schmidt Verlag, Berlin, 570 S

Ulrich B, Bredemeier M (1992) Ecological indicators of temperate forest ecosystem condition. In: McKenzie DH, Hyatt DE, McDonald J (eds) Ecological indicators, vol 1. Elsevier Appl Sci Publ LTD Barking, GB, pp 345–360

Umlauff-Zimmermann R, Kühl U (1989) Auswahlkriterien für Beobachtungsflächen bei einem Immissionsökologischen Wirkungskataster - Beispiel Baden-Württemberg. Natur und Landschaft 64:314–318

VDI-3792, Bl. 1 (1978) Messen der Wirkdosis, Verfahren der standardisierten Graskultur. VDI/DIN Handb Reinh Luft
VDI-3792, Bl. 2 (1982) Messen der Immissions-Wirkdosis, Messen der Immissionswirkdosis von gas- und staubförmigem Fluorid in Pflanzen mit dem Verfahren der standardisierten Graskultur. VDI/DIN Handb Reinh Luft
VDI-3792, Bl. 3 (1991) Messen der Immissions-Wirkdosis, Messen der Immissions-Wirkdosis von Blei in Pflanzen mit dem Verfahren der standardiserten Graskultur. VDI/DIN Handb Reinh Luft
VDI-3792, Bl. 5 (1991) Messen der Immissions-Wirkdosis, Verfahren zur Standardisierung der Wirkungsfestellung an Blättern und Nadeln von Bäumen am natürlichen Standort. VDI/DIN Handb Reinh Luft
VDI-3793, Bl. 1 (1990) Messen von Vegetationsschäden am natürlichen Standort, Verfahren der Luftbildaufnahme mit Color-Infrarot-Film. VDI/DIN Handb Reinh Luft
VDI-3793, Bl. 2 (1993) Messen von Vegetationsschäden am natürlichen Standort, Interpretationsschlüssel für die Auswertung von CIR-Luftbildern zur Kronenzustandserfassung von Nadel- und Laubgehölzen, Fichte, Buche, Eiche, Kiefer. VDI/DIN Handb Reinh Luft
VDI-3799, Bl. 1 (1995) Messen von Immissionswirkungen, Ermittlung und Beurteilung phytotoxischer Wirkungen von Immissionen mit Flechten - Flechtenkartierung zur Ermittlung des Luftgütewertes (LGW). VDI/DIN Handb Reinh Luft
VDI-3799, Bl. 2 (1991) Messen von Immissionswirkungen, Ermittlung und Beurteilung phytotoxischer Wirkungen von Immissionen mit Flechten, Verfahren der standardisierten Flechtenexposition. VDI/DIN Handb Reinh Luft
VDI-3957, Bl. 1 (1997) Biologische Meßverfahren zur Ermittlung und Beurteilung der Wirkung von Luftverunreinigungen auf Pflanzen (Bioindikation). Grundlagen und Zielsetzung. VDI/DIN Handb Reinh Luft, Gründruck
Weibel U, Bernauer D, Hirt J (1997) Bioindikation an Großkraftwerken des Rheins - Fischfauna und Kleinlebewesen als Bioindikatoren zur Bewertung von Gewässergüte und -morphologie. Veröff PAÖ 22:319–333
WHG (Wasserhaushaltsgesetz) (1986) Gesetz zur Ordnung des Wasserhaushalts. Fassung BGBl I:1165–1168
Wild A, Schmitt V, Tietz-Siemer S (1994) Biochemische Schadindikation der neuartigen Waldschäden bei Fichten - PEPC-Kataster Nordrhein-Westfalen. Min Umwelt Raumord Landw des Landes NRW (Hrsg) 36:1–124
Wirth V, Oberhollenzer H (1995) Epiphytische Flechten - Einsatz als Reaktionsindikatoren bei der Erstellung von Immissionskatastern. UWSF Z Umweltchem Ökotox 7:179–181
Wittig R (1991) Biozönotische Veränderungen in Wäldern von Industriegebieten. Ann Bot IL:175–183
Zimmermann RD, Umlauff-Zimmermann R (1994) Richtlinien zur Erstellung von Wirkungskatastern. UWSF Z Umweltchem Ökotox 6:50–54
Zimmermann RD, Baumann R (1994) Das Klon-Fichten Verfahren. UWSF Z Umweltchem Ökotox 6:111–113

Anhang:

Tabelle 3.1-2. Übersicht über zur Zeit praktizierte Testverfahren. (Auf der Basis von Brüggemann u. Steinberg 1995, aktualisiert und erweitert nach mündlichen und schriftlichen Angaben aus 1998 von Fomin, Nusch und insbesondere Pluta)

Test-Nr.	Testbezeichnung	Status
	Teste mit Pflanzen (Algen und Makrophyten)	
1	Algea, growth inhibitions test	OECD-Guidel. 201
2	Bestimmung der Hemmwirkung von Wasserinhaltsstoffen auf Grünalgen (*Scenedesmus*-Zellvermehrungs-Hemmtest)	DIN-Norm
3	Bestimmung der nicht giftigen Wirkung von Abwasser gegenüber Grünalgen (*Scenedesmus*-Chlorophyll-Fluoreszenztest) über Verdünnungsreihen	DIN 38412 - L33
4	Bestimmung des Chlorophyll-a-Gehaltes von Oberflächenwasser	DIN-Norm
5	Water quality - Measurement of bio-chemical parameters - spectrometric determination of the chlorophyll-a-concentration	ISO 10260
6	Bestimmung der nicht giftigen Wirkung von Abwasser auf das Wachstum von Wasserlinsen (*Lemna minor* ST., *Lemna gibba* G3)	DIN-Normung
7	Lemna growth inhibition test	OECD-Entwurf (Ringtest)
8	Water quality - freshwater algal growth inhibition test with *Scenedesmus subspicatus* and *Selenastrum capricornutum*	ISO 8692 EN 28692
9	Water quality - guidance for algae growth inhibition tests with poorly soluble organic and inorganic solid materials, volatile compounds, heavy metals and waste water	ISO/CD 14442
	Teste mit Wirbellosen	
10	*Daphnia* sp., acute immobilisation test and reproduction test; part I - the 24 h EC 50 acute immobilisation test	OECD-Guideline 202 part 1
11	*Daphnia* sp., acute immobilisation test and reproduction test; part II - the reproduction test (at least 14 days)	OECD-Guideline 202 part 2
12	Bestimmung der Wirkung von Wasserinhaltsstoffen auf Kleinkrebse (Daphnien-Kurztest)	DIN 38412 - L11
13	Bestimmung der nicht akut giftigen Wirkung von Abwasser gegenüber Daphnien über Verdünnungsstufen	DIN 38412 - L30
14	Dynamischer Daphnientest	Monitoring

Tabelle 3.1-2. (Fortsetzung)

Test-Nr.	Testbezeichnung	Status
15	Muschelmonitor	Monitoring
16	Ciliatentest (UBA-Texte 34/96)	F+E-Vorhaben abgeschlossen
17	Gammariden-Test (UBA)	F+E-Vorhaben abgeschlossen
18	Water quality – determination of long-term-toxicity of substances to *Daphnia magna*	ISO/CD 10706
19	Water quality – determination of the inhibition of the mobility of *Daphnia magna* – acute toxicity test	EN ISO 6341
	Teste mit Mikroorganismen	
20	Activated sludge, respiration inhibition test	OECD 209
21	Bestimmung der Hemmwirkung von Wasser-Wasserinhaltsstoffen auf Bakterien (*Pseudomonas*-Zellvermehrungs-Hemmtest)	DIN-Norm
22	Leichte aerobe biologische Abbaubarkeit von Stoffen	EWG Richtl. 92/69, Anhang
23	Aerobe biologische Abbaubarkeit von Stoffen, bestimmt als DOC-Abbaugrad über 28 Tage	DIN EN 9888
24	Aerobe biologische Abbaubarkeit in biologischen Behandlungsanlagen (Eliminierbarkeit) von der filtrierten Probe, bestimmt als CSB- oder DOC-Abbaugrad (Eliminationsgrad)	DIN EN 9888
25	Aerobe biologische Abbaubarkeit (Eliminierbarkeit) in biologischen Behandlungsanlagen von der filtrierten Probe, bestimmt als CSB- oder DOC-Abbaugrad über maximal 7 Tage (Eliminationsgrad)	DIN EN 9888
26	Biochemischer Sauerstoffbedarf in 5 Tagen in der Originalprobe	DIN EN 1899-1
27	Leuchtbakterienabwassertest mit konservierten Bakterien	DIN 38412 - L34
28	Leuchtbakterienabwassertest mit konservierten Bakterien, Erweiterung des Verfahrens DIN 38412 / L34	DIN 38412 - L341
29	Erbgutveränderndes Pontential (umu-Test)	DIN 38415 - T3
30	Water quality – *Pseudomonas putida* growth inhibition test (*Pseudomonas* cell multiplication inhibition test)	EN ISO 10712
31	Water quality – evaluation in an aqueous medium of the „ultimat" aerobic biodegradability of organic compounds – method by analysis of released carbon dioxide	ISO/CD 9439

Tabelle 3.1-2. (Fortsetzung)

Test-Nr.	Testbezeichnung	Status
32	Water quality – evaluation of ultimate aerobic biodegradability of organic compounds in an aqueous medium by determination of oxygen demand in a closed respirometer	ISO/CD 9408
33	Water quality – evaluation of the aerobic biodegradability of organic compounds in an aqueous medium – static test	ISO/CD 9888
34	Water quality – evaluation of the aerobic biodegradability of organic compounds in an aqueous medium – semi continuous activated slugde method	EN ISO 9887
35	Water quality – evaluation of ultimate aerobic biodegradability of organic compounds in an aqueous medium – method by analysis of released inorganic carbon in sealed flasks	ISO/DIS 14593
36	Water quality – evaluation in an aqueous medium of the „ultimate" aerobic biodegradability of organic compounds – determination of biochemical oxygen demand in a two-phase closed bottle test	EN ISO 10707
37	Water quality – evaluation in an aqueous medium of the ultimate aerobic biodegradability of organic compounds – method by determining the biochemical oxygen demand (two-phase closed bottle test)	EN ISO 10708
38	Water quality – determination of the inhibitory effect of water samples on the light emission of *Vibrio fishery* (luminescent bacteria test) – part 1: method using freshly prepared bacteria	prEN ISO 11348-1
39	Water quality – determination of the inhibitory effect of water samples on the light emission of *Vibrio fishery* (luminescent bacteria test) – part 2: method using liquid dryed bacteria	prEN ISO 11348-2
40	Water quality – determination of the inhibitory effect of water samples on the light emission of *Vibrio fishery* (luminescent bacteria test) – part 3: method using freeze- dryed bacteria	prEN ISO 11348-3
41	Water quality – evaluation of the elimination and biodegradability of organic compounds in an aqueous medium – activated sludge simulation test	prEN ISO 11733
42	Water quality – evaluation of the „ultimate" anaerobic biodegradability of oganic compounds in digested sludge – method by measurement of the biogas production	prEN ISO 11734

Tabelle 3.1-2. (Fortsetzung)

Test-Nr.	Testbezeichnung	Status
	Teste mit Fischen und Fischzellkulturen	
43	Fish, acute toxicity test	OECD 203
44	Fish, prolonged toxicity test: 14-day study	OECD 204
45	Bestimmung der Wirkung von Wasserinhaltsstoffen auf Fische (Fischtest)	DIN 38412 - L31
46	Bestimmung der nicht akut giftigen Wirkung von Abwasser gegenüber Fischen über Verdünnungsstufen	DIN 38412 - L31
47	Chronische Toxizität für Fische, Early-life-stage-Test [ELS-Test]	OECD 210
48	Chronische Toxizität für Fische, Life-cycle-Test	OECD-Entwurf
49	Bestimmung der nicht akut giftigen Wirkung von Abwasser auf die Entwicklung von Fischeiern über Verdünnungsstufen (T 6)	DIN-Normung
50	Fish, short-term toxicity on embryo and sac-fry stages	OECD 212
51	Akkumulationstest Fisch	OECD 305 A-E
52	Fish juvenile growth test	OECD Entwurf
53	Fish, Early Life Stage Toxicity Test	OECD 210
54	Water quality - determination of embryo-larval toxicity to freshwater fish - semistatic method	ISO/DIS 12890
55	Water quality - determination of the prolonged toxicity of substances to freshwater fish - method for evaluating the effects of substances on the growth rate of rainbow trout	ISO 10229
56	Water quality - determination of the acute lethal toxicity of substances to a freshwater fish - part 1: static method	EN ISO 7346-1
57	Water quality - determination of the acute lethal toxicity of substances to a freshwater fish - part 2: semistatic method	EN ISO 7346-2
58	Water quality - determination of the acute lethal toxicity of substances to a freshwater fish - part 3: flow-through method	EN ISO 7346-3
	Teste mit Gewässerbiozönosen	
59	Assimilations-Zehrungs-Test	DIN-Norm
60	Bestimmung von Sauerstoffproduktion und Sauerstoffverbrauch im Gewässer mit der Hell-Dunkelflaschenmethode SPG und SVG (Biogene Belüftungsrate)	DIN-Norm
61	Bestimmung der Sauerstoffproduktion mit der Hell-Dunkelflaschen-Methode unter Laborbedingungen SPL	DIN-Norm

Tabelle 3.1-2. (Fortsetzung)

Test-Nr.	Testbezeichnung	Status
62	Water quality – biological classification of rivers – part 1: guidance on the interpretation of biological quality data from surveys of benthic macroinvertebrates in running waters	ISO/CD 8689-1
63	Water quality – biological classification of rivers – part 2: guidance on the presentation of biological quality data from surveys of benthic invertebrates in runnning waters	ISO/CD 8689-2
	Teste in Sedimenten	
64	Chironomiden-Test, UBA	F+E-Vorhaben und OECD-Normenentwurf
65	Nematoden-Test, UBA	F+E-Vorhaben abgeschlossen
66	Bakterienkontakt-Test	F+E-Vorhaben, Ringtest
67	Water quality – sampling – part 15: guidance of the preservation and handling of sludge and sediment samples	ISO/CD 5667-15
68	Water quality – methods of biological sampling – guidance on handnet sampling of aquatic benthic macro-invertebrates	ISO 7828 EN 27828
69	Water quality – design and use of quantitative samplers for benthic macro-invertebrates on stony substrator in shallow freshwater	ISO 8265 EN 28265
	Teste in Mesokosmen	
70	Untersuchung von Pestiziden in Süßwasser-mesokosmen	Standardisierungs-vorschlag
	Teste auf Mutagenität	
71	Salmonella-Mutagenitätstest (AMES-Test)	OECD-Guideline
72	Mikronucleus-Test (*in vitro*)	relativ verbreitet
73	Water quality – determination of the genotoxicity of water and waste water using the umu-test	ISO/DIS 13829
	Sonstige Teste	
74	Water quality – sampling – part 16: guidance on biotesting of samples	prEN ISO 5667-16

Tabelle 3.1-2. (Fortsetzung)

Test-Nr.	Testbezeichnung	Status
	Biomarker- und biochemische Monitoring-Teste	
75	Cholinesterase-Hemmtest	DIN-Norm Entwurf
76	Enzymaktivitätsteste *in vivo* zum Nachweis von Beeinträchtigungen der mikrobiellen Reinigungsleistung in Gewässern	Monitoring bisher nicht genormt
77	Ein enzymatisches Verfahren zur Erfassung der Biotransformation (Entgiftungsaktivität) in der Fischleber - ein Beitrag zum biologischen Effektmonitoring	Normung vorgeschlagen
78	Immunochemische Teste für Umweltchemikalien	Normung vorgeschlagen
79	Biosensor-Systeme	Monitoring
80	Water quality - guideline for selective immunoassays for the determination of plant treatment and pesticide agents	ISO/CD 15089

3.2 Nachweis immisionsbedingter Pflanzenschäden

R. Guderian

3.2.1 Einführung

Der gesicherte Nachweis von Immissionswirkungen auf Pflanzen nach Ursache, Ausprägung und räumlicher Ausdehnung bildet eine wichtige Grundlage für Abhilfemaßnahmen am Emittenten und am Ort der Wirkung sowie für die Regulierung immissionsbedingter Schäden in der Land- und Forstwirtschaft (Guderian et al. 1983). Aus diesen Gründen spielten diagnostische Fragen seit Begründung der „Rauchschadenskunde“ als Wissenschaftsdisziplin vor rund 150 Jahren bis zur Gegenwart sowohl in der Forschung als auch in der Praxis eine große Rolle (s. Bd. 2A, Kap. 3.1). Naturgemäß hat sich während dieser Zeit die diagnostische Methodik wesentlich erweitert und verändert, abhängig von den Veränderungen in der Immissions- und Wirkungssituation einerseits und den allgemeinen Fortschritten in den naturwissenschaftlichen Disziplinen andererseits. Das zur Diagnose vorliegende Schrifttum ist inzwischen zu einem kaum noch überschaubaren Umfang angewachsen. Hier kann folglich nur ein Überblick in groben Zügen gegeben werden.

Wie unter Kap. 3.2 in Bd. 2A näher dargelegt, ist zwischen akuten, chronischen und latenten Schadwirkungen zu unterscheiden. Die durch kurzfristige Einwirkungen hoher Konzentrationen ausgelösten akuten Schadwirkungen äußern sich vornehmlich als Blattnekrosen, während unter längeranhaltendem Einfluß niedriger Konzentrationen die Pflanzen mit chronischen Schädigungsmerkmalen in Form von Chlorosen, Verfärbungen und vorzeitiger Seneszens reagieren. Als latente Schadwirkungen sind Minderungen in der Wuchsleistung, Qualität, Resistenz oder Vitalität der Pflanzen bei völliger Abwesenheit äußerlich sichtbarer Schädigungsmerkmale definiert. Allein hieraus folgt, daß sich bestimmte immissionsbedingte Pflanzenschäden über phänomenologische Untersuchungen allein nicht erkennen lassen. Aber auch die aussagekräftigsten akuten Schädigungsmerkmale, die Nekrosen, sind in vielen Fällen nicht so charakteristisch, um als alleiniges Reaktionsmerkmal eine gesicherte Diagnose zuzulassen. Das gilt auch für andere Reaktionsformen der Pflanzen, wie Änderungen im Habitus, Desorganisationen von Zellen und Zellorganellen sowie Veränderungen im Gas- und Stoffwechsel der Pflanzen. Mangels hinreichend charakteristischer einzelner Schädigungsmerkmale ist häufig ein verläßlicher Nachweis nur über die Differentialdiagnose möglich (Guderian et al. 1983). In einer vielfach auf Indizien aufzubauenden Beweisführung kann erst über mehrere in ihrer Aussage übereinstimmender Kriterien eine zuverlässige Diagnose gestellt werden. In diesem Prozeß ist, wie aus Abb. 3.2-1 ersichtlich, zwischen zwei Phasen zu unterscheiden, dem Ausschluß möglicher anderer Ursachen abiotischer oder biotischer Art und dem Nachweis der Immissionswirkungen (Guderian u. van Haut 1970; Malhotra u. Blauel 1980; Guderian u. Vogels 1982). Zunächst ist mit Hilfe von Methoden der allgemeinen phytopathologischen Diagnostik sicherzustellen, daß die vorliegenden Schäden nicht durch andere abiotische Ursachen wie ungünstige Klima- oder Bodenverhältnisse oder Kulturfehler bedingt sind. Des weiteren sind biotische Einflüsse wie tierische Schädlinge, Pilze, Bakterien und phytopathogene Viren sowie Störungen in den intra- und interspezifischen Beziehungen als Schädigungsursache auszuschließen.

Nach Ausschluß der genannten anderen Faktoren biotischer und abiotischer Art stehen für den direkten Nachweis inmmissionsbedingter Pflanzenschäden die folgenden Methoden zur Verfügung:

- Analyse der morphologischen, anatomischen und feinstrukturellen Veränderungen an Einzelpflanzen, ihren Organen und Zellorganellen

→

Abb. 3.2-1. Methoden der Differentialdiagnose zum Nachweis von Immissionswirkungen auf Pflanzen (Guderian u. Vogels 1982, verändert)

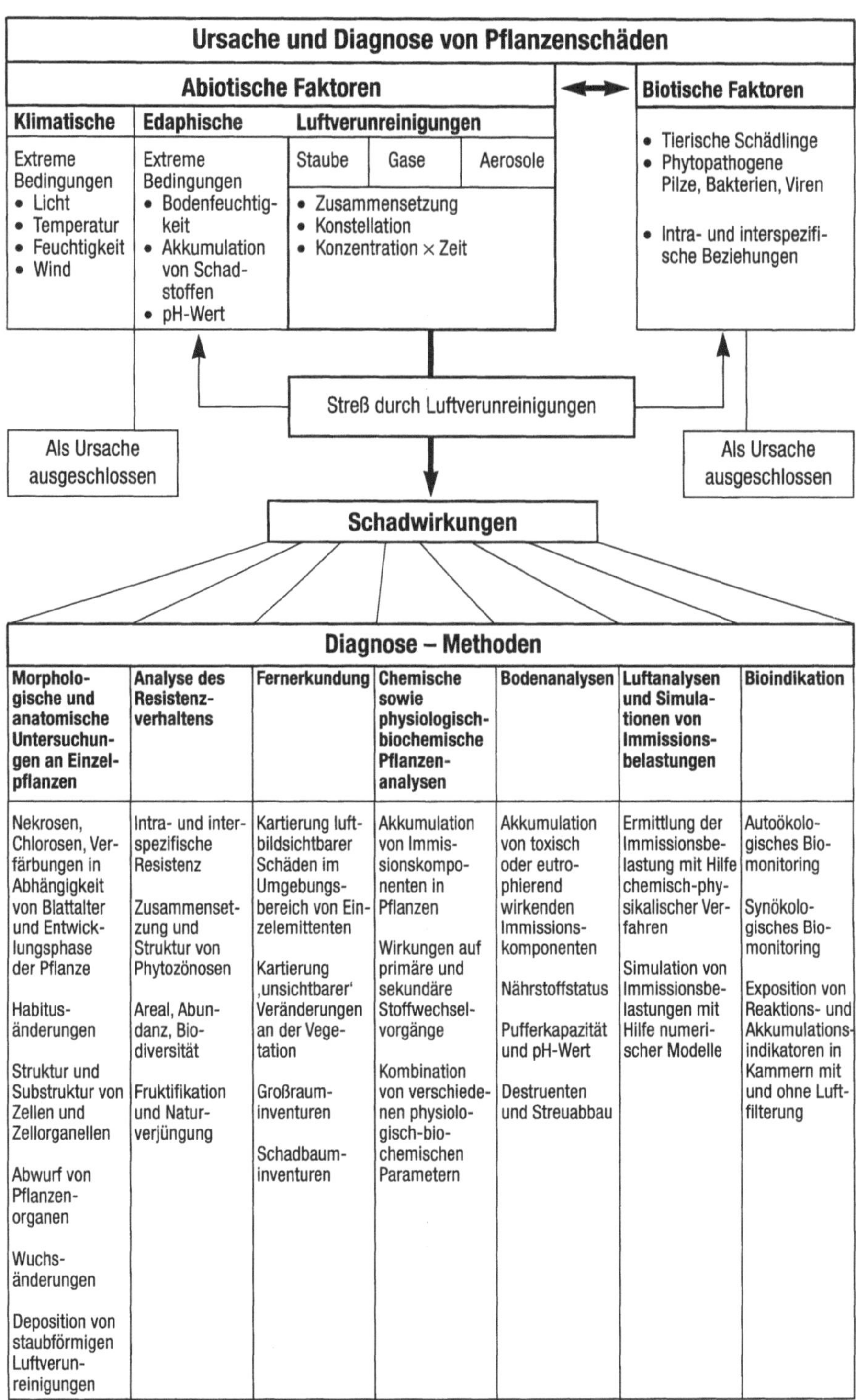

Morphologische und anatomische Untersuchungen an Einzelpflanzen	Analyse des Resistenzverhaltens	Fernerkundung	Chemische sowie physiologisch-biochemische Pflanzenanalysen	Bodenanalysen	Luftanalysen und Simulationen von Immissionsbelastungen	Bioindikation
Nekrosen, Chlorosen, Verfärbungen in Abhängigkeit von Blattalter und Entwicklungsphase der Pflanze Habitusänderungen Struktur und Substruktur von Zellen und Zellorganellen Abwurf von Pflanzenorganen Wuchsänderungen Deposition von staubförmigen Luftverunreinigungen	Intra- und interspezifische Resistenz Zusammensetzung und Struktur von Phytozönosen Areal, Abundanz, Biodiversität Fruktifikation und Naturverjüngung	Kartierung luftbildsichtbarer Schäden im Umgebungsbereich von Einzelemittenten Kartierung ‚unsichtbarer' Veränderungen an der Vegetation Großrauminventuren Schadbauminventuren	Akkumulation von Immissionskomponenten in Pflanzen Wirkungen auf primäre und sekundäre Stoffwechselvorgänge Kombination von verschiedenen physiologisch-biochemischen Parametern	Akkumulation von toxisch oder eutrophierend wirkenden Immissionskomponenten Nährstoffstatus Pufferkapazität und pH-Wert Destruenten und Streuabbau	Ermittlung der Immissionsbelastung mit Hilfe chemisch-physikalischer Verfahren Simulation von Immissionsbelastungen mit Hilfe numerischer Modelle	Autökologisches Biomonitoring Synökologisches Biomonitoring Exposition von Reaktions- und Akkumulationsindikatoren in Kammern mit und ohne Luftfilterung

- Untersuchungen zum Resistenzverhalten von Individuen, Populationen und Phytozönosen
- Fernerkundung von Veränderungen an der Vegetation;
- chemische und physiologische Pflanzenanalysen;
- Bodenanalysen
- Luftanalysen und Simulation von Immissionsbelastungen
- Exposition von Indikatorpflanzen.

3.2.2 Analyse der morphologischen, anatomischen und feinstrukurellen Veränderungen

Anlaß und Ausgangspunkt für diagnostische Untersuchungen pflegen im allgemeinen Veränderungern an den chlorophyllführenden Blattorganen der Pflanzen zu sein. So werden die Grundmuster akuter Schädigung durch Schwefeldioxid in Form von Interkostalnekrosen und durch Fluorwasserstoff mit den typischen Blattrand- und Blattspitzennekrosen bereits im ersten Sachbuch über Immissionswirkungen auf Pflanzen von von Schroeder u. Reuss 1883 zutreffend beschrieben. Die Blattschädigungen variieren aber nicht nur mit den einzelnen Immissionskomponenten, sondern auch mit der Immissionskonstellation, d.h. mit der Konzentrationshöhe und der Dauer der Einwirkung. Besonders differenziert reagieren die Blattorgane auf Ozoneinfluß, vor allem bei den breitblättrigen Pflanzen mit verschiedenen, recht unterschiedlichen Formen akuter und chronischer Schädigung, wie Tabelle 3.2-1 verdeutlicht. In zahlreichen Publikationen werden die durch Ozon ausgelösten Schädigungen beschrieben und vereinzelt auch durch instruktive Farbabbildungen dokumentiert (z.B. EPA 1976; Krupa et al. 1998).

Für Schwefeldioxid als der bis in zweite Hälfte des 20. Jahrhunderts weltweit wichtigsten pflanzenschädlichen Verunreinigungskomponente liegen vergleichbar detaillierte Beschreibungen der Schädigungssymptome vor (Guderian u. Stratmann 1968; Guderian u. van Haut 1970; EPA 1976; Legge et al. 1998). Als Standardwerk der Symptomatologie SO_2-bedingter Pflanzenschäden ist vor allem der dreisprachige Farbtafelatlas von van Haut u. Stratmann (1970) zu nennen, in dem am Beispiel zahlreicher Nutzpflanzen der Land- und Forstwirtschaft sowie des Gartenbaus die Grundformen akuter und chronischer Schädigungsformen in Abhängigkeit von der Belastungshöhe sowie vom Entwicklungstadium der Pflanzen dokumentiert und beschrieben werden. Als weitere Immissionskomponenten, für die gute Beschreibungen der Blattschädigungen anhand von Farbbildern vorliegen, seien noch die

Tabelle 3.2-1. Formen akuter und chronischer Blattschädigung an breitblättrigen Pflanzen sowie Koniferen unter Ozoneinfluß (nach Krupa et al. 1998)

Akute Schädigung	Chronische Schädigung
Breitblättrige Pflanzen	
Bleichungen („bleaching": einseitig, Blattoberseite oder „bifacial"): kleine, unpigmentierte nekrotische Punkte oder allgemeiner, eine flächige Bleichung der Blattoberseite. Palisadenzellen kollabieren, bei stärkerer Belastung auch die gebleichten Epidermiszellen auf der Blattoberseite	Verfärbung: rotbraun bis braun durch Anreicherung phenolischer Komponenten
Fleckenbildung („flecking"): kleine nekrotische Flächen, verursacht durch abgestorbene Palisadenzellen, metallisch oder braun, blass bis hellbraun, grau oder weiß	Chlorosis: eine Folge von Verfärbung oder Chlorophyllabbau
Verfärbungen („stippling"): winzige punktartige Flecken als Folge weniger abgestorbener oder geschädigter Palisadenzellen, weiß, schwarz, rot oder rot-violett	Vorzeitige Alterung: früher Abfall von Blättern, Blüten oder Früchten
Bifaciale Nekrosen: entstehen, wenn das gesamte Mesophyll (Palisaden- + Schwamm-Parenchym) abstirbt. Verfärbungen reichen von weiß bis zum dunklen orange-rot. Während die kleinen Blattadern in den Interkostalfeldern zusammen mit dem Mesophyll absterben, pflegen die größeren zu überleben	
Koniferen	
Ringförmige Streifen („banding"): klar abgegrenzte ringförmige Streifen im halbreifen Nadelgewebe nach O_3-Episoden	Fleckenbildung und Sprenkelung („flecking" und „mottling"): Fleckenbildung ist das erste Symptom auf den älteren Nadeln von Koniferen. Die Sprenkelung wird im allgemeinen von diffusen chlorotischen Flächen begleitet, die bei den 1 Jahr alten Nadeln von grünem Gewebe durchsetzt sind
Nadelspitzennekrosen („tipburn"): Absterbende Nadelspitzen an jungen, noch in der Entfaltung befindlichen Nadeln. Die zunächst rotbraune, später braune Schädigung breitet sich von der Nadelspitze in Richtung Nadelbasis aus	Frühzeitige Alterung („premature senescense"): Früher Nadelverlust

gasförmigen Fluoride (Guderian et al. 1969; EPA 1976; Arndt et al. 1995; Weinstein et al. 1998), Peroxiacetylnitrat und andere homologe Verbindungen (EPA 1976; Temple et al. 1998) sowie die Stickstoffoxide (van Haut u. Stratmann 1967; EPA 1976; Bytnerowicz et al. 1998) genannt.

Phytotoxische Immissionen wirken sich nicht nur auf einzelne Organe der Pflanzen aus, sondern beeinflussen auch ihren Habitus auf vielfältige Weise, vornehmlich bei den langlebigen Arten. Unter extrem hohen Belastungen im Umgebungsbereich von Einzelemittenten zeigen Bäume und Sträucher Verkrüppelungen, Zwergwuchs (Halbwachs 1967) und auffällig asymetrische Kronenformen infolge stärkerer Blatt-und Triebschäden auf den sogenannten Anschlagseiten, den „Immissionsflanken" (Guderian u. van Haut 1970). Chronische Wirkungen führen zu mehr oder minder starken Verlichtungen der Baumkronen, bei Nadelbäumen durch Rückgang der Zahl der Nadeljahrgänge (z. B. Wienhaus et al. 1994; Liebold et al. 1997; BMELF 1998), bei Laubbäumen als Folge von Verzweigungsanomalien und vorzeitigen Blattfall (Roloffs 1988).

Insgesamt gesehen besitzen die Blattschädigungen als die wichtigsten äußeren Schädigungsmerkmale einen erheblichen diagnostischen Wert, vor allem dann, wenn man die Verteilung der Schädigungssymptome am Blatt und an der Pflanze im Verlauf ihrer Entwicklung verfolgt (Guderian u. Vogels 1982). Gleichwohl reichen sie sehr häufig, auch in Verbindung mit anderen phänomenologisch oder mikroskopisch feststellbaren Veränderungen, für eine gesicherte Diagnose nicht aus. Das gilt in verstärktem Maße für Einwirkungen von Mischimmissionen und für Belastungen mit niedrigen, vornehmlich chronisch wirkenden Konzentrationen.

3.2.3 Untersuchungen zum Resistenzverhalten von Pflanzen

Wie unter 3.4.3.1 von Bd. 2A näher dargelegt, reagieren die einzelnen Pflanzenarten, Sorten oder Herkünfte unterschiedlich empfindlich auf eine Luftverunreinigungskomponente. Diese unterschiedlichliche Resistenz kann für die Diagnose nutzbar gemacht werden, indem der Schädigungsgrad an den verschiedenen, im Beurteilungsgebiet vorkommenden Arten mit den „Resistenzreihen" bzw. „Resistenzgruppen" der vermuteten Immissionskomponenten verglichen wird. Dabei ist das Kriterium zur Ermittlung des Resistenzgrades zu beachten. Geht es um den Nachweis anhand der Populationen von einzelnen Arten, ist auf die Resistenzeinstufung nach der Blattempfindlichkeit zurückzugreifen (z. B. Davis u. Wilhouer 1976; Guderian et al. 1985). Für Ozon z. B. standen hierfür bisher im wesentlichen nur die Resistenzgruppierungen von

Nutz- und Kulturpflanzen hauptsächlich aus dem nordamerikanischen Raum zur Verfügung (z.B. VDI 1989). So befanden sich in einer 1500 Zitate umfassenden Datenbank über „Ozonwirkungen auf Pflanzen" nur 40 Arbeiten, in denen anhand integrativer Kriterien, wie Blattschädigung oder Wuchsverhalten, die Wirkungen von bodennahem Ozon auf 200 Arten der natürlichen und halbnatürlichen Vegetation Mitteleuropas beschrieben werden (Glombitzka et al. 1998). Floristisch-systematische und standortkundliche Analysen ergaben, daß sich unter den empfindlichen Arten besonders viele Leguminosen und Asteraceen befinden, ein Befund, der sich weitgehend mit Ergebnissen aus Ozonexpositionen von heimischen Wildpflanzenarten in Großbritannien (Ashmore et al. 1987) und Deutschland (Bergmann et al. 1998) deckt. Gräser hatten sich der Studie von Glombitzka et al. (1998) zufolge als weitgehend unempfindlich erwiesen. Zur resistenten Gruppe zählten allgemein vor allem Arten mit streßtoleranter Wachstumstrategie und schnell keimenden Samen.

Bei der Ursachenermittlung an Pflanzengemeinschaften ist neben den äußeren Schädigungsmerkmalen insbesondere das Ausharrungsvermögen der einzelnen, unterschiedlich anfälligen Arten unter den durch Luftverunreinigungen veränderten interspezifischen Konkurrenzverbindungen maßgebend (Wolak 1971; Guderian u. Küppers 1980; vgl. hierzu auch Bd. 2A, Kap. 4.1.2). Anfällige Arten werden in Pflanzengesellschaften auf zwei Wegen geschädigt, unmittelbar durch den Einfluß der vorliegenden Luftverunreinigungskomponente, mittelbar durch die Veränderung der zwischenartlichen Konkurrenzbedingungen zu ihren Ungunsten, weshalb Vergesellschaftungen von Pflanzen häufig auch empfindlicher reagieren als die einzelnen sie bildenden Arten. Brauchbare Indikationsmerkmale für Wirkungen auf Phytozönosen sind Änderungen in ihrer Zusammensetzung und in ihrem Aufbau. So lassen sich z.B. im Umgebungsbereich von Einzelemittenten über pflanzensoziologische Kartierungen Zonen unterschiedlicher Belastung ermitteln. Abhängig von Art und Höhe der Belastung treten bestimmte Arten gehäuft auf, andere gleichverteilt und wiederum andere fehlen gänzlich (Niklefeld 1967). Hajduck (1961) spricht in diesem Zusammenhang von „positiven" bzw. „negativen" Phytoindikatoren, während Andersen (1966, zit. in Treshow 1968) dafür die Begriffe „increaser" und „decreaser" benutzt.

Eine große Bedeutung – auch für diagnostische Fragestellungen – haben synökologische Untersuchungen als Folge langfristiger Belastungen terrestrischer Ökosysteme durch trockene und nasse Deposition mit toxisch oder trophisch wirkenden Immissionskomponenten erlangt. Immissionsbedingte Auflichtungen im Kronendach der Baumschicht haben in Verbindung mit dem langjährigen Eintrag von Stickstoff und Protonen weitverbreitet speziell in Kiefernwäldern zu Veränderungen im Sukzessionsgeschehen geführt, gekennzeichnet durch einen Rückgang in der Artenvielfalt der ehemals von Flechten und Moos dominierten Bodenvegetation zugunsten verstärkten Auftretens nitrophiler Sträucher und zunehmende Vergrasung der Krautschicht mit *Avanella flexuosa* oder *Calmagrostis epigeos* (Eichorn u. Paar1992; Hofmann 1995; Anders u. Hofmann 1996). Zahlreiche Forstämter in Nordostdeutschland berichten inzwischen von Verjüngungsproblemen infoge Vergrasung durch *C. epigeos* (Schmidt et al. 1996).

Langanhaltende Stoffeinträge verändern aber nicht nur nachhaltig die standörtlichen Bedingungen in Waldsbeständen, sondern auch den Nährstoffstatus in oligotrophen Ökosystemen. Inzwischen werden in Zentral- und Westeuropa die aufgrund menschlicher Nutzung entstandenen halbnatürlichen Heidelandschaften sowie Halbtrockenrasen durch Stickstoffeinträge auf dem Luftweg weitverbreitet gar in ihrer Existenz bedroht (s. Kap. 1.3).

3.2.3 Fernerkundung zur Ermittlung und Überwachung von Wald- und Baumschäden

Neben den traditionellen terrestrischen Diagnosemethoden steht ein im Verlauf der zweiten Hälfte des 20. Jahrhunderts bis zur Praxisreife entwickeltes weiteres Verfahren zur Ermittlung und Überwachung von Vegetationschäden zur Verfügung, die Fernerkundung. Sie vermag mittels elektromagnetischer Strahlung Schäden bzw. Abweichungen vom „Normalzustand" der Vegetation, insbesondere der Untersuchungsobjekte „Baum", „Gehölzbestand" oder „Wald", ohne deren Berührung aus der „Vogelschau" zu erfassen. Zur Methodik der Ermittlung morphologischer und physiologischer Veränderungen speziell an der Gehölzvegetation wird auf Kap. 3.3 verwiesen, wo auch die Verfahren der Auswertung und Interpretation der in den Fernerkundungsaufzeichnungen, den Color-Infrarot-Luftbildern (CIR) und den Satellitendatensätzen enthaltenen Informationen erläutert werden. Deshalb und der Struktur des vorliegenden Kapitel entsprechend werden hier nur einzelne Beiträge der Fernerkundungsverfahren zum Nachweis immissionsbedingter Schäden an der Baumvegetation stichwortartig erwähnt.

Die Fernerkundungsverfahren bieten eine Reihe von Vorzügen gegenüber den konventionellen Diagnosemethoden:

- Anhand von Infrarot-Aufnahmen läßt sich die Verteilung akuter Immissionswirkungen in Form sichtbarer Veränderungen wie Blattnekrosen, Verzweigungsanomalien sowie Kronen- und Bestandesverlichtungen im Umgebungsbereich von Einzelemittenten kartieren, womit häufig zugleich Hinweise auf die Schädigungsursache verbunden sind.

- Unter den gegenwärtig in Europa und Nordamerika vorherrschenden, vornehmlich chronisch und latent wirkenden Immissionsbelastungen erweist sich die Möglichkeit, auf Fernerkundungsaufzeichnungen unsichtbare - physiologische - Veränderungen in Blattorganen erkennbar zu machen, von großer praktischer Bedeutung. Lassen sich doch so gleichzeitig und großräumig Streßzustände an der Vegetation erfassen. Daß dies aus der Vogelperspektive geschieht, ist ein zusätzlicher Vorteil, sind doch die Blattoberseiten im Kronenbereich bei terrestrischen Bonituren nur schwer zugänglich.
- Obgleich Fernerkundungsaufzeichnungen prinzipiell besonders prädisponiert für großräumige, extensiv bewirtschaftete Vegetationsbestände sind, haben sich Farbinfrarotaufnahmen auch in Städten als Standardverfahren zum Nachweis des Vorhandenseins von Einzelbäumen und ihres Vitalitätszustandes eingebürgert.
- Die Verknüpfung von Informationen aus den fernerkundungsbasierten Inventuren mit Daten der terrestrischen Indikationen erweitert wesentlich die Möglichkeiten zur Erkennung immissionsbedingtrer Schäden der Vegetation und ihrer Ursachen. Die hier gegebenen Möglichkeiten sollten künftig systematischer als bisher genutzt werden, nicht zuletzt zur Dokumentation der großräumig fortschreitenden Veränderungen von Waldökosystemen. Insgesamt ist zu beachten, daß die Fernerkundung eine sehr junge Disziplin darstellt, die sich anhaltend dynamisch weiterentwickelt und folglich künftig noch wichtige weitere Einsatzmöglichkeiten zu erwarten sind.

3.2.5 Chemische, biochemische und physiologische Pflanzenanalysen

Bei den Analysen von Pflanzenproben zum Nachweis von Immissionswirkungen und ihrer Ursachen soll hier zwischen den chemischen Methoden einerseits und den biochemisch-physiologischen Verfahren andererseits unterschieden werden.

Bisher spielte der Nachweis immissionsbedingter Anreicherungen in Pflanzenorganen über die chemische Pflanzenanalyse, weithin als Blattanalyse bezeichnet, eine entscheidende Rolle als Diagnosemethode für Immissionskomponenten mit Akkumulationseigenschaften wie Schwefeldioxid, Fluoride oder Schwermetalle. Ihr diagnostischer Wert wird primär bestimmt durch die Höhe der durch eine Luftverunreinigung bedingten Anreicherung in der Pflanze im Verhältnis zur Konzentration und Streubreite des natürlichen Gehaltes des betreffenden Elements (Guderian 1970c; Guderian u. Vogels 1982). Unter dem Einfluß gasförmiger Fluorverbindungen z.B. kann der Fluoridgehalt in den Blättern bereits bei relativ niedrigen Immissionskonzentrationen auf ein Vielfaches oder gar auf das mehr als 100fache des natürlichen Gehalts, der nur in Sonderfällen über 30 ppm in der pflanzlichen Trockensubstanz hinausgeht, ansteigen (Guderian et al. 1969; Guderian 1977). Dagegen setzt eine Verdoppelung des natürlichen Schwefelgehalts in Blattorganen bereits eine hohe, stark vegetationsgefährdende Schwefeldioxidbelastung voraus (Guderian 1970a–c). Im ersten Fall ist die natürliche Streuung im Vergleich zur immissionsbedingten sehr gering, und daher kann die Blattanalyse als „Absolutmethode" eingesetzt werden, d.h. F-Gehalte oberhalb von 30 ppm können als immissionsbedingt angesehen werden. Im zweiten Fall muß dagegen wegen der vergleichsweise starken Streuung des natürlichen S-Gehaltes ein Vergleich mit einer Kontrollprobe aus unbelasteten bzw. weniger belastetem Gebiet erfolgen, die Blattanalyse wird hier als „Relativmethode" verwendet. Gleichartig ist beim Vorliegen von HCl-Immissionen zu verfahren.

Eine immissionsbedingte Schadstoffanreicherung in der Pflanzensubstanz darf nicht generell mit einer Schadwirkung im Sinne einer Beeinträchtigung des Nutzungswertes gleichgesetzt werden. Denn ob es zu einer Schadwirkung in Form einer Wuchsminderung kommt, hängt z.B. nicht nur von der angereichrten Schwefelmenge ab, sondern auch von der Akkumukationsgeschwindigkeit, d.h. der je Zeiteinheit aufgenommenen Schwefeldioxidmenge. Der immissionsbedingte Schwefelgehalt kann daher nicht als Kriterium der Schadwirkung, sondern nur als Indiz der Einwirkung einer SO_2-Belastung, mithin als Immissionskriterium dienen (Guderian 1970c). Dagegen liegt mit einer Anreicherung von Fluor oder von Schwermetallen über eine bestimmte Konzentration hinaus eine human- oder tiertoxikolgisch bedingte Qualitätsbeeinträchtigung und damit eine Nutzungswertminderung vor, selbst wenn noch keine Wuchsminderung erfolgt ist. In diesem Zusammenhang ist zu beachten, daß Schwermetallanreicherungen in oberirdischen Pflanzenorganen durch Aufnahme aus der Luft, z.B. von Zink oder Cadmium, weitaus weniger phytotoxisch wirken als vergleichbare Gehalte bei Aufnahme aus dem Boden über die Wurzeln (Turner 1973; Krause 1974). Die Pflanze besitzt in diesem Fall keine bzw. nur eingeschränkte Reaktionsindikatorfunktion zur Erkennung Mensch und Tier gefährdender Kontaminationen. Kontrollen mit Hilfe chemischer Pflanzenanalysen sind in derartigen Fällen unerläßlich, wie auch ein im

Umgebungsbereich von Zementfabriken in Lengerich/Nordrheinwestfalen festgestelltes Auftreten von Thallium im Ökosystem mit Schadwirkungen an Pflanzen und Tieren belegt (Prinz et al. 1979).

Die Einsatzmöglichkeiten von Relativmethoden zum Nachweis immissionsbedingter Schadstoffanreicherungen in der Pflanzensubstanz haben infolge der Verminderung der Belastungshöhe einerseits und der Herausbildung großräumiger Gebiete mit relativ homogenen Immissionskonzentrationen andererseits eine deutliche Einschränkung erfahren, umsomehr, als damit zugleich geringere räumliche Belastungsgradienten verbunden sind. Unter derartigen Voraussetzungen lassen sich nur schwer nach Boden und Klima vergleichbare Voraussetzungen für „Kontrollproben" finden. So konnte Rudolph (1987) über die Blattanalyse erst an klonierten Fichten im Rahmen des aktiven Monitorings Abstufungen in der Immissionsbelastung ermitteln. Andererseits sind der chemischen Pflanzenanalyse als Folge immissionsbedingter Veränderungen in bodenchemischen Eigenschaften (s. Bd. 2A, Kap. 2.1) sowie der immissionsbedingten erhöhten Auswaschung speziell von Nährkationen aus den Blattorganen von Nährelementen (Klumpp u. Guderian 1990) ebenso neue Aufgaben erwachsen wie durch „diagnostische Düngungsversuche" (Hüttl u. Fink 1988; Hüttl u. Schaaf 1997).

Die begrenzte Aussagefähigkeit sowohl phänologischer und symptomatologischer Befunde als auch die Ergebnisse chemischer Pflanzenanalysen zum Nachweis von Schadstoffakkumulationen stimulierten die Suche nach anderen, möglichst „charakteristischen" Diagnosekriterien. Da dem Auftreten äußerlich sichtbarer Symptome biochemisch-physiologische Prozesse auf zellulärer Ebene vorausgehen, war zu prüfen, inwieweit Meßergebnisse hierüber Rückschlüsse zulassen auf integrative Leistungen der Pflanze und auf die die Wirkung verursachende Immissionskomponente. Entgegen den großen Erwartungen in jener Zeit ließ sich weder auf den Chlorophyllabbau zu Phäophytin (Dörries 1932), anhand unterschiedlicher Abbauraten von Chlorophyll a und b (Müller 1957), noch über den „Trübungstest" von Härtel (1953) ein „spezifischer" Test für SO_2-Einwirkungen aufbauen. Auch integrative physiologische Parameter, wie die verminderte apparente Photosynthese (Neger 1919), die erhöhte Atmung oder der Quotient aus Photosynthese und Atmung (Keller u. Müller 1958) konnten naturgemäß als unspezische Reaktionen nicht die in sie gesetzten Erwartungen erfüllen. Erst allmählich verließ man diesen aussichtlosen Weg und begann, Kombinationen verschiedener physiologisch-biochemischer Parameter auf ihre Eignung zum Nachweis von Immissionswirkungen und ihrer Ursachen zu prüfen. Tabelle 3.2-2 enthält eine von Weigel u. Jäger (1985) für diesen Zweck zusammengestellte Indizienketten. Wie daraus

Tabelle 3.2-2. Physiologisch-biochemische Stoffwechselparameter als Indizien für Immissionswirkungen auf Pflanzen (+ bzw. – = Zunahme/Verstärkung bzw. Abnahme/Verlust; 0 = keine Veränderung; Weigel u. Jäger 1985)

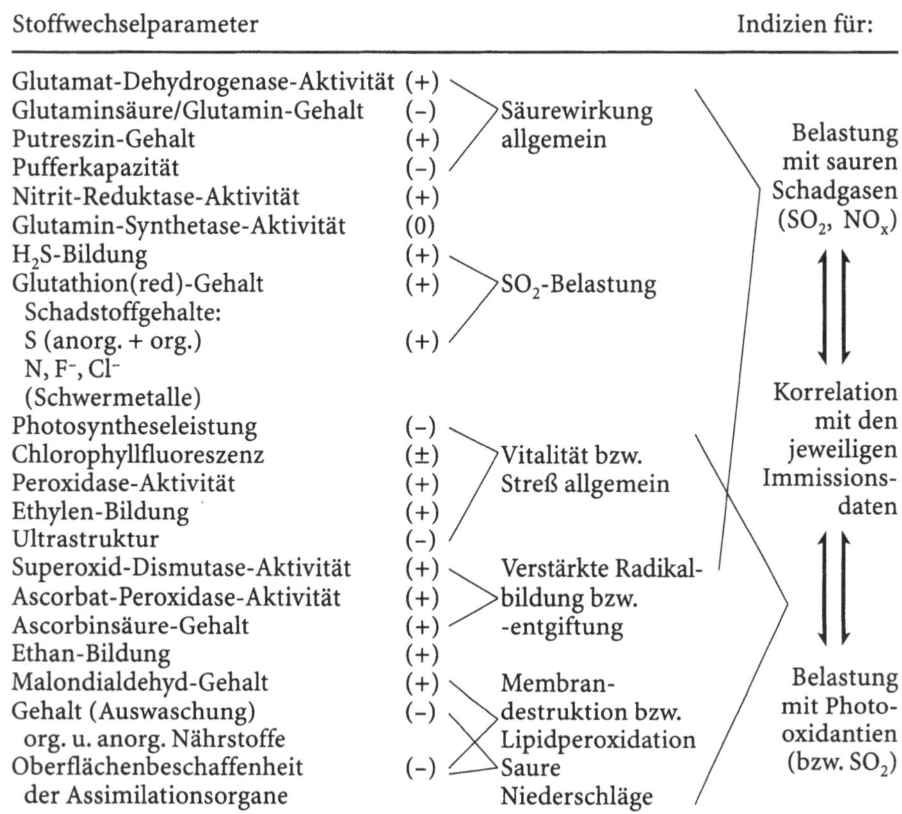

Stoffwechselparameter		Indizien für:	
Glutamat-Dehydrogenase-Aktivität	(+)		
Glutaminsäure/Glutamin-Gehalt	(–)	Säurewirkung	
Putreszin-Gehalt	(+)	allgemein	Belastung
Pufferkapazität	(–)		mit sauren
Nitrit-Reduktase-Aktivität	(+)		Schadgasen
Glutamin-Synthetase-Aktivität	(0)		(SO_2, NO_x)
H_2S-Bildung	(+)		⇅
Glutathion(red)-Gehalt	(+)	SO_2-Belastung	
Schadstoffgehalte:			
S (anorg. + org.)	(+)		
N, F^-, Cl^-			
(Schwermetalle)			Korrelation
Photosyntheseleistung	(–)		mit den
Chlorophyllfluoreszenz	(±)	Vitalität bzw.	jeweiligen
Peroxidase-Aktivität	(+)	Streß allgemein	Immissions-
Ethylen-Bildung	(+)		daten
Ultrastruktur	(–)		⇅
Superoxid-Dismutase-Aktivität	(+)	Verstärkte Radikal-	
Ascorbat-Peroxidase-Aktivität	(+)	bildung bzw.	
Ascorbinsäure-Gehalt	(+)	-entgiftung	
Ethan-Bildung	(+)		
Malondialdehyd-Gehalt	(+)	Membran-	Belastung
Gehalt (Auswaschung)	(–)	destruktion bzw.	mit Photo-
org. u. anorg. Nährstoffe		Lipidperoxidation	oxidantien
Oberflächenbeschaffenheit	(–)	Saure	(bzw. SO_2)
der Assimilationsorgane		Niederschläge	

ersichtlich, sind einzelne Stoffwechselparameter zu Gruppen zusammengefaßt und liefern in dieser Kombination Hinweise auf bestimmte Belastungssituationen. Die nachfolgende Zusammenfassung dieser Gruppen ihrerseits ermöglicht es, die Art der Belastung bzw. den Immissionstyp weiter einzugrenzen, im vorliegenden Beispiel auf saure Schadgase wie SO_2 und NO_x einerseits sowie Photooxidantien (bzw. SO_2) andererseits. Fraglos vermögen derartige Auflistungen und Gruppierungen, die mit konventionellen Methoden (wie äußeren Schädigungsmerkmalen, dem Resistenzverhalten der Pflanzen und der Schadstoffakkumulation in der Pflanze) gewonnenen Erkenntnisse zu stützen. Zwei weitere Vorteile kommen hinzu: Physiologisch-biochemische Kriterienkombinationen ermöglichen die Früherkennung von Immissionswirkungen, und sie vermögen Streßsituationen zu charakterisieren (z.B. Bender et al. 1986; Sandermann et al. 1989; s. hierzu auch Kap. 3.1). So gewonnene vertiefte Kenntnisse von Wirkungsmechanismen erweitern per se auch die Voraussetzungen zur Beurteilung diagnostischer Fragen.

Die praktische Anwendung derartiger Kombinationen wird jedoch auf jene seltenen Fälle begrenzt bleiben, in denen entsprechend differenzierte physiologisch-biochemische Untersuchungen auf zellulärer Ebene durchgeführt worden sind. Das trifft z.B. für die „neuartigen Waldschäden" als einer durch das Zusammenwirkungen von Luftverunreinigungen, Ernährungsstörungen, tierischen Schädlingen und Krankheitserregern verursachten „Komplexkrankheit" zu (z.B. Schmieden 1997). Erste Versuche, hier die Wirkungssituation mit Hilfe von Kombinationen biochemischer Kriterien zu bewerten, sind inzwischen sowohl auf regionaler als auch nationaler Ebene gemacht worden (Schulz et al. 1986; Mehlhorn et al. 1988; Wolfenden et al. 1988).

Für die Beschreibung und Interpretation von Veränderungen in Organismen und ihrer Umwelt werden in wachsendem Maße multivariate statistische Verfahren benutzt (Urfer 1988), wobei sich zur Bewertung von Belastungen neben der Cluster- und Diskriminierungsanalyse vor allem die Faktorenanalyse als ein besonders wirksames Hilfsmittel erwiesen hat (Wild u. Schmitt 1994). Die Faktorenanalyse kommt sowohl für eine integrative als auch differenzierende Bewertung in Betracht.

Wild u. Schmitt (1994) haben durch Integration der Reaktionen aller biochemischer Indikatoren, dividiert durch die Anzahl der Parameter, einen biochemischen Schadindex („biochemical damage index" = BDI) abgeleitet

$$\text{BDI} = \frac{\text{S Bewertung aller biochemischen Parameter}}{\text{n biochemischer Parameter}}$$

Bei diesem Index können sowohl Ergebnisse aus epidemiologischen Untersuchungen als auch aus kontrollierten Experimenten berücksichtigt werden. Aufgrund des Vergleichs verschiedener biochemischer Parameter mit Merkmalen äußerlich sichtbarer Nadelschädigungen halten die Autoren ein derartiges Verfahren sowohl für die Früherkennung von Immissionswirkungen als auch zur Erkennung spezieller Streßfaktoren grundsätzlich für geeignet. Zur Fundierung des Zusammenhangs zwischen biochemischen und sichtbaren Reaktionen bedarf es allerdings nach dem Urteil von Wild u. Schmitt (1994) noch Feldstudien von mehreren Jahren.

3.2.6 Bodenanalysen

Der langanhaltende Eintrag von luftgetragenen Spurenstoffen in den Boden auf dem Wege der trockenen und insbesondere der nassen Deposition ist weitverbreitet mit gravierenden ökotoxikologischen Konsequenzen für die Leistungs- und Schutzfunktionen des Bodens verbunden (vgl. hierzu Bd. 2A, Kap. 2.1 bis 2.3). Durch Akkumulation von Säuren, Pflanzennährstoffen, Schwermetallen oder persistenten organischen Komponenten kommt es zu Veränderungen des chemischen Milieus im Boden mit der Folge, daß neben den Speicher- und Filterfunktionen auch seine Produktionsfunktionen beeinträchtigt werden. Bestimmte bis in die 60er Jahre des 20. Jahrhunderts hauptsächlich der direkte Einfluß auf die oberirdischen Pflanzenorgane Art und Ausmaß der Immissionswirkungen, so haben sich seither die indirekten Wirkungen auf die Vegetation über den Boden zum zweiten sowohl die Immissionsforschung als auch die Immissionsschutzpraxis entscheidend bestimmenden Wirkungspfad entwickelt (Schmieden 1997; Augustin 1997). Beeinträchtigungen der verschiedenen Funktionen des Bodens zwangen dazu, den Boden selbst zu einem zentralen Objekt des Immissionsschutzes zu erklären. Mit dem Konzept „critical loads", d.h. der Ermittlung und Festlegung noch tolerierbarer jährlicher Depositionsraten für ökotoxikologisch relevante Immissionskomponenten, wird die Realisierung dieses Bodenschutzzieles verfolgt (s. Bd. 2A, Kap. 1).

Aus dieser Entwicklung folgt, daß die chemische Bodennalyse – auch als Mittel der Diagnose von Vegetationsschäden – nach Umfang und Differenzierung nicht nur stark zugenommen, sondern sich zu einer eigenen Forschungsrichtung entwickelt hat. Die oben im Querverweis genannten Kapitel vermitteln eine Vorstellung von aktuellen und in letzter Zeit bearbeiteten Fragen und den Methoden zu ihrer Klärung.

Die Vegetation wird gegenwärtig weitverbreitet sowohl auf dem direkten als auch indirektem Wirkungsweg durch ökotoxikolgisch oder trophisch wirkende Immissionskomponenten beeinträchtigt. Im Einzelfall ist insbesondere von Belang, ob bzw. inwieweit der indirekte Wirkungspfad einen vorliegenden Vegetationschaden verursacht bzw. mitverursacht hat durch

- Beeinträchtigung der Wuchs- und Ertragsleistung sowie der Qualität von Kulturpflanzen und Nutzpflanzen,
- Beeinträchtigung der Prädisposition von Pflanzen gegenüber abiotischen oder biotischen Streßfaktoren,

- Einfluß auf die interspezifischen Konkurrenzbedingungen in natürlichen und halbnatürlichen Ökosystemen mit der Folge unerwünschter Veränderungen in zu schützenden Biozönosen,
- unerwünschte Veränderungen der standörtlichen Bedingungen in Waldökosystemen und durch
- Beeinträchtigung der Naturverjüngung in naturnahen Waldwirtschaftsformen.

3.2.7 Luftanalysen

Unter bestimmten Voraussetzungen kann auch die chemisch-physikalische Luftanalyse wichtige Anhaltspunkte für die Diagnose von Immissionsschäden liefern. Allerdings muß die vorliegende Belastung im Rahmen von Immissionsmeßprogrammen in einer Form ermittelt worden sein, die ihr phytotoxisches Wirkungspotential im Beurteilungsgebiet hinreichend repräsentativ wiedergibt. Weiterhin müssen verläßliche Kenntnisse über Dosis-Wirkung-Beziehungen vorliegen (s. Bd. 2A, Kap. 3.4.1.1 bis 3.4.1.3). Schließlich ist zu beachten, daß Immissionsmeßwerte generell nur Gefährdungsprognosen zulassen, nicht aber Wirkungsaussagen. Ob es unter einer bestimmten Belastung zu Schadwirkungen kommt, hängt entscheidend von der autonom und umweltbedingten Resistenz der Pflanzen während ihrer empfindlichsten, den „kritischen" Entwicklungsstadien ab (s. Bd. 2A, Kap. 3.4.3.2). Gleichwohl ist es sinnvoll, vorliegende Immissionsmeßwerte insbesondere in einem frühen Stadium des Diagnoseprozesses zu Plausibilitätsprüfungen heranzuziehen (Guderian u. Vogels 1982). Die vorliegende Immissionsbelastung allein im Hinblick auf ein gegebenes Schadensereignis ermitteln zu lassen, erscheint dagegen wegen des damit verbundenen großen Aufwandes nur in Sonderfällen vertretbar.

Bei Entscheidungen über die Errichtung neuer emittierender Anlagen ist über Umweltverträglichkeitsprüfungen (UVP) zu klären, ob die zu erwartenden (zusätzlichen) Belastungen noch toleriert werden können. Hier bedient man sich der Simulation von Immissionsbelastungen. Ausgehend von den anfallenden Emissionsmengen werden unter Berücksichtigung der Austrittsbedingungen an der Quelle und meteorologischer Parameter mit Hilfe numerischer Modelle die zu erwartenden Belastungen im Umgebungsbereich des geplanten Emittenten prognostiert (s. Bd. 1B, Kap. 3). Zwar sind die so gewonnenen Zahlenwerte noch unsicherer als Immissionsmeßergebnisse, für die Voraussage zu erwartender Belastungen gibt es indessen keinen anderen Weg.

3.2.8 Indikatorpflanzen als diagnostisches Hilfsmittel

Speziell in Gebieten mit Mischimmissionen im niedrigen, vornehmlich chronisch und latent wirkenden Konzentrationsbereich läßt sich häufig über Untersuchungen an den geschädigten Pflanzen sowie der Medien Luft und Boden die Schädigungsursache nicht gesichert nachweisen. In diesen Fällen kann die Bioindikation wichtige Informationen für die Diagnose beisteuern. Von den verschiedenen Verfahren der aktiven und passiven Bioindikation – s. hierzu Kap. 3.1 – haben sich für diesen Zweck insbesondere die vier folgenden als zweckdienlich erwiesen:

1. Die Exposition von Reaktionsindikatoren im Belastungegebiet,
2. die Exposition von Akkumulationsindikatoren im Belastungegebiet,
3. die Exposition von Bioindikatoren im Belastungsgebiet in Kammern mit Luftfilterung und
4. synökologische Untersuchungen im belasteten Gebiet.

Beim aktiven Biomonitoring, wie im Falle der ersten drei Verfahren, werden die Indikatorpflanzen sowohl auf standardisierteWeise kultiviert als auch nach standardisierter, jedoch unterschiedlicher Methodik im zu beurteilenden Gebiet exponiert. Bei den Verfahren 1 und 2 werden die Pflanzen auf speziellen Trägern der Außenluft im Belastungsgebiet ausgesetzt, beim Verfahren 3 in Kammern mit und ohne Luftfilterung nach dem sogenannten Testkammerverfahren (Guderian u. van Haut 1970; van Haut 1972). Über den Vergleich der Pflanzenreaktionen in den beiden Kammern lassen sich standörtlich bedingte Wirkungen sicher nachweisen. Dabei können einzelne Immissionskomponenten durch Verwendung selektiver Luftfiltersysteme und durch Kombinationen unterschiedlich reagierender Indikatorpflanzen erkannt werden. Als Reaktionsindikatoren werden besonders immissionsempfindliche Pflanzenarten bzw. Pflanzenvarietäten ausgewählt, als Indikationsmerkmale dienen bei höheren Pflanzen die Blattnekrosen, bei niederen, wie z. B. bei der Blattflechte *Hypogymnia physodes*, die Absterbeerscheinungen an den Flechtenthalli. Zur Ermittlung immissionsbedingter Schadstoffakkumulationen in der Pflanzensubstanz werden möglichst immissionsresistente Pflanzenarten gewählt, wie z. B. Welsches Weidelgras (*Lolium multiflorum ssp. italicum*, Sorte Lema). Resistente Pflanzenarten bleiben selbst unter hohen Belastungen noch mehr oder minder lange funktionsfähig und reichern daher hohe Konzentrationen in der Pflanzensubstanz an und erhöhen damit die Aussagesicherheit der chemischen Pflanzenanalyse. Besondere Schwierigkeiten, die schadauslösende Komponte zu erkennen, ergeben sich unter Belastungen mit Mischimmissionen. Hierfür bietet das Pappelklonverfahren von Bücker et al. (1993) im Rahmen des aktiven Biomonitorings gute Möglichkeiten. Über die Exposition zweier Pappelklone mit unterschiedlicher komponentenspezifischer Resistenz läßt sich unter Kombinationsbelastung mit Ozon und Schwefeldioxid anhand optischer und biochemisch-physiologischer Indikationsmerkmale nachweisen, ob und inwieweit die eine oder andere Komponente das vorliegende phytotoxiyche Schädigungspotential bestimmt.

Speziell als Folge des langjährigen Eintrags von säurehaltigen und trophisch wirkenden Luftverunreinigungen ist es weitverbreitet zu standörtlichen Veränderungen in natürlichen und halbnatürlichen sowie in Forst-Ökosystemen gekommen (s. neben Bd. 2A, Kap. 4.1.2 Kap. 1.3 in diesem Band). Die daraus resultierenden Veränderungen in der Zusammensetzung und Struktur von Pflanzengesellschaften erlauben häufig eindeutige Rückschlüsse auf die verursachenden Immissionskomponenten. Synökologische Untersuchungen im Rahmen des passiven Biomonitorings anhand gemeinschaftsspezifischer Kriterien besitzen mithin einen großen diagnostischen Wert. Im Abschn. 3.2.2 dieses Kapitels ist dazu schon kurz etwas gesagt worden.

3.2.9 Literatur

Anders S, Hofmann G (1996) Erforschung des ökologischen Wandels -Voraussetzung für künftige Waldbewirtschaftung. Mitteilungen der Bundesforschungsanstalt Forst- und Holzwirtschaft 185, Hamburg

Anderson FK (1966) Air pollution damage to vegetation in Georgetown Canyon, Idaho. MS thesis, Univ Utah, 102 pp. Cited in Treshow M (1968) Phytopathology 58:1108-1113

Arndt U, Flores F, Weinstein LH (1995) Fluoride effects on plants. Diagnosis of injury in the vegetation of Brazil (in English, Portuguese and German). Editora das Unversidade. Unversidade Federal do Rio Grande do Sul, Porto Alegre, RS

Ashmore MR, Dalpra C, Tickle AK (1987) Effects of ozone and calcium nutrition on native plant species. In: Mathy P (ed) Air pollution and ecosystems, pp 647-652

Augustin S (1997) Forstbodenkunde. In: Umweltbundesamt (Hrsg) Auswertung der Waldschadensforschungsergebnisse (1982–1992) zur Aufklärung komplexer Ursache-Wirkungs-Beziehungen mit Hilfe systemanlytischer Methoden. Berichte 6/97:147–292

Bender J, Jäger HJ, Seufert G, Arndt U (1986) Untersuchungen zur Einzel- und Kombinationswirkung von SO_2 und O_3 auf den Stoffwechsel von Waldbäumen in Open top-Kammern. Angew Bot 60:461–479

Bergmann E, Bender J, Weigel H-J (1998) Zur Ozonempfindlichkeit von Wildpflanzenarten. In: Nentwig W, Poehling H-M (Hrsg) Agrarökologie, 30. Verlag Agrarökologie, Bern Hannover

BMELF (Bundesministerium für Ernährung, Landwirtschaft und Forsten, Hrsg) (1998) Bericht über den Zustand des Waldes 1998. Ergebnisse des forstlichen Umweltmonitoring, Bonn

Bücker J, Guderian R, Mooi J (1993) A novel method to evaluate the phytotoxic potential of low ozone concentrations using poplar cuttings. Water Air Soil Pollution 66:193–201

Bytnerowicz A, Dueck T, Godzik S (1998) Nitrogen oxides, nitric acid vapor, and ammonia. In: Flagler RB (ed) Recognition of air pollution injury to vegetation, 5-1–5-17. Air Waste Management Assoc, Pittsburgh, Penn

Davis DD, Wilhour RG (1976) Susceptibility of woody plants to sulphur dioxide and photochemical oxidants. A literature review. Corvallis Environ Res Lab. US Environ Protect Agency, EPA-600/3-76-102

Dörries W (1932) Über die Brauchbartkeit der spektroskopischen Phäophytinprobe in der Rauchschaden-Diagnostik. Z Pflanzenkrankh Pflanzensch 42:257–273

Eichhorn J, Paar U (1992) Streß in einem stickstoffgesättigtem Buchenwaldökosystem. AFZ 12:666–668

EPA (Environmental Protection Agency) (1976) Diagnosing vegetation injury caused by air pollution. Applied Science Assoc. Inc, EPA Contr 68-02-1344

Globitzka S, Bender J, Weigel H-J (1998) Bewertung von Ozonwirkungen auf mitteleuropäische Pflanzenarten unter Verwendung existierender Literaturbanken. Projekt Angewandte Ökologie der Landesanstalt für Umweltschutz Baden-Württembergs, Förderkennzeichen PAÖ 9707.02

Guderian R (1970a) Untersuchungen über quantitative Beziehungen zwischen dem Schwefelgehalt von Pflanzen und dem Schwefeldioxidgehalt der Luft. PflKrankh Pflanzensch I. Teil,- 4/5/70:200–220

Guderian R (1970b) Untersuchungen über quantitative Beziehungen zwischen dem Schwefelgehalt von Pflanzen und dem Schwefeldioxidgehalt der Luft. PflKrankh Pflanzensch II. Teil, 6/70:289–308

Guderian R (1970c) Untersuchungen über quantitative Beziehungen zwischen dem Schwefelgehalt von Pflanzen und dem Schwefeldioxidgehalt der Luft. PflKrankh Pflanzensch III. Teil, 7/70:387–399

Guderian R (1977) Air pollution. Phytotoxicity of acidic gases and its significance in air pollution control. Ecological studies , vol 22. Springer, Berlin Heidelberg New York

Guderian R, van Haut H (1970) Nachweis von Schwefeldioxid-Wirkungen an Pflanzen. Staub Reinhalt Luft 30:17–26

Guderian R, van Haut H, Stratmann H (1969) Experimentelle Untersuchungen über pflanzenschädigende Fluorwasserstoff-Konzentrationen. Forsch Ber d Landes Nordrhein-Westfalen, 2017. Westdeutscher Verlag, Köln, Opladen

Guderian R, Küppers K (1980) Responses of plant communities to air pollution. Prod. of the symposium on effects of air pollutants on mediterranean and temporate forest ecosystems, 22–27 June. Pac. Southwest For Range Exp Stn, Berkley. Gen Tech Rep PSW-43, pp 187–199

Guderian R, Reidl K (1982) Höhere Pflanzen als Indikatoren für Immissionsbelastungen im terrestrischen Bereich. Decheniana Beihefte (Bonn) 26:6–22

Guderian R, Stratmann H (1968) Freilanduntersuchungen zur Ermittlung von Schwefeldioxidwirkungen auf die Vegetation. III. Teil: Grenzwerte schädlicher SO_2-Immissionen für Obst- und Forstkulturen sowie für landwirtschaftliche und gärtnerische Pflanzenarten. Forsch Ber d Landes Nordrhein-Westfalen Nr. 1920, Westdeutscher Verlag, Köln, Opladen

Guderian R, Tingey DT, Rabe R (1985) Effects of photochemical oxidants on plants. In: Guderian R (ed) Air pollution by photochemical oxidants. Ecological studies, vol 52. Springer-Verlag, Berlin Heidelberg New York, pp 126–346

Guderian R, Tingey DT, Rabe R (1983) Wirkungen von Photooxidantien auf Pflanzen. In: Umweltbundesamt (Hrsg) Luftqualitätskriterien für photochemische Oxidantien. Berichte 5/83:205–427. Erich Schmidt Verlag, Berlin

Guderian R, Vogels K (1982) Recognition of air pollution effects on plants. Proceedings of the 5th international clean air congress in Buenos Aires, pp 773–778

Halbwachs G, Kisser J (1967) Durch Rauchimmissionen bedingter Zwergwuchs bei Fichte und Birke. Centralbl Ges Forstwesen 84:157–173

Hajduk J (1961) Quantitative und qualitative Änderungen der Phytozönosen, verursacht durch Exhalationsprodukte von Fabriken. Biologia Bratislawa XVI (6):404–419

Härtel O (1953) Eine neue Methode zur Erkennung von Raucheinwirkungen auf Fichten. Zentralbl Ges Forst Holzw 72:12–21

Hofmann G (1995) Wald, Klima, Fremdstoffeintrag – ökologischer Wandel mit Konsequenzen für Waldbau und Naturschutz, dargestellt am Gebiet der neuen Bundesländer Deutschlands. Angew Landsch Ökol Bonn 4:165–189

Hüttl RF, Fink S (1988) Diagnostische Düngungsversuche zur Revitalisierung geschädigter Fichtenbestände (*Picea abies Karst.*) in Südwestdeutschland. Forstw Centralbl 107:173–183

Hüttl RF, Schaaf W (eds) (1997) Magnesium deficiency in forest ecosystems. Kluver, Dordrecht, Boston, London

Klumpp A, Guderian R (1990) Leaching von Magnesium, Calcium und Kalium aus immissionsbelasteten Nadeln junger Fichten (*Picea abies (L) Karst.* Forstw Centralbl 109:13–39

Krupa SV, Manning WJ (1988) Atmospheric ozone. Formation and effects on vegetation. Environ Pollut 50:101–137

Krupa SV, Tonneijck AEG, Manning WJ (1998) Ozone. In: Flagler RB (ed) Recognition of air pollution injury to vegetation, 2-1–2-28. Air Waste Management Assoc, Pittsburgh, Penn

Legge AH, Jäger H-J, Krupa SV (1998) Sulfurdioxide. In: Flagler RB (ed) Recognition of air pollution injury to vegetation, 3-1–3-42. Air Waste Management Assoc, Pittsburgh, Penn

Liebold E, Zimmermann F, Wienhaus O (1997) Die Beziehungen neuartiger Waldschäden aller Fichtenbestände eines großen Waldgebietes im mittleren Thüringer Wald zum ökologischen Komplex der Klima-und Bodenfaktoren. Forstw Zentralbl 116:140–157

Malhotra SS, Blauel RA (1980) Diagnosis of air pollutant and natural stress symptoms on forest vegetation in Western Canada. Inf Rep NOR -X-228, North For Res Cent Can For Serv, Envir Can, Edmonton, Alberta

Mehlhorn H, Francis BJ, Wellburn AR (1988) Prediction of the probability of forest decline damage to Norway spruce using three simple site-independent diagnostic markers. New Phytol 110:525–534

Neger FW (1919) Ein neues untrügliches Merkmal für Rauchschäden bei Laubhölzern. Angew Bot 129–138

Niklfeld PS (1967) Pflanzensoziologische Beobachtungen im Rauchschadensgebiet eines Aluminiumwerkes. Centralbl Ges Forstw 84:318–329

Prinz B, Krause GHM, Stratmann H (1979) Thalliumschäden in der Umgebung der Dyckerhoff Zementwerke AG in Lengerich, Westfalen. Staub Reinh Luft 39 (12):457–462

Roloffs A (1988) Morphologische Kronenentwicklung von *Fagus sylvatica* L. (Rotbuche) unter besonderer Berücksichtigung möglicher neuartiger Veränderungen. II. Strategie der Luftraumeroberung nach Veränderung durch Umwelteinflüsse. Flora 180:297–338

Rudolph E (1987) Passives und aktives Biomonitoring mit Fichten-Schwefelgehalten und deren zeitliche Entwicklung im Zeitraum 1978–1984, dargestellt am Beispiel des Passiven Monitoring. VDI-Berichte 609:337–350

Sandermann H, Schmidt R, Heller W, Rosemann D, Langebartels C (1989) Ozone-induced early biochemical reaction in conifers. In: Longhurst JWS (ed) Acid deposition sources, effects and controls. British Library Technical Communications. London, pp 243–254

Schmieden U (1997) Forstpflanzenphysiologie. In: Umweltbundesamt (Hrsg) Auswertung der Waldschadensforschungsergebnisse (1982–1992) zur Aufklärung komplexer Ursache-Wirkungs-Beziehungen mit Hilfe systemanalytischer Methoden. Berichte 6/97:15–146

Schmidt W, Pfirrmann H, Brünn S (1996) Zur Ausbreitung von *Calamagrostis epigeos* in niedersächsische Kiefernwäldern . Forst und Holz 51:369–372

Schulz H (1986) Biochemische und faktoranalytische Untersuchungen zur Interpretation von SO_2-Indikationen in Nadeln von *Pinus sylvestris*. Biochem Physiol Pflanzen 181:241–256

Trautmann W, Krause A, Wolf-Straub R (1971) Veränderung der Bodenvegetation in Kiefernforsten als Folge industrieller Luftverunreinigungen im Raum Mannhein-Ludwigshafen. Schriftenr Vegetationskd 5:193–207

Temple PJ, En-Jang Sun, Krause GHM 1998) In: Flagler RB (ed) Recognition of air pollution injury to vegetation, 6-1-6-21. Air Waste Management Assoc, Pittsburgh, Penn

Turner MA (1973) Effects of cadmium treatment on cadmium and zinc uptake by selected vegetable species. J Environ Qual 2:118–119

Urfer W (1988) Multivartiate Verfahren zur Untersuchung von Wald-Ökosystemen. Allgem Stat Arch 72:11–23

van Haut H (1972) Testkammerverfahren zum Nachweis phytotoxischer Immissionskomponenten. Environ Poll 3:123–132

van Haut H, Stratmann H (1967) Experimentelle Untersuchungen über die Wirkung von Stickstoffdioxid auf Pflanzen. Schriftenr Landesanst f Immissions- und Bodennutzungsschutz des Landes NW 7:50–70, Essen

VDI (Verein Deutscher Ingenieure, 1989) Maximale Immissionswerte zum Schutz der Vegetation. Maximale Immissions-Konzentrationen für Ozon. Berlin, Beuth

von Schroeder J, Reuss C (1883) Die Beschädigung der Vegetation durch Rauch und die Oberharzer Hüttenbrauchschäden. Paul Parey, Berlin

Weigel H-J, Jäger H-J (1985) Physiologische und biochemische Verfahren zum Nachweis von Schadstoffwirkungen. Staub Reinhaltung der Luft 45:269–271

Weinstein LH, DF Davison AW, Arndt U (1998) Fluoride. In: Flagler RB (ed) Recognition of air pollution injury to vegetation, 4-1-4-27. Air Waste Management Assoc, Pittsburgh, Penn

Wienhaus O, Liebold E, Zimmermann F (1994) Beziehungen zwischen Standort, Klima und immissionsbedingten Waldschäden in den Fichtenbeständen der Mittelgebirge. Forst und Holz 49(15):411–415

Wild A, Schmitt V (1995) Diagnosis of damage to Norway spruce (Picea abies) through biochemical criteria. Physiol Plant 93:375–382

Wolfenden J, Robinson DC, Cape JN, Paterson IS, Francis BJ, Mehlhorn H,

Wellburn AR (1988) Use of carotenoid rations, ethelene emissions and buffer capacities for the early diagnosis of forest decline. New Phytol 109:85–95
Wolak J (1971) Studies on the industrioclimax in Poland. Methods for the identification and avaluation of air pollutants injurious to forests. Proc XV IUFRO Congr Wien

3.3 Fernerkundung zur Überwachung von Baumbeständen

H. KENNEWEG

3.3.1 Begriffe, Anwendungsgebiet

Die allgemeine Definition für Fernerkundung faßt verschiedenartige Verfahren zur Informationsgewinnung zusammen, denen gemeinsam ist, daß sie sich der elektromagnetischen Strahlung bedienen und die unmittelbare Berührung mit dem Untersuchungsobjekt vermeiden. Im hier zu erörternden Kontext der Erfassung von Schäden bzw. Abweichungen von einem je nach Aufgabenstellung zu definierenden „Normalzustand" der Untersuchungsobjekte „Baum", „Gehölzbestand" oder „Wald" sind praktisch nur solche Fernerkundungsverfahren von praktischer Bedeutung, die die genannten Objekte aus erheblicher Entfernung erfassen, und zwar von oben, also von Flugzeugen oder Raumfahrzeugen aus. Bereits aus diesen allgemeinen Vorbemerkungen wird deutlich, daß für direkte stoffliche Ursachennachweise und die Erhebung von mehr oder weniger versteckten Detailbefunden die Fernerkundung nicht das geeignete Instrumentarium bereithält. Die Vorzüge von Fernerkundungsmethoden lassen sich demgegenüber unter folgenden Gesichtspunkten zusammenfassen:

- Großräumige, gleichzeitige Flächenübersichten („Vogelschau") enthalten spezifische Informationen.
  Beispiel: Die charakteristische Verteilung von luftbildsichtbaren akuten Immissionsschäden an Wald rund um eine Emissionsquelle kann im Zusammenhang mit vorherrschenden Windrichtungen ggf. durchaus als indirekter Hinweis auf die Schadensursache interpretiert werden.
- Im Gelände unsichtbare Veränderungen können auf Fernerkundungsaufzeichnungen erkennbar gemacht werden
  Beispiel: Streß von Pflanzenbeständen durch Wassermangel kann durch die Veränderung des Reflexionsvermögens im Spektral-

bereich des mittleren Infrarot mit geeigneten Sensoren kartiert werden.

- Die Gewinnung quantitativer Daten durch exakte Messungen ist möglich
  Beispiele: Länge, Breite und Höhe von Meßobjekten wie Bäumen können ebenso wie deren Lage in einem Koordinatensystem auf photogrammetrischem Wege ermittelt werden; Objekteigenschaften können durch colorimetrische, densitometrische oder spektrometrische Messungen charakterisiert werden.
- Fernerkundungsaufzeichnungen stellen ein hervorragendes Dokumentationsmittel für Landschaftszustände zur Aufnahmezeit dar. Beispiel: Es ist möglich, bei Bedarf auf Luftbildern Versuchsflächen in der Vergangenheit anzulegen und diese im Vergleich zu heutigen Landschaftszuständen auszuwerten.

Auf die allgemeinen Grundlagen sowie die methodischen, photogrammetrischen und gerätetechnischen Aspekte der Fernerkundung kann im Rahmen dieser speziellen Publikation nicht näher eingegangen werden. Auf die entsprechende Lehrbuchliteratur wird verwiesen, z.B. Albertz (1991); Hildebrandt (1996); Lillesand u. Kiefer (1994); Schwidefsky u. Ackermann (1976).

Die Ausführungen im Abschn. 3.3.2 beschränken sich auf die Aspekte der Fernerkundung, die für die Erkennung und Abgrenzung von Schäden und schadensbezogenen Veränderungen an Baumvegetation von besonderer Bedeutung sind.

Die in Fernerkundungsaufzeichnungen enthaltenen Informationen lassen sich bei aller gegebenen Vielfalt der Aufnahme- und Auswertungsmöglichkeiten sowie der Anwendungsfelder letztlich auf nur wenige Parameter zurückführen, die aus analogen Datenspeichern (wie photographischen Luftbildern) oder aus digitalen Datensätzen (beispielsweise einer in sieben Kanälen auf Datenspeicher aufgezeichneten Satellitenbildszene des Typs LANDSAT-TM) durch visuelle Bildinterpretation, photogrammetrische Messung, interaktive digitale Bildverarbeitung oder völlig automatische Klassifikationsverfahren am Rechner zur weiteren Verarbeitung im fachlichen Kontext des Nutzers gewonnen werden können; es handelt sich um

- das spektrale Reflexionsverhalten der auf Luftbildern oder Satellitendatensätzen dargestellter Objekte;
- die Form dieser Objekte;
- deren innere Struktur bzw. Textur im Bild oder Datensatz;
- den räumlichen oder fachlichen Kontext, in dem diese Objekte stehen bzw. zu sehen sind.

Für die Beurteilung von Gehölzvegetation und deren mögliche Schädigung sind aus dem größeren für Zwecke der Fernerkundung nutzbaren Bereich der elektromagnetischen Strahlung vor allem die folgenden Spektralbereiche von Bedeutung:

- sichtbares Licht (oft unterteilt in Teilbereiche oder „Kanäle", die durch Wellenlängen definiert werden):
  - „Blau" (Wellenlängenbereich 0,4 bis 0,5 μm)
  - „Grün" (Wellenlängenbereich 0,5 bis 0,6 μm)
  - „Rot" (Wellenlängenbereich 0,6 bis 0,7 μm)
- das „Nah-Infrarot" (NIR), im Wellenlängenbereich 0,7 bis 1,1 μm, das nicht mehr sichtbar, aber photographisch erfaßbar ist,
- das „Mittlere Infrarot" (MIR) im Wellenlängenbereich etwa 1,5 bis 7,0 μm,
- bedingt noch das „ferne" oder „thermale" Infrarot (die Wärmestrahlung) im Wellenlängenbereich oberhalb von 7 μm.

Nicht das kontinuierliche Spektrum insgesamt ist für die Fernerkundung nutzbar, sondern nur die Teilbereiche, für die die Atmosphäre durchlässig ist („atmosphärische Fenster"). Außer dem „Fenster" des sichtbaren und Nah-Infrarot gibt es im mittleren Infrarot „Fenster" bei etwa 1,5 μm, 2,5 μm und 3,0 bis 5,0 μm. Im Thermalinfrarot gibt es ein „Fenster" im Bereich 8,0 bis 14 μm (Abb. 3.3-1).

Die Form von Objekten kann im Einzelbild als Flächenform gesehen oder gemessen werden. In Stereo-Bildpaaren kommt die räumliche Dimension dazu, was für Baumvegetation oft von entscheidender Bedeutung ist.

Kleinräumige Wechsel von Hell-Dunkel-Tönungen innerhalb größerer Objekte (z. B. der Wiedergabe einer landwirtschaftlichen Nutzfläche

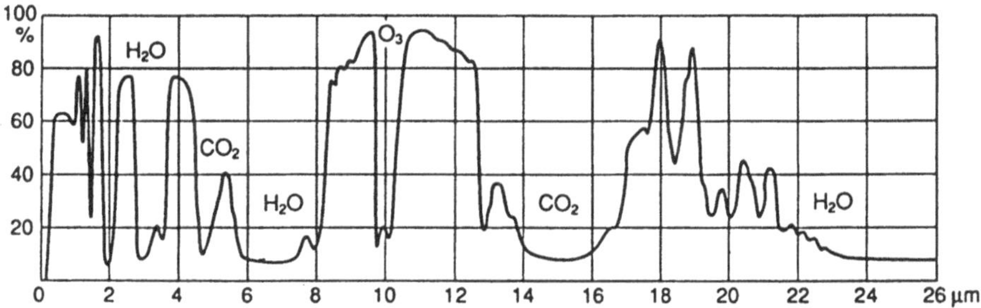

Abb. 3.3-1. Spektrale Durchlässigkeit der Atmosphäre, atmosphärische Fenster und die Absorptionsbereiche wichtiger Inhaltsstoffe der Luft (aus Albertz 1991); auf der Horizontalachse sind die Wellenlängen der elektromagnetischen Strahlung dargestellt

oder einer Waldfläche) wird meist als „Textur“ bezeichnet, wenn die Beschreibung vom einzelnen Bild ausgeht. Texturen lassen sich beschreiben (z. B. „körnig“ oder „gestreift“) oder auch messen. Für Zwecke der visuellen Interpretation von Bildern unter dem Stereoskop ist es zweckmäßiger, von den dargestellten Objekten auszugehen, die dann außer der dreidimensionalen Form eine „Struktur“ haben können, was bei Baumkronen meist in charakteristischer Weise der Fall ist. Für die Erkennung spezieller Objekteigenschaften wie der Baumart, des Alters oder der Struktur von Waldflächen oder von Schädigungssymptomen kann es sinnvoll sein, zwischen „Grobstruktur“ (z. B. Verzweigungsart der Hauptäste) und „Feinstruktur“ (z. B. hängende Seitenäste bei Fichten, „Kammfichte“) oder der Birke zu unterscheiden.

3.3.2 Methodenentwicklung

3.3.2.1 Anfänge

Die älteste Literaturstelle, die in der Bibliographie des Schriftums auf dem Gebiet der forstlichen Luftbildauswertung 1987 bis 1968 (Hildebrandt 1969) zum Anwendungsgebiet „Forstschutz“ nachgewiesen ist, datiert vom Jahre 1920 (Anonymus 1920). Das dort behandelte Thema großflächiger Insektenschäden in Nadelwaldbeständen blieb neben Studien zu Waldbränden und Windwürfen das beherrschende Thema auf diesem Spezialgebiet bis in die 1960er Jahre, wobei Nordamerika die meisten Publikationen hervorbrachte. Nicht Schäden am Einzelbaum, sondern die Zerstörung größerer Bestandesteile oder ganzer Bestände wurden primär bearbeitet.

Die besonderen Möglichkeiten, die das Nah-Infrarot für die photographische Abbildung von Vegetation bietet, wurden in einem Lehrbuch von 1946 zusammengestellt (Clark 1946). Erst seit den 1950er Jahren setzte sich der Schwarz-Weiß-Infrarotfilm im forstlichen Luftbildwesen allmählich durch, erbrachte jedoch keine nennenswerten Vorteile gegenüber den panchromatischen Schwarzweißfilmen bei der Erkennung von Baum- oder Waldschäden. Bäckström u. Welander (1948, 1953) publizierten die Ergebnisse von Spektralmessungen an Waldvegetation, auch unter Einschluß von jahreszeitlichem Wechsel und Blattverfärbungen; sie stießen damit die systematische Erforschung der Sensoreignung für Zwecke der forstlichen Fernerkundung an.

3.3.2.2
Frühe Einsätze von Farb- und Infrarot-Farbfilmen

Farbfilme galten lange als ungeeignet für das Luftbildwesen. Für die differenzierende Erkundung von Insektenschäden unter Berücksichtigung von Einzelbäumen wurden seit den 1950er Jahren in den USA zunächst großmaßstäbige Farbluftbilder im Format 70 mm eingesetzt, und zwar bei Stichprobe-Inventuren (unter anderen: Aldrich et al. 1958; Heller et al. 1959; Wear u. Buckhorn 1955). Bis Ende der 1960er Jahre wurden diese speziellen Inventurverfahren verfeinert und perfektioniert, zuletzt auch unter Verwendung der Infrarot-Farbfilme.

Infrarotempfindliche Farbfilme wurden während des Zweiten Weltkrieges als „Enttarnungsfilme" für militärische Zwecke entwickelt. Im Agfa-Werk Wolfen lag 1946 ein CIR-Luftbildfilm mit hoher Empfindlichkeit und vorzüglicher Detailtrennung vor. Um dieselbe Zeit wurden in den USA dreischichtige CIR-Filme (Vorläufer der heutigen CIR-Filme) und in der Sowjetunion zweischichtige „Spektrozonalfilme" produziert. Sowohl die Spektrozonalfilme SN2 und SN6 in den Ländern des Ostblocks als auch die amerikanischen CIR-Filme der Firma Kodak unter wechselnden Typenbezeichnungen und Varianten wurden seit den 1960er Jahren in wachsendem Umfang für zivile Zwecke, vor allem aber für die Kartierung von Vegetationsschäden genutzt (z. B. Kharin et al. 1965; Wolff. 1967; Hildebrandt u. Kenneweg 1968; Stellingwerf 1968; Caylor et al. 1968; Corten 1966). Erstmals wurde es möglich, Einzelbäume im Bestandesverband separat nach individuellen Schädigungsgraden zu interpretieren.

3.3.2.3
Von isolierten Fallstudien zu Normvorschriften und Großrauminventuren

Die 1970er Jahre waren in der Literatur gekennzeichnet durch Berichte über Fallstudien, insbesondere zu Immissionsschäden oder Grundwasserabsenkungsfolgen. Außerdem sind Bemühungen zur Standardisierung der Luftbildauswertung auf diesem Sektor erkennbar; in vielen Publikationen werden Interpretationsanweisungen diskutiert und Interpretationsschlüssel zur Schadenssymptomatik vorgestellt (z. B. Kenneweg 1972; Murtha 1972). 1973 wurde erstmals in Deutschland ein Arbeitsgebiet in Angriff genommen, das in den Folgejahren bis heute einen starken Bedeutungszuwachs erfuhr: Die Überwachung des Vorhandenseins und der Vitalität von Straßenbäumen in der Stadt und anderen Stadtbaumbeständen (Kadro u. Kenneweg 1973). In allen bis dahin bearbeiteten, fast ausschließlich lokalen oder allenfalls regionalen Fallstudien spielte die Farbe von Baumkronen als Differentialmerkmal eine entscheidende Rolle; die von Bildflug zu Bildflug variierenden Farbwiedergabeeigenschaften der verfügbaren CIR-Filme verursachten insofern Probleme, als für jeden Bildflug gesonderte, neue Interpretationsschlüssel zu erstellen waren.

In den 1980er Jahren gewann mit den plötzlich großräumig zu beobachtenden Waldschäden die Waldökosystemforschung und in deren Rahmen auch die Methodik der Waldschadensinventur große Bedeutung. Fernerkundungsmethoden kamen als Alternative oder auch als Ergänzung terrestrischer Inventur- und Bio-Indikationsverfahren in Betracht. Hier wird nur auf die Seite der Fernerkundung näher eingegangen. Das Problem der 1970er Jahre, die Vielzahl der Schadstufendefinitionen und unkoordinierter Interpretationsschlüssel, mußte gelöst werden, weil plötzlich Großrauminventuren, landesweite Bildflüge und die Gewährleistung der Vergleichbarkeit von Auswertungsergebnissen, z.B. zwischen Vorarlberg und Bayern, also länderübergreifend, oder zwischen Nord- und Süddeutschland gefragt waren. Viele Bemühungen, die Farbwiedergabeeigenschaften der verwendeten Filme zu standardisieren, z.B. durch Korrekturfilterung oder die Beschaffung großer Mengen von Filmmaterial der gleichen Produktionschargen, brachten keine Lösung des Problems.

Da die Schädigungssymptome unterschiedlicher Ausprägung in unregelmäßiger Verteilung über die Waldbestände auftraten, kam es also darauf an, zunächst die Symptomatik baumartenweise nach einheitlichen Standards zu definieren, um dann den Interpretationsvorgang selbst bzw. seine Ergebnisse zu normieren. Dieser Aufgabe nahm sich die „Arbeitsgruppe forstlicher Luftbildinterpreten“ (AFL) an, ein lockerer Zusammenschluß von Experten aus forstlichen Versuchsanstalten, Universitäten und einigen Consulting-Firmen. Als Basis für die überregional vereinheitlichte Schadstufendefinition für Zwecke der Luftbildinterpretation wurden die 1984 einzelbaumweise für die terrestrische Waldschadenserhebung festgesetzten „Schadstufen“ bzw. „Kronenzustandsstufen“ herangezogen. Diese beurteilen, von einem Idealzustand ausgehend, den Nadel- oder Blattverlust der zu klassifizierenden Bäume als Schadstufen:

- bis zu 10% Blatt- oder Nadelverlust ist unerheblich, Stufe 0;
- > 10% bis 25% Blatt- oder Nadelverluste: leichte Schädigung, Stufe 1;
- > 25% bis 60% Blatt- oder Nadelverluste: schwere Schädigung, Stufe 2;
- > 60% Blatt- oder Nadelverluste: sehr schwere Schäden, Stufe 3;
- völliger Blatt- oder Nadelverlust: abgestorben, Stufe 4.

Zusätzlich können ggf. Blatt- oder Nadelverfärbungen einbezogen werden. Obwohl diese Grundlage wissenschaftlich umstritten oder doch zumindest diskussionsbedürftig blieb (Kenneweg 1985, 1992), wurde sie wegen ihrer schließlich sogar europaweiten Geltung beibehalten und teilweise nur dahingehend modifiziert, daß der „Blatt- oder Nadelverlust" zur besseren Dokumentation im Hinblick auf Veränderungen in 5%-Unterstufen eingeschätzt wurde. Die Ergebnisse von terrestrischen und zu Vergleichszwecken mit Luftbildern durchgeführten Baumschadensbeurteilungen stimmten aus methodischen Gründen nicht restlos überein, aber doch so weitgehend, daß man in der Praxis mit beidem alternativ arbeiten kann. Die vergleichende Auswertung einer großen Zahl von Luftbildern, aber auch analytische Arbeiten zur terrestrischen Symptomatik der Waldschäden (z.B. Roloff 1985), zeigten, daß nicht nur Farbe, sondern, wahrscheinlich sogar vorrangig, Strukturmerkmale bei der Luftbildinterpretation herangezogen werden können, die in den Interpretationsschlüsseln der AFL als „Gestaltsmerkmale" (Form, Grobstruktur; Feinstruktur) zusammengefaßt und zum leitenden Beurteilungsmerkmal gemacht wurden (AFL, 1988). In weiteren Standardisierungsschritten wurden die AFL-Schlüssel wie auch andere Verfahren der Bio-Indikation mehrsprachig in die VDI-Richtlinie 3793 (VDI 1990 u. 1993) und in ein europaweit einzusetzendes „EU-Manual" (CEC, 1991) eingearbeitet. Nachdem die AFL nur die vier wichtigsten mitteleuropäischen Hauptbaumarten bearbeitet hatte, wurden inzwischen Interpretationsschlüssel auch für weitere Baumarten lokaler oder regionaler Bedeutung, z.B. für mediterrane Arten nach dem AFL-Schema, ausgearbeitet. Eine Neuauflage des CEC-Manuals befindet sich für das Jahr 2001 in Vorbereitung.

3.3.2.4 Rationalisierungsbestrebungen

Das großräumige Auftreten von Wald- und Baumschäden einerseits und die große Arbeits- und damit Kostenintensität der visuellen Interpretation photographischer Luftbilder führte seit den 1980er Jahren zu Rationalisierungsbemühungen, die sich auf folgende Ansätze erstreckten:

- Automatisierung der Luftbildauswertung (1);
- Ausarbeitung spezieller Inventurverfahren auf der Basis repräsentativer Stichproben (2);
- Waldschadenserfassung mit Satellitenbilddaten (3);
- Einsatz neuer, elektronischer Sensoren (4).

Der unter (1) genannte Ansatz führte bislang nicht zu einem Erfolg, weil es bei der Erfassung von Baumschäden um sehr komplexe Sachverhalte und Objekte geht, bei denen es auf Nuancen ankommt; bildortabhängige Beleuchtungsunterschiede innerhalb der Bilder, Schlagschatten, jahreszeitliche und durch atmosphärische Aufnahmebedingungen verursachte Variabilitäten eigentlich gleicher Objekte überdecken die im Sinne der Fragestellung wichtigen Nutzinformationen. Hinzu kommt, daß der für die Luftbildauswertung wesentliche Stereo-Effekt durch technische Verfahren der Bildkorrelation noch nicht mit der wünschenswerten Präzision automatisierbar ist. Die visuelle Interpretation bleibt vorerst deutlich überlegen.

Repräsentative Stichprobeverfahren (2) sind in Europa sicherer und billiger mit terrestrischer Stichprobeaufnahme praktizierbar, weil Luftbilder oder andere Fernerkundungsaufzeichnungen oft nicht zum gewünschten Stichtag oder nicht mit der gewünschten Homogenität beschafft werden können. Der Übergang von einer vollflächigen Aufnahme zu einer Stichprobe bewirkt i. d. R. bei terrestrischen Aufnahmeverfahren einen ungleich größeren Rationalisierungseffekt, weil eine stichprobeartige Bildbefliegung, um repräsentativ sein zu können, immer noch das Gesamtgebiet mit teurer Aufnahmetechnik bereisen muß. Im Sinne der Rationalisierung bewährt haben sich Kombinationen aus terrestrischen und Fernerkundungsinventuren, wobei die Fernerkundung für eine erste Inventurphase oder für eine Stratifikation der terrestrischen Stichprobeerhebung eingesetzt wird. Die eigentliche Beurteilung der ausgewählten Einzelbäume erfolgt im Gelände. Soweit Veränderungsnachweise erbracht werden sollen, wird in den meisten Fällen mit permanent markierten Probeflächen gearbeitet, weil das auf die Dauer wesentlich genauer bzw. sparsamer ist.

Die statistische Aufbereitung ordinalskalierter Werte (zu denen die Kronenzustandsstufen gerechnet werden müssen) bereitet immer noch einige methodische Probleme.

Die Möglichkeit des Satellitendateneinsatzes für Zwecke der Waldschadenserfassung (3) wird seit den 1980er Jahren intensiv untersucht, und es sind für Nadelwaldgebiete schon auf der Basis des damals besten Sensorsystems LANDSAT-TM praktikable Verfahren entwickelt worden (Landauer u. Voss 1989; Kenneweg et al. 1996). Vorher war allerdings eine Reihe von Problemen zu lösen, von denen das gravierendste, nämlich die sinnvolle Zusammenführung der Einzelbaumbeurteilung (Luftbild) mit einer pauschalen Flächenbewertung (das kleinste Bildelement des LANDSAT-TM-Systems ist 900 m^2 groß und umfaßt eine Vielzahl von individuell nicht trennbaren Bäumen), wiederum die Beschäftigung mit Standards erforderte. In einem internationalen Großexperiment (UNEP, 1995) wurde eine flächenbezogene Schadstufendefinition entwickelt und in Polen, Tschechien und Deutschland erprobt. Die gefundene Schadstufen-Nomenklatur bezieht auch (unbeabsichtigte, nicht waldbaulich verursachte, also schädigungsbedingte) Bestandesverlichtungen mit ein und ist im übrigen zu einzelbaumbezogenen Erhebungsbefunden kompatibel. Die gegen Ende der 1990er Jahre verfügbar werdende neue Generation höchstauflösender Erdbeobachtungssatelliten (MOMS-2P; IRS-1C; SPOT 4 usw.) wird auch auf dem Sektor der Wald- und Baumschadensinventuren neue technische Möglichkeiten eröffnen.

Der Einsatz neuer flugzeuggetragener Sensoren (4) für Zwecke der Baum- und Waldschadenserfassung ist vielversprechend, aber befindet sich noch in einem experimentellen Entwicklungsstadium und/oder ist noch zu kostenintensiv, um für den praktischen Einsatz empfohlen werden zu können. Im letzten Teil des Kapitels 3.3 wird auf die absehbaren zukünftigen Entwicklungstrends der Fernerkundung aus der Sicht des „Monitoring" von Vegetationsschäden eingegangen.

3.3.3 Aktuelle Einsatzfelder der Fernerkundung für Wald- und Baumschäden

Im vorangegangenen Kapitel wurde gezeigt, daß in den vergangenen Jahrzehnten jeweils unterschiedliche Probleme aktuell waren und entsprechend den verfügbaren technischen Möglichkeiten auch schwerpunktmäßig bearbeitet wurden. Die dabei entwickelten Methoden sind großenteils bis heute aktuell und verwendbar geblieben und können mit Modifikationen entsprechend dem heutigen Stand der Technik (z.B. Aufbereitung der Ergebnisse in GIS-Form) weiterhin praktiziert werden.

Waldschäden, die mit der Zerstörung der Bestandesstruktur einhergehen, wie Windwurf, Feuer, große Insektenkalamitäten, können auf Luftbildern photogrammetrisch kartiert werden wie andere Flächenänderungen auch. Die Klassifikation solcher Flächenänderungen mittels Satellitendaten ist ebenfalls möglich, jedoch mit den bis Mitte der 1990er Jahre verfügbaren Satellitendaten nur soweit, als große, zusammenhängende Flächen betroffen sind (Kuntz 1997; Wieczorek 1990) Eine der allerersten erfolgreichen Studien zur Verwendung von Daten des frühesten zivilen Erdbeobachtungssatelliten Landsat I (damals, 1972, noch ERTS genannt), befaßte sich mit der Kartierung von Schadenszonen eines extremen Immissionsschadensfalls in einem kanadischen Waldgebiet (Murtha 1974). Auf Großflächenbrände in den Tropen, bei deren Erfassung sogar geringauflösende Thermalsensoren von

Wettersatelliten wie NOAA-AVHRR oder Radarsensoren erfolgreich eingesetzt werden können, soll hier nicht eingegangen werden.

Bei den meisten heutigen Inventurprojekten zu Wald- und Baumschäden, bei denen es auf die Beurteilung von Einzelbäumen ankommt, sind gegenüber sonst vergleichbaren Studien aus den 1970er Jahren zwei Änderungen festzustellen:

- Während frühere Schadensuntersuchungen an Wäldern und Stadtbäumen gewöhnlich von einer monokausalen Hypothese ausgingen und begrenzte Gebiete betrafen, hat die Periode der ökosystemaren Waldschadensforschung dazu geführt, daß heute die meisten Untersuchungen in einem sehr komplexen ökosystemaren Gefüge gesehen und entsprechend analysiert werden. Die äußere Abgrenzung von Schadensgebieten und -zonen ist noch schwieriger geworden, und es müssen of recht große Gebiete untersucht werden.
- Die großen Fortschritte der Datenverarbeitungstechnik und die Vielfalt der für Forschungszwecke digital verfügbaren raumbezogenen Datenbestände tragen ebenfalls dazu bei, daß Untersuchungen komplexer werden und daß fernerkundungsbasierte Inventurverfahren in vielfältiger Weise mit „Zusatzdaten" verknüpft werden. Von den traditionellen Datenträgern (z.B. CIR-Luftbild) und Auswertungsmethoden (z.B. visuelle Interpretation), die weiterhin aktuell bleiben, werden lediglich höhere und genauer definierte Ansprüche an die Datenqualität (Validierung; Reproduzierbarkeit; Dokumentation der Begleitumstände der Erhebung usw.) erhoben.

3.3.3.1 Ansprüche an Luftbilder

In der VDI-Richtlinie 3793, Blatt 1 (VDI 1990), sind die optimalen Bedingungen für CIR-Bildflüge zusammengestellt. Der spektralen Reflexion grüner Vegetation (Abb. 3.3-2) entspricht die Empfindlichkeit des dreischichtigen CIR-Films (z.B. Kodak Aerochrome Infrared 2443; Abb. 3.3-3).

Je nach Aufgabenstellung werden Aufnahmemaßstäbe zwischen 1 : 2000 und 1 : 12 000 (Optimum für Waldschäden: 1 : 5000 bis 1 : 6000) empfohlen. Die günstigste Flugrichtung für die Stereo-Aufnahmen ist Nord-Süd; dadurch kann erreicht werden, daß sich Helligkeitsunterschiede zwischen Mitlicht- und Gegenlichtseite benachbarter Bilder dadurch ausgleichen, daß sie bei stereoskopischer Betrachtung zu einem homogenen Farb- und Helligkeitseindruck verschmelzen. Der günstigste Aufnahmezeitraum für Schadensinventuren an Beständen aller Baumarten liegt zwischen Mitte Juli und Mitte September. In der

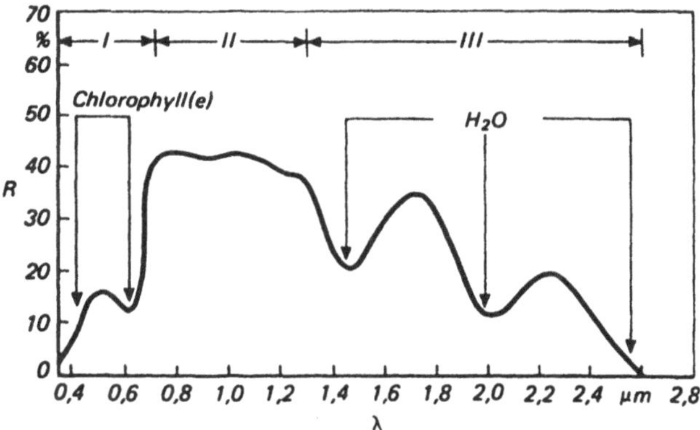

Abb. 3.3-2. Typischer Verlauf des spektralen Reflexionsfaktors von grünen Blattorganen in Abhängigkeit von der Wellenlänge (Huss 1984). Die Reflexion wird im sichtbaren Bereich I von Blattpigmenten, im Bereich II (NIR) von der Blattstruktur und im Bereich III (MIR) vom Wassergehalt bestimmt.

zweiten Hälfte der Vegetationszeit sind etwaige Schadsymptome voll und deutlich ausgeprägt, aber noch nicht von beginnender Herbstverfärbung (beim Laubholz) überlagert. Reine Nadelholzbestände sind auch bei Aufnahmezeiten bis Anfang Oktober oder wieder März/April auswertbar. Reihenbildkammern mit Brennweiten von 30 cm sind denen mit 15 cm vorzuziehen, weil die Mitlicht-Gegenlicht-Unterschiede weniger deutlich hervortreten. Um homogenes Bildmaterial zu erzielen, sollte ein Bildflug komplett mit einem Film derselben Produk-

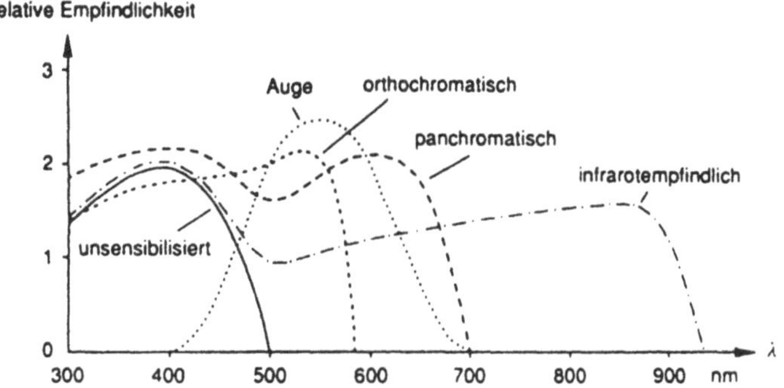

Abb. 3.3-3. Spektrale Empfindlichkeit photographischer Schichten und des Auges (aus Albertz 1991). Der dreischichtige CIR-Films (z. B. Aerochrome Infrared 2443) enthält je eine (speziell abgewandelte) orthochromatische, panchromatische und infrarot-empfindliche Schicht. Bei der Umkehrentwicklung werden in diesen Schichten die Farbstoffe gelb, purpur und cyan gebildet.

tionscharge (Emulsionsnummer) durchgeführt werden. Filmalter und -lagerung beeinflussen die Farbwiedergabeeigenschaften. Korrekturfilterungen können erforderlich werden. Aufnahmebedingungen, Filterung, Handhabung des Films während des Fluges und der Entwicklung sollten gut dokumentiert sein. Die spezielle Anpassung allgemeiner Interpretationsschlüssel an den jeweiligen Bildflug, die im Gelände durch unmittelbaren Vergleich mit den Luftbildern zu erfolgen hat, sollte möglichst kurzfristig nach der Befliegung stattfinden.

3.3.3.2 Interpretationsschlüssel

Interpretationsanweisungen und Interpretationsschlüssel sind sehr wichtige Grundlagen, gerade für eine so spezielle Aufgabe wie die Auswertung von Luftbildern für die Erkennung von Baumschäden. Sie können (besonders für erfahrene Auswerter) allgemein und knapp gehalten sein oder speziell und ausführlich für weniger Geübte. Sogenannte Schlüssel, die lediglich nach dem Aussehen im Gelände beschreiben, was der Auswerter im Gelände identifizieren soll, sind nicht besonders hilfreich. Deshalb sind die meisten brauchbaren Interpretationsschlüssel als *Beispielschlüssel* aufgebaut. Sie enthalten für die zu erkennenden Objekte (z.B. geschädigte Bäume einer Art) folgende Elemente:

- eine schematisierte Übersicht über die zu beurteilenden Objekte (z.B. Baum, Bestand, Ast) und Objektmerkmale (z.B. Schädigungsgrade). Die normale Variationsbreite der Objekte (z.B. unterschiedliches Alter, Blüte, Fruchtanhang, Verzweigungshabitus), mögliche Übergänge (z.B. Differentialmerkmale, die dazu führen, den Baum einer anderen Schadstufe zuzuweisen) und ggf. Verwechslungsmöglichkeiten (ähnliche Baumarten, Merkmale, die Schädigungen vortäuschen könnten), sollten darin angesprochen werden;
- eine verbale Beschreibung der wichtigen Merkmale, und zwar bezogen auf das Aussehen im Luftbild;
- eine skizzenhafte Darstellung des Aussehens typischer Objekte der dargestellten Stufe (z.B. geschädigte Buche, Stufe 2). Auch sehr einfache Skizzen, z.B. zur Baumartencharakterisierung, können hilfreich sein (vgl. HUSS 1984);
- Luftbildausschnitte, im Optimalfall als Stereogramme, in Verbindung mit terrestrischen Farbphotos der dargestellten Objekte. Aus praktischen Gründen ist es i.d.R. nur möglich, wenige Bäume und nicht die ganze Variationsbreite darzustellen.

Soweit die Farbe ein sehr wichtiges Differentialmerkmal ist, muß ein etwa vorhandener „allgemeiner Schlüssel" an die speziellen Farbwiedergabeverhältnisse des jeweiligen Bildfluges angepaßt werden. Eine weitergehende Anpassung, z.B. an nicht optimale Aufnahmemaßstäbe, Aufnahmejahreszeiten und Bildqualitäten, kann sinnvoll sein.

Der Umgang mit so speziellen Interpretationsschlüsseln, die Schädigungsstufen für bestimmte Baumarten behandeln, setzt Erfahrung mit vorzuschaltenden Interpretationsschritten voraus. Man muß zunächst beispielsweise die Fichte erkennen, bevor man ihre Schädigungsgrade beurteilen kann. Bei geschädigten Bäumen ist die Artenerkennung oft erschwert, weil sie ihren charakteristischen Habitus schädigungsbedingt zunehmend verlieren. Es ist daher oft hilfreich, die Baumart nach anderen Quellen bestimmen zu können, z.B. aus Forsteinrichtungsdaten, oder, bei Stadtbaumbeständen, nach noch detaillierteren Unterlagen wie Baumkatastern. Es ist im Rahmen dieser Publikation nicht möglich, einen Interpretationsschlüssel vollständig vorzustellen. Als Beispiel wird aus der AFL-Schlüsselsammlung (AFL, 1988) in Abb. 3.3-4 der deskriptive Teil (Schema mit Text) für Schädigungsstufen an der Fichte (*Picea abies*) wiedergegeben. Es wird dort nach den drei Verzweigungstypen die „Kammfichte", die „Bürstenfichte" und die „Plattenfichte" unterschieden; bei den „Gestaltsmerkmalen" sind Form, Grobstruktur und Feinstruktur beschrieben. Bei den Farbmerkmalen werden die Merkmale „Farbverteilung", „Farbsättigung/Helligkeit" und schließlich „Farbton" unterschieden. Beim „Farbton" wird zwischen „allgemein" und „speziell" unterschieden. Der spezielle Farbton muß die Abweichungen des Bildfluges vom „Normalen" berücksichtigen, z.B. Blaustichigkeit, spezielle Eigenschaften der jeweiligen Emulsions-Nr., eine gewisse Unterbelichtung oder dergleichen.

Für den Fall, daß chlorotische Nadel- bzw. Kronenverfärbungen als Schadsymptome vorkommen, gibt es einen Zusatzschlüssel, der hier nicht wiedergegeben wird, aber nach dessen Hinweisen das Interpretationsergebnis bezüglich des Zusatzmerkmals „Chlorose" zu modifizieren ist.

In Abb. 3.3-5 ist der Skizzenteil des AFL-Fichtenschlüssels wiedergegeben, jedoch nur für die Bürsten- und die Kammfichte, weil die Plattenfichte als typische Gebirgsform bei stärkerer Schädigung einen sehr variablen Habitus annehmen kann und deshalb schwer als „Typ" darstellbar ist.

Der photographische Teil des AFL-Schlüssels wird hier nicht wiedergegeben; statt dessen stellt die Farbdarstellung von Abb. 3.3-6 einen jüngeren, in Teilen stärker geschädigten Fichtenbestand dar. Obwohl im gesamten Bestandesverband stark geschädigte Bäume unmittelbar neben gesunden oder leichter geschädigten stehen, gibt es Partien, die

Stufe	Gestaltsmerkmale				Farbmerkmale		
	Typ	Kammfichte	Bürstenfichte	Plattenfichte			
0	Form	spitzkegelförmig; Umriß sternförmig gezackt	spitz- bis sumpfkegelförmig; Umriß gewellt bis glatt		Farb- verteilung	gleichmäßig	
	Grob- struktur	Primäräste sternartig; feinstrahlig	Primäräste keilartig bis wulstig; ± dicht angeordnet	Primäräste breitwulstig bis lappig; etagenartig	Farbsätt. Farbhelligk.	intensiv dunkel	
	Fein- struktur	Primäräste lückenlos; gleichmäßig; glatt	Primäräste lückenlos, ungleichmaßig, glatt		Farbton	allg.	rot
						spez.	
1	Form	spitzkegelförmig; Umriß sternförmig gezackt	spitz- bis stumpfkegelförmig; Umriß gewellt bis glatt		Farb- verteilung	weniger gleichmäßig als Stufe 0	
	Grob- struktur	Primäräste sternartig; feinstrahlig	Primäräste keilartig bis wulstig; ± dicht angeordnet	Primäräste breitwulstig bis lappig; etagenartig	Farbsätt. Farbhelligk.	intensiv leicht aufgehellt	
	Fein- struktur	Primäräste fast lückenlos; ± glatt	Primäräste fast lückenlos; ungleichmäßig; ± glatt		Farbton	allg.	hellrot
						spez.	
2	Form	spitzkegelförmig; Umriß sternförmig	spitz- bis stumpfkegelförmig; Umriß gewellt bis glatt oder Umriß gefranst		Farb- verteilung	2.1 ungleichmäßig feingefleckt 2.2 ungleichmäßig grobgefleckt	
	Grob- struktur	Primäräste sternartig und deutlich feinstrahlig	Primäräste unregelmäßig bis undeutlich sternartig angeordnet	Primäräste etagenartig; schmalwulstig; sichelförmig bis unregelmäßig klumpig	Farbsätt. Farbhelligk.	gering; zunehmender Grauanteil deutlich aufgehellt (fahl)	
	Fein- struktur	2.1 *) Primäräste rauh; großklumpig mit wenigen kleinen Lücken 2.2 *) Primäräste deutlich rauh; kleinklumpig mit zahlreichen kleinen Lücken			Farbton	allg.	2.1 hellrot bis graurot 2.2 graurot, hellgrau bis graugrün
						spez.	
3	Form	spitzkegelförmig; Umriß speichenradförmig	spitz- bis stumpfkegelförmig Umriß unscharf	spitz- bis stumpfkegelförmig Umriß stark gefranst	Farb- verteilung	ungleichmäßig grobgefleckt	
	Grob- struktur	Primäräste sternartig und deutlich feinstrahlig	Primäräste wirr angeordnet oder Anordnung nicht erkennbar; evtl. einzelne Totäste	Primäräste etagenartig; schmal sichelförmig; Astansätze diffus aufgelöst	Farbsätt. Farbhelligk.	sehr gering (starker Grauanteil) in kl. Ballen intensiver hell (in kl. Ballen dunkler)	
	Fein- struktur	Primäräste diffus; kleinballig mit zahlreichen großen und kleinen Lücken			Farbton	allg.	grau-grün mit hellroter Fleckung
						spez.	
4	Form und Struktur	1. Frisch abgestorben: Grob- und Feinstruktur wie Stufe 3 2. Länger abgestorben: Form nach Typ nicht immer differenzierbar Grobstruktur wie Stufe 3; Feinstruktur fehlend			Farb- verteilung	gleichmäßig	
					Farbsätt. Farbhelligk.	1. intensiv, 2. sehr gering sehr hell	
					Farbton	allg.	1. hellgrün 2. blaugrün oder weiß
						spez.	

*) Unterteilung der Stufe 2: 2.1 = 26 bis 40% Nadelverlust / 2.2 = 41 bis 60% Nadelverlust

Abb. 3.3-4. Deskriptiver Teil des AFL-Schüssels für Kronenzustandsstufen der Fichte (AFL 1988, VDI 1993)

Abb. 3.3-5. Skizzenteil des AFL-Interpretationsschlüssels für die Fichte. (Aus AFL 1988; VDI 1993)

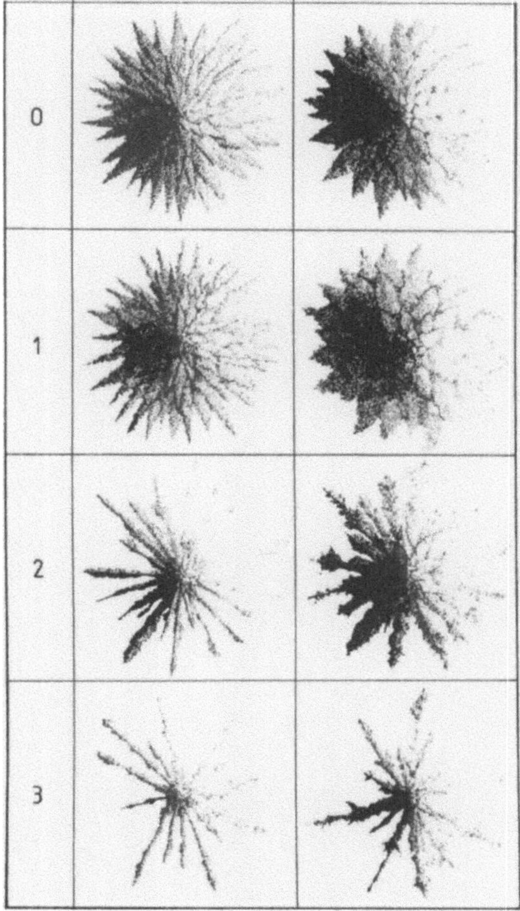

insgesamt sehr wenig, und solche, die insgesamt sehr stark geschädigt sind. An den letztgenannten Stellen konzentrieren sich die Chlorosen. Wie durch Boden- und Nadelanalysen im Zusammenhang mit Luftbildauswertungen nachgewiesen wurde (Kenneweg et al. 1989; Stock 1990), herrscht(e) an den Stellen mit konzentriertem Chlorosevorkommen zur Aufnahmezeit als Folge von Säureeintrag und Auswaschung von Kationen extremer Magnesiummangel. Eine Kompensationskalkung hat inzwischen zur Rückbildung der Chlorosen geführt, was man auf einem späteren Folgebild auch quantitativ nachweisen könnte. Die Auswertung von Luftbildern zur Erkennung von Baumschäden sollte grundsätzlich an einem Stereoskop mit variabler Vergrößerung und normierbarer Beleuchtung erfolgen. Ersatzweise wird das Bildbeispiel von Abb. 3.3-6 in außergewöhnlich großem Maßstab wiedergegeben.

Abb. 3.3.-6. Der Bildausschnitt aus dem Harz (22.9.1988), Aufnahmemaßstab ca. 1 : 2.000, ist vergrößert auf ca. 1 : 1.000. Der dargestellte ca. 1,5 ha große, ca. 50jährige Fichtenbestand enthält Bäume aller Kronenzustandsstufen von **0** ohne Symptome bis **4** abgestorben. Auch verschiedene Chlorosestufen (helle Verfärbung, oft fleckig wirkende Kronen) sind vorhanden. *(1)* Bereich gesunder bis leicht geschädigter Kronen (Stufe 0 u. 1); *(2)* Chlorotische Kronen (Zweigspitzen sind grün, im CIR-Bild magenta); *(3)* überwiegend stärker geschädigte bis abgestorbene Kronen (Stufen 2 bis 4), auch hier teilweise stärkere Chlorosen. Die Bestandesbereiche mit stärkeren Schäden litten zum Aufnahmezeitpunkt (vor einer Kompensationskalkung) unter extremem Nährstoffmangel. Chlorosesymptome treten bei extremem Magnesiummangel auf, wie durch vergleichende Boden- und Nadelanalysen nachgewiesen werden konnte.

Abb. 3.3-7. Farb-Infrarotluftbild-Ausschnitt einer Großstadt-Landschaft (Kassel). Aufnahme-Maßstab 1 : 5.000, Aufnahmezeit 14.9.1977, 13.00 Uhr, Aufnahmekamera: Zeiss RMK 15/23 (Kenneweg 1979)

Der Bildausschnitt entstammt einem Bildflug, der mit einem Weitwinkel-Objektiv hergestellt wurde. Die enormen Helligkeitsunterschiede zwischen dem oberen Bildrand (Mitlichtseite) und dem Bildteil der unteren rechten Bildecke werden unmittelbar anschaulich. Die mit **1** bezeichnete Teilfläche gehört zum Bereich des „Lichtpunkts" oder „Hotspot" und ist dadurch gekennzeichnet, daß praktisch kein Schatten sichtbar wird. Am gegenüberliegenden Bildrand (Bezeichnung: **6**) ist dagegen wegen des beherrschenden Schattens eine Beurteilung der Baumbestände nicht mehr möglich, es sei denn bei stereoskopischer Betrachtung unter Mitverwendung einer besseren Aufnahme. Auf Wasserflächen tritt hier die „spiegelnde Reflexion" der Sonneneinstrahlung auf.

Mit **2** bezeichnet ist ein baumbestandener Platz. Die Bäume zeigen sehr deutliche Farbunterschiede. Das schachbrettartige Muster entsteht durch zwei verschiedene

Abb. 3.3-7. (Fortsetzung)
Lindenarten, *Tilia x euchlora* (rot) und *Tilia x vulgaris* 'Pallida' (dunkel) (Auskunft des Gartenamts Kassel). Als Ursache für die auffallende dunkle Verfärbung an Linden sind Schwärzepilze, der sogenannte Rußtau (Fietz 1992 S. 67–69), anzusehen. Dieser Pilz bildet sich, je nach Blattlausbefall und Honigtauproduktion, unterschiedlich stark aus. Einzelne Lindenarten bzw. -herkünfte unterscheiden sich bezüglich der Anfälligkeit. Nach Fietz kann der Rußtaubefall sogar als Erkennungsmerkmal im Luftbild für die Linde *Tilia x vulgaris* („Holländische Linde") verwendet werden.
Sämtliche Bäume auf dem mit **3** bezeichneten Parkplatz, *Acer pseudoplatanus* bis auf den Baum ganz im Süden des Parkplatzes, eine Robinie, müßten alle als leicht bis mittel geschädigt interpretiert werden. Auch die Robinie (eine als widerstandsfähig bekannte Baumart) läßt Verfärbungen an Kronenteilen erkennen.
Der Kreis **4** bezeichnet auf einer Park-Rasenfläche von Nord nach Süd eine Gruppe mit Schwarzkiefern (Nadelhölzer erscheinen immer besonders dunkel), eine Blutbuche (die roten Blattfarbstoffe verursachen eine gelbliche Tönung im Infrarot-Farbluftbild; Verfärbungen in der Oberkrone müssen als Schädigungssymptome gedeutet werden), einen Bergahorn und eine Roteiche. Die beiden letztgenannten Bäume weisen völlig andere Färbungen auf, als sie normalerweise bei diesen Baumarten um die Mitte der Vegetationszeit zu erwarten wären. Das Vorliegen stärkerer Schädigungen (beispielsweise als Folgen des vorausgegangenen Dürrejahres 1976) ist sehr wahrscheinlich, kann aber wegen des späten Aufnahmetermins (September) und der erst im Folgejahr möglichen terrestrischen Kontrolle nicht als sicher nachgewiesen gelten.
Der Kreis **5** bezeichnet den Bildmittelbereich, wo die Luftbildauswertung gewöhnlich die geringsten Schwierigkeiten bereitet. Am Rand des arten- und individuenreichen Parks fallen zwei große, stark verfärbte Kronen auf, ein dritter vorherrschender Baum zeigt nur partielle Kronenverfärbung. Hier handelt es sich um sehr alte Bäume (von Norden: Linde, Bergahorn, Linde), die auch unter Stammschäden leiden; der Parkplatz im Hof des öffentlichen Gebäudekomplexes ist mit jüngeren Bergahornbäumen bepflanzt, die ähnliche Schädigungssymptome wie die Bäume der gleichen Art im Kreis **3** aufweisen. Am stärksten geschädigt erscheinen jedoch zwei Bäume im Südwesten der eingekreisten Gebäude, eine Linde und ein Bergahorn, die im Kreuzungsbereich nahe an der sehr verkehrsreichen Straße und in der Nähe des Ausgangs einer Fußgängerunterführung stehen. Man muß annehmen, daß ihre Wurzeln in stark streusalzbeeinflußte Böden reichen.

Die Beurteilung von Waldschäden hat in Nordamerika wegen vieler Pilz- und Insektenschäden, aber auch vieler betroffener Baumarten besonders große Bedeutung, weil dort schon lange eine sehr extensive Forstwirtschaft betrieben wird, die nicht jeden kleineren Schadensfall sofort aufarbeiten kann. Deshalb wurden dort viele Interpretationsschlüssel ausgearbeitet, aber nicht unbedingt publiziert. Der besonders sorgfältig ausgearbeitete und für die Publikation hervorragend (auch mit Stereogrammen) ausgestattete kanadische Schlüssel (Murtha 1972) verdient besondere Erwähnung. Er ist nicht nur als Beispielschlüssel ausgearbeitet, sondern als „Gabelschlüssel". Ähnlich wie bei einem botanischen Bestimmungsschlüssel wird der Benutzer mit schrittweisen Entscheidungen durch eine hierarchische Baumstruktur geführt, bis er den speziellen Schadenstyp identifiziert hat und daraufhin analoge Bäume bzw. Bestandespartien finden kann.

3.3.3.3 Großrauminventuren

Die ältesten Großrauminventuren zur Erfassung von Waldschäden auf Stichprobebasis wurden in Nordamerika durchgeführt (vgl. Abschn. 3.3.2.1). Als sich die bekannten „forstlichen Rauchschäden", wohl auch als Folge der „Hochschornsteinpolitik", in den 1970er Jahren vom Ruhrgebiet bis ins angrenzende Sauerland ausdehnten, wurden für den Grenzbereich zwischen Industriegebiet und Waldgebirge analytische Arbeiten zur Verteilung geschädigter Bestände durchgeführt (Kenneweg 1980). Mit dem Auftreten der sogenannten „neuartigen" Waldschäden ab 1983 gab es eine große Zahl von Großrauminventuren auf Luftbildbasis, über die auch vieles publiziert wurde. Die VDI-Richtlinie 3793 (VDI 1990, 1993) zitiert die grundlegenden Arbeiten. Auch mehrere Dissertationen befaßten sich erfolgreich mit der Thematik „Großräumige Waldschadensinventur und Fernerkundung" (Förster 1989; Runkel 1990; Gross 1993; Heidingsfeld 1993; Stock 1990). Obwohl inzwischen eine ausgefeilte Methodik zu vielen Inventurvarianten und viele Erfolge auf diesem Gebiet vorliegen, wird die jährliche Waldschadenserhebung auf deutscher Bundesebene und für Europa rein terrestrisch durchgeführt. Ein Grund dafür ist, daß Bildflüge (und auch Satellitenbilder) aus Witterungsgründen nicht jedes Jahr verläßlich zur gewünschten Jahreszeit aufgenommen werden können. Auch bezüglich der Kosten können prinzipiell flächendeckende Fernerkundungsansätze nicht mit einer weitmaschigen, also extensiven, terrestrisch durchgeführten Stichprobeinventur konkurrieren.

Nicht unerwähnt bleiben sollte jedoch, daß Befunde einer Stichprobe-Großrauminventur (z.B. zu Waldschäden) dann nur sehr ungenau hochrechenbar und dementsprechend schwer interpretierbar sind, wenn die Zusammensetzung der zu beurteilenden Grundgesamtheit vorher nicht genau bekannt ist. In Schleswig-Holstein lagen in den 1980er Jahren für den Privatwald (ca. 50% der Waldfläche des Landes) kaum Informationen zur Waldstruktur vor. Sie mußten zunächst durch Fernerkundungsverfahren erhoben werden, um darauf aufbauende Waldschadenserhebungen richtig werten und interpretieren zu können (Runkel u. Kenneweg 1986).

3.3.3.4 Stadtbauminventuren

Obwohl prinzipiell der Einsatz von Luftbildern und anderen Fernerkundungsaufzeichnungen als besonders vorteilhaft für großräumige und extensiv bewirtschaftete Baum- und Vegetationsbestände gilt, hat sich auch im Stadtbereich der Einsatz von Farbinfrarotluftbildern als Standardverfahren eingebürgert, unbeschadet der Tatsache, daß Bäume im Straßenbereich, teilweise auch in Parks, so detailreich zu inventarisieren und so intensiv zu überwachen sind wie sonst nirgendwo in der Landschaft. Die erste in Deutschland publizierte systematische Inventur von (Streusalz-) Schäden an Straßenbäumen erfolgte 1971 und 1972 in Freiburg i. Br. (Kadro u. Kenneweg 1973). Die Methode fand ein großes Echo in der Fachöffentlichkeit und löste Inventur- und Monitoring-Aktivitäten in vielen Städten aus, die bis heute andauern. Angesichts der starken Dynamik, der Stadtbaumbestände (Fällungen und Neupflanzungen, Schäden unterschiedlicher Art, teilweise intensive Pflegemaßnahmen) unterworfen sind, und des großen Wertes, den diese darstellen (Millionenbeträge selbst in Kleinstädten), ist es vor allem der dokumentarische Wert des Luftbildes, der die Kommunen veranlaßt hat, Bildflüge in Auftrag zu geben. Oftmals wurden die entstandenen Luftbilder zunächst überhaupt nicht ausgewertet, sondern erst aus späteren aktuellen Anlässen (z.B. Schadensfällen). Die mögliche Bedeutung von Stereo-Luftbildern für Zwecke der Beweissicherung in Haftungs- und Schadensfällen mag erläutert werden durch das Beispiel in Abb. 3.3-8.

Die eigentliche Interpretation von Schädigungen an Stadt- und insbesondere an Straßenbaumbeständen ist angesichts der großen Zahl von vorkommenden Baumarten und Schadenstypen außerordentlich vielfältig und daher auch entsprechend schwierig. Die meisten Interpretatoren kommen nicht ohne Zusatzinformationen (z.B. Angabe der Baumart) aus. Bei den neueren Arbeiten liegen diese Zusatzdaten oft in Form von digitalen „Baumkatastern" als Teil des GIS der Grünflächenämter vor. Diese Tatsache legt die Vorstellung nahe, auch die Luftbildauswertung selbst digital durchzuführen. Dies wurde bereits 1985 von Haydn et al. vorgeschlagen und mit überzeugend wirkenden Bildbeispielen demonstriert. Es zeigte sich aber, daß dies prinzipiell elegante Verfahren grundlegend scheiterte, weil die Vielzahl der Einflüsse, denen die Abbildung von Straßen- und anderen Stadtbäumen auf Luftbildern unterliegt (z.B. Beschattung, bildortabhängige Beleuchtungsunterschiede, Schnitt, Vielfalt von Arten und Unterarten, wechselnder Hintergrund usw.), nicht automatisierungsfreundlich ist und auf diesem Wege keine verläßlichen Resultate erzielt werden können. Bis Ende der 1990er Jahre ist eine visu-

Abb. 3.3-8. Das Luftbild als Dokument: Rekonstruktion einer Baumkrone nach deren Zerstörung bei einem Schadensfall; Anwendungsbeispiel photogrammetrischer Vermessungsmethoden. Die mit Höhenlinien detailreich wiedergegebene Baumkrone an einem Parkplatz war bei einem Gewittersturm auseinandergebrochen und hatte mehrere Fahrzeuge zerstört. Die Statik des Baumes war im nachhinein zu beurteilen. Aus den Luftbildern 1 : 5.000 wurde die oben wiedergegebene Skizze im Maßstab 1 : 250 bei einer Höhengenauigkeit von ± 10 cm kartiert. (Aus Kenneweg 1979)

elle Interpretation der Bilder unter dem Stereoskop aktueller Stand der Technik geblieben. Die Erfahrung des Interpreten ist nach wie vor sehr wichtig. Verfeinert wurden die Interpretationsschlüssel unter Einbeziehung von Strukturelementen analog zu den AFL-Schlüsseln (Fietz 1992; AFL 1988; VDI 1990, 1993). Abb. 3.3-7 vermittelt einen Eindruck der Abbildungsvielfalt geschädigter Stadtbaumbestände. Schädigungsstufen sind hier, anders als bei den AFL-Interpretationsschlüsseln, nicht so stark standardisiert, daß ihre Anwendung mit überregionaler Gültigkeit propagiert werden könnte; stadtübergreifende Vergleiche werden kaum nachgefragt, daher gibt es nach wie vor unterschiedliche Ansätze zur Systematik in den einzelnen Städten. Fietz (1992) empfiehlt, sowohl die „längerfristigen" Veränderungen der Kronenstruktur als auch die „kurzfristigen" Blattverluste und -verfärbungen getrennt zu erheben und beide Merkmalgruppen gleichrangig zu bewerten.

Nach wie vor gilt bei Stadtbaumuntersuchungen, daß mit Luftbildern lediglich der physiologische Vitalitätszustand und der morphologische Kronenzustand beurteilt werden können. Die dabei beobachteten Symptome sind nicht unbedingt mit der bei Stadtbäumen besonders wichtigen Standfestigkeit der Bäume korreliert. Hierfür müssen andere (terrestrische) Verfahren zum Einsatz kommen.

Die Interpretationsergebnisse für Gesamtstädte erlauben aufgrund der jeweils zugrundeliegenden großen Zahlen an Einzelbäumen Hinweise auf die Eignung bzw. Empfindlichkeit von Baumarten (Kenneweg u. Kadro 1973; Kenneweg 1979). Außerdem liefern solche Zusammenstellungen analog zur Forsteinrichtung von Wäldern wichtige Hinweise für die nachhaltige Pflege und Bewirtschaftung von Stadtbaumbeständen. Es könnten damit Nachhaltigkeitsindikatoren im Rahmen von Aktivitäten zur „lokalen Agenda 21", bezogen auf das Element der Grünversorgung von Städten, abgeleitet werden. Besonders aussagekräftig werden solche Indikatoren, wenn sie mit Aufnahmen zu verschiedenen Zeiten erstellt werden, also zur Dauerbeobachtung („Monitoring") ausgebaut werden.

3.3.3.5 Verwendungsmöglichkeiten von Satellitenbildern

Bei den bis Mitte der 1990er Jahre verfügbaren Satellitendaten für Zwecke der Erderkundung lag die räumliche Auflösung bei guter Datenqualität bezüglich der radiometrischen und spektralen Eigenschaften in der Größenordnung von 30 m, z.B. beim Satellitensystem LANDSAT-TM. Eine höhere räumliche Auflösung wie beim französischen Sensorsystem SPOT, die im panchromatischen Aufnahmekanal 10 m erreichte, mußte mit beträchtlichen und bei der thematischen Auswertung derartiger Daten überproportionalen Einbußen bei der radiometrischen und spektralen Datenqualität bezahlt werden. Insgesamt bedeutete das für die Inventuraufgabe oder Erhebung von Schäden an Baumbeständen, daß grundsätzlich keine Einzelbäume als solche erkennbar waren und daß gewöhnlich nur für solche Schäden eine Erkennungschance bestand, die in zusammenhängenden Flächen auftraten. Ein großes Forschungsverbundvorhaben befaßte sich in den 1980er Jahren im Rahmen der Waldökosystemforschung mit den Möglichkeiten, auch solche Waldschäden mit Hilfe der Satellitenfernerkundung zu bearbeiten, die diffus über die Bestände verstreut auftreten. Für Nadelholzreinbestände waren diese Bemühungen erfolgreich (Landauer u. Voss 1989). Es wurde ein Verfahren entwickelt, das kompatibel ist zwischen den einzelbaumbezogenen terrestrischen oder luftbildgestützten Erhebungsmethoden und der zwangsläufig flächenbezogen arbeitenden Erhebungsmethode mit LANDSAT-TM-Daten. Der Anteil an „deutlich geschädigten" Bäumen (Zustandsstufen 2 bis 4) an der Gesamtbaumzahl eines Bestandes ist eines der Kriterien, die dabei zu beachten sind; bei stärkeren Schäden, also nach dem Absterben bzw. der Entnahme zahlreicher geschädigter Bäume, ist die Bestandesverlichtung ein zweites Kriterium, das bei der Klassifikation berücksichtigt wird. Durch Genauigkeitsuntersuchungen konnte auf der Basis des „gemeinsamen Nenners" zwischen Luftbild- und Satellitenbildauswertung nachgewiesen werden, daß eine zufriedenstellende Übereinstimmung zwischen beiden um 80% erreicht wird. Bei Beständen mit stärkeren Abweichungen zwischen terrestrischer, Luftbilderhebung und Satellitendatenklassifikation konnte die Ursache für die auftretenden Unterschiede in den meisten Fällen im Rahmen der bestandesweisen Vergleiche geklärt werden. Beispielsweise wurden Althölzer im Satellitenbild systematisch als zu stark geschädigt klassifiziert; chlorosebedingte Nadelverfärbungen hingegen konnten wegen unzureichender Empfindlichkeit der TM-Sensoren auch bei so kräftiger Ausprägung, wie in Teilen der Abb. 3.3-6, überhaupt nicht identifiziert werden (Kenneweg et al. 1989). Aufgrund dieser Befunde in den Voruntersuchungen konnte das Inventurverfahren durch Einbeziehung weiterer Zusatzdaten und Korrekturrechnungen soweit verbessert werden, daß es für Reinbestände der Baumart Fichte (*Picea abies*) als praxisreif empfohlen werden kann (Kenneweg et al. 1996; Reuther u. Akgöz 1995). Im letzten Anpassungsschritt wurde ein großräumiges Praxisexperiment zur Waldschadenskartierung mit LANDSAT-TM-Daten in mehreren Ländern Ostmitteleuropas durchgeführt (UNEP 1995). Dabei wurde ein einheitliches, flächenbezogenes Schadstufensystem definiert, das Fichtenbestände vom Stangenholzalter bis zu Althölzern umfaßt und sieben Schadstufen (bzw. Zustandsstufen) aufweist, nämlich vier für geschlossene Bestände (Kronenschlußgrade von 100% bis 60%), die durch den Anteil an deutlich geschädigten Bäumen definiert werden, und weiterhin drei Klassen für sehr stark geschädigte Bestände, bei denen der Kronenschlußgrad selbst für die Klassendefinition verwandt wird.

Neben den sieben Zustandsstufen für die älteren Fichtenbestände (ab Stangenholzalter) sind noch zwei nicht nach Schäden klassifizierte Waldklassen darstellbar: zum einen geschlossene Nadelholzjungbestände (Kulturen bis Dickungen), zum anderen Laubholzbestände und nicht geschlossene Nadelholzkulturen. Der Bericht der UNEP (1995) enthält beispielhafte Waldschadenskarten aus Polen, Tschechien und Deutschland, die hier leider nicht wiedergegeben werden können. Die Darstellbarkeit im Maßstabsbereich 1 : 100 000 (äußerstenfalls 1 : 50 000) wird dadurch erreicht, daß die nach sieben Schadklassen („Zustandsstufen") aus Landsat-TM-Daten klassifizierten Nadelholzbestände farbig wiedergegeben werden; die weiteren beiden Waldklassen ohne erkennbare Schädigung (s. o.) werden in zwei Graustufen wiedergegeben. Zur Steigerung der Anschaulichkeit wird das auf diese Art gewonnene klassifizierte und georeferenzierte Satellitenbild mit einem Rasterdatensatz der entsprechenden topographischen Karte hinterlegt. Die beschriebene Waldschadenskarte setzt sich mosaikartig aus Flächenelementen von jeweils 900 m^2 Größe (Bildelemente = Pixel) zusammen, wenn sie aus Landsat-TM-Daten gewonnen wurde. Sofern ein Forst-GIS vorliegt, ist es kein Problem, die Pixel-Darstellung in bestandesweise einheitliche Durchschnittswerte umzurechnen. Für Forstpraktiker wäre es vielfach vorteilhafter, mit bestandesbezogenen statt mit pixelbezogenen Werten zu arbeiten. Satellitendaten noch höherer räumlicher Auflösung (z.B. der indische Satellit IRS-1C mit einer räumlichen Auflösung von 5,6 m, entsprechend ca. 32 m^2 Pixelgröße, im panchromatischen Kanal) sind inzwischen verfügbar geworden. Diese Sensoren in Verbindung mit weiterentwickelten Auswertungsmethoden erschließen noch weitergehende Möglichkeiten der automatisierten oder teilautomatischen Objekterkennung, die auch für Zwecke der Waldschadensinventur nutzbar gemacht werden kann.

3.3.4 Ausblick

Die vorangegangenen Teile dieses Kapitels versuchten, die bisher praktisch anwendbaren Inventurmethoden auf Fernerkundungsbasis darzustellen, soweit sie für die Erfassung von Schäden an Bäumen und Baumbeständen in Betracht kommen. Forschungs- und Entwicklungsaspekte, die noch nicht zu operationell verwendbaren Verfahren geführt haben, wurden außer acht gelassen. In den folgenden Abschnitten soll kurz auf die in den 1990er Jahren untersuchten Methoden eingegangen werden, die etwa im Laufe des kommenden Jahrzehnts Praxisreife erreichen könnten.

- Bei den flugzeuggetragenen Sensoren zeichnet sich ab, daß das älteste und bislang bedeutendste Fernerkundungssystem, das photographische Luftbild, allmählich technischen Neuentwicklungen weichen wird.

- Die Entwicklung digitaler photogrammetrischer Meßkammern ist so weit vorangeschritten, daß der bisherige Vorzug des analogen photographischen Bildes, die hohe Detailauflösung, auch durch digitale Raster-Aufzeichnungsmethoden nahezu erreicht wird. Dieser Vorteil wird umso stärker wirksam, als bereits jetzt zahlreiche photographische Luftbilder für Bearbeitungszwecke zu beträchtlichen Kosten im nachhinein digitalisiert werden. Bezogen auf die Erkennung und Abgrenzung von Schäden an Baumbeständen bedeutet das eine Schwergewichtsverlagerung von den heute noch aktuellen visuellen Methoden hin zu digitaler Auswertung.
- Auch die Entwicklung abbildender Spektrometer ist nahe der Praxisreife. Dreischichtige CIR-Filme oder bisherige Multispektralscanner mit wenigen Kanälen werden zunehmend durch vielkanalige (hyperspektrale) elektronische Aufnahmesysteme ersetzt werden, die es erlauben, praktisch für jeden Bildpunkt im Moment der Aufnahme eine digitale Spektralkurve zu messen. Auch diese Entwicklung fördert digitale Auswertungsmethoden, die jedoch wegen der gewaltigen Datenfülle anders aufgebaut sein müssen als die bislang meist praktizierten Standard-Klassifikationsmethoden wie „maximum likelihood". Im geologisch-petrographischen Forschungsbereich sind zahlreiche Grundlagenuntersuchungen und Praxistests bereits gelaufen, für Vegetation und natürlich auch geschädigte Vegetation sind solche Untersuchungen noch durchzuführen.
- Bei den satellitengetragenen Sensoren vollzieht sich gerade der Wechsel zu räumlich hochauflösenden Sensoren im optischen Bereich. Nachdem die bodenbezogene räumliche Auflösung den Schwellenwert von 5 m erreicht oder unterschritten hat, wird es möglich und sinnvoll, Aufgaben im Kartenmaßstab von 1 : 10000 mittels Satellitendaten zu bearbeiten. Objekte in der Größe von Einzelbäumen werden erkennbar. Auch hier erfordert die große Datendichte und der bislang „versteckte" Detailreichtum der Datenaufzeichnungen neue Auswertungsmethoden, die sich hier jedoch verstärkt auf Texturanalyse statt auf Spektralanalyse werden stützen müssen (Coenradie et al. 1999; Werner et al. 1999). Bisher sind die Satellitensensoren IRS-1C, SPOT-4 und IKONOS routinemäßig verfügbar, aber der Start einer Reihe weiterer Sensoren ist angekündigt. Speziell für die Auswertung von Wald- oder Baumschäden müßte es möglich sein, die bisher entwickelten Methoden in modifizierter Form weiter zu verwenden.
- Radarsensoren werden seitens der Institutionen, die technische Entwicklung betreiben, sehr stark für alle möglichen Anwendungs-

zwecke propagiert. Sie haben den Vorteil, daß sie wetterunabhängig eingesetzt werden können. Für Vegetationsschadenserfassung eignen sie sich jedoch weniger, allenfalls zur Kartierung großflächiger Bestandeszerstörung.

- Auf dem Gebiet der digitalen Bildverarbeitung ist die Leistungsfähigkeit der Gerätesysteme bis zu einem Maße gesteigert worden, das vor wenigen Jahren noch unvorstellbar war. Zahlreiche neue Algorithmen der Bildverarbeitung wurden entwickelt oder perfektioniert, teils bezogen auf spezielle Aufgabenstellungen, teils auf die Sensorentwicklung (siehe oben). Durch Korrelation zweier Stereo-Bilddatensätze ist beispielsweise eine automatischen Höhenermittlung möglich geworden (digitale Photogrammetrie). Das Zusammenfügen bzw. die Angleichung unterschiedlicher Datensätze ist wesentlich erleichtert. Der Versuch einer ausführlichen Erörterung würde den Rahmen dieses Kapitels sprengen. Es soll deshalb abschließend nur festgehalten werden, daß trotz aller Fortschritte, sowohl auf dem Sektor der Sensorentwicklung als auch auf dem der digitalen Bildverarbeitung, die visuelle Interpretation (auch von digitalen Datensätzen auf dem Bildschirm), also interaktives Arbeiten, eine erhebliche Bedeutung behalten hat. Das gilt in besonderem Maße für komplexe Fragestellungen, zu denen die Erhebung von Vegetationsschäden gehört.

3.3.5 Literatur

Albertz J (1991) Grundlagen der Interpretation von Luft- und Satellitenbildern. Darmstadt, 204 S

Aldrich RC, Bailey WF, Heller RC (1958) Large-scale 70 mm aerial color photography in forest insect damage appraisals. Phot Eng 25

Anonymos (1920) Flying studies of forests and insect damage. Can Forest Magazin 467–468

Arbeitsgruppe Forstliche Luftbildinterpreten (AFL) (1988) Auswertung von Color-Infrarotluftbildern. Praktische Anleitung zur Kronenzustandserfassung durch visuelle Interpretation von Einzelbäumen. Freiburg, 32 S

Bäckström H, Welander E (1948) En preliminär undersökning rörande möjligheterna att skilja olika trädslag på flygbilder. Svenkska Skogsvards Förb Tichskrift 180–200

Bäckstrom H, Welander E (1953) En undersökning av remissionsförmågan hos blad och barr av olika trädslag. Norrlands Skogsvardsförbunds Tidskrift, Stockholm, pp 141–169

Clark W (1946) Photography by Infrared, 2nd edn. New York

Caylor J, Thorley G, Colwell R (1968) The use of remote sensing techniques for the detection and evaluation of tree mortality in the Red Fir, Lodgepole, Giant forest area of Sequoia National Park. NASA-Report. US-National Park Service, Dept of Interior, Contract-No 14-10-4

Coenradie B, Hoffmann K, Kenneweg H, Sagischewski H (1999) Nutzung moderner Satellitendaten in der sächsischen Forstwirtschaft. Forst und Holz 54 (4):99–102

Commission of the European Communities (CEC) (1991) Anwendungen der Fernerkundung zur Beurteilung des Gesundheitszustandes der Wälder. Manual als Loseblatt-Sammlung

Corten FL (1966) Physik des Luftbildes in „richtigen“ und „falschen“ Farben. Bildmessung und Luftbildwesen 34. Jg, H 4:191–201

Ciesla WM, Bell JC, Curlin JW (1967) Color photos and the southern pine beetle. Phot Eng 33 (8):883–888

Fietz M (1992) Art- und schadensbedingtes Abbildungsverhalten von Berliner Straßenbäumen auf Colorinfrarot-Luftbildern. Berliner Geowiss. Abhandlungen, Reihe D, Bd 2, 215 S

Förster B (1989) Untersuchung der Verwendbarkeit von Satellitenbilddaten (Thematic Mapper) zur Kartierung von Waldschäden. Diss. TU Berlin, DFURR-Forschungsgebiet 89-06, 197 S

Gross CP (1993) Regionale Waldinventur zur Erfassung des Waldzustandes mit kleinmaßstäbigen Color-Infrarot-Luftbildern. Diss Freiburg

Haydn R, Slivensky, Wintges T (1985) Interpretation des Vitalitätszustandes von Bäumen aus digitalisierten Farbinfrarot-Luftbildaufnahmen. Das Gartenamt 34 (10):687–695

Heidingsfeld N (1993) Neue Konzepte zum Luftbildeinsatz für großräumig permanente Waldzustandserhebungen und zur bestandesbezogenen Kartierung flächenhafter Waldschäden. Diss Freiburg u Mitt a d Forstl Versuchsanst Rheinl-Pfalz, Nr 23/93

Heller RC, Aldrich RC, Bailey WF (1959) Evaluation of several camera systems for sampling forest insect damage at low altitude. Phot Eng 138–144

Hildebrandt G, Kenneweg (1968) Einige Anwendungsmöglichkeiten der Falschfarbenphotographie im forstlichen Luftbildwesen. Allg Forst- und Jagdzeitung 139. Jg, H 9:205–213

Hildebrandt G (1969) Bibliographie des Schriftums auf dem Gebiet der forstlichen Luftbildauswertung 1887–1968. Freiburg, 307 S

Hildebrandt G (1996) Fernerkundung und Luftbildmessung für Forstwirtschaft, Vegetationskartierung und Landschaftsökologie. Heidelberg, 676 S

Huss J (Hrsg) (1984) Luftbildmessung und Fernerkundung in der Forstwirtschaft. Karlsruhe, 406 S

Kadro A, Kenneweg (1973) „Das Baumsterben“ auf dem Farbinfrarotluftbild. Das Gartenamt 3:149–159

Kenneweg H (1973) Die Verwendung von Farb- und Infrarot-Farbluftbildern für Zwecke der forstlichen Photo-Interpretation unter besonderer Berücksichtigung der Erkennung und Abgrenzung von Kronenschäden in Fichtenbeständen. Diss Freiburg 253 S

Kenneweg H (1979) Luftbildauswertung von Stadtbaumbeständen - Möglichkeiten und Grenzen. Mitt Dtsch Dendrol Ges 71:159–192

Kenneweg H (1980) Luftbildinterpretation und die Bestimmung von Belastung und Schäden in vitalitätsgeminderten Wald- und Baumbeständen. Schr d Forstl Fak d Univ Göttingen u d Nieders Forstl Versuchsanst 62, 223 S

Kenneweg H (1985) Erfassung von Waldschäden. Berichte des Forschungszentrums Waldökosysteme/Waldsterben der Universität Göttingen, Bd 11:38–63

Kenneweg H (1992) Waldschadenserhebung: vom Waldsterben zum Waldzustand. Grünstift (Berlin) 1:10–12

Kenneweg H, Förster B, Runkel M (1989) Diagnose und Erfassung von Waldschäden auf der Basis von Spektralsignaturen. In: Landauer G, Voss H (Hrsg) Untersuchung und Kartierung von Waldschäden mit Methoden der Fernerkundung. DLR-Oberpfaffenhofen, S 142–161

Kenneweg H, Förster B, Runkel M (1989) Diagnose und Erfassung von Waldschäden auf der Basis von Spektralsignaturen. In: Landauer G, Voss H (Hrsg) Untersuchung und Kartierung von Waldschäden mit Methoden der Fernerkundung. DLR-Oberpfaffenhofen, S 142–161

Kenneweg H, Förster B, Runkel M, Winter R (1989) Satellitenbilder zur Waldschadenserfassung – wo liegen die Probleme? Allg Fort- und Jagdzeitung 160. Jg, 4:73–76

Kenneweg H, Förster B, Runkel M (1991) Diagnose und Erfassung von Waldschäden auf der Basis von Spektralsignaturen. Abschlußbericht, Teil B, Berlin, 105 S

Kenneweg H, Schardt M, Sagischewski H (1996) Beobachtungen von Waldschäden im Gesamtharz mit Methoden der Fernerkundung. Berlin, 229 S

Kenneweg H, Schardt M, Sagischewski H (1996) Beobachtungen von Waldschäden im Gesamtharz mit Methoden der Fernerkundung. Berlin, 229 S

Kharin GN, Bogojavlenskaja RA, Koslovskij RA (1965) Fitopatologija, spektrofotometrija i aerominki. Naùc DOKl Vyss-Skoly 3:111–117

Kuntz S (1997) Satellitenfernerkundung zur Beobachtung der Waldzerstörung – drei Fallstudien. Habilitationsschrift, Freiburg, 238 S

Landauer G, Voss H (Hrsg) (1989) Untersuchung und Kartierung von Waldschäden mit Methoden der Fernerkundung. DLR-Oberpfaffenhofen, 244 S

Lillesand T, Kiefer R (1994) Remote sensing and image interpretation, 3rd edn. New York, 750pp

Murtha PA (1973) A guide to air photo interpretation of forest damage in Canada. Canadian Forestry Service Publication no 1292, Ottawa, 63pp

Murtha PA (1974) Detection of SO_2 fume damage to forests on ERTS-1 imagery. Can Surv 28(2):167–174

Reuther M, Akgöz E (1995) Forest condition assessment in the Fichtelgebirge and Erzgebirge using remote sensing and GIS technology. Prod. EARSEL workshop „Pollution monitoring and geographic information systems". Brandys, 15–18th May 1995, pp 137–144

Roloff A (1985) Schadstufen bei der Buche. Vorschlag für eine bundeseinheitliche Einordnung der Buche in vier Schadstufen bei terrestrischen Aufnahmen. Forst- und Holzwirt 40:131–133

Runkel M (1990) Möglichkeiten der Datengewinnung über die Waldstruktur eines Bundeslandes aufgrund von Luftbildstichproben im Zusammenhang mit der Waldschadenserfassung. Diss TU Berlin, 196 S

Runkel M, Kenneweg H (1986) Waldschadens- und Waldstrukturanalyse Schleswig-Holstein. Schriftenreihe des Fachbereichs Landschaftsentwicklung der TU Berlin. Landschaftsentwicklung und Umweltforschung, Bd 36, 125 S

Schwidewski K, Ackermann F (1976) :Photogrammetrie – Grundlagen, Verfahren, Anwendungen. Stuttgart, 384 S

Stellingwerf DA.(1968) The usefulness of Kodak Ektachrome Infrared Aero-Film for forestry purposes. XI Int Kongr f Photogrammetrie, Lausanne, 1968 presented paper

Stock R (1990) Die Verbreitung von Waldschäden in Fichtenforsten des Westharzes - eine geographische Analyse. Göttingen, 102 S

UNEP (1995) Forest damage in Central European mountains - final report of a large area operational experiment for forest damage monitoring in Europe using satellite remote sensing. Geneva, 97pp + annexes and 3 maps

United Nations Environment Programme (UNEP) (1995) Forest damage in Central European mountains. Final report of a large area operational experiment for forest damage monitoring in Europe using satellite remote sensing. Genève, 97pp + annexes and 3 maps

Verein Deutscher Ingenieure (VDI) (1990) VDI-Richtlinie 3793, Blatt 1: Messen von Vegetationsschäden am natürlichen Standort. Verfahren der Luftbildaufnahme mit Color-Infrarotfilm. Berlin, 24 S

Verein Deutscher Ingenieure (VDI) (1993) VDI-Richtlinie 3793, Blatt 2: Messen von Vegetationsschäden am natürlichen Standort. Interpretationsschlüssel für die Auswertung von CIR-Luftbildern zur Kronenzustandserfassung von Nadel- und Laubgehölzen Fichte, Buche, Eiche und Kiefer. Berlin, 57 S

Wear JF, Buckhorn WJ (1955) Organisation and conduct of forest insect aerial surveys in Oregon and Washington. NASA-Report. US-Forest Service Pacific Northwest Forest & Range Exp Station

Werner C, Lehnert S, Schönfeld R (1999) Auswertung von IRS-1C-Satellitendaten für die Beschreibung der Landschaft und ihren Veränderungen. Photogrammetrie, Fernerkundung, Geoinformation (PFG), 3, 14 S (im Druck)

Wieczorek J (1990) Erfassung von Sturmwurfschäden im östlichen lHunsrück mit Hilfe von LANDSAT-TM-Daten. DLR-Forschungsbericht 90-31, 145 S

Wolff G (1967) Kronenschäden im StFB Marienberg und ihre Diagnose im Falschfarbenluftbild. Die sozialistische Forstwirtschaft, Berlin, Jg 17, 5:148-151

3.4 Maßnahmen in der Forstwirtschaft zur Verminderung von Immissionswirkungen

B. v. Lüpke

3.4.1 Einführung und ältere Erfahrungen mit Immissionsschäden

Forstliche Güter (Holz und andere Leistungen wie Schutz- und Erholungswirkungen) erwachsen in sehr langen Produktionszeiträumen (i.d.R. 80 bis 200 Jahre) und in offenen Ökosystemen, die Einflüssen von außen weitgehend frei zugänglich sind. Beide Kennzeichen der Forstwirtschaft begründen ihre Empfindlichkeit gegenüber Immissionen und die Unmöglichkeit ihres Schutzes vor in der Atmosphäre enthaltenen Stoffen. Forstliche Maßnahmen zur Minderung von Immissionseinwirkungen sind daher nur sehr begrenzt wirksam und erstrecken sich neben Bodenrestaurierungs- und -schutzmaßnahmen im wesentlichen auf eine Verbesserung der Anpassung und Anpassungsfähigkeit von Wäldern an die Umweltbedingungen. Die forstliche Grundüberzeugung, daß die spezifischen Risiken der extrem langen Produktionszeiträume am besten durch eine möglichst naturnahe Gestaltung der Wälder minimiert werden, gilt sicherlich auch angesichts der durch Immissionen bewirkten raschen Veränderungsprozesse grundsätzlich weiter. Nur ist es heute weniger zielführend als früher, den Wald nach dem Vorbild der Waldstruktur vergangener Zeiten aufzubauen. Statt dessen kommt es darauf an, natürliche Walderhaltungsstrategien für forstliche Ziele einzusetzen.

Die Forstwirtschaft hat mit Immissionsschäden schon sehr lange Erfahrungen. In den meisten Fällen handelte es sich dabei um Einwirkungen durch SO_2 und HF im Nahbereich von industriellen Verbrennungsstätten, die Waldvernichtungen und völlig vegetationsfreie Blößen („Rauchblößen") hervorrufen konnten. Für den Waldbau unter diesen Bedingungen stellen Wentzel (1963) und Schwerdtfeger (1981) einige Behandlungsregeln zusammen, die im folgenden kurz dargestellt werden:

- Die Baumarten sind unterschiedlich empfindlich (s. Bd. 2A, Kap. 3.4.3.1). Fichte (*Picea excelsa* L. [Karst.]) und Kiefer (*Pinus sylvestris* L.) leiden wesentlich stärker unter Rauchschäden als die Laubbaumarten. In Rauchschadensgebieten ist deshalb der Umbau von Nadelwäldern in Laubwälder das beste Mittel zur Schadensminderung. Voraussetzung ist dabei, daß die Ansprüche der Baumarten an Boden und Klima erfüllt werden, da unter nicht zusagenden Standortsbedingungen auch rauchtolerante Baumarten empfindlich werden können. Innerhalb der Gruppe der Nadelbäume ist die Schwarzkiefer (*Pinus nigra* Arnold) weniger empfindlich als Fichte und Weißtanne (*Abies alba* Mill.), die Europäische Lärche (*Larix decidua* Mill.) und die Hybridlärche (Bastarde von Europäischer und Japanischer Lärche *L. leptolepis* [Sieb. et Z.] Gord.) nehmen eine mittlere Stellung ein.
- Eine gute Nährstoff- und Wasserversorgung erhöht die Resistenz der Wälder. Unter optimalen Bedingungen wachsende Bäume können schädigende Einwirkungen besser überwinden. Waldbaulich können die Wachstumsbedingungen bei Bedarf durch eine standortangepaßte Düngung und Bodenbearbeitung verbessert werden.
- Da Baumkronen Luftschadstoffe ausfiltern, nimmt deren Konzentration und Schädlichkeit mit zunehmender Durchströmungsstrecke ab. Es ist daher möglich, durch Schutzstreifen aus rauchfesteren Arten in Lee dahinterliegende empfindliche Arten zu schützen. Die Anlage solcher Rauchriegel wurde auch mehrfach vorgeschlagen und in einigen Fällen realisiert (z.B. in der Gegend von Trutnov in

den tschechischen Sudeten, Tesar 1994). Der Erfolg hängt von mehreren Voraussetzungen ab. Einmal müssen die Immissionen seitlich aus einer deutlich vorherrschenden Richtung herantransportiert werden. Dies ist nur bei isoliert gelegenen, punktförmigen Quellen zu erwarten. Bei flächig verbreiteten Immissionsquellen (wie z.B. früher im Ruhrgebiet) und von oben sich auf die Bestände ablagernden Schadstoffen versagen solche Schutzstreifen. Weiter müssen die Streifen mindestens so hoch wie der dahinterliegende, zu schützende Bestand sein und eine ausreichende Breite (mindestens 30, besser 100 m) und eine möglichst hohe Bestandesdichte aufweisen, um die notwendige Filterleistung zu gewährleisten.

- Um ein Eindringen der mit Immissionen beladenen Luft in die Bestände zu erschweren, sollen diese möglichst dicht gehalten werden. Durchforstungen beschränken sich auf die Nutzung bereits abgestorbener Bäume. Jeder lebende Baum ist zu erhalten. Es kann zweckmäßig sein, abgestorbene Bestandesränder zu belassen und auf eine Nutzung zu verzichten.
- Verjüngungen sollten möglichst unter Schirm erfolgen, da die Altbäume den Jungwuchs vor Schadstoffen und Frost schützen können. Der letzte Punkt ist besonders wichtig, da die Immissionsbelastung die Frostempfindlichkeit heraufsetzt (s. Bd. 2A, Kap. 3.4.3.1).

Im Gegensatz zu den früher vorherrschenden Bedingungen im Nahbereich von Emittenten haben wir es heute in Mitteleuropa großflächig mit geänderten, vielfältiger zusammengesetzten Immissionen in niedrigeren Konzentrationen zu tun, die unterschiedlichste Wirkungen hervorrufen können (s. Bd. 2A, Kap. 1). Die geschilderten alten Erfahrungen sind deshalb nur begrenzt brauchbar. Es kommen andere waldbauliche Konzepte hinzu, die den Schwerpunkt der folgenden Darstellung einnehmen werden. Dabei werden die forstlichen Reaktionen in Deutschland, Tschechien, Österreich und Schweiz im Mittelpunkt stehen, da dort die entschiedensten Konsequenzen aus der derzeitigen Luftschadstoffbelastung gezogen werden.

3.4.2 Baumartenwahl

Das heutige Immissionsgemisch zwingt dazu, die Baumarten nicht allein nach ihrer Toleranz einem einzigen Merkmal gegenüber auszuwählen, da dies verbunden sein kann mit einer höheren Empfindlichkeit gegen einen anderen, ebenfalls in den Immissionen enthaltenen Stoff. z.B. ist die höhere Empfindlichkeit der Nadelbäume gegen SO_2

offenbar gepaart mit einer größeren Toleranz gegen Ozon (Guderian u. Wienhaus 1997). Ein weiteres Problem stellt die prognostizierte Klimaänderung dar (s. Bd. 1B, Kap. 4.2), für die bislang für Mitteleuropa einigermaßen sicher nur eine leichte Erhöhung der Jahresmitteltemperatur um 1° C vorhergesagt wird, während die Prognose der Niederschläge mit zu großen Unsicherheiten belastet ist (IPCC 1996, Basis: Verdoppelung des heutigen CO_2-Gehaltes). Eine Anpassung der Wälder an eine zukünftige Klimakonstellation ist deshalb zur Zeit nicht möglich. Dasselbe trifft zu für den Anstieg des CO_2-Gehaltes der Luft als der bislang am sichersten nachgewiesenen Umweltänderung, da wir über die Reaktion der Baumarten auf diesen Wachstumsfaktor noch zu wenig wissen (s. Bd. 2A, Kap. 4.2).

Unter diesen Unsicherheiten kann eine Risikominimierung nur dadurch erwartet werden, daß Baumarten (oder Provenienzen, d.h. Populationen von Baumarten) mit einer hohen allgemeinen Streßtoleranz ausgewählt werden. Dieser Gesichtspunkt ist in der Forstwirtschaft nicht neu (Röhrig u. Gussone 1990), er hat jetzt aber ein noch stärkeres Gewicht bekommen. Aus den älteren Erfahrungen in Rauchschadensgebieten wird abgeleitet, daß Baumarten, deren autökologische Ansprüche durch die Standorteigenschaften optimal erfüllt werden, gegen Streß widerstandsfähiger sind (Wentzel 1964). Auch nach einer globalen Auswertung der neueren Waldschadensliteratur wird dieser Gesichtspunkt – vor allem im Hinblick auf den Wasserhaushalt – durch Innes (1993) betont. Im Hinblick auf die befürchtete Klimaänderung wird vermutet (u.a. Thomasius 1997), daß Arten im ökologischen Grenzbereich bei Umweltänderungen stärker gefährdet sind als solche im Optimalbereich. Thomasius schlägt deshalb vor, Arten mit einer weiteren Standortamplitude (dazu rechnen die ziemlich klima- und bodenvagen Pionierbaumarten wie z.B. Birke *Betula pendula* Roth oder Kiefer) stärker in die waldbaulichen Planungen miteinzubeziehen. Das Schwergewicht der Forstwirtschaft wird aber weiter auf den Hauptwirtschaftsbaumarten Fichte, Buche und Eiche liegen, die eine engere Standortamplitude aufweisen und deshalb konsequenter als bisher nur noch in ihrem standörtlichen Optimalbereich angebaut werden sollten.

Dabei wirft der Fichtenanbau besondere Probleme auf. Die Fichte ist die wirtschaftlich bedeutendste Baumart in Mitteleuropa, zugleich aber auch die Baumart mit den größten Risiken durch Trockenheit, Sturm, Schnee und Insekten (s. Zusammenfassung von Schmidt-Vogt 1991) und den größten Belastungen für die Bodenfruchtbarkeit (Rehfuess 1990). Ihr weiterer Anbau ist deshalb angesichts der neuen Gefahren durch Immissionen, CO_2-Anstieg und Klimaänderung am meisten kritischen Fragen ausgesetzt. Schmidt-Vogt hat sich in seiner Fichten-

Monographie (1991) ausgesprochen gründlich mit allen Aspekten der Fichtenwirtschaft auseinandergestzt. Er gelangt zu dem Schluß, daß die Fichte auch in Zukunft eine wichtige Rolle spielen wird, wenn ihr günstige Standorte zugewiesen werden und ihre Bestandesdichten frühzeitig und stark herabgesetzt werden. Entscheidend für die Standortwahl ist es, daß der Wasserbedarf der Fichte sichergestellt ist und die Böden tiefgründig durchwurzelt werden können, wozu eine gute Bodenbelüftung und eine ausreichende Basensättigung notwendige Voraussetzungen bilden (Puhe 1994).

Die Verwendung autochthoner Arten oder Populationen kann bei den bereits eingetretenen oder noch zu erwartenden Umweltänderungen nicht mehr wie früher für optimale Standortangepaßtheit und Risikominderung garantieren. Nichtautochthone Arten (Populationen) oder Neophyten können durchaus eine bessere Streßtoleranz aufweisen. Beispiele hierfür sind Weißtannenpopulationen aus Kalabrien, die in Anbauversuchen in Dänemark vitaler waren als mitteleuropäische Herkünfte (Larsen 1981, nach Svolba 1997 allerdings in Deutschland nicht in demselben Maße), oder Douglasienanbauten in Mitteleuropa (*Pseudotsuga menziesii* [Mirb.] Franco), die eine große Standortamplitude und Toleranz gegen Trockenstreß aufweisen (Röhrig u. Bartsch 1992; Otto 1993b).

3.4.3
Waldökosysteme hoher Diversität

Ein weiteres Mittel zur unspezifischen Streßtoleranzerhöhung stellt der Aufbau von Waldökosystemen hoher Diversität dar. Die Mitglieder (Populationen oder Individuen) solcher Ökosysteme reagieren auf Streßfaktoren unterschiedlich. Durch einen bestimmten Streß wird nur ein Teil der Mitglieder betroffen. Das Risiko starker Schäden ist verteilt, und es kann für das Ökosystem als Ganzes eine Risikominderung erwartet werden. Die evolutionäre Anpassungsfähigkeit von Populationen und Ökosystemen an Umweltänderungen ist erhöht.

Bedingt durch die geschichtliche Entwicklung mit den großen Aufforstungen devastierter Waldflächen im vorigen Jahrhundert besitzt die mitteleuropäische Forstwirtschaft viele Erfahrungen mit den Risiken von großflächigen, homogenen Reinbeständen, insbesondere der Fichte. Sie haben dazu geführt, daß jetzt alle großen Landesforstverwaltungen in ihren aktuellen Waldbauplanungen fast ausschließlich Mischbestände für die Walderneuerung vorsehen. Für den in besonderem Maße von Immissionsschäden betroffenen niedersächsischen Harz hat Otto (1986) diese Entscheidung ausführlich begründet.

Hier, wie in vielen anderen Waldgebieten Mitteleuropas, steht die Umwandlung von Nadelbaumreinbeständen in Mischbestände mit Laubbäumen, vor allem der Buche, zur Zeit stark im Vordergrund. Die Umwandlungsaktivitäten wurden durch die auf Immissionen zurückgeführten Schäden in den Fichtenkronen ausgelöst. Von Mischbeständen wird wegen der geringeren Filterwirkung und Depositionsrate der beigemischten Laubbäume (zusammenfassend dargestellt von Röhrig u. Bartsch 1992; Beese 1997) und ihrer geringeren Empfindlichkeit gegen SO_2 eine höhere Toleranz gegen Immissionen erwartet. Weitere Vorteile betreffen eine allgemeine Vitalitätssteigerung: Die veränderte Streuzusammensetzung und die geringere Säuredeposition in den Laubbaumkronen verbessert die Zersetzung (Brown 1992; Lücke u. Schmidt 1997; Mettin 1985) und beschleunigt dadurch den Nährstoffkreislauf. Die allgemein deutlich tiefer als die Fichte wurzelnden Laubbäume erschließen Nährstoffvorräte im Unterboden und erhöhen die Humusmenge im Mineralboden (Block et al. 1997). Rothe (1997) weist aber darauf hin, daß diese vorteilhaften Wirkungen in seinen Untersuchungen im Höglwald erst bei Buchenmischungsanteilen von über 40% zu beobachten waren. Die von vielen Praktikern erwartete höhere Sturmstabilität der Fichten in Buchenmischbeständen konnte in den Sturmschadensanalysen nach den Orkanen 1990 nicht nachgewiesen werden (zusammenfassende Auswertung durch von Lüpke u. Spellmann 1997). Bei einem Sturm werden aber in Mischbeständen die sturmstabileren Baumarten mit höherer Wahrscheinlichkeit überleben, so daß nur kleinflächige Schäden eintreten und die Regeneration des Bestandes erleichtert ist. Diese höhere Resilienz tritt auch bei Insektenschäden ein, die oft selektiv nur eine Baumart betreffen (s. Bd. 2A, Kap. 4.1.3). Sie kann aus demselben Grund auch zur Minderung von Schäden beitragen, die sich aus der prognostizierten Klimaänderung ergeben können.

Genau wie sich Baumarten in ihrer Toleranz gegenüber diversen Streßfaktoren unterschiedlich verhalten, so reagieren auch innerhalb einer Art die verschiedenen Altersstadien unterschiedlich, z. B. sind stärkere Kronenverlichtungsgrade für Altbestände typisch, oder die höhere Schneebruchanfälligkeit der Nadelbäume für Jungbestände. Die kleinflächige Mischung verschiedener Altersstadien führt deshalb auch in einem Reinbestand zu einem Gewinn an Stabilität in Form höherer Resilienz. Hohe Belastungen eines selektiv wirkenden Streßfaktors führen nur zum Ausfall kleinerer Flächen, deren Regeneration von den verbliebenen Bestandesteilen leichter als bei einer großflächigen Zerstörung erfolgen kann. Strukturreiche Waldaufbauformen werden deshalb von der Forstpraxis zunehmend als Mittel zur allgemeinen Stabilitätserhöhung angestrebt (Otto 1993a).

Auf der Ebene der Baumartenpopulation besitzt die genetische Diversität eine entscheidende Bedeutung für die Anpassungsfähigkeit an sich ändernde Umweltbedingungen. Bei den langlebigen Bäumen ist dieses Merkmal im Vergleich mit anderen Organismengruppen besonders stark ausgeprägt (Müller-Starck 1993; Degen 1997; s. Bd. 2A, Kap. 4.1.1). In Zeiten neuer und schnell sich ändernder Umweltbelastungen muß es deshalb ein Ziel des Waldbaus sein, diese genetische Variation möglichst vollständig zu erhalten (Larsen 1996). Neben der Konservierung in situ oder ex situ in Generhaltungsprogrammen gibt Degen (1997) nach der Auswertung der Waldschadensberichte eine Reihe von Empfehlungen für den praktischen Waldbau. So sollte Naturverjüngung soweit möglich der Kunstverjüngung vorgezogen werden. Dabei ist eine möglichst umfangreiche Größe der reproduktionseffektiven Population sicherzustellen, was bei Mischbeständen mit einzelnen, reproduktiv isolierten Mischungsteilen oder bei stark aufgelichteten Schirmstellungen von praktischer Bedeutung sein kann. Da bei vergleichbarer genetischer Variation individuenreiche Populationen ein größeres Anpassungspotential bieten, sind bei Kunstverjüngungen Saaten günstiger einzustufen als Pflanzungen, bei Pflanzungen wiederum diejenigen mit engeren Verbänden.

Züchterisch auf ein Merkmal wie Volumenzuwachs oder Toleranz gegen SO_2 selektierte Populationen haben eine geringere genetische Diversität, die sich in einer verminderten Anpassungsfähigkeit bei Umweltänderungen äußern kann. Nach anfänglichen Versuchen wird deshalb diesem Weg zur Minderung von Immissionsschäden keine Zukunft mehr eingeräumt. Stattdessen schlagen Karnosky u. Scholz (1996) für die Forstpflanzenzüchtung zwei andere Ziele von erheblicher Bedeutung vor: einmal die Erhöhung der genetischen Diversität auf Populationsebene, und zum anderen die Selektion von Individuen mit überdurchschnittlich hoher allgemeiner Streßtoleranz. Bislang liegen dazu aber noch keine praxisrelevanten Ergebnisse vor.

3.4.4 Minimierung nutzungsbedingter Belastungen

Jede Nutzung entzieht dem Ökosystem Nährstoffe, was bei Böden, die entweder von Natur aus oder durch Säureeinträge in den letzten 150 Jahren stark an austauschbaren basischen Kationen verarmt sind (Ulrich 1995), zu nicht mehr tragbaren Belastungen führen kann. Nach den vorläufigen Ergebnissen der Bodenzustandserhebung von 1989 bis 1992 weisen 56% der Waldböden bis in 60 cm Tiefe an den Austauschern eine Basensättigung von unter 10% auf (Beese 1997). Unter solchen

Bedingungen muß sich die Nutzung auf das Derbholz (Holz ab 7 cm Durchmesser) beschränken. Eine Ganzbaumnutzung ist nicht zu empfehlen, da sie wegen der deutlich höheren Nährstoffgehalte in Rinde, Nadeln/Blätter, Feinreisig und Ästen (zusammengestellt bei Röhrig u. Bartsch 1992) in solchen Fällen zu unvertretbar hohen Nährstoffentzügen führt. Die Schlagreste (Äste, Feinreisig, Rinde, unverwertbares Derbholz) sollten im Walde verbleiben und wegen der Gefahr der Nährstoffverluste bei der Räumung von Verjüngungsflächen nicht verbrannt werden. Auch die Länge der Umtriebszeit hat einen Einfluß: Lange Umtriebszeiten führen zu selteneren Nutzungen mit stärkerem Holz, das im Vergleich weniger Nährstoffe enthält. Die Entzüge sind deshalb geringer als bei kürzeren Umtriebszeiten.

Die Nutzung eines Baumes unterbricht am Wuchsort die Nährstoffaufnahme, wenn der Bodenraum nicht auch von Wurzeln benachbarter Bäume besetzt ist. Bei Nutzungen einzelner Bäume eines Bestandes (z.B. bei Durchforstungen) ist dies wohl regelmäßig der Fall. Wenn die Nutzung aber mehrere benachbarte Bäume entnimmt (etwa ab Lochhieben von 10 bis 15 m Durchmesser), ist damit nicht mehr zu rechnen. Da die Streuzersetzung und Nährstoffmineralisation weiterlaufen, z. T. auch durch die veränderten mikroklimatischen Bedingungen beschleunigt, ist mit Nährstoffverlusten durch den Sickerwasseraustrag zu rechnen.

Bauhus u. Bartsch (1995, 1996) und Bauhus et al. (1998) führten entsprechende Messungen in einem stark versauerten, nährstoffarmen Boden im Solling durch. In den ersten drei Jahren nach dem Hieb von Löchern von 30 m Durchmesser in einem Buchenaltbestand traten im Sickerwasser unterhalb der Wurzelzone (in 80 cm Tiefe) Konzentrationen an NO_3-N von 10 bis 18 mg L^{-1} auf, während unter dem geschlossenen Buchenaltbestand keine Nitrat-Austräge festgestellt wurden. Unter den Lochhieben übertrafen die Nitratkonzentrationen des Sickerwassers regelmäßig den Trinkwassergrenzwert von 11,3 mg NO_3-N L^{-1}. Für das zweite Jahr gelangte eine Abschätzung der gesamten NO_3-N-Verluste auf 92 kg ha^{-1}. Diese Verluste konnten allein mit der fehlenden Nährstoff- und Wasseraufnahme durch die Altbuchen erklärt werden, da die Mineralisationsrate auf den Lochhiebsflächen nicht anstieg. Interessant ist die Beobachtung, daß auf Lochhieben mit einer oberflächlichen Kalkung (3 t ha^{-1} feingemahlener Dolomit) die NO_3-N-Konzentrationen im Sickerwasser unterhalb der Wurzelzone mit maximal 7 mg L^{-1} und der für das zweite Jahr geschätzte Gesamtverlust mit 34 kg NO_3-N ha^{-1} deutlich unter den Werten der nicht gekalkten Lochhiebe lagen. Dieser Effekt konnte eindeutig auf die Nitrat-Aufnahme durch die Bodenvegetation zurückgeführt werden. Während sich ohne Kalkung auf den

Lochhieben fast gar keine Vegetation entwickelte, trat auf den gekalkten Lochhieben eine üppige, von *Epilobium angustifolium* dominierte Vegetation auf. Dies ist ein wichtiger Hinweis auf die Funktion, die der Bodenvegetation nach Hiebsmaßnahmen für die Erhaltung des Nährstoffkreislaufs zukommen kann.

Dies kommt auch deutlich in Untersuchungen im Nordosten der USA auf Großkahlschlägen zum Ausdruck (zusammengefaßt bei von Lüpke 1992; Röhrig u. Gussone 1990). Wenn Kahlschläge nicht überhaupt zu vermeiden sind, dann ist jedenfalls eine flächige Bekämpfung der Bodenvegetation mit Herbiziden in den meisten Fällen nicht zu empfehlen. Die Konkurrenzsituation für die jungen Forstpflanzen muß mit anderen Methoden verbessert werden (z. B. durch die Verwendung von größeren Pflanzen).

In den geschilderten Untersuchungen im Solling stellte sich auch heraus, daß als Folge der Lochhiebe und des damit erhöhten Bodenwasser- und Nitratgehaltes die Denitrifikation deutlich zunahm und zu N-Verlusten von 3 bis 6 kg N ha^{-1} in Form von Lachgas (N_2O) führte (Bauhus et al. 1998). Lachgas ist ein klimarelevantes Spurengas mit ansteigenden Gehalten in der Atmosphäre. Deshalb sollte eine durch Waldnutzungen hervorgerufene Freisetzung möglichst begrenzt werden, was aber bei weiter anhaltenden hohen Stickstoffeinträgen zunehmend schwieriger werden dürfte.

In Deutschland verzichten inzwischen fast alle Landesforstverwaltungen auf Kahlschläge. Maßgeblich waren dafür nicht nur die bislang erwähnten Gründe, sondern auch ökonomische und naturschützerische. Nutzungen erfolgen in der Regel kleinflächig und erst dann, wenn eine Verjüngung unter dem Schirm des Altbestandes etabliert ist. Nährstoffverluste und Gefahren für die Trinkwasserqualität werden auf diese Weise minimiert. Problematisch ist bei dieser kahlschlagfreien Waldnutzung die Nachzucht von wenig schattentoleranten Arten wie z. B. den Eichen (*Quercus robur* L., *Q. petraea* [Matt.] Liebl.), der Kiefer und der Europäischen Lärche (von Lüpke 1992). Es gibt zwar nach flächigen Sturmschäden immer wieder große Freiflächen für den Anbau dieser Arten, aber es ist selbstverständlich das Ziel aller Waldbesitzer, solche Schäden zu vermeiden. Sturmschäden stellen wie Kahlschläge Belastungen für den Nährstoffhaushalt und zusätzlichen Streß für Waldökosysteme dar. Der Aufbau sturmstabiler Wälder ist deshalb ein wichtiges Mittel zur allgemeinen Streßminderung.

Die Eignung des Bodens als Wurzelraum wird auch durch das Befahren mit Forstmaschinen gefährdet (zusammenfassende Darstellung bei Schack-Kirchner 1996). Die Lagerungsdichte wird erhöht, das Porenvolumen vermindert und der Transport von Bodenlösungen und Bodenluft behindert. Dies stellt einen zusätzlichen Streßfaktor dar und kann sich besonders in Extremsituationen wie Trockenheit oder Nährstoffmangel ungünstig für Produktion, Überleben und Verjüngung der Wälder auswirken. Diese Effekte können durch eine Konzentration sämtlicher Fahrbewegungen auf Rückelinien vermindert werden.

3.4.5 Vitalitätssteigerung durch waldbauliche Maßnahmen

Kalkung und Düngung

Die immissionsbedingten Säureeinträge übertreffen auf vielen Böden in Mitteleuropa die Pufferkapazität der Böden und führen verbreitet zu Verarmungen an austauschbar gebundenen Nährstoffen (Beese u. Meiwes 1995; Hildebrand 1996; Ulrich 1995). Beese (1997) gibt an, daß auf 85% der nicht landwirtschaftlich genutzten Böden in Deutschland dieser Zustand erreicht ist, auf 50% der Böden übertreffen die Säureeinträge die bodeninterne Pufferungsrate sogar um mehr als 3 kmol H^+ ha^{-1} a^{-1}. Verschärft wird diese Situation durch bereits in der Vergangenheit eingetretene Versauerungen und Nährstoffverluste aufgrund von Übernutzungen und durch die derzeitigen N-Einträge, die Nährstoffausträge mit dem Sickerwasser verstärken und durch das angeregte Wachstum den Bedarf der Bäume bei den übrigen Nährelementen erhöhen. Eine grundlegende Verbesserung dieser Situation ist nur durch eine entscheidende Reduzierung der Immissionen zu erreichen. Bis zum Erfolg dieser Bemühungen werden Überbrückungsmaßnahmen in Deutschland für notwendig gehalten. Dazu gehören vor allem die Schutz- oder Kompensationskalkung (Ulrich u. Puhe 1994; Beese u. Meiwes 1995; Hildebrand 1996). Von 1984 bis 1995 wurden – gefördert durch öffentliche Zuschüsse – 2,1 Mio. ha, entsprechend 20% der gesamten Waldfläche, mit einer solchen Schutzkalkung versorgt.

Das Ziel der Schutzkalkung ist es, die weitere immissionsbedingte chemische Degradation der Waldböden zu stoppen. Eine nennenswerte Verbesserung der Bodenverhältnisse ist zunächst nicht angestrebt, kann sich aber nach den bisher vorliegenden Erfahrungen nach wiederholter Anwendung einstellen (Beese u. Meiwes 1995; Hildebrand 1996). Es werden – gemessen am gesamten Säurevorrat des Bodens – geringe Kalkmengen von 3 bis 4 t ha^{-1}, meist in der Form feingemahlener Karbonate oder Industriekalke, in der Regel mit einer Beigabe von mindestens 15% $MgCO_3$, auf die Waldbodenoberfläche ausgebracht. Diese Dosierung stellt einen Kompromiß dar zwischen dem Ziel, die neu eingetragenen

Säuremengen für mehrere Jahre abzupuffern, und den zu erwartenden unerwünschten Wirkungen wie Humus- und Nitratverlusten. Nach Erschöpfung der Pufferwirkung, die je nach den Eintrags- und bodeninternen Säurepufferungsbedingungen in vielen Fällen bei dieser Dosierung nach 12 bis 25 Jahren eintreten kann, ist eine Wiederholung notwendig. Zeitpunkt und Dosierung dieser Wiederholungskalkung werden stärker von den jeweiligen Standortsbedingungen bestimmt, während die ersten Schutzkalkungen aus Gründen der Praktikabilität relativ einheitlich ohne größere Standortdifferenzierungen vorgenommen wurden. Bei der Entscheidung über die Notwendigkeit einer Kalkung haben sich nach Vorschlägen von Ulrich et al. (1984) und Rehfuess (1990) folgende Kriterien in der Praxis durchgesetzt:

- niedrige pH-Werte (im Auflagehumus unter 3,0, im Mineralboden unter 4,2),
- Bassensättigung am Austauscher von unter 15% (nach Ulrich u. Puhe 1994 unter 30%, vorrangig unter 5%),
- hoher Versauerungsgrad der Bodenlösung, ausgedrückt im Ca/Al-Verhältnis von unter 1,
- ungünstige, biologisch inaktive Auflagehumusformen (feinhumusarmer Moder oder Rohhumus mit scharfer Grenze zum Mineralboden).

Hofmann u. Heinsdorf (1990) weisen für die sehr heterogene Immissionssituation in der ehemaligen DDR unterschiedliche Depositionstypen aus, die eine wichtige Grundlage für Entscheidungen über Kalkungen und Düngungen bieten.

Da versauerte Standorte oft zugleich auch Mg-Mangelstandorte sind (Feger 1997), wird den Kalken regelmäßig Mg in dem erwähnten Umfang zugesetzt, meist in der Form von gemahlenem Dolomit. Nähere Einzelheiten zur Mg-Düngung im Walde enthalten die Arbeiten von Augustin et al. (1997) und Kaupenjohann (1997). In den meisten Fällen gelang es, Mg-Mängel und die dadurch hervorgerufene Nadelvergilbung bei Fichten durch die Düngung rasch und anhaltend zu beseitigen (Rehfuess 1995; Augustin et al. 1997; Kaupenjohann 1997). Außerdem wurde beobachtet, daß nach Ausbringung von rasch löslichem Mg-SO_4 in Fichtenbeständen mit Mg-Mangelerscheinungen der Mineralboden durch Feinwurzeln intensiver erschlossen wurde (Raspe 1997).

Da vor 1984 Waldkalkungen überwiegend mit anderen Kalkformen (häufig mit schneller löslichen Branntkalken) und anderen Zielen (meistens der Umwandlung von Rohhumusauflagen) durchgeführt wurden, liegen über die heutige Form der Schutzkalkung noch keine langen Erfahrungen vor. Die bislang vorliegenden Ergebnisse sind von Kreutzer (1994), Meiwes (1994), Beese u. Meiwes (1995), Rehfuess (1995), Hildebrand (1996), Augustin (1997) und Beese (1997) zusammenfassend bewertet worden. Danach sind die Erfahrungen überwiegend positiv. Das Ziel, eine weiter fortschreitende Versauerung zu unterbinden, wurde weitgehend erreicht. Erwartungsgemäß beschränkt sich eine Erhöhung der Austauschkapazität und der Basensättigung auf den Auflagehumus und die oberste Mineralbodenschicht. Die Bodenlösung enthielt jedoch in einigen Fällen auch im tieferen Mineralboden mehr Ca-Ionen und weniger Azidität. Auf einigen Flächen konnte eine Abnahme des Auflagehumus und eine entsprechende Zunahme des Mineralbodenhumus beobachtet werden. In anderen Fällen veränderte sich die Humusform von Rohhumus zu Moder oder von ungünstigen Moderformen zu günstigen. Im Höglwald-Projekt konnte nach Kalkung eine Erhöhung des Gasaustausches zwischen Mineralboden und Atmosphäre beobachtet werden. Häufig spiegelten sich die Veränderungen der bodenchemischen Zustände auch in einer verbesserten Basenversorgung der Blattorgane wider.

Diese günstigen Wirkungen einer Schutzkalkung sind mit einigen Risiken verbunden, die ebenfalls in den oben genannten Arbeiten aufgeführt sind. Hier ist vorrangig auf einen möglichen Humusabbaus, verbunden mit einem Anstieg der Nitrifikation und höheren Nitratausträgen, hinzuweisen. In den meisten Fällen wurden jedoch keine derartigen Effekte beobachtet. Nennenswerte Nitratfreisetzungen wurden nur in gut oder übermäßig mit Stickstoff versorgten Wäldern festgestellt. Bei hohem Ammoniumangebot im Boden verstärkt Kalkung entscheidend die Nitrifikation, während Bäume und Bodenvegetation ohnehin schon ein hohes Wachstum aufweisen, so daß sie kaum noch in der Lage sind, durch eine Wachstumssteigerung mehr Stickstoff aus der Bodenlösung aufzunehmen. Erhöhte Nitratausträge mit dem Sickerwasser sind dann die Folge. Eine Kalkung ist unter diesen Bedingungen nicht zu empfehlen. Auf der anderen Seite weisen besonders Beese u. Meiwes (1995) und Hildebrand (1996) darauf hin, daß die hohen N-Einträge in die Wälder nur durch eine Steigerung der Mineralbodenhumusmenge langfristig und stabil festgelegt werden können. Zu dem dafür erforderlichen Humusumbau sind in den meisten Fällen Kalkungen zur Steigerung der biotischen Aktivität notwendig.

Als Reaktion auf die Schutzkalkung ist häufig eine Verstärkung des Feinwurzelwachstums im Auflagehumus beobachtet worden. Es ist allerdings bislang nicht ausreichend geklärt, ob damit ein Rückzug der Feinwurzeln aus dem Mineralboden verbunden ist. Da die Kalkwirkung aber langsam in die Tiefe fortschreitet, kann diese mögliche Verflachung der Wurzelausbildung nur ein vorübergehender Zustand sein.

Die Benadelungs- oder Beblätterungsdichte der Baumkronen (Kronentransparenz) konnte durch die Schutzkalkung gar nicht oder nur geringfügig verändert werden. Allgemein wird aber dennoch eine unspezifische Toleranzsteigerung erwartet (Ulrich u. Puhe 1994).

Stickstoffüberversorgung und Kalkung können auf an Kalium oder Phosphor verarmten Böden den Mangel an diesen Nährelementen verstärken. Entsprechende Beobachtungen häufen sich (Beese u. Meiwes 1995), so daß vielfach spezifische Düngergaben notwendig sind. Eine Entscheidung sollte aber nur nach eingehenden Untersuchungen des Ernährungszustandes getroffen werden.

Für Hildebrand (1996) und Beese (1997) stellen Schutzkalkungen und Düngungen zwar wichtige Hilfsmittel dar, um das übergeordnete Ziel einer allgemeinen Stabilitätserhöhung der Wälder zu erreichen. Entscheidend gehört aber dazu, daß der Mineralboden wieder vermehrt in den Stoffkreislauf einbezogen wird. Dafür sind tiefer wurzelnde Bäume und hohe Aktivitäten von Bodenwühlern erforderlich. Nur so kann langfristig der positive Effekt einer bodenchemischen Verbesserung erhalten werden (Ammer 1992). Block et al. (1997) geben dieser „biologischen Waldbodenrestauration" Priorität vor anderen Maßnahmen. Vor allem flachwurzelnde Fichtenreinbestände sind in Mischbestände mit tiefwurzelnden Laubbäumen umzuwandeln. Auf stark versauerten und an Nährstoffen verarmten Böden gelingt dies nur nach Kalkung und Düngung, wie Kulturbegründungsversuche in stark immissionsbelasteten Gebieten im Fichtelgebirge und im Harz gezeigt haben (Binder 1992; Weihs 1993).

Eine Oberflächenkalkung stellt den normalen Tiefengradienten der Versauerung auf den Kopf. Dieser unerwünschte Effekt läßt sich nur durch ein Einmischen des Düngers in tiefere Bodenschichten vermeiden. Die dafür notwendige Bodenbearbeitung würde auch durch eine tiefreichende Lockerung des Bodens den Wurzelraum der Bäume erweitern und die Wasser- und Nährstoffversorgung risikoärmer gestalten. Für flächige, tiefgreifende Bodenbearbeitungen gibt es allerdings in einer kahlschlagfreien Forstwirtschaft kaum mehr Möglichkeiten. Statt dessen können aber Pflanzlochbohrer eingesetzt werden, die punktuell am Pflanzplatz den Boden tiefgehend lockern und mit Kalk und anderen Nährstoffen vermischen. Im Harz hat sich dieses Verfahren beim Voranbau von Buchen und anderen Laubbäumen unter Fichtenbeständen sehr bewährt (Büttner u. Valerius 1994; Büttner u. Wagner 1996).

Bestandespflege

Es ist das Ziel von Durchforstungen, ausgesuchte, dem Wirtschaftsziel entsprechende Bäume von Konkurrenz durch Nachbarbäume zu entlasten und dadurch ihre Vitalität und ihren Zuwachs zu steigern. Von solchen begünstigten Bäumen mit ihren längeren und größeren Kronen und ihrem größeren Wurzelraum wird speziell eine höhere Sturmstabilität, aber auch eine allgemeine Erhöhung der Toleranz gegen Umweltänderungen erwartet. Zugleich stellt aber auch jeder Eingriff in das Nachbarschaftsgefüge und die Unterbrechung des Bestandesschlusses zunächst bis zur erfolgreichen Anpassung des Baumes an die veränderten Umweltbedingungen einen zusätzlichen Streß dar. Unter anderem kann dieser Streß nach Untersuchungen von Liebold et al. (1997) in Fichtenbeständen im Thüringer Wald mit dem höheren Immissionsfluß (Produkt aus Windgeschwindigkeit und Immissionskonzentration) erklärt werden. Dieser Streß kann durch häufige und im Einzelfall weniger intensive Eingriffe, beginnend in frühen Altersphasen, minimiert werden. Bestandesschlußunterbrechungen in Altbeständen sollten in stärker immissionsbelasteten Gebieten möglichst unterbleiben (Liebold et al. 1997; Guderian u. Wienhaus 1997). Mit diesem Vorgehen wird gleichzeitig das Sturmschadensrisiko vermindert. Auch durch Borkenkäfer oder andere Insekten bedingte Schlußunterbrechungen sollten durch eine konsequente saubere Wirtschaft (d.h. rechtzeitigem Entfernen von bruttauglichem Material) verhindert werden.

3.4.6 Literatur

Ammer S (1992) Auswirkungen experimenteller saurer Beregnung und Kalkung auf die Lumbricidenfauna und deren Leistungen (Höglwaldexperiment). Forstl Forschungsber München, 123, 227 S

Augustin S, Mindrup M, Meiwes KJ (1997) Soil chemistry. In: Hüttl RF, Schaaf W (eds) Magnesium deficiency in forest ecosystems. Nutrients in ecosystems, 1, Kluwer Academic Publishers, Dordrecht, pp 255–273

Augustin S (1997) Forstbodenkunde – Abschlußbericht. In: Umweltbundesamt (Hrsg) Auswertung der Waldschadensforschungsergebnisse (1982–1992) zur Aufklärung komplexer Ursache-Wirkungsbeziehungen mit Hilfe systemanalytischer Methoden. Berichte 6/97. Erich Schmidt Verlag, Berlin, S 147–266

Bartsch N, Bauhus J (1996) Lückendynamik im bodensauren Buchenwald. Deutscher Verband forstlicher Forschungsanstalten, Sektion Waldbau, Jahrestagung 1996 in Schopfheim-Wiechs, S 126–136

Bauhus J, Bartsch N (1995) Mechanisms for carbon and nutrient release and retention in beech forest gaps. I. Microclimate, water balance and seepage water chemistry. Plant and Soil 168/169:579–584

Bauhus J, Brumme R, Bartsch N (1998) Nitrogen cycling in beech forest gaps. For Ecol Manage (eingereicht)

Beese F, Meiwes KJ (1995) Stand und Perspektiven. Allg Forstzeitschr 50:946–949

Beese F (1997) Wirkungskomplex Waldboden und Waldgesundheit. In: Deutscher Forstverein eV (Hrsg) Deutscher Forstverein, Jahresbericht 1996, Niedenstein, S 201–206

Binder F (1992) Aufforstung in Waldschadensgebieten - Untersuchungen zur künstlichen Verjüngung von Beständen im Frankenwald, Fichtelgebirge und in den Bayerischen Kalkalpen. Forstl Forschungsber München 119, 224S

Block J, Roeder A, Schüler G (1997) Waldbodenrestauration durch Aktivierung ökosystemarer Nährstoffkreisläufe. AFZ/DerWald 52:29–33

Brown AH.F (1992) Functioning of mixed-species stands at Gisburn NW. England. In: Cannell MG.R, Malcolm DC, Robertson PA (eds) The ecology of mixed-species stands of trees. Special publication series of the British Ecological Society 11. Blackwell Scientific Publications, London, pp 125–150

Büttner G, Valerius H (1994) Forstliche Düngung und Melioration. In: Matschullat J, Heinrichs H, Schneider J, Ulrich B (Hrsg) Gefahr für Ökosysteme und Wasserqualität. Ergebnisse interdisziplinärer Forschung im Harz. Springer, Berlin Heidelberg New York, S 432–450

Büttner G, Wagner S (1996) Auswirkungen einer Volldüngergabe nach Pflanzlochkalkung im Rahmen von Buchen-Voranbauten unter Fichte. AFZ/DerWald 51:798–801

Degen B (1997) Ökologische Genetik - Abschlußbericht. In: Umweltbundesamt (Hrsg) Auswertung der Waldschadensforschungsergebnisse (1982–1992) zur Aufklärung komplexer Ursache-Wirkungsbeziehungen mit Hilfe systemanalytischer Methoden. Berichte 6/97. Erich Schmidt Verlag, Berlin, S 407–521

Feger KH (1997) Biogeochemistry of magnesium in forest ecosystems. In: Hüttl RF, Schaaf W (eds) Magnesium deficiency in forest ecosystems. Nutrients in ecosystems 1. Kluwer Academic Publishers, Dordrecht, pp 67–99

Guderian R, Wienhaus O (1997) „Neuartige Waldschäden“ und Luftverunreinigungen aus gegenwärtiger Sicht. In: Deutscher Forstverein eV (Hrsg) Deutscher Forstverein, Jahresbericht 1996, Niedenstein, S 181–200

Hildebrand EE (1996) Warum müssen wir Waldböden kalken? Waldwirtschaft und Waldökologie. Agrarforschung in Baden-Württemberg 26. Eugen Ulmer Verlag, Stuttgart, S 53–65

Hofmann G, Heinsdorf D (1990) Depositionsgeschehen und Waldbewirtschaftung. Der Wald (Berlin) 40:208–213

Innes JL (1993) Forest health: it`s assessment and status. CAB International, Wallingford (UK), p 677

IPCC (1996) Climate change 1995. The science of climatology, Group 1. Cambridge Univ Press, Cambridge

Karnosky DF, Scholz F (1996) Managing the genetic structure of stressed forests. Congress report, IUFRO XX world congress 1995, Tampere, Finland, pp 362–368

Kaupenjohann M (1997) Tree nutrition. In: Hüttl RF, Schaaf W (eds) Magnesium deficiency in forest ecosystems. Nutrients in ecosystems 1. Kluwer Academic Publishers, Dordrecht, pp 275–296

Kreutzer K (1994) Folgerungen aus der Höglwaldforschung. Allg Forstzeitschr 49:769–774

Larsen JB (1981) Waldbauliche und Ertragskundliche Erfahrungen mit verschiedenen Provenienzen der Weißtanne in Dänemark. Forstwiss Centralbl 100: 275–286

Larsen JB (1996) Silviculture and the stability of stressed forests. Congress report, IUFRO XX World Congress 1995, Tampere, Finland, pp 343–351

Liebold E, Zimmermann F, Wienhaus O (1997) Die Beziehungen neuartiger Waldschäden aller Fichtenbestände eines großen Waldgebietes im Mittleren Thüringer Wald zum ökologischen Komplex der Klima- und Bodenfaktoren. Forstwiss Centralbl 116:140–157

Lücke K, Schmidt W (1997) Vegetation und Standortsverhältnisse in Buchen-Fichten-Mischbeständen des Sollings. Forstarchiv 68:135–143

Meiwes KJ (1994) Kalkungen. In: Matschullat J, Heinrichs H, Schneider J, Ulrich B (Hrsg) Gefahr für Ökosysteme und Wasserqualität. Ergebnisse interdisziplinärer Forschung im Harz. Springer-Verlag, Berlin Heidelberg New York, S 415–431

Mettin C (1985) Betriebswirtschaftliche und ökologische Zusammenhänge zwischen Standortskraft und Leistung in Fichten-Reinbeständen und Fichten/Buchen-Mischbeständen. Allg Forstzeitschr 40:803–810

Müller-Starck G (1993) Auswirkungen von Umweltbelastungen auf genetische Strukturen von Waldbeständen am Beispiel der Buche (Fagus sylvatica L.). Schriften a d Forstl Fak d Univ Göttingen u d Nds Forstl Vers Anst 112. Sauerländer`s Verlag, Frankfurt/Main, 163 S

Otto H-J (1986) Standörtliche Voraussetzungen, Ziele und Waldbautechnik in Fichten-Buchen-Mischbeständen des Harzes. Teil I: Standorte, Leistungsstruktur und Geschichte der Mischbestände von Fichte und Buche im Harz. Teil II: Ziele, Möglichkeiten und Waldbautechnik von Mischbeständen der Fichte und Buche im Harz. Allg Forst u Jagdzeitung 157:188–196, 214–222

Otto H-J (1993a) Der dynamische Wald. Ökologische Grundlagen des naturnahen Waldbaues. Forst u Holz 48:331–335

Otto H-J (1993b) Fremdländische Baumarten in der Waldbauplanung - dargestellt am Beispiel der niedersächsischen Landesforstverwaltung. Forst u Holz 48:454–456

Puhe J (1994) Die Wurzelentwicklung der Fichte (Picea abies [L.] Karst.) bei unterschiedlichen chemischen Bodenbedingungen. Berichte d Forschungszentrums Waldökosyst, Reihe A, 108, Göttingen, 128 S

Raspe S (1997) Fine-root development. In: Hüttl RF, Schaaf W (eds) Magnesium deficiency in forest ecosystems. Nutrients in ecosystems 1. Kluwer Academic Publishers, Dordrecht, pp 309–332

Rehfuess KE (1990) Waldböden, 2. Aufl. Verlag Paul Parey, Hamburg, 224 S

Rehfuess KE (1995) Was kann Düngung bei den „neuartigen" Walderkrankungen leisten? Allg Forstzeitschr 50:1090–1093

Röhrig E, Gussone HA (1990) Baumartenwahl, Bestandesbegründung und Bestandespflege. Denglers „Waldbau auf ökologischer Grundlage", Bd. 2, 6. Aufl. Paul Parey, Hamburg, 314 S

Röhrig E, Bartsch N (1992) Der Wald als Vegetationsform und seine Bedeutung für den Menschen. Denglers „Waldbau auf ökologischer Grundlage", Bd. 1, 6. Aufl. Paul Parey, Hamburg, 350 S

Rothe A (1997) Einfluß des Baumartenanteils auf Durchwurzelung, Wasserhaushalt, Stoffhaushalt und Zuwachsleistung eines Fichten-Buchen-Mischbestandes am Standort Höglwald. Forstl Forschungsber München 163, 213 S

Schack-Kirchner H (1996) Holzernte und Bodenschutz - wie ernst muß man das Vorsorgeprinzip nehmen? In: Waldwirtschaft und Waldökologie. Agrarforschung in Baden-Württemberg 26. Eugen Ulmer Verlag, Stuttgart, S 259–267

Schmidt-Vogt H (1991) Die Fichte, Bd II/3. Paul Parey, Hamburg, 781 S

Schwerdtfeger F (1981) Die Waldkrankheiten. Verlag Paul Parey, Hamburg, 486 S

Svolba J (1997) Entwicklung eines Herkunftsversuches der Weißtanne (Abies alba MILL.) bis zum Alter 27. In: Gagov V (Hrsg) Ergebnisse des 8. Tannen-Symposiums. Schriften d IUFRO u d Forsttechn Univ Sofia, Sofia, S 77–88

Tesar V (1994) Silvicultural systems for forests damaged by air pollution in the region of Trutnov. Unveröff Exkursionsführer, 25pp

Thomasius H (1997) Waldbau im Zeichen starker Umweltveränderungen. In: Deutscher Forstverein eV (Hrsg) Jahresbericht 1996, Niedenstein, S 207–228

Ulrich B, Meiwes KJ, König N, Khanna PK (1984) Untersuchungsverfahren und Kriterien zur Bewertung der Versauerung und ihrer Folgen in Waldböden. Forst u Holzwirt 39:278–286

Ulrich B, Puhe J (1994) Auswirkungen der zukünftigen Klimaveränderung auf mitteleuropäische Waldökosysteme und deren Rückkoppelungen auf den Treibhauseffekt. Studienbericht für die Enquete-Kommission „Schutz der Erdatmosphäre“ des Deutschen Bundestages, 202 S

Ulrich B (1995) Der ökologische Bodenzustand -seine Veränderung in der Nacheiszeit, Ansprüche der Baumarten. Forstarchiv 66:117–127

von Lüpke B (1992) Waldbau ohne Kahlschlag - Möglichkeiten und Risiken. Forstarchiv 63:10–15

von Lüpke B, Spellmann H (1997) Aspekte der Stabilität und des Wachstums von Mischbeständen aus Fichte und Buche als Grundlage für waldbauliche Entscheidungen. Forstarchiv 68:167–179

Weihs U (1993) Walderneuerung auf Problemstandorten der Harzhochlagen - ein Baumartenanbau- und Düngungsversuch. Berichte d Forschungszentrums Waldökosyst, Reihe A, 102, Göttingen, 330 S

Wentzel KF (1963) Waldbauliche Massnahmen gegen Immissionen. Allg Forstzeitschr 18:101–106

Wentzel KF (1964) Gibt es immissionsfeste oder rauchharte Bäume? Forstarchiv 35:49–51

4 Schadstoffwirkungen auf Tiere

4.1 Wirkungen auf Nutztiere

H.-J. Hapke

4.1.1 Einleitung

4.1.1.1 Landwirtschaftliche Nutztiere

Landwirtschaftliche Nutztiere sind trotz ihrer besonderen Haltung Mitglieder von Ökosystemen, die der Mensch aus ökonomischen Zweckbestimmungen gestaltet hat. Sie sind daher grundsätzlich den gleichen chemischen, physikalischen oder biologischen Einflüssen ausgesetzt wie andere Lebewesen, allerdings unter ganz unterschiedlichen Bedingungen.

Nutztiere genießen einen geringeren Schutz als z.B. der Mensch. Der Schutz richtet sich allein nach dem Nutzen der Tierhaltung und berücksichtigt im allgemeinen keine ethischen Einstellungen zum Nutztier.

Zu den landwirtschaftlichen Nutztieren, die der Lebensmittelgewinnung dienen, zählen Rind, Schaf, Ziege, Schwein, Pferd, Huhn, Pute, Ente, Gans, Honigbiene, bestimmte Fischarten.

Als Schutzobjekt beansprucht das landwirtschaftliche Nutztier nur insofern Aufmerksamkeit, als der Nutzwert zählt. Dieser läßt sich allerdings nicht immer mit Sicherheit quantifizieren, soweit nicht die ausreichende Versorgung der Bevölkerung mit qualitativ hochwertigen Lebensmitteln tierischer Herkunft hierfür gilt. Auswirkungen auf einzelne Tiere treten gegenüber der Beeinträchtigung größerer Populationen (Tierherden) zurück. Allenfalls beim Großtier wie Rind spielt das Individuum hinsichtlich Diagnose und Therapie eine Rolle, nicht dagegen z.B. beim Mastküken oder der Legehenne. Dazwischen stehen Schweine und Schafe. Landwirtschaftliche Nutztiere werden ausschließlich ihres Nutzens wegen gehalten und unterscheiden sich dadurch wesentlich von den Haustieren (Hund, Katze), und den Heimtieren (Zierfische, Zier- und Singvögel, Brieftauben, Terrarierentie, Kleinnager), die sicher auch nützlich sind, von denen aber keine besonderen Nutzleistungen verlangt werden, von den speziellen Aufgaben der Polizeihunde oder -pferde abgesehen.

Der Nutzen liegt heute insbesondere in der Lieferung von Lebensmitteln tierischer Herkunft, weiter in der Möglichkeit der Verwendung nahezu aller Körpergewebe für die unterschiedlichsten Zwecke, wie Herstellung von Lederwaren, von Tiermehlen zur Fütterung, von kosmetisch verwendbaren Produkten und Arzneimittelgrundstoffen.

4.1.1.2 Problembeschreibung

Die technische Entwicklung in den Industrieländern erfolgt auch durch Anwendung solcher Prozesse, die unerwünschte Substanzen in die mittelbare oder unmittelbare Umgebung von landwirtschaftlichen Nutztieren abgeben, wie z. B. die Nutzung verschiedener Energiequellen oder die Verwendung chemischer Substanzen. Es handelt sich bei diesen Stoffen um die Original- oder Abfallstoffe und ihre in der Umwelt auftretenden Ab- und Umbauprodukte.

Landwirtschaftliche Nutztiere stehen weiter unter dem Einfluß von Futtermittelzusatzstoffen und Tierarzneimitteln, die fördernd auf das Leistungsvermögen und die Gesundheit wirken sollen. Diese haben zusätzlich eine Bedeutung für die Umwelt, wie im Falle der Antiinfektiva und Antiparasitika infolge der möglichen Veränderungen der Mikroflora und -fauna über die tierischen Ausscheidungen oder die unerwünschten Rückstände in von Tieren stammenden Lebensmitteln. Lebensmittel liefernde Nutztiere können insofern auch Ursachen bzw. Quellen einer Umweltveränderung sein.

Umweltchemikalien entstammen also Prozessen außerhalb der Tierhaltung oder auch infolge direkter Verwendung im Tierstall oder schließlich durch die Haltung der Tiere selbst (Gase, Gerüche aus dem Tierstall). Ob diese Stoffe eine Bedeutung für landwirtschaftliche Nutztiere haben, hängt von zahlreichen Faktoren ab:

- Wahrscheinlichkeit der Exposition bzw. Kontamination (hochgiftige Stoffe sind im allgemeinen nicht in der Umgebung der Tiere zu erwarten, z. B. Blausäure);
- Menge und Dauer der Exposition;
- Verfügbarkeit der chemischen Stoffe unter Berücksichtigung der Vorgänge der enteralen Absorption (die Vormagensysteme der Wiederkäuer inaktivieren zahlreiche Verbindungen);

- Leistungszustand der landwirtschaftlichen Nutztiere (Milchkühe sind höher empfindlich als andere Rinder);
- Fütterung und Haltungssyteme (Syn- und Antagonisten der Futterinhaltsstoffe, Mineralstoff-Versorgung, hygienische Zustände der Tierstallungen).

4.1.1.3 Methoden zur Wirkungsfeststellung

Für die Feststellung nachteiliger Wirkungen chemischer Substanzen auf die Leistungsfähigkeit der landwirtschaftlichen Nutztiere sind nur die Ergebnisse entweder experimenteller Untersuchungen oder epidemiologischer Erhebungen an der jeweiligen Tierart brauchbar. In allen Fällen muß ein Zusammenhang zwischen Menge des zu untersuchenden Stoffes im Futter als mg/kg Trockenmasse (mit 12% Restfeuchte) bzw. Dosis des Stoffes, ausgedrückt in mg/kg Körpergewicht des lebenden Tieres, zu den aufgetretenen Effekten erkennbar sein. Wenn eine Abhängigkeit der Effekte von der Dosis im langfristigen Fütterungsversuch erwiesen ist, kann auch eine Schwelle angenommen werden, unterhalb der keine Wirkungen mehr auftreten oder wenigstens nicht mehr mit den üblichen Methoden zu erkennen sind:

$$W = f\,[\,(D \cdot t) - (E + R)\,]$$

Die Wirkung W ist eine Funktion f aus dem Produkt der Dosis D und der Zeit t, vermindert um die Summe der Elimination E und der Reparatur R.

Der Organismus ist in der Lage, innerhalb bestimmter Bereiche toxisch wirksame Stoffe zu eliminieren, bevor eine Wirkung zustandekommt, oder geringfügige Schäden zu reparieren und sich dadurch an chemische Kontaminationen anzupassen. Solange die Summe aus Elimination E und Reparatur R größer ist als das Produkt der Dosis D und der Zeit t, kommt eine Wirkung nicht zustande. Da längst nicht für alle landwirtschaftlichen Nutztiere die entsprechenden Daten vorliegen, können auch nur für einige Tierarten Angaben über solche Schwellenwerte gemacht werden. Da hinsichtlich der Empfindlichkeit teilweise erhebliche tierartliche Besonderheiten bestehen, ist eine unmittelbare Übertragung der an einer bestimmten Tierart oder gar an Labortieren Ratte und Maus experimentell oder epidemiologisch erhaltenen Daten auf andere Tierarten nicht statthaft.

Die Feststellungen der Beeinträchtigung der Gesundheit oder gar des Lebens durch Umweltchemikalien im Experiment ist wegen der eindeutigen Symptomatik vergleichsweise einfach. Sie lassen sich vornehmen

- experimentell am landwirtschaftlichen Nutztier selbst;
- durch epidemiologische Erhebungen in einem belasteten Tierhaltungsbetrieb oder der unmittelbaren Umgebung der Tiere;
- durch Auswertung klinischer Vergiftungsfälle.

Dagegen sind die Feststellungen einer Beeinflussung der spezifischen Leistungsfähigkeit oder der Änderung der Qualität des Lebensmittels nicht immer einfach vorzunehmen. Für alle Fälle ist es nötig, die Qualität der den Tieren zur Verfügung stehenden Futtermittel (betrachtet als Gesamtration einschließlich Tränkwasser) chemisch-analytisch zu erfassen und die beim Tier auftretenden Veränderungen, entweder gegenüber einer belastungsfreien Zeit oder im Vergleich zu zeitgleich untersuchten Kontrolltieren ohne Belastung, zu den verschiedenen Dosierungen in eine Beziehung zu setzen.

Da allgemein das kontaminierte Futter die Ursache der chemischen Umweltbelastung der landwirtschaftlichen Nutztiere darstellt, werden Fütterungsversuche durchgeführt. Wenn eine ausschließliche oder vorwiegende aerogene, durch Inhalation der Substanzen verursachte Kontamination vermutet wird, sind Inhalationsversuche mit Gasen, Aerosolen oder Stäuben unumgänglich.

Das den Versuchstieren zur Verfügung gestellte Futter oder Tränkwasser enthält dann abgestufte Mengen (Konzentrationen) des zu untersuchenden Stoffes. Hierbei wird meist der Stoff in einer Verbindung mit hoher Bioverfügbarkeit gewählt. Im Idealfall werden auch andere Bindungsformen mit abgestufter Verfügbarkeit untersucht, oder nur solche Verbindungsarten, die wegen des tatsächlichen Vorkommens eine alleinige Bedeutung haben.

Das Ergebnis aller Untersuchungen stellt die Ermittlung einer Dosis-Abhängigkeit der Wirkungen dar und schließlich die Erkennung einer Schwelle zwischen Unwirksamkeit und Wirksamkeit (definiert als das Auftreten eines jeden Effektes, der dann weiter interpretiert wird, z.B. ob er krankhaft ist).

Als Wirkung von Umweltchemikalien wird auch die Ansammlung dieser Stoffe in verzehrbaren Geweben verstanden, wodurch die Qualität der späteren Lebensmittel vermindert wird. Die Feststellung der spezifischen Leistungsfähigkeit der landwirtschaftlichen Nutztiere erfordert einen umfangreichen Prüfungsplan. Er betrifft z.B. die Ermittlung der Milchleistung der Milchkühe oder der Eischalendicke bei Legehennen, wodurch die Brüchigkeit der gelegten Eier vermindert wird. Fruchtbarkeit und Wachstum sind essentielle Parameter, die leicht durch toxische Umweltchemikalien beeinträchtigt werden können.

Als Schwellenwert bezeichnet man die Menge, nach deren Überschreitung entsprechende Wirkungen zu erkennen sind. Da der Übergang fließend ist und von zahlreichen exogenen (Futterzusammensetzung) und endogenen (Erbanlagen) Faktoren abhängen, ist eine exakte Bestimmung des Schwellenwertes nicht möglich. Der Schwellenwert wird variiert durch die folgenden Einflußgrößen:

- Bindungsart (Wertigkeit, Verbindungpartner; physikalische Eigenschaften);
- Tierart und Nutzungsform;
- Fütterung und Versorgung mit essenziellen Stoffen (Vitamine, Eiweiße, Mineralstoffe wie Fe, Cu, Se, Zn, Sulfat);
- Haltungsbedingungen und Stallhygiene.

Schwellenwerte stellen daher keine festen Größen dar, sondern ihre Nennung dient der Orientierung. Sie können im Einzelfall erheblich von in anderen Experimenten gewonnenen Daten abweichen.

Grenzwerte sind (anders als Schwellenwerte) Ergebnisse einer amtlichen Festsetzung unter Berücksichtigung weiterer Kriterien. Sie dienen dem vorsorgenden Schutz der Lebewesen, liegen für Nutztiere in der Bundesrepublik Deutschland stets niedriger als die biologischen Schwellenwerte. So stellen die Werte in verschiedenen Höchstmengen-Verordnungen politische Entscheidungen durch einen Verordnungsgeber dar und berücksichtigen z.B. auch tatsächlich vorkommende Konzentrationen. Wenn beispielhaft eine biologisch-toxikologische Schwelle bei 100 mg erkannt wurde (d.h. alle Dosierungen unter 100 mg erzeugten im Experiment keine erkennbaren Effekte), tatsächlich in der Umwelt aber nur 10 mg auftreten, dann wird dieser Wert als Höchstmenge festgesetzt. Durch dieses Verfahren wird die Sicherheit der Höchstmengen gewährleistet, weil die völlige Ausschöpfung der Schwellenwerte gar nicht nötig ist. Eine Überschreitung auf 20 mg bedeutet keine Gesundheitsgefahr, ist allerdings durch Rechtsvorschriften dann untersagt. Ein solches Produkt ist nicht verkehrsfähig.

4.1.2 Wirkungen von Immissionen auf landwirtschaftliche Nutztiere

Die Wirkungen betreffen allein die Beeinträchtigung des Nutzungswertes. Der Wert beruht auf der Fähigkeit der Tiere, Lebensmittel und andere Produkte für den Menschen zu liefern. Es handelt sich hierbei um Fleisch einschließlich der Innereien Leber, Nieren, Lunge, Herz und

Gehirn, weiter um Milch verschiedener Säugetiere, um Eier verschiedener Vögel, meist Huhn, Pute, Gans und Ente, weniger Taube oder Wachtel, und um Honig. Für frei lebende Wildtiere (s. Kap. 4.2) treffen diese Aussagen hinsichtlich der Verwertung zum Verzehr ebenfalls zu. Auf die besonderen Verhältnisse für eßbare Fische aus aquatischen Systemen wird hier nicht eingegangen (s. Bd.3A und 3B).

Aus diesen Gründen ist besonders die Fruchtbarkeit der landwirtschaftlichen Nutztiere der wichtigste Aspekt bei der Beeinträchtigung des Nutzungswertes. Diese bezieht sich nicht nur auf die Bildung von Milch und Eiern, die direkt oder als verarbeitete Produkte als Lebensmittel verzehrt werden, sondern auch auf die schnelle und umfangreiche Vermehrung der Fleisch liefernden Tiere. Ein weiterer Aspekt ist die Beeinträchtigung des Körperwachstums mit der damit möglicherweise verbundenen Minderung des Fleisch- und Fettzuwachses. Da Fruchtbarkeit und Wachstum im besonderen Maße abhängig sind von einem ungestörten Hormonsystem, haben Umweltstoffe mit hormonaler oder antihormonaler Wirkung ein großes Interesse gefunden, sind aber noch weitgehend unerforscht. Alle Effekte, die die Gesundheit im weitesten Sinne betreffen, haben Einflüsse auf die beiden genannten Parameter Fruchtbarkeit und Körperwachstum. Schließlich ist ein dritter Parameter der Leistungsbeeinflussung zu nennen, der die Kumulation der Substanzen in verzehrbaren Geweben der Nutztiere betrifft. Dadurch leidet die Qualität der Lebensmittel im Hinblick auf die Gefährdung der menschlichen Gesundheit. Die Ansammlung bestimmter Stoffe (z.B. mancher Schwermetalle oder aromatischer Organochlorverbindungen) bestimmt in manchen Fällen die Schwelle der Verträglichkeit, obwohl vielleicht bei dieser Dosis noch keine Beeinflussung der Leistungsfähigkeit des Tieres auftritt. Diese Vorgänge spielen bei der Beschreibung der Nahrungskette (s. Abschn. 4.1.8) eine Rolle.

Wir unterscheiden bei den Kontaminationsvorgängen vier Stadien der Wirkungen:

- Akute Wirkungen: die einmalige Aufnahme einer großen Stoffmenge führt zu einer Vergiftung im klinischen Sinne (= chemisch verursachte Krankheit); die Symptome sind meist charakteristisch und gut erkennbar, so daß eine Diagnose im allgemeinen schnell gestellt werden kann. Für die Umwelttoxikologie spielen diese Vorgänge kaum eine Rolle. Sie dauern nur sehr kurze Zeit von vielleicht einem Tag bis zu einer Woche.
- Subakute Wirkungen: Eine mehrmalige Aufnahme großer oder mittlerer Mengen führt zu einer verzögert einsetzenden klinisch erkennbaren Vergiftung, die wegen der Charakteristik der Erscheinungen schnell erkannt werden kann. Sie dauern Tage bis Wochen.

- Subchronische Wirkungen: Nach langfristiger Aufnahme mittlerer oder geringer Mengen beginnen die Erscheinungen sehr diskret, meist uncharakteristisch und sind schwer zu erkennen; sie dauern Wochen bis Monate.
- Chronische Wirkungen durch kontinuierliche und lebenslange Aufnahme von unverträglichen Stoffen; Auswirkungen sind sehr uncharakteristisch und betreffen meist die Leistung der Tiere wie auch Futteraufnahme, Wachstum, manchmal das äußere Erscheinungsbild. In vielen Fällen sind auch die meßbaren körperlichen Parameter unauffällig. Diese Auswirkungen sind wohl am häufigsten unter den Umwelteinflüssen durch Chemikalien, werden aber am undeutlichsten erkannt, weil eigentliche klinische Vergiftungserscheinungen fehlen.

Auch die biologischen Wirkungen lassen sich einteilen, wobei vier Kategorien unterschieden werden können:
- Beeinträchtigung der Qualität der Lebensmittel infolge Verunreinigung mit den betreffenden Stoffen;
- Beeinträchtigung der Leistungsfähigkeit und damit der Quantität der Lebensmittel durch Verminderung des Fleisch- und Fettansatzes, der Milchbildung oder der Eiablage;
- Beeinträchtigung der Gesundheit der Tiere;
- Beeinträchtigung des Lebens der Tiere.

Wirkungen am tierischen Organismus sind durch Chemikalien ausgelöste Prozesse, z.B. an erregbaren Membranen oder an Enzymaktivitäten, und die daraus resultierenden Reaktionen lebender Materie. Sie sind abhängig von der Wirkstoffmenge am biochemischen Rezeptor, dem eigentlichen Wirkungsort (z.B. Ionenkanäle biologischer Grenzflächen, Hormonrezeptoren oder aktive Gruppen an bestimmten Enzymen). Die Wirkstoffmenge am Rezeptor im tierischen Organismus (z.B. im Lebergewebe) folgt dem Ausmaß des Antransports über Gewebsflüssigkeit einschließlich Blut. Die hier auftretende Menge hängt schließlich von der Geschwindigkeit und dem Ausmaß des Durchdringens der Wirkstoffe durch biologische (Schutz-) Membranen wie äußere Haut oder Schleimhäute im Magen-Darm-Kanal und dem Respirationstrakt ab. Diese kinetischen Prozesse der Bewegung der Fremdsubstanzen durch den tierischen Körper werden durch die physiko-chemischen Eigenschaften, z.B. dem Ausmaß der Lipidlöslichkeit, bestimmt. Daher bestehen erhebliche Unterschiede in den Dosis-Wirkungs-Beziehungen der verschiedenen Stoffe und ihren unterschiedlichen Bindungsformen.

Bleisulfid (PbS_2) wird z.B. nach oraler Aufnahme enteral durch die Darmschleimhaut (fast) nicht absorbiert; nennenswerte Mengen des Bleis am biochemischen Rezeptor, z.B. dem Enzym δ-Aminolävulinsäure-Dehydratase, sind nicht zu erwarten. Wenn die gleiche Bleimenge als Acetat oral aufgenommen wird, ist die enterale Aufnahmegeschwindigkeit so groß, daß vor der Ausscheidung hohe Bleikonzentrationen am Wirkungsort auftreten. Bei der Beurteilung des Bleigehalts im Tierfutter müssen also die jeweiligen Bindungsformen berücksichtigt werden. Da das im Einzelfall analytisch zu aufwendig sein würde, geht man bei der Beurteilung des Bleigehalts oder bei der Ermittlung von Schwellenwerten oder der Festsetzung von Grenzwerten von der (nahezu) vollständigen Bioverfügbarkeit dieses Metalls oder aller anderen Umweltchemikalien aus.

Akute Vergiftungen der landwirtschaftlichen Nutztiere kommen selten vor und stellen meist das Ergebnis einer Fahrlässigkeit durch den Tierhalter oder eines Unglücksfalls dar.

4.1.3 Gase

Immissions-Stoffe gelangen unbeabsichtigt in die unmittelbare oder mittelbare Umgebung der landwirtschaftlichen Nutztiere. Dabei handelt es sich in den überwiegenden Fällen nicht um den Eintrag einer einzelnen Substanz, sondern fast stets um Gemische unterschiedlicher oder zeitlich wiederholt wechselnder Zusammensetzung. Kombinationswirkungen sind also die Regel, aber nicht zu beschreiben und bei der Feststellung der Einflüsse der einzelnen Komponenten kaum zu berücksichtigen. Dieses wäre allenfalls möglich durch experimentell eingerichtete Umweltsimulationsmodelle unter Verwendung größerer Mengen der Substanzen als der praktischen Realität entspricht. Die Realität besteht in der (meist) kontinuierlichen Einwirkung kleinster Mengen der Immissionen. Die experimentelle Klärung der Kombinationswirkungen am landwirtschaftlichen Nutztier ist sehr aufwendig und daher kaum durchführbar.

Hier können nur solche Stoffe berücksichtigt werden, die als „Umweltchemikalien" tatsächlich auftreten können und nur daher eine umwelttoxikologische Bedeutung erlangen. Auf die Verwendung des Begriffes „Schadstoffe" wird hier verzichtet, da diese Bezeichnung bereits eine Wertung des Vorhandenseins beinhalten würde. Die allermeisten Stoffe kommen heute in Mengen vor, die unterhalb einer Schadensschwelle liegen. Diese Stoffe sind allenfalls „potentielle Schadstoffe", wenn nämlich besondere Bedingungen herrschen, insbesondere das Überschreiten der Wirkungsschwelle. Gleichwohl wird die Rechtsvorschrift zur oberen Begrenzung der tolerierbaren Mengen z.B. in Lebensmitteln „Schadstoff-Höchstmengenverordnung“ genannt, obwohl durch die Festlegung einer Grenze ausgeschlossen werden soll, daß ein Schaden auftritt. Die mit Höchstmengen versehenen Substanzen sind sicher keine Schadstoffe, sondern unerwünschte Fremdstoffe.

Die Immissionen werden durch landwirtschaftliche Nutztiere auf (a) inhalativem und (b) oralem Wege aufgenommen. Zum Weg (a) gehören Gase, Dämpfe, Aerosole und Stäube. Diese werden zunächst geschildert.

4.1.3.1 Kohlenmonoxid

Dieses Gas kann nur ausnahmsweise zu Vergiftungen bei landwirtschaftlichen Nutztieren führen, wenn die Tiere es in geschlossenen Räumen einatmen. Hier kann es durch unvollständige Verbrennung fossilen Materials in schlecht ziehenden Verbrennungsmotoren oder -öfen entstehen. Kohlenmonoxid (CO) verdrängt aufgrund einer sehr hohen Affinität zu den Bindungsstellen des Sauerstoffs am Hämoglobin (Hb) den Sauerstoff von diesem Molekül, es entsteht CO-Hb, das nicht mehr in der Lage ist, Sauerstoff in die Gewebe zu transportieren. Hier entsteht dann CO-konzentrations- und zeitabhängig ein Sauerstoffmangel, der durch massive Erweiterung der peripheren Blutgefäße ausgeglichen werden soll. Der Gewebsstoffwechsel läuft nun anaerob ab, wobei der Glukose-Abbau auf der Stufe von Laktat und Pyruvat stehen bleibt. Dadurch entwickelt sich eine Laktat-Azidose mit weiteren Störungen des Gewebsstoffwechsels. Die Steigerung der Atemtätigkeit infolge dieser Azidose (nicht durch Sauerstoffmangel, weil kein Kohlendioxid entstehen kann) als Kompensation reicht nicht zur Abhilfe aus, sondern verstärkt die Einatmung des CO. Wenn mehr als 0,01 Vol% CO in der Einatemluft vorhanden sind, sind erste Effekte zu erwarten. Diese werden manifest bei 0,1 Vol% und bestehen in Leistungseinbußen, Verminderung der Milch- und der Eilegeleistung. Therapeutische Maßnahmen zur Überwindung des akuten Vergiftungszustandes sind nicht üblich; die Verhütung der CO-Entstehung oder die sofortige Abfuhr durch intensive Lüftung im Tierstall stehen im Vordergrund der prophylaktischen Maßnahmen.

4.1.3.2
Kohlendioxid

Dieses Gas kann in der Landwirtschaft aus Gärungs- oder Zersetzungsprozessen in geschlossenen Räumen, z.B. in Jauchegruben oder Güllebehältnissen, auch in Futtersilos und Lagerräumen Ursache von Vergiftungen landwirtschaftlicher Nutztiere sein. Konzentrationen oberhalb 3 Vol% führen immer zu ausgeprägten Vergiftungserscheinungen. Diese bestehen in einer zentralnervösen Erregung, die schnell in Lähmung übergehen kann, und dann in einer Asphyxie (Zeichen der Atemnot durch Erregung von Chemorezeptoren im Glomus caroticum infolge des hohen CO_2-Gehalts des Blutes). Es gibt tierartliche Unterschiede der Empfindlichkeit. Wenn die folgenden Konzentrationen eingehalten werden, sind CO_2-Effekte nicht zu erwarten (Angaben in Vol%):

Lämmer 0,1; Kälber 0,2; Küken 0,25; andere Tierarten 0,35.

4.1.3.3
Schwefeldioxid

Vergiftungen mit diesem Gas sind allgemein nur möglich, wenn landwirtschaftliche Nutztiere in geschlossenen Räumen gehalten werden und dort beispielsweise eine Verbrennung fossiler Stoffe stattfindet. SO_2-Konzentrationen in der Umwelt sind nur ausnahmsweise als Ursache von Beeinträchtigungen in Betracht zu ziehen, da dort wirksame Konzentrationen im allgemeinen nicht erreicht werden.

Bei Wiederkäuern wird durch kontinuierliche langfristige Einatmung einer Luft mit 0,15 mg SO_2/m^3 Luft (= 0,056 ml/m^3) eine chronische Atemwegserkrankung erzeugt. Schweine sind viel weniger empfindlich. Ferkel reagieren bei 5 ml/m^3 mit vermehrtem Nasenausfluß; 10 ml/m^3 erzeugen heftige Reizungen der Atemschleimhäute, 35 ml/m^3 eine Verstärkung der Salivation und Rötung der Konjunktiven. Ziegen und Schafe reagieren mit metabolischen Störungen bei Einatmung von 1 ml SO_2/m^3 ohne Anzeichen einer Schleimhautreizung. Da sich Schwefeldioxid mit Kupfer-Ionen verbinden kann, wird dadurch eine Beeinflussung der Bioverfügbarkeit des essentiellen Metalls Kupfer erzeugt.

Als Grenzwert in gesunder Luft der Umwelt sollte für Tiere eine Konzentration von 1,5 mg/m^3 (= 0,56 ml/m^3) gelten. Im Schweinestall können bis 10 ml/m^3 (= 26 mg SO_2/m^3) toleriert werden.

4.1.3.4 Ammoniak

Das Gas NH_3 entsteht regelmäßig in Tierstallungen, abhängig von der Tierart und der Hygiene der Tierhaltung bzw. der Lüftungsintensität. Ammoniak ist wegen der starken Geruchsintensität weniger gefährlich als andere Gase, die auf diese Weise nicht wahrgenommen werden können. Beim Menschen liegt die Geruchsschwelle weit unterhalb der Gefahrenschwelle. In freier Atmosphäre entstehen bemerkenswerte Ammoniak-Konzentrationen nur in der Nähe von Tierhaltungen oder anderen technischen Prozessen, die dieses Gas freisetzen. Besonders hohe Konzentrationen treten in Tierstallungen auf. Eine Konzentration von mehr als 0,1 mg/Liter Luft (= 0,14 ml/m^3) wirkt auf Schleimhäute reizend. Die Effekte sind streng dosis- bzw. konzentrations- und zeitabhängig (Hartung 1990).

Ammoniak ist ein Reizgas. Es wirkt im oberen Atemtrakt und an der Augenbindehaut, weil es hier aufgrund der Wasserlöslichkeit von der feuchten Oberfläche aufgenommen wird. Es entstehen Tracheitis, Bronchitis und Konjunktivitis. Die dazu nötigen Konzentrationen hängen von der Tierart und von anderen Inhaltsstoffen der Luft ab. Hühner reagieren ab 20 ml/m^3 mit einer Abnahme der Futteraufnahme und der Gewichtsentwicklung, die Eilegeleistung wird beeinträchtigt, und respiratorische Erkrankungen treten vermehrt auf. Ab 30 ml/m^3 sind morphologische Veränderungen am Respirationsepithel sichtbar. Schweine vertragen Konzentrationen über 50 ml/m^3, Ferkel über 100 ml/m^3. Für Rinder und Schafe liegt die Schwellendosis ebenfalls zwischen 50 und 100 ml/m^3.

4.1.3.5 Andere Gase

Über die Wirkungen von Ozon, Schwefelwasserstoff, Methan und Stickoxiden auf landwirtschaftliche Nutztiere liegen keine Erkenntnisse vor, die eine Risikoabschätzung erlauben würden. Offensichtlich bestand für die Erarbeitung der für eine Beurteilung nötigen Unterlagen bisher kein Bedürfnis, so daß eine Bedeutungslosigkeit dieser Stoffe für landwirtschaftliche Nutztiere anzunehmen ist.

4.1.4 Schwermetalle

Stärker als die inhalative Belastung landwirtschaftlicher Nutztiere trägt die orale Belastung durch Umweltchemikalien zur Wahrscheinlichkeit einer nachteiligen Wirkung bei. Quantitativ wird der orale Weg über Futter und Tränkwasser mit 80 bis 99% der Gesamtbelastung geschätzt. Die Bedeutung und die Wirkungen sind von zahlreichen Faktoren abhängig. Den größten Einfluß hat die Bioverfügbarkeit, d.h. das Ausmaß der enteralen Absorption, die je nach Stoff oder Verbindungsform unterschiedlich ist und zudem von der Zusammensetzung des Darminhalts beeinflußt werden kann.

Der Schwermetall-Begriff ist physikochemisch definiert (spezifische Dichte über 5), nicht toxikologisch. Schwermetalle stellen weder nach chemischen noch nach biologisch-toxikologischen Kriterien eine einheitliche Substanzgruppe dar. Allen Schwermetallen ist aber eine eigene Affinität des ionisierten Teils der im Organismus vorhandenen Gesamtmenge zu Sulfhydryl-, Carboxyl- oder Hydroxylgruppen eigen, die meist Bestandteile von Proteinen sind. Überschußmoleküle in den tierischen Zellen, wie Glutathion oder Struktur-Eiweiße, werden in ihrer Funktion nicht beeinflußt. Handelt es sich aber bei den Bindungspartnern um Enzyme, so kommt es durch diese Bindung zu einer Hemmung der Aktivitäten der Enzyme. Die einzelnen Schwermetalle unterscheiden sich erheblich in ihrer Stärke zur Komplexbildung und in der Bevorzugung unterschiedlicher Enzymsysteme. Die biologischen Auswirkungen der nicht essentiellen Schwermetalle sind ziemlich unspezifisch (Edward u. Dooley 1981).

Zu den umwelttoxikologisch relevanten Schwermetallen zählen in der Reihenfolge absteigender Bedeutung: Blei und Cadmium; Arsen° und Quecksilber; Thallium und Chrom*; Zink* und Nickel*; Eisen* und Kupfer*; Selen*°, Vanadium* und Molybdän*; Beryllium, Kobalt*, Antimon, Zinn* und Mangan*.

Die industrielle oder gewerbliche Nutzung von Schwermetallen bedingt ein mittelbares oder unmittelbares Auftreten der genannten Stoffe in der Umgebung der landwirtschaftlichen Nutztiere (s. Kap. 1.6). Der Eintragspfad kann das Tränkwasser sein, wobei dann eine gewisse Wasserlöslichkeit der Schwermetallverbindung Voraussetzung ist. In den meisten Fällen fallen die Schwermetallverbindungen als Staub auf die Oberflächen der Vegetation, die den Tieren sofort zur Verfügung ste-

* essenziell, ° Metalloid

hen kann. Hier ist die äußere Kontamination blattreicher Pflanzen die Ursache für die Exposition der Tiere (z.B. bei Blei). Eine weitere Quelle der Kontamination der Tiere ist der mit Schwermetallen versetzte Boden, auch geogen bedingt, aus welchem die für die Nahrung der Tiere dienenden Pflanzen diese Verbindungen mit ihren Wurzeln aufnehmen (z.B. bei Cadmium).

4.1.4.1 Blei

Das aus umwelttoxikologischer Sicht wichtigste Schwermetall Blei verliert in den letzten Jahren erheblich an Bedeutung. Die Verwendung des Bleis in Industrie, Technik und Kraftfahrzeugverkehr ist stark zurückgegangen oder nicht mehr erlaubt. Dieses drückt sich in der Abnahme der Bleimengen in pflanzlichen und von Tieren stammenden Lebensmitteln und auch im Bleigehalt des menschlichen Blutes aus. Daher hat Blei jetzt nur eine lokal begrenzte Bedeutung für landwirtschaftliche Nutztiere, wenn diese in einer industriell belasteten Gegend gehalten werden müssen (Edward u. Dooley 1981).

Blei wird von den Tieren zum allergrößten Teil oral mit dem kontaminierten Futter aufgenommen; höchstens 10% der Körperdosis werden als bleihaltiger Staub inhaliert.

In Abhängigkeit von der Art der Bleiverbindung werden 0,5 bis höchstens 10% enteral absorbiert. Das Ausmaß der Aufnahme hängt auch von der Zusammensetzung des Darminhalts ab. So vermindert der Kalziumgehalt eine Blei-Aufnahme. Vitamin D fördert sie dagegen. Auch Peptide und Sulfhydrylhaltige Moleküle binden bereits im Magen-Darm-Kanal das Blei und entziehen es dadurch einer Absorption.

Mit dem Blut, wo Blei an Eiweiße und die Erythrozytenoberfläche gebunden wird, verteilt sich Blei im tierischen Organismus abhängig von der Durchblutungsgröße in verschiedenen Geweben unterschiedlich. Während des Transports ist ein Teil ionisiert und entfaltet dadurch Wirkungen, da dieser Teil sich auch an Enzyme bindet, die dadurch inaktiviert werden.

Blei lagert sich unmittelbar nach der enteralen Absorption über die Pfortader vor allem zunächst in der Leber schnell ab. Dieser Teil hat noch keine Auswirkungen auf den Rest des Körpers gehabt. Eine Ansammlung findet weiter in der Niere während des Ausscheidungsvorgangs statt. In beiden Geweben bleibt Blei längere Zeit, so daß eine Kumulation während der kontinuierlichen Aufnahme abläuft. Dieses ist der Fall, wenn die aufgenommene Menge höher ist als die während der gleichen Zeit ausgeschiedene Menge. Die Ausscheidungskapazität für

Blei ist offensichtlich begrenzt, so daß überschüssiges Blei in den beiden erwähnten Geweben, vor allem aber dann für längere Zeit in den Knochen, abgelagert wird.

Wenn die täglichen Bleimengen bei Rindern 0,2 mg/kg Körpergewicht nicht übersteigen, ist ein Äquilibrium zwischen Aufnahme und Ausscheidung anzunehmen. Diese Dosis führt zu einer Blutkonzentration von 50 µg Blei/100 ml. Es kommt aber hierbei zu transienten Wirkungen durch Enzymhemmungen, die sich noch nicht nachteilig auf Tiere auswirken, zumal eine gewisse Adaptation an geringe Bleimengen durch Neusynthese der inaktivierten Enzymsysteme möglich ist.

Blei lagert sich in den wachsenden oder stets umgebildeten Teilen der Knochen ab, in der Substantia spongiosa, nicht in der Substantia compacta. Dieser Vorgang wird als Elimination genutzt, wenn der Blutspiegel 50 µg/100 ml übersteigt. Es wird hier wie Kalzium in den Knochenaufbau integriert. Das eingelagerte Blei ist zwar an dieser Stelle biologisch unwirksam, kann aber im Falle einer Anregung des Kalziumstoffwechsels infolge erhöhten Kalziumbedarfs (Gravidität, Laktation, körperliche Belastung, Futterumstellung, Hungerperioden) auch zusammen mit Kalzium wieder freigesetzt werden und dann akute Effekte hervorrufen. Gleiche Einlagerungen finden in den Haaren statt, die für eine chemische Analyse herangezogen werden können.

Die akuten Bleiwirkungen bei landwirtschaftlichen Nutztieren treten nur nach der Aufnahme ungewöhnlich großer Mengen im Grammbereich auf, wie z. B. nach dem Ablecken von frisch mit Mennige gestrichenen Metallgegenständen (z. B. Telegrafenmasten). Akute Schübe einer ansonst chronischen subklinischen Vergiftung sind möglich nach der Freisetzung des in Knochen abgelagerten Bleis infolge einer Erhöhung des Kalziumbedarfs (s. o.). Die Symptome einer akuten Wirkung sind unspezifisch: Kolik durch starke Darmkontraktionen, Bewegungsstörungen durch Erregung (tollwutähnlich) bis zur Lähmung. Der Verlauf ist schnell und dramatisch und kann tödlich im Kreislaufkollaps enden. Während Blei sich vorwiegend in Leber, Nieren und Knochen findet, sind die Muskulatur und andere eßbare Gewebe sowie die von solchen Tieren gewonnene Milch für den menschlichen Genuß geeignet, da Blei hier die tolerierbaren Konzentrationen nicht übersteigt.

Die chronische Bleivergiftung stellt die häufigste Form der Belastung bei landwirtschaftlichen Nutztieren dar; sie ist das Wesen dieser Erkrankung. Die Erscheinungen sind unspezifisch und wenig aussagekräftig für eine Diagnose. Verändertes Verhalten, eigenartige Körperhaltung, Kachexie, Anämie und neurologische Ausfallserscheinungen können Hinweise geben, wenn aus anderen Gründen (bei Rindern in belasteten Gebieten) ein Verdacht einer Bleivergiftung besteht.

Die Empfindlichkeit der landwirtschaftlichen Nutztiere gegenüber Blei ist tierartlich unterschiedlich. Jungtiere (Kälber), Rinder und andere Wiederkäuer (Schaf, Ziege) sowie junge Pferde stehen an der Spitze der Empfindlichkeit. Bei Schweinen, Hunden, Katzen, Hühnern, Enten und Gänsen kommen Bleivergiftungen weniger vor, weil die dafür nötigen Mengen höher liegen als bei den Tierarten der erstgenannten Gruppe.

Die für die Auslösung einer chronischen Bleivergiftung nötigen Schwellendosen betragen bei Rindern 0,2 mg/kg · Tag, entsprechend einer Tagesfutter-Konzentration von 10 mg/kg Futter Trockensubstanz (mit 12% Restfeuchte) bis zu 0,5 mg/kg · Tag, entsprechend 30 mg/kg in der Futterration. Die erstgenannte Dosis führt nicht zu meßbaren Effekten, die zweitgenannte Menge löst biochemisch meßbare Hemmungen lebenswichtiger Enzyme aus, ohne allerdings bereits klinische Anzeichen einer Bleivergiftung zu erzeugen.

Bei allen Nutztieren ist die Bleiwirkung dosisabhängig. Bei Rindern treten folgende Auswirkungen auf (VDI-Kommission zur Reinhaltung der Luft) (s. Tab. 4.1-1).

Diese Daten stellen Orientierungswerte dar, da im Einzelfall durch besondere Umstände (Alter, Nutzungsgrad, Futterzusammensetzung, besonders Mineralstoffgehalt) auch andere Schwellenwerte gültig sein mögen.

Eine einmalige oder kurzfristige, d. h. einige Tage bis höchstens eine Woche anhaltende erhöhte tägliche Aufnahme von 2 bis 5 mg/kg Körpergewicht, bleibt wegen des langsamen Absorbtionsvorgangs noch ohne Auswirkungen, wenn anschließend wieder Futter mit normaler Bleimenge (< 10 mg/kg Futtertrockenmasse) aufgenommen wird.

Die Feststellung der chronischen Bleivergiftung bei landwirtschaftlichen Nutztieren ist allein aufgrund der Symptomatik nicht möglich

Tabelle 4.1-1.

	Tagesdosis (mg/kg Körpergewicht)	Futterkonzentration (mg/kg Trockenmasse)
ohne Wirkungen	< 0,2	10
Enzymhemmung, kompensierbar	< 0,5	30
nicht kompensierbare Hemmung	1	50
Leistungsminderung	2	100
Klinische Vergiftung	5	250
Todesfälle	9	450

und nicht beweisfähig. Die chemische Analyse des Futters bzw. des Tränkwassers stellt nur das Ausmaß der Exposition fest. Der Beweis einer Wirkung ist damit nicht erbracht. Für die Beurteilung der Bleigehalte im Tränkwasser gilt die folgende Rechnung: Bei einem Bleigehalt von 1 mg/L und der täglichen Aufnahme von 100 Liter nimmt eine Kuh damit 100 mg Blei auf. Bei einem Körpergewicht von 500 kg beträgt die Tagesdosis 0,2 mg/kg Körpergewicht. Diese Menge ist als unwirksam zu betrachten, selbst unter der Annahme einer hohen Verfügbarkeit der wasserlöslichen Bleiverbindung. Diese Berechnung gilt nur, wenn Tränkwasser als alleiniger Expositionsweg in Frage kommt. Sonst wäre der genannte Schwellenwert im Tränkwasser von 1 mg/L auf 0,5 oder 0,1 mg/L zu reduzieren.

Eine weitere Möglichkeit der Diagnose einer chronischen Bleivergiftung besteht in der chemischen Bestimmung des Bleigehalts im Blut der Tiere. Eine Konzentration von weniger als 50 µg/100 ml bedeutet eine stattgehabte Kontamination (Normalwerte würden weit unter 10 µg/100 ml liegen), löst aber noch keine nachteiligen Wirkungen aus. Im Harn haben Konzentrationen bis 0,1 mg/L keinen Krankheitswert. In beiden Fällen sind aber wiederholte Messungen erforderlich, da die Meßwerte Schwankungen unterliegen und deren Höhe auch von der vorausgegangenen Futteraufnahme abhängt. Die Bestimmungen des Bleigehalts in der Leber von gestorbenen, getöteten oder geschlachteten Tieren oder nach Biopsie werden ebenfalls zur Beweisführung herangezogen. Konzentration von < 2 mg/kg Leber (Frischgewicht) oder < 10 mg/kg Trockengewicht werden als nicht wirksam angesehen.

Schließlich kann die Wirkung des Bleis im lebenden Organismus durch Bestimmung des Enzyms δ-Aminolävulinsäure-Dehydratase (ALA-D) im Blut bzw. genauer in den Erythrozyten herangezogen werden. ALA-D ist in die Synthese des roten Blutfarbstoffs Häm eingeschaltet und synthetisiert durch Dehydrierung der Aminolävulinsäure das Folgeprodukt Porphobilinogen (Hapke u. Prigge 1973).

Normalerweise werden die folgenden Aktivitäten dieses Enzyms gemessen (Angaben in IU = International Units per Liter Blut) (s. Tab. 4.1-2)

Tabelle 4.1-2.

Spezies	Mensch	Rind	Hund	Schwein	Pferd	Kaninchen
IU/L	20–40	3–12	5–20	22–45	0	65

Eine Vergiftung von Rindern durch Blei ist anzunehmen, wenn die Aktivität der ALA-D unter 1 IU (entsprechend einer früheren Dimension von 30 μMol PBG/L Ery · h) abgesunken ist. 1 IU ist die Menge an Porphobilinogen, die in 1 L Erythrozyten in 1 Stunde gebildet wird. Klinische Erscheinungen sind mit dieser Feststellung zunächst nicht verbunden. Bei einer Belastung können solche Tiere aber Zeichen eines akuten Schubs zeigen.

Die Messung der ALA-D bei verschiedenen Tieren kann auch die generelle Bleibelastung ganzer Rinderpopulationen wiedergeben, wobei sowohl lokale als auch zeitliche Unterschiede erkennbar werden. Durch industrielle Blei-Emissionen oder infolge eines großen Kraftfahrzeugaufkommens zeigte rund die Hälfte aller Kühe 1977 in bestimmten Gegenden eine gehemmte ALA-D-Aktivität auf (< 3 U/L), während 20 Jahre später bei nur 15% der dort gehaltenen Kühe eine solche Hemmung beobachtet wurde (Hapke 1994).

Andere Untersuchungsdaten zur Feststellung einer Bleibelastung entstammen der Hämatologie. Es werden im venösen Blutbild basophile Tüpfelzellen und Retikulozyten gesehen, beide Typen als Ergebnis einer schnellen Erythrozytenreifung infolge einer Anämie, allerdings auch anderer Ursache.

Als Wirkung wird auch die Kumulation des Bleis in verzehrbaren Geweben angesehen, wodurch diese für den Verzehr durch den Menschen unbrauchbar werden können. Leber und Niere sowie die Knochen müssen dann nach lebensmitteltoxikologischen Aspekten beurteilt werden. Hier sind die Konzentrationen abhängig von der Bleimenge im Futter und der Dauer der Exposition. Der Ernährungsbericht 1992 wies die folgenden Bleikonzentrationen in von Tieren stammenden Lebensmitteln auf (s. Tab. 4.1-3).

Das Schwein weist geringere Bleimengen auf, weil es bereits mit etwa 6 Monaten geschlachtet wird. Rinder werden dagegen in einem höheren Alter geschlachtet (Mastbullen 18 bis 24 Monate, Milchkühe nach mehreren Jahren). Als Wild werden hier verschiedene Tierarten zusammengefaßt. Die hohe Belastung der Hasen, Rehe und Hirsche rührt von der ungeschützten Exposition dieser Tiere gegenüber der ungereinigten Vegetation her, während die unter kontrollierten Bedingungen gehaltenen landwirtschaftlichen Nutztiere kontrolliertes Handelsfutter oder solche Vegetation als Grünfutter aus dem eigenen Betrieb erhält, das wenig belastet ist (Vreman et al. 1986, 1988).

Im Ernährungsbericht 1996, der die Meßergebnisse der Jahre von 1992 bis 1995 umfaßt, werden die folgenden mittleren Bleikonzentrationen angegeben (s. Tab. 4.1-4).

Tabelle 4.1-3.

Gewebe	Mittelwert	98. Perzentil
Muskulatur:		
Rind	0,01	0,04
Schwein	0,008	0,02
Wild	1 bis 2	13 bis 48
Leber:		
Rind	0,16	0,64
Schwein	0,08	0,56
Wild	0,6	15 bis 72
Nieren:		
Rind	0,26	0,77
Schwein	0,08	0,51
Wild	0,18	2,6

Tabelle 4.1-4.

	Rind	Schwein
Leber	0,19	0,25
Nieren	0,07	0,15
Fleisch	0,05	0,01

Gegenüber den Untersuchungsbefunden des Ernährungsberichts 1992 ist eine weitere Abnahme der Bleimengen in Lebensmitteln tierischer Herkunft festzustellen. Die gegenwärtige Situation ist dadurch ausgezeichnet, daß in den meisten Untersuchungsproben die Bleigehalte unterhalb der chemischen Nachweisgrenze liegen und Unterschiede zwischen Rind und Schwein nicht mehr erkennbar sind. Diese Ergebnisse zeigen, daß heute die Bedeutung des Bleis für landwirtschaftliche Nutztiere und den Konsumenten der von Tieren stammenden Lebensmittel gegenüber früheren Jahren erheblich zurückgegangen ist.

Um zu vermeiden, daß Blei für landwirtschaftliche Nutztiere nachteilige Wirkungen entfalten kann, muß dafür gesorgt werden, daß das Tierfutter die folgenden Konzentrationen nicht übersteigt (VDI-Richtlinie zum Schutz landwirtschaftlicher Nutztiere; Angaben in mg/kg Trockenmasse):

Kalb	20
Milchkuh	40
andere Wiederkäuer	30
Schwein	5

Diese Werte sind sowohl aus den Schwellen für die Wirkung (Kalb, Milchkuh und andere Wiederkäuer wie Schaf) als auch aus der Schwelle für die Ansammlung in verzehrbaren Geweben (Schwein) abgeleitet worden. Im Tränkwasser sollte die Bleikonzentration 0,2 mg/L für Schweine und 0,4 mg/L für Rinder nicht übersteigen. Auf eine ausreichende Versorgung der Tiere mit Kalzium, Eisen, Kupfer, Zink, Selen und Eiweißen ist in gefährdeten Tierbeständen zu achten.

4.1.4.2 Cadmium

Vergiftungen der landwirtschaftlichen Nutztiere durch Cadmium sind nur ausnahmsweise denkbar und in der Praxis bisher in Deutschland nicht beobachtet worden. Alle Kenntnisse stammen aus Tierexperimenten oder aus älteren Vergiftungsfällen im Ausland. Vergiftungen sind möglich durch versehentliche Aufnahme des für viele technische Maßnahmen verwendeten Metalls oder seiner Verbindungen. Die den Tieren als Nahrung zur Verfügung stehenden Pflanzen nehmen Cadmium mit ihrem Wurzelsystem aus dem Boden auf; eine Kontamination der Oberfläche durch Staub findet kaum statt (Ewald u. Dooley 1981).

Der Aufnahmeweg erfolgt mit dem Futter oral. Aus dem Verdauungstrakt wird dieses Element nur sehr langsam absorbiert (bei Wiederkäuern weniger als 1% der verzehrten Menge). Cadmium wird dann im Blut an Proteine über Sulfhydrylgruppen (SH-) sowie an das zinkhaltige und SH-reiche Metallothionein gebunden. Auf dem Ausscheidungswege in der Niere wird dieser Komplex wieder getrennt und Cadmium in der Nierenrinde abgelagert; die renale Ausscheidung ist unvollständig. Daher sammelt sich Cadmium hier zeitabhängig an. Ältere Tiere haben viel höhere Cd-Konzentrationen in der Nierenrinde als Jungtiere. Eine Speicherung findet auch in der Leber statt, nicht dagegen in der Muskulatur. Mit der Milch wird Cadmium nicht ausgeschieden. Eine zeitabhängige Kumulation findet auch in der Darmschleimhaut, im Pankreas und in Hautanhangsgebilden (Haaren) statt. Bei Pferden scheint ein anderer, bisher nicht untersuchter Weg des Cadmiums durch den Körper stattzufinden. Bei dieser Tierart werden auch vergleichsweise hohe Konzentrationen in der Skelettmuskulatur gemessen (AG Carry over toxischer Elemente 1986; Hapke et al. 1977; Schenkel 1990).

Cadmium hemmt zahlreiche Enzyme, die in intermediäre Stoffwechselprozesse eingeschaltet sind. Dabei besteht ein funktioneller Antagonismus zu anderen Elementen, wie Zink, Kupfer, Eisen und Selen. Diese essentiellen Metalle können daher die Effekte des Cadmiums abschwächen, bzw. bei Mangel an diesen Spurenelementen ist eine Cadmiumwirkung stärker ausgeprägt.

Die Erscheinungen einer chronischen Cadmiumvergiftung sind unspezifisch. Im Vordergrund stehen Störungen epithelialer Wachstumsprozesse. Bei Schweinen wird eine Störung der Verhornung der äußeren Hautschichten (Parakeratose) beobachtet, ein Symptom, das auch bei Zinkmangel auftritt. Weiter wird bei männlichen Säugetieren eine Hodenepitheldegeneration beobachtet, die zu Sterilität z. B. von Bullen führt. Bei weiblichen Vögeln tritt eine Ovardegeneration auf, die ebenfalls Ursache einer Unfruchtbarkeit ist. Hier sistiert die Eibildung infolge einer Eierstocks-Atresie, die bei 50 mg/kg Futter eintritt (Nezel u. Vogt 1977).

Unspezifische Effekte betreffen die Wachstumsminderung, Abnahme der Futteraufnahme sowie (auch beim Mensch nach industriell bedingter Exposition) Osteoporose und Osteomalazie. Diese schmerzhaften Vorgänge gehen mit einer erhöhten Gefahr von Knochenfrakturen einher. Eine Nephropathie mit entsprechenden Nierenfunktionsstörungen, Hypokalzämie mit Hyperkalzurie sind mit Mineralstoffwechselstörungen verbunden.

Eine Diagnose der Cadmiumvergiftung ist am Tier nicht ohne weiteres möglich, da die Symptomatik unspezifisch ist. Wenn diese durch Ergebnisse chemischer Untersuchungen des Futters und der Anamnese der Umgebung gestützt werden und die Erscheinungen der Nierenfunktionsstörungen (Protein- und Glukosurie) hinzukommen, wird die Wahrscheinlichkeit einer Cadmiumvergiftung erhöht. Im Harn tritt (beim unter der Cadmiumeinwirkung stehenden Industriearbeiter näher untersucht) ein niedermolekulares Eiweiß mit einem Mol-Gewicht von 10 Kilo-Dalton, das „Minialbumin", auf. Bei Legehennen wird eine Abnahme der Eischalenstabilität beobachtet (Glaser et al. 1978).

Toxische Effekte sind zu erwarten, wenn die Futterration 30 mg/kg Trockenmasse (mit 12% Restfeuchte) enthält. Eine Kumulation besonders in der Nierenrinde findet aber schon statt, wenn das Futter mehr als 2 mg/kg aufweist. Zwischen der Dosis und den Effekten besteht ein linearer Zusammenhang. Die folgenden Angaben stellen Dosierungen in mg/kg Körpergewicht und Tag dar, deren Überschreitung die beiden Effekte hervorrufen (= Schwellendosen; VDI-Kommission Reinhaltung der Luft; Vogt et al. 1977) (s. Tab. 4.1-5).

Die Cadmiumeffekte hängen stark von der Anwesenheit anderer Elemente ab (s. o.). Daher können die in der Tabelle angeführten Daten je nach Futterzusammensetzung bzw. -qualität variieren.

Bei der Aufstellung von tolerierbaren Konzentrationen von Cadmium im Tierfutter kann bei landwirtschaftlichen Nutztieren nicht von

Tabelle 4.1-5.

Tierart	Leistungsbeeinflussung	Kumulation in Geweben
Rind	0,8 bis 1,5	0,02
Schaf	0,6 bis 2,5	0,025
Schwein	1,5	0,6
Huhn	0,04 bis 0,4	0,03 bis 0,07
Pferd	0,2 ?	0,01 bis 0,1

der Leistungsbeeinflussung als Kriterium ausgegangen werden, sondern von der Kumulation in den Geweben, die der menschlichen Nahrung dienen, insbesondere in Leber und Nieren. In der als Fleisch verzehrten Skelettmuskulatur und im Fettgewebe finden keine Ablagerungen statt; mit der Milch und in den Eiern wird Cadmium nicht in nennenswerten Mengen ausgeschieden. Nur beim Pferd kumuliert Cadmium auch bei niedriger Exposition in der Muskulatur, sogar bei jungen Tieren, wenn die oben genannten Konzentrationen erreicht werden (Ryan et al. 1982; Vreman et al. 1986, 1988).

Im Tierfutter sollen Konzentrationen nicht überschritten werden, die die Einhaltung von „Richtwerten", die das frühere Bundesgesundheitsamt für einige Elemente aufgestellt hat, gewährleisten. Diese betragen für Leber 0,5 mg/kg Frischsubstanz für Rind und Schwein. Daraus resultiert die Festsetzung der Toleranzen für Cadmium im Tierfutter (VDI-Richtlinie; Angaben in mg/kg Trockenmasse mit 12% Restfeuchte):

Rind 0,8; Kalb 0,6; Schwein 0,6; Schaf 0,6; Huhn 0,5; Pferd 0,4.

Tränkwasser soll Konzentrationen von 0,02 mg/L nicht überschreiten.

Die Normalgehalte des Futters auf Getreidebasis betragen weniger als 0,1 mg/kg Trockenmasse, auf der Basis von Weideaufwuchs und von Silage weniger als 0,2 mg/kg. Dadurch sind Ansammlungen von Cadmium in Lebensmitteln tierischer Herkunft nicht zu befürchten. Daher betragen die Cadmiumgehalte in der Rinderniere höchstens 0,8 mg/kg (90. Perzentil), in der Rinderleber 0,16, in der Schweineniere 0,6 und in der Schweineleber 0,1 mg/kg Frischsubstanz; in der Muskulatur liegen die Cadmiumkonzentrationen unterhalb der Nachweisgrenzen (Ernährungsbericht 1996).

4.1.4.3 Quecksilber

Dieses Schwermetall spielt für landwirtschaftliche Nutztiere vorwiegend als Wasserverunreinigung aus Industrieanlagen eine umwelttoxikologische Rolle. Von besonderer Bedeutung ist Quecksilber in organischen Bindungsformen, da diese aufgrund der hohen Lipophilie schnell biologische Membranen durchdringen und sich im tierischen Organismus ausbreiten können. Sie sind daher toxischer als anorganische Verbindungen oder gar als das metallische Quecksilber, das in dieser Form keine Rolle spielt. In der Ökosphäre kommen mikrobiell bedingte Umwandlungen der anorganischen in organische Bindungsformen vor, wodurch die Giftigkeit ansteigt. Daher kommen auch in der Natur stets Mischungen verschiedener Quecksilberverbindungen vor, die in ihrer Gesamtheit nicht zu beurteilen sind. Es wird daher bei der umwelttoxikologischen Beurteilung immer von der toxischsten Verbindung, dem Methyl-Quecksilber, ausgegangen. Das metallische Quecksilber, Quecksilber(II)chlorid (Kalomel, Hg_2Cl_2) oder Quecksilbersulfid HgS sind die unwirksamsten Verbindungen. Während die kurzkettigen organischen Verbindungen zu etwa 70% enteral absorbiert werden, werden die eben genannten anorganischen Bindungsformen enteral nur in Spuren absorbiert und sind somit praktisch unwirksam; sie lösen allenfalls lokale Effekte an der Darmschleimhaut-Oberfläche aus (Hapke 1988; Kühnert 1991). Kalomel war früher ein Abführmittel.

Tägliche Gaben von 0,4 mg Hg/kg Körpergewicht als Methyl-Hg führen bei Kälbern zu einer tödlichen Vergiftung. Pferde, Schweine und Hühner vertragen höhere Dosen. Pferde und Rinder werden nach 5 g $HgCl_2$ (wasserlösliches Sublimat) schwer vergiftet, während bei den gleichen Tierarten mehr als 10 g Hg_2Cl_2 (wasserunlösliches Kalomel) symptomlos vertragen wird. Für Schweine sind Mengen von 20 bis 100 mg Quecksilber als Methyl-Hg toxisch.

Chronische Vergiftungen sind bei landwirtschaftlichen Nutztiere nicht bekannt; sie sind nur im Experiment untersucht worden. Es kommt dabei zu lokalen Reizwirkungen im Magen-Darm-Trakt, zu Störungen des zentralen und peripheren Nervensystems und zu Nierenfunktionsstörungen (Polyurie, dann Oligurie, später Anurie). Subakute oder semichronische Vergiftungen können auftreten nach Verfütterung von mit Hg-haltigen Mitteln gebeiztem Getreide (heute nicht mehr verwendet). Hierbei traten Nieren- und nervöse Störungen auf.

Der toxische Wirkungsmechanismus besteht in einer Bindung des ionisierten Quecksilbers an sulfhydrylhaltige Aminosäuren innerhalb der Proteine, z.B. in Enzymen des Kohlenhydratstoffwechsels im ZNS

Tabelle 4.1-6.

Tierart	Dosis	Erscheinungen
Wiederkäuer	0,1 mg/kg Kgew.	ZNS-Störungen, Abmagerung
	0,2 mg/kg Kgew.	Ataxien, Todesfälle
Schwein	0,5 mg/kg Futter	Leberveränderungen
Huhn	2 mg/kg Futter	Abnahme der Eiergewichte
	5 mg/kg Futter	Abnahme der Legeleistung und der Schalenstabilität
	10 mg/kg Futter	Todesfälle

mit entsprechenden Aktivitätseinschränkungen. Die Ausbreitungskinetik hängt von der Stärke der Lipophilie der Hg-Verbindungen bzw. von ihrer Polarität ab.

Chronische Wirkungen bestehen in einer mangelhaften Gewichtszunahme oder im Gewichtsverlust, in Apathie, Anämie, zentralnervöser Depression, Ataxie, weiter in Freß- und Schluckbeschwerden. Dann sind Blutkonzentrationen von 1 mg Hg/L zu messen. Diese Effekte sind dosisabhängig. Für Methyl-Quecksilber mit hoher Bioverfügbarkeit bestehen die folgenden Zusammenhänge (VDI/DIN Handbuch): (s. Tab. 4.1-6).

Bereits geringere Dosen führen aber zu einer Ansammlung von Quecksilber in verzehrbaren Geweben bzw. der Milch und den Eiern (Nezel et al. 1980). Als Maß tolerierbarer Konzentrationen in Lebensmitteln können die Richtwerte des früheren Bundesgesundheitsamtes herangezogen werden: Leber 0,1, Fleisch 0,03, Eier 0,03 mg/kg Frischgewicht. Diese Werte werden nicht erreicht, wenn Quecksilber im Tierfutter die Tagesdosen von 0,002 mg/kg bei Rind, Schaf und Schwein sowie von 0,001 mg/kg bei Legehennen nicht überschreiten. Daraus lassen sich die folgenden Toleranzen für Quecksilber im Tierfutter ableiten (Crössmann 1980; Vreman et al. 1986, 1988; VDI-Richtlinien):

Rind	0,1 mg/kg Futter-Trockenmasse
Schaf	0,05
Schwein	0,08
Legehenne	0,02

Tränkwasser soll die Konzentration von 0,001 (Schweine) bzw. 0,002 (Rinder) mg/L nicht überschreiten.

Bei diesen Dosierungen sind nachteilige Wirkungen auf landwirtschaftliche Nutztiere noch nicht zu erwarten.

4.1.4.4 Arsen

Dieses Element verhält sich chemisch-physikalisch anders als die hier dargestellten Schwermetalle; es zählt zu den Metalloiden und ist wegen der Dichte von 4,5 streng genommen kein Schwermetall. Es ist vielleicht für einige Tierarten essentiell, so daß Mengen bis 50 µg/kg Futter-Trockenmasse notwendig zu sein scheinen. Arsen spielt eine umwelttoxikologische Rolle auch als Verunreinigung im Tränkwasser. Wegen der verschiedenen Wertigkeiten und Verbindungstypen dieses Elements sind einheitliche Angaben zur Toxizität von Arsen nicht möglich. Organische Bindungen sind weniger toxisch als anorganische. As^{III} ist toxischer als As^{V}. Außerdem tritt nach wiederholter Aufnahme eine gewisse Gewöhnung an geringe Mengen auf.

Bei der umwelttoxikologischen Betrachtung wird Arsentrioxid als Immissionsstoff herangezogen; alle übrigen Arsenverbindungen sind weniger toxisch. As_2O_3 setzt sich als Staub im Industrierauch über die Luft auf der Oberfläche der Vegetation nieder und erhält dadurch eine lokal begrenzte Bedeutung. Eine Kontamination des Tierfutters kann durch die Verwendung von Fischmehl bei Schweinen und Geflügel erfolgen, da dieses As-reich sein kann (Suhren u. Kreuzer 1979).

Arsen wird in seinen Verbindungen enteral schnell absorbiert, während die Ausscheidung langsam verläuft; dadurch kommt es zu einer langsamen Ansammlung im tierischen Körper unter Bevorzugung der Leber.

Akute Vergiftungen werden bei landwirtschaftlichen Nutztieren erst im Grammbereich ausgelöst (Pferd, Rind 20 g Arsenik, Schaf, Schwein 1 g, Huhn 0,3 g), so daß solche Ereignisse zu den Seltenheiten zählen.

Ob chronische Vergiftungen bei Nutzieren auftreten, ist nicht bekannt. Im Experiment werden unspezifische Erscheinungen beobachtet, die auf eine Störung des intermediären Stoffwechsels zurückzuführen sind: Appetitmangel, Gewichtsverluste, Gastroenteritis und Darmgeschwüre, Hautveränderungen, Störungen der Fortpflanzung, Minderung des Milchertrages, Haarausfall. Der Wirkungsmechanismus besteht in der Hemmung verschiedener Enzyme über eine Inaktivierung SH-haltiger Aminosäuren im Proteinmolekül der Enzyme, insbesondere solcher, die in den Kohlenhydratstoffwechsel eingeschaltet sind. Das bedeutet eine Hemmung der Zellatmung. Die Lähmung von Kapillaren und allgemeine Vasodilatation führen zum Kreislaufschock.

Eine Diagnose läßt sich durch Arsenbestimmung in den Haaren stellen. Wenn diese mehr als 0,3 µg/g enthalten, ist eine Exposition des Tieres anzunehmen; das Blut enthält dann mehr als 0,03 mg/100 ml.

Die Kumulation von Arsen in den für den Menschen als Nahrung dienenden Geweben ist das Maß für die Begrenzung der Arsengehalte im Tierfutter. Sie ist am stärksten ausgeprägt bei wasserlöslichen anorganischen Verbindungen und findet in Leber und Nieren statt, weniger in Muskulatur, Milch und Eiern. Die Toleranzen betragen für alle landwirtschaftlichen Nutztiere 2 mg/kg Futter-Trockensubstanz, entsprechend einer Tagesdosis von 0,05 (Rind, Schwein) bzw. 0,1 (Schaf, Huhn) mg/kg Körpergewicht. Es wird dabei angenommen, daß Arsen dann als hoch verfügbare Verbindung vorliegt. Die Gesundheit und Leistungsfähigkeit der Nutztiere wird dabei aber noch nicht beeinträchtigt (Crössmann 1981; Dhillon et al. 1989; VDI/DIN Handbuch)

4.1.4.5
Thallium

Thalliumverbindungen (z.B. Sulfat) wurden früher als Rodentizid verwendet, sie haben heute allenfalls lokale Bedeutung, wenn das Metall nach technischer Verwendung freigesetzt wird. Eine direkte geogene Belastung ist trotz unterschiedlicher Verteilung in der Erdkruste nicht bekannt. Je nach Art der Verbindung wird Thallium enteral unterschiedlich schnell absorbiert. Wenn die renale Exkretion mit dem Urin nach Überschreiten einer Kapazität geringer ist als die Aufnahme, findet eine langsame Kumulation im tierischen Organismus statt. Thallium wird auch über die Verdauungsdrüsen der Darmschleimhaut ausgeschieden und dann erneut hier absorbiert, was die lange Anwesenheit im Körper erklärt (enteroenteraler Kreislauf).

Die Symptomatik einer Thalliumvergiftung ist wenig charakteristisch. Erst längere Zeit nach Beginn der Exposition kommt es zu zentralnervösen Störungen, Tremor und vor allem Haarverlust sowie zu entzündlichen Prozessen an den natürlichen Körperöffnungen (Lippen, Augenlider, Nase, After). Hier kann besonders bei Hunden und Katzen Furunkulose infolge Haarbalgentzündung entstehen. Bei Wiederkäuern werden diese Erscheinungen erst kurz vor dem Verenden der Tiere beobachtet. Beim Rind tritt ein Ausfall der Schwanzspitzenhaare auf. Störungen der Nierenfunktion und der Erythropoese ergänzen das Symptomenbild. Infolge einer peripheren Polyneuritis treten heftige Schmerzen der Körperoberfläche auf, die die Haut, aber auch Muskeln und Gelenke betreffen. Wenn klinische Vergiftungserscheinungen auftreten, ist mit dem Verenden der Tiere zu rechnen. Therapeutische Maßnahmen kommen zu spät.

Für Schafe sind Thalliumdosen von täglich 0,1 mg/kg Körpergewicht nach mehreren Wochen toxisch. Diese Tiere fallen durch Gewichtsverlust bzw. mangelhafte Körperentwicklung auf. Tagesdosen von 0,03 mg/kg, entsprechend einer Futterkonzentration von etwa 1,5 mg/kg Trockenmasse, führen zu einer Ansammlung von Thallium in Körpergeweben. Dosen von 0,01 mg/kg Körpergewicht sind wahrscheinlich ohne Auswirkungen.

Um langfristige Effekte von Thallium auf landwirtschaftliche Nutztiere zu vermeiden, sollte die Thallium-Konzentration in der Futterration für verschiedene landwirtschaftliche Nutztiere nicht mehr als 0,5 bis 1 mg/kg Trockenmasse überschreiten (VDI-Richtlinien, Hapke et al. 1980; Konermann et al. 1982). Maximal tolerierbare Tränkwasser-Konzentrationen betragen 0,04 mg/L für Rinder oder Schweine.

4.1.4.6 Chrom

Die umwelttoxikologische Bedeutung des Chrom ist ganz unvollständig zu beschreiben. Kenntnisse liegen nur aus experimentellen Analysen vor. Dieses Element ist essentiell für Tiere und an der Steuerung des Kohlenhydrat- und Fettstoffwechsels beteiligt. Ein Mangel ist allerdings nicht bekannt. Es bestehen mehrere Wertigkeitsstufen und zahlreiche Verbindungen, die im Gemisch vorkommen und eine Interpretation von chemischen Analysenergebnissen unmöglich machen. Aufgrund der technischen Verwendung (z. B. beim Gerben organischen Materials, wie Fellen) kann Chrom allenfalls eine lokale Bedeutung erlangen.

Chrom als Cr^{6+} und seine Verbindungen werden enteral meist schnell absorbiert, nicht dagegen Chrom als Cr^{3+}. Letztere Verbindungen sind daher wenig toxisch, können aber in höheren Konzentrationen schleimhautreizende oder degenerative Effekte im Darm auslösen. Eine Speicherung im Organismus findet nicht statt, es wird renal mit dem Urin ausgeschieden.

Die akuten Auswirkungen höherer Dosen bestehen in einer Gastroenteritis durch lokale Irritationen, bei Wiederkäuern vor allem der Pansenschleimhaut, und in Nieren- und Leberschäden. Chronische Einwirkungen erzeugen eine Dermatitis sowie Schleimhaut-Ulzerationen. Einzelne Chromverbindungen wirken teratogen, mutagen und kanzerogen aufgrund eines genotoxischen Wirkungsmechanismus. Dieser Effekt ist tierexperimentell für Verbindungen der Wertigkeitsstufe VI (Cr^{6+}) nachgewiesen worden.

Die Diagnose einer Chromvergiftung bei Tieren läßt sich durch chemische Bestimmung der Chromgehalte erhärten. Diese betragen in der Leber normalerweise höchstens 0,1 mg/kg Feuchtmasse, im Blut 4 mg/L und in anderen Geweben weniger als 1 mg/kg. Bei Überschreiten dieser Werte ist eine Chrom-Vergiftung wahrscheinlich.

Futter für landwirtschaftliche Nutztiere sollte nicht mehr als 10 mg/ kg Trockenmasse, Tränkwasser nicht mehr als 0,1 mg/L enthalten.

4.1.4.7 Zink

Ein Mangel an diesem essentiellen Metall ist häufiger als ein toxischer Überschuß. Zink ist Bestandteil zahlreicher Enzyme. Eine Belastung der landwirtschaftlichen Nutztiere kann nur nach starker industriell bedingter Kontamination, z.B. in der Nähe metallverarbeitender Industrie, auftreten. Eine alleinige Exposition gegenüber Zink ist selten, meistens findet diese in Kombination mit anderen (Schwer-) Metallen statt. Zink wird auch in zahlreichen Syntheseprodukten wie in Fungiziden, Rodentiziden oder Farbstoffen verwendet. Emittierter Zinkstaub legt sich auf die Vegetation nieder und wird daher mit dem Futter durch die Tiere oral aufgenommen. Staub-Inhalationen spielen eine untergeordnete Rolle.

Verschiedene Zinkverbindungen sind aufgrund der Wasserlöslichkeit unterschiedlich bioverfügbar. Eine enterale Absorption findet aber zu höchstens 10% statt. Zink wird im tierischen Organismus nicht gespeichert, sondern schnell vorwiegend fäkal, weniger renal, wieder ausgeschieden.

Zink-Vergiftungen gehören zu den Seltenheiten. Akute Effekte sind das Ergebnis einer Schleimhautreizung im Magen-Darm-Trakt mit Gastroenteritis, Kolik und Diarrhoe. Eine chronische Auswirkung besteht in Wachstumsstörungen und Anämie. Diese Effekte können auch zurückgeführt werden auf die Verdrängung anderer essentieller Spurenelemente wie Kupfer, Eisen, Mangan oder von Massenelementen Kalzium und Phosphor. Gegenüber diesen Elementen entfaltet Zink einen funktionellen Antagonismus im intermediären Stoffwechsel. Jungtiere sind empfindlicher als erwachsene Tiere. Bei Schafen bestehen weiter Rassenunterschiede in der Empfindlichkeit, vergleichbar mit den Verhältnissen beim Kupfer (Allen et al. 1983; Campell u. Mills 1979; Davis et al. 1977). Nachteilige Wirkungen sind zu erwarten, wenn die Tiere täglich mehr als 20 mg Zink/kg Körpergewicht mit dem Futter aufnehmen.

Normalerweise enthalten tierische Gewebe die folgenden Konzentrationen:

Leber	100 mg/kg Feuchtmasse
Nieren	50
Milch	3
Blut	< 1 mg/100 ml

Um toxische Auswirkungen auf landwirtschaftliche Nutztiere zu vermeiden, sollten die folgenden Zinkkonzentrationen im Tierfutter nicht überschritten werden (VDI/DIN-Handbuch):

Rind	500 mg/kg Trockenmasse
Schaf	300
Schwein, Huhn	100037
Tränkwasser für Rinder	20 mg/L
Tränkwasser für Schweine	30 mg/L

4.1.4.8 Nickel

Ein Mangel dieses Elements führt zu Wachstumsdepression, Fruchtbarkeitsstörungen, bei Schweinen auch zu Hauterkrankungen, Parakeratose. Über unerwünschte Wirkungen bei landwirtschaftlichen Nutztieren liegen nur wenige Kenntnisse vor; Vergiftungen sind unwahrscheinlich, da toxisch wirkende Mengen in der Natur nicht vorkommen. Ein industriell bedingter Staubniederschlag kann in der Vegetation zu Konzentrationen bis zu 20 mg/kg Trockenmasse führen. Unbelastete Pflanzen enthalten weniger als 1 mg/kg, die aus dem Boden stammen. Toxische Effekte sind bei Tieren aber erst nach mehr als 100 mg/kg auszulösen (Kirchgessner u. Roth 1977; Weber u. Reid 1968).

Verschiedene Nickelverbindungen sind unterschiedlich stark wirksam. Chlorid ist stärker als Karbonat oder Sulfat. Eine Kumulation im tierischen Organismus findet nicht statt, weil die enterale Absorption gering und die fäkale oder renale Ausscheidungen ausreichend sind. Daher werden die Nickelmengen in der Muskulatur von rund 1 mg/kg Feuchtmasse nicht überschritten (O'Dell et al. 1970).

Unerwünschte Effekte auf Tiere sind sehr unspezifisch. Größere Mengen erzeugen im Experiment Darmschleimhaut-Reizungen. Chronische Auswirkungen bestehen in Stoffwechselstörungen und Minderungen der Gewichtszunahme, vielleicht durch Störungen hormoneller Regelkreise. Diese treten bei Jungrindern nach mehr als 50 mg/kg Futter (als Nickelchlorid) bzw. nach mehr als 250 mg/kg (als Nickelkarbonat) auf. Diese Konzentrationen sollten daher nicht überschritten werden (VDI/DIN-Handbuch). Schweine und Masthähnchen vertragen Nickel-Konzentrationen im Futter bis 250 mg/kg Trockenmasse.

4.1.4.9 Kupfer

Ein Mangel an diesem essentiellen Metall ist häufiger als eine unerwünschte Wirkung, vielleicht von den Verhältnissen bei Schafen abgesehen. Kupfer ist an zahlreichen Enzymaktivitäten beteiligt. Eine umwelttoxikologische Bedeutung ist auf lokale Situationen als ein Ergebnis industrieller Staubimmission verschiedener Verbindungen beschränkt.

Hohe Konzentrationen erzeugen eine Gastroenteritis mit Erbrechen. Kupfer wird nur langsam aus dem Darm aufgenommen, eine längerfristige Speicherung findet nur in der Leber statt; diese enthält die höchsten Kupfermengen in Lysosomen für physiologische Funktionen gespeichert.

Schafe sind gegenüber Kupfer empfindlicher als andere Tiere, so daß bei einzelnen Rassen dieser Tierart schon bei leichten Zunahmen der mittleren Normalgehalte (5 bis 10 mg/kg Trockenmasse) Unverträglichkeiten auftreten, die allerdings meist bedingt sind infolge Verwendung falscher Mineralstoffmischungen als Futterzusatzstoffe. Schafe erkranken je nach Rasse bei Futterkonzentrationen von 15 bis 30 mg/kg Trockenmasse, junge Rinder und Kälber ab 100 mg/kg, Schweine ab 200 und Geflügel ab 250 mg/kg.

Vergiftungserscheinungen bestehen in Leberschäden (Ikterus, Zirrhose) und in Nierenfunktionsstörungen. Es treten Hämoglobinämie und -urie, Methämoglobinämie, verbunden mit Abmagerung, Schwäche und Inappetenz auf. Charakteristisch ist die hämolytische Krise infolge eines akuten Schubes durch Erschöpfung der Speicherung in den Leberzellpartikeln. Erkennbar ist dieser Vorgang durch Messung der lysosomalen Leberenzyme, die massiv freigesetzt werden. Hautveränderungen (Ekzeme, Papeln, Parakeratose) sind unspezifische Erscheinungen. Kupferkonzentrationen im Serum liegen normalerweise unter 1 mg/L, im Vollblut werden bis 20 und im Urin bis 25 mg/L als normal angesehen.

Unverträglichkeiten werden vermieden, wenn das den Tieren zur Verfügung stehende Futter für Schafe nicht mehr als 10 mg/kg Trockenmasse, für andere Wiederkäuer bis 100, für Schweine und Geflügel bis 250 mg/kg enthält (VDI/DIN-Handbuch). Tränkwasser für Schafe sollte nicht mehr als 0,5 mg/L, solches für Rinder 2 und solches für Schweine nicht mehr als 6 mg/L aufweisen.

4.1.4.10 Molybdän

Dieses Element ist essentiell; es wird als Futterzusatzstoff verwendet, aber weder Mangelerscheinungen noch Unverträglichkeitsreaktionen sind in der Praxis bekannt. Alle Kenntnisse resultieren aus Tierexperimenten. Staubförmige Immissionen können Pflanzen kontaminieren, die den landwirtschaftlichen Nutztieren als Nahrung dienen. Nach oraler Aufnahme werden Molybdän-Verbindungen enteral schnell absorbiert und vorübergehend in Leber, Nieren, Knochen, Milz und Lunge abgelagert (Anke 1989; Thomas u. Moss 1951).

Wirkungen sind unspezifisch und hängen von der gleichzeitigen Versorgung der Tiere mit Kupfer und Sulfat ab (Wittenberg u. Tevlin 1987). Enthält das Futter mehr als 3 mg/kg Trockenmasse, so sind bei Rindern Leistungsabnahme, Reproduktionsstörungen, Wachstumsverlangsamung, Peristaltikzunahme mit Durchfall zu erwarten (Miller et al. 1972). Pferde erkranken durch Futter mit mehr als 100 und Schweine durch Futter mit 1000 mg/kg Trockenmasse.

Wirkungen werden vermieden, wenn die Futterrationen für Rinder nicht mehr als 10 mg/kg Trockenmasse, für Schafe nicht mehr als 50, für Pferde nicht mehr als 100 und für Schweine nicht mehr als 500 mg/kg Trockenmasse enthält. Die tatsächlichen Molybdän-Konzentrationen im Tierfutter sind sehr viel niedriger (VDI/DIN-Handbuch). Im Tränkwasser sollen nicht mehr als 0,2 mg/L vorkommen.

4.1.4.11 Vanadium

Dieses Element ist wahrscheinlich essentiell; Mangelerscheinungen und Unverträglichkeiten lassen sich nur im Tierexperiment erzeugen. Es wird geschätzt, daß der Bedarf bei 25 µg/kg Futter liegt. Vergiftungen sind wahrscheinlich selten. Die Ursache kann eine industriell bedingte Immission sein, die als Staub oder aus dem Boden die Vegetation kontaminiert. Aber auch durch Vanadium als Bestandteil von Mineralstoff-Futtermischungen (in Phosphaten) sind Unverträglichkeiten denkbar. Über die Bedeutung liegen nur unzureichende Kenntnisse vor (Nechay 1984; Platonow u. Abbey 1968).

Nach oraler Aufnahme werden nur 0,1 bis 1% enteral absorbiert, abhängig von der Wertigkeitsstufe, der Bindungsform und der sonstigen Futterzusammensetzung. Eine Kumulation findet bei Rind und Schwein bei einer Futterkonzentration von mehr als 10 mg/kg Trockenmasse in den Knochen statt, weniger in Leber und Nieren, ab 100 mg/kg Futter auch in der Skelettmuskulatur. Bei Legehennen kumuliert Vanadium ab einer Futterkonzentration von 5 mg/kg in der Leber, ab 10 mg/kg auch im Ei, ab 15 mg/kg auch in der Skelettmuskulatur (Hansard et al. 1982; Ueberschär et al. 1985).

Hohe Konzentrationen erzeugen akut eine Gastroenteritis durch eine starke Darmschleimhaut-Reizung. Chronische Auswirkungen treten bei Rindern nach Tagesdosen ab 10 mg/kg Körpergewicht, bei Schafen bei einer Futterkonzentration von 200 mg/kg auf. Diese bestehen im allgemeinen in Störungen des Eiweiß- und Fettstoffwechsels und einer fettigen Degeneration von Nieren und Leber. Bei Legehennen wird bei 5 mg/kg Körpergewicht bzw. 20 mg/kg Futter eine Beeinträchtigung der Eiqualität beobachtet.

Nachteilige Effekte des Vanadiums auf landwirtschaftliche Nutztiere sind nicht zu erwarten, wenn die Tagesdosen 0,3 mg/kg Körpergewicht nicht überschreiten. Das bedeutet, daß Futter für Schafe nicht mehr als 10 mg/kg Trockenmasse, das für Legehennen höchstens 5 und das für Mastküken nicht mehr als 2 mg/kg aufweisen soll.

4.1.4.12 Eisen

Das essentielle Schwermetall Eisen ist eher Ursache für Mangelerscheinungen als für Vergiftungen. Diese können allenfalls durch medizinale Verwendung infolge Überdosierung bei der Behandlung der Eisenmangel-Anämie auftreten. Eisen kommt in zwei Wertigkeitsstufen (II und III) vor, die sich hinsichtlich physikochemischer Eigenschaften im tierischen Körper unterschiedlich verhalten.

Eisen wird in Form der Ferro(II)-Verbindungen nach oraler Aufnahme enteral schnell absorbiert. Ferri(III)-Verbindungen wirken lokal auf Schleimhäute reizend und erzeugen nach oraler Aufnahme eine Gastroenteritis, Kolik und Diarrhoe sowie Diapedeseblutungen. In bestimmten Geweben findet eine vorübergehende Speicherung statt.

Vergiftungen sind zu erwarten, wenn das Blut etwa 1 mg/100 ml enthält. Chronische Eisenvergiftungen sind bei landwirtschaftlichen Nutztieren nicht bekannt.

4.1.4.13 Andere Schwermetalle

Aus der Gruppe der übrigen Schwermetalle stehen nur ganz unzulängliche Informationen zur Verfügung, so daß sich eine Darstel-

Tabelle 4.1-7.

Metall	akute Toxizität	chronische Toxizität	Grenzwerte
Kobalt	1000 mg/kg Futter*		10 mg/kg Futter
Zinn		20 mg/kg Futter	
Selen	0,2 mg/kg • Tag oE**		2 mg/kg Futter
Mangan	1000 mg/kg Futter°		0,5 mg/L Wasser
Beryllium	400 mg/kg Futter		
(Aluminium)°°	1000 mg/kg Futter*		

* Angaben für Wiederkäuer, für andere Tiere 200 mg/kg
** oE = ohne Effekte
°° kein Schwermetall

lung verbietet. Zusammengefaßt können die folgenden Dosis-Wirkungs-Beziehungen vermutet werden (s. Tab. 4.1-7).

4.1.5 Organochlorverbindungen

Die für landwirtschaftliche Nutztiere toxikologisch relevanten Umweltchemikalien betreffen die aromatischen hochchlorierten Stoffe aus der Gruppe (1.) der früheren Pestizide als Pflanzenschutzmittel in der Landwirtschaft oder der Tierhaltung, (2.) der technischen Hilfsstoffe (z.B. Polychlorierte Biphenyle) und schließlich (3.) der Polychlorierten Dibenzo-Dioxine und -Furane. Über andere Substanzen bestehen keine Kenntnisse über ihre Bedeutung.

4.1.5.1 Pestizide

Die Verwendung von chlorierten Pestiziden in der Landwirtschaft und Tierhaltung ist heute in den Mitgliedsstaaten der Europäischen Union und vergleichbaren Ländern verboten oder in ihrer Anwendung erheblich eingeschränkt. Diese Stoffe zählen deshalb zu den Umweltchemikalien, weil sie infolge ihrer chemischen Stabilität, verbunden mit hoher Fettlöslichkeit, in allen Umweltmedien ubiquitär vorkommen. Wegen der Verwendung in solchen Ländern, in denen diese Stoffe als Insektizide (z.B. DDT, Lindan) noch notwendig sind und aus denen Futter- und Lebensmittel bzw. ihre Grundstoffe eingeführt werden, bleiben sie als Belastung in Futter- und Lebensmitteln erhalten. In der als Futter für landwirtschaftliche Nutztiere dienenden Vegetation wie in den

Geweben dieser Tiere können diese Stoffe mit empfindlichen Methoden nachgewiesen werden.

Es handelt sich hierbei um α-, β- und γ-Hexachlorzyklohexan (HCH), Hexachlorbenzol (HCB), Dieldrin, Heptachlorepoxid, p,p'-DDT, p,p'-DDE, o,p'-DDT und p,p'-DDD (Dichlor-diphenyl-trichlorethan bzw. -dichlor-ethylen oder -dichlorethan, die in der chemischen Analytik als Summe zusammengefaßt werden: Σ-DDT). Die Konzentrationen dieser Stoffe in tierischem Fett, auch im Milchfett, liegen heute weit unterhalb 10 µg/kg. Eine kontinuierliche Abnahme setzt sich fort. Nachteilige Effekte auf landwirtschaftliche Nutztiere sind durch in Futtermitteln vorkommende oder in der Futtermittel-Verordnung begrenzte Konzentrationen nicht zu erwarten.

Die in Deutschland und vergleichbaren Ländern verwendeten Pestizide unterliegen, soweit sie in der Landwirtschaft verwendet werden, der behördlichen Zulassung, vor welcher ihre Unbedenklichkeit, vor allem ihr Verhalten in der Umwelt, geprüft worden sein muß. Persistente Stoffe, die sich u. U. im Boden ansammeln oder im Tränkwasser finden können, werden nicht oder nur unter starken Anwendungsbeschränkungen zugelassen. Daher finden wir heute nur noch „Altpräparate", im Falle des DDT meist die Abbauprodukte als Reste einer früheren oder außereuropäischen Anwendung.

4.1.5.2
Polychlorierte Biphenyle

Wirkungsmäßig schließen sich an die erwähnten alten Pestizide die Polychlorierten Biphenyle (PCB) an, deren Verwendung als technische Hilfsstoffe (Weichmacher, Hydraulikflüssigkeit etc.) in der jüngsten Vergangenheit ebenfalls erheblich reduziert wurde. Von den 209 möglichen Verbindungen spielen vielleicht 20 PCB-Kongenere für landwirtschaftliche Nutztiere eine Rolle. Sechs davon sind lebensmittelrechtlich in der Schadstoffhöchstmengenverordnung geregelt. Eine futtermittelrechtliche Regelung ist nicht erfolgt.

Die aromatischen Organochlorverbindungen weisen im Prinzip nahezu identische physikochemische Eigenschaften auf mit allerdings erheblichen quantitativen Unterschieden hinsichtlich Lipophilie und Ausbreitungsdynamik. Diese Eigenschaften sind abhängig von der chemischen Struktur (verschiedene Isomeren) und vom Chlorierungsgrad (verschiedene Kongenere) des Moleküls: je höher der Chlorierungsgrad, desto stabiler ist die Verbindung. Solche Kongenere sind nicht wasserlöslich und können daher renal nicht ausgeschieden werden; sie sammeln sich im Fettgewebe der Nutztiere an, wo in Abhängigkeit vom

Lebensalter eine Kumulation stattfindet (Hecht 1993). Der hauptsächliche Ausscheidungsweg ist das Milchfett (Heeschen et al. 1986). Im Fleisch der landwirtschaftlichen Nutztiere werden die folgenden Konzentrationen der in der Schadstoffhöchstmengenverordnung aufgeführten drei hochchlorierten Verbindungen gemessen (s. Tab. 4.1-8). (Angaben in µg/kg Fett als Mittelwerte. Diese Ziffern entsprechen der Bezeichnung der IUPAC-Regeln [Int. Union of Pure and Applied Chemistry].)

Die heute meßbaren Konzentrationen der PCB und auch der o.g. Pestizide reichen bei weitem nicht aus, auf eine nachteilige Wirkung bei landwirtschaftlichen Nutztieren zu schließen. Ihre umwelttoxikologische Bedeutung liegt jetzt allein auf dem Lebensmittelsektor, da die PCB wie alle aromatischen Organochlorverbindungen in der Nahrungskette kumulieren und in der Frauenmilch die höchsten Konzentrationen erreichen (Hapke 1988).

Durch unbeabsichtigte Aufnahme größerer Mengen wären zunächst zentralnervöse Erregungen zu erwarten. Alle Stoffe führen zu einer dosisabhängigen Aktivierung P-450-abhängiger metabolisierender Enzyme in der Leber, z.B. der Aktivität mikrosomaler mischfunktioneller Monooxygenasen. Dieser Vorgang wird als Enzyminduktion bezeichnet. Da die Aktivität mischfunktionell ist, werden auch körpereigene Substanzen wie Hormone nun schneller abgebaut und in ihrer biologischen Wirksamkeit eingeschränkt. Daraus resultiert eine antiandrogene und östrushemmende Wirkung sowie eine Hemmung des Immunsystems. Bei landwirtschaftlichen Nutztieren sind diese Effekte nicht beobachtet worden.

Nach längerer Einwirkungszeit ausreichend hoher Dosen, auch in Kombination mit anderen Organochlorverbindungen aus der Reihe der persistenten Pestizide, kommt es zu Hypertrophie und Hyperplasie der Leber. Bereits vorhandene Tumorzellen können in ihrem Wachstum

Tabelle 4.1-8.

	PCB-138	PCB-153	PCB-180
Rind	10	10	5
Kalb	4	6	2
Schwein	5	6	5
Schaf	2	7	2
„Wild“	14	23	11
Rinderleber	28	28	10
Schweineleber	5	5	5

durch diesen Prozeß gefördert werden (Tumorpromotion). Dieser Vorgang kommt bei landwirtschaftlichen Nutztieren wohl nicht zum Tragen, da die aufgenommenen Mengen hierfür nicht ausreichen und das Alter dieser Tiere für die Manifestation eines durch diesen Prozeß geförderten Tumors nicht ausreichen dürfte. Da der tumorpromovierende Prozeß dosisabhängig ist, kann auch eine Wirkungsschwelle vermutet werden.

Zur Vermeidung der Anreicherung der PCB in tierischen Geweben, die der menschlichen Ernährung dienen, deren Gehalte durch die „Schadstoffhöchstmengenverordnung" (BGBl. 1988, I, S. 422) begrenzt sind, sollten die folgenden Gehalte im Futter für landwirtschaftliche Nutztiere nicht überschritten werden (s. Tab. 4.1-9) (Ueberschär u. Vogt 1986; MI-Werte der KRdL im VDI und DIN; Angaben in mg/kg Trockenmasse).

PCB kommen nicht nur in Immissionsgebieten vor, die heute weitgehend bekannt und in ihrer Bedeutung als Kontaminationsquellen erheblich eingeschränkt sind, sondern sie sind wegen ihrer chemischen Stabilität ubiquitär. Alle Lebewesen enthalten im Fettgewebe, abhängig vom Lebensalter, unterschiedliche PCB, vorwiegend aber solche, die hochchloriert sind. Diese sind toxikologisch viel weniger bedeutsam als die niedrigchlorierten (z.B. PCB-28 und PCB-52).

Kombinationswirkungen werden bei der Beurteilung nicht berücksichtigt, sind aber im Normalfall anzunehmen. Da die Wirkungen aller PCB im Grunde identisch sind, kann eine additive Wirkung angenommen werden (Ewers et al. 1987).

Das Kriterium für eine Beurteilung der PCB ist nicht die nachteilige Wirkung auf die Gesundheit und Leistungsfähigkeit des Nutztieres, sondern die Kumulation dieser Stoffe im Fettanteil der für die menschliche Nahrung verwendeten tierischen Gewebe. Diese Anreicherung (s. Abschn. 4.1.8) ist abhängig von der chemischen Persistenz und Lipidlöslichkeit, d.h. von der chemischen Struktur des PCB-Moleküls. Dieser Vorgang ist längst nicht für alle theoretisch vorkommenden 209 Konge-

Tabelle 4.1-9.

	PCB-28	PCB-52	PCB101	PCB-138	PCB-153	PCB-180
Mastbulle	–	–	–	0,002	0,002	0,002
Milchkuh	0,1	0,005	0,04	0,005	0,005	0,005
Schwein	0,03	0,015	0,015	0,01	0,01	0,01
Legehenne	0,018	0,1	0,1	0,008	0,008	0,008
Mastküken	0,008	0,04	0,04	0,008	0,008	0,008

nere darstellbar. Man beschränkt sich auf die in der Schadstoffhöchstmengenverordnung regulierten 6 repräsentativen Stoffe. PCB-28 (Trichlorbiphenyl) ist hier ohne Bedeutung, da es schnell im tierischen Organismus metabolisiert (wegen der geringen Anzahl an Chlor-Atomen für die Anlagerung einer OH-Gruppe leicht zugänglich) und daher polarer wird. Diese Eigenschaft ist die Grundlage für die renale Ausscheidungsmöglichkeit.

Andere Quellen der PCB-Belastung der landwirtschaftlichen Nutztiere sind möglich, wie ältere Wandanstriche in Tierstallungen, Bindegarn, Verunreinigungen mit verschiedenen technischen Hilfsmitteln in der Stallhaltung oder Futtermittel-Gewinnung, -Verarbeitung oder -Lagerung (z. B. in Futtersilos).

4.1.5.3 Polychlorierte Dibenzo-Dioxine und -Furane

Die Polychlorierten Dibenzo-Dioxine (PCDD) und Polychlorierten Dibenzo-Furane (PCDF) werden wegen ihres ubiqitären Vorkommens (s. Kap. 1.5) bei allen Lebewesen gefunden, so auch im Tierfutter und in den Geweben der landwirtschaftlichen Nutztiere. Seitdem bekannt ist, unter welchen Bedingungen diese Stoffe als Nebenprodukte chemischer Synthesen oder Zersetzungen entstehen, konnten ihre Quellen und Freisetzungsvorgänge derart eingeschränkt werden, daß eine erhebliche Abnahme der heute meßbaren 17, in 2,3,7,8-Stellung des Biphenyl-Moleküls chlorierten Dioxine und Furane (PCDD/F) in Ökosystemen, in Futtermitteln und Lebensmitteln pflanzlicher oder besonders tierischer Herkunft erfolgte. Wegen der hohen akuten und chronischen Toxizität dieser Stoffe, verbunden mit ausgeprägter chemischer Persistenz, haben „die Dioxine" erhebliche gesundheitliche Relevanz, vor allem für den Menschen.

Die umwelttoxikologische Bedeutung der theoretisch 135 verschiedenen Furane und 75 Dioxine liegt in der Tatsache, daß diese Stoffe, in Abhängigkeit ihres Chlorierungsgrades und der Stellung der Chloratome im Molekül, sich in der Nahrungskette (s. Abschn. 4.1.8) ansammeln und dann im Endglied der Nahrungskette, der Frauenmilch, die höchsten Konzentrationen erreichen. Im tierischen Fettgewebe kommen die unten genannten PCDD/F-Konzentrationen vor. Die Summe aller Konzentrationen der verschiedenen Isomere und Kongenere wird auf die relative Konzentration des wirksamsten Mitglieds dieser Gruppe, 2,3,7,8-Tetrachlor-Dibenzo-Dioxin (2,3,7,8-TCDD), bezogen (Toxizität = 1 = 1 Toxizitätsäquivalent; TEq). Die folgenden Werte geben die Größenordnungen der verschiedenen Konzentrationen in tierischen

Geweben an (ausgedrückt als TEq in ng/kg Fett; DGE: Ernährungsberichte 1992, 1996):

Tierfett 1; Fleisch- und Fleischprodukte 0,5; Kuhmilch 2; Milchprodukte 0,8; Hühnereifett 1; Fisch 20.

Diese Gehalte sind Folgen der Aufnahme der Stoffe mit dem Futter. Die hier auftretenden Konzentrationen sind nicht systematisch untersucht worden und liegen oft unterhalb der analytischen Nachweisgrenze von wenigen Femtogramm (fg). Pflanzliche Öle enthalten weniger als 0,01 ng/kg, in anderen fettarmen oder fettfreien Feldfrüchten liegen die Konzentrationen in ähnlicher Größe oder weit darunter.

Wirkungen der PCDD/F auf landwirtschaftliche Nutztiere sind durch diese Mengen nicht zu erwarten. Nur nach erheblicher Kontamination bei Störunfällen in der chlorchemischen Industrie oder nach Verwendung dioxinhaltigen Materials in der Tierhaltung könnten Vergiftungen auftreten. Über Schwellenwerte für diese Wirkungen bestehen keine einheitlichen Auffassungen.

Bei Rindern sind Veränderungen der Magen-Darm-Schleimhaut, des Harntrakts und der Gallenblase sowie der Haut und des Thymus beobachtet worden. Bei Hühnern traten Verkleinerung des Thymus und des Knochenmarks sowie Leberstörungen, Porphyrie und Ödeme in verschiedenen Geweben auf.

Die von industriell nachweislich kontaminierten Tieren gewonnenen Lebensmittel sind für den menschlichen Verzehr ungeeignet. Da nicht bekannt ist, welche Mengen für Konsumenten der PCDD/F enthaltenden von Tieren stammenden Lebensmittel noch verträglich sind, andererseits weder bei landwirtschaftlichen Nutztieren noch bei der normal ernährten Bevölkerung Krankheitserscheinungen durch diese Stoffe aufgetreten sind, sollen doch alle Maßnahmen ergriffen werden, die Entstehung und Freisetzung der PCDD/F so niedrig wie möglich zu halten. Die Festsetzung von futtermittel- oder lebensmittelrechtlichen Höchstmengen erübrigt sich dann.

4.1.5.4
Andere Pestizide

Die in der Landwirtschaft großflächig angewendeten Pflanzenschutz- oder Vorratsschutzmittel können eine umwelttoxikologische Bedeutung für landwirtschaftliche Nutztiere erlangen, wenn Anwendungsvorschriften nicht beachtet und die Tiere solchen Stoffen exponiert werden. Die in Abschn. 4.1.5.1 genannten Organochlorverbindungen werden heute nicht mehr angewendet. Die jetzt benutzten Pflanzenschutzmittel sind kurz und gezielt auf bestimmte Schädlinge wirksame Chemikalien. Die Spezifität der Stoffe ist die Ursache für die meist geringe Säugetier-Toxizität. Diese Aussage trifft nicht zu für die meisten Alkylphosphate.

Die organischen Ester der Phosphorsäure sind Insektizide, Nematizide, Fungizide, Akarizide, Rodentizide mit einem weiten Indikationsgebiet und einem einheitlichen Wirkungscharakter und -mechanismus. Vergiftungen sind nur durch Unachtsamkeit möglich. Die charakteristische Symptomatik einer akuten Vergiftung ist das Ergebnis einer Hemmung des Enzyms Cholinesterase. Alle Auswirkungen sind Erscheinungen einer Acetylcholin-Wirkung mit Erhöhung der Darmperistaltik, Bronchokonstriktion und Muskelzittern. Die Wirkungen sind akut. Chronische Auswirkungen dieser Stoffe auf landwirtschaftliche Nutztiere sind nicht bekannt und auch nicht zu erwarten.

Zu dieser Gruppe zählen Parathion, Malathion, Bromophos, Dimethoat, Chlorthion, Diazinon, Demeton, Dichlorvos, Mevinphos, Trichlorphon, Coumaphos, Haloxon und zahlreiche andere. Vergiftungen entstehen schon nach einer oralen Dosis von 5 mg/kg (Parathion beim Pferd) bis 200 mg/kg (Phoxim bei den meisten Tieren).

Pyrethroide sind andere Insektizide mit vergleichsweise geringer akuter Toxizität für Säugetiere. Vergiftungen kommen nur bei den sehr empfindlichen Fischen oder anderen Wasserbewohnern vor.

Dikumarinderivate werden als Rodentizide verwendet und in der Natur als Köder zur Bekämpfung von Ratten und Mäusen ausgelegt. Wenn dafür Sorge getragen wird, daß andere Säugetiere solche Substanzen nicht aufnehmen (z.B. durch Wahl des Köders oder Ablage an für landwirtschaftliche Nutztiere unzugänglichen Orten), sind Vergiftungen dieser Tiere nicht möglich. Die Erscheinungen bestehen im Auftreten kleiner und größerer Blutungen in Körpergeweben oder -höhlen. Die Wirkung ist nur kurz. Chronische Vergiftungen sind nicht bekannt und auch unwahrscheinlich.

Herbizide nehmen quantitativ den größten Teil aller in der Landwirtschaft verwendeten Schädlingsbekämpfungsmittel ein. Vergiftungen bei landwirtschaftlichen Nutztieren sind wenig wahrscheinlich, da die heute benutzten Substanzen einen spezifischen Wirkungsmechanismus nur auf Pflanzen entfalten (z.B. Störung der Chlorophyllsynthese) und daher für Tiere vergleichsweise ungiftig sind.

4.1.6 Fluor(ide)

Fluor kommt als Gas in der Natur nicht vor, sondern in Form der Verbindungen, in welcher das ionisierte Fluor (F^-) wirksam ist. Es handelt sich um Fluorwasserstoffsäure (Flußsäure H_2F_2) oder um deren Salze (s. Bd. 1A, Kap. 2.9 und Bd. 2B, Kap. 1.4). Industriell bedingte Immissionen fester Verbindungen legen sich als Staub auf die Vegetation in der Nähe der Emittenden nieder und erlangen dadurch allein lokale Bedeutung. Wegen der Verhinderung von Fluor-Emissionen in den letzten Jahren spielen diese Immissionen in Mitteleuropa keine praktische Rolle mehr.

Die enterale Absorption der Fluoride (Fluor-Ionen passieren biologische Membranen) erfolgt schnell und kann die Ursache akuter Vergiftungen sein. Die Erscheinungen sind bedingt durch sofortige Bildung des unlöslichen Kalziumfluorids CaF_2. Durch Inaktivierung des Ca^{2+} werden zahlreiche Enzyme in ihrer Aktivität und die Funktion vieler biologischer Membranen gestört. Kalziumreiches Futter reduziert die enterale Absorption des Fluor-Ions.

Wichtiger sind chronische Vergiftungen (Fluorose), die insbesondere bei Wiederkäuern und hier bei Rindern, weniger bei Pferden und Schweinen, eine praktische Bedeutung hatten. Die Symptome beginnen diskret. Erst nach wochenlanger Exposition kommt es zu Änderungen des Knochenaufbaus, besonders an Beckenknochen, den Rippen und der Wirbelsäule, wieder durch Störung der Kalziumverwertung. Es treten schmerzhafte Exostosen (periostale Wucherungen), Osteoporose und Osteomalazie (Auflösungen der Knochensubstanz, Knochenweiche) auf (Gründer 1982).

Wegen der Schmerzhaftigkeit dieser Prozesse fallen die Tiere durch Änderungen der Körperhaltung auf, z.B. durch einen gekrümmten Rücken. Weiter kommt es zu Störungen der Zahnbildung (Schmelzdefekte, Hypoplasie mit dunkelbrauner oder bläulich-grauer Verfärbung der Schneidezähne). Kachexie und merkliche Einbußen der Leistung (Wachstum, Milchleistung) sind nach einer zunächst symptomlosen Zeit von 6 bis 12 Monaten zu beobachten. Da Schweine eine kürzere Lebenszeit haben, ist die Fluorose hier kein Problem.

Rinder erkranken, wenn ihr Futter mehr als 40 mg Fluor/kg Trockenmasse enthält, was einer Tagesdosis von etwa 1 mg/kg Körpergewicht entspricht. Charakteristische Vergiftungen sind bei 100 mg/kg Futter schon nach geringerer Zeit zu erwarten. Bei Küken treten bei 350 und bei Hühnern bei 500 mg/kg Futter akute Vergiftungen auf.

Die Diagnose wird durch Bestimmung des Fluorgehalts in den Knochen, die auch bei lebenden Rindern nach Knochenbiopsie vorgenommen werden kann, gestellt. Rippen enthalten dann 2000 mg/kg. Im Urin werden Konzentrationen von mehr als 10 mg/L als verdächtig, solche ab 15 mg/L als sicher für die Diagnose herangezogen. Die Ermittlung des Fluorgehalts im Blut ist wenig geeignet, da sie kaum erhöht ist (Normalwerte < 0,1 mg/100 ml). Viel wichtiger ist die Futterkontrolle. Fluorosen werden vermieden, wenn die folgenden Konzentrationen (mg F/kg Trockenmasse) nicht überschritten werden (VDI/DIN-Handbuch):

Kalb	40	Schwein	150
Kuh	40	Pferd	40
Mastrind	120	Kaninchen	40
Schaf	60	Puter	150
Mastschaf	150	Huhn	200

Da die Auswirkungen des Fluors vom Kalziumgehalt des Futters abhängen, wird die Verträglichkeit durch kalziumreiches Futter erhöht oder durch Kalziummangel vermindert.

4.1.7 Nitrat, Nitrit

Nitrate werden in der Landwirtschaft als Düngemittel verwendet. Sie werden von den Futterpflanzen aufgenommen und können hier Konzentrationen erreichen, die besonders für Wiederkäuer problematisch werden können. Die Belastung des Tränkwassers (selten über 150 mg/L) spielt eine untergeordnete Rolle. In beiden Fällen ist das wasserlösliche ionisierte Nitrat (NO_3^-) toxikologisch wirksam. Nitrat ist akut wenig toxisch, es wird schnell eliminiert. Im Futter und vor allem im Pansen der Wiederkäuer wird es mikrobiell in Nitrit (NO_2^-) umgewandelt (reduziert; s. unten). Bei einer Nitrat-Konzentration unter 0,2% der Futtertrockenmasse sind Effekte nicht zu erwarten. Die Schwelle der Unverträglichkeit liegt bei etwa 0,6% , klinische Vergiftungserscheinungen werden bei mehr als 1,5% Futtertrockenmasse beobachtet. Chronische Auswirkungen sind unwahrscheinlich und nicht bekannt. Es wären bei kontinuierlicher täglicher Aufnahme von Nitraten Fruchtbarkeitsstörungen und eine Hemmung der Körpergewichtsentwicklung möglich. Eine Bedeutung können auch nitratbildende Futterpflanzen wie Runkelrüben, Brassika-Arten, Steinklee etc. haben, die das Stickstoffangebot bei erhöhter Düngung mit einer Speicherung des Stickstoffs in Form von Nitraten beantworten.

Nitrite entstehen durch Reduktion der Nitrate im Futter oder im Pansen der Wiederkäuer und haben im Dosenvergleich eine zehnmal stärkere Toxizität als Nitrate. Sie kommen auch in Düngemitteln vor und werden darüber hinaus als Silier- und Konservierungsmittel in der Futteraufbereitung oder -lagerung verwendet. Sie sind daher im Grund- wie im Brunnenwasser zu erwarten. Die wasserlöslichen Salze werden enteral schnell absorbiert, verteilt und schnell wieder ausgeschieden. Während dieses Vorganges verbinden sie sich mit dem roten Blutfarbstoff Hämoglobin und wandeln dadurch diesen derart um, daß das Molekül nicht mehr seiner biologischen Funktion des Sauerstofftransports im Blut nachkommen kann (Methämoglobinbildung). Es entstehen dadurch alle Folgen des peripheren Sauerstoffmangels im Gewebe (Hyp- oder Anoxämie) mit Blaufärbung des Kapillarblutes. 60 mg/kg per os sind ohne tierartliche Besonderheiten toxisch. Diese Dosis kann durch Konzentrationen von 20 bis 40 mg/L Tränkwasser erreicht werden.

Durch die Beeinträchtigung des Sauerstofftransports im Blut entstehen weiter Störungen des Gewebsstoffwechsels, wie Einflüsse auf die Vitamin-A- und -E-Verwertung sowie des Iodstoffwechsels.

4.1.8 Nahrungsketten

4.1.8.1 Definitionen

Landwirtschaftliche Nutztiere werden zur Produktion von Nahrungsmitteln gehalten. Wie der Mensch nehmen die Tiere unerwünschte Stoffe oder natürliche Substanzen in bedenklichen Mengen vorwiegend mit der Nahrung auf. Im Falle von chemisch persistenten Substanzen kann bei entsprechend hohen Konzentrationen solcher Substanzen in der Nahrung die Elimination geringer sein als die Aufnahmemenge. Solange die Ausscheidungskapazität, die bis zu bestimmten Grenzen gesteigert werden kann (z.B. durch Enzyminduktion), für die aufgenommenen unbrauchbaren oder unerwünschten Stoffe nicht erschöpft ist, finden auch keine Ablagerungen in tierischen Geweben statt.

In Abhängigkeit von der Zeit der Kontamination entsteht zwischen der aufgenommenen Menge und der Elimination ein fließendes Gleichgewicht. Man kann (am besten im Experiment mit kontrollierter Zufütterung der zu prüfenden Substanz) einen Vergleich der Konzentrationen im Tierfutter und den daraus resultierenden Konzentrationen in tierischen Geweben (z.B. Fettgewebe, Leber, Nieren oder Knochen) ermitteln. Das Verhältnis beider Konzentrationen stellt eine Zahl dar, die ein Maß für die Anreicherung (oder auch „Abreicherung“) angibt. Im ersten Falle ist die Zahl größer als 1; findet dagegen keine Anreicherung statt, ist das Ergebnis kleiner als 1. Dieser Faktor wird als „Carry-over-Faktor“ bezeichnet. So gibt beispielsweise der Faktor 2,5 an, daß im zu definierenden Speichergewebe die Konzentration des betreffenden Stoffes 2,5 mal größer ist als im Futter. Allerdings ist es hierzu nötig, daß die Bezugsgewebe identisch sein müssen, was aus früheren experimenellen Ergebnissen oft nicht erkennbar ist.

Da der Carry-over-Faktor nicht nur von der Tierart abhängt, sondern auch von der chemischen Struktur eines einzelnen Moleküls und der Dosis bzw. Konzentration im Futter sowie von der Zeit bis zum Erreichen der Gleichgewichts, ist die Angabe eines solchen Faktors immer mit einer hohen Irrtumswahrscheinlichkeit verbunden. Der Carry-over-Faktor kann daher nur verwendet werden, wenn mehrere Substanzen unter identischen Bedingungen miteinander verglichen werden sollen.

Eine andere Möglichkeit, die Kinetik der unerwünschten Stoffe in der Nahrungskette zu quantifizieren, besteht in der Angabe einer „Carry-over-Rate". Diese beschreibt den Anteil der Menge aus dem Tierfutter, der sich im späteren Lebensmittel wiederfinden läßt. Er wird in Prozent der Futterkonzentration angegeben.

Beide Methoden sind Rechenverfahren und stellen Modelle dar. Sie werden verwendet, wenn aus einer vorgegebenen Konzentration im Lebensmittel (zur Sicherung der Gesundheit des Konsumenten) auf die im Tierfutter zulässige Höchstmenge geschlossen werden soll.

Eine praktische Bedeutung haben aus der großen Zahl der Stoffe innerhalb der Nahrungskette nur einige Schwermetalle (Blei, Cadmium, Quecksilber) und aromatische Organochlorverbindungen (Polychlorierte Biphenyle und Polychlorierte Dibenzo-Dioxine und -Furane). So sammeln sich aus der Gruppe der Schwermetalle beispielsweise Zink und Nickel in der Nahrungskette nicht an, weil sie schnell wieder ausgeschieden werden können. Aliphatische Organochlorverbindungen werden im tierischen Organismus metabolisiert und ausscheidungsfähig gemacht, eine Kumulation findet nicht statt.

Als Zielgewebe für eine Kumulation fungieren Leber, Nieren und Fettgewebe bzw. der Fettanteil anderer Gewebe sowie Knochengewebe. Die als Fleisch verzehrbare Muskulatur stellt kein Depotgewebe dar; die hier meßbaren Mengen sind das Ergebnis der Durchblutung und entsprechen den Blutkonzentrationen. Eine solche Speicherung fungiert zunächst als Inaktivierung, da insbesondere die in den Knochen und im Fettgewebe abgelagerten Anteile einer akuten Wirkung entzogen sind. Die Menge des Fetts im tierischen Organismus hat daher einen Einfluß auf die Speicherungsfähigkeit des Tieres. Im Zuge des Gewebsstoffwechsels werden die abgelagerten Stoffmengen aber langsam wieder freigesetzt und können dann eine chronische Auswirkung entfalten. Kumulierende Stoffe haben vor allem eine lebensmitteltoxikologische

Bedeutung für den Menschen. Wenn der Weg der einzelnen Stoffe durch die Nahrungskette bekannt ist, lassen sich auch Maßnahmen ergreifen, diesen Weg zu unterbinden. So kann die Bioverfügbarkeit durch Futterzusatzstoffe reduziert werden (Phytinverbindungen, SH-haltige Substanzen). Die Nahrungskette wird als Weg der lebensmitteltoxikologisch wichtigen Substanzen aus der Umwelt, das sind Boden, Wasser, Luft über Pflanzen, Tiere bis zum Menschen, in einzelnen Fällen auch bis zur Frauenmilch aufgefaßt:

Boden

Wasser → Pflanzen → Tiere → Mensch → Frauenmilch

Luft ↓

Kind

4.1.8.2 Schwermetalle in der Nahrungskette

Zur Festlegung von Grenzwerten in einzelnen Gliedern der Nahrungskette, was für die mittleren Glieder Futtermittel für Tiere und Lebensmittel für Menschen möglich ist, müssen die zumutbaren Belastungen der höheren Glieder der Nahrungskette berücksichtigt werden. Für den Übergang der wichtigsten vier Schwermetalle sind die Carry-over-Faktoren experimentell ermittelt worden. Der Carry-over-Faktor (s. Abschn. 4.1.8.1.) ist das Verhältnis der Lebensmittel- zur Futtermittel-Konzentration. Wenn weiter die in Lebensmitteln erlaubten Konzentrationen herangezogen werden, lassen sich die dazu passenden Konzentrationen im Tierfutter errechnen. Als erlaubte Konzentrationen der Schwermetalle in von Tieren stammenden Lebensmitteln können die sog. bga-Richtwerte des früheren Bundesgesundheitsamtes (z. B. BgVV 1996) als Grenzwerte verwendet werden. Danach ergeben sich die folgenden Beziehungen, wenn der Richtwert für Leber herangezogen wird (s. Tab. 4.1-10).

Wenn beispielsweise 0,5 mg Blei in Nieren oder Leber vorgegeben sind, darf die Bleikonzentration des Tierfutters 30 mg/kg nicht überschreiten:

Blei
0,5 mg/kg Feuchtmasse ← 30 mg/kg Trockenmasse
Lebensmittel Futtermittel

Cadmium
0,5 mg/kg Feuchtmasse ← 0,6 mg/kg Trockenmasse
Lebensmittel Futtermittel

Aus diesen Beispielen ist ersichtlich, daß aufgrund unterschiedlicher Carry-over-Faktoren für Cadmium eine erheblich geringere Grenze in Futtermitteln infrage kommt als für Blei. Für einige Schwermetalle sind daher Vorschläge über eine Begrenzung der Konzentrationen im Tierfutter gemacht worden (VDI-Richtlinien), die für Maximale Immissionswerte (MI) verwendet wurden:

MI-Werte zur Begrenzung der Schwermetall-Konzentrationen im Tierfutter zur Vermeidung von Tierschäden oder Ansammlungen in verzehrbaren Geweben für die menschliche Nahrung (Kommission Reinhaltung der Luft im VDI und DIN):

Blei	Kalb 20; Milchkuh 40; andere Wiederkäuer 30; Schwein 5;
Cadmium	Rind 0,05; Schaf 0,6; Schwein 0,6;
Nickel	Rind 50; Schwein 100; Huhn 100;
Zink	Rind 500; Schaf 300; Schwein 1000; Huhn 1000;
Quecksilber	Rind 0,1; Schaf 0,05; Schwein 0,08; Huhn 0,02;
Vanadium	Schaf 10; Huhn 2;
Arsen	Rind 2; Schaf 2; Schwein 2; Huhn 2;
Molybdän	Rind 10; Schaf 50; Ziege 300; Pferd 100; Schwein 500; Mastküken 250.

Die einzelnen Begründungen der MI-Werte für landwirtschaftliche Nutztiere finden sich im VDI/DIN-Handbuch Reinhaltung der Luft, Bd. 1a. MI-Werte können nur für solche Schwermetalle und solche Nutztiere festgelegt werden, für die die entsprechenden Kenntnisse vorliegen.

Tabelle 4.1-10.

Metall	Carry-over-Faktor	bga-Richtwert (mg/kg Feuchtmasse)	entspricht einer Konzentrat. im Futter (mg/kg Trockenmasse)
Blei	0,3	0,5	30
Cadmium	5	0,5	0,6
Quecksilber	2	0,1	0,1
Arsen	0,01	0,1	2

4.1.8.3
Organochlorverbindungen in der Nahrungskette

Für aromatische Organochlorverbindungen in Lebensmitteln sind auf dem Verordnungswege Grenzwerte in der Pflanzenschutzmittel-(Insektizide) bzw. der Schadstoffhöchstmengenverordnung festgelegt worden. Futtermittelrechtliche Vorschriften bestehen dagegen nur für die alten Pestizide, nicht für die Polychlorierten Biphenyle (PCB). Für die Festlegung dieser Gruppe, soweit sie lebensmittelrechtlich reguliert sind, wurden die Carry-over-Faktoren der 6 PCB herangezogen. Danach ergeben sich für die Milchkuh folgende Beziehungen (s. Tab. 4.1-11).

Die Tabelle zeigt, daß einige PCB-Kongenere sich in der Nahrungskette nicht ansammeln (Carry-over-Faktor unter 1, hier für PCB-28 und PCB-101 = 0,5), so daß im Tierfutter doppelt so hohe Konzentration erlaubt sein können als im Fett dieser Tiere. Die höher chlorierten Verbindungen kumulieren aufgrund ihrer großen chemischen Persistenz im Fettgewebe der Tiere; der Carry-over-Faktor liegt über 1 (DFG 1988).

Für Mastschweine lassen sich die dosisabhängigen Carry-over-Faktoren demonstrieren (DFG 1988; Heeschen et al. 1986) (s. Tab. 4.1-12).

Die Dosisabhängigkeit der Carry-over-Faktoren und die Tatsache, daß nur mit geringen PCB-Konzentrationen im Futter zu rechnen ist, berechtigt die Verwendung der hohen Carry-over-Faktoren zur Festlegung der im Tierfutter erlaubten Mengen. Die folgende Tabelle gibt diese Bemühungen zusammenfassend wieder. Sie beschreibt die Relation von Höchstmengen der in der Schadstoffhöchstmengenverordnung geregelten PCB-Kongeneren, die Carry-over-Faktoren und die Futtermittelgrenzwerte bei verschiedenen Tierarten (DFG 1988) (s. Tab. 4.1-13).

Tabelle 4.1-11.

PCB-Nr.	Carry-over-Faktor	Höchstmenge im Milchfett*	entspricht einer Konzentration im Futter
28	0,5	0,04	0,08
52	2,0	0,04	0,02
101	0,5	0,04	0,08
138	3,5	0,05	0,015
153	4,5	0,05	0,01
180	4,0	0,04	0,01

* Werte aus der Schadstoffhöchstmengenverordnung; mg/kg Fett

Tabelle 4.1-12.

PCB-Nr.	3 Dosen an Gesamt-PCB (mg/kg Trockenfutter)	Carry-over-Faktor
28	0,25/2,5/25	0,5/0,5/0,5
52	0,25/2,5/25	4 / 4 / 3
101	0,25/2,5/25	3 / 2 / 2
138	0,25/2,5/25	12/ 6 / 7
153	0,25/2,5/25	11/ 5 / 6
180	0,25/2,5/25	17/ 8 / 7

Für die Summe der praktisch in tierischen Futtermitteln vorkommenden PCB-138, PCB-153 und PCB-180 können aufgrund dieser Überlegungen die folgenden Begrenzungen in Futtermitteln vorgenommen werden (Angaben in mg/kg Trockensubstanz; Kommission Reinhaltung der Luft im VDI und DIN):

Mastbulle	0,002
Milchkuh	0,005
Schwein	0,01
Huhn	0,01

4.1.8.4 Frauenmilch als Endglied der Nahrungskette

Am Ende der Nahrungskette steht der mit der Frauenmilch ernährte Säugling. In der Frauenmilch sind daher die höchsten Konzentrationen der unerwünschten Stoffe zu erwarten (DFG 1984). Schwermetalle wer-

Tabelle 4.1-13.

PCB-Nr.	HM*	Carry-over-Faktoren			Futtermittelgrenzwerte**		
		Rind	Schwein	Geflügel	Rind	Schwein	Geflügel
28	0,05	0,5	0,5	0,5	0,10	0,10	0,10
52	0,02	2	4	4	0,01	0,005	0,005
101	0,04	0,5	2	3	0,08	0,02	0,013
138	0,05	3,5	8	12	0,014	0,006	0,004
153	0,05	4,5	7	12	0,011	0,007	0,004
180	0,06	4	11	12	0,015	0,005	0,005

* Höchstmengen im tierischen Fettgewebe, Schadstoffhöchstmengenverordnung
** Konzentration in 88% Futtertrockenmasse

Tabelle 4.1-14.

	Tierfutter/Trinkmilch	Trinkmilch/Frauenmilch
PCB-28	3	3
PCB-52	5,5	1
PCB-138	8	19
PCB-153	17	19
PCB-180	9	20

den mit der Milch nicht ausgeschieden (auch nicht mit der Trinkmilch schwermetallbelasteter Kühe). Die besondere Bedeutung erlangen in dieser Beziehung nur die aromatischen Organochlorverbindungen aufgrund ihrer chemischen Stabilität und der hohen Lipophilie. In Futtermitteln werden Konzentrationen der in der Höchstmengenverordnung regulierten Polychlorierten Biphenyle von rund 1 µg/kg gemessen, in der Trinkmilch rund 10 und in der Frauenmilch mehr als 100 µg/kg Fett, da das Lebensalter, d.h. die Zeit der Kumulation bei der stillenden Mutter, viel höher ist als das der Milchkuh. Die Akkumulation der Organochlorverbindungen läßt sich auch im menschlichen Fettgewebe in Abhängigkeit vom Alter für Hexachlorbenzol, ß-Hexachlorcyclohexan, Σ-DDT und (weniger) für PCB-153 experimentell nachweisen. Die folgenden Carry-over-Faktoren sind für die einzelnen PCB-Kongenere gemessen worden (s. Tab. 4.1-14).

In den letzten Jahren ist eine kontinuierliche Abnahme der Konzentrationen in der Frauenmilch festzustellen, wie aus der folgenden Zusammenstellung hervorgeht (DGE: Ernährungsbericht 1996; Angaben in mg/kg Milchfett als 95. Perzentil) (s. Tab. 4.1-15).

Diese Abnahme kann durch futtermittel- oder lebensmittelrechtliche Festsetzung erlaubter Grenzwerte bedingt sein. Für die ebenso kontinuierliche Abnahme der Polychlorierten Dibenzo-Dioxine und -Furane (PCDD/F) können diese Verfahren aber nicht angeführt werden, da es solche nicht gibt. Die folgenden Mittelwerte sind in den letzten Jahren gemessen worden (DGE: Ernährungsbericht 1996; Angaben in ng TEq

Tabelle 4.1-15.

	Hexachlorbenzol	Σ-DDT	Σ-PCB
1991	0,43	0,78	1,72
1994	0,23	0,78	1,32

PCDD/F/kg Frauenmilchfett):

1991	21
1992	18
1993	13
1994	12

Es ist zu folgern, daß nicht (allein) Regelungen der Organochlorverbindungen in den letzten Gliedern der Nahrungskette die Ursache für die Abnahme der Mengen in der Frauenmilch sind, sondern die Restriktionen der Herstellung, der Verwendung oder der Freisetzung im weiten Vorfeld der Lebensmittelproduktion. Unter Umständen können sich futtermittel- und lebensmittelrechtliche Vorschriften und die teuren Analysen dieser Medien erübrigen. Auch wären Begrenzung der Stillzeiten nicht mehr nötig. Die erfolgreichsten Verfahren zur Minderung der vergleichsweise hohen Konzentrationen der aromatischen Chlorkohlenwasserstoffe, vor allem PCB und PCDD/F in der Frauenmilch, bieten sich am Beginn der Nahrungskette an:

Umwelt (Boden, Wasser, Luft)	Pflanzen, Tiere	Mensch
Restriktion der Verwendung und Freisetzung	Höchstmengen in Futter- und Lebensmitteln	Begrenzung der Stillzeit auf 4 bis 6 Monate

4.1.9 Literaturverzeichnis

Allen JG, Masters HG, Peet RL, Mullins KR, Lewis RD, Skirrows SZ, Fry J (1983) Zinc toxicity in ruminants. J Comp Pathol 93:63–377

Anke M (1989) Mineralstoffe – Molybdän. In: Lewerenz HJ (Hrsg) Lebensmitteltoxikologie. Springer, Berlin Heidelberg New York, S. 286–287

Anke M, Groppel B, Kronemann H, Grün M (1984) Die biologische Bedeutung des Molybdäns für den Wiederkäuer. Wiss Z Univ Leipzig R33, Nr 2, S 148–156

Anke M, Hennig M, Diettrich M, Hoffmann G, Wicke G, Pflug D (1971) Resorption, Exkretion und Verteilung von Molybdän nach oraler Gabe an laktierende Wiederkäuer. Arch Tierernähr 21:505–513

Anke M, Reinhardt M, Hartmann G, Kirchner H, Hoffmann G (1971) Resorption und Verteilung von Molybdän nach oralen Gaben an Legehennen in Abhängigkeit von der Zeit. Arch Tierernähr 21:705–711

Anke M et al (1980–1996) Mengen- und Spurenelemente. 1. bis 16. Arbeitstagungen der Univ Jena

Arbeitsgruppe „Carry over toxischer Elemente". Schriftenreihe des Bundesministeriums für Ernährung, Landwirtschaft und Forsten. Reihe A: Angewandte Wissenschaft.Landwirtschaftsverlag Münster

BgVV, Bundesinstitut für gesundheitlichen Verbraucherschutz und Veterinärmedizin (1996) Richtwerte für Schadstoffe in Lebensmitteln. Bundesgesundheitsblatt 5/96:193–194

Campell JK, Mills CF (1979) The toxicity of zinc to pregnant sheep. Environ Res 20:1–13

Crössmann G (1981) Arsengehalte in Lebern, Nieren und Fleisch von Mastschweinen bei normaler Fütterungsweise. Arch Lebensmittelhyg 32:87–89

Crössmann G (1980) Ein Beitrag zum Carry over des Schadstoffes Quecksilber bei Mastschweinen. Tierzüchter 32:112–114

Davies NT, Soliman HS, Corrigall W, Flett A (1977) The susceptibility of suckling lambs to zinc toxicity. Br J Nutr 38:153–156

DFG Deutsche Forschungsgemeinschaft, Kommisson zur Prüfung von Rückständen in Lebensmitteln (1988) Polychlorierte Biphenyle. Bestandsaufnahme über Analytik, Vorkommen, Kinetik und Toxikologie. VCH Verlagsgesellschaft, Weinheim

DGE Deutsche Gesellschaft für Ernährung: Ernährungsberichte 1992 und 1996, Frankfurt/Main

Dhillon KS, Singh J, Srivastava AK, Gill BS, Singh TJ (1989) Evaluation of safe dosage of sodium arsenate in buffaloes. Ind J Anim Sci 59:1049–1053

Edward WC, Dooley AL (1981) Heavy and trace metals determinations in cattle grazing pastures fertilized with treated raffinate. Vet Hum Toxicol 22:309–311

Ewers C, Heeschen W, Reichmuth J, Nijhuis H, Hamann J (1987) Untersuchungen zum Carry over persistenter polychlorierter Biphenyle (PCB) aus Futtermitteln in die Milch. Kieler Milchwirtsch Forsch Ber 39:123–138

Futtermittelverordnung vom 8.7.1996 (BGBl. I S. 947)

Glaser U, Kühl UG, Hapke HJ (1978) Toxikologisch-biochemische Untersuchungen zur Diagnose von Gesundheitsschäden durch Cadmium bei Schafen. Zentralbl Vet Med A 25:685–703

Gründer HD (1972): Fluorimmissionswirkungen auf Rinder – zusammenfassende Darstellung der Ergebnisse mehrjähriger Untersuchungen im Bereich einer Flußsäure- und einer Aluminiuimfabrik. Zentralbl Vet Med A 19:229–309

Gründer HD (1982) Belastungsgrenzen für die Schwermetalle bei Hauswiederkäuern. Landwirtsch Forsch 39:60–93

Hansard SL, Ammerman CB, Fick KR, Miller SM (1978) Performance and vanadium content of tissues in sheep as influenced by dietary vanadium.J Anim Sci 46:1091–1095

Hansard SL, Ammerman CB, Henry PR, Simpson CF (1982) Vanadium metabolism in sheep. I. Comparative and acute toxicity of vanadium compounds in sheep. J Anim Sci 55:344–349

Hansard SL, Ammerman CB, Henry PR (1982) Vanadium metabolism in sheep. II. Effect of dietary vanadium on performance, vanadium excretion and bone deposition in sheep. J Anim Sci 55:350–356

Hapke HJ, Prigge E (1973) Interactions of lead and glutathion with delta-aminolevulinic acid dehydratase. Arch Toxicol 31:153–161

Hapke HJ, Abel J, Kühl U, Glaser U (1977) Die Ansammlung von Cadmium in verzehrbaren Geweben in Abhängigkeit von der Cadmium-Menge im Futter. Arch Lebensmittelhyg 28:174–177

Hapke HJ, Barke E, Spikermann A (1980) Ansammlung von Thallium in verzehrbaren Geween von Hammeln und Bullen in Abhängigkeit von der Thalliummenge im Futter. Dtsch Tierärztl Wochenschr 87:376–379

Hapke HJ (1988) Toxikologie für Veterinärmediziner, 2. Aufl. Enke Verlag, Stuttgart

Hapke HJ (1988) Zur Problematik der Ansammlung von Fremdstoffen in der Nahrungskette bis zur Frauenmilch. Mh Vet Med 43:783–786

Hapke HJ (1991) Metal accumulation in the food chain and load of feed and food. In: Merian E (ed) Metals and their compounds in the environment. VCH Weinheim, New York, pp 469–479

Hapke HJ (1991) Effects of metals on domestic animals. In: Merian E (ed) Metals and their compounds in the environment. VCH Weinheim, New York

Hapke HJ (1992, 1996) Toxikologische Aspekte der Ernährung. In: Deutsche Gesellschaft für Ernährung, Ernährungsbericht 1992 und 1996, Frankfurt/Main

Hapke HJ (1994) Abnahme der Bleibelastung bei Rindern seit 20 Jahren. Dtsch Tierärztl Wochenschr 101:388–389

Hartung J (1990) Wirkungen von Ammoniak auf Nutztiere. In: Ammoniak in der Umwelt. Symposium 12.10.1990 KTBL-Schrift 1990

Hecht H (Hrsgb) (1993) Zum Carry-over von Polychlorierten Biphenylen (PCB). Schriftenreihe des Bundesministeriums für Ernährung, Landwirtschaft und Forsten, Reihe A: Angewandte Wissenschaft, Heft 418. Landwirtschaftsverlag, Münster

Heeschen W, Blüthgen A, Nijhuis H (1986) Entwicklungstendenzen in der rückstandshygienischen Situation der Milch. Kieler Milchwirtsch Forsch Ber 38:131–145

Kirchgessner M, Roth FX (1977) Einfluß von Nickelzulagen auf das Wachstum von Ferkeln. Z Tierphysiol Tierern Futtermittelkd 39:277–281

Konermann H, Crössmann G, Hoppenbrock KH (1982) Untersuchungen über den Einfluß Thallium-kontaminierter Futtermittel auf Leistung, Gesundheit und Rückstandsbildung bei Mastschweinen. Tierärztl Umsch 37:8–21

Kühnert M (Hrsg) (1991) Veterinärmedizinische Toxikologie. Fischer, Jena

Miller JK, Moss BR, Bell MC, Sneed NN(1972) Comparison of Molybdenum metabolism in young cattle und swine. J Anim Sci 34:846–850

Nechay BR (1984) Mechanisms of action of vanadium. Annu Rev Pharm Toxicol 24:501–524

Nezel K, Vogt H (1977) Der Einfluß von Cadmiumzusätzen zum Broiler- und Legehennenfutter auf die Leistung der Tiere und auf Rückstandsgehalte in den Geweben und Eiern. 2. Mitteilung: Einfluß verschiedener Cadmiumzusätze zum Futter auf die Rückstände in den Geweben und den Eiern. Arch.Geflügelkd 41:81–86

Nezel K, Vogt H, Matthes S (1980) Der Einfluß von Methylquecksilberchlorid-Zusätzen zum Broiler- und Legehennenfutter auf die Leistungen der Tiere und auf die Rückstandsgehalte in den Geweben und den Eiern. Arch Geflügelkd 44:266–271

O'Dell GD, Miller WJ, King WA, Moore SL, Blackmon SM (1970) Nickel toxicity in the young bovine. J Nutr 100:1447–1454

Philippo M, Humphries WR, Bremner I, Young BW (1982) Possible effect of molybdenum on fertility in the cow. Proc Nutr Soc 41:1591

Pitt M, Fraser J, Thurley DC (1980) Molybdenum toxicity in sheep: epiphysiolysis, exostoses and biochemical changes. J Comp Pathol 90:567–576

Platonow N, Abbey HK (1968) Toxicity of vanadium in calves. Vet Rec 82:292–293

Ryan JA, Pahren HR, Lucas JB (1982) Controlling cadmium in the food chain. Environ Res 28:751–302

Schenkel H (1990) Zum Stoffwechselverhalten von Cadmium bei landwirtschaftlichen Nutztieren. II. Schafe und Schweine. Übers Tierernähr 18:39–76

Schenkel H (1990) Zum Stoffwechselverhalten von Cadmium bei landwirtschaftlichen Nutztieren. III. Geflügel und Pferde. Übers Tierernähr 18:77–95

Suhren K, Kreuzer W (1979) Zur Bildung von Arsenrückständen in Schlachtschweinen. SVZ 79:203–209

Thomas JW, Moss M (1951) The effect of orally administered molybdenum on growth, spermatogenesis and testes histology of young dairy bulls. J Dairy Sci 34:929–934

Ueberschär KH, Matthes S, Vogt H (1986) Einfluß von Thalliumzusätzen zum Broiler- und Legehennenfutter. Proc 5. Spurenelement-Symposium New Trace Elements. Univ Leipzig und Jena, S 1233–1240

Ueberschär KH, Vogt H (1986) Geflügelversuche zur Bestimmung der Anreicherungsfaktoren für PCB-Einzelkomponenten in Geweben und Eiern. VDLUFA-Schriftenreihe 20:641–655

Ueberschär KH, Vogt H, Matthes S (1985) Der Einfluß von Vanadium-Zusätzen zum Broiler- und Legehennenfutter auf die Leistungen der Tiere und auf Rückstandsgehalte in den Geweben und Eiern. Arch Geflügelkd 49:23–30

VDI/DIN-Richtlinien: Maximale Immissionswerte zum Schutz der landwirtschaftlichen Nutztiere. VDI/DIN-Handbuch Reinhaltung der Luft, Bd. 1a. Beuth Verlag, Berlin

Vemmer H, Heeschen W, Blüthgen A (1989) Übergang polychlorierter Biphenyle (PCB) aus Futtermitteln in Gewebe von Mastschweinen. 1. Mitteilung: Die PCB-Gehalte in Geweben des Mastschweines in Abhängigkeit von der PCB-Konzentration des Futters. Landbauforsch Völkenrode 39:151–162

Vemmer H, Heeschen W, Blüthgen A., Daenicke R (1992) Übergang polychlorierter Biphenyle (PCB) aus Futtermitteln in Gewebe von Mastbullen. 1. Mitteilung: Der mengenmäßige Übergang von PCB aus dem Futter in Mastbullen. Landbauforsch Völkenrode 42:223–228

Vemmer H, Heeschen W, Blüthgen A, Daenicke R (1993) Übergang polychlorierter Bipehnyle (PCB) aus Futtermitteln in Gewebe von Mastbullen. 2. Mitteilung: PCB-Gehalte in den einzelnen Geweben der Mastbullen in Abhängigkeit von der PCB-Konzentration des Futters. Landbauforsch Völkenrode 43:27–33

Verordnung über Höchstmengen an Schadstoffen in Lebensmitteln (Schadstoff-Höchstmengenverordnung – SHmV) vom 23. März 1988 (BGBl I, S 422)

Vogt H, Matthes S, Nezel K (1977) Der Einfluß von Cadmium-Zusätzen zum Broiler- und Legehennenfutter auf die Leistung der Tiere und auf Rückstandsgehalte in den Geweben und Eiern. 1. Mitteilung: Einfluß von Cadmium auf die Leistung der Tiere. Arch Geflügelkd 41:1–9

Vreman K, van der Veen NG, van der Molen EJ, de Ruig WG (1988) Transfer of cadmium, lead, mercury and arsenic from feed into tissues of fattening bulls: chemical and pathological data. Nether J Agric Sci 36:327–338

Vreman K, van der Veen NG, van der Molen EJ, de Ruig WG (1986) Transfer of cadmium, lead, mercury and arsenic from feed into milk and various tissues of dairy cows: chemical and pathological data. Nether J Agric Sci 34:129–144

Weber CW, Reid BL (1968) Nickel toxicity in young chicks. J Nutr 4:612–616

Wittenberg KM, Tevlin TJ (1987) Effects of dietary molybdenum on productivity and metabolic parameters of lactating beef cows and their offspring. Can J Anim Sci 67:1055–1066

4.2 Wirkungen auf Wildtiere

■ U. Kierdorf, H. Kierdorf und V. Wolters

4.2.1 Einleitung

Im rechtlichen Sinne (§1 Bundesjagdgesetz) handelt es sich in Deutschland bei *Wild* um wildlebende Säugetier- und Vogelarten, die dem Jagdrecht unterliegen. Im Rahmen dieses Beitrags erscheint eine Beschränkung des Begriffs Wildtier auf die im Jagdgesetz genannten Taxa jedoch nicht angebracht, da wesentliche wildtiertoxikologische Befunde auch bzw. ausschließlich an nicht jagdbaren Arten erhoben wurden. Entsprechend dem verbreiteten Gebrauch des Begriffs „wildlife" im angloamerikanischen Sprachraum, werden unter der Bezeichnung Wildtiere daher nachfolgend alle freilebenden tetrapoden Vertebraten subsumiert.

Untersuchungen zur Schadstoffbelastung von Wildtieren haben eine lange Tradition. Die älteste Mitteilung in der deutschsprachigen Literatur über eine Schädigung von Wildtieren durch anthropogene Luftverunreinigungen (Emissionen der Harzer Silberhütten) stammt von Rettstadt (1845). Grundlegende Aussagen zur Eignung freilebender Tiere als Bioindikatoren („Merktiere") einer Kontamination ihres Lebensraumes finden sich in der Studie von Prell (1936) über die Arsenvergiftung des Wildes im Tharandter Wald. Der Einsatz von Wildtieren als Indikatoren für Schadstoffbelastungen der Umwelt hat in den vergangenen Jahren stark an Bedeutung gewonnen und ist ein Gebiet intensiver und konzeptionell sowie methodisch sehr vielfältiger Forschungstätigkeit (Peterle 1991; Beyer et al. 1996; Fairbrother et al. 1996; LFU BW 1996; Walker et al. 1996; Kendall et al. 1998). In diesem Kapitel werden die Wirkungen der wichtigsten Umweltschadstoffe auf Wildtiere diskutiert. Aus Platzgründen unberücksichtigt bleibt die Beeinflussung von Wildtierpopulationen durch verstärkten Säure- oder Stickstoffeintrag in Ökosysteme (vgl. dazu z.B. Flousek et al. 1993).

4.2.2 Charakterisierung der Schadstoffbelastung von Wildtieren

Wildtiere sind in der Regel einer intensiveren und direkteren Einwirkung von Umweltschadstoffen ausgesetzt als Nutztiere. Deren Nahrung und Trinkwasser entstammen, anders als bei Wildtieren, oft nicht unmittelbar dem jeweiligen Lebensraum und werden hinsichtlich ihrer Zusammensetzung und einer möglichen Schadstoffbelastung mehr oder weniger regelmäßig kontrolliert (vgl. Kap. 4.1).

Schadstoffwirkungen auf Wildtiere sind unterschiedlicher Natur (Abb. 4.2-1). Todesfälle können, in Abhängigkeit von Dosis und Toxizität der aufgenommenen Substanzen, sowohl bei (sub-) akuter als auch bei chronischer Vergiftung auftreten (vgl. Kap. 4.1). Ökologisch wesentlich bedeutsamer als der Tod einzelner hochbelasteter Tiere ist für eine schadstoffexponierte Populationen allerdings eine generelle Beeinträchtigung der Reproduktionskapazität im Fall subletaler Schädigung vieler Individuen.

Chronische Belastung mit persistenten Schadstoffen, wie lipophilen chlororganischen Verbindungen oder Schwermetallen, führt zu deren Anreicherung im Organismus (Bioakkumulation) und in der Folge vielfach zu Schädigungen des Reproduktions-, Skelett-, Nerven-, Hormon- bzw. Immunsystems. Beeinträchtigung des Immunsystems wiederum erhöht die Anfälligkeit gegenüber viralen, bakteriellen und parasitären Krankheitserregern. Auf diese Weise können zunächst subletale Schädigungen zum Tod der betroffenen Individuen führen. So wird z. B. diskutiert, ob das 1988 durch ein Staupevirus ausgelöste Seehundsterben in der Nordsee durch die Belastung der Population mit immunsuppressiven Substanzen (wie PCB) begünstigt wurde (Scharenberg 1996). Schadstoffexposition kann auch zu allergischen Reaktionen führen, die oft mit krankhaften Haut- bzw. Schleimhautveränderungen einhergehen. Reaktionen von Individuen, Populationen und Biozönosen auf eine zunehmende Schadstoffbelastung sind in Tabelle 4.2-1 aufgelistet.

Viele Umweltschadstoffe besitzen genotoxische Eigenschaften. Die ausgelösten Mutationen können zur Entstehung von Tumoren (kanzerogene Wirkung) bzw., falls Zellen der Keimbahn betroffen sind, zu verminderter Fertilität sowie erhöhter Fehlbildungsrate der Nachkommen (teratogene Wirkung) bzw. verstärkter Embryo-Mortalität führen. Zu den genotoxischen Kanzerogenen, die direkt oder nach metabolischer Aktivierung mutagen wirksam sind, gehören Alkylantien, polycyclische Kohlenwasserstoffe, aromatische Amine, Nitrosamine, Mykotoxine sowie Nickel, Chrom, Cadmium und Arsen (Marquardt 1994). Bei Wildtieren wird der Nachweis einer Exposition gegenüber genotoxischen Substanzen oft anhand des Auftretens von DNA-Addukten, d.h. von kovalent an die DNA gebundenen Schadstoffen bzw. Schadstoffmetaboliten geführt (Peakall 1992; Walker et al. 1996). Neben den genotoxischen sind auch viele nicht-genotoxische (epigenetische) Kanzerogene bekannt. Dazu gehören DDT und andere chlororganische Biozide, PCB und TCDD, die als Tumorpromotoren wirken (Marquardt 1994).

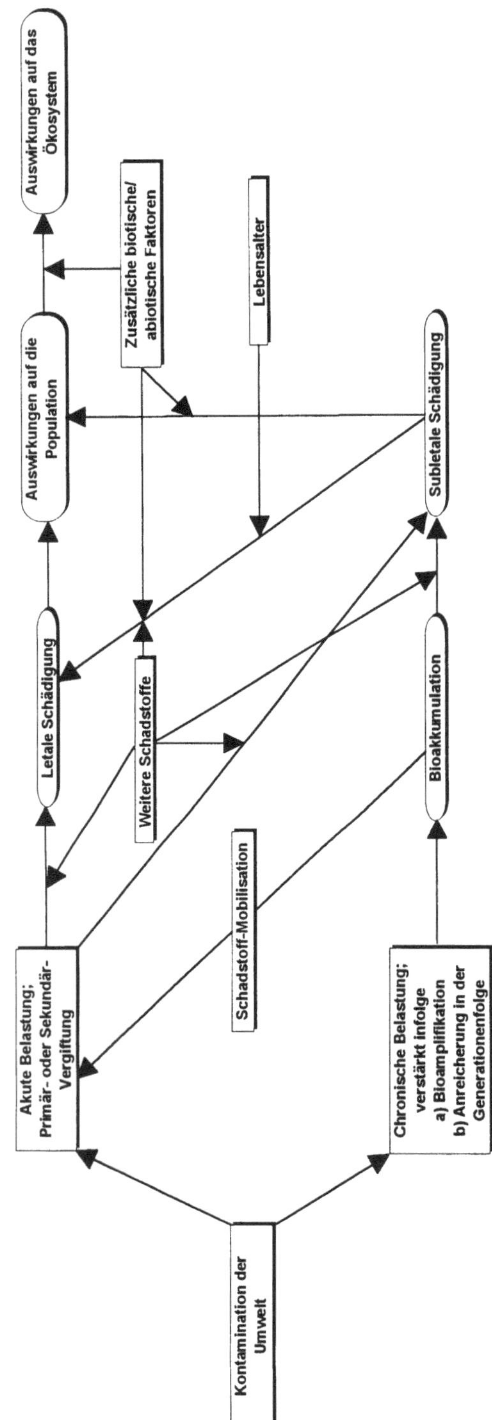

Abb. 4.2-1. Schematische Darstellung möglicher Auswirkungen einer Schadstoffbelastung auf Wildtiere

Tabelle 4.2-1. Reaktionen von Individuen, Populationen und Biozönosen auf eine zunehmende Schadstoffbelastung

- Anpassung der Individuen aufgrund physiologischer Regulationsmechanismen innerhalb der artspezifisch festgelegten Reaktionsnorm (z. B. durch Aktivierung Fremdstoff-metabolisierender Enzyme).
- Selektive Eliminierung von Genotypen geringerer Toleranz aus den Populationen. Verschiebung von Allelfrequenzen infolge gerichteter Selektion (mögliche Entwicklung von Populationen schadstofftoleranter bzw. resistenter Individuen).
- Selektive Eliminierung von Arten mit geringerem Toleranzspektrum aus der Biozönose. Folge ist eine Artenverarmung bzw. eine veränderte Artenzusammensetzung der Biozönose mit mehr oder weniger gravierenden Auswirkungen auf ökosystemarer Ebene.

Persistente bioakkumulative Schadstoffe reichern sich entlang von Nahrungsketten an (Biomagnifikation bzw. Bioamplifikation). Entsprechend sind Tiere höherer trophischer Niveaus stärker belastet als solche unterer Trophieebenen. So wurden bei Silbermöwen aus dem Gebiet des Ontariosees für die Belastung mit Quecksilber und PCB Konzentrationsfaktoren (ausgehend vom Plankton) von 1000 bzw. 5000 berechnet. Eine Anreicherung persistenter chlororganischer Verbindungen in aufeinanderfolgenden Generationen findet sich bei Säugern, wenn im mütterlichen Fettgewebe gespeicherte Schadstoffe während der Laktation mobilisiert und mit der Milch an die Jungtiere weitergeben werden. Untersuchungen an Fledermäusen und Weißwalen belegen, daß sich Weibchen auf diese Weise eines Großteils der in ihrem Körperfett festgelegten chlororganischen Biozide und PCB entledigen können (Béland et al. 1993; Thies et al. 1996).

Wildtiere sind in der Regel nicht mit einem einzigen Schadstoff, sondern mit mehreren (potentiell) toxischen Substanzen belastet. Über die Kombinationswirkungen solcher Mehrfachbelastungen (additive, synergistische bzw. antagonistische Effekte) ist bislang nur wenig bekannt. Wildtiere sind ferner keiner konstanten, sondern einer zeitlich und räumlich mehr oder weniger stark schwankenden Schadstoff-Belastung ausgesetzt. Deren Wirkung wird zudem durch verschiedene Umweltfaktoren (z. B. Witterungseinflüsse) sowie dichteabhängige (z. B. Zugang zu bestimmten Ressourcen) und individuelle Faktoren (z. B. Alter, Geschlecht, Ernährungs- und Gesundheitszustand, Gravidität, Laktation) modifiziert. Unter Laborverhältnissen an homogenen Versuchstierkollektiven gewonnene Ergebnisse zur Toxizität bestimmter Substanzen bzw. Substanzgemische sind daher nicht ohne weiteres auf die Wildtiersituation übertragbar. Als Beispiel für die Schwierigkeiten der

Erfassung und Bewertung komplexer Wirkungen verschiedener Schadfaktoren unter Freilandbedingungen sei die Diskussion über die Ursachen des gegenwärtig weltweit registrierten Rückganges von Amphibienpopulationen und des vermehrten Auftretens von Mißbildungen bei freilebenden Amphibien genannt (Kavlock 1998; Alford u. Richards 1999).

Bei der Bewertung experimentell-toxikologischer Befunde müssen auch die Unterschiede in der Reaktion auf Schadstoffe zwischen den für Tests herangezogenen „Labor-Organismen" und Wildtieren berücksichtigt werden. So geht z. B. beim nordamerikanischen Buntfalken ein Gehalt von 10 ppm DDE im Ei mit einer Abnahme der mittleren Eischalendicke von 22% einher, während beim Haushuhn selbst bei 30fach höheren DDE-Gehalten keine Dickenreduktion der Eischale auftritt. Beim braunen Pelikan beträgt die NOEC („no observed effect concentration") im Ei, bei deren Überschreitung eine Reduktion der Schalendicke auftritt, sogar lediglich 0,1 ppm DDE (Blus 1996). Farm-Minks, deren Nahrung 0,64 ppm PCB (Aroclor 1254) enthält, pflanzen sich nicht mehr fort. Bei Laborratten bleibt dagegen selbst ein Gehalt von 20 ppm über mehrere Generationen ohne Einfluß auf die Reproduktion (Peakall 1992; Kamrin u. Ringer 1996). Auch zwischen nah verwandten Arten bestehen häufig große Unterschiede in der Reaktion auf Schadstoffbelastungen. So weisen Fischotter von den Shetland-Inseln PCB-Gehalte auf, die weit über denen liegen, die bei Minks die Reproduktion vollständig unterbinden. Dennoch nahm die dortige Fischotterpopulation während der letzten Jahre deutlich zu (Kruuk u. Conroy 1996).

In toxikologischen Freilanduntersuchungen an Wildtieren können meist keine exakten Dosis-Wirkungs-Beziehungen nachgewiesen werden. So erlaubt z. B. die in einem Wildtier gemessene Schadstoffkonzentration vielfach keinen eindeutigen Rückschluß auf das Expositionsregime, d. h. auf Dauer und Intensität der Belastung. Bei Totfunden ist es oft schwierig zu entscheiden, ob eine im Kadaver vorhandene toxische Substanz für den Tod verantwortlich war. Besonders bei Nachweis hoher Gehalte nicht-akkumulierender Schadstoffe ist eine solche Annahme jedoch gerechtfertigt. Für eine Anzahl von Substanzen und Wildarten sind die mit Schädigungen einhergehenden (kritischen) Gewebekonzentrationen experimentell ermittelt worden (Beyer et al. 1996).

Die Tatsache, daß Tiere auf Schadstoffbelastungen mit Veränderungen ihrer Lebensfunktionen reagieren, macht sie zu Reaktionsindikatoren. Expositionsbedingte, außerhalb der normalen (art-, alters- und geschlechtsspezifischen) Variationsbreite liegende (transitorische oder permanente) Veränderungen können biochemische, physiologische oder morphologische Parameter betreffen und lassen sich als *Bio-*

marker zum Nachweis einer Belastung einsetzen (Peakall 1992; Peakall u. Shugart 1993; Fossi u. Leonzio 1994). Biomarker-Studien ergänzen die Befunde chemisch-analytischer Untersuchungen und gestatten vielfach weitergehende Aussagen über die mit Schadstoffexpositionen einhergehenden Wirkungen (z. B. hinsichtlich von NOECs) bzw. zum Expositionsregime (z. B. Kierdorf u. Kierdorf 1999). Biomarker können spezifisch für einen bestimmten Schadstoff oder mehr oder weniger unspezifisch sein, falls die gleiche Reaktion (wie etwa die Induktion Fremdstoff-metabolisierender Enzyme) durch verschiedene Substanzen hervorgerufen wird. Wesentliche Anforderungen an Biomarker bei Wildtieren sind in Tabelle 4.2-2 aufgelistet.

4.2.3 Zielsetzungen bei der Analyse der Schadstoffbelastung von Wildtieren

4.2.3.1 Grundlegende Untersuchungsaspekte

Im Vordergrund von Untersuchungen zur Schadstoffbelastung bei Nutztieren stehen mögliche Beeinträchtigungen ihrer Nutzung durch den Menschen (vgl. Kap. 4.1). Studien zur Schadstoffexposition von Wildtieren werden demgegenüber aus sehr unterschiedlichen Motiven durchgeführt. Prinzipiell lassen sich folgende, einander teilweise überschneidende Fragestellungen unterscheiden:

- Einsatz von Wildtieren als Bioindikatoren bzw. Biomonitoren von Schadstoff-Einträgen in Ökosysteme,
- Aufzeigen von Gefährdungen der Gesundheit von Wildtieren und des Bestandes von Wildtier-Populationen,
- Erkennen möglicher Gefahren für den Menschen durch Analyse von Schadstoffwirkungen bei Wildtieren,

Tabelle 4.2-2. Anforderungen an Biomarker der Schadstoffbelastung von Wildtieren

- Dosisabhängige Ausprägung des Biomarkers innerhalb eines umweltrelevanten Konzentrationsbereichs des Schadstoffes;
- Möglichkeit der einfachen und eindeutigen Diagnose der schadstoffinduzierten Veränderung;
- Auftreten vergleichbarer Reaktionen bei verschiedenen Spezies (falls eine Art in einem Gebiet nicht vorkommt, kann auf eine andere ausgewichen werden);
- Kenntnis der für die Ausprägung des Biomarkers verantwortlichen Mechanismen.

- Analyse von Schadstoffkonzentrationen in Wild hinsichtlich der Genußtauglichkeit von Fleisch (Wildbret) und inneren Organen.

4.2.3.2
Wildtiere als Akkumulationsindikatoren

Die Belastung von Wildtieren mit bioakkumulativen Schadstoffen kann, unabhängig von der Frage einer gesundheitlichen Gefährdung der betroffenen Individuen, zur Erfassung der Kontamination ihrer Lebensräume herangezogen werden (passives Biomonitoring, vgl. Kap. 3.1). Hierzu werden in der Regel Organe bzw. Gewebe analysiert, in denen sich diese Substanzen bevorzugt anreichern (z.B. Cadmium in der Niere, Caesium in der Muskulatur, Fluorid, Blei und Strontium in Knochen, chlorierte Kohlenwasserstoffe in Fettgewebe und Leber). Indikatororganismen integrieren dabei die Schadstoffexposition in komplexer Weise sowohl zeitlich als auch über ihren Aktionsraum. Relevante Aussagen zum Kontaminationsgrad von Landschaftsausschnitten können getroffen werden, wenn sich der Aktionsraum der Indikatorart mit dem Gebiet deckt, dessen Belastung untersucht werden soll. Für die Interpretation der analytischen Befunde sind ferner Daten zum art-, organ- und altersspezifischen Akkumulationsverhalten sowie zur biologischen Halbwertszeit der untersuchten Substanzen notwendig. Sind diese Voraussetzungen erfüllt, können Wildtiere in standardisierter Weise als „biologische Meßinstrumente" zur Erfassung der Schadstoffbelastung ihrer Lebensräume eingesetzt werden. Grundlegende Anforderungen an Indikatorarten aus der Gruppe der jagdbaren Wildtiere sind in Tabelle 4.2-3 zusammengestellt. Dem geschilderten Anforde-

Tabelle 4.2-3. Anforderungen an einen Akkumulationsindikator aus der Gruppe der jagdbaren Wildtiere. (Nach Hecht 1987; verändert)

- Möglichkeit des einfachen Rückschlusses von der im Individuum festgestellten Schadstoffkonzentration auf das Kontaminationsniveau der Umwelt (bei herbivoren Spezies leichter möglich als bei carnivoren oder omnivoren Arten);
- hohe Individuenzahl und weite Verbreitung (ermöglichen ausreichende Stichprobengrößen aus verschiedenen Lebensräumen ohne Gefährdung der betroffenen Populationen);
- Standorttreue (ermöglicht flächenbezogene Aussagen);
- bekanntes Nahrungsspektrum, keine Spezialisierung auf wenige Nahrungskomponenten (deren Kontaminationsgrad möglicherweise nicht repräsentativ für den Lebensraum ist);
- einfache und kostengünstige Probennahme.

rungsprofil wird insbesondere das Reh gerecht, von dem Organproben in der Umweltprobenbank des Bundes gesammelt werden.

4.2.3.3 Wildtiere als biologische Frühwarnsysteme

Wildtier-Spezies können auch als biologische Frühwarnsysteme („sentinel species") zur Feststellung der von Schadstoffen ausgehenden Gefahren dienen (LeBlanc u. Bain 1997). Die betreffenden Arten zeichnen sich dabei durch eine besondere Empfindlichkeit gegenüber dem jeweiligen Schadstoff aus. Im Fall persistenter bioakkumulativer Substanzen mit hohem chronischen Toxizitätspotential sind vor allem die höher belasteten Endglieder von Nahrungsketten als „sentinel species" geeignet.

Ein Beispiel für die Funktion von Wildtieren als biologische Frühwarnsysteme ist der drastische Rückgang der Wanderfalken-Bestände, der als Folge des intensiven Einsatzes von DDT und Dieldrin ab Anfang der 1960er Jahre in der gesamten Holarktis auftrat (Furness 1993). Ausschlaggebend für den Populationseinbruch waren zwei Faktoren. Erstens sind Greifvögel und einige fischfressende Vogelarten wie Pelikane und Kormorane wegen ihrer gering entwickelten Fähigkeit zur Metabolisierung von Organochlorverbindungen sehr empfindlich gegenüber DDT. Eine Belastung mit dieser Substanz führt (dosisabhängig) zur Dickenreduktion der Eischalen (infolge DDE-induzierter Störung des Calciumtransports durch die Mukosa der Schalendrüse) und damit zum Zerbrechen der Eier (Furness 1993; Blus et al. 1997). Zweitens akkumulieren langlebige Top-Prädatoren große Mengen an chlororganischen Verbindungen.

Vielfach erst unzureichend untersucht sind die endokrinen Wirkungen von Umweltschadstoffen. Als Antagonisten bzw. Agonisten von Hormonen können sie Störungen normaler Entwicklungsabläufe und physiologischer Prozesse bewirken (Colborn u. Clement 1992; Colborn et al. 1993; Guillette et al. 1995; Kendall et al. 1998). Beeinträchtigt werden vor allem die Funktionen der Schilddrüse sowie des Immun- und Reproduktionsystems. Zur Beeinflussung des Reproduktionssystems von Wirbeltieren durch Schadstoffe mit östrogener und teilweise auch anti-androgener (Sohoni u. Sumpter 1998) Wirkung (z.B. o,p'-DDT, chlorierte Cyclodiene (Chlordecon, Toxaphen), verschiedene PCB, Phthalate) liegen neben Laborstudien auch Freilandbefunde (insbesondere aus Nordamerika) vor. Bei Vögeln und Säugern bewirken Xenoöstrogene unter anderem eine Verminderung der Fertilität, die Feminisierung genetisch männlicher Individuen und Verschiebungen im Geschlechterverhältnis.

Bei Vertebraten mit temperaturkontrollierter Geschlechtsdetermination (z.B. Alligatoren) kommt es als Folge der Einwirkung östrogenwirksamer Verbindungen zur Entstehung von Intersexen bzw. zur vollständigen Geschlechtsumkehr normalerweise männlicher Embryonen.

Die von endokrin wirksamen Schadstoffen ausgelösten Effekte sind mit herkömmlichen toxikologischen Methoden vielfach nur schwer zu erfassen, da:

- der Organismus während relativ kurzer ontogenetischer Phasen (z.B. der Differenzierung der Gonaden und ableitenden Genitalwege) gegenüber diesen Substanzen besonders empfindlich ist,
- diese Stoffe während solcher sensiblen Perioden bereits in sehr geringen Konzentrationen irreversible Effekte auslösen können und
- die Schädigung mitunter erst mit relativ großer zeitlicher Verzögerung (bei Beginn der Geschlechtsreife) manifest wird.

Befunde zur endokrinen Wirkung von Umweltschadstoffen bei Wildtieren sind für den Menschen von Bedeutung, da auch er einigen dieser Substanzen ausgesetzt ist. Die möglichen Folgen chronischer Belastung des Menschen mit niedrigen Konzentrationen endokrin wirksamer Stoffe werden intensiv und kontrovers diskutiert (Thierfelder et al. 1995; Schlumpf u. Lichtensteiger 1996). So führen einige Autoren eine Abnahme der Spermaqualität und die Zunahme anderer Störungen des männlichen Reproduktionssystems, wie sie in einer Reihe von Industrieländern festgestellt wurden, auf eine erhöhte Exposition männlicher Feten gegenüber Östrogenen bzw. Xenoöstrogenen zurück (Sharpe u. Skakkebaek 1993).

4.2.3.4 Wildtiere als Nahrung des Menschen

Erhöhte Schadstoffgehalte beeinträchtigen die Eignung des Fleischs und der inneren Organe von Wildtieren als Nahrungsmittel. Spezielle Richtwerte für zulässige Schadstoffkonzentrationen in Wild gibt es in Deutschland nicht, während in Österreich solche für Schwermetallgehalte im Wildbret von Rot-, Reh- und Gamswild, Wildschweinen und Feldhasen existieren. Die österreichischen Richtwerte entsprechen weitgehend denjenigen der deutschen Schadstoffhöchstmengenverordnung für Rind-, Kalb- und Schweinefleisch (Pb: 0,25 mg/kg, Cd: 0,10 mg/kg, Hg: 0,03 mg/kg Frischgewicht). Lediglich beim Feldhasen ist der zulässige Quecksilbergehalt – wegen des bis Ende 1992 in Österreich zugelassenen Einsatzes Hg-haltiger Saatgutbeizmittel – mit 0,05 mg/kg Frischgewicht höher angesetzt.

Aufgrund der geringen Affinität von Blei zum Muskelgewebe sind die Pb-Konzentrationen dort meist niedrig. Gelegentlich gemessene, sehr hohe Bleigehalte im Wildbret beruhen auf einer Sekundärkontamination durch Geschoßabrieb bzw. -splitter (Hecht 1987). Auch die Cadmiumbelastung von Wildbret liegt fast immer unterhalb des genannten Richtwertes. Hohe Cd-Konzentrationen finden sich demgegenüber in der Leber und vor allem in den Nieren, wobei die Belastung mit dem Alter der Tiere ansteigt. Gehalte von 10 mg Cd/kg Frischgewicht in Nieren älterer Individuen sind keine Seltenheit, so daß z.B. beim Verzehr einer Rehniere (Gewicht 100 bis 150 g) ca. 1 bis 1,5 mg Cd aufgenommen werden (Tataruch 1994a). Dies ist etwa das Doppelte der von der WHO/FAO als tolerierbar angesehenen wöchentlichen Cd-Dosis. Die Quecksilberbelastung des Wildes ist seit dem Verbot Hg-haltiger Saatgutbeizmittel deutlich gesunken. Die Hg-Konzentrationen im Wildbret sind meist sehr niedrig und liegen in der Regel auch in Lebern und Nieren unter dem Richtwert der deutschen Schadstoffhöchstmengenverordnung von 0,10 mg/kg Frischgewicht.

Nach dem Reaktorunfall von Tschernobyl im Jahre 1986 wurde die Belastung von Wildtieren durch Radionuklide, vor allem Cs^{134} und Cs^{137}, verstärkt untersucht. Im Unterschied zu Schwermetallen finden sich die höchsten Radiocaesium-Konzentrationen in der Muskulatur, während die inneren Organe niedrigere Aktivitäten aufweisen. Außerhalb der Sowjetunion war vor allem das nördliche Skandinavien stark von radioaktivem Fallout betroffen. So wurden bei schwedischen Rentieren mittlere Cs^{137}-Aktivitätskonzentrationen von über 40000 Bq/kg Frischgewicht ermittelt (Åhman u. Åhman 1994). Derzeit ist in Deutschland für Lebensmittelimporte aus nicht EU-Ländern ein Grenzwert von 600 Bq/kg Frischgewicht für Radiocaesium (Summe Cs^{134} und Cs^{137}) in Kraft. Eine Meßpflicht für deutsches Wildfleisch besteht nicht, obwohl der genannte Grenzwert in Wildbret aus den vom Tschernobyl-Fallout stärker betroffenen Regionen Süddeutschlands zum Teil erheblich überschritten wurde und wird (Fielitz 1996; Hecht 1997; Schodlok 1997; vgl. Kap. 1.7).

Während die Kontamination bei Wildwiederkäuern aus Bayern im Zeitraum 1994 bis 1996 leicht abnahm, stieg sie bei Wildschweinen deutlich an und ist gegenwärtig entweder gleich hoch wie nach den Radionuklid-Immissionen im Jahre 1986 oder sogar deutlich höher. So betrug der Medianwert der Radiocaesium-Aktivitätskonzentration im Muskelfleisch von Wildschweinen aus dem Bayerischen Wald im Zeitraum von Dezember 1996 bis Februar 1997 4100 Bq/kg Frischgewicht. Der 1996 gemessene Maximalwert lag bei über 80000 Bq/kg (Hecht 1997). Die hohe Belastung von Wildschweinen wird darauf zurückgeführt, daß ihre Nahrung zu einem erheblichen Teil aus Bodenschichten stammt, in denen sich Radiocaesium anreichert (Brückmann u. Wolters 1994). Beim Reh sind Individuen aus Waldökosystemen (mit relativ sauren Böden) generell höher kontaminiert als Tiere, die sich ständig oder zeitweise auf landwirtschaftlich genutzten Flächen aufhalten (Caesiumbindung im Boden infolge Mineral- [speziell Kalium-] Düngung). Ferner werden bei Reh- und Rotwild ernährungsbedingt während des Herbstes deutlich höhere Radiocaesium-Aktivitätskonzentrationen festgestellt als im Frühjahr. Beim Wildschwein sind diese saisonalen Unterschiede wesentlich schwächer ausgeprägt (Hecht 1997). Es ist davon auszugehen, daß seit 1986 vor allem in Baden-Württemberg und Bayern infolge unzureichender Überwachung Tausende von Wildtieren mit wesentlich höherer Radiocaesium-Belastung als 600 Bq/kg an den Verbraucher gelangt sind (Schodlok 1997).

4.2.4 Wildtiertoxikologisch wichtige Schadstoffgruppen

4.2.4.1 Chlorierte Kohlenwasserstoffe

Zu dieser Substanzklasse zählen viele *Biozide*, wie DDT, chlorierte Cyclodiene (Aldrin, Dieldrin, Heptachlor etc.), Hexachlorbenzol und γ-Hexachlorcyclohexan, die bevorzugt im Fettgewebe sowie bei Vögeln auch in den Eiern gespeichert werden. Das hinsichtlich seiner Wildtiertoxizität, vor allem der chronisch-toxischen Wirkung auf die Reproduktion bei Vögeln, am intensivsten untersuchte chlororganische Biozid ist DDT. Die im Fall akuter Intoxikation auftretenden (sub-) letalen Schädigungen beruhen auf der neurotoxischen Wirkung chlororganischer Biozide. So wurden bereits unmittelbar nach Beginn der DDT-Anwendung in der Land- und Forstwirtschaft (Ende der 1940er Jahre) tödliche Vergiftungen bei Singvögeln nachgewiesen. Erhöhte Mortalität adulter Individuen (vor allem aufgrund beeinträchtigten Beutefangverhaltens) infolge Dieldrin-Vergiftung wird als eine wesentliche Ursache des starken Rückgangs der Greifvogelbestände Großbritanniens in den 1950er und 1960er Jahren diskutiert (Furness 1993; Walker, et al. 1996). Akute Intoxikationen sind auch möglich, wenn größere Mengen akkumulierter chlororganischer Biozide bei der Mobilisation von Fettreserven kurzfristig freigesetzt werden. Derartige Stoffwechsellagen treten z.B. bei ziehenden Vogel- oder Fledermausarten periodisch auf (Furness 1993; Thies et al. 1996).

In Westeuropa und Nordamerika wurde die Anwendung von DDT Ende der 1960er bzw. Anfang der 1970er Jahre verboten (BRD: 1972). In vielen Ländern Afrikas, Asiens und Südamerikas wird die Substanz aber nach wie vor eingesetzt, was sich in einer erhöhten Belastung mancher Zugvögel mit DDT-Metaboliten niederschlägt. In Westeuropa und Nordamerika nahm die DDT-Konzentration in Wildtieren nach dem Anwendungsverbot deutlich ab. Entsprechendes gilt auch für andere chlororganische Biozide. Wegen der Persistenz von DDT und seiner langen Verweildauer in der Umwelt erfolgte der Rückgang auf das heutige Niveau jedoch recht langsam. Abweichend von diesem generellen Trend weisen einige Wildtiere, wie z. B. Fledermäuse, nach wie vor hohe DDT-Belastungen auf (Nagel 1996).

PCB wurden seit den 1930er Jahren in vielen Bereichen eingesetzt und sind wegen ihrer Persistenz mittlerweile ubiquitär in der Imwelt. In der BRD sind die PCB-Anwendung in offenen Systemen seit 1978 und die Herstellung PCB-haltiger geschlossener Systeme seit 1983 untersagt. PCB reichern sich vor allem im Fettgewebe sowie in Vogeleiern an, wobei carnivore Arten infolge Bioamplifikation zumeist höher belastet sind als herbivore. Die LD_{50} von technischen PCB-Gemischen (wie Aroclor und Clophen) liegt im Tierversuch relativ hoch, allerdings ist die Toxizität einzelner der insgesamt 209 Kongenere sehr viel größer. Bei den giftigsten Kongeneren (PCB 126, PCB 169, PCB 77) sind die beiden Phenylringe koplanar angeordnet. Diese sog. Koplanare haben damit eine sehr ähnliche Struktur wie 2,3,7,8-TCDD, binden wie dieses an den cytosolischen Arylhydrocarbon (Ah)-Rezeptor und induzieren das gleiche mikrosomale Monooxygenase (MFO)-System (vgl. Kap. 4.1).

Die chronisch-toxischen Wirkungen von PCB betreffen vor allem das Reproduktions- und Immunsystem. Bei Säugern existieren experimentelle Befunde außer für Labororganismen nur für Minks, deren Fortpflanzung bereits durch relativ geringe PCB-Dosen massiv gestört wird. Eine Beurteilung der Gefährdung freilebender Säuger (selbst anderer Mustelidenarten) durch PCB auf der Basis der Befunde beim Mink ist problematisch (Kruuk u. Conroy 1996). Mehrere Freilandstudien liegen zur PCB-Belastung verschiedener Robbenarten vor. Wegen vielfältiger methodischer Probleme sind die Befunde jedoch oft nur begrenzt aussagefähig. Bei Kegelrobben aus der Ostsee sowie Seehunden aus der Nordsee sprechen die Daten für eine Beeinträchtigung der Reproduktion höher belasteter Individuen. Hohe PCB-Gehalte finden sich auch bei Fledermäusen, ohne daß bislang eindeutige Beziehungen zum Rückgang einzelner Populationen hergestellt werden konnten (Kamrin u. Ringer 1996).

Zur PCB-Wirkung bei Vögeln, speziell fischfressenden Arten, liegen sowohl Ergebnisse von Laborstudien als auch umfangreiche Freiland-Befunde, vorwiegend aus der Region der Großen Seen in Nordamerika, vor. Die Untersuchungen belegen, daß hohe Belastung mit PCB (und/oder 2,3,7,8-TCDD) die Reproduktion massiv beeinträchtigt (Hoffman et al. 1996). Entscheidend dafür sind eine erhöhte embryonale Mortalität und Mißbildungsrate sowie, damit einhergehend, verschiedene physiologische Aberrationen. Der Symptomenkomplex wird als GLEMEDS („Great Lakes embryo mortality, edema, and deformities syndrome") bezeichnet (Gilbertson et al. 1991). Veränderungen biochemischer und morphologischer Parameter, die denen des genannten Syndroms entsprechen, wurden auch bei Kormoranen in den Niederlanden festgestellt (Van den Berg et al. 1992).

Polychlorierte Dibenzodioxine (PCDD) und Dibenzofurane (PCDF) werden vor allem bei der Abfallverbrennung sowie der Metallgewinnung und -verarbeitung freigesetzt, wobei typischerweise immer Gemische unterschiedlich toxischer Kongenere in die Umwelt gelangen (vgl. Kap. 1.5). Die Giftigkeit dieser Gemische wird auf das toxischste Kongener (2,3,7,8-TCDD, Toxizitätsäquivalenzfaktor = 1) bezogen und als Toxizitätsäquivalent (TEq) bzw. Internationales Toxizitätsäquivalent (ITE) angegeben. Infolge technologischer Verbesserungen ist die Gesamtemission an PCDD/PCDF in Deutschland zwischen Anfang der 1990er Jahre und 1994/95 von geschätzten ca. 1,0 auf etwa 0,3 kg TEq/Jahr zurückgegangen (Umweltbundesamt 1997). In Nordamerika durchgeführte Labor- und Freilanduntersuchungen an verschiedenen Vogelarten belegen die embryotoxische und teratogene Wirkung von 2,3,7,8-TCDD (Hoffman et al. 1996). Aufgrund des gemeinsamen Wirkmechanismus entsprechen die TCDD-induzierten Effekte den durch PCB hervorgerufenen, so daß unter Freilandbedingungen eine Trennung von PCB- und TCDD-Wirkungen nicht möglich ist.

4.2.4.2 Organophosphate und Carbamate

Die als Insektizide eingesetzten Organophosphate (OP) und Carbamate besitzen eine viel geringere Halbwertszeit als DDT und andere chlorierte Kohlenwasserstoffe, gleichzeitig jedoch eine deutlich höhere akute Toxizität für Warmblüter. Aufgrund des raschen Abbaus ist die Einwirkungsdauer von OP und Carbamaten zwar relativ kurz, dennoch treten infolge ihrer Giftigkeit auch bei bestimmungsgemäßer Anwendung häufig Todesfälle bei Wildtieren auf (Mineau 1991; Tataruch

1994b). Betroffen sind vor allem Vögel, wobei die Höhe der Verluste meist nicht bekannt ist. Die Dimension des Problems wird durch eine Berechnung von Peakall (1992) illustriert, nach der in den USA allein die Anwendung des Carbamates Carbofuran den Tod von 1,6 bis 2,3 Millionen Vögeln pro Jahr verursacht.

Die toxische Wirkung von OP und Carbamaten beruht auf der Inhibition von Esterasen im Nervensystem (Mineau 1991). Bedeutsam ist besonders die Hemmung der Acetylcholinesterase und die daraus resultierende Störung des Acetylcholinabbaus. Infolge der raschen Metabolisierung von OP und Carbamaten erfolgt die Diagnose einer Vergiftung meist nicht durch direkten Nachweis dieser Substanzen, sondern anhand der durch sie verursachten Abnahme der Acetylcholinesterase-Aktivität im Blut bzw. im Gehirn (spezifischer Biomarker). Eine kurzfristige Reduktion der Enzymaktivität im Hirngewebe um 80% bzw. eine längerdauernde von 50% bei chronischer Exposition führen in der Regel zum Tod. Geringere Belastungen bewirken Verhaltensänderungen, die z. B. zu einem verstärkten Prädationsdruck auf die betroffenen Tiere führen können. Tödliche Sekundärintoxikationen durch Aufnahme vergifteter Beutetiere sind bei Weißkopfseeadlern von der Ostküste der USA nachgewiesen worden (Peakall 1992). Wegen der geringen Halbwertszeit von OP und Carbamaten, ist mit einer nennenswerten Biomagnifikation dieser Substanzen jedoch nicht zu rechnen.

4.2.4.3 Schwermetalle

In Deutschland ist der Ausstoß von Schwermetallen, vor allem aufgrund der Einführung bleifreien Benzins und einer Verminderung der Staubemissionen aus Industrieanlagen, in der jüngeren Vergangenheit stark zurückgegangen. So reduzierten sich zwischen 1985 und 1995 die jährlichen Blei-Emissionen von 5014 t auf 624 t, diejenigen von Cadmium von 45 t auf 11 t und die von Quecksilber von 137 auf 31 t (Umweltbundesamt 1997). Wegen ihrer Persistenz sowie der Fähigkeit zur Bioakkumulation und -amplifikation (Merian 1991) stellen Schwermetalle in der Umwelt jedoch nach wie vor ein wildtiertoxikologisch bedeutsames Gefährdungspotential dar (vgl. Kap. 1.6).

Die *Quecksilber*-Belastung von Wildtieren entstammt(e) im wesentlichen zwei Quellen, nämlich der Verwendung Hg-haltiger Saatgutbeizmittel sowie einem diffusen Hg-Eintrag in die Umwelt durch Verbrennung fossiler Brennstoffe und von Müll. Lokal bedeutsam kann ferner die Kontamination in der Umgebung von Quecksilber-Bergwerken und Destillationsanlagen sein. Verhalten und Wirkung von Quecksilber im

Ökosystem hängen von verschiedenen Faktoren ab, vor allem dem Ausmaß der Umwandlung anorganischen Quecksilbers in die bedeutend giftigeren organischen Hg-Verbindungen, speziell Methylquecksilber. So führt z. B. eine Bodenversauerung, wie sie gegenwärtig in Mittel- und Osteuropa großflächig auftritt, zu erhöhter Hg-Freisetzung und verstärkter Bildung von Methylquecksilber.

Akute letale bzw. subletale Quecksilbervergiftungen von Wildtieren, vor allem graminivoren Vögeln und Nagetieren, nach Aufnahme gebeizten Saatgutes wurden in größerem Umfang erstmals Mitte der 1950er Jahre in Schweden festgestellt (Borg et al. 1969). Intoxikationen traten auch bei Feldhasen und Rehen auf, die Hg-belasteten Getreideaufwuchs als Nahrung nutzten. Verzehr Hg-kontaminierter Beutetiere verursachte Sekundärintoxikationen bei Greifvögeln sowie Füchsen, Iltissen und Baummardern. Der Einsatz Hg-haltiger Saatgutbeizmittel wurde daraufhin in Schweden bereits 1966, in anderen Staaten dagegen erst viel später (BRD 1982; Österreich 1992) verboten.

Verhaltensaberrationen (infolge Schädigung des Zentralnervensystems) sowie Störungen des Reproduktions- und Hormonsystems aufgrund chronisch erhöhter Hg-Exposition wurden bei verschiedenen Vogelarten beschrieben (Thompson 1996). Bei nicht-marinen Vögeln ist ab einem Hg-Gehalt von 20 bis 30 mg/kg (Frischgewicht) in Leber bzw. Nieren mit (sub-) letalen Wirkungen zu rechnen. Demgegenüber wurden bei verschiedenen Seevogel-Spezies (speziell Albatrossen) sehr viel höhere Hg-Konzentrationen nachgewiesen, ohne daß negative Auswirkungen festgestellt wurden (Furness 1993; Thompson 1996). Dies deutet auf eine erhöhte Hg-Toleranz dieser Arten hin. Vögel besitzen eine spezifische Entgiftungsmöglichkeit für Quecksilber, indem sie vor oder während der Mauser einen Großteil des akkumulierten Schwermetalls (als Methyl-Hg) in die Federn einlagern. Der Hg-Gehalt von Mauserfedern wird daher häufig zum Monitoring der Belastung von Vogelpopulationen eingesetzt (Furness 1993). In einer Studie an schottischen Ottern fanden Kruuk et al. (1997) keinen Hinweis darauf, daß das gegenwärtige Expositionsniveau (Mittelwert der Hg-Gehalte in der Leber: 13,3 mg/kg Trockengewicht, Maximalwert: 44,7 mg/kg) die Populationen dieser Art negativ beeinflußt.

Hauptquelle der *Blei*-Kontamination der Umwelt waren bis vor einigen Jahren bleiorganische Benzinzusätze. Nach der Einführung bleifreien Benzins nahm die Pb-Belastung von Wildtieren stark ab (vgl. z. B. Kierdorf u. Kierdorf 2000a). Der Bleigehalt in der Leber von Wildtieren beträgt in der Regel weniger als 1 mg/kg Frischsubstanz und liegt damit deutlich unter dem Wert von 4 mg/kg, der als diagnostisch für eine Bleivergiftung angesehen wird (Tataruch 1994b). Es erscheint jedoch möglich, daß es, entsprechend den Verhältnissen beim Rind, bei chronisch Pb-exponierten Wildwiederkäuern im Fall rascher Mobilisierung von Calciumreserven aus dem Skelett (z.B. während der Laktation) infolge gleichzeitiger Freisetzung des in den Knochen gespeicherten Bleis zu einer akuten Intoxikation kommen kann. Die klinischen Symptome einer Bleivergiftung betreffen hauptsächlich das zentrale und periphere Nervensystem, die Nieren sowie das gastrointestinale, cardiovaskuläre und hämatopoetische System (vgl. Kap. 4.1). Ein spezifischer und sehr empfindlicher Biomarker für eine Bleiexposition ist die Hemmung der Aktivität der δ-Aminolävulinsäure-Dehydratase (ALAD), eines an der Hämbiosynthese beteiligten erythrocytären Enzyms (Peakall 1992; Fossi u. Leonzio 1994).

Eine speziell bei Wasservögeln auftretende Form der Bleibelastung ist die Aufnahme von Bleischroten bzw. bleiernen Angelgewichten anstelle von Magensteinchen. Das im Muskelmagen der Vögel abgeriebene und anschließend resorbierte Blei ruft je nach aufgenommener Dosis subletale bis letale Schädigungen hervor. Wasservogelverluste durch Aufnahme von Bleischroten an intensiv bejagten Gewässern sind vor allem aus den USA, Skandinavien und Südfrankreich bekannt geworden (Peakall 1992; Tataruch 1994b). Aus den USA liegen zusätzlich Berichte über tödliche Sekundärvergiftungen von Greifvögeln durch den Verzehr bleischrotbelasteter Wasservögel vor. Große Beachtung fand die Pb-Vergiftung der Höckerschwäne auf der Themse (Peakall 1992; Furness 1993). Auslösend war hier die Aufnahme verlorengegangener Angelgewichte aus Blei. Nach deren Verbot ging der Anteil von Pb-Intoxikationen an den Todesursachen verendet aufgefundener Höckerschwäne von 50 bis 60% in den Jahren 1983 und 1984 auf 16% im Jahre 1988 zurück. Untersuchungen von Stansley et al. (1997) belegen eine erhöhte Mortalität von Rana-Kaulquappen, die in stark Pb-belastetem Oberflächenwasser vom Gelände eines Schrot-Schießstandes aufgezogen wurden.

Die *Cadmium*-Belastung der Umwelt entstammt verschiedenen Quellen (Metallverhüttung, Verbrennungsprozesse, Mineraldüngung). Cadmium wird im Boden weniger fest gebunden als andere Schwermetalle und ist daher, besonders bei niedrigem pH, relativ leicht pflanzenverfügbar. Die biologische Halbwertszeit von Cadmium im tierischen Organismus ist hoch (10 bis 30 Jahre), wobei die Anreicherung vor allem im Nierengewebe erfolgt. Die ermittelten Cd-Gehalte in den Nieren von Wildtieren liegen meist deutlich unter dem Wert von 100 mg/kg Frischgewicht, ab dem bei Vögeln und Säugern mit Nierenschädigungen zu rechnen ist. Eine Ausnahme bilden einige hoch Cd- (und Hg-) belastete Seevögel (z.B. Möwensturmvögel, Sturmtaucher, Papageitaucher), bei denen pathologische Nierenveränderungen festgestellt wurden, die denjenigen entsprachen, wie sie nach experimenteller Cd-Applikation bei Sperlingen und Stockenten auftraten (Furness 1996). Eine weitere potentielle Gesundheitsgefahr geht von der antagonistischen Wirkung des Cadmiums auf essentielle Mengen- (z.B. Calcium) und Spurenelemente (z.B. Kupfer) aus. Negative Auswirkungen einer verstärkten Cd-Exposition von Wildtieren auf Populationsniveau wurden bislang nicht beschrieben.

Die Belastung von Wildtieren durch Emissionen des Metalloids *Arsen* spielt heute in Deutschland keine Rolle mehr. Elfving et al. (1979) fanden jedoch noch 30 Jahre nach der letzten Anwendung von Arsenverbindungen in Obstplantagen stark erhöhte As-Gehalte bei dort lebenden Nagern. Aus den USA liegen verschiedene Labor- und Freilandbefunde über krankhafte Veränderungen bei Wasservögeln infolge erhöhter Arsen- und/oder *Selen*-Exposition vor. Als Folge einer Schädigung des Immunsystems wird die verstärkte Anfälligkeit der betroffenen Individuen gegenüber Infektionserregern diskutiert (Fairbrother et al. 1994). Belastung mit dem Metalloid Selen führt ferner zu Reproduktionsstörungen, hauptsächlich infolge embryo- bzw. fetotoxischer Wirkungen (Heinz 1996). Diagnostische Merkmale letaler und subletaler Se-Intoxikationen bei Wasservögeln wurden von Albers et al. (1996) und Green u. Albers (1997) zusammengestellt.

4.2.4.4 Fluorid

Die anthropogene Freisetzung von Fluorverbindungen erfolgt im Zuge verschiedener Prozesse. Lokal bedeutsame Emittenten sind vor allem Aluminium-, Stahl-, Glas-, Zement-, und Keramikfabriken, Ziegeleien, Phosphatdüngerfabriken und Betriebe zur Herstellung von Fluorchemikalien (vgl. Bd. 1A, Kap. 2.9.). Eine Kontamination größerer Gebiete durch gas- und staubförmige F-Immissionen resultiert aus dem Betrieb von Kohle-Kraftwerken. Dies ist derzeit z.B. in Nordböhmen und Südsachsen der Fall (Kierdorf et al. 1996; Reuter et al. 1997). Aufgrund seiner physikochemischen Eigenschaften akkumuliert Fluorid in den Hartgeweben des Wirbeltierkörpers (vgl. Kap. 4.1). Der Knochenfluoridgehalt ist daher ein zuverlässiger Expositionsmarker von Wildtieren und gleichzeitig ein Indikator zur Erfassung der F-Belastung ihres Lebensraumes (Kierdorf u. Kierdorf 1999, 2000a,b). Die Fluoridaufnahme erfolgt hauptsächlich über die Nahrung, vor allem bei Kleinsäugern zusätzlich auch über die Ingestion kontaminierter Bodenpartikel (Schroder et al. 1999).

Chronische Fluoridintoxikation während der Odontogenese führt zu pathognomonischen Zahnschäden (sog. Dentalfluorose), die damit einen spezifischen Biomarker darstellen (Kierdorf u. Kierdorf 1999). Dieser kann unter bestimmten Voraussetzungen zur Erfassung der F-Exposition von Wildtierpopulationen herangezogen werden (Kierdorf et al. 1996, 1999). Bei stärker geschädigten Wildwiederkäuern kommt es aufgrund der Zahnveränderungen und ihrer Sekundärfolgen im höheren Alter zur Einschränkung bzw. zum vollständigen Verlust der Funktionsfähigkeit des Gebisses. Freilandbefunde belegen, daß diese zunächst subletalen Schäden in gravierenden Fällen letale Auswirkungen haben können (Schultz et al. 1998). F-induzierte pathologische Knochenveränderungen (Osteofluorose) wurden bei höher belasteten Wildtieren ebenfalls beschrieben, sind in ökotoxikologischer Hinsicht jedoch von untergeordneter Bedeutung.

4.2.4.5 Radionuklide

Studien zu den Auswirkungen einer Radionuklid-Kontamination der Umwelt auf Wildtiere (speziell Säuger) wurden in jüngster Zeit vor allem in der Umgebung des explodierten Atomreaktors von Tschernobyl durchgeführt (Baker et al. 1996; Chesser et al. 2000; vgl. hierzu Kap. 1.7). Kleinsäuger, die zwischen 1994 und 1996 in der 10 km-Sperrzone um den Reaktor gefangen wurden, wiesen hohe Aktivitätskonzentrationen an $Cs^{134,137}$ (Mittelwert: 3200 Bq/g Muskeltrockenmasse, Maximum: 82078 Bq/g) und Sr^{90} (Mittelwert: 297 Bq/g Knochen, Maximum: 2275 Bq/g) auf. Bedingt durch die räumliche Variabilität der Radiocaesium-Kontamination schwankten die ermittelten Caesiumwerte inter- und intraspezifisch in weiten Grenzen. So unterschieden sich z.B. die Cs-Aktivitätskonzentrationen in Individuen der gleichen Art, die weniger als 100 m voneinander entfernt gefangen wurden, z.T. um eine Zehnerpotenz.

Die berechnete durchschnittliche chronische Gesamtstrahlenbelastung von Kleinsäugern aus der 10 km-Sperrzone betrug im Höchstfall etwa 30 mGy/Tag. Diese Dosis liegt unter dem Wert von 100 mGy/Tag, ab dem eine deutlich erhöhte strahlungsbedingte Mortalität bei Kleinsäugern auftritt, aber über demjenigen von 10 mGy/Tag, bei dessen Überschreitung es zu einer Beeinträchtigung der Reproduktion kommt. Faunistische Untersuchungen ergaben keine Unterschiede in der Diversität und Abundanz der Kleinsäugerfauna zwischen dem 10 km-Sperrgebiet und einem Kontrollareal außerhalb der erweiterten (30 km) Sperrzone um den Reaktor. Dies deutet darauf hin, daß die vermutlich eingeschränkte Reproduktionsleistung der Populationen in der 10 km-Sperrzone durch eine verstärkte Immigration von Individuen aus benachbarten, weniger stark kontaminierten Habitaten kompensiert wird. Diese Zuwanderung aus angrenzenden Regionen wird auch für die initiale Wiederbesiedlung der Gebiete in Reaktornähe verantwortlich gemacht, in denen die lokale Säugerfauna wegen der extrem hohen Strahlenbelastung in den ersten Monaten nach der Katastrophe vollständig eliminiert worden sein dürfte. Größere Säugerarten wie Fuchs, Wolf, Fischotter, Reh oder Wildschwein wurden von Baker et al. (1996) lediglich in der 10 km-Sperrzone (keine Bejagung infolge Betretungsverbot), nicht jedoch im Kontrollareal beobachtet.

Verschiedene Studien berichten über eine Häufung von Genmutationen und chromosomalen Aberrationen bei Menschen und Tieren aus der Region Tschernobyl (vgl. Chesser et al. 2000). Eine zunächst publizierte erhöhte Mutationsrate des Cytochrom b-Gens von Nagern konnte bei einer gründlicheren Analyse des Datenmaterials hingegen nicht bestätigt werden. Chesser et al. (2000) vermuten, daß stark strahlenbelastete Individuen infolge beeinträchtigter bzw. gänzlich unterbleibender Reproduktion ihre mutierten Allele nicht an die nächste Generation weitergeben können, wodurch die Akkumulation dieser Allele in der betreffenden Population verhindert wird.

4.2.4.6
Rohöl und Ölprodukte

Schätzungen zufolge gelangen jährlich zwischen 2 und 9 Millionen Tonnen Rohöl bzw. Ölprodukte in die Biosphäre, hauptsächlich über kommunale und industrielle Abwässer und im Rahmen der „normalen" Schiffahrt. Auf Tankerunfälle, Pipeline-Leckagen und Freisetzungen bei Ölbohrungen entfallen lediglich etwa 15% der Gesamtmenge (Jessup u. Leighton 1996). Dennoch haben derartige Unfälle gravierende Auswirkungen, da bei ihnen kurzfristig große Ölmengen in die Umwelt gelangen. Von diesen Ereignissen sind aus der Gruppe der Wildtiere vor allem Seevögel und marine Säuger betroffen. So verursachte z.B. die Havarie des Tankers Exxon Valdez im Prince William Sound vor Alaska im Jahre 1989 den Tod von schätzungsweise 100000 bis 300000 Seevögeln und 3000 bis 4000 Seeottern.

Die Bewertung von Ölunfällen wird durch die Tatsache erschwert, daß bei ihnen immer ein Gemisch unterschiedlich toxischer Substanzen freigesetzt wird. Aus toxikologischer Sicht sind vor allem die im Öl enthaltenen polycyclischen aromatischen Kohlenwasserstoffe bedeutsam. Bei Seevögeln lassen sich verschiedene Ölschädigungen unterscheiden

(Jessup u. Leighton 1996). Wichtigster Aspekt ist die Verölung des Gefieders, das dadurch seine wasserabstoßenden, thermoisolierenden und auftriebsfördenden Eigenschaften verliert. Ölkontamination von Eiern hat eine stark erhöhte Embryonensterblichkeit zur Folge. Orale Ölaufnahme (z.B. im Rahmen der Gefiederpflege) führt zu Störungen des Hormon- und Reproduktionssystems, hämolytischer Anämie sowie Erkrankungen des Gastrointestinalsystems. Keiner dieser Effekte ist jedoch diagnostisch für eine Ölintoxikation.

4.2.5 Literatur

Åhman B, Åhman G (1994) Radiocesium in Swedish reindeer after the Chernobyl fallout: seasonal variations and long-term decline. Health Phys 66:503–512

Albers PH, Green DE, Sanderson CJ (1996) Diagnostic criteria for selenium toxicosis in aquatic birds: dietary exposure, tissue concentrations, and macroscopic effects. J Wildl Dis 32:468–485

Alford RA, Richards SJ (1999) Global amphibian declines: a problem in applied ecology. Annu Rev Ecol Syst 30:133–165

Baker RJ, Hamilton MJ, Van den Bussche RA, Wiggins LA, Sugg DW, Smith MH, Lomakin MD, Gaschak SP, Bundova EG, Rudenskaya GA, Chesser RK (1996) Small mammals from the most radioactive sites near the Chornobyl nuclear power plant. J Mamm 77:155–170

Béland P, De Guise S, Girard C, Lagacé A, Martineau D, Michaud R, Muir DCG, Norstrom RJ, Pelletier E, Ray S, Shugart L (1993) Toxic compounds and health and reproductive effects in St. Lawrence Beluga whales. J Great Lakes Res 19:766–775

Beyer WN, Heinz GH, Redmon-Norwood AW (eds) (1996) Environmental contaminants in wildlife: interpreting tissue concentrations. Lewis Publ, Boca Raton

Blus LJ (1996) DDT, DDD, and DDE in birds. In: Beyer WN, Heinz GH, Redmon-Norwood AW (eds) Environmental contaminants in wildlife: interpreting tissue concentrations. Lewis Publ, Boca Raton, pp 49–71

Blus LJ, Wiemeyer SN, Bunck CM (1997) Clarification of effects of DDE on shell thickness, size, mass, and shape of avian eggs. Environ Pollut 95:67–74

Borg K, Wanntrop M, Erne B, Hanko E (1969) Alkyl mercury poisoning in terrestrial Swedish wildlife. Viltrevy 6:301–370

Brückmann A, Wolters V (1994) ^{137}Cs in the microbial biomass of forest ecosystems: immobilization and recycling in the organic layer. Sci Total Environ 157:249–256

Chesser RK, Sugg DW, Lomakin MD, Van den Bussche RA, DeWoody JA, Jagoe CA, Dallas CE, Whicker FW, Smith MH, Gaschak SP, Chizhevsky IV, Lyabik VV, Buntova EG, Holloman K, Baker RJ (2000) Concentrations and dose rate estimates of ^{134,137}cesium and ^{90}strontium in small mammals at Chornobyl, Ukraine. Environ Toxicol Chem 19:305–312

Colborn T, Clement C (eds) (1992) Chemical induced alterations in sexual and functional development: the wildlife/human connection. Princeton Scientific Publ, Princeton

Colborn T, vom Saal FS, Soto AM (1993) Developmental effects of endocrine-disrupting chemicals in wildlife and humans. Environ Health Perspect 101:378–384
Elfving DC, Stehn RA, Pakkala IS, Lisk DJ (1979) Arsenic content of small mammals indigenous to old orchard soils. Bull Environ Contam Toxicol 21:62–64
Fairbrother A, Fix M, O'Hara T, Ribic CA (1994) Impairment of growth and immune function of avocet chicks from sites with elevated selenium, arsenic, and boron. J Wildl Dis 30:222–233
Fairbrother A, Locke LN, Hoff GL (eds) (1996) Noninfectious diseases of wildlife, 2nd edn. Manson Publ, London
Fielitz U (1996) Radiocäsium in Wildtieren nach dem Reaktorunfall von Tschernobyl. Z Jagdwiss 42:264–273
Flousek J, Hudec K, Glutz von Blotzheim UN (1993) Immissionsbedingte Waldschäden und ihr Einfluß auf die Vogelwelt Mitteleuropas. In: Glutz von Blotzheim UN (Hrsg) Handbuch der Vögel Mitteleuropas, Bd 13/I. Aula-Verlag, Wiesbaden, pp 11–30
Fossi MC, Leonzio C (eds) (1994) Nondestructive biomarkers in vertebrates. Lewis Publ, Boca Raton
Furness RW (1993) Birds as monitors of pollutants. In: Furness RW, Greenwood JJD (eds) Birds as monitors of environmental change. Chapman and Hall, London, pp 86–143
Furness RW (1996) Cadmium in birds. In: Beyer WN, Heinz GH, Redmon-Norwood AW (eds) Environmental contaminants in wildlife: interpreting tissue concentrations. Lewis Publ, Boca Raton, pp 389–404
Gilbertson M, Kubiak T, Ludwig J, Fox G (1991) Great Lakes embryo mortality, edema, and deformities syndrome (GLEMEDS) in colonial fish-eating birds: similarity to chick-edema disease. J Toxicol Environ Health 33:455–520
Green DE, Albers PH (1997) Diagnostic criteria for selenium toxicosis in aquatic birds: histologic lesions. J Wildl Dis 33:385–404
Guillette LJ, Crain DA, Rooney AA, Pickford DB (1995) Organization versus activation: the role of endocrine-disrupting contaminants (EDCs) during embryonic development in wildlife. Environ Health Perspect 103 [Suppl 7]:157–164
Hecht H (1987) Unter welchen Bedingungen eignen sich freilebende jagdbare Tiere als Bioindikatoren? VDI-Berichte 609:101–122
Hecht H (1997) Räumliche Verteilung der Radiocäsiumkontamination des Wildbrets in Bayern – 10 Jahre nach dem Unfall von Tschernobyl. In: Hecht H, Honikel KO (Hrsg) Berichte 2. Veranstaltung Radiocäsium in Wald und Wild. Bundesanstalt für Fleischforschung, Kulmbach, pp 87–102
Heinz GH (1996) Selenium in birds. In: Beyer WN, Heinz GH, Redmon-Norwood AW (eds) Environmental contaminants in wildlife: interpreting tissue concentrations. Lewis Publ, Boca Raton, pp 447–458
Hoffman DJ, Rice CP, Ringer RK (1996) PCBs and dioxin in birds. In: Beyer WN, Heinz GH, Redmon-Norwood AW (eds) Environmental contaminants in wildlife: interpreting tissue concentrations. Lewis Publ, Boca Raton, pp 165–207
Jessup DA, Leighton FA (1996) Oil pollution and petroleum toxicity to wildlife. In: Fairbrother A, Locke LN, Hoff GL (eds) Noninfectious diseases of wildlife, 2nd edn. Manson Publ, London, pp 141–156
Kamrin MA, Ringer RK (1996) Toxicological implications of PCB residues in mammals. In: Beyer WN, Heinz GH, Redmon-Norwood AW (eds) Environmental contaminants in wildlife: interpreting tissue concentrations. Lewis Publ, Boca Raton, pp 153–163

Kavlock RJ (1998) What's happening to our frogs? Environ Health Perspect 106:773–774

Kendall R, Dickerson R, Giesy J, Suk W (eds) (1998) Principles and processes for evaluating endocrine disruption in wildlife. SETAC Press, Pensacola

Kierdorf H, Kierdorf U (2000a) Roe deer antlers as monitoring units for assessing temporal changes in environmental pollution by fluoride and lead in a German forest area over a 67-year period. Arch Environ Contam Toxicol 39:1–6

Kierdorf H, Kierdorf U, Sedlacek F, Erdelen M (1996) Mandibular bone fluoride levels and occurrence of fluoride induced dental lesions in populations of wild red deer (*Cervus elaphus*) from Central Europe. Environ Pollut 93:75–81

Kierdorf H, Kierdorf U, Sedlacek F (1999) Monitoring regional fluoride pollution in the Saxonian ore mountains (Germany) using the biomarker dental fluorosis in roe deer (*Capreolus capreolus* L.). Sci Total Environ 232:159–168

Kierdorf U, Kierdorf H (1999) Dental fluorosis in wild deer: its use as a biomarker of increased fluoride exposure. Environ Monit Assess 57:265–275

Kierdorf U, Kierdorf H (2000b) The fluoride content of antlers as an indicator of fluoride exposure in red deer (*Cervus elaphus*): a historical biomonitoring study. Arch Environ Contam Toxicol 38:121–127

Kruuk H, Conroy JWH (1996) Concentrations of some organochlorines in otters (*Lutra lutra* L.) in Scotland: implications for populations. Environ Pollut 92: 165–171

Kruuk H, Conroy JWH, Webb A (1997) Concentration of mercury in otters (*Lutra lutra* L.) in Scotland in relation to rainfall. Environ Pollut 96:13–18

LeBlanc GA, Bain LJ (1997) Chronic toxicity of environmental contaminants: sentinels and biomarkers. Environ Health Perspect 105 [Suppl 1]:65–80

LFU BW (Landesanstalt für Umweltschutz Baden-Württemberg, Hrsg) (1996) Belastung von Säugetieren mit Schadstoffen. Ökologisches Wirkungskataster Baden-Württemberg 1, Karlsruhe

Marquardt H (1994) Chemische Kanzerogenese. In: Marquardt H, Schäfer SG (Hrsg) Lehrbuch der Toxikologie. BI-Wissenschaftsverlag, Mannheim, pp 124–147

Merian E (ed) (1991) Metals and their compounds in the environment. Occurrence, analysis, and biological relevance. VCH-Verlagsgesellschaft, Weinheim

Mineau P (ed) (1991) Cholinesterase-inhibiting insecticides: their impact on wildlife and the environment. Elsevier, Amsterdam

Nagel A (1996) Die Belastung einheimischer Fledermäuse mit Chlorkohlenwasserstoffen. In: LFU BW (Hrsg) Belastung von Säugetieren mit Schadstoffen. Ökologisches Wirkungskataster Baden-Württemberg 1, Karlsruhe, pp 129–147

Peakall D (1992) Animal biomarkers as pollution indicators. Chapman and Hall, London

Peakall DB, Shugart LR (eds) (1993) Biomarkers. Research and application in the assessment of environmental health. Springer, Berlin Heidelberg New York

Peterle TJ (1991) Wildlife toxicology. Van Nostrand Reinhold, New York

Prell H (1936) Die Schädigung der Tierwelt durch Industrieabgase. Tharandter Forstl Jb 87:189–238

Rettstadt G (1845) Über die Einwirkung des Rauches der Silberhütten auf die Waldbäume und den Forstbetrieb. Allg Forst Jagdz 14:132–140

Reuter F, Kohl H, Wienhaus O (1997) Fluor und Waldökosystem. Allgem Forstz/Der Wald 52:875–878

Scharenberg W (1996) Spielten die polychlorierten Biphenyle beim Rückgang der Seehunde tatsächlich eine Rolle? In: LFU BW (Hrsg.) Belastung von Säugetieren mit Schadstoffen. Ökologisches Wirkungskataster Baden-Württemberg 1, Karlsruhe, pp 189–194

Schlumpf M, Lichtensteiger W (Hrsg) (1996) Sinkt die Fertilität? Daten zur Wirkung von Umweltchemikalien auf Fortpflanzungsprozesse bei Mensch, Wirbeltieren und wirbellosen Tieren. Kind und Umwelt Bd 4, Zürich

Schodlok HJ (1997) Darstellung von Forschungsergebnissen aus der Radioökologie sowie Erfahrungsbericht aus einer zehnjährigen Meßtätigkeit bei der Überwachung der Radiocäsiumkontamination von Reh- und Schwarzwild. In: Hecht H, Honikel KO (Hrsg.) Berichte 2. Veranst. Radiocäsium in Wald und Wild. Bundesanstalt für Fleischforschung, Kulmbach, pp 165–188

Schroder JL, Basta NT, Rafferty DP, Lochmiller RL, Kim S, Qualls CW, McBee K (1999) Soil and vegetation fluoride exposure pathways to cotton rats on a petrochemical-contaminated landfarm. Environ Toxicol Chem 18:2028–2033

Schultz M, Kierdorf U, Sedlacek F, Kierdorf H (1998) Pathological bone changes in the mandibles of wild red deer (*Cervus elaphus* L.) exposed to high environmental levels of fluoride. J Anat 193:431–442

Sharpe RM, Skakkebaek NE (1993) Are estrogens involved in falling sperm counts and disorders of the male reproductive tract? Lancet 341:1392–1395

Sohoni P, Sumpter JP (1998) Several environmental oestrogens are also anti-androgens. J Endocrinol 158:327–339

Stansley W, Kosenak MA, Huffman JE, Roscoe DE (1997) Effects of lead-contaminated surface water from a trap and skeet range on frog hatching and development. Environ Pollut 96:69–74

Tataruch F (1994a) Rückstände. In: Dedek J, Steineck T (Hrsg) Wildhygiene. Fischer Verlag, Jena, pp 211–218

Tataruch F (1994b) Wertung umwelttoxikologischer Untersuchungsbefunde. In: Dedek J, Steineck T (Hrsg) Wildhygiene. Fischer Verlag, Jena, pp 219–230

Thierfelder W, Mehnert WH, Laußmann D, Arndt D, Reineke HH (1995) Der Einfluß umweltrelevanter östrogener oder östrogenartiger Substanzen auf das Reproduktionssystem. Bundesgesundheitsbl 38:338–341

Thies ML, Thies K, McBee K (1996) Organochlorine pesticide accumulation and genotoxicity in Mexican free-tailed bats from Oklahoma and New Mexico. Arch Environ Contam Toxicol 30:178–187

Thompson DR (1996) Mercury in birds and terrestrial mammals. In: Beyer WN, Heinz GH, Redmon-Norwood AW (eds) Environmental contaminants in wildlife: interpreting tissue concentrations. Lewis Publ, Boca Raton, pp 341–356

Umweltbundesamt (1997) Daten zur Umwelt. Der Zustand der Umwelt in Deutschland, Ausgabe 1997. Erich Schmidt Verlag, Berlin

Van den Berg M, Craane BHLJ, Sinnige T, Lutge-Schipholt J, Spenkelink B, Brouwer A (1992) The use of biochemical parameters in comparative toxicological studies with the cormorant (*Phalacrocorax carbo*) in the Netherlands. Chemosphere 25:1265–1270

Walker CH, Hopkin SP, Sibly RM, Peakall DB (1996) Principles of ecotoxicology. Taylor and Francis, London

Glossar und Abkürzungen

$\delta^{13}C$-Wert

Mengenverhältnis des stabilen Isotops ^{13}C zu ^{12}C in organischen oder anorganischen Substanzen. Der Einbau des stabilen Kohlenstoffisotops ^{13}C in verschiedene Substanzen hängt u. a. von der Temperatur ab, so daß die im Ablauf der Zeit wechselnden ^{13}C-Gehalte in gewissem Maße als „Paläothermometer“ genutzt werden können

$\delta^{18}O$-Wert

Mengenverhältnis des stabilen Isotops ^{18}O zum ^{16}O in organischen oder anorganischen Substanzen. Der Einbau des stabilen Sauerstoffisotops ^{18}O in verschiedene Substanzen hängt u. a. von der Temperatur ab, so daß die im Ablauf der Zeit wechselnden $\delta^{18}O$-Werte auch als „Paläothermometer“ genutzt werden

1,2-DG

1,2-Diacylglyceride

^{14}C-Jahre, kalibriert

Die ^{14}C-Datierung (Radiokarbonmethode) nutzt den – statistisch betrachtet – mit konstanter Geschwindigkeit erfolgenden Zerfall des radioaktiven Kohlenstoffisotops ^{14}C. Die hieraus abgeleiteten Altersdaten sind häufig unpräzise, weil sich die Menge des in der Atmosphäre vorhandenen ^{14}C oft stark geändert hat. Zur Gewinnung präziser Altersdaten müssen daher die ^{14}C-Daten an Kalender-Jahresdaten geeicht, d. h. kalibriert werden, etwa über Bestimmung des ^{14}C-Alters exakt datierter Jahresringe von Bäumen. Nicht geeichte ^{14}C-Daten werden sinngemäß als unkalibriert bezeichnet

A-Gruppen-Elemente

Schwermetalle mit Bindungspräferenz für sauerstoffhaltige Liganden

A-Horizont

Humushorizont eines Bodens

A/c_i-Kurven

Auftragung der Nettophotosyntheserate gegen die CO_2-Konzentration in den Interzellularräumen der Blätter. A/c_i-Kurven erlauben u. a. Aussagen über die kinetischen Eigenschaften der →Ribulose-1,5-bisphosphat Carboxylase/Oxygenase (RubisCO)

abiotischer Streß
Faktoren, die der unbelebten Umwelt eines Organismus zuzurechnen sind, wie z. B. extreme Klimabedingungen, und eine Belastung für den betreffenden Organismus bedeuten

Abscisinsäure
Hormon in Pflanzen, das Ruhe- und Alterszustände herbeiführt und durch Hemmung des Kaliumtransportes in die Schließzellen zum Schließen der Spaltöffnungen führt und so den Gasaustausch reguliert

Absorption
Aufnahme von Elementen und Verbindungen durch Membranen, z. B in der Darmschleimhaut

Abundanz
durchschnittliche Zahl der Individuen einer Art (Individuendichte) oder der verschiedener Arten (Artdichte), bezogen auf eine Flächeneinheit

ACC
1-Aminocyclopropan-1-Carbonsäure

Acetylcholin
Überträgerstoff im Autonomen Nervensystem von einer Nervenendigung zur Drüsen- oder Muskelzelle

Adaptation
genotypische Anpassung an veränderte Umweltbedingungen innerhalb einer Population (der Begriff wird leider häufig anstelle von →Akklimatisierung verwendet)

Aerosol
eine Suspension von festen Partikeln, flüssigen Partikeln oder festen und flüssigen Partikeln im Größenbereich von 0,1 bis 100 µm. Deren Sinkgeschwindigkeit ist in einem gasförmigen Medium vernachlässigbar, weshalb sie auch als Schwebstoffe bezeichnet werden

AFL
Arbeitsgruppe forstlicher Luftbildinterpreten

Agenda 21
Initiative, die von der UN-Umweltkonferenz in Rio 1992 gestartet wurde und die u. a. die 'nachhaltige Entwicklung' vieler Lebensbereiche zum Gegenstand hat

Akarizide
chemische Substanzen zur Bekämpfung von Zecken, Milben und Spinnen

Akklimatisierung
physiologische und phänotypische Anpassung an veränderte Umweltbedingungen. Im Zusammenhang mit erhöhten atmosphärischen CO_2-Konzentrationen

bezeichnet A. den Rückgang anfänglicher Photosynthese- oder Wuchssteigerungen nach längerer Expositionsdauer

Akkumulationsindikatoren
sind relativ widerstandsfähige Pflanzenarten, die verhältnismäßig große Schadstoffmengen anreichern, bevor äußere Schädigungsmerkmale auftreten. Die angereicherte Schadstoffmenge dient als Indikationsmerkmal

Akkumulatorpflanzen
Pflanzenarten, die in der Lage sind, Schwermetalle aus dem Medium (Boden) verstärkt aufzunehmen und diese auch bei geringen externen Konzentrationen anzureichern

akropetale Schwermetallverlagerung
Transport von Schwermetallen in Pflanzen in Richtung Sproßspitze; erfolgt vorwiegend im Xylem

aktive Schwermetallaufnahme
energieabhängige Aufnahme von Schwermetallen durch Pflanzenorgane bzw. über pflanzliche Membranen gegen einen (elektrochemischen) Potentialgradienten

aktives Biomonitoring
Wirkungsfeststellungen an nach standardisierter Methode kultivierten und nach spezieller Methodidik exponierten Pflanzen im Beurteilungsgebiet

Aktivität
Quotient dN/dt einer Menge eines →Radionuklids in einem bestimmten kernphysikalischen Energiezustand (Nuklid und Anfangszustand sind in der Regel immer zu spezifizieren), wobei dN der Erwartungswert für die Anzahl der spontanen Übergänge aus diesem Energiezustand im Zeitintervall dt ist. Falls keine gleichzeitige Nachbildung des Zustands erfolgt und zum Bezugszeitpunkt die Gesamtmenge des betrachteten Radionuklids aus N Atomen besteht, gilt $A = \lambda N$, wobei λ die *Zerfallskonstante* des betreffenden →Radionuklids ist. Die SI-Einheit der Aktivität ist s^{-1} mit dem speziellen Namen becquerel (Bq). Ein radioaktiver Stoff hat die Aktivität von 1 Bq, wenn im Mittel eine Kernumwandlung pro Sekunde in ihm stattfindet

Aktivitätskonzentration
Quotient $c_A = A/V$ aus der in einem Volumen V (von Gasen oder Flüssigkeiten) enthaltenen →Aktivität A und dem Volumen V

akute Schädigung
bei Pflanzen, Absterbeerscheinungen (Nekrosen) vornehmlich an Blattorganen und Blüten nach kurzfristiger Einwirkung hoher Immissionskonzentrationen

akute Vergiftung
bei Tieren, schnelle Erkrankung durch einmalige Aufnahme größerer Mengen eines chemischen Stoffes

Akzeptor
Objekt, das Schadstoff aus Luft, Boden oder Wasser aufnimmt

ALAD (d-Aminolävulinsäure-Dehydratase)
an der Hämbiosynthese beteiligtes Enzym in Erythrocyten, dessen Aktivität durch Blei gehemmt wird. Die Hemmung der ALAD-Aktivität durch Blei wird als Biomarker für eine Pb-Intoxikation herangezogen

Alas
durch lokales, oberflächliches Auftauen des Dauerfrostes entstehende, meist wassergefüllte Hohlform. Alasse können einige hundert Meter Durchmesser und etliche Meter Tiefe erreichen. Sie vermooren häufig, und der Dauerfrost bildet sich in ihnen erneut

aliphatisch
kettenartig aufgebaute organische Verbindungen, z. B. Äthylalkohol, Chloroform

Alkane
chemische Verbindungen, die Kohlenstoff und Wasserstoff über Einfachbindungen miteinander verbinden

Alkylphosphate
organische Phosphorsäureester, verwendet als Arzneimittel oder als Insektizide (Beispiel Parathion = E605)

Allele
durch Mutationen entstandene unterschiedliche Zustandsformen eines Gens, die sich in der DNS-Abfolge unterscheiden

allochthone Pflanzen
biotopfremde Pflanzen, z. B. Zuchtsorten oder Fremdherkünfte

Alloenzyme
Isoenzyme, die durch verschiedene Allele eines Genortes kodiert werden

Allokation
Verlagerung z. B. von Kohlenhydraten von Orten der Produktion (Blättern) zu Orten des Verbrauchs (Wurzeln); auch →Translokation

Alphastrahlen
→ionisierende Strahlung in Form von ^{4}He-Kernen diskreter, nuklidspezifischer Energie (zumeist im Energiebereich von einigen MeV)

Aminolävulinsäure-Dehydratase
Enzym, das die Umwandlung von Aminolävulinsäure in →Porphobilinogen steuert; eingebaut in die Synthese der Bildung des roten Blutfarbstoffs = Häm

Ammoniumassimilation
der enzymkatalysierte Einbau des anorganischen Ammoniums in organische Bestandteile lebender Systeme

Anämie
Blutarmut durch Blutverlust, Abnahme der roten Blutkörperchen oder des roten Blutfarbstoffs

Angepaßtheit
Zustand, der durch den Besitz von Merkmalsausprägungen gekennzeichnet ist, die Überleben und Reproduktion unter den gegebenen Umweltbedingungen ermöglichen

Angiospermae
→Bedecktsamer

Annuelle
Pflanzenarten mit einjähriger Lebensdauer, die ungünstige Jahreszeiten durch Diasporen (Verbreitungsorgane) überdauern

Anoxämie
Zustand des Sauerstoffmangels im Blut

Anpassung
Vorgang der Bewahrung von Überlebens- und Reproduktionsfähigkeit unter sich verändernden Umweltbedingungen; →Akklimatisierung und →Anpassung

antagonistische Wirkung
Art der Wechselwirkung von zwei oder mehreren Schadstoffen, bei der die Effekte des Schadstoffgemisches an einem Wirkungsobjekt kleiner sind als die Summe der Effekte der Einzelstoffe

anthropogen
durch Menschen verursacht

antiandrogen
Hemmung der Wirkung männlicher Geschlechtshormone

Antiinfektiva
Mittel zur Bekämpfung von Infektionen verschiedener Ursachen

Antioxidantien
chemische Verbindungen, die als Radikalfänger reaktive Sauerstoffspezies neutralisieren, damit diese nicht unspezifisch mit organischen Verbindungen reagieren und diese zerstören

Anurie
Zustand, in welchem kein Urin gebildet wird

AOO
Aminooxyessigsäure

Apathie
Teilnahmslosigkeit durch zentralnervöse Dämpfung psychischer oder motorischer Aktivität

Apoplast
Bereich der Zelle außerhalb des →Plasmalemma

Aquifer
Wasser führende Gesteinsschichten bzw. -strukturen

Äquivalentdosis
Produkt aus der →Energiedosis D (meist für ICRU-Weichteilgewebe) und dem →Qualitätsfaktor Q an einem Punkt im Strahlenfeld: H = D • Q. Die SI-Einheit der Äquivalentdosis ist J/kg, ihr spezieller Name ist Sievert mit der Abkürzung Sv

Äquilibrium
Zustand des ausgeglichenen Gleichgewichts mehrerer Vorgänge (z. B. Aufnahme und Ausscheidung von Fremdstoffen)

aromatisch
ringförmig aufgebaute organische Verbindungen, z. B. Benzol

artspezifische (ökologische Potenz)
Fähigkeit einer Art, die Valenzen, d. h. die lokalen Amplitudenbereiche der Umwelteigenschaften zu nutzen bzw. zu tolerieren

Arylhydrocarbon (Ah)-Rezeptor
Rezeptor im Cytosol der Zellen von Wirbeltieren, dem eine wesentliche Funktion für die Wirkung bestimmter Umweltschadstoffe zukommt. PCB, PCDD und PCDF binden (aufgrund ihrer ähnlichen räumlichen Struktur) an den Ah-Rezeptor. Anschließend wird der Substrat-Rezeptor-Komplex in den Zellkern transferiert und bewirkt dort die Transkription der mRNAs für Fremdstoff-metabolisierende Enzyme. Die physiologische Funktion des Ah-Rezeptors, der bei →Evertebraten bislang nicht gefunden wurde, ist unbekannt

Ascorbinsäure
wichtiger Radikalfänger in Zellen; Vitamin C

Asphyxie
Erstickung, Atemlosigkeit

Assimilationskapazität
maximale Rate, mit der eine Verbindung (z. B. Ammoniak) metabolisiert werden kann

Ataxie
Zustand des gestörten körperlichen Gleichgewichts motorischer Vorgänge

Ätiologie
Lehre von den Krankheitsursachen

Atmosphäre
die gasförmige Hülle eines Himmelskörpers, speziell die Lufthülle der Erde gegliedert in →Troposphäre, →Stratosphäre und weitere höhere Atmosphärenschichten

atmosphärische Verweildauer
mittlere Verweildauer von luftgetragenen Schadstoffen in der Atmosphäre vom Zeitpunkt

der Emission bis zum Zeitpunkt der Deposition

atmosphärisches Fenster
spektraler Bereich, in dem die Atmosphäre durchlässig ist für elektromagnetische Strahlung

ATP
Adenosintriphosphat; wichtigstes chemisches Energieäquivalent als Bindeglied zwischen energieliefernden und energieverbrauchenden Stoffewechselprozessen der lebenden Zelle

ATPasen
wichtige Enzyme in Zellen, die eine Vielzahl von Transportprozessen ermöglichen, indem sie ein elektrisches Membranpotential und einen Konzentrationsgradienten für H^+ aufbauen

Auflagehumus
bei reduzierter Streuzersetzung (meist verursacht durch Mineralbodenversauerung und dadurch hervorgerufene Minderung der bodenbiologischen Aktivitäten) sammeln sich unter Wald organische Bestandesabfälle an und bilden Auflageschichten von unterschiedlichem Zersetzungsgrad (Moder oder Rohhumus). Gegensatz: Mineralbodenhumus

autochthone Vegetation
biotopspezifische Vegetation im Gegensatz zu biotopfremder Vegetation; →allochthone Vegetation

Autökologie
Teilgebiet der Ökologie, das sich mit den Beziehungen zwischen den Individuen einer Art untereinander und deren Umwelt befaßt. Anderen Definitionen zufolge zählen auch Interaktionen zwischen Populationen von Arten und ihrer Umwelt zur Autökologie; →Demökologie

autökologische Bioindikation
Bioindikationsverfahren, die sich auf Einzelorganismen oder einzelne Spezies stützen und auch nur für diese, häufig unter standardisierten und in Richtlinienform festgelegten Bedingungen Aussagen über Schadstoffwirkungen machen

Autotrophie
Befähigung eines Organismus, den zum Aufbau der körpereigenen Substanz benötigten Kohlenstoff aus anorganischen Quellen zu entnehmen. Je nach verwendeter Energiequelle (Lichternergie, chemische Energie) wird zwischen den photoautotrophen grünen Pflanzen und den chemoautotrophen Bakterien unterschieden

AVG
Aminoethoxyvinylglycin

Azidose
Verschiebung chemischer Reaktionen im Körper zur sauren Seite; im biologischen Sinne pH < 7,2

B-Gruppen-Elemente
Schwermetalle mit Bindungspräferenz für stickstoffhaltige Liganden

basipetale Schwermetallverlagerung
Transport von Schwermetallen in Pflanzen in Richtung Wurzelspitze; erfolgt im Phloem

basophile Tüpfelzellen
rote Blutkörperchen mit (nach entsprechender Färbung) eingestreuten blauen Pünktchen; diese sind Reste eines nicht völlig zurückgebildeten Zellkerns

Becquerel
spezieller Name (mit der Abkürzung Bq) für die Einheit der Aktivität s^{-1}, benannt nach Henri Becquerel, der 1896 die natürliche Radioaktivität entdeckte

Bedecktsamer
(→Angiospermae) mit ca. 250000 Arten größte Unterabteilung der Samenpflanzen, deren Samenanlagen (im Gegensatz zu den →Nacktsamern) immer in ein aus Fruchtblättern, dem Fruchtknoten, gebildeten Gehäuse eingeschlossen sind. Die B., zu denen Bäume, Sträucher und Kräuter gehören, repräsentieren die am höchsten entwickelten Formen im Pflanzenreich

Belastbarkeit
Befähigung des Systems, einen bestimmten Grad von Einfluß oder Veränderung zu tolerieren, ohne daß seine systemimmanenten Strukturen oder Funktionen nachteilig verändert werden

Belastung
im ökotoxikologischen Sinn alle vom Normalen abweichende Situationen (Immissionen, Strahlung), die zu Störungen in einem System führen (→Streß)

Benthos
am Boden eines Gewässers lebende Organismen

Betastrahlen
→ionisierende Strahlung in Form von Elektronen oder Positronen mit breiter Energieverteilung (zwischen Null und der Maximalenergie), deren spektrale Form und Maximalenergie (zumeist zwischen 15 keV und 3 MeV) charakteristisch für den kernphysikalischen Übergang eines Radionuklids bei der Emission ist

BGA
ehemaliges Bundesgesundheitsamt, jetzt BGVV

Bilanz
Aus der ökologischen Forschung sind u. a. Energie- oder Nährstoffbilanzen bekannt. Ihnen liegen (quantitative) Beobachtungen über den In- und Output von Strahlung oder chemischen Elementen in einem Ökosystem oder Einzelorganismus zugrunde. Für die →synökologische Bioindikation liefern sie wertvolle Aussagen über das Verhalten von biologischen Einheiten

Bildkorrelation
technisches Verfahren, das automatisch Höheninformationen aus perspektivischen Abbildungsunterschieden identischer Flächen bzw. Objekte in zwei Folgebildern eines Luftbildfluges (Stereobilder) ableitet

Bioakkumulation
Anreicherung eines Schadstoffes bzw. von Schadstoffen in Organismen. Das Ausmaß der Bioakkumulation ist abhängig von den physikalisch-chemischen Eigenschaften des Schadstoffes, der Höhe und Art der Exposition (kontinuierlich, intermittierend), dem Wirken weiterer Umweltfaktoren sowie verschiedenen Eigenschaften des Organismus (z. B. Alter, Geschlecht, Gesundheitszustand, Stoffwechsellage)

Bioamplifikation oder Biomagnifikation
Anreicherung eines Schadstoffes bzw. von Schadstoffen entlang von Nahrungsketten. Dies führt dazu, daß Organismen höherer Trophieebenen durch persistente, bioakkumulative Schadstoffe (z. B. DDT-Metabolite) stärker belastet sind als solche unterer trophischer Niveaus. Die stärkste Anreicherung erfolgt bei den an der Spitze von Nahrungsketten stehenden Arten (→Top-Prädatoren, z. B. Greifvögel)

Biodiversität
Vielfalt oder Mannigfaltigkeit eines Systems an Strukturen und Elementen. Zur sachgerechten Benutzung des Terminus gehört ein Bezug, z. B.: Arten-Diversität, Struktur-Diversität, Standort-Diversität, Ressourcen-Diversität

Bioindikatoren (Indikatororganismen)
sind Organismen oder Organismengemeinschaften, die auf Umwelteinflüsse mit Veränderung ihrer Lebensfunktionen, ihrer Strukturen und/oder ihrer chemischen Zusammensetzung reagieren und damit Rückschlüsse auf den Zustand ihrer Umwelt zulassen

Biom
Lebensgemeinschaft eines durch seinen Klimax-Vegetationstyp einheitlichen Großklimabereichs; B. wird auch im Sinn von Groß-Ökosystem gebraucht

Biomarker
makromolekulare Zellkomponente, welche den jeweiligen

Organismus oder eine spezifische Reaktion anzeigt. In der Ökotoxikologie schadstoffinduzierte, außerhalb der normalen (arttypischen) Variationsbreite liegende Veränderungen biochemischer, physiologischer, morphologischer oder ethologischer Parameter eines Organismus, die zum qualitativen oder quantitativen Nachweis einer Schadstoffeinwirkung herangezogen werden können. Sind die induzierten Veränderungen spezifisch für eine bestimmte Substanz oder Substanzklasse, handelt es sich um einen spezifischen Biomarker

Biomembran
Lipiddoppelschicht mit eingelagerten Proteinen, die den Protoplasten nach außen abgrenzt und diesen in Reaktionsräume trennt

Biomonitoring
flächendeckende qualitative und quantitative Überwachung von Umweltbelastungen mit Hilfe von →Bioindikatoren (→Monitororganismen). Das Biomonitoring stellt eine wichtige Ergänzung der durch Luft-, Wasser- und Bodenanalyse gewonnenen Informationen zur Umweltbelastung dar

Biosphäre
oder Ökosphäre: die Gesamtheit der von Lebewesen besiedelten Land-, Wasser- oder Luftregionen

Biotests
standardisierte toxikologische Labortests, insbesondere unter Verwendung von Zoorganismen, zur Ermittlung qualitativer oder quantitativer Wirkungen von Stoffen im Rahmen der Umweltchemikalienprüfung und der Gewässerkontrolle

biotischer Streß
Faktoren, die der belebten Umwelt eines Organismus zuzurechnen sind und eine Belastung für den betreffenden Organismus bedeuten (→abiotischer Streß)

Biotop
charakteristischer Lebensraum (Lebensstätte, Standort oder Habitat) einer Art oder Lebensgemeinschaft, Biotop und Biozönose bilden ein Ökosystem

Bioverfügbarkeit
Teil des aufgenommenen Fremdstoffes, der tatsächlich zu den Wirkungsorten gelangt und dort eine Reaktion auslöst

Biozönose
Lebensgemeinschaft. Die Gesamtheit aller Organismen – Pflanzen, Tiere und Mikroorganismen – eines Lebensraumes (→Biotop)

blake event
kurze Umkehr des erdmagnetischen Feldes am Beginn der letzten Eiszeit

Blattanalyse (chemische Pflanzenanalyse)

chemische Verfahren zum Nachweis immissionsbedingter Schadstoffanreicherungen in der Pflanzensubstanz. Es gilt primär als Kriterium der Einwirkung und nicht der Schadwirkung

Blattflächenindex

(LAI= Leaf Area Index), Quotient der gesamten oder einseitigen Blattoberfläche und der Bodenfläche

Boden

Boden ist der Durchdringungsraum von Lithosphäre, Hydrosphäre, Atmosphäre und Biosphäre. Als Raum-Zeit-Struktur ist der Boden ein vierdimensionales System. Generell läßt sich der Boden als Naturkörper nach stofflichen, physiko-chemischen, ökologischen oder räumlichen Kriterien definieren. Böden sind dreiphasige, polydisperse, oberflächenaktive, offene Ökosysteme bzw. Ökosystemkompartimente von spezifischer Struktur und Funktion. Sie bestehen aus: festen, flüssigen und gasförmigen, mineralischen und organischen sowie lebenden und toten Bestandteilen unterschiedlicher Partikelgröße und Qualität

Bodenbearbeitung (in der Forstwirtschaft)

oberflächlich eingreifende Verfahren (Streifenpflug, Scheibenpflüge) ziehen auf Plätzen, Reihen oder Streifen Bodenvegetation oder Auflagehumus ab, um Pflanzungen oder Saaten vorzubereiten. Tiefer eingreifende Verfahren (Vollumbruch bis ca. 80 cm Tiefe, Lochbohrer) werden heute nur noch eingesetzt, um Dünger in tiefere Bodenschichten einzumischen und den Boden zu restaurieren oder zu meliorieren

Bodenenzyme

Enzyme, zumeist mikrobiellen Ursprungs, die im Boden oder in den Bodenorganismen aktiv sind

Bodenfunktionen

Böden haben ökonomische und ökologische Funktionen; hier insbesondere der Boden als Regulator des Wasser- und Stoffhaushalts sowie als Lebensraum für Organismen

Bodenhorizonte

Lagen, die sich in ihren Eigenschaften unterscheiden und die im Verlauf der Bodenentwicklung entstehen

Bodenmikroflora

Bakterien, Pilze und Mikroalgen, welche im Boden vorkommen und dort auch aktiv sind

Bodenorganismen

die Gesamtheit der im Boden lebenden Organismen (auch als →Edaphon bezeichnet), wird in die Mikroflora (z. B. Bakterien, Pilze, Aktinomyceten), Flora (z. B. Algen) und Fauna (Mikro-,

Meso-, Makro- und Megafauna) unterteilt

Bodenprofil
zweidimensionaler Querschnitt durch den Bodenkörper (→Bodenhorizonte)

Bodenversauerung
ist die mit steigender Säurezufuhr verbundene Abnahme der Säureneutralisationskapazität. Sie ist gleich der Summe der Ionenäquivalente von Kationen, die durch vollständige Auflösung ausgewaschen werden können, abzüglich der entsprechenden Summe an Anionenäquivalenten, die an der Neutralisationsreaktion nicht beteiligt sind. Die Bodenreaktion (der →pH-Wert der Bodenlösung) ist ein Maß für die sich frei in der Bodenlösung befindenden Protonen (Hydroniumionen) und wird von der Art und der Kapazität aller Puffersysteme des Bodens bestimmt. Böden können Wasserstoff durch Dissoziation anorganischer und organischer funktioneller Säuregruppen und durch Hydrolyse von Al-Ionen in die Bodenlösung abgeben, wodurch es zur Absenkung des pH-Werts im Boden kommen kann

Bonitur
ein bei der →Bioindikation häufig angewendete (Schätz-) Methode, um die Bonität, d. h. die Beschaffenheit eines Organismus oder den Zustand eines biologischen Systems zu bestimmen. So werden z. B. äußerlich sichtbare Schadsymptome an Blättern häufig als prozentualer Anteil des Gesamtblattes bonitiert

borealer Nadelwald
an die Arktis nach Süden anschließender Nadelwaldgürtel des eurosibirischen und nordamerikanischen Kontinents

Bronchokonstriktion
krampfhafte Zusammenziehung der Atemwege in der Lunge

Buchenstammfußbereich
Kleinareal um die Stämme von Buche, in denen das Stammablaufwasser eingetragen wird

C-Partitioning
mengenmäßige Verteilung des neu assimilierten Kohlenstoffs auf die unterschiedlichen anabolen (aufbauenden) und katabolen (abbauenden) Stoffwechselvorgänge

C_3-Pflanzen
Pflanzen, in denen das erste chemisch stabile Produkt der Photosynthese ein Kohlenstoffskelett mit 3 C-Atomen ist. C_3-Pflanzen laden das atmosphärische CO_2 auf das Ribulose-1,5-Bisphosphat, C_4-Pflanzen aber auf das Aspartat oder – in der Regel – auf das Malat. C_4-Pflanzen gehen bei der Photosynthese mit dem zur Verfügung stehenden Wasser viel

sparsamer um als C_3-Pflanzen und sind folglich an subtropische und tropische Trockengebiete besser angepaßt

C_4-Pflanzen
Pflanzen, in denen das erste chemisch stabile Produkt der Photosynthese ein Kohlenstoffskelett mit 4 C-Atomen ist (→C3-Pflanzen)

CAM-Pflanzen (von Crassulacean Acid Metabolism)
besitzen einen diurnalen Säurerhythmus durch die nächtliche Vorfixierung und Bindung von CO_2 als Malat, das tagsüber im Licht wieder freigesetzt und zur Photosynthese genutzt wird

Carboxylgruppe
Kohlenstoff und Sauerstoff enthaltende Gruppe, an der chemische Reaktionen ablaufen können

Carotinoide
Begleitfarbstoffe der Chlorophylle in den Chloroplasten von Pflanzen

Chlorophyllgehalt
Konzentration an Chlorophyll im pflanzlichen (Blatt-) Gewebe relativ zum begleitenden Gehalt an Protein bzw. zum Frisch- oder Trockengewicht des extrahierten Gewebes

Chloroplast
zu den Plastiden gehörendes, chlorophyllhaltiges Strukturelement der eukaryotischen pflanzlichen Zelle und Ort der Photosynthese

Chlorosen
fleckige bis runde, gebleichte oder vergilbte Bereiche auf der Blattfläche

Cholinesterase
Enzym, welches den Überträgerstoff →Acetylcholin abbaut und somit inaktiviert

chronische Schädigungen
Schädigungen in Form von Blattchlorosen, vorzeitiger Seneszenz, Vitalitätseinbußen und Wuchsminderungen nach langfristiger Belastung durch einen Streßfaktor in einer Höhe, die unterhalb der Auslöseschwelle für akute Schädigungen liegt

chronische Vergiftung
langsame Erkrankung durch wiederholte Aufnahme kleiner Mengen eines chemischen Stoffes

CIR
Color Infra Red, Farb-Infrarot, bebräuchliche Abkürzung im Luftbildwesen

ClxDD
polychlorierte Dibenzo-p-Dioxin substituiert an x Stellen mit Chlor

ClxDF
polychlorierte Dibenzofurane substituiert an x Stellen mit Chlor

Co-Faktor
auch Coenzym. Biochemische Reaktionen werden durch Enzyme katalysiert. Oft sind zusätzliche Moleküle, sogenannte Co-Faktoren (z. B. NADH), beteiligt

CO_2-Assimilation (CO_2-Fixierung)
→Photosynthese

Colorimetrie
Messung von Farbwerten durch Vergleich mit Mischfarben

C_{org}
Organisch gebundener Kohlenstoff

critical level
diejenige Konzentration (eines Luftschadstoffs) in der Atmosphäre, bei deren Überschreitung nach dem gegenwärtigen Stand des Wissens direkte negative Effekte auf Rezeptoren wie Pflanzen, Ökosysteme oder Materialien auftreten können

critical load
ein quantitatives Maß für die Exposition (Deposition) gegenüber einem oder mehreren Luftschadstoffen, bei deren Unterschreitung nach dem gegenwärtigen Stand des Wissens keine signifikanten negativen Effekte auf spezifisch empfindliche Bestandteile der Umwelt auftreten

Cytosol (Cytoplasma, Grundplasma)
die auch im Elektronenmikroskop unstrukturiert erscheinende Grundsubstanz des Protoplasten

Darmperistaltik
Bewegungen des Darmrohrs zur Weiterbeförderung des Darminhalts

Decline-Spirale
Modell von Manion zur Erklärung der Ursachen multifaktoriell bedingter →Komplexkrankheiten. Dabei wird zwischen drei Kategorien von schadauslösenden Faktoren unterschieden: prädisponierende („predisposing"), auslösende („incitants") und mitwirkende („contributing") Faktoren

degenerativ
Vorgang, der mit einem Absterben von Zellstrukturen verbunden ist

Dehydrierung
Abgabe von Wasserstoffatomen aus einem chemischen Molekül

Demökologie
Teilgebiet der Ökologie, das sich mit den Beziehungen zwischen den Populationen von Arten untereinander und ihrer Umwelt befaßt (→Autökologie)

Densitometrie
Messung der optischen Dichte eines Films bzw. einer Filmschicht

Deposition
Niederschlag von festen, flüssigen oder gasförmigen Luftanteilen

Depression
zentralnervöse Dämpfung psychischer oder körperlicher Vorgänge

Dermatitis
Entzündung der äußeren Haut

Desertifikation
Wüstenbildung

DGDG
Digalactosyldiacylglyceride

Diagnose
Verfahren zur Erkennung von Immissionswirkungen auf Pflanzen und ihrer Ursachen. Sie setzt sich aus zwei Phasen zusammen, dem Ausschluß anderer Ursachen und dem direkten Nachweis der schädigungsauslösenden Komponente

Diapedese
Austreten von Blut aus sonst unzerstörten kleinen Blutgefäßen

Differentialdiagnose
Die Reaktionen von Pflanzen auf einzelne Immissionskomponenten sind vielfach zu unspezifisch, um eine verläßliche →Diagnose zu ermöglichen. Daher läßt sich häufig erst im Wege der Differentialdiagnose unter Anwendung verschiedener Wirkungskriterien ein sicherer Nachweis führen

Diffusion, molekulare
Molekulare Diffusion ist der Materietransport entlang eines Konzentrationsgefälles als Resultat der ungerichteten Bewegung von Atomen, Molekülen oder Ionen aufgrund elastischer Stöße (thermische Bewegung, Brownsche Molekularbewegung) in einem System ohne Phasengrenzen. In einem System mit Phasengrenzen ist die Triebkraft die Differenz der chemischen Potentiale. Der Prozeß tendiert zu einem Potentialausgleich

Diffusion, turbulente
Materietransport entlang eines Konzentrationsgefälles als Resultat turbulenter Strömungen

Diffusiophorese
ein Phänomen, das den Transport von kleinsten Partikeln in einem Fluid mit dem Diffusionsstrom von Molekülen beschreibt

Dissipative Senke
Umwandlung von elektromagnetischer Energie in Wärme und/oder Fluoreszenz

Distreß
die Folge hoher Belastung mit schädlichen Auswirkungen auf den Organismus

DNA
Desoxyribonucleic Acid (dtsch. DNS, Desoxyribonucleinsäure), enthält die genetische Information zur Biosynthese von Proteinen. Hauptbestandteile: Adenin, Cytosin, Guanin, Thymin

DNA-Addukte
Komplexe aus DNA und kovalent daran gebundenen elektrophilen chemischen Kanzerogenen. Die Adduktbildung kann zu Mutationen und auf diese Weise zur Entstehung von Krebs führen, wenn die DNA vor der nächsten Replikation nicht repariert wird. DNA-Addukte werden als Biomarker für den Nachweis einer Exposition gegenüber genotoxischen Substanzen genutzt

Dosis
Zeitintegral der Flußdichte, z. B. Konzentration X Zeit; auch Kurzform für →Energiedosis oder →Äquivalentdosis

Dryasflora
durch die Silberwurz, *Dryas* sp., charakterisierte Flora. Der Verbreitungsschwerpunkt der Dryas liegt in der alpinen Region und der subarktischen Tundra

Dunkelatmung
mitochondriale Atmung bei Pflanzen

Durchforstung
Hiebseingriffe zur Zuwachs- und Vitalitätssteigerung ausgewählter, dem Wirtschaftsziel entsprechender Bäume. Der Schluß des Bestandes bleibt dabei erhalten

EC („effect concentration") 50%-Konzentration
Schadstoff- bzw. Schwermetallkonzentration im Medium bzw. im pflanzlichen Gewebe, bei der ein gemessener Effekt (Wirkung) 50% im Vergleich zu einer Kontrollvariante (Referenz) beträgt

Edaphon
Gesamtheit der →Bodenorganismen (Mikro-, Meso-, Makrofauna, Wirbeltiere, Bakterien, Actinomyceten, Pilze)

Eem-Interglazial
Letztes Interglazial Europas, etwa 128000 bis 115000 Jahre vor heute

Effekt-Additivität
Kombinationswirkung zweier oder mehrerer Stressoren, wobei das Ausmaß der Gesamtreaktion der arithmetischen Summe der Wirkung der Einzelstressoren entspricht

El-Nino-Phänomen
regelhaft im Abstand von 7 bis 10 Jahren auftretender Vorstoß äquatorialen pazifischen warmen Wassers in den Ostpazifik, auf Kosten des kalten Humboldt-Stromes. Diese Warmwasserzirkulation beeinflußt das globale Klima, vor allem in den Tropen und Subtropen

Einzelspeziestest
standardisierte Labortests mit Reinkulturen von ausgewählten, z. T. habitatfremdem Testorganismen

Eiszeit
Abschnitt meist von 80000 bis 100000 Jahren Dauer innerhalb des Quartärs, in dem sich ein bis mehrere große Inlandeisvorstöße in nordischen Breiten ereignet hatten

Eiszeitalter
letzte 2,5 Mio. Jahre, in denen das Klima der Erde einen sehr häufigen Wechsel zwischen etwa heutigen und extrem trocken-kalten Bedingungen erlebt hatte. Die wissenschaftliche Bezeichnung dieses Zeitraumes ist „das Quartär"

Ekzem
Zustand einer entzündlichen Hautveränderung

Elimination
Entfernung eines Wirkstoffes vom Wirkungsort, meist durch Ausscheidung, auch durch chemischen Abbau oder durch Speicherung an anderen Orten

EMAP
Environmental Monitoring and Assessment Program in den Vereinigten Staaten von Amerika, mit dem man landesweit u. a. auf der Basis bioindikativer Verfahren den Zustand der Umwelt erfassen möchte

EMICs
→Erdsystemmodelle intermediärer Komplexizität

Emission
Übertritt von Substanzen aus einer Quelle (→Emittent) in die Atmosphäre oder ins Wasser

Emittent
Quelle von Luft- oder Wasserverunreinigungen

Emittentenstruktur
Zusammensetzung der Emissionsquellen aus Punktquellen (Schornsteine), Linienquellen (z. B. Straßen), Flächenquellen (Halden, intensiv genutzte landwirtschaftliche Nutzflächen)

Energiedosis
Differentialquotient $d\varepsilon$ durch dm, wobei $d\varepsilon$ die mittlere Energie ist, die durch →ionisierende Strahlung auf das Material in einem Volumenelement dV übertragen wird und $dm = \varrho \cdot dV$ die Masse des Materials mit der

Dichte ϱ in diesem Volumenelement: $D = d\varepsilon/dm$. Die Einheit der Energiedosis ist J/kg, ihr spezieller Name ist gray mit der Abkürzung Gy

enterale Absorption
Aufnahme eines Elementes oder einer Verbindung über die Darmschleimhaut

enteroenteraler Kreislauf
Aufnahme über die Darmschleimhaut und anschließende Ausscheidung über die Darmdrüsen; die Vorgänge wiederholen sich

Enzyminduktion
Auslösung oder Steigerung der Gen-Aktivität zur Bildung eines Enzyms oder einer Gruppe funktionell miteinander gekoppelter Enzyme auf dem Niveau der Transkription durch einen Induktor bei unverändertem genetischem Informationsgehalt des Organismus

Epibionten
Lebewesen, die auf anderen Arten leben, ohne sie zu schädigen, z. B. Algen und Moose, als Epiphyten auf Blättern von Bäumen und Sträuchern

Epidermis
meist einschichtiges Abschlußgewebe an der Oberfläche der oberirdischen Organe höherer Pflanzen

Epithel
abdeckende Körperzellen an äußerer Haut oder Schleimhäuten

Erdbahnelemente („orbital parameters")
aus der Kreiselfunktion der Erdumlaufbahn um die Sonne sich ergebende Lageveränderungen der Erde im Raum. Es sind dies die Gestaltänderungen der Erdumlaufbahn (kreisförmig gegen ellipsoid), Neigung der Erdachse gegen die Ekliptik und Lage des Zeitpunktes der Tag- und Nachtgleichen

Erdmagnetische Exkursion
kurze, drastische Veränderung des erdmagnetischen Feldes

Erdsystemmodelle intermediärer Komplexizität (EMIC: Earth-System Models of Intermediate Complexicity)
beschreiben die Wechselbeziehungen zwischen den verschiedenen Komponenten des Klimasystems einschließlich biogeochemischer Kreisläufe. Sie erfassen die meisten Prozesse, die auch in komplexen Modellen der Atmosphäre und des Ozeans dargestellt werden, allerdings in reduzierter, d. h. stärker parameterisierten Form. EMICs sind in ihrer Struktur einfach genug, um langfristige Klimasimulationen über mehrere 10000 Jahre oder breitgefächerte Empfindlichkeitsexperiente zu erlauben

ERTS
erstes Ziviles Satellitensystem der USA zur Erdbeobachtung, später in Landsat umbenannt

Erythropoese
Bildung des roten Blutfarbstoffs, der roten Blutkörperchen oder des Blutes

Ethylen
gasförmiges Reifehormon in Pflanzen, das aus der Aminosäure Methionin bebildet wird

Eustasie
Schwankungen des Meeresspiegels infolge Änderung der ozeanischen Wassermassen, etwa der Festlegung des Wassers in Form von Inlandeis oder Zunahme der Wassermenge durch Abschmelzen des Inlandeises

Eustreß
die Folge einer moderaten Belastung; sie läßt die genotypisch potentiell gegebenen Adaptations- und Abwehrmechanismen wirksam werden, die Pflanze geht aus dieser Stabilisierungsreaktion mit erhöhter Resistenz hervor (→Distreß)

Eutrophierung
Eintrag von Verbindungen, die als Nährstoffe fungieren können, in einer Höhe, die zu ökosystemaren Veränderungen führt

Evapotranspiration
Gesamtheit der Wasserdampfabgabe aus unbelebten und belebten Oberflächen eines Erdraumes

Eveness
ein (mathematisch aus den Daten von Vegetationsaufnahmen abgeleitetes) Maß für die Diversität einer Pflanzengesellschaft im Verhältnis zur maximal möglichen Diversität

Evertebrata (Invertebrata)
i. w. S. alle Tiere ohne Wirbelsäule

Exhalation
bis zur Mitte des 20. Jahrhunderts gebräuchliche Bezeichnung für die Emission von Luftverunreinigungen

Exkluderpflanzen
Pflanzen, die Schwermetalle zwar prinzipiell aufnehmen, jedoch in der Lage sind, im Gewebe (Sproß) im Vergleich zum Medium (Boden) relativ niedrige Schwermetallkonzentrationen aufrecht zu halten

Exkretion
Ausscheidung von Elementen und Verbindungen aus dem Körper

Exostosen
Neubildung von Knochensubstanz an der Knochenoberfläche

Exposition
Ausbringen von Bioindikatoren, im allgemeinen im Freiland

Exposition-Wirkung-Beziehung
qantitativer Zusammenhang zwischen dem Gehalt der Luft an phytotoxischen Immissionskomponenten und den Wirkungen auf Pflanzen

Expositionsmethoden
sind Systeme zur Exposition von Pflanzen gegenüber Luftverunreingungen. Bei den Methoden zur Wirkungserfassung trockener Depositionen, speziell der gasförmigen Luftverunreinigungen, ist zwischen kammerlosen Expositionssystemen und Systemen unter Verwendung von Kammern zu unterscheiden. Die Auswirkungen nasser Deposition werden experimentell über Simulationen von Regen oder Nebel erfaßt. Nach einer anderen Klassifikation wird zwischen dem Grad von Naturnähe bzw. Naturferne zwischen den Expositionsmethoden unterschieden

FACE (von Free Air Carbon Dioxide Enrichment)
Freilandexpositionssystem ohne Verwendung von Kammern oder ähnlichen Abgrenzungen, mit denen Pflanzenbestände oder Ökosystemausschnitte erhöhten atmosphärischen CO_2-Konzentrationen ausgesetzt werden können, ohne daß nennenswerte mikroklimatische Artefakte auftreten

Facilitation
positive Interaktion zwischen zwei (oder mehreren) Arten, bei der mindestens einer der Partner eine höhere Vitalität erreicht als ohne den Partner bzw. die Partnerarten

Faktoren der Bodenentwicklung
sind das Klima, das Ausgangsgestein, die Schwerkraft, das Relief, Flora und Fauna, vielfach auch das Grundwasser, menschliche Tätigkeit und die Zeit

Fangpflanzenverfahren
von Sorauer kurz vor der Jahrhundertwende geprägter Begriff für die Anlage von Pflanzenbeeten in der Umgebung eines Emittenten. Die unterschiedliche Reaktion der Pflanzen in Luv und Lee der Anlage wurde als bioindikatives Signal ausgenutzt. Das Verfahrensprinzip ist auch heute noch die Basis für Bioindikator-Meßnetze

Fernerkundung
Methodik zur Gewinnung von Informationen zum Vegetationszustand in terrestrischen Ökosystemen aus der „Vogelschau" mit Hilfe elektromagnetischer Strahlung ohne unmittelbaren Kontakt mit dem Untersuchungsobjekt

Fitness eines Individuums
Anzahl der Gameten eines Individuums (z. B. Eizellen), die in die nächste Generation eingehen

Fluorose
durch chronische Fluoridintoxikation hervorgerufene pathologische Veränderungen der Zähne (Dentalfluorose) bzw. des Skelettsystems (Osteofluorose). Das Auftreten von Dentalfluorose bei Säugern ist ein spezifischer Biomarker für eine erhöhte Fluoridexposition während der Zahnbildung

Flußdichte, Fluß
die pro Flächen- und Zeiteinheit ausgetauschten Stoff- oder Energiemengen

Foraminifere
eine Gruppe Kalkschalen aufbauender mariner Einzeller, die oft in Kolonien wohnen

Forsteinrichtung
Planwerk der mittelfristigen Forstplanung

fremdstoffmetabolisierende Enzyme
Enzyme, die an der Umwandlung (Entgiftung) und Ausscheidung lipophiler Fremdstoffe beteiligt sind. Bei Vertebraten findet die Biotransformation von Fremdstoffen hauptsächlich in der Leber statt. Während die meisten Fremdstoffe durch die Biotransformation entgiftet werden, werden andere Substanzen erst durch diesen Vorgang in toxische Verbindungen umgewandelt bzw. in ihrer toxischen Wirkung verstärkt (sog. Bioaktivierung, gilt z. B. für viele Kanzerogene)

Frosterscheinungen, syngenetische
vom Frost verursachte Sedimentstörungen während der Bildung der Ablagerungen. Gegensatz = epigenetische, d. h. später erfolgte Sedimentstörungen

Fungizid
Mittel zur Bekämpfung von Pilzen in der Produktion oder Lagerung pflanzlicher Lebensmittel

funktionelle Typen von Pflanzenarten
Einteilung von Arten nicht nach ihrer systematischen Zugehörigkeit, sondern anhand von gemeinsamen funktionellen Eigenschaften. Als Einteilungskriterien können dienen der Photosynthesetyp (C_3, C_4, CAM), der Habitus (krautig oder verholzt; innerhalb krautiger Arten Graminoid, Leguminose oder anderes Kraut), die Strategie (Konkurrenzart, Streß-Tolerierer oder Ruderalart), die Biom-Zugehörigkeit usw.

Galactolipide
Lipide in pflanzlichen Biomembranen, die sich aus einem Glycerinanteil, Fettsäuren und dem Zuckermolekül Galactose zusammensetzen

Gammastrahlen
→ionisierende Strahlung in Form von Photonen diskreter, nuklidspezifischer Energie (zumeist im Energiebereich von ca. 50 keV bis 7 MeV)

Gastroenteritis
Entzündung der Magenschleimhaut

genetische Diversität
Vielfalt von Organismen bzw. von Genen, welche für bestimmte Leistungspotentiale stehen

genetische Drift
durch Zufallsprozesse verursachte Veränderungen in den Häufigkeiten von Allelen und Genotypen

genetischer Fingerprint
hochauflösende Identifizierungsmethode eines (Mikro-) Organismus auf der Basis von molekulargenetischer DNA-Analyse

Genfluß
Transport genetischer Information durch Gameten und Zygoten innerhalb und zwischen Populationen

genotoxisch
negative Beeinflussung des Erbmaterials im Zellkern

gerichtete Selektion
Selektion, bei der ein homozygoter Genotyp den größten Fitnessvorteil hat

GGGT
Galactolipid:Galactolipid Galactosyltransferase

globale Stoffkreisläufe
mikrobiell katalysierte Umsetzungen der Elemente C, N, P, S und der Mikroelemente in organischen und anorganischen Bindungsformen

Glukosurie
Ausscheidung von Traubenzucker (oder anderer Zucker) mit dem Harn

Glutamatdehydrogenase
enzymatische Aktivität zur Ammoniumassimilation bei hohen Ammoniumkonzentrationen. Das Enzym katalysiert die Reaktion von α-Ketoglutarat + Ammonium + NADH+H^+ zu Glutamat + Wasser + NAD^+

Glutamatsynthase (GOGAT)
zweiter enzymatischer Teilschritt der unter natürlichen Bedingungen vorherrschenden Ammoniumassimilation durch das Enzymsystem Glutaminsynthetase / Glutamin :2-Oxoglutarat Aminotransferase (GS/GOGAT). Das Enzym katalysiert die Reaktion von Glutamin + Oxoglutarat + NADPH + H^+ zu 2 Molekülen Glutamat + $NADP^+$

Glutaminsynthetase (GS)
erster enzymatischer Teilschritt der unter natürlichen Bedingungen vorherrschenden Ammo-

niumassimilation durch das Enzymsystem Glutaminsynthetase / Glutamin :2-Oxoglutarat Aminotransferase (GS/GOGAT). Das Enzym katalysiert die Reaktion von Glutamat + Ammonium + ATP zu Glutamin + ADP + anorganischem Phosphat

Glutathion
ein aus drei Aminosäuren aufgebautes, schwefelhaltiges kleines Molekül in Körperzellen, das hier an vielen Stoffwechselvorgängen beteiligt ist

Glutathionreductase
enzymatische Aktivität, welche die Überführung des Redox-Systems Glutathion vom oxidierten in den reduzierten Zustand katalysiert

Gradation
Massenvermehrung von Schadinsekten

Gradient
Veränderung einer Variablen, z. B einer atmosphärischen Variablen, mit der Höhe

Grasland, hygrophytisches
Grasvegetation feuchter Standorte oder Klimate

Gray
spezieller Name der Einheit J/kg für die →Energiedosis

Grenzschichtwiderstand
physikalische Größe, die den Diffusionswiderstand chakterisiert, den eine Substanz an der Grenze – z. B. zu einem pflanzlichen Blatt – überwinden muß

Grenzwert
Mengen- oder Konzentrationsangaben für Chemikalien, unterhalb derer keine schädlichen Wirkungen auf Lebewesen auftreten sollen (z. B. der Grenzwert für Pflanzenschutzmittel im Trinkwasser)

Großrauminventur
zusammenfassende Zustandserfassung mit überregionaler Aussagekraft, meist durchgeführt mit Hilfe von Zufalls-Stichproben

Grünlandökosysteme
häufiger: Graslandökosysteme. Formen terrestrischer Ökosysteme, die im wesentlichen durch Gräser oder grasartige Pflanzen geprägt sind

GS/GOGAT (Glutamin-Synthetase / Glutamin-2-Oxoglutarat-Aminotransferase)
Enzymsystem, mit dem Pflanzen Ammonium in die Aminosäure Glutamin einbauen

Gymnospermae
→Nacktsamer

Halbwertszeit
Zeit $\tau = \lambda^{-1} \ln 2$, nach der sich (ohne Nachlieferung) nur noch

die Hälfte der zu einem Bezugszeitpunkt vorhandenen Menge an radioaktiven Atomen im energetischen Ausgangszustand befindet, wobei λ die →Zerfallskonstante für diesen Zustand ist. Die SI-Einheit für die Halbwertszeit ist s

Häm
roter Blutfarbstoff in den Blutkörperchen

Hämatologie
Lehre vom Blut

Hämoglobin
roter eiweißhaltiger Blutfarbstoff in den roten Blutkörperchen

Hämoglobinämie
Auftreten des roten Blutfarbstoffs außerhalb der roten Blutkörperchen

Hämoglobinurie
Auftreten des roten Blutfarbstoffs im Urin

hämolytisch
Vorgang, der zur Auflösung der Zellmembran der roten Blutkörperchen führt

Heinrich event
Lage ehemals von Eisbergen transportierten festländischen Materials auf dem Tiefseeboden des nördlichen Atlantiks, in der Regel weit außerhalb des heutigen massenhaften Vorkommens der Eisberge

Hemerobiestufen
Natürlichkeitsgrade zwischen natürlichem und künstlichem Ökosystem

Herbizide
Mittel zur Bekämpfung von Unkraut in Landwirtschaft und Forstwirtschft

Heterotrophie
Bezeichnung für einen Organismus, der den zum Aufbau der körpereigenen Substanz benötigten Kohlenstoff aus organischen Stoffen der Umgebung (lebende Pflanzen, Tiere, Mikroorganismen oder tote Sdubstanzen) bezieht

Heterozygote
Genotypen, die unterschiedliche Allele vom weiblichen und männlichen Elternteil bekommen haben

histogene Demarkation
Fixierung eines biotrophen Pathogens durch Bildung einer Nekrose um den Befallsherd

Hoftüpfel
mit einem kreisrunden, vorgewölbten Hof umgebene Dünnstellen in der Zellwand benachbarter Zellen

Holozän
→„Nacheiszeit"

Holzstrahlen
radial im Holzkörper verlaufende, aus lebenden Zellen beste-

hende bandartige Gewebe, die dem Transport von wassergelösten Stoffen, der Speicherung von Assimilaten und Stoffwechselprodukten dienen

Hormon-Agonisten und Antagonisten
Hormon-Analoga, die an die gleichen Rezeptoren binden wie endogene Hormone. Agonisten können diese ersetzen, sind aber oft schlechter abbaubar und besitzen eine höhere Affinität zum Rezeptor. Antagonisten besitzen zwar ebenfalls eine hohe Rezeptoraffinität, lösen aber keine Signalweiterleitung aus und unterbinden damit die Hormonwirkung

Hydrometeore
Gesamtheit der Ausscheidungen atmosphärischen Wasserdampfes in flüssiger und fester Form, als schwebende H.: Dunst, Nebel, Wolken, als fallende H.: flüssig Regen, Nieseln, fest Graupel, Hagel, Schnee

Hygromorphose
durch formative Effekte hoher Luftfeuchtigkeit verändertes Erscheinungsbild von Pflanzen oder pflanzlichen Organen

Hyperkalzämie
Vorkommen erhöhter Mengen von Kalzium im Blut

Hyperplasie
Zustand der vermehrten Teilung von Körperzellen mit Zunahme der Größe des jeweiligen Organs

Hypertrophie
Zunahme der Größe eines Organs oder Gewebes infolge Zunahme der Zellgröße

Hyphen
Zellfäden von Pilzen, die den Vegetationskörper, das Myzel bilden

Hypokalzämie
Zustand des verminderten Vorkommens von Kalzium im Blut

Hypokotyl
zwischen Wurzelhals und Keimblättern liegender Sproßabschnitt

Hypoplasie
Zustand der verringerten Größe eines Organs

Hypoxämie
reduzierter Sauerstoffgehalt des Blutes

Ikterus
Gelbfärbung der Haut und Körpergewebe, Gelbsucht durch Übertritt von Gallebestandteilen in das Blut und ins Gewebe

Imbibitionswasser
Wasser in den pflanzlichen Zellwänden

Immission
Übertritt luftverunreinigender Stoffe aus der Atmosphäre in einen Akzeptor. Im erweiterten Sinn die in der Umgebung von Akzeptoren enthaltenen luftverunreinigenden Stoffe

Immissionsbelastung
kennzeichende Größe oder Größen für die wirkungsrelevante Beschreibung von Luftverunreinigungen

Immissionsdosis
einer gasförmigen Luftverunreinigung: Produkt aus Konzentration und Einwirkungsdauer, z. B. in ppm h oder aus der Außenluft aufgenommene Schadstoffmenge, bezogen auf eine bestimmte Masse oder Oberfläche des Rezeptors, z. B. in $\mu g\ g^{-1}$ Substanz bzw. $\mu g\ cm^{-2}$

Immissionskenngrößen
Kriterien zur Kennzeichnung von Immissionsmeßwerten, z. B. arithmetischer Mittelwert für bestimmte Meßzeitintervalle oder 98%-Wert der Summenhäufigkeitsverteilung

Immissionskonstellation
Zusammensetzung luftverunreinigender Stoffe und deren →Immissionszeitmuster

Immissionskonzentration
Verhältnis Masse Schadstoff zu Volumen Luft, z. B. in $mg\ m^{-3}$ oder Volumen Schadstoff zu Volumen Luft, z. B. $\mu L\ L^{-1}$ = ppm

Immissionsökologie
jener Teil der →Ökotoxikologie, der Wirkungen von Luftverunreigungen auf Pflanze und Tier in ihren Wechselbeziehungen mit den Medien, Boden, Wasser und Luft und die daraus resultierenden ökosystemaren Strukturen und Funktionen untersucht (→Rauchschadenskunde)

Immissionsrate
aus der Außenluft stammende, feststellbare Aufnahme eines Luftspurenstoffes innerhalb eines bestimmten Zeitintervalls, bezogen auf eine bestimmte Masse oder Oberfläche des aufnehmenden Materials

Immissionszeitmuster
zeitlicher Verlauf der Imissionskonzentration innerhalb eines bestimmten Zeitintervalls

In-situ-Testsysteme
in komplexen Umweltkompartimenten einsetzbare oder aus diesen abgeleitete biologische Indikationssysteme

Inappetenz
mangelhafter Appetit

Indikatorpflanzen
→Bioindikatoren

Inokulation
Prozeß, bei dem ein Krankheitserreger mit der Oberfläche der Wirtspflanze in Kontakt kommt

Interglazial
Zwischeneiszeit. Die jetzige erdgeschichtliche Phase (das Holozän) ist ein Interglazial

Interkostalfelder
Blattflächen zwischen den Leitbündeln von Blattspreiten

intermediärer Stoffwechsel
alle in der Körperzelle ablaufenden Stoffwechselprozesse, bei denen Zwischenprodukte entstehen

Interpretationsschlüssel
systematisierte Zusammenstellung charakteristischer luftbildsichtbarer Objektmerkmale zur Beurteilung eines Sachverhalts (z. B. Baumschäden); neben Beschreibungen können Bildbeispiele eingearbeitet sein

Interstadial
Zeit eines wärmeren und in der Regel feuchteren Klimas innerhalb einer Eis- oder Kaltzeit

Interstadial St. Germain I bzw. II
bedeutende Interstadiale zu Beginn der letzten Eiszeit Europas, die im südwestlichen Mitteleuropa und in Westeuropa fast den klimatischen Rang eines Interglazials gehabt hatten

Interzellularen
luftgefüllter, über die Stomata mit der Atmosphäre in Verbindung stehender Gasraum im pflanzlichen Sproß

Interzeptionsdeposition
Anteil der (Schwermetall-) Deposition, der direkt über die Vegetationsoberflächen (Blätter, Nadeln) aus der Atmosphäre aufgenommen wird

Inversion
Umkehr des normalen Temperaturverlaufs, bei der die Temperatur mit der Höhe zunimmt. Als Folge der Zunahme der Temperatur mit der Höhe wird die vertikale Verdünnung von Luftspurenstoffen eingeschränkt. Bei länger anhaltender Inversion kommt es durch Erhöhung der Immissionskonzentrationen zur Ausbildung von Smogwetterlagen

ionisierende Strahlung
Quanten- (z. B. →Gammastrahlen) oder Partikelstrahlung (z. B. →Alphastrahlen, →Betastrahlen), die bei der Wechselwirkung mit Atomen in bestrahlten Objekten diese (direkt oder indirekt) ionisieren kann

Irritation
Erregung zellurärer Strukturen, von Haut und Schleimhäuten oder von Geweben und Organen

IRS
Indian Remote Sensing Satellite (die Zusatzbezeichnung gibt das Einzelgerät bzw. die Mission an)

Isoenzyme
strukturell verschiedene Molekülformen eines Enzyms mit gleicher oder ähnlicher Funktion, die innerhalb derselben Art vorkommen

Isomere
Angehörige einer chemischen Gruppe mit gleicher Atomzahl, aber unterschiedlicher Anordnung

Kachexie
starke Abnahme des Körpergewichts

Kahlschlag
Nutzung aller Bäume auf einer Bestandesfläche. Die nächste Waldgeneration wird meist künstlich (durch Saat oder Pflanzung) begründet und erwächst sehr gleichmäßig auf ganzer Fläche

Kahlschlagvegetation
z. B. Pflanzengemeinschaft mit Weidenröschen – Waldgreiskraut

Kaltzeit
Abschnitt meist von 80000 bis 100000 Jahren Dauer innerhalb des Quartärs, in dem das Klima zwar sehr kalt war, beim gegenwärtigen Stand der Kenntnis aber keine Inlandeisvorstöße bekannt geworden sind

Kambium
teilungsfähiges Bildungsgewebe im peripheren Bereich von Sproß und Wurzel der mehrjährigen Nacktsamer (Gymnospermae) und der Bedecktsamer (Angiospermae), Ausgangspunkt des sekundären Dickenwachstums

Kampfzone
in der Immissionsökologie der Bereich innerhalb eines Immissionsbelastungsgradienten, in dem Arten (noch) vorhanden sind, aber bereits schwere Vitalitätseinbußen hinnehmen müssen

kanzerogen
krebserzeugend

Kapillarblut
Blut der kleinsten peripheren Blutgefäße („Haargefäße“)

Katalase
Enzym, welches die Zersetzung von zwei Molekülen Wasserstoffperoxid (H_2O_2) zu Wasser (2 H_2O) und Sauerstoff (O_2) mit sehr hoher Rate katalysiert

Kationenaustausch
ist die mit der Desorption eines Kations einhergehende Adsorption eines anderen Kations. Die Oberfläche der Bodenmatrix ist in der Lage, in der Bodenlösung gelöste oder gasför-

mige Stoffe an sich zu binden. Von zentraler Bedeutung sind dabei elektrostatische Wechselwirkungen zwischen gelösten Kationen und negativ geladenen Oberflächen. Die Summe aller austauschbaren Kationen wird als Kationenaustauschkapazität (KAK) bezeichnet. Die Höhe der KAK ist abhängig von der Beschaffenheit der Bodenmatrix (spezifische Oberfläche, Ladungsart und Ladungsdichte, mineralische Zusammensetzung) und der Bodenlösung, insbesondere von deren pH-Wert

Klassifikation, digitale
automatisiertes Verfahren, das Bildelemente oder -objekte aufgrund ihrer spektralen Eigenschaften und mathematisch formulierter Entscheidungskriterien einer definierten Klasse (z. B. der Landbedeckung) zuweist

Klimaelemente
die den Energie- und Stofftransport in der Atmosphäre beschreibenden Größen

Klimaxarten
Pflanzenarten, die im Endstadium einer Vegetationsentwicklung vorhanden sind

Knochenbiopsie
operative Herausnahme kleiner Teile aus dem Knochen bei lebenden Individuen zur chemischen Analyse

Kohlenhydratstoffwechsel
die Gesamtheit der Reaktionen zur Umsetzung von Kohlenhydraten im lebenden Organismus

Kohlenstoffkreislauf
Bilanz der Kohlenstoffflüsse zwischen den einzelnen Kompartimenten der Erde

Kombinationswirkung
eine Folge simultaner oder sequenzieller Exposition gegenüber zwei oder mehreren Immissionskomponenten

Kompartimente
abgegrenzte Reaktionsräume in Organismen bzw. Ökosystemen

Kompensationskalkung
Ausbringung von (meist kohlensaurem) Kalk in Waldbeständen zur Abmilderung der Folgen von Bodenversauerung

Kompensationspunkt
im Zusammenhang mit Ammoniak diejenige NH_3-Konzentration, bei der kein Netto-Austausch von Ammoniak zwischen Blatt und Atmopshäre auftritt

komplexe Immissionstypen
Gemisch aus Primär- und Sekundärkomponenten in Form von Gasen, Aerosolpartikeln und Stäuben

Komplexkrankheit
durch mehrere Ursachen ausgelöste Erkrankung

Kongenere
Angehörige einer chemischen Gruppe mit einheitlicher Grundstruktur, aber unterschiedlicher Zahl und Anordnung der Atome

Konjunktiva
Bindehaut des Auges

Konjunktivitis
Bindehautentzündung

Konkurrenz
Wettbewerb um Ressourcen zwischen Organismen mit ähnlichen Ansprüchen, ohne daß sich diese vollständig erfüllen lassen

kosmische Strahlung
Partikel- (ca. 85% Protonen und 12% ^{4}He-Kerne) und Quantenstrahlung aus dem Weltall („primäre") und die dadurch in der Lufthülle der Erde erzeugte „sekundäre" Strahlung (z. B. hochenergetische Mesonen, Neutronen, Myonen, Elektronen)

kosmogen
durch Wechselwirkung der primären oder sekundären →kosmischen Strahlung mit Atomen der Lufthülle der Erde entstanden

Kotyledonen
Keimblätter

Kreuzresistenz
gleichzeitige Resistenz gegen verschiedenartige Streßfaktoren

kritische Belastungswerte
→critical level und →critical load

kritische Schwermetallkonzentration
Schwermetallkonzentration in der Biomasse von Pflanzen, oberhalb derer Wachstumseinbußen bei Pflanzen oder toxische Wirkungen auf Mensch oder Tier bei Verzehr solcher Pflanzen möglich sind

Kronentraufe
der Teil des Niederschlags, der im Bereich der Krone von Bäumen abtropft und auf den Boden gelangt

Kryosphäre
mit Schnee oder Eis bedeckte Bereiche der Erdoberfläche

Kumulation
langsame Anreicherung chemischer Substanzen in körpereigenen Geweben infolge mangelhafter Ausscheidung

Kutikula
Überzug der Epidermis aller Sproßorgane, der durch eingelagerte hydrophobe Bestandteile die Permeabilität der Zellwand für Wasser und andere Moleküle herabsetzt

Laktat
Salz der Milchsäure als Bestandteil des →intermediären Stoffwechsels

Laktation
Bildung und Absonderung von Milch bei weiblichen Säugetieren nach der Geburt

Landsat
amerikanisches Satellitensystem zur Erdbeobachtung mit dem Schwerpunkt der Landflächen

Langzeitindikator
man unterscheidet Kurz- und Langzeitindikatoren, wobei erstere in einem Zeitbereich von wenigen Sekunden bis wenigen Wochen reagieren. Insbesondere Testverfahren sind im allgemeinen für eine rasche Reaktionen entwickelt, während einige Biomonitoringverfahren, wie z. B. die standardisierte Flechtenexposition, für eine Zeit von mindestens 6 Monaten angelegt sind

latente Schädigung
verborgene, äußerlich nicht sichtbare („subtle", „hidden") Schädigung, die sich auf Wachstum, Vitalität oder die Resistenz von Pflanzen gegenüber anderen Stressoren auswirken kann

leaching
Auswaschung von Mineralstoffen und organischen Verbindungen aus Pflanzenorganen und Böden, unter länger anhaltendem Immissionseinfluß beschleunigt

Leitfähigkeit
eine Materialeigenschaft des transportierenden Mediums (molekularer Diffusionskoeffizient, im Falle des Impulstransportes auch Viskosität genannt) in Fällen rein molekularer Diffusion. Analog dazu wird auch für turbulente Strömungen ein (turbulenter) Diffusionskoeffizient definiert, der aber keine Material- sondern eine Strömungseigenschaft ist

Leitfähigkeit (Bestand)
Maß für den Widerstand, welche die Vegetation eines Standortes aufgrund ihrer Oberflächeneigenschaften der Strömung von Luft entgegensetzt

Leitfähigkeit (Blatt)
Maß für den Widerstand, welches ein Blatt aufgrund seiner Oberflächeneigenschaften der Strömung von Luft aus der Außenatmosphäre in das Blatt entgegensetzt

Leitwert
der Kehrwert des Widerstandes

Lentizellen
lockere, luftdurchlässige Bezirke des sekundären Abschlußgewebes, des Korkgewebes, die vergleichbar den Spaltöffnungen im primären

Abschlußgewebe einen Gasaustausch der inneren Pflanzengewebe mit der Außenluft ermöglichen

Lipidperoxidation
peroxidative Zerstörung (Abbau) von ungesättigten Fettsäuren, ausgelöst durch hochreaktive, radikalische Sauerstoffspezies. Betroffen sind insbesondere die Fettsäuren der Zellmembranen

Lipidperoxide
meistens langkettige ungesättigte Fettsäure, die an den Doppelbindungen peroxidiert sind

Lipophilie
Fettlöslichkeit; Eigenschaft zahlreicher chemischer Stoffe mit besserer Löslichkeit in Fett und fettähnlichen Lösemitteln im Vergleich zur Wasserlöslichkeit

Lisan-See
sehr großer letzteiszeitlicher See an Stelle des heute kleinen Toten Meeres

Löß
aus der Atmosphäre abgesetzter, in der Regel durch Kalk verbackener mineralischer Staub

Luftschadstoff, luftverunreinigender Stoff
jeder Stoff, der entweder aufgrund menschlicher Tätigkeit oder durch natürliche Vorgänge in die Luft emittiert wird und nachteilige Wirkungen auf den Menschen oder die Umwelt hat

Lysimeter
senkrecht in den Boden versenkte, mit gestörten oder ungestörten Böden gefüllte Röhren. Mit Hilfe verschiedenartiger Meßgeräte werden verschiedene Zustandsgrößen erfaßt, wie Nährstoff- oder Wasserhaushalt und Depositionen von Immissionskomponenten sowie deren Translokation im Boden

Lysosome
Zellbestandteile (Organellen), die Enzyme für den Zellstoffwechsel bilden

Makrofossilien
vielzellige Fossilien und deren Bruchstücke, wie Blätter, Holzstücke, Knochen, Zähne, Chitinpanzer u. dgl.

Mangrove
tropische Küstenwaldvegetation im Bereich des Tidenhubes

Material, terrigenes
von Festlandmassen geliefertes Sediment

Maximale Immissionswerte
Richtwerte zum Schutz der Umwelt

MDA
Malondialdehyd

Mesophyll
das zwischen oberer und unterer Epidermis liegende Blattgewebe

Mesophyllwiderstand
ein Maß für den Widerstand, welches das Gewebe eines Blattes aufgrund biophysikalischer Eigenschaften der Diffusion von Gasen entgegensetzt

Metalloid
metallähnliches Element, welches nicht alle physikochemischen Bedingungen eines Metalls erfüllt (z. B. Arsen)

Metallthioneine
niedermolekulare bakterielle, pflanzliche und tierische Proteine mit relativ hohem Anteil an schwefelhaltigen Aminosäuren; fungieren als Bindungspartner für Schwermetalle und sind durch diese z. T. induzierbar

Methämoglobin
entsteht aus dem roten Blutfarbstoff →Hämoglobin durch verschiedene körperfremde Substanzen, indem das im Molekül gebundene Eisen von zwei- zum dreiwertigen Eisen oxidiert wird, das nun nicht mehr Sauerstoff übertragen kann

Methämoglobinämie
Auftreten von →Methämoglobin im Blut

MGDG
Mongalactosyldiacylglyceride

mikrobielle Biomasse
die in Umweltkompartimenten (z. B. Böden) vorkommende Mikroflora, welche als C_{mic} / g Boden zumeist indirekt über physiologische Messungen unter standardisierten Bedingungen quantifiziert wird

mikrobielle Diversität
die Vielfalt der Mikroorganismen (Bakterien, Pilze) und ihrer Leistungen, welche über molekulare, biochemische oder Biomarkermethoden erfaßt wird

Mikrofossilien
in der Regel einzellige Fossilien, wie Blütenstaub (Pollen), Sporen, Diatomeen usw., und daraus aufgebaute Kolonien

Mikrometeorologie
derjenige Teil der wissenschaftlichen Meteorologie, der sich mit der Beobachtung und Erklärung kleinsträumlicher physikalischer und dynamischer Ereignisse in der Atmosphäre befaßt. Die Untersuchungen beschränken sich hierbei auf die bodennahe Luftschicht. Darunter ist die Schicht von der Erdoberfläche aus bis zu einer Höhe zu verstehen, von der ab die Einflüsse der unmittelbar darunterliegenden Oberfläche auf die Luftbewegung und die Luftzusammensetzung vernachlässigbar werden

Mikrosome
Zellbestandteile, die einige für den Fremdstoffabbau notwendigen Enzyme bildet

Mikulino-Interglazial
letztes Interglazial des europäischen Rußlands, etwa 128000 bis 115000 Jahre vor heute

Mineralisierung
Umwandlung organischer Ausgangsstoffe in anorganische Endprodukte durch Bodenorganismen. Dies sind für die C-Mineralisierung Kohlendioxid, die N-Mineralisierung Ammonium, die P-Mineralisierung Phosphate und für die S-Mineralisierung Sulfat

Minialbumin
ein im Harn auftretendes Eiweiß mit geringem Molekulargewicht; die Bestimmung kann zur Diagnose einer Schwermetallvergiftung (z. B. bei Cadmium) verwendet werden

MIR
Mittleres Infrarot, Wellenlängenbereich zwischen 1,5 und ca. 7 µm

Mischbestand
Waldbestände aus zwei oder mehreren Baumarten. Der Anteil der Mischbaumarten muß so groß sein (i. d. R. > 10%), daß er einen nennenswerten Einfluß auf die ökologischen Verhältnisse ausübt

MOMS
Modular Optoelektric Multispectral Stereoscanner (die Zusatzbezeichnung gibt das Einzelgerät bzw. die Mission an)

Monitoring
Dauerbeobachtung, Dauerüberwachung

Monitororganismen
Lebewesen, die zur qualitativen und quantitativen Überwachung der Wirkung von Schadstoffen, insbesondere von Luftverunreinigungen verwendet werden

Monooxygenasen
Mischfunktionelle →mikrosomale Enzyme, die in den Zellstoffwechsel eingebaut sind und oxydierend wirken, indem sie ein Sauerstoffatom an das abzubauende Molekül binden

Multispektral-Scanner
Gerät zur zeilenweisen digitalen Aufzeichnung von spektralen Signalen der Erdoberfläche in mehreren Spektralbereichen zugleich

mutagen
Änderungen des genetischen (Erb-) Materials erzeugend

Mykorrhiza
Symbiose zwischen Wurzeln von Landpflanzen und Pilzen

Nacheiszeit oder Holozän
letzte Nacheiszeit, 11500 Jahre nach der letzten Eiszeit. Das Klima entsprach weitgehend dem der Gegenwart

Nacktsamer
(→Gymnospermae) Unterabteilung der Samenpflanzen mit offenen Samenanlagen (im Gegensatz zu den →Bedecktsamern); ausschlielich Holzgewächse mit sekundärem Dickenwachstum. Von den heute noch lebenden etwa 600 Arten sind die meisten Nadelhölzer

nasse Deposition
Eintrag von luftgetragenen Stoffen mit Niederschlägen (Regen, Nebel, Schnee)

Nekrosen
Gewebebereiche von Assimilationsorganen oder Blüten mit abgestorbenen Zellen, die mit bloßem Auge wahrgenommen werden können

Nematizide
chemische Substanzen zur Bekämpfung von Nemato den (Rund- oder Fadenwürmer)

Nephropathie
Erkrankungen der Niere

Nettophotosyntheserate
Brutto (= reelle) Photosyntheserate minus →Photorespiration (sofern vorhanden) minus Dunkelatmung (je nach Bestrahlungsstärke)

neuartige Waldschäden
ein Ende der 1970er Jahre geprägter Begriff den Gesundheitszustand des Waldes in Deutschland und anderen europäischen Ländern betreffend. Abweichend von den 'klassischen' Immissionsschäden im Umgebungsbereich von Einzelemittenten bzw. in regional begrenzten Belastungsgebieten traten jetzt großräumig auch in den sogenannten Reinluftgebieten 'neuartige' Schäden in Form von Kronenverlichtungen, Nadel- bzw. Blattvergilbungen sowie von Verzweigungsanomalien auf, und zwar sowohl an den Nadel- als auch Laubbaumarten. Aufgrund umfangreicher Ursachenforschung wird den Luftverunreinigungen, speziell den schwefel- und stickstoffhaltigen Immissionen sowie dem Ozon, eine Schüsselrolle bei der Auslösung dieser →Komplexkrankeit zuerkannt, wobei zwischen den direkten Wirkungen auf die oberirdischen Pfanzenteile einerseits und die indirekten auf und über den Boden andererseits unterschieden wird.

nicht-kultivierbare Mikroorganismen
lebende Mikroorganismen, die aber in Kultivierungsansätzen (Labormedium und -bedingungen) nicht wachsen bzw. nicht isoliert werden können; diese machen den überwiegenden Teil

der Mikroorganismen in der Umwelt aus

Niedermoor
von Grund- oder Oberflächenwasser gespeistes Moor. Gegensatz Hochmoor oder Regenwassermoor, d. h. ein direkt durch den Niederschlag gespeistes Moor

NiR
→Nitritreduktase. Enzym, mit dem Pflanzen Nitrit zu Ammonium reduzieren

NIR
Nah-Infrarot, Wellenlängenbereich zwischen 0,7 und 1,1 µm

Nitrat
anorganische Stickstoffverbindung (NO_3^-)

Nitratassimilation
der enzymkatalysierte Einbau von anorganischem Nitrat (NO_3^-) in organische Bestandteile lebender Systeme

Nitratreduktase
Enzym, welches die Reduktion von Nitrat zu Nitrit durch NADPH $+H^+$ katalysiert

Nitrifikanten
Bakterien (Nitrit- oder Nitratbakterien), die Ammonium (NH_4^+) unter Verwendung von molekularem Sauerstoff in Nitrit (NO_2^-) oder Nitrat (NO_3^-) umwandeln

Nitrifikation
mikrobiell gesteuerter Prozeß der Umsetzung von Ammonium und Nitrit zu Nitrat

Nitrit
anorganische Stickstoffverbindung (NO_2^-)

Nitritreduktase
enzymatische Aktivität, welche in enger Beziehung zum photosynthetischen Elektronentransport die Reduktion von Nitrit zu Ammoniak katalysiert

NOAA-AVHHR
National Oceanic and Atmospheric Administration – Advanced Very High Resolution Radiometer

NOEC (no observable effect concentration)
Schadstoff- bzw. Schwermetallkonzentration im Medium bzw. im pflanzlichen Gewebe, unterhalb der sich keine meßbare Reaktion an Pflanzen nachweisen läßt

NO_X
Summe der gasförmigen Stickstoffverbindungen: Stickstoffmonoxid (NO) und Stickstoffdioxid (NO_2)

NO_X-Emission
der Ausstoß von NO_X durch anthropogene Aktivitäten

NO_X-Metabolisierung
Einschleusung des aus der Außenluft aufgenommenen NO_X-Stickstoffs in den pflanzlichen Stoffumsatz

NO_X-Toleranz
Vermögen einer Pflanze, der Wirkung von NO_X in der Außenluft bis zu einer kritischen Konzentration einen Widerstand entgegenzusetzen, ohne daß ihre normalen Lebensfunktionen beeinträchtigt werden

NR
→Nitratreduktase

Oberflächenalbedo
Reflexionsvermögen der bewachsenen oder unbewachsenen, wässrigen oder festländischen Erdoberfläche

Objektgruppe
durch bestimmte Merkmale zusammengefaßte Gruppe, z. B. Population einer Organismenart oder Biozönose

Ödem
Ansammlung von Wasser in Körpergeweben

ökologische Stabilität
Grad der Beständigkeit des Ökosystems gegenüber sich verändernden Umweltbedingungen; Vermögen, Belastungen entgegenzuwirken und nach störungsbedingten Veränderungen zum Ausgangspunkt, d. h. zum ursprünglichen Energie-und Stoffhaushalt und zum normalen Organismusbestand zurückzukehren

Ökosystem
geographisch umreißbarer Ausschnitt aus der Biosphäre, in dem die Pflanzen (Produzenten), die Tiere (Konsumenten) und die Zersetzer (Destruenten) zusammen mit den abiotischen Faktoren Boden und Klima eine strukturelle und funktionelle Einheit bilden mit der Befähigung zur Selbstregulierung. Diese Befähigung, Grundlage für die →„ökologische Stabilität“ von Ökosystemen, ist ein zentrales Schutzziel

Ökosystemkompartiment
räumlich abgegrenzter, vegetations- und bodenkundlich sowie faunistisch einheitlicher Landschaftsausschnitt

Ökotop
ein dreidimensionaler, säulenförmiger Ökosystemauschnitt, der in seinem Inhalt, seiner Struktur und seinem Stoff- und Energiehaushalt horizontal homogen ist

Ökotoxikologie
Wissenschaft, die sich mit der Verteilung, der Interaktion, dem Verbleib, den Transferwegen und den Wirkungen von chemischen Substanzen sowie radioakiver und elektromagnetischer Strahlung (→Umweltchemikalien,

Schadstoffen) auf Pflanzen und Tiere von der Organisationsebene Zelle über Organ, Organismus, Lebensgemeinschaft bis hin zum Ökosystem befaßt

Ökotyp
Lebensraum (→Biotop) mit morphologisch und besonders physiologisch unterschiedlichen Rassen einer Organismusart

Oligurie
unzureichende Bildung und Ausscheidung von Urin

Ontogenese
Keimesentwicklung; Gesamtprozeß der Entwicklung eines Individuums oder eines Organs

Open-Top-Kammer
open-top chambers, OTC; Systeme zur Exposition von Pflanzenbeständen und Ökosystemausschnitten gegenüber atmosphärischen Spurengasen (u. a. Luftinhaltsstoffen) unter freilandähnlichen mikroklimatischen Bedingungen

Organellen
Sammelbezeichnung für durch Biomembranen begrenzten Reaktionsbereiche der Zelle, die Kontinuität besitzen

Organochlorverbindungen
→aliphatische oder →aromatische organische Verbindungen, die Chlor enthalten; meist synthetischen Ursprungs

Osteomalazie
Knochenweiche durch mangelhaften Substanzaufbau

Osteoporose
krankhafte Auflösung der Knochensubstanz

östrushemmend
negative Beeinflussung der Tätigkeit des weiblichen Geschlechtshormons

Ovardegeneration
Abbau des Gewebes im Eierstock

PAK
Polycyclische Aromatische Kohlenwasserstoffe

PAL
Phenylalaninammoniumlyase. Schlüsselenzym für die Biosynthese von Zimtsäuren, Flavonoiden und Anthocyanen

Paläontologie
Lehre von der fossilen (ausgestorbenen) Tierwelt

Paläopedologie
Zweig der Bodenkunde, der sich mit der Genese heute fossiler Böden beschäftigt

Palisadenparenchym
chloroplastenreiches Mesophyllgewebe innerhalb der Blätter

PAN
Peroxyacetylnitrat. Nach Ozon die wichtigste phytotoxische Komponente des photochemischen Smogs

PAR
photosynthetisch aktive Strahlung von 400 bis 700 nm (Photosynthetically Active Radiation)

Parakeratose
Veränderung des Aufbaus der äußeren Hautschicht mit Störungen der Verhornung

Parenchymzellen
bilden das Grundgewebe, das den größten Teil der pflanzlichen Zellen ausmacht

passive Schwermetallaufnahme
Aufnahme von Schwermetallen durch Pflanzenorgane bzw. über pflanzliche Membranen entlang eines (elektro-) chemischen (Potential-) Gradienten

passives Biomonitoring
Wirkungserhebungen an Kultur- und Wildpflanzen am natürlichen Wuchsort

Pathogenität
Schadwirkung eines Parasiten

PCDD/F
polychlorierte Dibenzo-p-Dioxine und polychlorierte Dibenzofurane

Pedosphäre
Bereich der Bodendecke

periostal
die äußere Knochenhaut betreffend

Peristaltik
regelmäßige Bewegungen des Darmrohrs zur Bewegung des Darminhalts

Peroxidasen (POD)
eine Gruppe enzymatischer Aktivitäten, welche die Oxidation eines Substrates (z. B. Ascorbinsäure) durch Wasserstoffperoxid (H_2O_2) katalysieren

Perzentil
beschreibt die Position eines Meßwertes nach Aufteilung der gesamten in aufsteigender Folge geordneten Meßwertreihe in %. Das 50-Perzentil ist somit mit dem Medianwert identisch

Pflanzengesellschaft
floristisch definierte Einheit in der Pflanzensoziologie, die sich durch das alleinige oder vorzugsweise Auftreten bestimmter Arten in dieser Gesellschaft auszeichnet

pflanzliche Wachstumsfaktoren
auch →Phytohormone. Den tierischen Hormonen in etwa vergleichbare, körpereigene Substanzen der Pflanzen, welche auf bestimmte Organe wirken und deren biochemische und physio-

logische Funktion regulieren (z. B. Abszisinsäure)

Pfortader
Blutgefäß zwischen dem Magen-Darm-Kanal und der Leber

pH-stat-System
Regulationssystem innerhalb von Zellen, das die Aufrechterhaltung bestimmter pH-Werte in einzelnen Zellkompartimenten gewährleistet

pH-Wert der Bodenlösung
ist der negative dekadische Logarithmus der Wasserstoffionenaktivität. Der pH-Wert eines Bodens wird in einer Bodensuspension bzw. in deren Filtrat mit Wasser (pH_{H2O}) oder mit Salzlösungen (pH_{CaCl2},pH_{KCl}) potentiometrisch oder kolorimetrisch bestimmt

Phänologie
jahreszeitliche Entwicklung von Pflanzen

Phospholipide
Lipide in Biomembranen, die sich aus einem Glycerinanteil, Fettsäuren, Phosphat und Aminoalkohol zusammensetzen

Phospholipidfettsäure
Bestandteil der Zellwände und Zellmembranen von Organismen, deren Fettsäureanteil strukturelle Unterschiede aufweist (→Biomarker)

Photoinhibition
Hemmung der Photosynthese durch hohe Beleuchtungsstärken

Photolyasen
UV-B/Blaulicht aktiviertes Enzym, das insbesondere DNA-Schäden (Dimere) erkennen und reparieren kann

Photonastie
durch Licht ausgelöste, aber nicht gerichtete Bewegung pflanzlicher Organe

Photooxidantien
Luftspurenstoffe wie Ozon, PANs (Peroxiacylnitrate), HNO_3 u. a., die unter dem Einfluß von Sonnenlicht aus den →Vorläufersubstanzen (NO_x, flüchtige organische Verbindungen und CO) in der Außenluft gebildet werden und oxidierende Eigenschaften haben

Photophosphorylierung
auch photosynthetische Phosphorylierung. Teil der Photosynthese: Gewinnung/Bildung von ATP aus der Energie des Protonengradienten an der Thylakoidmembran

Photorespiration
Bindung von O_2 im Photosyntheseapparat von Pflanzen unter Abgabe von CO_2 im Licht

Photosynthese
pflanzlicher Prozeß der Energiekonversion, welcher Strah-

lungsenergie in chemische Energie umwandelt

Photosystem-II-Komplex
Bestandteil des photosynthetischen Apparates einer Pflanze, welcher als zentrales Ereignis die Photolyse des Wassers vollzieht

Phyllosphäre
Milieu in der unmittelbaren Umgebung eines Blattes

Phylogenie
stammesgeschichtliche Entwicklung

Phytochelatine
einfache γ-Glutamyl-Peptide, bestehend aus den Aminosäuren Glutaminsäure, Cystein und Glycin; fungieren als Schwermetallkomplexoren; durch Schwermetalle induzierbar (→Metallthioneine)

Phytochrom
hellrot-dunkelrot reversibles Pigmentsystem der Pflanzen zur Regulation von morphogenetischen Prozessen

Phytohormone
pflanzliche Wachstums- bzw. Entwicklungsfaktoren und Botenstoffe, z. B. Abscisinsäure, Indolessigsäure

Phytophage (phytophage Insekten)
pflanzenschädliche Insekten

Phytoplankton
Gesamtmenge der im Wasser auftretenden pflanzlichen Organismen

Phytotoxizität
Grad der Pflanzengiftigkeit

Phytotron
Klimakammer zur Exposition von Pflanzen

Phytozönose
pflanzlicher Anteil der Biozönose

Pionierarten
Erstbesiedler von Lebensräumen, die eine →Sukzession in Richtung auf die Klimaxarten einleiten. Sofern es sich um gestörte Habitate mit einer gut entwickelten Bodendecke handelt, sind Pionierarten meist schnellwüchsige, vergleichsweise kurzlebige Arten

Pixel
picture element, Bildelement, kleinste in Fernerkundungsaufzeichnungen separierbare geometrische Rastereinheit

Plasmalemma
→Plasmamembran

Plasmamembran
Abschlußbarriere des lebenden Protoplasten zur toten Umwelt. Die Plasmamembran, auch als Plasmalemma bezeichnet, folgt dem allgemeinen Struk-

turprinzip der Elementarmembran aus Lipiddoppelschicht und integralen Proteinen

Plasmodesmata
Durchtrittsöffnungen der Zellmembranen, die eine Verbindung zu angrenzenden Zellen herstellen

Plastoglobuli
Lipidtropfen innerhalb der Chloroplasten

Plenterbetrieb
naturnahe Betriebsform des Waldbaus, gekennzeichnet durch Naturverjüngung und Nutzung durch Entnahme von Einzelstämmen

Podsol
Bodentyp, geprägt durch den Prozeß der →Podsolierung

Podsolierung
Verlagerung von Aluminium und Eisen in gelöster Form zusammen mit löslichen Huminstoffen im Sickerwasser saurer, durchlässiger Böden mit der Folge, daß es unter dem humosen Ah-Horizont zur Ausbildung eines Auswaschungshorizonts (Eluvialhorizonts) und darunter im Anreicherungshorizont (Illuvialhorizont) zur Anreicherung von Huminstoffen und Eisenoxid kommt. Bei fortgeschrittener Podsolierung kommt es zur Verfestigung im B-Horizont. Gestörter Wasserhaushalt und beeinträchtiger Streuabbau sind die Folge. Der anthropogene Säureeintrag beschleunigt den in humiden Gebieten langsam ablaufenden natürlichen Podsolierungsprozeß

Pollenanalyse
qualitative und quantitative Ermittlung der ehemaligen Vegetation mit Hilfe der gegenüber der Verwitterung in der Regel sehr widerstandsfähigen Blütenstaubkörner (Pollen) bzw. der Sporen, der Pflanzen vergangener Zeit

Polyneuritis
gleichzeitige Entzündung einzelner oder mehrerer Nerven

Polyurie
vermehrte Urinbildung und -ausscheidung

Polycyclische aromatische Kohlenwasserstoffe
→PAK, engl. PAH; aromatische Kohlenwasserstoffe mit mehreren Kohlenstoffringen

Population
Gesamtheit der Individuen einer Art, die einen zusammenhängenden Lebensraum bewohnen und genetische Kontinuität zeigen

Porphobilinogen
Zwischenprodukt bei der Bildung des roten Blutfarbstoffs

Porphyrie
Störung der Bildung des roten Blutfarbstoffs mit Überproduktion und/oder vermehrter Ausscheidung von Zwischenprodukten

ppb (parts per billion)
Volumen- oder Gewichtsverhältnis 1:10^9

ppm (parts per million)
Volumen- oder Gewichtsverhältnis 1:10^6

PR-Proteine (Pathogenesis Related Proteins)
eine Gruppe von Eiweißstoffen, welche nach Befall mit biotischen Pathogenen durch die Pflanzen vermehrt bzw. auf dem Wege der Enzyminduktion neu gebildet werden, z. B. die Enzyme Glucanase und Chitinase; sie sind an der Zersetzung pilzlicher und bakterieller Zellwände beteiligt. PR-Proteine werden auch unter Immissionsstreß gebildet

Prädatoren
Organismen, die sich von lebenden anderen Tieren ernähren (Räuber)

Prädisposition
Grad der Anfälligkeit bzw. Resistenz eines Organismus unter den jeweils gegebenen Bedingungen

Primärschäden
die direkt durch Immissionen verursachten Pflanzenschäden (→Sekundärschäden)

Primärschädlinge
Schadorganismen, die gesunde Wirtspflanzen befallen (→Sekundärschädlinge)

primordial
seit der Nukleosynthese vor der Entstehung der Erde vorhanden

Produzenten
in der Ökologie Bezeichnung für autotrophe Organismen, die imstande sind, unter Aussnutzung der Licht- oder chemischen Energie im Zuge der Photosynthese bzw. Chemosynthese aus anorganischen Komponenten organische Substanz aufzubauen (→Autotrophie)

Proteinturnover
der kontinuierliche Auf- und Abbau (Durchsatz) von Proteinen in einer lebenden Zelle

Proteinurie
vermehrtes Auftreten von Eiweiß im Urin

Prozesse der Bodenentwicklung
ständig im Boden ablaufende Stoffumwandlungs- und Verlagerungsvorgänge, die zu einer Ausprägung von →Bodenhorizonten und zur Entwicklung von →Bodenprofilen führen

Pufferkapazität
die Fähigkeit eines Organs, eines Bodens, eines Systems, den pH-Wert trotz Eintrags von Säuren oder Basen konstant zu halten

Pufferwirkung des Bodens
gegenüber Säuren beruht auf einer Reaktion der Protonen mit basisch wirkenden Bestandteilen

Pyruvat
Stoffwechselprodukt im →intermediären Stoffwechsel, tritt vermehrt bei Sauerstoffmangel im Körpergewebe auf

Q10-Wert
Maß der Veränderung der Geschwindigkeit enzymatischer Reaktionen durch die Zunahme der Reaktionstemperatur um 10°C

Qualitätsfaktor
Wichtungsfaktor zur Ermittlung der DIN-Norm 6814, der die Einflüsse der Strahlenqualität (d. h. der Strahlungsart und -Energie) auf die biologische Wirksamkeit der Energiedeposition →ionisierender Strahlung berücksichtigt. Während derartige Qualitätsfaktoren für Wirkungen auf den Menschen in Verordnungen und Empfehlungen festgelegt sind, fehlen diese Quantifizierungen noch für Strahlenwirkungen auf Fauna und Flora

Quartär
→Eiszeitalter

Radikale
Atome oder Moleküle mit einem ungepaarten Elektron in der äußeren Elektronenhülle. Die meisten Radikale sind extrem reaktionsfreudig und kurzlebig

Radioaktivität
kernphysikalische Eigenschaft von Atomkernen, mit einer durch die →Zerfallskonstanten spezifizierten stochastischen Wahrscheinschlichkeit unter Aussendung →ionisierender Strahlung spontan in einen niedrigeren Energiezustand und/oder ein Isotop eines anderen chemischen Elements überzugehen

Radiometrie
Strahlungsmessung; speziell in der Fernerkundung; Qualitätskriterium für möglichst gute Differenzierung von Objekten in einem gegebenen Spektralbereich

Radionuklid
radioaktives (→Radioaktivität) Isotop eines chemischen Elements

rain-out
Mechanismus, durch den Gase und feine Partikel in den Wolken durch die Bildung von Regentropfen entfernt werden

Rauchblößen
extrem starke Vegetationsschäden im Einwirkungsbereich von Einzelemittenten bis hin zur völligen Zerstörung der Vegetationsdecke mit nachfolgender Erosion des ungeschützten Bodens

Rauchgasentschwefelung
technische Vorrichtung in Verbrennungsanlagen, um schwefelhaltige Verbingungen (in erster Linie Schwefeldioxid) aus dem Abgas zu entfernen

Rauchschadenskunde
eine bis um die Mitte des 20. Jahrhunderts gebräuchliche Bezeichnung für die Wissenschaftsdisziplin, die sich mit den Wirkungen speziell von Luftverunreinigungen auf Pflanzen, Tiere und Boden befaßte (→Immissionsökologie)

Reaktionsindikatoren
häufig auch als senitive Indikatoren bezeichnet, sind Pflanzenarten, die auf Immmissionstreß besonders empfindlich reagieren, z. B. mit äußeren Schädigungsmerkmalen. Die entsprechende Reaktion dient als Indikationsmerkmal (→Akkumulationsindikator)

remote sensing
Fernüberwachung unserer Umwelt, insbesondere Strahlungs- und Energieüberwachung mit entsprechenden physikalischen Meßgeräten aus Flugzeugen und Satelliten. Die Verfahren liefern wertvolle Daten, die sich im Rahmen der synökologischen Bioindikation nutzen lassen

renal
die Niere betreffend

Repellants
Abschreckstoffe natürlichen oder anthropogenen Ursprungs zur Vermeidung von Befall und Fraß durch tierische Schädlinge

Reportersysteme
Indikatorsysteme, zumeist molekulargenetischer Natur, für bestimmte Prozesse oder zur Markierung von Organismen

reproduktionseffektive Populationsgröße
mit der Anzahl erfolgreicher Gameten pro Individuum gewichtete Größe der Elternpopulation

Reservoireffekt
Fälschung des ^{14}C-Alters des Ozeanwassers oder der Wässer des Festlandes durch deutlich älteres Wasser

Resilienz
Fähigkeit eines Ökosystems, nach Störungen seinen ursprünglichen Gleichgewichtszustand wieder zu erreichen

Resistenz
angeborene Fähigkeit von Organismen, unter gegebenen

Belastungen, z. B. durch Frost, Dürre oder Immissionen, zu überleben, zu wachsen, sich zu entwickeln und zu reproduzieren. Die (Immissions-) Resistenz von Pflanzen variiert im Verlaufe der Entwicklung der Pflanzen und mit den Umweltfaktoren

Respiration
Energiegewinnung unter Verbrauch von Kohlenstoffgerüsten, wobei CO_2 gebildet wird

Respirationsepithel
äußere Schicht des Atemtrakts in der Lunge

respiratorische Erkrankungen
Erkrankungen des Atemsystems (Luftröhre, Atemwege, Lunge)

Resuspension
Vorgang des Aufwirbelns von Stäuben. Resuspension kann Schweb- und Sinkstäube freisetzen

Retikulozyten
unreife rote Blutkörperchen, die noch Reste eines früheren Zellkerns aufweisen

Rhizobien
Knöllchenbakterien der Gattung Rhizobium vermögen als Symbionten bei Fabaceen (syn. Schmetterlingsblütler, Leguminosen) nach Ausbildung von Wurzelknöllchen Luftstickstoff (N_2) zu fixieren

Ribosomale Nukleinsäuren (rRNA)
zelluläre Nukleinsäuren, welche integrale Bestandteile der großen und kleinen Unterheiten der Ribosomen sind; dabei kommen 16S- und 23S-rRNAs für Bakterien und 18S- und 25S-rRNAs in Eukaryonten vor (→Biomarker)

Ribosomen
Ort der Proteinbiosynthese in den Zellen, kleine rundliche Partikel im Cytoplasma und an den Membranen des Endoplasmatischen Reticulums, die aus Ribonucleinsäure und Proteinen bestehen

Ribulose-1,5-Bisphosphat-Carboxylase/Oxygenase
RubisCo; primäres Enzym der Photosynthese, bindet CO_2 an das Kohlenhydrat Ribulose-1,5-Bisphosphat

Richtwerte
Angaben zu Immissionskonzentrationen oder Depositionsmengen, die dazu dienen sollen, Organismen, Ökosysteme und Materialien vor Schädigungen und Schäden zu schützen

Risiko
technisch: Eintrittswahrscheinlichkeit für die Überschreitung einer bestimmten Wirkungsausprägung (eines quantifizierten Schadens) bzw. für das Auftreten eines Symptoms

Risikoabschätzung
in der Ökotoxikologie meist als ein formalisiertes Verfahren verstanden, in dem die Wahrscheinlichkeit des Eintritts der Wirkung einer Chemikalie abgeschätzt wird. Dazu wird eine (gemessene oder geschätzte) Umweltkonzentration mit einer (auf Meßwerten basierenden) Wirkkonzentration verglichen

Risikomanagement
die Abschätzung der möglichen Gefahren, die Festlegung von Grenzkonzentrationen und die Bestimmung der einzuleitenden Maßnahmen in einem abgestuften Prozeß

Rodentizide
chemische Substanzen zur Bekämpfung von Nagetieren

RubisCO
→Ribulose-1,5-Bisphosphat-Carboxylase/Oxygenase

Ruderalpflanzen
Pflanzen der Schuttplätze und Wegränder besonders in der Nähe menschlicher Siedlungen, meist auf nährstoffreichen Böden

S-Adenosylmethionin
Vorläufersubstanz von Ethylen und Polyaminen, die als pflanzliche Hormone teilweise antagonistische Wirkungen auf den Stoffwechsel haben

S_1-Boden
Bodenkomplex des letzten Interglazials und der ersten beiden bedeutenden Interstadiale der letzten Eiszeit im Lößgebiet Chinas

Salivation
Speichelbildung und -absonderung

SAM
S-Adenosylmethionin

Saprovore
bestandsabfallverzehrende Tiere

Säureneutralisationskapazität (SNK)
ist die Kapazität des Bodens, Säuren zu neutralisieren. Sie ist ein quantitativer Ausdruck für die Pufferkapazität des Bodens

Säurezeiger
Pflanzenarten, die eine hohe Bodenazidität anzeigen

scavenging
Absorption und Adsorption von Gasen und Feinstäuben in Tropfen und Sinkstäuben

Schaden
alle jene Immissionswirkungen an Pflanzen, die den nach ökologischen, ökonomischen oder ideellen Kriterien bewerteten Nutzungswert der Pflanzen oder deren Genpool beeinträchtigen

Schädigung
alle Immissionswirkungen auf Pflanzen, unabhängig von ihrer Relevanz für deren Nutzungswert; →Schaden

Schadstoff
nach allgemeinem Sprachgebrauch ein in der Umwelt vorkommender Stoff, der potentiell auf Mensch, Tiere, Pflanzen oder Materialien eine schädliche bzw. nachteilige Wirkung ausüben kann. Zum Schadstoff werden die Stoffe jedoch erst dann, wenn sie in zu hoher Konzentration bzw. zu hohen Mengen einwirken

Schlüsselreaktionen
Reaktionen, die bei der bioindikativen Überwachung von Ökosystemen weitreichende Folgen von Immissionsbelastungen anzeigen können. Sie sind besonders aussagekräftig, wenn sie aus den höchsten biologischen Ebenen des Ökosystems stammen (→Bilanzen)

Schutzgut
laut Bundesbodenschutzgesetz der Mensch, Tier, Pflanze, die ökologischen Bodenfunktionen und das Grundwasser

Schutzkalkung
in der Forstwirtschaft großflächig eingesetztes Mittel, um die Waldböden vor weiterer Versauerung durch Immissionen zu schützen. Meist wird feingemahlener Karbonatkalk auf die Oberfläche von Waldböden in Mengen von 30 dt ha^{-1} durch Hubschrauber oder bodengebundene Streu- oder Verblasegeräte ausgebracht

Schwammparenchym
interzellularenreiches Mesophyllgewebe in Blättern

Schwermetall-Bulkdeposition
Gesamteinträge sedimentierender Schwermetallfraktionen aus der Atmosphäre über nasse und trockene Deposition

Schwermetalle
metallische Elemente mit einer spezifischen Dichte von 5 g/cm^3 und höher

second messenger
Botenstoff, welcher die regulatorische Information eines „first messengers“ (meist ein Hormon) innerhalb der Zelle weiterleitet und verstärkt

sekundäre Luftverunreinigungen
Luftspurenstoffe, die aus primären Komponenten, den →Vorläufersubstanzen (Prekursoren), in der Atmosphäre entstehen, z. B. unter dem Einfluß der Sonnenlichternergie die Photooxidantien

Sekundärschäden
durch Pathogene, tierische Schädlinge oder extreme Klimabedingungen ausgelöste Schäden

an den durch Immissionen geschwächten Pflanzen

Sekundärschädlinge
Schadorganismen, die geschwächte Wirtspflanzen befallen (→Primärschädlinge)

Seneszenz
natürlicher, durch Hormone gesteuerter Alterungsprozeß, in dessen Verlauf es als Folge physiologisch-biochemischer Reaktionen zu morphologischen Veränderungen kommt bis hin zu Absterbeerscheinungen an Pflanzenorganen oder der ganzen Pflanze. Luftspurenstoffe oberhalb bestimmter Konzentrationen verursachen verfrühte Seneszenz

Sicherheitsfaktoren
Faktoren, mit denen ökotoxikologische Daten über die Wirkung bestimmter Chemikalien auf biologische Systeme (z. B. EC_{50}) je nach deren Verläßlichkeit und Detailliertheit multipliziert werden

Sievert
spezielle Bezeichnung für die Einheit J/kg der →Äquivalentdosis mit der Abkürzung Sv

Simulationsmodelle
Modelle u. a. zur Prognose von Immissionsbelastungen, ausgehend von den Emissionsbedingungen unter Beachtung der Ausbreitungsverhältnisse in der Troposphäre

Sippe, Taxon (Mehrzahl: Taxa)
genetisch festgelegte Formenkreise der Tier- und Pflanzenwelt. Der Begriff enthält keine Wertung zum Rang des betreffenden Formenkreises innerhalb der biologischen Systematik

Smog
aus dem Englischen stammende Wortkombination aus „smoke“ (Rauch) und „fog“ (Nebel). Der Begriff bezeichnet die starke Immissionsbelastung in den unteren Luftschichten während austauscharmer Wetterlagen (→Inversion). Nach Entstehung und Schadstoffart unterscheidet man zwischen zwei Smogtypen: Der sog. Londoner-Typ tritt vornehmlich im Winter auf und ist durch hohe Konzentrationen an Schwefeldioxid, Staub, Kohlenmonoxid und Stickstoffoxiden gekennzeichnet. Der sog. Los-Angeles-Typ tritt insbesondere während Hochdruckwetterlagen im Sommer auf und ist durch hohe Konzentrationen an →Photooxidantien gekennzeichnet

SOD
→Superoxiddismutase

Spektrometer, abbildendes
Fernerkundungsinstrument, das Daten in zahlreichen engen Spektralbereichen getrennt aufzeichnet und dadurch für jedes Bildelement eine spektrale Reflexionskurve messen kann

Spektrometrie
hier: (Farb-) Messung eines Objekts oder Bildes durch Bestimmung des spektralen Reflexions- bzw. Transmissionsvermögens

Spektrozonalfilm
zweischichtiger Farbnegativfilm mit einer infrarotempfindlichen Schicht; sowjetische Produktion

spezifische Aktivität
lt. DIN-Norm 6814 Quotient aus der in einer Menge der Masse m enthaltenen →Aktivität A und dieser Masse (in der Regel die Masse des gesamten radioaktiven Feststoffes einschließlich aller nicht radioaktiven Beimengungen). Die Einheit der massenbezogenen spezifischen Aktivität (z. B. in einer Pflanze) ist z. B. Bq/kg, die der flächenbezogenen z. B. Bq/ m^2 (z. B. bei einer Bodendeposition)

SPOT
Système Probatoire d'Observation de la Terre (die Zusatzbezeichnung gibt das Einzelgerät bzw. die Mission an)

Stadial
Zeit eines sehr kalten, meist auch trockenen Klimas innerhalb einer Eis- oder Kaltzeit

Stammablauf
der Teil des Niederschlagswassers in Wäldern, der an den Baumstämmen entlang abläuft und in den Boden gelangt

Stickstoffsättigung
tritt ein, wenn der Stickstoffeintrag in ein Ökosystem die verwertbare Menge erreicht oder überschreitet

Stickstoffzeiger
Pflanzenarten, die einen hohen Gehalt an mineralischem Stickstoff im Boden anzeigen

Stoffkreislauf
Bezeichnung für Arten und Wege der Transportprozesse sowie Größen der Transferraten von Elementen und Stoffen zwischen Kompartimenten in einem Ökosystem oder in der ganzen Biosphäre. Existenz und Stabilität von Ökosystemen hängen von einer Reihe globaler Stoffkreisläufe im abiotischen und biotischen Bereich ab, die als biogeochemischer Kreislauf zusammengefaßt werden

Stomata
Spaltöffnungen. Funktionseineinheiten der Epidermis zur Regulation des Gasaustausches sowie der Wasserdampfabgabe

Strahlungsbilanz
quantitative Beschreibung der von der Sonnenstrahlung ausgehenden Energieflüsse in Atmosphäre und Biosphäre

Stratifikation
Schichtung: Hilfsverfahren, um inhomogene statistische Kollektive in mehrere homogenere zu unterteilen

Stratosphäre
oberer, nicht mehr vom Wettergeschehen beeinflußter Bereich der Atmosphäre in einer Höhe ab ca. 8 km über den Polen und ca. 15 km über dem Äquator

Strauchtundra, mesische
subarktische Vegetation feuchter Standorte

Stroma
Grundsubstanz der Chloroplasten, Matrix, in welche die →Thylakoide eingebettet sind

Struktur (Luftbildauswertung)
für Zwecke der stereoskopischen visuellen Luftbildinterpretation wird die Gestalt von Untersuchungsobjekten (z. B. Bäumen) durch Merkmale der Form, der Grobstruktur und der Feinstruktur beschrieben (Interpretationsschlüssel)

Struktur der Bodenbiozönose
die Ausstattung eines bestimmten Bodens mit Bodenorganismenarten

Sturmlückendynamik
eine Folge des natürlichen Wechselspiels zwischen „Sturmlücken" und der in diesen Lücken stattfindenden Regenaration. Die S. bestimmt entscheidend die Struktur→ borealer Nadelwälder

subakute Vergiftung
Erkrankung durch Chemikalien nach wiederholter Aufnahme an mehreren Tagen

suborganismische (Test-) Verfahren
Bioindikationsverfahren, die als Wirkungskriterien Reaktionen auf Zell- oder biochemischer Ebene verwenden, sie werden auch als →Biomarker bezeichnet

Substantia compacta
die feste Knochensubstanz; ist maßgeblich für die Stabilität des Knochens

Substantia spongiosa
die schwammartige Knochensubstanz, die im Knocheninneren liegt und das Knochenmark umhüllt

Sukzession
Ablösung einer Organismengemeinschaft durch eine andere, wobei der Auslöser Klima, Boden, (Immissions-) Streß oder die Aktivität der Organismengemeinschaft selber sein kann

Sulfhydrylgruppen
Bestandteile verschiedener Moleküle, bestehend aus Schwefel und Wasserstoff; stellen oft die Reaktionsstellen dieser Moleküle dar

Sulfurifikanten
Bakterien, die Schwefelwasserstoff (H_2S) oder Thiosulfat ($H_2S_2O_3$) zu elementarem Schwefel oder Sulfat (SO_4^{2-}) oxidieren

Superoxiddismutase (SOD)
enzymatische Aktivität, welche die Reaktion von zwei Superoxidanionen (O_2^-) mit zwei Protonen (H^+) zu Wasserstoffperoxid (H_2O_2) und Sauerstoff (O_2) katalysiert. Die biologische Bedeutung der SOD besteht in der Schutzwirkung gegen das in Gegenwart von molekularem Sauerstoff leicht entstehende hochreaktive Superoxidanion

Suszeptibilität, magnetische
Eigenschaft eines Gesteins, infolge von Dipolmineralien auf angelegte magnetische Felder zu reagieren

Symbiose
eine dauernde oder zeitlich begrenzte, eng aufeinander angewiesene Lebensgemeinschaft zweier verschiedener Organismenarten zum gegenseitigen Nutzen

Synergismus (synergistische Wirkung)
Kombinationswirkung zweier oder mehrerer Stressoren, wobei die Gesamtwirkung die Summe der Einzelwirkungen übersteigt

Synökologie
Teilgebiet der Ökologie, das sich mit den Beziehungen zwischen Lebensgemeinschaften (Biozönosen) und deren Umwelt befaßt

synökologische Bioindikation
Bioindikation, die Aussagen über den Zustand und das Verhalten ganzer Ökosysteme, über deren größere Teile oder über höhere biologische Ebenen in unserer Umwelt macht (→Schlüsselreaktionen)

Target
Ziel, Zielstruktur

Taxon (Mehrzahl: Taxa)
→Sippe

TEF
Toxizitätsäquivalentfaktor

teratogen
Mißbildungen erzeugend

Testorganismen
→Bioindikatoren, die in biologischen Untersuchungen (→Biotests) im Labor vornehmlich zur Bewertung von Chemikalien eingesetzt werden

Textur (in Luftbildern)
kleinflächig wechselnde Hell/Dunkel-Tönungen innerhalb einer sonst einheitlichen Fläche auf einem Film oder einer Filmschicht, die beschrieben oder gemessen werden können

TGDG
Triacylgalactosyldiacylglyceride

Thermophorese
bezeichnet den Transport gasförmiger Stoffe und kleinster Partikel in Abhängigkeit vom Temperaturgradienten

Thylakoide
in sich geschlossene, chlorophyll- und carotinoidhaltige meist übereinander gestapelte Säckchen im zusammenhängenden Hohlraumsystem von Chloroplasten. Die Thylakoide sind die Orte der primären photosynthetischen Prozesse (Lichtreaktion)

Tiefseestadium
Abschnitte in der Sedimentation der Tiefsee, verursacht durch Phasen eines besonderen Klimas. Ungerade Zahlen bezeichnen Warmzeiten bzw. hervortretende Interstadiale, gerade aber Kaltzeiten oder wichtige Stadiale

TM
Thematik Mapper, Sensorsystem des Erderkundungssatelliten Landsat

Tochternuklid
Folgeprodukt, das durch einen radioaktiven Übergang entstanden ist

Toxizitätsäquivalent
Maß zur Erfassung der Belastung der Umwelt bzw. von Organismen durch →PCDD, →PCDF und PCD unterschiedlicher Toxizität. Die Toxizität eines Gemisches aus verschiedenen Kongeneren wird umgerechnet in Toxizitätsäquivalente, bezogen auf die Substanz mit der höchsten Toxizität, das 2,3,7,8 Tetrachlordibenzo-*p*-dioxin (TCDD; Toxizitätsäquivalenzfaktor = 1). Unterstellt wird dabei eine additive Wirkung der einzelnen Kongenere. Das Verfahren läßt sich prinzipiell auch zur Erfassung der Gesamtbelastung durch andere Substanzen unterschiedlicher Toxizität aber gleichen Wirkprofils anwenden

Tracheen (= Gefäße)
im Holz der Laubgehölze längslaufende, der Wasserleitung dienende Röhren, die aus einer Reihe übereinanderliegender Zellen (Gefäßglieder) bestehen, deren Querwände teilweise oder ganz aufgelöst sind

Tracheiden
Hauptzelltyp im Holz der Nadelhölzer mit den Funktionen Wasserleitung und Festigung

Tracheitis
Entzündung der Luftröhre

Trägheitsabscheidung
Prozeß der Ablagerung von Partikeln, die in rezeptornahen

Mikroturbulenzen infolge ihrer trägen Masse der Luftbewegung nicht mehr folgen können

Transferfaktor (TF)
Verhältnis der Schwermetallkonzentration im pflanzlichen Gewebe zu der Schwermetallkonzentration im Boden

Translokation
→Allokation

Transmission
Vorgänge, die die Ausbreitung von Abgasen im Luftraum als Bindeglied zwischen →Emission und →Immission beschreiben. Wichtigste Einflußgrößen sind klimatische Parameter, die Topographie, Bebauung, Bewuchs und chemisch-physikalische Reaktionen, die zu Abbau und Umwandlung von Luftverunreinigungen oder zur Bildung neuer, sekundärer führen

Transpirationskoeffizient
Verhältnis von transpiriertem Wasserdampf zu fixiertem Kohlendioxid beim pflanzlichen Gaswechsel

Treibhausgase
Luftspurenstoffe wie CO_2, H_2O, CH_4, FCKW, N_2O und bodennahes O_3 lassen die kurzwellige Sonnenstrahlung nahezu ungehindert zur Erdoberfläche passieren, absobieren dagegen stark die langwellige Wärmestrahlung. Dies führt zu einer Erhöhung der Bilanz aus solarer Ein- und terrestrischer Ausstrahlung, wodurch die bodennahe Luftschicht erwärmt wird. Anthropogene Treibhausgase verstärken den natürlichen Treibhauseffekt

Tremor
feines Zittern der Skelettmuskulatur

trockene Deposition
Eintrag von luftgetragenen Stoffen als Gas oder als Aerosol

trophisch
ernährend, vorteilhaft

Troposphäre
unterste Schicht der →Atmosphäre bis zur Tropopause in 8 bis 15 km Höhe. In der Troposphäre finden alle wesentlichen Wettervorgänge statt

Tschernosem, Tschernosjom
Steppenschwarzerde, charakterisiert durch einen oft sehr mächtigen Humushorizont auf dem unveränderten silikatischen Ausgangsgestein

Tumorpromotion
Förderung des Wachstums von primär veränderten Krebszellen

Tumorpromotoren
Substanzen, die selbst nicht kanzerogen sind, aber die Häufigkeit von Krebserkrankungen

nach Exposition des Organismus gegenüber kanzerogenen Substanzen erhöhen

Turbulenz
unregelmäßige örtliche und zeitliche Schwankungen im Geschwindigkeitsfeld

Turbulenz, dynamische (reibungsbedingte)
mit dynamischer Turbulenz bezeichnet man diejenige Turbulenz, die auf mechanischem Wege durch Scherung(en) im Geschwindigkeitsfeld erzeugt wird. (Beispiel für Scherung: die reibungsbedingte Abnahme der Windgeschwindigkeit zum Erdboden hin.)

Turbulenz, thermische (freie, konvektive)
thermisch induzierte Turbulenz entsteht bei labiler Schichtung der Luft, d. h. bei Vorhandensein von Auftriebskräften infolge räumlich ungleichmäßiger Erwärmung der Luft. Der dadurch erzeugte konvektive Aufstieg von einzelnen Luftblasen führt zu turbulenten Luftverwirbelungen

Turgor
Flüssigkeitsinnendruck einer Zelle

UDGT
UDP-Galactose:1,2-Diacylglycerol-Galactosyltransferase

Umtriebszeit
forstliche Produktionsdauer. Sie reicht von 30 Jahren bei kurzumtriebigen Baumarten (z. B. Pappeln) bis zu 250 Jahren bei langumtriebigen Arten (z. B. Eiche). Die meisten Baumarten in Deutschland werden mit Umtriebszeiten von 80 bis 150 Jahren bewirtschaftet

Umwelt
im herkömmlichen ökologischen Sinn: Gesamtheit aller Komponenten der natürlichen Außenwelt, die direkt oder indirekt auf Lebewesen einwirken und deren Existenz auf der Erde ermöglichen. Die wirkenden Umweltkräfte werden als Umwelt-, Öko- oder Standortfaktoren bezeichnet

Umweltbelastung
die anthropogene Beeinflussung der natürlichen Umwelt durch physikalische, chemische oder biologische Eingriffe

Umweltchemikalien
sind Stoffe, die durch menschliche Aktivitäten in die Umwelt in Konzentrationen gelangen, die Lebewesen, insbesondere den Menschen, gefährden

Umweltqualitätsziel
Konkretisierungen des angestrebten Zustands von Umweltqualität anhand verschiedener Qualitätsdimensionen und in Abhängigkeit von dem gewählten

umweltpolitischen Leitbild sowie den daraus ableitbaren Leitlinien

Umweltstandard
Rechtsvorschriften oder Verwaltungsvorschriften, durch die umweltbezogene, unbestimmte Rechtsbegriffe (wie „schädliche Wirkung", „Vorsorge", „anerkannte Regeln der Technik") durch Operationalisierung und Standardisierung von meßbaren Größen in konkrete Verbote, Gebote oder Erlaubnisse umgesetzt werden. Mittel zum Erreichen oder Erhalten einer bestimmten Umweltqualität. Konkretisierung von Umweltqualitätszielen

ungesättigte Kohlenwasserstoffe
chemische Verbindungen aus Wasserstoff und Kohlenstoff, die aufgrund ihrer Doppelbindungen leicht mit anderen chemischen Verbindungen reagieren

UV-B-Strahlung
ultraviolette Strahlung im Wellenlängenbereich von 280 nm bis 315 nm

Varietät
systematische Kategorie unterhalb der Art und noch unterhalb der Unterart

Vasodilatation
Erweiterung der Blutgefäße

Vegetation, sklerophylle
durch Hartlaub charakterisierte Vegetation

Vektoren
Pflanzen, Tiere oder Menschen als Überträger von Parasiten oder Krankheitserregern

Verjüngung
Wiederbegründung (Regeneration) eines Waldbestandes auf künstlichem (Saat oder Pflanzung) oder natürlichem Wege (Naturverjüngung)

Vernalisation (Jarowisation)
bei Pflanzen die Herbeiführung der Blühreife durch Kältebehandlung. Unter Vernalisation versteht man sowohl die Kältebehandlung selbst als auch die unter Temperatureinfluß ablaufenden physiologisch-biochemischen Prozesse

Virulenz
Fähigkeit eines Pathogens, die Widerstandsfähigkeit eines Wirtes zu überwinden

Vitalität
Lebendigkeit, Lebenskraft. Offensichtliche Ausprägung bzw. Intensität der Merkmale des Lebens an einem Individuum

Waldzustandserfassung
bioindikative Abfrage des Zustands des Waldökosystems auf festgelegten Dauerbeobachtungsflächen. Sie ist allerdings

nur ein Baustein synökologischer →Bioindikation, da es sich entsprechend der Erhebungspraxis eher um eine Baumzustandserfassung handelt

Warv, Warven
ursprünglich Jahresschicht eines Eisstauseesediments, heute generell Jahresschicht eines See-Sediments, unabhängig von Beziehungen zu Gletschern oder Inlandeis

wash-out
Entfernung von Gasen und feinen Partikeln aus der Atmosphäre durch deren Lösung in oder Anlagerung an fallende Regentropfen

Wassernutzungseffizienz (WUE, von Water Use Efficiency)
Verhältnis von aufgenommenem Wasser zur produzierten Biomasse beim pflanzlichen Wachstum

Wasserpotential
physikalische Größe, die den Wasserzustand des Bodens oder Zelle beschreibt

Wasserstoffperoxid
H_2O_2, starkes chemisches Oxidationsmittel

Wichtungsfunktion
Bewertung bzw. Wichtung einzelner UV-Wellenlängen nach deren biologischer Effektivität (Grad der Schädigung). Wird verwendet zur Bewertung von künstlicher und natürlicher UV-Strahlung

Widerstand
charakterisiert die Transporteigenschaften für Skalare im System Phytosphäre/Atmosphäre. Er beschreibt ihre Abhängigkeit vom Weg zwischen den Potential-Punkten und der entlang dieses Weges herrschenden Leitfähigkeit

Wirkungsausprägung
Ausmaß der Abweichung von der Norm

Wirkungskataster
die Feststellung und Sammlung von Informationen über räumliche und zeitliche Veränderungen an Organismen oder Organismengemeinschaften mittels Bioindikatoren

Wirkungskurve
stellt graphisch den Verlauf der mittleren Wirkungsausprägung oder des Risikos in Abhängigkeit von der Immissionsbelastung dar

Wurzel-Toleranz-Index
Wurzelwachstum (Länge) in schwermetallhaltigen Nährlösungen bezogen auf das Wachstum in einer schwermetallfreien oder -armen Kontrollnährlösung

Xanthophyllzyklus
über diesen Mechanismus, an dem die Xanthophylle Zeaxan-

thin, Antheraxanthin und Violaxanthin beteiligt sind, werden bei der Photosynthese entstehende reaktive Sauerstoffspecies unschädlich gemacht

Xenobiotika
naturfremde, vom Menschen hergestellt und in die Umwelt freigesetzte Stoffe wie z. B. FCKWs

Xenoöstrogene
Fremdstoffe, die eine östrogene Wirkung im Organismus ausüben

Zerfallskonstante
Maß für die statistische Zerfallswahrscheinlichkeit, nämlich Quotient $\lambda = N^{-1}\, dN / dt$ aus dem Erwartungswert für die Anzahl der spontanen kernphysikalischen Übergänge dN pro Zeitintervall dt einer Menge von N Atomen eines →Radionuklids in einem bestimmten (zu spezifizierenden) Zustand zu einem anderen (zu spezifizierenden), niederenergetischeren Zustand. Die SI-Einheit ist s^{-1}. Ohne Spezifikation ist meist die Summe der Wahrscheinlichkeiten für alle von einem angeregten Zustand aus möglichen Übergänge gemeint (→Aktivität). N. B.: Nicht immer bedeutet ein radioaktiver Übergang, daß ein Atomkern auch tatsächlich „zerfällt" und dabei in ein anderes Element übergeht. Dies ist zwar immer bei der (partikelbehafteten) Emission von →Alphastrahlen oder →Betastrahlen der Fall, nicht aber, wenn allein →Gammastrahlung (Photonen) ausgesandt wird (z. B. von ^{137m}Ba beim Übergang von einem energetischen angeregten, metastabilen Zustand in den Grundzustand)

Zirrhose
Verhärtung von Körpergewebe durch Aufhebung der normalen Struktur

Sachverzeichnis

K

N

O

Q

MIX
Papier aus verantwortungsvollen Quellen
Paper from responsible sources
FSC® C105338

If you have any concerns about our products,
you can contact us on
ProductSafety@springernature.com

In case Publisher is established outside the EU,
the EU authorized representative is:
Springer Nature Customer Service Center GmbH
Europaplatz 3, 69115 Heidelberg, Germany

Printed by Libri Plureos GmbH
in Hamburg, Germany